二级建造师继续教育系列教材

工程建设标准强制性条文选编

主　　编　王东升
副 主 编　庄文光　王志超
参编人员　张振涛　鲍利珂
　　　　　江　南　郭　倩

中国矿业大学出版社
·徐州·

内 容 提 要

依据 2015 年修订的《实施工程建设强制性标准监督规定》有关要求，我们对 2013 年版《工程建设标准强制性条文选编》进行了修订。本书共分三篇，包括房屋建筑，城市建设，公路、水利与电力，基本涵盖了当前国家建设的大部分领域。每篇内容包括从设计、施工、监理到验收等各环节的国家标准、规范的强制性条文，比较系统地汇集了条文内容。期望本书能对注册建造师在工程实践过程中有所帮助。

本书可供从事建设工程设计、施工、监理等相关人员学习和参考，也可作为大中专院校相关专业的教学参考用书。

图书在版编目(CIP)数据

工程建设标准强制性条文选编 / 王东升主编. —徐州：中国矿业大学出版社，2020.3

ISBN 978 - 7 - 5646 - 1000 - 5

Ⅰ. ①工… Ⅱ. ①王… Ⅲ. ①建筑工程—国家标准—汇编—中国 Ⅳ. ①TU-65

中国版本图书馆 CIP 数据核字(2019)第 203456 号

书　　名　工程建设标准强制性条文选编
主　　编　王东升
责任编辑　吴学兵
出版发行　中国矿业大学出版社有限责任公司
　　　　　　(江苏省徐州市解放南路　邮编 221008)
营销热线　(0516)83884103　83885105
出版服务　(0516)83995789　83884920
网　　址　http://www.cumtp.com　**E-mail**:cumtpvip@cumtp.com
印　　刷　日照报业印刷有限公司
开　　本　787 mm×1092 mm　1/16　**印张** 27　**字数** 674 千字
版次印次　2020 年 3 月第 1 版　2020 年 3 月第 1 次印刷
定　　价　95.00 元

出版说明

为了加强建设工程项目管理，提高工程项目总承包及施工管理专业技术人员素质，规范施工管理行为，保证工程质量和施工安全，根据《中华人民共和国建筑法》《建设工程质量管理条例》《建设工程安全生产管理条例》和国家有关执业资格考试制度的规定，2002 年中华人民共和国人事部和建设部联合颁发了《建造师执业资格制度暂行规定》(人发〔2002〕111号)，对从事建设工程项目总承包及施工管理的专业技术人员实行建造师执业资格制度。

注册建造师是以专业技术为依托、以工程项目管理为主业的注册执业人士。依据中华人民共和国住房和城乡建设部令第 32 号修订的《注册建造师管理规定》(自 2016 年 10 月 20 日起施行)，按规定参加继续教育是注册建造师应履行的义务，也是申请延续注册的必要条件。注册建造师应通过继续教育，掌握工程建设相关法律法规、标准规范，增强职业道德和诚信守法意识，熟悉工程建设项目管理新方法、新技术，总结工作中的经验教训，不断提高综合素质和执业能力。

根据《山东省二级建造师继续教育管理暂行办法》，受山东省建设执业资格注册中心委托，本编委会组织具有较高理论水平和丰富实践经验的专家、学者，编写了“二级建造师继续教育系列教材”。在编纂过程中，我们坚持“以提高综合素质和执业能力为基础，以工程实例内容为主导”的编写原则，突出系统性、针对性、实践性和前瞻性，体现建设行业发展的新常态、新法规、新技术、新工艺、新材料等内容。本套教材共 15 册，分别为《建设工程新法律法规与案例分析》《建设工程质量管理》《建设工程信息化技术实务》《建筑工程新技术概论》《建设工程项目管理理论与实务》《工程建设标准强制性条文选编》《装配式建筑技术与管理》《城市轨道交通建造技术与案例》《城市桥梁建造技术与案例》《城市管道工程》《城市道路工程施工质量与安全管理》《安装工程新技术》《建筑机电工程新技术及应用》《智慧工地与绿色施工技术》《信息化技术在建筑电气施工中的应用》。本套教材既可作为二级建造师继续教育用书，也可作为建设单位、施工单位和建设类大中专院校的教学及参考用书。

本套教材的编写得到了山东省住房和城乡建设厅、清华大学、中国海洋大学、山东大学、山东建筑大学、青岛理工大学、山东交通学院、山东中英国际工程图书有限公司、山东中英国际建筑工程技术有限公司、中国矿业大学出版社等单位的大力支持，在此表示衷心的感谢。

本套教材虽经反复推敲核证，仍难免有疏漏之处，恳请广大读者提出宝贵意见。

二级建造师继续教育系列教材编委会

2019 年 8 月

前　言

目前我国建设领域的发展突飞猛进，为了加强注册建造师在工程实践过程中对国家标准、规范的强制性条文内容的把握，提高工程管理专业技术人员的素质，我们组织编写了本书。

依据2015年修订的《实施工程建设强制性标准监督规定》有关要求，我们对2013年版《工程建设标准强制性条文选编》进行了修订。本书共分三篇，包括房屋建筑，城市建设，公路、水利与电力，基本涵盖了当前国家建设的大部分领域。每篇内容包括从设计、施工、监理到验收等各环节的国家标准、规范的强制性条文，比较系统地汇集了条文内容。期望本书能对注册建造师在工程实践过程中有所帮助。

本书在编写过程中，得到了山东省住房和城乡建设厅、清华大学、中国海洋大学、山东中英国际建筑工程技术有限公司、山东中英国际工程图书有限公司等单位的大力支持，在此谨表示衷心的感谢。

在编写本书的过程中，我们参考了现行的国家标准、规范和图集，并对书稿进行了多次修改，但限于我们的水平和经验，书中难免有错误和疏漏，诚挚希望专家和广大读者给予批评指正。

编　者

2019年12月

前　言

目　录

第一篇　房屋建筑

第二篇　城市建设

第一篇　房屋建筑

第一章　建筑设计

第一节　设计基本规定

《民用建筑设计统一标准》(GB 50352—2019)

4.3.1　除骑楼、建筑连接体、地铁相关设施及连接城市的管线、管沟、管廊等市政公共设施以外，建筑物及其附属的下列设施不应突出道路红线或用地红线建造：

1. 地下设施，应包括支护桩、地下连续墙、地下室底板及其基础、化粪池、各类水池、处理池、沉淀池等构筑物及其他附属设施等；

2. 地上设施，应包括门廊、连廊、阳台、室外楼梯、凸窗、空调机位、雨篷、挑檐、装饰构架、固定遮阳板、台阶、坡道、花池、围墙、平台、散水明沟、地下室进风及排风口、地下室出入口、集水井、采光井、烟囱等。

6.7.4　住宅、托儿所、幼儿园、中小学及其他少年儿童专用活动场所的栏杆必须采取防止攀爬的构造。当采用垂直杆件做栏杆时，其杆件净间距不应大于 0.11 m。

6.8.6　楼梯平台上部及下部过道处的净高不应小于 2.0 m，梯段净高不应小于 2.2 m。

6.8.9　托儿所、幼儿园、中小学校及其他少年儿童专用活动场所，当楼梯井净宽大于 0.2 m 时，必须采取防止少年儿童坠落的措施。

第二节　室内环境设计

一、热工与节能

《民用建筑热工设计规范》(GB 50176—2016)

4.2.11　围护结构中的热桥部位应进行表面结露验算，并应采取保温措施，确保热桥内表面温度高于房间空气露点温度。

6.1.1　在给定两侧空气温度及变化规律的情况下，外墙内表面最高温度应符合表 6.1.1 的规定。

表 6.1.1　在给定两侧空气温度及变化规律的情况下，外墙内表面最高温度限值

房间类型	自然通风房间	空调房间	
		重质围护结构($D\geqslant2.5$)	轻质围护结构($D<2.5$)
内表面最高温度 $\theta_{i\cdot\max}$	$\leqslant t_{e\cdot\max}$	$\leqslant t_i+2$	$\leqslant t_i+3$

7.1.2　采暖期间，围护结构中保温材料因内部冷凝受潮而增加的重量湿度允许增量，应符合表7.1.2的规定。

表7.1.2　采暖期间，围护结构中保温材料因内部冷凝受潮而增加的重量湿度允许增量

保温材料	重量湿度的允许增量[Δw]/%
多孔混凝土（泡沫混凝土、加气混凝土等）(ρ_0=500～700 kg/m^3)	4
水泥膨胀珍珠岩和水泥膨胀蛭石等(ρ_0=300～500 kg/m^3)	6
沥青膨胀珍珠岩和沥青膨胀蛭石等(ρ_0=300～400 kg/m^3)	7
矿渣和炉渣填料	2
水泥纤维板	5
矿棉、岩棉、玻璃棉及制品（板或毡）	5
模塑聚苯乙烯泡沫塑料(EPS)	15
挤塑聚苯乙烯泡沫塑料(XPS)	10
硬质聚氨酯泡沫塑料(PUR)	10
酚醛泡沫塑料(PF)	10
玻化微珠保温浆料（自然干燥后）	5
胶粉聚苯颗粒保温浆料（自然干燥后）	5
复合硅酸盐保温板	5

《严寒和寒冷地区居住建筑节能设计标准》(JGJ 26—2018)

4.1.3　严寒和寒冷地区居住建筑的体形系数不应大于表4.1.3规定的限值。当体形系数大于表4.1.3规定的限值时，必须按照本标准第4.3节的规定进行围护结构热工性能的权衡判断。

表4.1.3　体形系数限值

气候区	建筑层数	
	≤3层	≥4层
严寒地区(1区)	0.55	0.30
寒冷地区(2区)	0.57	0.33

4.1.4　严寒和寒冷地区居住建筑的窗墙面积比不应大于表4.1.4规定的限值。当窗墙面积比大于表4.1.4规定的限值时，必须按照本标准第4.3节的规定进行围护结构热工性能的权衡判断。

表4.1.4　窗墙面积比限值

朝向	窗墙面积比	
	严寒地区(1区)	寒冷地区(2区)
北	0.25	0.30

表 4.1.4(续)

朝向	窗墙面积比	
	严寒地区(1 区)	寒冷地区(2 区)
东、西	0.30	0.35
南	0.45	0.50

注:1. 敞开式阳台的阳台门上部透光部分计入窗户面积,下部不透光部分不应计入窗户面积。
2. 表中的窗墙面积比应按开间计算。表中的"北"代表从北偏东小于 60°至北偏西小于 60°的范围;"东、西"代表从东或西偏北小于等于 30°至偏南小于 60°的范围;"南"代表从南偏东小于等于 30°至偏西小于等于 30°的范围。

4.1.5 严寒地区居住建筑的屋面天窗与该房间屋面面积的比值不应大于 0.10,寒冷地区不应大于 0.15。

4.1.14 建筑物上安装太阳能热利用或太阳能光伏发电系统,不得降低本建筑和相邻建筑的日照标准。

4.2.1 根据建筑物所处城市的气候分区区属不同,建筑外围护结构的传热系数不应大于表 4.2.1-1～表 4.2.1-5 规定的限值,周边地面和地下室外墙的保温材料层热阻不应小于表 4.2.1-1～表 4.2.1-5 规定的限值,当建筑外围护结构的热工性能参数不满足上述规定时,必须按照本标准第 4.3 节的规定进行围护结构热工性能的权衡判断。

表 4.2.1-1 严寒 A 区(1A 区)外围护结构热工性能参数限值

围护结构部位		传热系数 $K/[W/(m^2 \cdot K)]$	
		≤3 层	≥4 层
屋面		0.15	0.15
外墙		0.25	0.35
架空或外挑楼板		0.25	0.35
外窗	窗墙面积比≤0.30	1.4	1.6
	0.30<窗墙面积比≤0.45	1.4	1.6
屋面天窗		1.4	
围护结构部位		保温材料层热阻 $R/(m^2 \cdot K/W)$	
周边地面		2.00	2.00
地下室外墙(与土壤接触的外墙)		2.00	2.00

表 4.2.1-2 严寒 B 区(1B 区)外围护结构热工性能参数限值

围护结构部位	传热系数 $K/[W/(m^2 \cdot K)]$	
	≤3 层	≥4 层
屋面	0.20	0.20
外墙	0.25	0.35
架空或外挑楼板	0.25	0.35

表 4.2.1-2(续)

围护结构部位		传热系数 K/[W/(m^2·K)]	
		≤3 层	≥4 层
外窗	窗墙面积比≤0.30	1.4	1.8
	0.30＜窗墙面积比≤0.45	1.4	1.6
屋面天窗		1.4	
围护结构部位		保温材料层热阻 R/(m^2·K/W)	
周边地面		1.80	1.80
地下室外墙(与土壤接触的外墙)		2.00	2.00

表 4.2.1-3　严寒 C 区(1C 区)外围护结构热工性能参数限值

围护结构部位		传热系数 K/[W/(m^2·K)]	
		≤3 层	≥4 层
屋面		0.20	0.20
外墙		0.30	0.40
架空或外挑楼板		0.30	0.40
外窗	窗墙面积比≤0.30	1.6	2.0
	0.30＜窗墙面积比≤0.45	1.4	1.8
屋面天窗		1.6	
围护结构部位		保温材料层热阻 R/(m^2·K/W)	
周边地面		1.80	1.80
地下室外墙(与土壤接触的外墙)		2.00	2.00

表 4.2.1-4　寒冷 A 区(2A 区)外围护结构热工性能参数限值

围护结构部位		传热系数 K/[W/(m^2·K)]	
		≤3 层	≥4 层
屋面		0.25	0.25
外墙		0.35	0.45
架空或外挑楼板		0.35	0.45
外窗	窗墙面积比≤0.30	1.8	2.2
	0.30＜窗墙面积比≤0.50	1.5	2.0
屋面天窗		1.8	
围护结构部位		保温材料层热阻 R/(m^2·K/W)	
周边地面		1.60	1.60
地下室外墙(与土壤接触的外墙)		1.80	1.80

表 4.2.1-5 寒冷 B 区(2B 区)外围护结构热工性能参数限值

围护结构部位		传热系数 K/[W/(m^2·K)]	
		≤3 层	≥4 层
屋面		0.30	0.30
外墙		0.35	0.45
架空或外挑楼板		0.35	0.45
外窗	窗墙面积比≤0.30	1.8	2.2
	0.30<窗墙面积比≤0.50	1.5	2.0
屋面天窗		1.8	
围护结构部位		保温材料层热阻 R/(m^2·K/W)	
周边地面		1.50	1.50
地下室外墙(与土壤接触的外墙)		1.60	1.60

注:1. 周边地面和地下室外墙的保温材料层不包括土壤和其他构造层;
2. 外墙(含地下室外墙)保温层应深入室外地坪以下,并超过当地冻土层的深度。

4.2.2 根据建筑物所处城市的气候分区区属不同,建筑内围护结构的传热系数不应大于表 4.2.2-1 规定的限值;寒冷 B 区(2B 区)夏季外窗太阳得热系数不应大于表 4.2.2-2 规定的限值,夏季天窗的太阳得热系数不应大于 0.45。

表 4.2.2-1 内围护结构热工性能参数限值

围护结构部位	传热系数 K/[W/(m^2·K)]			
	严寒 A 区(1A 区)	严寒 B 区(1B 区)	严寒 C 区(1C 区)	寒冷 A、B 区(2A、2B 区)
阳台门下部门芯板	1.2	1.2	1.2	1.7
非供暖地下室顶板(上部为供暖房间时)	0.35	0.40	0.45	0.50
分隔供暖与非供暖空间的隔墙、楼板	1.2	1.2	1.5	1.5
分隔供暖非供暖空间的户门	1.5	1.5	1.5	2.0
分隔供暖设计温度温差大于 5 K 的隔墙、楼板	1.5	1.5	1.5	1.5

表 4.2.2-2 寒冷 B 区(2B 区)夏季外窗太阳得热系数的限值

外窗的窗墙面积比	夏季太阳得热系数(东、西向)
20%<窗墙面积比≤30%	—
30%<窗墙面积比≤40%	0.55
40%<窗墙面积比≤50%	0.50

4.2.6 外窗及敞开式阳台门应具有良好的密闭性能。严寒和寒冷地区外窗及敞开式阳台门的气密性等级不应低于国家标准《建筑外门窗气密、水密、抗风压性能分级及检测方法》GB/T 7106—2008 中规定的 6 级。

《夏热冬冷地区居住建筑节能设计标准》(JGJ 134—2010)

4.0.3 夏热冬冷地区居住建筑的体形系数不应大于表 4.0.3 规定的限值。当体形系数大于表 4.0.3 规定的限值时，必须按照本标准第 5 章的要求进行建筑围护结构热工性能的综合判断。

表 4.0.3 夏热冬冷地区居住建筑的体形系数限值

建筑层数	≤3 层	4～11 层	≥12 层
建筑的体形系数	0.55	0.40	0.35

4.0.4 建筑围护结构各部分的传热系数和热惰性指标不应大于表 4.0.4 规定的限值。当设计建筑的围护结构中的屋面、外墙、架空或外挑楼板、外窗不符合表 4.0.4 的规定时，必须按照本标准第 5 章的规定进行建筑围护结构热工性能的综合判断。

表 4.0.4 建筑围护结构各部分的传热系数(*K*)和热惰性指标(*D*)的限值

围护结构部位		传热系数 K/[W/(m^2·K)]	
		热惰性指标 D≤2.5	热惰性指标 D>2.5
体形系数≤0.40	屋面	0.8	1.0
	外墙	1.0	1.5
	底面接触室外空气的架空或外挑楼板	1.5	
	分户墙、楼板、楼梯间隔墙、外走廊隔墙	2.0	
	户门	3.0(通往封闭空间)，2.0(通往非封闭空间或户外)	
	外窗(含阳台门透明部分)	应符合本标准表 4.0.5-1、表 4.0.5-2 的规定	
体形系数>0.40	屋面	0.5	0.6
	外墙	0.80	1.0
	底面接触室外空气的架空或外挑楼板	1.0	
	分户墙、楼板、楼梯间隔墙、外走廊隔墙	2.0	
	户门	3.0(通往封闭空间)，2.0(通往非封闭空间或户外)	
	外窗(含阳台门透明部分)	应符合本标准表 4.0.5-1、表 4.0.5-2 的规定	

4.0.5 不同朝向外窗(包括阳台门的透明部分)的窗墙面积比不应大于表 4.0.5-1 规定的限值。不同朝向、不同窗墙面积比的外窗传热系数不应大于表 4.0.5-2 规定的限值；综合遮阳系数应符合表 4.0.5-2 的规定。当外窗为凸窗时，凸窗的传热系数限值应比表 4.0.5-2 规定的限值小 10%；计算窗墙面积比时，凸窗的面积应按洞口面积计算。当设计建筑的窗墙面积比或传热系数、遮阳系数不符合表 4.0.5-1 和表 4.0.5-2 的规定时，必须按照本标准第 5 章的规定进行建筑围护结构热工性能的综合判断。

表 4.0.5-1 不同朝向外窗的窗墙面积比限值

朝　　向	北	东、西	南	每套房间允许一个房间(不分朝向)
窗墙面积比	0.40	0.35	0.45	0.60

表 4.0.5-2 不同朝向、不同窗墙面积比的外窗传热系数和综合遮阳系数限值

建筑	窗墙面积比	传热系数 K /[W/(m^2·K)]	外窗综合遮阳系数 SC_w (东、西向/南向)
体形系数≤0.40	窗墙面积比≤0.20	4.7	—/—
	0.20<窗墙面积比≤0.30	4.0	—/—
	0.30<窗墙面积比≤0.40	3.2	夏季≤0.40/夏季≤0.45
	0.40<窗墙面积比≤0.45	2.8	夏季≤0.35/夏季≤0.40
	0.45<窗墙面积比≤0.60	2.5	东、西、南向设置外遮阳 夏季≤0.25 冬季≥0.60
体形系数>0.40	窗墙面积比≤0.20	4.0	—/—
	0.20<窗墙面积比≤0.30	3.2	—/—
	0.30<窗墙面积比≤0.40	2.8	夏季≤0.40/夏季≤0.45
	0.40<窗墙面积比≤0.45	2.5	夏季≤0.35/夏季≤0.40
	0.45<窗墙面积比≤0.60	2.3	东、西、南向设置外遮阳 夏季≤0.25 冬季≥0.60

注：1. 表中的"东、西"代表从东或西偏北30°(含30°)至偏南60°(含60°)的范围；"南"代表从南偏东30°至偏西30°的范围。
2. 楼梯间、外走廊的窗不按本表规定执行。

4.0.9 建筑物1～6层的外窗及敞开式阳台门的气密性等级，不应低于国家标准《建筑外门窗气密、水密、抗风压性能分级及检测方法》GB/T 7106—2008中规定的4级；7层及7层以上的外窗及敞开式阳台门的气密性等级，不应低于该标准规定的6级。

6.0.2 当居住建筑采用集中采暖、空调系统时，必须设置分室(户)温度调节、控制装置及分户热(冷)量计量或分摊设施。

6.0.3 除当地电力充足和供电政策支持、或者建筑所在地无法利用其他形式的能源外，夏热冬冷地区居住建筑不应设计直接电热采暖。

6.0.5 当设计采用户式燃气采暖热水炉作为采暖热源时，其热效率应达到国家标准《家用燃气快速热水器和燃气采暖热水炉能效限定值及能效等级》GB 20665—2006中的第2级。

6.0.6 当设计采用电机驱动压缩机的蒸气压缩循环冷水(热泵)机组，或采用名义制冷量大于7 100 W的电机驱动压缩机单元式空气调节机，或采用蒸气、热水型溴化锂吸收式冷水机组及直燃型溴化锂吸收式冷(温)水机组作为住宅小区或整栋楼的冷热源机组时，所选用机组的能效比(性能系数)应符合现行国家标准《公共建筑节能设计标准》GB 50189中的规定值；当设计采用多联式空调(热泵)机组作为户式集中空调(采暖)机组时，所选用机组的制冷综合性能系数[IPLV(C)]不应低于国家标准《多联式空调(热泵)机组能效限定值及能源效率等级》GB 21454—2008中规定的第3级。

6.0.7 当选择土壤源热泵系统、浅层地下水源热泵系统、地表水(淡水、海水)源热泵系统、污水水源热泵系统作为居住区或户用空调的冷热源时，严禁破坏、污染地下资源。

二、照明

《建筑照明设计标准》(GB 50034—2013)

6.3.3 办公建筑和其他类型建筑中具有办公用途场所的照明功率密度限值应符合表6.3.3的规定。

表6.3.3 办公建筑和其他类型建筑中具有办公用途场所照明功率密度限值

房间或场所	照度标准值/lx	照明功率密度限值/(W/m^2)	
		现行值	目标值
普通办公室	300	≤9.0	≤8.0
高档办公室、设计室	300	≤15.0	≤13.5
会议室	300	≤9.0	≤8.0
服务大厅	500	≤11.0	≤10.0

6.3.4 商店建筑照明功率密度限值应符合表6.3.4的规定。当商店营业厅、高档商店营业厅、专卖店营业厅需装设重点照明时,该营业厅的照明功率密度限值应增加5 W/m^2。

表6.3.4 商店建筑照明功率密度限值

房间或场所	照度标准值/lx	照明功率密度限值/(W/m^2)	
		现行值	目标值
一般商店营业厅	300	≤10.0	≤9.0
高档商店营业厅	500	≤16.0	≤14.5
一般超市营业厅	300	≤11.0	≤10.0
高档超市营业厅	500	≤17.0	≤15.5
专卖店营业厅	300	≤11.0	≤10.0
仓储超市	500	≤11.0	≤10.0

6.3.5 旅馆建筑照明功率密度限值应符合表6.3.5的规定。

表6.3.5 旅馆建筑照明功率密度限值

房间或场所	照度标准值/lx	照明功率密度限值/(W/m^2)	
		现行值	目标值
客房	—	≤7.0	≤6.0
中餐厅	200	≤9.0	≤8.0
西餐厅	150	≤6.5	≤5.5
多功能厅	300	≤13.5	≤12.0
客房层走廊	50	≤4.0	≤3.5
大堂	200	≤9.0	≤8.0
会议室	300	≤9.0	≤8.0

6.3.6 医疗建筑照明功率密度限值应符合表6.3.6的规定。

表6.3.6 医疗建筑照明功率密度限值

房间或场所	照度标准值/lx	照明功率密度限值/(W/m^2)	
		现行值	目标值
治疗室、诊室	300	≤9.0	≤8.0
化验室	500	≤15.0	≤13.5
候诊室、挂号厅	200	≤6.5	≤5.5
病房	100	≤5.0	≤4.5
护士站	300	≤9.0	≤8.0
药房	500	≤15.0	≤13.5
走廊	100	≤4.5	≤4.0

6.3.7 教育建筑照明功率密度限值应符合表6.3.7的规定。

表6.3.7 教育建筑照明功率密度限值

房间或场所	照度标准值/lx	照明功率密度限值/(W/m^2)	
		现行值	目标值
教室、阅览室	300	≤9.0	≤8.0
实验室	300	≤9.0	≤8.0
美术教室	500	≤15.0	≤13.5
多媒体教室	300	≤9.0	≤8.0
计算机教室 电子阅览室	500	≤15.0	≤13.5
学生宿舍	150	≤5.0	≤4.5

6.3.9 会展建筑照明功率密度限值应符合表6.3.9的规定。

表6.3.9 会展建筑照明功率密度限值

房间或场所	照度标准值/lx	照明功率密度限值/(W/m^2)	
		现行值	目标值
会议室、洽谈室	300	≤9.0	≤8.0
宴会厅、多功能厅	300	≤13.5	≤12.0
一般展厅	200	≤9.0	≤8.0
高档展厅	300	≤13.5	≤12.0

6.3.10 交通建筑照明功率密度限值应符合表6.3.10的规定。

表 6.3.10 交通建筑照明功率密度限值

房间或场所		照度标准值/lx	照明功率密度限值/(W/m²)	
			现行值	目标值
候车(机、船)室	普通	150	≤7.0	≤6.0
	高档	200	≤9.0	≤8.0
中央大厅、售票大厅		200	≤9.0	≤8.0
行李认领、到达大厅、出发大厅		200	≤9.0	≤8.0
地铁站厅	普通	100	≤5.0	≤4.5
	高档	200	≤9.0	≤8.0
地铁进出站门厅	普通	150	≤6.5	≤5.5
	高档	200	≤9.0	≤8.0

6.3.11 金融建筑照明功率密度限值应符合表 6.3.11 的规定。

表 6.3.11 金融建筑照明功率密度限值

房间或场所	照度标准值/lx	照明功率密度限值/(W/m²)	
		现行值	目标值
营业大厅	200	≤9.0	≤8.0
交易大厅	300	≤13.5	≤12.0

6.3.12 工业建筑非爆炸危险场所照明功率密度限值应符合表 6.3.12 的规定。

表 6.3.12 工业建筑非爆炸危险场所照明功率密度限值

房间或场所		照度标准值/lx	照明功率密度限值/(W/m²)	
			现行值	目标值
1. 机、电工业				
机械加工	粗加工	200	≤7.5	≤6.5
	一般加工公差≥0.1 mm	300	≤11.0	≤10.0
	精密加工公差<0.1 mm	500	≤17.0	≤15.0
机电、仪表装配	大件	200	≤7.5	≤6.5
	一般件	300	≤11.0	≤10.0
	精密	500	≤17.0	≤15.0
	特精密	750	≤24.0	≤22.0
电线、电缆制造		300	≤11.0	≤10.0
线圈绕制	大线圈	300	≤11.0	≤10.0
	中等线圈	500	≤17.0	≤15.0
	精细线圈	750	≤24.0	≤22.0
线圈浇注		300	≤11.0	≤10.0

表 6.3.12(续)

房间或场所		照度标准值/lx	照明功率密度限值/(W/m²)	
			现行值	目标值
焊接	一般	200	≤7.5	≤6.5
	精密	300	≤11.0	≤10.0
钣金		300	≤11.0	≤10.0
冲压、剪切		300	≤11.0	≤10.0
热处理		200	≤7.5	≤6.5
铸造	熔化、浇铸	200	≤9.0	≤8.0
	造型	300	≤13.0	≤12.0
精密铸造的制模、脱壳		500	≤17.0	≤15.0
锻工		200	≤8.0	≤7.0
电镀		300	≤13.0	≤12.0
酸洗、腐蚀、清洗		300	≤15.0	≤14.0
抛光	一般装饰性	300	≤12.0	≤11.0
	精细	500	≤18.0	≤16.0
复合材料加工、铺叠、装饰		500	≤17.0	≤15.0
机电修理	一般	200	≤7.5	≤6.5
	精密	300	≤11.0	≤10.0
2. 电子工业				
整机类	整机厂	300	≤11.0	≤10.0
	装配厂房	300	≤11.0	≤10.0
元器件类	微电子产品及集成电器	500	≤18.0	≤16.0
	显示器件	500	≤18.0	≤16.0
	印制线路板	500	≤18.0	≤16.0
	光伏组件	300	≤11.0	≤10.0
	电真空器件、机电组件等	500	≤18.0	≤16.0
电子材料类	半导体材料	300	≤11.0	≤10.0
	光纤、光缆	300	≤11.0	≤10.0
酸、碱、药液及粉配制		300	≤13.0	≤12.0

6.3.13 公共和工业建筑非爆炸危险场所通用房间或场所照明功率密度限值应符合表 6.3.13 的规定。

表 6.3.13 公共和工业建筑非爆炸危险场所通用房间或场所照明功率密度限值

房间或场所		照度标准值/lx	照明功率密度限值/(W/m²)	
			现行值	目标值
走廊	一般	50	≤2.5	≤2.0
	高档	100	≤4.0	≤3.5

表 6.3.13(续)

房间或场所		照度标准值/lx	照明功率密度限值/(W/m²)	
			现行值	目标值
厕所	一般	75	≤3.5	≤3.0
	高档	150	≤6.0	≤5.0
试验室	一般	300	≤9.0	≤8.0
	精细	500	≤15.0	≤13.5
检验	一般	300	≤9.0	≤8.0
	精细,有颜色要求	750	≤23.0	≤21.0
计量室、测量室		500	≤15.0	≤13.5
控制室	一般控制室	300	≤9.0	≤8.0
	主控制室	500	≤15.0	≤13.5
电话站、网络中心、计算机站		500	≤15.0	≤13.5
动力站	风机房、空调机房	100	≤4.0	≤3.5
	泵房	100	≤4.0	≤3.5
	冷冻站	150	≤6.0	≤5.0
	压缩空气站	150	≤6.0	≤5.0
	锅炉房、煤气站的操作层	100	≤5.0	≤4.5
仓库	大件库	50	≤2.5	≤2.0
	一般件库	100	≤4.0	≤3.5
	半成品库	150	≤6.0	≤5.0
	精细件库	200	≤7.0	≤6.0
公共车库		50	≤2.5	≤2.0
车辆加油站		100	≤5.0	≤4.5

6.3.14 当房间或场所的室形指数值等于或小于1时,其照明功率密度限值应增加,但增加值不应超过限值的20%。

6.3.15 当房间或场所的照度标准值提高或降低一级时,其照明功率密度限值应按比例提高或折减。

三、隔声和噪声限制

《民用建筑隔声设计规范》(GB 50118—2010)

4.1.1 卧室、起居室(厅)内的噪声级,应符合表4.1.1的规定。

表 4.1.1 卧室、起居室(厅)内的允许噪声级

房间名称	允许噪声级(A声级)/dB	
	昼间	夜间
卧室	≤45	≤37
起居室(厅)	≤45	

4.2.1　分户墙、分户楼板及分隔住宅和非居住用途空间楼板的空气声隔声性能，应符合表 4.2.1 的规定。

表 4.2.1　分户构件空气声隔声标准

构件名称	空气声隔声单值评价量＋频谱修正量/dB	
分户墙、分户楼板	计权隔声量＋粉红噪声频谱修正量 R_w+C	＞45
分隔住宅和非居住用途空间的楼板	计权隔声量＋交通噪声频谱修正量 R_w+C_{tr}	＞51

4.2.2　相邻两户房间之间及住宅和非居住用途空间分隔楼板上下的房间之间的空气声隔声性能，应符合表 4.2.2 的规定。

表 4.2.2　房间之间空气声隔声标准

房间名称	空气声隔声单值评价量＋频谱修正量/dB	
卧室、起居室（厅）与邻户房间之间	计权标准化声压级差＋粉红噪声频谱修正量 $D_{nT_1w}+C$	⩾45
住宅和非居住用途空间分隔楼板上下的房间之间	计权标准化声压级差＋交通噪声频谱修正量 $D_{nT_1w}+C_{tr}$	＞51

4.2.5　外窗（包括未封闭阳台的门）的空气声隔声性能，应符合表 4.2.5 的规定。

表 4.2.5　外窗（包括未封闭阳台的门）的空气声隔声标准

构件名称	空气声隔声单值评价量＋频谱修正量/dB	
交通干线两侧卧室、起居室（厅）的窗	计权隔声量＋交通噪声频谱修正量 R_w+C_{tr}	⩾30
其他窗	计权隔声量＋交通噪声频谱修正量 R_w+C_{tr}	⩾25

第三节　各类建筑的专门设计

一、公共建筑

《托儿所、幼儿园建筑设计规范》（JGJ 39—2016）（2019 年版）

3.2.8　托儿所、幼儿园的活动室、寝室及具有相同功能的区域，应布置在当地最好朝向，冬至日底层满窗日照不应小于 3 h。

4.1.3　托儿所、幼儿园中的生活用房不应设置在地下室或半地下室。

4.1.9　托儿所、幼儿园的外廊、室内回廊、内天井、阳台、上人屋面、平台、看台及室外楼梯等临空处应设置防护栏杆，栏杆应以坚固、耐久的材料制作。防护栏杆的高度应从可踏部位顶面起算，且净高不应小于1.30 m。防护栏杆必须采用防止幼儿攀登和穿过的构造，当采用垂直杆件做栏杆时，其杆件净距离不应大于0.09 m。

4.1.12　幼儿使用的楼梯，当楼梯井净宽度大于0.11 m时，必须采取防止幼儿攀滑措施。楼梯栏杆应采取不易攀爬的构造，当采用垂直杆件做栏杆时，其杆件净距不应大于0.09 m。

《中小学校设计规范》(GB 50099—2011)

4.1.2　中小学校严禁建设在地震、地质塌裂、暗河、洪涝等自然灾害及人为风险高的地段和污染超标的地段。校园及校内建筑与污染源的距离应符合对各类污染源实施控制的国家现行有关标准的规定。

4.1.8　高压电线、长输天然气管道、输油管道严禁穿越或跨越学校校园；当在学校周边敷设时，安全防护距离及防护措施应符合相关规定。

6.2.24　学生宿舍不得设在地下室或半地下室。

8.1.5　临空窗台的高度不应低于0.90 m。

8.1.6　上人屋面、外廊、楼梯、平台、阳台等临空部位必须设防护栏杆，防护栏杆必须牢固、安全，高度不应低于1.10 m。防护栏杆最薄弱处承受的最小水平推力应不小于1.5 kN/m。

《办公建筑设计规范》(JGJ 67—2006)

4.5.8　办公建筑中的变配电所应避免与有酸、碱、粉尘、蒸汽、积水、噪声严重的场所毗邻，并不应直接设在有爆炸危险环境的正上方或正下方，也不应直接设在厕所、浴室等经常积水场所的正下方。

4.5.13　办公建筑中的锅炉房必须采取有效措施，减少废气、废水、废渣和有害气体及噪声对环境的影响。

5.0.2　办公建筑的开放式、半开放式办公室，其室内任何一点至最近的安全出口的直线距离不应超过30 m。

《旅馆建筑设计规范》(JGJ 62—2014)

4.1.9　旅馆建筑的卫生间、盥洗室、浴室不应设在餐厅、厨房、食品贮藏等有严格卫生要求用房的直接上层。

4.1.10　旅馆建筑的卫生间、盥洗室、浴室不应设在变配电室等有严格防潮要求用房的直接上层。

《商店建筑设计规范》(JGJ 48—2014)

4.2.11　大型和中型商场内连续排列的饮食店铺的灶台不应面向公共通道，并应设置机械排烟通风设施。

4.2.12　大型和中型商场内连续排列的商铺的隔墙、吊顶等装修材料和构造，不得降低建筑设计对建筑构件及配件的耐火极限要求，并不得随意增加荷载。

4.3.3　食品类商店仓储区应符合下列规定：

1. 根据商品的不同保存条件，应分设库房或在库房内采取有效隔离措施；

2. 各用房的地面、墙裙等均应为可冲洗的面层，并不得采用有毒和容易发生化学反应的涂料。

7.3.14 对于大型和中型商店建筑的营业厅，线缆的绝缘和护套应采用低烟低毒阻燃型。

7.3.16 对于大型和中型商店建筑的营业厅，除消防设备及应急照明外，配电干线回路应设置防火剩余电流动作报警系统。

《饮食建筑设计标准》(JGJ 64—2017)

3.0.2 饮食建筑的选址应严格执行当地环境保护和食品药品安全管理部门对粉尘、有害气体、有害液体、放射性物质和其他扩散性污染源距离要求的相关规定。与其他有碍公共卫生的开敞式污染源的距离不应小于 25 m。

4.3.3 厨房区域应按原料进入、原料处理、主食加工、副食加工、备餐、成品供应、餐用具洗涤消毒及存放的工艺流程合理布局，食品加工处理流程应为生进熟出单一流向，并应符合下列规定：

1. 副食粗加工应分设蔬菜、肉禽、水产工作台和清洗池，粗加工后的原料送入细加工区不应反流；

2. 冷荤成品、生食海鲜、裱花蛋糕等应在厨房专间内拼配，在厨房专间入口处应设置有洗手、消毒、更衣设施的通过式预进间；

3. 垂直运输的食梯应原料、成品分设。

《图书馆建筑设计规范》(JGJ 38—2015)

6.1.2 藏书量超过 100 万册的高层图书馆、书库，建筑耐火等级应为一级。

6.1.3 除藏书量超过 100 万册的高层图书馆、书库外的图书馆、书库，建筑耐火等级不应低于二级，特藏书库的建筑耐火等级应为一级。

6.2.1 基本书库、特藏书库、密集书库与其毗邻的其他部位之间应采用防火墙和甲级防火门分隔。

6.2.2 对于未设置自动灭火系统的一、二级耐火等级的基本书库、特藏书库、密集书库、开架书库的防火分区最大允许建筑面积，单层建筑不应大于 1 500 m^2；建筑高度不超过 24 m 的多层建筑不应大于 1 200 m^2；高度超过 24 m 的建筑不应大于 1 000 m^2；地下室或半地下室不应大于 300 m^2。

《档案馆建筑设计规范》(JGJ 25—2010)

6.0.5 特级、甲级档案馆和属于一类高层的乙级档案馆建筑均应设置火灾自动报警系统。其他乙级档案馆的档案库、服务器机房、缩微用房、音像技术用房、空调机房等房间应设置火灾自动报警系统。

7.3.2 特级档案馆应设自备电源。

《铁路旅客车站建筑设计规范》(GB 50226—2007)(2011 年版)

4.0.8 出境入境的旅客车站应设置升挂国旗的旗杆。

4.0.11 广场内的各种揭示牌和引导系统应醒目，其结构、构造应设置安全。

5.2.4 进站集散厅内应设置问询、邮政、电信等服务设施。

5.2.5 大型及以上站的出站集散厅内应设置电信、厕所等服务设施。

5.7.1 旅客站房应设厕所和盥洗间。

5.8.8 旅客车站均应有饮用水供应设施。

5.9.2 国境(口岸)站房应设置标志牌、揭示牌、导向牌，其标志内容及有关文字的使用应符合国家有关规定。

6.1.1　客货共线铁路车站站台的长度、宽度、高度应符合现行国家标准《铁路车站及枢纽设计规范》GB 50091 的有关规定。客运专线铁路车站站台的设置应符合国家及铁路主管部门的有关规定。

6.1.3　当旅客站台上设有天桥或地道出入口、房屋等建筑物时，其边缘至站台边缘的距离应符合下列规定：

1. 特大型和大型站不应小于 3 m。

2. 中型和小型站不应小于 2.5 m。

3. 改建车站受条件限制时，天桥或地道出入口其中一侧的距离不得小于 2 m。

4. 当路段设计速度在 120 km/h 及以上时，靠近有正线一侧的站台应按本条 1～3 款的数值加宽 0.5 m。

6.1.4　旅客站台设计应符合下列规定：

3. 旅客列车停靠的站台应在全长范围内，距站台边缘 1 m 处的站台面上设置宽度为 0.06 m 的黄色安全警戒线，安全警戒线可与提示盲道结合设计。当有速度超过 120 km/h 的列车临近站台通过时，安全警戒线和防护设施应符合铁路主管部门的有关规定。

6.1.7　旅客站台雨篷设置应符合下列规定：

1. 雨篷各部分构件与轨道的间距应符合现行国家标准《标准轨距铁路建筑限界》GB 146.2 的有关规定。

3. 通行消防车的站台，雨篷悬挂物下缘至站台面的高度不应小于 4 m。

7. 采用无站台柱雨篷时，铁路正线两侧不得设置雨篷立柱，在两条客车到发线之间的雨篷柱，其柱边最突出部分距线路中心的间距，应符合铁路主管部门的有关规定。

《殡仪馆建筑设计规范》(JGJ 124—1999)

3.0.2　设有火化间的殡仪馆宜建在当地常年主导风向的下风侧，并应有利于排水和空气扩散。

5.3.2　悼念厅的出入口应设方便轮椅通行的坡道。

5.5.6　骨灰寄存用房应有通风换气设施。

6.1.1　殡仪区中的遗体停放、消毒、防腐、整容、解剖和更衣等用房均应进行卫生防护。

6.1.3　消毒室、防腐室、整容室和解剖室应单独为工作人员设自动消毒装置。

6.1.7　火化区内应设置集中处理火化间废弃物的专用设施。

6.2.5　骨灰寄存区中的祭悼场所应设封闭的废弃物堆放装置。

《车库建筑设计规范》(JGJ 100—2015)

3.1.7　机动车库基地出入口应设置减速安全设施。

4.2.8　机动车库的人员出入口与车辆出入口应分开设置，机动车升降梯不得替代乘客电梯作为人员出入口，并应设置标识。

《综合医院建筑设计规范》(GB 51039—2014)

6.2.5　下列场所的用水点应采用非手动开关，并应采取防止污水外溅的措施：

1. 公共卫生间的洗手盆、小便斗、大便器；

2. 护士站、治疗室、中心(消毒)供应室、监护病房等房间的洗手盆；

3. 产房、手术刷手池、无菌室、血液病房和烧伤病房等房间的洗手盆；

4. 诊室、检验科等房间的洗手盆；

5. 有无菌要求或防止院内感染场所的卫生器具。

7.2.4 洁净用房应采用阻隔式空气净化装置作为房间的送风末端。

8.1.3 医疗用房内严禁采用 TN-C 接地系统。

8.3.5 除本规范第 8.3.3 条第 2 款所列的电气回路外，在 2 类医疗场所中维持患者生命、外科手术和其他位于"患者区域"范围内的电气装置和供电的回路，均应采用医用 IT 系统。当采用医用 IT 系统时，应符合下列要求：

1. 多个功能相同的毗邻房间，应至少安装 1 个独立的医用 IT 系统。

2. 医用 IT 系统必须配置绝缘监视器，并应符合下列要求：

1）交流内阻应大于或等于 100 kΩ；

2）测试电压不应大于直流 25 V；

3）在任何故障条件下，测试电流峰值不应大于 1 mA；

4）当电阻减少到 50 kΩ 时应发出信号，并备有试验设施。

3. 每一个医用 IT 系统，应设置显示工作状态的信号灯和声光警报装置。声光警报装置应安装在便于永久性监视的场所。

4. 隔离变压器应设置过负荷和高温的监控。

8.6.7 X 线诊断室、加速器治疗室、核医学扫描室、γ 照相机室和手术室等用房，应设防止误入的红色信号灯，红色信号灯电源应与机组连通。

10.2.8 设置分子筛制氧机组制氧站，应符合下列要求：

2. 氧气汇流排间与机器间的隔墙耐火极限不应低于 1.5 h，氧气汇流排间与机器间之间的联络门应采用甲级防火门；

3. 氧气储罐与机器间的隔墙耐火极限不应低于 1.5 h，氧气储罐与机器间之间的联络门应采用甲级防火门。

二、居住建筑

《住宅设计规范》(GB 50096—2011)

5.1.1 住宅应按套型设计，每套住宅应设卧室、起居室（厅）、厨房和卫生间等基本功能空间。

5.3.3 厨房应设置洗涤池、案台、炉灶及排油烟机、热水器等设施或为其预留位置。

5.4.4 卫生间不应直接布置在下层住户的卧室、起居室（厅）、厨房和餐厅的上层。

5.5.2 卧室、起居室（厅）的室内净高不应低于 2.40 m，局部净高不应低于 2.10 m，且其面积不应大于室内使用面积的 1/3。

5.5.3 利用坡屋顶内空间作卧室、起居室（厅）时，其 1/2 面积的室内净高不应低于 2.10 m。

5.6.2 阳台栏杆设计应采用防止儿童攀登的构造，栏杆的垂直杆件间净距不应大于 0.11 m，放置花盆处必须采取防坠落措施。

5.6.3 住宅的阳台栏板或栏杆净高，六层及六层以下的不应低于 1.05 m；七层及七层以上的不应低于 1.10 m。

5.8.1 窗外没有阳台或平台的外窗，窗台距楼面、地面的净高低于 0.90 m 时，应设置防护设施。

6.1.1 楼梯间、电梯厅等共用部分的外窗，窗外没有阳台或平台，且窗台距楼面、地面的净高小于0.90 m时，应设置防护设施。注：窗外有阳台或平台时可不受此限制。窗台的净高或防护栏杆的高度均应从可踏面起算，保证净高达到0.90 m。

6.1.2 公共出入口台阶高度超过0.70 m并侧面临空时，应设置防护设施，防护设施净高不应低于1.05 m。

6.1.3 外廊、内天井及上人屋面等临空处的栏杆净高，六层及六层以下不应低于1.05 m，七层及七层以上不应低于1.10 m。防护栏杆必须采用防止儿童攀登的构造，栏杆的垂直杆件间净距不应大于0.11 m。放置花盆处必须采取防坠落措施。

6.2.1 十层以下的住宅建筑，当住宅单元任一层的建筑面积大于650 m^2，或任一套房的户门至安全出口的距离大于15 m时，该住宅单元每层的安全出口不应少于2个。

6.2.2 十层及十层以上且不超过十八层的住宅建筑，当住宅单元任一层的建筑面积大于650 m^2，或任一套房的户门至安全出口的距离大于10 m时，该住宅单元每层的安全出口不应少于2个。

6.2.3 十九层及十九层以上的住宅建筑，每层住宅单元的安全出口不应少于2个。

6.2.4 安全出口应分散布置，两个安全出口的距离不应小于5 m。

6.2.5 楼梯间及前室的门应向疏散方向开启。

6.3.1 楼梯梯段净宽不应小于1.10 m，不超过六层的住宅，一边设有栏杆的梯段净宽不应小于1.00 m。

6.3.2 楼梯踏步宽度不应小于0.26 m，踏步高度不应大于0.175 m，扶手高度不应小于0.90 m。楼梯水平段栏杆长度大于0.50 m时，其扶手高度不应小于1.05 m。楼梯栏杆垂直杆件间净空不应大于0.11 m。

6.3.5 楼梯井净宽大于0.11 m时，必须采取防止儿童攀滑的措施。

6.4.1 属下列情况之一时，必须设置电梯：

1. 七层及七层以上住宅或住户入口层楼面距室外设计地面的高度超过16 m时；

2. 底层作为商店或其他用房的六层及六层以下住宅，其住户入口层楼面距该建筑物的室外设计地面高度超过16 m时；

3. 底层做架空层或贮存空间的六层及六层以下住宅，其住户入口层楼面距该建筑物的室外设计地面高度超过16 m时；

4. 顶层为两层一套的跃层住宅时，跃层部分不计层数，其顶层住户入口层楼面距该建筑物室外设计地面的高度超过16 m时。

6.4.7 电梯不应紧邻卧室布置。当受条件限制，电梯不得不紧邻兼起居的卧室布置时，应采取隔声、减振的构造措施。

6.5.2 位于阳台、外廊及开敞楼梯平台下部的公共出入口，应采取防止物体坠落伤人的安全措施。

6.6.1 七层及七层以上的住宅，应对下列部位进行无障碍设计：

1. 建筑入口；

2. 入口平台；

3. 候梯厅；

4. 公共走道。

6.6.2 住宅入口及入口平台的无障碍设计应符合下列规定：

1. 建筑入口设台阶时，应同时设有轮椅坡道和扶手；

2. 坡道的坡度应符合表6.6.2的规定；

表6.6.2 坡道的坡度

坡度	1∶20	1∶16	1∶12	1∶10	1∶8
最大高度/m	1.50	1.00	0.75	0.60	0.35

3. 供轮椅通行的门净宽不应小于0.8 m；

4. 供轮椅通行的推拉门和平开门，在门把手一侧的墙面，应留有不小于0.5 m的墙面宽度；

5. 供轮椅通行的门扇，应安装视线观察玻璃、横执把手和关门拉手，在门扇的下方应安装高0.35 m的护门板；

6. 门槛高度及门内外地面高差不应大于0.15 m，并应以斜坡过渡。

6.6.3 七层及七层以上住宅建筑入口平台宽度不应小于2.00 m，七层以下住宅建筑入口平台宽度不应小于1.50 m。

6.6.4 供轮椅通行的走道和通道净宽不应小于1.20 m。

6.7.1 新建住宅应每套配套设置信报箱。

6.9.1 卧室、起居室(厅)、厨房不应布置在地下室；当布置在半地下室时，必须对采光、通风、日照、防潮、排水及安全防护采取措施，并不得降低各项指标要求。

6.9.6 直通住宅单元的地下楼、电梯间入口应设置乙级防水门，严禁利用楼、电梯间为地下车库进行自然通风。

6.10.1 住宅建筑内严禁布置存放和使用甲、乙类物品的商店、车间和仓库，以及产生噪声、振动和污染环境卫生的商店、车间和娱乐设施。

6.10.4 住户的公共出入口与附建公共用房的出入口应分开布置。

7.1.1 每套住宅至少应有一个居住空间能获得冬季日照。

7.1.3 卧室、起居室(厅)、厨房应有直接天然采光。

7.1.5 卧室、起居室(厅)、厨房的采光窗洞口的窗地面积比不应低于1/7。

7.2.1 卧室、起居室(厅)、厨房应有自然通风。

7.2.3 每套住宅的自然通风开口面积不应小于地面面积的5%。

7.3.1 卧室、起居室(厅)内噪声级，应符合下列规定：

1. 昼间卧室内的等效连续A声级不应大于45 dB；

2. 夜间卧室内的等效连续A声级不应大于37 dB；

3. 起居室(厅)的等效连续A声级不应大于45 dB。

7.3.2 分户墙和分户楼板的空气声隔声性能应符合下列规定：

1. 分隔卧室、起居室(厅)的分户墙和分户楼板，空气声隔声评价量(R_w+C)应大于45 dB；

2. 分隔住宅和非居住用途空间的楼板，空气声隔声评价量(R_w+C_{tr})应大于51 dB。

7.4.1　住宅的屋面、地面、外墙、外窗应采取防止雨水和冰雪融化水侵入室内的措施。

7.4.2　住宅的屋面和外墙的内表面在室内温度、湿度条件下不应出现结露。

7.5.3　住宅室内空气污染物的活度和浓度应符合表7.5.3的规定。

表7.5.3　住宅室内空气污染物限值

污染物名称	氡	游离甲醛	苯	氨	TVOC
活度、浓度限值	≤200 Bq/m³	≤0.08 mg/m³	≤0.09 mg/m³	≤0.2 mg/m³	≤0.5 mg/m³

8.1.1　住宅应设置室内给水排水系统。

8.1.2　严寒和寒冷地区的住宅应设置采暖设施。

8.1.3　住宅应设置照明供电系统。

8.1.4　住宅计量装置的设置应符合下列规定：

1. 各类生活供水系统应设置分户水表；

2. 设有集中采暖(集中空调)系统时，应设置分户热计量装置；

3. 设有燃气系统时，应设置分户燃气表；

4. 设有供电系统时，应设置分户电能表。

8.1.7　下列设施不应布置在住宅套内，应设置在共用空间内：

1. 公共功能的管道，包括给水总立管、消防立管、雨水立管、采暖(空调)供回水总立管和配电和弱电干线(管)等，设置在开敞式阳台的雨水立管除外；

2. 公共的管道阀门、电气设备和用于总体调节和检修的部件，户内排水立管检修口除外；

3. 采暖管沟和电缆沟的检查孔。

8.2.1　住宅各类生活供水系统水质应符合国家现行有关标准的规定。

8.2.2　入户管的供水压力不应大于0.35 MPa。

8.2.6　厨房和卫生间的排水立管应分别设置。排水管道不得穿越卧室。

8.2.10　无存水弯的卫生器具和无水封的地漏与生活排水管道连接时，在排水口以下应设存水弯；存水弯和有水封地漏的水封高度不应小于50 mm。

8.2.11　地下室、半地下室中低于室外地面的卫生器具和地漏的排水管，不应与上部排水管连接，应设置集水设施用污水泵排出。

8.3.2　除电力充足和供电政策支持，或建筑所在地无法利用其他形式的能源外，严寒和寒冷地区、夏热冬冷地区的住宅不应设计直接电热作为室内采暖主体热源。

8.3.3　住宅采暖系统应采用不高于95 ℃的热水作为热媒，并应有可靠的水质保证措施。热水温度和系统压力应根据管材、室内散热设备等因素确定。

8.3.4　住宅集中采暖的设计，应进行每一个房间的热负荷计算。

8.3.6　设置采暖系统的普通住宅的室内采暖计算温度，不应低于表8.3.6的规定。

表8.3.6　室内采暖计算温度

用　　房	卧室、起居室(厅)和卫生间	厨房	设采暖的楼梯间和走廊
温度/℃	18	15	14

8.3.12　采用户式燃气采暖热水炉作为采暖热源时，其热效率应符合现行国家标准《家用燃气快速热水器和燃气采暖热水炉能效限定值及能效等级》GB 20665 中能效等级 3 级的规定值。

8.4.1　住宅管道燃气的供气压力不应高于 0.2 MPa。住宅内各类用气设备应使用低压燃气，其入口压力应在 0.75～1.5 倍燃具额定范围内。

8.4.3　燃气设备的设置应符合下列规定：

1. 燃气设备严禁设置在卧室内；

2. 严禁在浴室内安装直接排气式、半密闭式燃气热水器等在使用空间内积聚有害气体的加热设备；

3. 户内燃气灶应安装在通风良好的厨房、阳台内；

4. 燃气热水器等燃气设备应安装在通风良好的厨房、阳台内或其他非居住房间。

8.4.4　住宅内各类用气设备的烟气必须排至室外。排气口应采取防风措施，安装燃气设备的房间应预留安装位置和排气孔洞位置；当多台设备合用竖向排气道排放烟气时，应保证互不影响。户内燃气热水器、分户设置的采暖或制冷燃气设备的排气管不得与燃气灶排油烟机的排气管合并接入同一管道。

8.5.3　无外窗的暗卫生间，应设置防止回流的机械通风设施或预留机械通风设置条件。

8.7.3　每套住宅应设置户配电箱，其电源总开关装置应采用可同时断开相线和中性线的开关电器。

8.7.4　套内安装在 1.80 m 及以下的插座均应采用安全型插座。

8.7.5　共用部位应设人工照明，应采用高效节能的照明装置和节能控制措施。当应急照明采用节能自熄开关时，必须采取消防时应急点亮的措施。

8.7.9　当发生火警时，疏散通道上和出入口处的门禁应能集中解锁或能从内部手动解锁。

《宿舍建筑设计规范》(JGJ 36—2016)

4.2.5　居室不应布置在地下室。

7.3.4　供中小学使用的宿舍，必须采用安全型电源插座。

三、老年人建筑

《老年人照料设施建筑设计标准》(JGJ 450—2018)

4.2.4　道路系统应保证救护车辆能停靠在建筑的主要出入口处，且应与建筑的紧急送医通道相连。

5.1.2　老年人照料设施的老年人居室和老年人休息室不应设置在地下室、半地下室。

5.6.4　二层及以上楼层、地下室、半地下室设置老年人用房时应设电梯，电梯应为无障碍电梯，且至少 1 台能容纳担架。

5.6.6　老年人使用的楼梯严禁采用弧形楼梯和螺旋楼梯。

6.5.3　老年人照料设施的老年人居室和老年人休息室不应与电梯井道、有噪声振动的设备机房等相邻布置。

7.2.5　散热器、热水辐射供暖分集水器必须有防止烫伤的保护措施。

四、无障碍设计

《无障碍设计规范》(GB 50763—2012)

3.7.3　升降平台应符合下列规定：

3. 垂直升降平台的基坑应采用防止误入的安全防护措施；

5. 垂直升降平台的传送装置应有可靠的安全防护装置。

4.4.5　人行天桥桥下的三角区净空高度小于 2.00 m 时，应安装防护设施，并应在防护设施外设置提示盲道。

6.2.4　无障碍游览路线应符合下列规定：

5. 在地形险要的地段应设置安全防护设施和安全警示线。

6.2.7　标识与信息应符合下列规定：

4. 危险地段应设置必要的警示、提示标志及安全警示线。

8.1.4　建筑内设有电梯时，至少应设置 1 部无障碍电梯。

五、地下室

《地下工程防水技术规范》(GB 50108—2008)

3.1.4　地下工程迎水面主体结构应采用防水混凝土，并应根据防水等级的要求采取其他防水措施。

3.2.1　地下工程的防水等级应分为四级，各等级防水标准应符合表 3.2.1 的规定。

表 3.2.1　地下工程防水标准

防水等级	防水标准
一级	不允许渗水，结构表面无湿渍
二级	不允许漏水，结构表面可有少量湿渍。 工业与民用建筑：总湿渍面积不应大于总防水面积(包括顶板、墙面、地面)的 1/1 000；任意 100 m^2 防水面积上的湿渍不超过 2 处，单个湿渍的最大面积不大于 0.1 m^2。 其他地下工程：总湿渍面积不应大于总防水面积的 2/1 000；任意 100 m^2 防水面积上的湿渍不超过 3 处，单个湿渍的最大面积不大于 0.2 m^2；其中，隧道工程还要求平均渗水量不大于 0.05 L/(m^2·d)，任意 100 m^2 防水面积上的渗水量不大于 0.15 L/(m^2·d)
三级	有少量漏水点，不得有线流和漏泥砂。 任意 100 m^2 防水面积上的漏水或湿渍点数不超过 7 处，单个漏水点的最大漏水量不大于 2.5 L/d，单个湿渍的最大面积不大于 0.3 m^2
四级	有漏水点，不得有线流和漏泥砂。 整个工程平均漏水量不大于 2 L/(m^2·d)，任意 100 m^2 防水面积上的平均漏水量不大于 4 L/(m^2·d)

3.2.2　地下工程不同防水等级的适用范围，应根据工程的重要性和使用中对防水的要求按表 3.2.2 选定。

表 3.2.2 不同防水等级的适用范围

防水等级	适用范围
一级	人员长期停留的场所；因有少量湿渍会使物品变质、失效的贮物场所及严重影响设备正常运转和危及工程安全运营的部位；极重要的战备工程、地铁车站
二级	人员经常活动的场所；在有少量湿渍的情况下不会使物品变质、失效的贮物场所及基本不影响设备正常运转和工程安全运营的部位；重要的战备工程
三级	人员临时活动的场所；一般战备工程
四级	对渗漏水无严格要求的工程

4.1.22 防水混凝土拌合物在运输后如出现离析，必须进行二次搅拌。当坍落度损失后不能满足施工要求时，应加入原水胶比的水泥浆或掺加同品种的减水剂进行搅拌，严禁直接加水。

4.1.26 施工缝的施工应符合下列规定：

1. 水平施工缝浇筑混凝土前，应将其表面浮浆和杂物清除，然后铺设净浆或涂刷混凝土界面处理剂、水泥基渗透结晶型防水涂料等材料，再铺 30～50 mm 厚的 1∶1 水泥砂浆，并应及时浇筑混凝土；

2. 垂直施工缝浇筑混凝土前，应将其表面清理干净，再涂刷混凝土界面处理剂或水泥基渗透结晶型防水涂料，并应及时浇筑混凝土。

5.1.3 变形缝处混凝土结构的厚度不应小于 300 mm。

《人民防空地下室设计规范》(GB 50038—2005)

3.1.3 防空地下室距生产、储存易燃易爆物品厂房、库房的距离不应小于 50 m；距有害液体、重毒气体的贮罐不应小于 100 m。

3.2.13 在染毒区与清洁区之间应设置整体浇筑的钢筋混凝土密闭隔墙，其厚度不应小于 200 mm，并应在染毒区一侧墙面用水泥砂浆抹光。当密闭隔墙上有管道穿过时，应采取密闭措施。在密闭隔墙上开设门洞时，应设置密闭门。

3.2.15 顶板底面高出室外地平面的防空地下室必须符合下列规定。

1. 上部建筑为钢筋混凝土结构的甲类防空地下室，其顶板底面不得高出室外地平面；上部建筑为砌体结构的甲类防空地下室，其顶板底面可高出室外地平面，但必须符合下列规定：

(1) 当地具有取土条件的核 5 级甲类防空地下室，其顶板底面高出室外地平面的高度不得大于 0.50 m，并应在临战时按下述要求在高出室外地平面的外墙外侧覆土，覆土的断面应为梯形，其上部水平段的宽度不得小于 1.0 m，高度不得低于防空地下室顶板的上表面，其水平段外侧为斜坡，其坡度不得大于 1∶3(高∶宽)。

(2) 核 6 级、核 6B 级的甲类防空地下室，其顶板底面高出室外地平面的高度不得大于 1.00 m，且其高出室外地平面的外墙必须满足战时防常规武器爆炸、防核武器爆炸、密闭和墙体防护厚度等各项防护要求。

2. 乙类防空地下室的顶板底面高出室外地平面的高度不得大于该地下室净高的1/2，且其高出室外地平面的外墙必须满足战时防常规武器爆炸、密闭和墙体防护厚度等各项防护要求。

3.3.1　防空地下室战时使用的出入口，其设置应符合下列规定：

1. 防空地下室的每个防护单元不应少于两个出入口（不包括竖井式出入口、防护单元之间的连通口），其中至少有一个室外出入口（竖井式除外）。战时主要出入口应设在室外出入口（符合第3.3.2条规定的防空地下室除外）。

3.3.6　防空地下室出入口人防门的设置应符合下列规定：

1. 人防门的设置数量应符合表3.3.6的规定，并按由外到内的顺序，设置防护密闭门、密闭门。

表3.3.6　出入口人防门设置数量

<table>
<tr><td rowspan="3">人防门</td><td colspan="4">工程类别</td></tr>
<tr><td colspan="2">医疗救护工程、专业队队员掩蔽部、一等人员掩蔽所、生产车间、食品站</td><td rowspan="2">二等人员掩蔽所、电站控制室、物资库、区域供水站</td><td rowspan="2">专业队装备掩蔽部、汽车库、电站发电机房</td></tr>
<tr><td>主要口</td><td>次要口</td></tr>
<tr><td>防护密闭门</td><td>1</td><td>1</td><td>1</td><td>1</td></tr>
<tr><td>密闭门</td><td>2</td><td>1</td><td>1</td><td>0</td></tr>
</table>

2. 防护密闭门应向外开启。

3.3.18　设置在出入口的防护密闭门和防爆波活门，其设计压力值应符合下列规定：

1. 乙类防空地下室应按表3.3.18-1确定。

表3.3.18-1　乙类防空地下室出入口防护密闭门的设计压力值　单位：MPa

<table>
<tr><td colspan="3">防常规武器抗力级别</td><td>常5级</td><td>常6级</td></tr>
<tr><td rowspan="3">室外出入口</td><td rowspan="2">直通式</td><td>通道长度≤15 m</td><td>0.30</td><td>0.15</td></tr>
<tr><td>通道长度＞15 m</td><td rowspan="3">0.20</td><td rowspan="3">0.10</td></tr>
<tr><td colspan="2">单向式、穿廊式、楼梯式、竖井式</td></tr>
<tr><td colspan="3">室内出入口</td></tr>
</table>

注：通道长度，直通式出入口按有防护顶盖段通道中心线在平面上的投影长计。

2. 甲类防空地下室应按表3.3.18-2确定。

表3.3.18-2　甲类防空地下室出入口防护密闭门的设计压力值　单位：MPa

<table>
<tr><td colspan="2">防核武器抗力级别</td><td>核4级</td><td>核4B级</td><td>核5级</td><td>核6级</td><td>核6B级</td></tr>
<tr><td rowspan="2">室外出入口</td><td>直通式、单向式</td><td>0.90</td><td>0.60</td><td rowspan="3">0.30</td><td rowspan="3">0.15</td><td rowspan="3">0.10</td></tr>
<tr><td>穿廊式、楼梯式、竖井式</td><td rowspan="2">0.60</td><td rowspan="2">0.40</td></tr>
<tr><td colspan="2">室内出入口</td></tr>
</table>

3.3.26　当电梯通至地下室时，电梯必须设置在防空地下室的防护密闭区以外。

3.6.6　柴油电站的贮油间应符合下列规定：

2. 贮油间应设置向外开启的防火门，其地面应低于与其相连接的房间（或走道）地面150～200 mm或设门槛；

3. 严禁柴油机排烟管、通风管、电线、电缆等穿过贮油间。

3.7.2　平战结合的防空地下室中，下列各项应在工程施工、安装时一次完成：

——现浇的钢筋混凝土和混凝土结构、构件；

——战时使用的及平战两用的出入口、连通口的防护密闭门、密闭门；

——战时使用的及平战两用的通风口防护设施；

——战时使用的给水引入管、排水出户管和防爆波地漏。

4.1.3　甲类防空地下室结构应能承受常规武器爆炸动荷载和核武器爆炸动荷载的分别作用，乙类防空地下室结构应能承受常规武器爆炸动荷载的作用。对常规武器爆炸动荷载和核武器爆炸动荷载，设计时均按一次作用。

4.1.7　对乙类防空地下室和核5级、核6级、核6B级甲类防空地下室结构，当采用平战转换设计时，应通过临战时实施平战转换达到战时防护要求。

4.9.1　甲类防空地下室结构应分别按下列第1、2、3款规定的荷载(效应)组合进行设计，乙类防空地下室结构应分别按下列第1、2款规定的荷载(效应)组合进行设计，并应取各自的最不利的效应组合作为设计依据。其中平时使用状态的荷载(效应)组合应按国家现行有关标准执行。

1. 平时使用状态的结构设计荷载；

2. 战时常规武器爆炸等效静荷载与静荷载同时作用；

3. 战时核武器爆炸等效静荷载与静荷载同时作用。

4.11.7　承受动荷载的钢筋混凝土结构构件，纵向受力钢筋的配筋百分率不应小于表4.11.7规定的数值。

表4.11.7　钢筋混凝土结构构件纵向受力钢筋的最小配筋百分率　单位：%

分　类	混凝土强度等级		
	C25～C35	C40～C55	C60～C80
受压构件的全部纵向钢筋	0.60(0.40)	0.60(0.40)	0.70(0.40)
偏心受压及偏心受拉构件一侧的受压钢筋	0.20	0.20	0.20
受弯构件、偏心受压及偏心受拉构件一侧的受拉钢筋	0.25	0.30	0.35

注：1. 受压构件的全部纵向钢筋最小配筋百分率，当采用HRB400级、RRB400级钢筋时，应按表中规定减小0.1；
2. 当为墙体时，受压构件的全部纵向钢筋最小配筋百分率采用括号内数值；
3. 受压构件的受压钢筋以及偏心受压、小偏心受拉构件的受拉钢筋的最小配筋百分率按构件的全截面面积计算，受弯构件、大偏心受拉构件的受拉钢筋的最小配筋百分率按全截面面积扣除位于受压边或受拉较小边翼缘面积后的截面面积计算；
4. 受弯构件、偏心受压及偏心受拉构件一侧的受拉钢筋的最小配筋百分率不适用于HPB235级钢筋，当采用HPB235级钢筋时，应符合《混凝土结构设计规范》(GB 50010)中有关规定；
5. 对卧置于地基上的核5级、核6级和核6B级甲类防空地下室结构底板，当其内力系由平时设计荷载控制时，板中受拉钢筋最小配筋率可适当降低，但不应小于0.15%。

4.11.17　砌体结构的防空地下室，由防护密闭门至密闭门的防护密闭段，应采用整体现浇钢筋混凝土结构。

5.2.16　设计选用的过滤吸收器，其额定风量严禁小于通过该过滤吸收器的风量。

5.3.3　防空地下室平时和战时合用一个通风系统时，应按平时和战时工况分别计算系统的新风量，并按下列规定选用通风和防护设备：

1. 按最大的计算新风量选用清洁通风管管径、粗过滤器、密闭阀门和通风机等设备；

2. 按战时清洁通风的计算新风量选用门式防爆波活门，并按门扇开启时的平时通风量进行校核；

3. 按战时滤毒通风的计算新风量选用滤毒进(排)风管路上的过滤吸收器、滤毒风机、滤毒通风管及密闭阀门。

5.4.1 引入防空地下室的采暖管道，在穿过人防围护结构处应采取可靠的防护密闭措施，并应在围护结构的内侧设置工作压力不小于 1.0 MPa 的阀门。

6.2.6 在防空地下室的清洁区内，每个防护单元均应设置生活用水、饮用水贮水池(箱)。贮水池(箱)的有效容积应根据防空地下室战时的掩蔽人员数量、战时用水量标准及贮水时间计算确定。

6.2.13 防空地下室给水管道上防护阀门的设置及安装应符合下列要求：

1. 当给水管道从出入口引入时，应在防护密闭门的内侧设置；当从人防围护结构引入时，应在人防围护结构的内侧设置；穿过防护单元之间的防护密闭隔墙时，应在防护密闭隔墙两侧的管道上设置。

2. 防护阀门的公称压力不应小于 1.0 MPa。

3. 防护阀门应采用阀芯为不锈钢或铜材质的闸阀或截止阀。

6.5.9 柴油发电机房的输油管当从出入口引入时，应在防护密闭门内设置油用阀门；当从围护结构引入时，应在外墙内侧或顶板内侧设置油用阀门，其公称压力不得小于 1.0 MPa，该阀门应设置在便于操作处，并应有明显的启闭标志。在室外的适当位置应设置与防空地下室抗力级别相同的油管接头井。

7.2.9 防空地下室内安装的变压器、断路器、电容器等高、低压电器设备，应采用无油、防潮设备。

7.2.10 内部电源的发电机组应采用柴油发电机组，严禁采用汽油发电机组。

7.2.11 下列工程应在工程内部设置柴油电站：

1. 中心医院、急救医院。

2. 救护站、防空专业队工程、人员掩蔽工程、配套工程等防空地下室，建筑面积之和大于 5 000 m^2。

7.3.4 防空地下室内的各种动力配电箱、照明箱、控制箱，不得在外墙、临空墙、防护密闭隔墙、密闭隔墙上嵌墙暗装。若必须设置时，应采取挂墙式明装。

7.6.6 保护线(PE)上，严禁设置开关或熔断器。

第二章 建筑防火

第一节 建筑分类、耐火等级及其构件耐火极限

《建筑设计防火规范》(GB 50016—2014)(2018年版)

3.2.2 高层厂房，甲、乙类厂房的耐火等级不应低于二级，建筑面积不大于300 m^2 的独立甲、乙类单层厂房可采用三级耐火等级的建筑。

3.2.3 单、多层丙类厂房和多层丁、戊类厂房的耐火等级不应低于三级。

使用或产生丙类液体的厂房和有火花、赤热表面、明火的丁类厂房，其耐火等级均不应低于二级，当为建筑面积不大于500 m^2 的单层丙类厂房或建筑面积不大于1 000 m^2 的单层丁类厂房时，可采用三级耐火等级的建筑。

3.2.4 使用或储存特殊贵重的机器、仪表、仪器等设备或物品的建筑，其耐火等级不应低于二级。

3.2.7 高架仓库、高层仓库、甲类仓库、多层乙类仓库和储存可燃液体的多层丙类仓库，其耐火等级不应低于二级。

单层乙类仓库，单层丙类仓库，储存可燃固体的多层丙类仓库和多层丁、戊类仓库，其耐火等级不应低于三级。

3.2.9 甲、乙类厂房和甲、乙、丙类仓库内的防火墙，其耐火极限不应低于4.00 h。

3.2.15 一、二级耐火等级厂房(仓库)的上人平屋顶，其屋面板的耐火极限分别不应低于1.50 h和1.00 h。

3.3.1 除本规范另有规定外，厂房的层数和每个防火分区的最大允许建筑面积应符合表3.3.1的规定。

表3.3.1 厂房的层数和每个防火分区的最大允许建筑面积

生产的火灾危险性类别	厂房的耐火等级	最多允许层数	每个防火分区的最大允许建筑面积/m^2			
			单层厂房	多层厂房	高层厂房	地下或半地下厂房(包括地下或半地下室)
甲	一级	宜采用单层	4 000	3 000	—	—
	二级		3 000	2 000	—	—
乙	一级	不限	5 000	4 000	2 000	—
	二级	6	4 000	3 000	1 500	—
丙	一级	不限	不限	6 000	3 000	500
	二级	不限	8 000	4 000	2 000	500
	三级	2	3 000	2 000	—	—

表 3.3.1(续)

生产的火灾危险性类别	厂房的耐火等级	最多允许层数	每个防火分区的最大允许建筑面积/m^2			
			单层厂房	多层厂房	高层厂房	地下或半地下厂房（包括地下或半地下室）
丁	一级、二级	不限	不限	不限	4 000	1 000
	三级	3	4 000	2 000	—	—
	四级	1	1 000	—	—	—
戊	一级、二级	不限	不限	不限	6 000	1 000
	三级	3	5 000	3 000	—	—
	四级	1	1 500	—	—	—

注：1. 防火分区之间应采用防火墙分隔。除甲类厂房外的一、二级耐火等级厂房，当其防火分区的建筑面积大于本表规定，且设置防火墙确有困难时，可采用防火卷帘或防火分隔水幕分隔。采用防火卷帘时，应符合本规范第6.5.3条的规定；采用防火分隔水幕时，应符合现行国家标准《自动喷水灭火系统设计规范》GB 50084 的规定。

2. 除麻纺厂房外，一级耐火等级的多层纺织厂房和二级耐火等级的单、多层纺织厂房，其每个防火分区的最大允许建筑面积可按本表的规定增加0.5倍，但厂房内的原棉开包、清花车间与厂房内其他部位之间均应采用耐火极限不低于2.50 h的防火隔墙分隔，需要开设门、窗、洞口时，应设置甲级防火门、窗。

3. 一、二级耐火等级的单、多层造纸生产联合厂房，其每个防火分区的最大允许建筑面积可按本表的规定增加1.5倍。一、二级耐火等级的湿式造纸联合厂房，当纸机烘缸罩内设置自动灭火系统，完成工段设置有效灭火设施保护时，其每个防火分区的最大允许建筑面积可按工艺要求确定。

4. 一、二级耐火等级的谷物筒仓工作塔，当每层工作人数不超过2人时，其层数不限。

5. 一、二级耐火等级卷烟生产联合厂房内的原料、备料及成组配方、制丝、储丝和卷接包、辅料周转、成品暂存、二氧化碳膨胀烟丝等生产用房应划分独立的防火分隔单元，当工艺条件许可时，应采用防火墙进行分隔。其中制丝、储丝和卷接包车间可划分为一个防火分区，且每个防火分区的最大允许建筑面积可按工艺要求确定，但制丝、储丝及卷接包车间之间应采用耐火极限不低于2.00 h的防火隔墙和1.00 h的楼板进行分隔。厂房内各水平和竖向防火分隔之间的开口应采取防止火灾蔓延的措施。

6. 厂房内的操作平台、检修平台，当使用人数少于10人时，平台的面积可不计入所在防火分区的建筑面积内。

7. “—”表示不允许。

3.3.2 除本规范另有规定外，仓库的层数和面积应符合表3.3.2的规定。

表 3.3.2 仓库的层数和面积

储存物品的火灾危险性类别		仓库的耐火等级	最多允许层数	每座仓库的最大允许占地面积和每个防火分区的最大允许建筑面积/m^2						
				单层仓库		多层仓库		高层仓库		地下或半地下仓库（包括地下或半地下室）
				每座仓库	防火分区	每座仓库	防火分区	每座仓库	防火分区	防火分区
甲	3、4项	一级	1	180	60	—	—	—	—	—
	1、2、5、6项	一、二级	1	750	250	—	—	—	—	—

表 3.3.2(续)

储存物品的火灾危险性类别		仓库的耐火等级	最多允许层数	每座仓库的最大允许占地面积和每个防火分区的最大允许建筑面积/m^2						
				单层仓库		多层仓库		高层仓库		地下或半地下仓库（包括地下或半地下室）
				每座仓库	防火分区	每座仓库	防火分区	每座仓库	防火分区	防火分区
乙	1、3、4 项	一、二级	3	2 000	500	900	300	—	—	—
		三级	1	500	250	—	—	—	—	—
	2、5、6 项	一、二级	5	2 800	700	1 500	500	—	—	—
		三级	1	900	300	—	—	—	—	—
丙	1 项	一、二级	5	4 000	1 000	2 800	700	—	—	150
		三级	1	1 200	400	—	—	—	—	—
	2 项	一、二级	不限	6 000	1 500	4 800	1 200	4 000	1 000	300
		三级	3	2 100	700	1 200	400	—	—	—
丁		一、二级	不限	不限	3 000	不限	1 500	4 800	1 200	500
		三级	3	3 000	1 000	1 500	500	—	—	—
		四级	1	2 100	700	—	—	—	—	—
戊		一、二级	不限	不限	不限	不限	2 000	6 000	1 500	1 000
		三级	3	3 000	1 000	2 100	700	—	—	—
		四级	1	2 100	700	—	—	—	—	—

注：1. 仓库内的防火分区之间必须采用防火墙分隔，甲、乙类仓库内防火分区之间的防火墙不应开设门、窗、洞口；地下或半地下仓库(包括地下或半地下室)的最大允许占地面积，不应大于相应类别地上仓库的最大允许占地面积。

2. 石油库区内的桶装油品仓库应符合现行国家标准《石油库设计规范》GB 50074 的规定。

3. 一、二级耐火等级的煤均化库，每个防火分区的最大允许建筑面积不应大于 12 000 m^2。

4. 独立建造的硝酸铵仓库、电石仓库、聚乙烯等高分子制品仓库、尿素仓库、配煤仓库、造纸厂的独立成品仓库，当建筑的耐火等级不低于二级时，每座仓库的最大允许占地面积和每个防火分区的最大允许建筑面积可按本表的规定增加 1.0 倍。

5. 一、二级耐火等级粮食平房仓的最大允许占地面积不应大于 12 000 m^2，每个防火分区的最大允许建筑面积不应大于 3 000 m^2；三级耐火等级粮食平房仓的最大允许占地面积不应大于 3 000 m^2，每个防火分区的最大允许建筑面积不应大于 1 000 m^2。

6. 一、二级耐火等级且占地面积不大于 2 000 m^2 的单层棉花库房，其防火分区的最大允许建筑面积不应大于 2 000 m^2。

7. 一、二级耐火等级冷库的最大允许占地面积和防火分区的最大允许建筑面积，应符合现行国家标准《冷库设计规范》GB 50072 的规定。

8.“—”表示不允许。

3.3.4 甲、乙类生产场所(仓库)不应设置在地下或半地下。

3.3.5 员工宿舍严禁设置在厂房内。

办公室、休息室等不应设置在甲、乙类厂房内，确需贴邻本厂房时，其耐火等级不应低于二级，并应采用耐火极限不低于 3.00 h 的防爆墙与厂房分隔，且应设置独立的安全出口。

办公室、休息室设置在丙类厂房内时，应采用耐火极限不低于 2.50 h 的防火隔墙和 1.00 h 的楼板与其他部位分隔，并应至少设置 1 个独立的安全出口。如隔墙上需开设相互连通的门时，应采用乙级防火门。

3.3.6 厂房内设置中间仓库时，应符合下列规定：

2. 甲、乙、丙类中间仓库应采用防火墙和耐火极限不低于 1.50 h 的不燃性楼板与其他部位分隔。

3.3.8 变、配电站不应设置在甲、乙类厂房内或贴邻，且不应设置在爆炸性气体、粉尘环境的危险区域内。供甲、乙类厂房专用的 10 kV 及以下的变、配电站，当采用无门、窗、洞口的防火墙分隔时，可一面贴邻，并应符合现行国家标准《爆炸危险环境电力装置设计规范》GB 50058 等标准的规定。

乙类厂房的配电站确需在防火墙上开窗时，应采用甲级防火窗。

3.3.9 员工宿舍严禁设置在仓库内。

办公室、休息室等严禁设置在甲、乙类仓库内，也不应贴邻。

办公室、休息室设置在丙、丁类仓库内时，应采用耐火极限不低于 2.50 h 的防火隔墙和 1.00 h 的楼板与其他部位分隔，并应设置独立的安全出口。隔墙上需开设相互连通的门时，应采用乙级防火门。

3.6.2 有爆炸危险的厂房或厂房内有爆炸危险的部位应设置泄压设施。

3.6.6 散发较空气重的可燃气体、可燃蒸气的甲类厂房和有粉尘、纤维爆炸危险的乙类厂房，应符合下列规定：

1. 应采用不发火花的地面。采用绝缘材料作整体面层时，应采取防静电措施。

2. 散发可燃粉尘、纤维的厂房，其内表面应平整、光滑，并易于清扫。

3. 厂房内不宜设置地沟，确需设置时，其盖板应严密，地沟应采取防止可燃气体、可燃蒸气和粉尘、纤维在地沟积聚的有效措施，且应在与相邻厂房连通处采用防火材料密封。

3.6.8 有爆炸危险的甲、乙类厂房的总控制室应独立设置。

3.6.11 使用和生产甲、乙、丙类液体的厂房，其管、沟不应与相邻厂房的管、沟相通，下水道应设置隔油设施。

3.6.12 甲、乙、丙类液体仓库应设置防止液体流散的设施。遇湿会发生燃烧爆炸的物品仓库应采取防止水浸渍的措施。

5.1.3 民用建筑的耐火等级应根据其建筑高度、使用功能、重要性和火灾扑救难度等确定，并应符合下列规定：

1. 地下或半地下建筑(室)和一类高层建筑的耐火等级不应低于一级；

2. 单、多层重要公共建筑和二类高层建筑的耐火等级不应低于二级。

5.1.3A 除木结构建筑外，老年人照料设施的耐火等级不应低于三级。

5.1.4 建筑高度大于 100 m 的民用建筑，其楼板的耐火极限不应低于 2.00 h。

一、二级耐火等级建筑的上人平屋顶，其屋面板的耐火极限分别不应低于 1.50 h 和 1.00 h。

5.2.2 民用建筑之间的防火间距不应小于表 5.2.2 的规定，与其他建筑的防火间距，除应符合本节规定外，尚应符合本规范其他章的有关规定。

表 5.2.2　民用建筑之间的防火间距　　单位：m

建筑类别		高层民用建筑	裙房和其他民用建筑		
		一、二级	一、二级	三级	四级
高层民用建筑	一、二级	13	9	11	14
裙房和其他民用建筑	一、二级	9	6	7	9
	三级	11	7	8	10
	四级	14	9	10	12

注：1. 相邻两座单、多层建筑，当相邻外墙为不燃性墙体且无外露的可燃性屋檐，每面外墙上无防火保护的门、窗、洞口不正对开设且该门、窗、洞口的面积之和不大于外墙面积的 5%时，其防火间距可按本表的规定减少 25%。

2. 两座建筑相邻较高一面外墙为防火墙，或高出相邻较低一座一、二级耐火等级建筑的屋面 15 m 及以下范围内的外墙为防火墙时，其防火间距不限。

3. 相邻两座高度相同的一、二级耐火等级建筑中相邻任一侧外墙为防火墙，屋顶的耐火极限不低于 1.00 h 时，其防火间距不限。

4. 相邻两座建筑中较低一座建筑的耐火等级不低于二级，相邻较低一面外墙为防火墙且屋顶无天窗，屋顶的耐火极限不低于 1.00 h 时，其防火间距不应小于 3.5 m；对于高层建筑，不应小于 4 m。

5. 相邻两座建筑中较低一座建筑的耐火等级不低于二级且屋顶无天窗，相邻较高一面外墙高出较低一座建筑的屋面 15 m 及以下范围内的开口部位设置甲级防火门、窗，或设置符合现行国家标准《自动喷水灭火系统设计规范》GB 50084 规定的防火分隔水幕或本规范第 6.5.3 条规定的防火卷帘时，其防火间距不应小于 3.5 m；对于高层建筑，不应小于 4 m。

6. 相邻建筑通过连廊、天桥或底部的建筑物等连接时，其间距不应小于本表的规定。

7. 耐火等级低于四级的既有建筑，其耐火等级可按四级确定。

5.2.6　建筑高度大于 100 m 的民用建筑与相邻建筑的防火间距，当符合本规范第 3.4.5 条、第 3.5.3 条、第 4.2.1 条和第 5.2.2 条允许减小的条件时，仍不应减小。

9.2.2　甲、乙类厂房(仓库)内严禁采用明火和电热散热器供暖。

9.2.3　下列厂房应采用不循环使用的热风供暖：

1. 生产过程中散发的可燃气体、蒸气、粉尘或纤维与供暖管道、散热器表面接触能引起燃烧的厂房；

2. 生产过程中散发的粉尘受到水、水蒸气的作用能引起自燃、爆炸或产生爆炸性气体的厂房。

9.3.2　厂房内有爆炸危险场所的排风管道，严禁穿过防火墙和有爆炸危险的房间隔墙。

9.3.5　含有燃烧和爆炸危险粉尘的空气，在进入排风机前应采用不产生火花的除尘器进行处理。对于遇水可能形成爆炸的粉尘，严禁采用湿式除尘器。

9.3.8　净化或输送有爆炸危险粉尘和碎屑的除尘器、过滤器或管道，均应设置泄压装置。

净化有爆炸危险粉尘的干式除尘器和过滤器应布置在系统的负压段上。

9.3.9　排除有燃烧或爆炸危险气体、蒸气和粉尘的排风系统，应符合下列规定：

1. 排风系统应设置导除静电的接地装置；

2. 排风设备不应布置在地下或半地下建筑(室)内；

3. 排风管应采用金属管道，并应直接通向室外安全地点，不应暗设。

9.3.11 通风、空气调节系统的风管在下列部位应设置公称动作温度为 70 ℃的防火阀：

1. 穿越防火分区处；
2. 穿越通风、空气调节机房的房间隔墙和楼板处；
3. 穿越重要或火灾危险性大的场所的房间隔墙和楼板处；
4. 穿越防火分隔处的变形缝两侧；
5. 竖向风管与每层水平风管交接处的水平管段上。

9.3.16 燃油或燃气锅炉房应设置自然通风或机械通风设施。燃气锅炉房应选用防爆型的事故排风机。当采取机械通风时，机械通风设施应设置导除静电的接地装置，通风量应符合下列规定：

1. 燃油锅炉房的正常通风量应按换气次数不少于 3 次/h 确定，事故排风量应按换气次数不少于 6 次/h 确定；
2. 燃气锅炉房的正常通风量应按换气次数不少于 6 次/h 确定，事故排风量应按换气次数不少于 12 次/h 确定。

《汽车库、修车库、停车场设计防火规范》(GB 50067—2014)

3.0.2 汽车库、修车库的耐火等级应分为一级、二级和三级，其构件的燃烧性能和耐火极限均不应低于表 3.0.2 的规定。

表 3.0.2 汽车库、修车库构件的燃烧性能和耐火极限 单位：h

建筑构件名称		耐火等级		
		一级	二级	三级
墙	防火墙	不燃性 3.00	不燃性 3.00	不燃性 3.00
	承重墙	不燃性 3.00	不燃性 2.50	不燃性 2.00
	楼梯间和前室的墙、防火隔墙	不燃性 2.00	不燃性 2.00	不燃性 2.00
	隔墙、非承重外墙	不燃性 1.00	不燃性 1.00	不燃性 0.50
柱		不燃性 3.00	不燃性 2.50	不燃性 2.00
梁		不燃性 2.00	不燃性 1.50	不燃性 1.00
楼板		不燃性 1.50	不燃性 1.00	不燃性 0.50
疏散楼梯、坡道		不燃性 1.50	不燃性 1.00	不燃性 1.00
屋顶承重构件		不燃性 1.50	不燃性 1.00	不燃性 0.50
吊顶(包括吊顶格栅)		不燃性 0.25	不燃性 0.25	不燃性 0.15

注：预制钢筋混凝土构件的节点缝隙或金属承重构件的外露部位应加设防火保护层，其耐火极限不应低于表中相应构件的规定。

3.0.3 汽车库和修车库的耐火等级应符合下列规定：

1. 地下、半地下和高层汽车库应为一级；
2. 甲、乙类物品运输车的汽车库、修车库和Ⅰ类汽车库、修车库，应为一级；
3. Ⅱ、Ⅲ类汽车库、修车库的耐火等级不应低于二级；
4. Ⅳ类汽车库、修车库的耐火等级不应低于三级。

7.1.4 汽车库、修车库的消防用水量应按室内、外消防用水量之和计算。其中，汽车库、修车库内设置消火栓、自动喷水、泡沫等灭火系统时，其室内消防用水量应按需要同时开启的灭火系统用水量之和计算。

7.1.5 除本规范另有规定外，汽车库、修车库、停车场应设置室外消火栓系统，其室外消防用水量应按消防用水量最大的一座计算，并应符合下列规定：

1. Ⅰ、Ⅱ类汽车库、修车库、停车场，不应小于 20 L/s；

2. Ⅲ类汽车库、修车库、停车场，不应小于 15 L/s；

3. Ⅳ类汽车库、修车库、停车场，不应小于 10 L/s。

7.1.8 除本规范另有规定外，汽车库、修车库应设置室内消火栓系统，其消防用水量应符合下列规定：

1. Ⅰ、Ⅱ、Ⅲ类汽车库及Ⅰ、Ⅱ类修车库的用水量不应小于 10 L/s，系统管道内的压力应保证相邻两个消火栓的水枪充实水柱同时到达室内任何部位；

2. Ⅳ类汽车库及Ⅲ、Ⅳ类修车库的用水量不应小于 5 L/s，系统管道内的压力应保证一个消火栓的水枪充实水柱到达室内任何部位。

7.1.15 采用消防水池作为消防水源时，其有效容量应满足火灾延续时间内室内、外消防用水量之和的要求。

8.2.1 除敞开式汽车库、建筑面积小于 1 000 m^2 的地下一层汽车库和修车库外，汽车库、修车库应设置排烟系统，并应划分防烟分区。

9.0.7 除敞开式汽车库、屋面停车场外，下列汽车库、修车库应设置火灾自动报警系统：

1. Ⅰ类汽车库、修车库；

2. Ⅱ类地下、半地下汽车库、修车库；

3. Ⅱ类高层汽车库、修车库；

4. 机械式汽车库；

5. 采用汽车专用升降机作汽车疏散出口的汽车库。

《图书馆建筑设计规范》(JGJ 38—2015)

6.1.2 藏书量超过 100 万册的高层图书馆、书库，建筑耐火等级应为一级。

6.1.3 除藏书量超过 100 万册的高层图书馆、书库外的图书馆、书库，建筑耐火等级不应低于二级，特藏书库的建筑耐火等级应为一级。

《电影院建筑设计规范》(JGJ 58—2008)

6.1.2 当电影院建在综合建筑内时，应形成独立的防火分区。

6.1.3 观众厅内座席台阶结构应采用不燃材料。

6.1.5 观众厅吊顶内吸声、隔热、保温材料与检修马道应采用 A 级材料。

6.1.6 银幕架、扬声器支架应采用不燃材料制作，银幕和所有幕帘材料不应低于 B_1 级。

6.1.8 电影院顶棚、墙面装饰采用的龙骨材料均应为 A 级材料。

6.1.12 电影院通风和空气调节系统的送、回风总管及穿越防火区的送回风管道在防火墙两侧应设防火阀；风管、消声设备及保温材料应采用不燃材料。

《铁路旅客车站建筑设计规范》(GB 50226—2007)

7.1.1 旅客车站的站房及地道、天桥的耐火等级均不应低于二级。站台雨篷的防火等级应符合现行国家标准《铁路工程设计防火规范》TB 10063 的有关规定。

7.1.2　铁路用房与旅客车站合建时必须划分防火分区。

7.1.4　特大型、大型和中型站内的集散厅、候车区(室)、售票厅和办公区、设备区、行李与包裹库,应分别设置防火分区。集散厅、候车区(室)、售票厅不应与行李及包裹库上下组合布置。

7.1.5　疏散安全出口、走道和楼梯的净宽度除应符合现行国家标准《建筑设计防火规范》GB 50016 的有关规定外,尚应符合下列要求:

1. 站房楼梯净宽度不得小于 1.6 m;

2. 安全出口和走道净宽度不得小于 3 m。

7.1.6　旅客车站消防安全标志和站房内采用的装修材料应分别符合现行国家标准《消防安全标志设置要求》GB 15630 和《建筑内部装修设计防火规范》GB 50222 的有关规定。

《自动喷水灭火系统设计规范》(GB 50084—2017)

5.0.1　民用建筑和厂房采用湿式系统时的设计基本参数不应低于表 5.0.1 的规定。

表 5.0.1　民用建筑和厂房采用湿式系统的设计基本参数

<table>
<tr><th colspan="2">火灾危险等级</th><th>最大净空高度 h/m</th><th>喷水强度/[L/(min·m^2)]</th><th>作用面积/m^2</th></tr>
<tr><td colspan="2">轻危险级</td><td rowspan="5">$h\leqslant8$</td><td>4</td><td rowspan="3">160</td></tr>
<tr><td rowspan="2">中危险级</td><td>Ⅰ级</td><td>6</td></tr>
<tr><td>Ⅱ级</td><td>8</td></tr>
<tr><td rowspan="2">严重危险级</td><td>Ⅰ级</td><td>12</td><td rowspan="2">260</td></tr>
<tr><td>Ⅱ级</td><td>16</td></tr>
</table>

注:系统最不利点处洒水喷头的工作压力不应低于 0.05 MPa。

5.0.2　民用建筑和厂房高大空间场所采用湿式系统的设计基本参数不应低于表 5.0.2 的规定。

表 5.0.2　民用建筑和厂房高大空间场所采用湿式系统的设计基本参数

<table>
<tr><th colspan="2">适用场所</th><th>最大净空高度
h/m</th><th>喷水强度
/[L/(min·m^2)]</th><th>作用面积
/m^2</th><th>喷头间距
S/m</th></tr>
<tr><td rowspan="4">民用建筑</td><td rowspan="2">中庭、体育馆、航站楼等</td><td>$8<h\leqslant12$</td><td>12</td><td rowspan="6">160</td><td rowspan="6">$1.8\leqslant S\leqslant3.0$</td></tr>
<tr><td>$12<h\leqslant18$</td><td>15</td></tr>
<tr><td rowspan="2">影剧院、音乐厅、会展中心等</td><td>$8<h\leqslant12$</td><td>15</td></tr>
<tr><td>$12<h\leqslant18$</td><td>20</td></tr>
<tr><td rowspan="2">厂房</td><td>制衣制鞋、玩具、木器、电子生产车间等</td><td rowspan="2">$8<h\leqslant12$</td><td>15</td></tr>
<tr><td>棉纺厂、麻纺厂、泡沫塑料生产车间等</td><td>20</td></tr>
</table>

注:1. 表中未列入的场所,应根据本表规定场所的火灾危险性类比确定。

2. 当民用建筑高大空间场所的最大净空高度为 12 m$<h\leqslant$18 m 时,应采用非仓库型特殊应用喷头。

5.0.4 仓库及类似场所采用湿式系统的设计基本参数应符合下列要求：

1. 当设置场所的火灾危险等级为仓库危险级Ⅰ级～Ⅲ级时，系统设计基本参数不应低于表 5.0.4-1～表 5.0.4-4 的规定；

2. 当仓库危险级Ⅰ级、仓库危险级Ⅱ级场所中混杂储存仓库危险级Ⅲ级物品时，系统设计基本参数不应低于表 5.0.4-5 的规定。

表 5.0.4-1 仓库危险级Ⅰ级场所的系统设计基本参数

<table>
<tr><th>储存方式</th><th>最大净空高度
h/m</th><th>最大储物高度
h_s/m</th><th>喷水强度
/[L/(min·m²)]</th><th>作用面积
/m²</th><th>持续喷水时间
/h</th></tr>
<tr><td rowspan="3">堆垛、托盘</td><td rowspan="10">9.0</td><td>$h_s \leqslant 3.5$</td><td>8.0</td><td>160</td><td>1.0</td></tr>
<tr><td>$3.5 < h_s \leqslant 6.0$</td><td>10.0</td><td rowspan="2">200</td><td rowspan="9">1.5</td></tr>
<tr><td>$6.0 < h_s \leqslant 7.5$</td><td>14.0</td></tr>
<tr><td rowspan="2">单、双、多排货架</td><td>$h_s \leqslant 3.0$</td><td>6.0</td><td rowspan="2">160</td></tr>
<tr><td>$3.0 < h_s \leqslant 3.5$</td><td>8.0</td></tr>
<tr><td rowspan="2">单、双排货架</td><td>$3.5 < h_s \leqslant 6.0$</td><td>18.0</td><td rowspan="5">200</td></tr>
<tr><td>$6.0 < h_s \leqslant 7.5$</td><td>14.0+1J</td></tr>
<tr><td rowspan="3">多排货架</td><td>$3.5 < h_s \leqslant 4.5$</td><td>12.0</td></tr>
<tr><td>$4.5 < h_s \leqslant 6.0$</td><td>18.0</td></tr>
<tr><td>$6.0 < h_s \leqslant 7.5$</td><td>18.0+1J</td></tr>
</table>

注：1. 货架储物高度大于 7.5 m 时，应设置货架内置洒水喷头。顶板下洒水喷头的喷水强度不应低于 18 L/(min·m²)，作用面积不应小于 200 m²，持续喷水时间不应小于 2 h。

2. 本表及表 5.0.4-2、表 5.0.4-5 中字母“J”表示货架内置洒水喷头，“J”前的数字表示货架内置洒水喷头的层数。

表 5.0.4-2 仓库危险级Ⅱ级场所的系统设计基本参数

<table>
<tr><th>储存方式</th><th>最大净空高度
h/m</th><th>最大储物高度
h_s/m</th><th>喷水强度
/[L/(min·m²)]</th><th>作用面积
/m²</th><th>持续喷水时间
/h</th></tr>
<tr><td rowspan="3">堆垛、托盘</td><td rowspan="10">9.0</td><td>$h_s \leqslant 3.5$</td><td>8.0</td><td>160</td><td>1.5</td></tr>
<tr><td>$3.5 < h_s \leqslant 6.0$</td><td>16.0</td><td rowspan="2">200</td><td rowspan="2">2.0</td></tr>
<tr><td>$6.0 < h_s \leqslant 7.5$</td><td>22.0</td></tr>
<tr><td rowspan="2">单、双、多排货架</td><td>$h_s \leqslant 3.0$</td><td>8.0</td><td>160</td><td rowspan="2">1.5</td></tr>
<tr><td>$3.0 < h_s \leqslant 3.5$</td><td>12.0</td><td>200</td></tr>
<tr><td rowspan="2">单、双排货架</td><td>$3.5 < h_s \leqslant 6.0$</td><td>24.0</td><td>280</td><td rowspan="5">2.0</td></tr>
<tr><td>$6.0 < h_s \leqslant 7.5$</td><td>22.0+1J</td><td rowspan="4">200</td></tr>
<tr><td rowspan="3">多排货架</td><td>$3.5 < h_s \leqslant 4.5$</td><td>18.0</td></tr>
<tr><td>$4.5 < h_s \leqslant 6.0$</td><td>18.0+1J</td></tr>
<tr><td>$6.0 < h_s \leqslant 7.5$</td><td>18.0+2J</td></tr>
</table>

注：货架储物高度大于 7.5 m 时，应设置货架内置洒水喷头。顶板下洒水喷头的喷水强度不应低于 20 L/(min·m²)，作用面积不应小于 200 m²，持续喷水时间不应小于 2 h。

表 5.0.4-3　货架储存时仓库危险级Ⅲ级场所的系统设计基本参数

序号	最大净空高度 h/m	最大储物高度 h_s/m	货架类型	喷水强度 /[L/(min·m²)]	货架内置洒水喷头		
					层数	高度/m	流量系数 K
1	4.5	$1.5<h_s\leqslant3.0$	单、双、多	12.0	—	—	—
2	6.0	$1.5<h_s\leqslant3.0$	单、双、多	18.0	—	—	—
3	7.5	$3.0<h_s\leqslant4.5$	单、双、多	24.5	—	—	—
4	7.5	$3.0<h_s\leqslant4.5$	单、双、多	12.0	1	3.0	80
5	7.5	$4.5<h_s\leqslant6.0$	单、双	24.5	—	—	—
6	7.5	$4.5<h_s\leqslant6.0$	单、双、多	12.0	1	4.5	115
7	9.0	$4.5<h_s\leqslant6.0$	单、双、多	18.0	1	3.0	80
8	8.0	$4.5<h_s\leqslant6.0$	单、双、多	24.5	—	—	—
9	9.0	$6.0<h_s\leqslant7.5$	单、双、多	18.5	1	4.5	115
10	9.0	$6.0<h_s\leqslant7.5$	单、双、多	32.5	—	—	—
11	9.0	$6.0<h_s\leqslant7.5$	单、双、多	12.0	2	3.0,6.0	80

注：1. 作用面积不应小于 200 m²，持续喷水时间不应低于 2 h。

2. 序号 4,6,7,11：货架内设置一排货架内置洒水喷头时，喷头的间距不应大于 3.0 m；设置两排或多排货架内置洒水喷头时，喷头的间距不应大于 3.0 m×2.4 m。

3. 序号 9：货架内设置一排货架内置洒水喷头时，喷头的间距不应大于 2.4 m，设置两排或多排货架内置洒水喷头时，喷头的间距不应大于 2.4 m×2.4 m。

4. 序号 8：应采用流量系数 K 等于 161,202,242,363 的洒水喷头。

5. 序号 10：应采用流量系数 K 等于 242,363 的洒水喷头。

6. 货架储物高度大于 7.5 m 时，应设置货架内置洒水喷头，顶板下洒水喷头的喷水强度不应低于 22.0 L/(min·m²)，作用面积不应小于 200 m²，持续喷水时间不应小于 2 h。

表 5.0.4-4　堆垛储存时仓库危险级Ⅲ级场所的系统设计基本参数

<table>
<tr><th rowspan="2">最大净空高度 h/m</th><th rowspan="2">最大储物高度 h_s/m</th><th colspan="4">喷水强度/[L/(min·m²)]</th></tr>
<tr><th>A</th><th>B</th><th>C</th><th>D</th></tr>
<tr><td>7.5</td><td>1.5</td><td colspan="4">8.0</td></tr>
<tr><td>4.5</td><td rowspan="3">3.5</td><td>16.0</td><td>16.0</td><td>12.0</td><td>12.0</td></tr>
<tr><td>6.0</td><td>24.5</td><td>22.0</td><td>20.5</td><td>16.5</td></tr>
<tr><td>9.0</td><td>32.5</td><td>28.5</td><td>24.5</td><td>18.5</td></tr>
<tr><td>6.0</td><td>4.5</td><td>24.5</td><td>22.0</td><td>20.5</td><td>16.5</td></tr>
<tr><td>7.5</td><td>6.0</td><td>32.5</td><td>28.5</td><td>24.5</td><td>18.5</td></tr>
<tr><td>9.0</td><td>7.5</td><td>36.5</td><td>34.5</td><td>28.5</td><td>22.5</td></tr>
</table>

注：1. A—袋装与无包装的发泡塑料橡胶；B—箱装的发泡塑料橡胶；C—袋装与无包装的不发泡塑料橡胶；D—箱装的不发泡塑料橡胶。

2. 作用面积不应小于 240 m²，持续喷水时间不应低于 2 h。

表 5.0.4-5　仓库危险级Ⅰ级、Ⅱ级场所中混杂储存仓库危险级Ⅲ级场所物品时的系统设计基本参数

储物类别	储存方式	最大净空高度 h/m	最大储物高度 h_s/m	喷水强度 /[L/(min·m²)]	作用面积 /m²	持续喷水时间 /h
储物中包括沥青制品或箱装 A 组塑料橡胶	堆垛与货架	9.0	$h_s \leqslant 1.5$	8	160	1.5
		4.5	$1.5 < h_s \leqslant 3.0$	12	240	2.0
		6.0	$1.5 < h_s \leqslant 3.0$	16	240	2.0
		5.0	$3.0 < h_s \leqslant 3.5$			
	堆垛	8.0	$3.0 < h_s \leqslant 3.5$	16	240	2.0
	货架	9.0	$1.5 < h_s \leqslant 3.5$	8+1J	160	2.0
储物中包括袋装 A 组塑料橡胶	堆垛与货架	9.0	$h_s \leqslant 1.5$	8	160	1.5
		4.5	$1.5 < h_s \leqslant 3.0$	16	240	2.0
		5.0	$3.0 < h_s \leqslant 3.5$			
	堆垛	9.0	$1.5 < h_s \leqslant 2.5$	16	240	2.0
储物中包括袋装不发泡 A 组塑料橡胶	堆垛与货架	6.0	$1.5 < h_s \leqslant 3.0$	16	240	2.0
储物中包括袋装发泡 A 组塑料橡胶	货架	6.0	$1.5 < h_s \leqslant 3.0$	8+1J	160	2.0
储物中包括轮胎或纸卷	堆垛与货架	9.0	$1.5 < h_s \leqslant 3.5$	12	240	2.0

注：1. 无包装的塑料橡胶视同纸袋、塑料袋包装。
2. 货架内置洒水喷头应采用与顶板下洒水喷头相同的喷水强度，用水量应按开放 6 只洒水喷头确定。

5.0.5　仓库及类似场所采用早期抑制快速响应喷头时，系统的设计基本参数不应低于表 5.0.5 的规定。

表 5.0.5　采用早期抑制快速响应喷头的系统设计基本参数

储物类别	最大净空高度 /m	最大储物高度 /m	喷头流量系数 K	喷头设置方式	喷头最低工作压力 /MPa	喷头最大间距 /m	喷头最小间距 /m	作用面积内开放的喷头数
Ⅰ、Ⅱ级、沥青制品、箱装不发泡塑料	9.0	7.5	202	直立型	0.35	3.5	2.4	12
				下垂型				
			242	直立型	0.25			
				下垂型				
			320	下垂型	0.20			
			363	下垂型	0.15			

表 5.0.5(续)

储物类别	最大净空高度/m	最大储物高度/m	喷头流量系数 K	喷头设置方式	喷头最低工作压力/MPa	喷头最大间距/m	喷头最小间距/m	作用面积内开放的喷头数
Ⅰ、Ⅱ级、沥青制品、箱装不发泡塑料	10.5	9.0	202	直立型	0.50	3.0	2.4	12
				下垂型				
			242	直立型	0.35			
				下垂型				
			320	下垂型	0.25			
			363	下垂型	0.20			
	12.0	10.5	202	下垂型	0.50			
			242	下垂型	0.35			
			363	下垂型	0.30			
	13.5	12.0	363	下垂型	0.35			
袋装不发泡塑料	9.0	7.5	202	下垂型	0.50	3.7		
			242	下垂型	0.35			
			363	下垂型	0.25			
	10.5	9.0	363	下垂型	0.35	3.0		
	12.0	10.5	363	下垂型	0.40			
箱装发泡塑料	9.0	7.5	202	直立型	0.35	3.7		
				下垂型				
			242	直立型	0.25			
				下垂型				
			320	下垂型	0.25			
			363	下垂型	0.15			
	12.0	10.5	363	下垂型	0.40	3.0		
袋装发泡塑料	7.5	6.0	202	下垂型	0.50	3.7		
			242	下垂型	0.35			
			363	下垂型	0.20			
	9.0	7.5	202	下垂型	0.70			
			242	下垂型	0.50			
			363	下垂型	0.30			
	12.0	10.5	363	下垂型	0.50	3.0		20

5.0.8 货架仓库的最大净空高度或最大储物高度超过本规范第 5.0.5 条的规定时，应设货架内置洒水喷头，且货架内置洒水喷头上方的层间隔板应为实层板。货架内置洒水喷头的设置应符合下列规定：

1. 仓库危险级Ⅰ级、Ⅱ级场所应在自地面起每 3.0 m 设置一层货架内置洒水喷头，仓库危险级Ⅲ级场所应在自地面起每 1.5～3.0 m 设置一层货架内置洒水喷头，且最高层货架内置洒水喷头与储物顶部的距离不应超过 3.0 m。

2. 当采用流量系数等于 80 的标准覆盖面积洒水喷头时，工作压力不应小于 0.20 MPa；当采用流量系数等于 115 的标准覆盖面积洒水喷头时，工作压力不应小于 0.10 MPa。

3. 洒水喷头间距不应大于 3 m，且不应小于 2 m。计算货架内开放洒水喷头数量不应小于表 5.0.8 的规定。

4. 设置 2 层及以上货架内置洒水喷头时，洒水喷头应交错布置。

表 5.0.8　货架内开放洒水喷头数量

<table>
<tr><th rowspan="2">仓库危险级</th><th colspan="3">货架内置洒水喷头的层数</th></tr>
<tr><th>1</th><th>2</th><th>>2</th></tr>
<tr><td>Ⅰ级</td><td>6</td><td>12</td><td>14</td></tr>
<tr><td>Ⅱ级</td><td>8</td><td colspan="2" rowspan="2">14</td></tr>
<tr><td>Ⅲ级</td><td>10</td></tr>
</table>

注：货架内置洒水喷头超过 2 层时，计算流量应按最顶层 2 层，且每层开放洒水喷头数按本表规定值的 1/2 确定。

5.0.15　当采用防护冷却系统保护防火卷帘、防火玻璃墙等防火分隔设施时，系统应独立设置，且应符合下列要求：

1. 喷头设置高度不应超过 8 m；当设置高度为 4～8 m 时，应采用快速响应洒水喷头。

2. 喷头设置高度不超过 4 m 时，喷水强度不应小于 0.5 L/(s・m)；当超过 4 m 时，每增加 1 m，喷水强度应增加 0.1 L/(s・m)。

4. 持续喷水时间不应小于系统设置部位的耐火极限要求。

第二节　总平面布局和平面布置

一、一般规定

《建筑设计防火规范》(GB 50016—2014)(2018 年版)

4.1.2　桶装、瓶装甲类液体不应露天存放。

4.1.3　液化石油气储罐组或储罐区的四周应设置高度不小于 1.0 m 的不燃性实体防护墙。

5.4.2　除为满足民用建筑使用功能所设置的附属库房外，民用建筑内不应设置生产车间和其他库房。

经营、存放和使用甲、乙类火灾危险性物品的商店、作坊和储藏间，严禁附设在民用建筑内。

5.4.3　商店建筑、展览建筑采用三级耐火等级建筑时，不应超过 2 层；采用四级耐火等级建筑时，应为单层。营业厅、展览厅设置在三级耐火等级的建筑内时，应布置在首层或二层；设置在四级耐火等级的建筑内时，应布置在首层。

营业厅、展览厅不应设置在地下三层及以下楼层。地下或半地下营业厅、展览厅不应经营、储存和展示甲、乙类火灾危险性物品。

5.4.4　托儿所、幼儿园的儿童用房和儿童游乐厅等儿童活动场所宜设置在独立的建筑内，且不应设置在地下或半地下；当采用一、二级耐火等级的建筑时，不应超过 3 层；采用三级耐火等级的建筑时，不应超过 2 层；采用四级耐火等级的建筑时，应为单层；确需设置在其他民用建筑内时，应符合下列规定：

1. 设置在一、二级耐火等级的建筑内时，应布置在首层、二层或三层；

2. 设置在三级耐火等级的建筑内时，应布置在首层或二层；

3. 设置在四级耐火等级的建筑内时，应布置在首层；

4. 设置在高层建筑内时，应设置独立的安全出口和疏散楼梯。

5.4.4B 当老年人照料设施中的老年人公共活动用房、康复与医疗用房设置在地下、半地下时，应设置在地下一层，每间用房的建筑面积不应大于 200 m^2 且使用人数不应大于 30 人。

老年人照料设施中的老年人公共活动用房、康复与医疗用房设置在地上四层及以上时，每间用房的建筑面积不应大于 200 m^2 且使用人数不应大于 30 人。

5.4.5 医院和疗养院的住院部分不应设置在地下或半地下。

医院和疗养院的住院部分采用三级耐火等级建筑时，不应超过 2 层；采用四级耐火等级建筑时，应为单层；设置在三级耐火等级的建筑内时，应布置在首层或二层；设置在四级耐火等级的建筑内时，应布置在首层。

医院和疗养院的病房楼内相邻护理单元之间应采用耐火极限不低于 2.00 h 的防火隔墙分隔，隔墙上的门应采用乙级防火门，设置在走道上的防火门应采用常开防火门。

5.4.6 教学建筑、食堂、菜市场采用三级耐火等级建筑时，不应超过 2 层；采用四级耐火等级建筑时，应为单层；设置在三级耐火等级的建筑内时，应布置在首层或二层；设置在四级耐火等级的建筑内时，应布置在首层。

5.4.9 歌舞厅、录像厅、夜总会、卡拉 OK 厅（含具有卡拉 OK 功能的餐厅）、游艺厅（含电子游艺厅）、桑拿浴室（不包括洗浴部分）、网吧等歌舞娱乐放映游艺场所（不含剧场、电影院）的布置应符合下列规定：

1. 不应布置在地下二层及以下楼层；

4. 确需布置在地下一层时，地下一层的地面与室外出入口地坪的高差不应大于 10 m；

5. 确需布置在地下或四层及以上楼层时，一个厅、室的建筑面积不应大于 200 m^2；

6. 厅、室之间及与建筑的其他部位之间，应采用耐火极限不低于 2.00 h 的防火隔墙和 1.00 h 的不燃性楼板分隔，设置在厅、室墙上的门和该场所与建筑内其他部位相通的门均应采用乙级防火门。

5.4.10 除商业服务网点外，住宅建筑与其他使用功能的建筑合建时，应符合下列规定：

1. 住宅部分与非住宅部分之间，应采用耐火极限不低于 2.00 h 且无门、窗、洞口的防火隔墙和 1.50 h 的不燃性楼板完全分隔；当为高层建筑时，应采用无门、窗、洞口的防火墙和耐火极限不低于 2.00 h 的不燃性楼板完全分隔。建筑外墙上、下层开口之间的防火措施应符合本规范第 6.2.5 条的规定。

2. 住宅部分与非住宅部分的安全出口和疏散楼梯应分别独立设置；为住宅部分服务的地上车库应设置独立的疏散楼梯或安全出口，地下车库的疏散楼梯应按本规范第 6.4.4 条的规定进行分隔。

5.4.11 设置商业服务网点的住宅建筑，其居住部分与商业服务网点之间应采用耐火极限不低于 2.00 h 且无门、窗、洞口的防火隔墙和 1.50 h 的不燃性楼板完全分隔，住宅部分和商业服务网点部分的安全出口和疏散楼梯应分别独立设置。

商业服务网点中每个分隔单元之间应采用耐火极限不低于2.00 h且无门、窗、洞口的防火隔墙相互分隔，当每个分隔单元任一层建筑面积大于200 m^2 时，该层应设置2个安全出口或疏散门。每个分隔单元内的任一点至最近直通室外的出口的直线距离不应大于本规范表5.5.17中有关多层其他建筑位于袋形走道两侧或尽端的疏散门至最近安全出口的最大直线距离。

注：室内楼梯的距离可按其水平投影长度的1.50倍计算。

5.4.12　燃油或燃气锅炉、油浸变压器、充有可燃油的高压电容器和多油开关等，宜设置在建筑外的专用房间内；确需贴邻民用建筑布置时，应采用防火墙与所贴邻的建筑分隔，且不应贴邻人员密集场所，该专用房间的耐火等级不应低于二级；确需布置在民用建筑内时，不应布置在人员密集场所的上一层、下一层或贴邻，并应符合下列规定：

1. 燃油或燃气锅炉房、变压器室应设置在首层或地下一层的靠外墙部位，但常（负）压燃油或燃气锅炉可设置在地下二层或屋顶上。设置在屋顶上的常（负）压燃气锅炉，距离通向屋面的安全出口不应小于6 m。

采用相对密度（与空气密度的比值）不小于0.75的可燃气体为燃料的锅炉，不得设置在地下或半地下。

2. 锅炉房、变压器室的疏散门均应直通室外或安全出口。

3. 锅炉房、变压器室等与其他部位之间应采用耐火极限不低于2.00 h的防火隔墙和1.50 h的不燃性楼板分隔。在隔墙和楼板上不应开设洞口，确需在隔墙上设置门、窗时，应采用甲级防火门、窗。

4. 锅炉房内设置储油间时，其总储存量不应大于1 m^3，且储油间应采用耐火极限不低于3.00 h的防火隔墙与锅炉间分隔；确需在防火隔墙上设置门时，应采用甲级防火门。

5. 变压器室之间、变压器室与配电室之间，应设置耐火极限不低于2.00 h的防火隔墙。

6. 油浸变压器、多油开关室、高压电容器室，应设置防止油品流散的设施。油浸变压器下面应设置能储存变压器全部油量的事故储油设施。

7. 应设置火灾报警装置。

8. 应设置与锅炉、变压器、电容器和多油开关等的容量及建筑规模相适应的灭火设施，当建筑内其他部位设置自动喷水灭火系统时，应设置自动喷水灭火系统。

9. 锅炉的容量应符合现行国家标准《锅炉房设计规范》GB 50041的规定。油浸变压器的总容量不应大于1 260 kV・A，单台容量不应大于630 kV・A。

10. 燃气锅炉房应设置爆炸泄压设施。燃油或燃气锅炉房应设置独立的通风系统，并应符合本规范第9章的规定。

5.4.13　布置在民用建筑内的柴油发电机房应符合下列规定：

2. 不应布置在人员密集场所的上一层、下一层或贴邻。

3. 应采用耐火极限不低于2.00 h的防火隔墙和1.50 h的不燃性楼板与其他部位分隔，门应采用甲级防火门。

4. 机房内设置储油间时，其总储存量不应大于1 m^3，储油间应采用耐火极限不低于3.00 h的防火隔墙与发电机间分隔；确需在防火隔墙上开门时，应设置甲级防火门。

5. 应设置火灾报警装置。

6. 应设置与柴油发电机容量和建筑规模相适应的灭火设施，当建筑内其他部位设置自动喷水灭火系统时，机房内应设置自动喷水灭火系统。

5.4.15　设置在建筑内的锅炉、柴油发电机，其燃料供给管道应符合下列规定：

1. 在进入建筑物前和设备间内的管道上均应设置自动和手动切断阀；

2. 储油间的油箱应密闭且应设置通向室外的通气管，通气管应设置带阻火器的呼吸阀，油箱的下部应设置防止油品流散的设施。

5.4.17　建筑采用瓶装液化石油气瓶组供气时，应符合下列规定：

1. 应设置独立的瓶组间；

2. 瓶组间不应与住宅建筑、重要公共建筑和其他高层公共建筑贴邻，液化石油气气瓶的总容积不大于1 m^3 的瓶组间与所服务的其他建筑贴邻时，应采用自然气化方式供气；

3. 液化石油气气瓶的总容积大于1 m^3、不大于4 m^3 的独立瓶组间，与所服务建筑的防火间距应符合本规范表5.4.17的规定；

表5.4.17　液化石油气气瓶的独立瓶组间与所服务建筑的防火间距　单位：m

名称		液化石油气气瓶的独立瓶组间的总容积 V/m^3	
		$V \leqslant 2$	$2 < V \leqslant 4$
明火或散发火花地点		25	30
重要公共建筑、一类高层民用建筑		15	20
裙房和其他民用建筑		8	10
道路（路边）	主要	10	
	次要	5	

注：气瓶总容积应按配置气瓶个数与单瓶几何容积的乘积计算。

4. 在瓶组间的总出气管道上应设置紧急事故自动切断阀；

5. 瓶组间应设置可燃气体浓度报警装置。

12.1.3　隧道承重结构体的耐火极限应符合下列规定：

1. 一、二类隧道和通行机动车的三类隧道，其承重结构体耐火极限的测定应符合本规范附录C的规定；对于一、二类隧道，火灾升温曲线应采用本规范附录C第C.0.1条规定的RABT标准升温曲线，耐火极限分别不应低于2.00 h和1.50 h；对于通行机动车的三类隧道，火灾升温曲线应采用本规范附录C第C.0.1条规定的HC标准升温曲线，耐火极限不应低于2.00 h。

2. 其他类别隧道承重结构体耐火极限的测定应符合现行国家标准《建筑构件耐火试验方法 第1部分：通用要求》GB/T 9978.1的规定；对于三类隧道，耐火极限不应低于2.00 h；对于四类隧道，耐火极限不限。

12.1.4　隧道内的地下设备用房、风井和消防救援出入口的耐火等级应为一级，地面的重要设备用房、运营管理中心及其他地面附属用房的耐火等级不应低于二级。

《汽车库、修车库、停车场设计防火规范》(GB 50067—2014)

4.1.3　汽车库不应与火灾危险性为甲、乙类的厂房、仓库贴邻或组合建造。

二、防火间距

《建筑设计防火规范》(GB 50016—2014)(2018年版)

3.4.1　除本规范另有规定外，厂房之间及与乙、丙、丁、戊类仓库和民用建筑等的防火间距不应小于表 3.4.1 的规定，与甲类仓库的防火间距应符合本规范第 3.5.1 条的规定。

表 3.4.1 厂房之间及与乙、丙、丁、戊类仓库和民用建筑等的防火间距 单位：m

<table>
<tr><td rowspan="3" colspan="3">名称</td><td>甲类厂房</td><td colspan="3">乙类厂房(仓库)</td><td colspan="4">丙、丁、戊类厂房(仓库)</td><td colspan="5">民用建筑</td></tr>
<tr><td>单、多层</td><td colspan="2">单、多层</td><td>高层</td><td colspan="3">单、多层</td><td>高层</td><td colspan="3">裙房，单、多层</td><td colspan="2">高层</td></tr>
<tr><td>一、二级</td><td>一、二级</td><td>三级</td><td>一、二级</td><td>一、二级</td><td>三级</td><td>四级</td><td>一、二级</td><td>一、二层</td><td>三级</td><td>四级</td><td>一类</td><td>二类</td></tr>
<tr><td>甲类厂房</td><td>单、多层</td><td>一、二级</td><td>12</td><td>12</td><td>14</td><td>13</td><td>12</td><td>14</td><td>16</td><td>13</td><td rowspan="4" colspan="3">25</td><td rowspan="4" colspan="2">50</td></tr>
<tr><td rowspan="3">乙类厂房</td><td rowspan="2">单、多层</td><td>一、二级</td><td>12</td><td>10</td><td>12</td><td>13</td><td>10</td><td>12</td><td>14</td><td>13</td></tr>
<tr><td>三级</td><td>14</td><td>12</td><td>14</td><td>15</td><td>12</td><td>14</td><td>16</td><td>15</td></tr>
<tr><td>高层</td><td>一、二级</td><td>13</td><td>13</td><td>15</td><td>13</td><td>13</td><td>15</td><td>17</td><td>13</td></tr>
<tr><td rowspan="4">丙类厂房</td><td rowspan="3">单、多层</td><td>一、二级</td><td>12</td><td>10</td><td>12</td><td>13</td><td>10</td><td>12</td><td>14</td><td>13</td><td>10</td><td>12</td><td>14</td><td>20</td><td>15</td></tr>
<tr><td>三级</td><td>14</td><td>12</td><td>14</td><td>15</td><td>12</td><td>14</td><td>16</td><td>15</td><td>12</td><td>14</td><td>16</td><td rowspan="2">25</td><td rowspan="2">20</td></tr>
<tr><td>四级</td><td>16</td><td>14</td><td>16</td><td>17</td><td>14</td><td>16</td><td>18</td><td>17</td><td>14</td><td>16</td><td>18</td></tr>
<tr><td>高层</td><td>一、二级</td><td>13</td><td>13</td><td>15</td><td>13</td><td>13</td><td>15</td><td>17</td><td>13</td><td>13</td><td>15</td><td>17</td><td>20</td><td>15</td></tr>
<tr><td rowspan="4">丁、戊类厂房</td><td rowspan="3">单、多层</td><td>一、二级</td><td>12</td><td>10</td><td>12</td><td>13</td><td>10</td><td>12</td><td>14</td><td>13</td><td>10</td><td>12</td><td>14</td><td>15</td><td>13</td></tr>
<tr><td>三级</td><td>14</td><td>12</td><td>14</td><td>15</td><td>12</td><td>14</td><td>16</td><td>15</td><td>12</td><td>14</td><td>16</td><td rowspan="2">18</td><td rowspan="2">15</td></tr>
<tr><td>四级</td><td>16</td><td>14</td><td>16</td><td>17</td><td>14</td><td>16</td><td>18</td><td>17</td><td>14</td><td>16</td><td>18</td></tr>
<tr><td>高层</td><td>一、二级</td><td>13</td><td>13</td><td>15</td><td>13</td><td>13</td><td>15</td><td>17</td><td>13</td><td>13</td><td>15</td><td>17</td><td>15</td><td>13</td></tr>
<tr><td rowspan="3">室外变、配电站</td><td rowspan="3">变压器总油量/t</td><td>≥5，≤10</td><td rowspan="3">25</td><td rowspan="3">25</td><td rowspan="3">25</td><td rowspan="3">25</td><td>12</td><td>15</td><td>20</td><td>12</td><td>15</td><td>20</td><td>25</td><td colspan="2">20</td></tr>
<tr><td>>10，≤50</td><td>15</td><td>20</td><td>25</td><td>15</td><td>20</td><td>25</td><td>30</td><td colspan="2">25</td></tr>
<tr><td>>50</td><td>20</td><td>25</td><td>30</td><td>20</td><td>25</td><td>30</td><td>35</td><td colspan="2">30</td></tr>
</table>

注：1. 乙类厂房与重要公共建筑的防火间距不宜小于 50 m；与明火或散发火花地点，不宜小于 30 m。单、多层戊类厂房之间及与戊类仓库的防火间距可按本表的规定减少 2 m，与民用建筑的防火间距可将戊类厂房等同民用建筑按本规范第 5.2.2 条的规定执行。为丙、丁、戊类厂房服务而单独设置的生活用房应按民用建筑确定，与所属厂房的防火间距不应小于 6 m。确需相邻布置时，应符合本表注 2、3 的规定。

2. 两座厂房相邻较高一面外墙为防火墙，或相邻两座高度相同的一、二级耐火等级建筑中相邻任一侧外墙为防火墙且屋顶的耐火极限不低于 1.00 h 时，其防火间距不限，但甲类厂房之间不应小于 4 m。两座丙、丁、戊类厂房相邻两面外墙均为不燃性墙体，当无外露的可燃性屋檐，每面外墙上的门、窗、洞口面积之和各不大于外墙面积的 5%，且门、窗、洞口不正对开设时，其防火间距可按本表的规定减少 25%。甲、乙类厂房(仓库)不应与本规范第 3.3.5 条规定外的其他建筑贴邻。

3. 两座一、二级耐火等级的厂房，当相邻较低一面外墙为防火墙且较低一座厂房的屋顶无天窗，屋顶的耐火极限不低于 1.00 h，或相邻较高一面外墙的门、窗等开口部位设置甲级防火门、窗或防火分隔水幕或按本规范第 6.5.3 条的规定设置防火卷帘时，甲、乙类厂房之间的防火间距不应小于 6 m；丙、丁、戊类厂房之间的防火间距不应小于 4 m。

4. 发电厂内的主变压器，其油量可按单台确定。

5. 耐火等级低于四级的既有厂房，其耐火等级可按四级确定。

6. 当丙、丁、戊类厂房与丙、丁、戊类仓库相邻时，应符合本表注 2、3 的规定。

3.4.2 甲类厂房与重要公共建筑的防火间距不应小于 50 m，与明火或散发火花地点的防火间距不应小于 30 m。

3.4.4 高层厂房与甲、乙、丙类液体储罐，可燃、助燃气体储罐，液化石油气储罐，可燃材料堆场(除煤和焦炭场外)的防火间距，应符合本规范第 4 章的规定，且不应小于 13 m。

3.4.9 一级汽车加油站、一级汽车加气站和一级汽车加油加气合建站不应布置在城市建成区内。

3.5.1 甲类仓库之间及与其他建筑、明火或散发火花地点、铁路、道路等的防火间距不应小于表 3.5.1 的规定。

表 3.5.1 甲类仓库之间及与其他建筑、明火或散发火花地点、铁路、道路等的防火间距

单位:m

名称		甲类仓库(储量)/t			
		甲类储存物品第 3、4 项		甲类储存物品第 1、2、5、6 项	
		≤5	>5	≤10	>10
高层民用建筑、重要公共建筑		50			
裙房、其他民用建筑、明火或散发火花地点		30	40	25	30
甲类仓库		20	20	20	20
厂房和乙、丙、丁、戊类仓库	一、二级	15	20	12	15
	三级	20	25	15	20
	四级	25	30	20	25
电力系统电压为 35～500 kV 且每台变压器容量不小于 10 MV·A 的室外变、配电站,工业企业的变压器总油量大于 5 t 的室外降压变电站		30	40	25	30
厂外铁路中心线		40			
厂内铁路中心线		30			
厂外道路路边		20			
厂内道路路边	主要	10			
	次要	5			

注:甲类仓库之间的防火间距,当第 3、4 项物品储量不大于 2 t,第 1、2、5、6 项物品储量不大于 5 t 时,不应小于 12 m。甲类仓库与高层仓库的防火间距不应小于 13 m。

3.5.2 除本规范另有规定外,乙、丙、丁、戊类仓库之间及与民用建筑的防火间距,不应小于表 3.5.2 的规定。

表 3.5.2 乙、丙、丁、戊类仓库之间及与民用建筑的防火间距 单位:m

名称			乙类仓库			丙类仓库				丁、戊类仓库			
			单、多层		高层	单、多层			高层	单、多层			高层
			一、二级	三级	一、二级	一、二级	三级	四级	一、二级	一、二级	三级	四级	一、二级
乙、丙、丁、戊类仓库	单、多层	一、二级	10	12	13	10	12	14	13	10	12	14	13
		三级	12	14	15	12	14	16	15	12	14	16	15
		四级	14	16	17	14	16	18	17	14	16	18	17
	高层	一、二级	13	15	13	13	15	17	13	13	15	17	13

表 3.5.2(续)

名称			乙类仓库			丙类仓库				丁、戊类仓库			
			单、多层		高层	单、多层			高层	单、多层			高层
			一、二级	三级	一、二级	一、二级	三级	四级	一、二级	一、二级	三级	四级	一、二级
民用建筑	裙房，单、多层	一、二级	25			10	12	14	13	10	12	14	13
		三级				12	14	16	15	12	14	16	15
		四级				14	16	18	17	14	16	18	17
	高层	一类	50			20	25	25	20	15	18	18	15
		二类				15	20	20	15	13	15	15	13

注：1. 单、多层戊类仓库之间的防火间距，可按本表的规定减少 2 m。

2. 两座仓库的相邻外墙均为防火墙时，防火间距可以减小，但丙类仓库，不应小于 6 m；丁、戊类仓库，不应小于 4 m。两座仓库相邻较高一面外墙为防火墙，或相邻两座高度相同的一、二级耐火等级建筑中相邻任一侧外墙为防火墙且屋顶的耐火极限不低于 1.00 h，且总占地面积不大于本规范第 3.3.2 条一座仓库的最大允许占地面积规定时，其防火间距不限。

3. 除乙类第 6 项物品外的乙类仓库，与民用建筑的防火间距不宜小于 25 m，与重要公共建筑的防火间距不应小于 50 m，与铁路、道路等的防火间距不宜小于表 3.5.1 中甲类仓库与铁路、道路等的防火间距。

4.2.1　甲、乙、丙类液体储罐(区)和乙、丙类液体桶装堆场与其他建筑的防火间距，不应小于表 4.2.1 的规定。

表 4.2.1　甲、乙、丙类液体储罐(区)和乙、丙类液体桶装堆场与其他建筑的防火间距 单位：m

类别	一个罐区或堆场的总容量 V/m^3	建筑物				室外变、配电站
		一、二级		三级	四级	
		高层民用建筑	裙房，其他建筑			
甲、乙类液体储罐(区)	$1 \leqslant V < 50$	40	12	15	20	30
	$50 \leqslant V < 200$	50	15	20	25	35
	$200 \leqslant V < 1\ 000$	60	20	25	30	40
	$1\ 000 \leqslant V < 5\ 000$	70	25	30	40	50
丙类液体储罐(区)	$5 \leqslant V < 250$	40	12	15	20	24
	$250 \leqslant V < 1\ 000$	50	15	20	25	28
	$1\ 000 \leqslant V < 5\ 000$	60	20	25	30	32
	$5\ 000 \leqslant V < 25\ 000$	70	25	30	40	40

注：1. 当甲、乙类液体储罐和丙类液体储罐布置在同一储罐区时，罐区的总容量可按 1 m^3 甲、乙类液体相当于 5 m^3 丙类液体折算。

2. 储罐防火堤外侧基脚线至相邻建筑的距离不应小于 10 m。

3. 甲、乙、丙类液体的固定顶储罐区或半露天堆场，乙、丙类液体桶装堆场与甲类厂房(仓库)、民用建筑的防火间距，应按本表的规定增加 25%，且甲、乙类液体的固定顶储罐区或半露天堆场，乙、丙类液体桶装堆场与甲类厂房(仓库)、裙房、单、多层民用建筑的防火间距不应小于 25 m，与明火或散发火花地点的防火间距应按本表有关四级耐火等级建筑物的规定增加 25%。

4. 浮顶储罐区或闪点大于 120 ℃的液体储罐区与其他建筑的防火间距，可按本表的规定减少 25%。

5. 当数个储罐区布置在同一库区内时，储罐区之间的防火间距不应小于本表相应容量的储罐区与四级耐火等级建筑物防火间距的较大值。

6. 直埋地下的甲、乙、丙类液体卧式罐，当单罐容量不大于 50 m^3，总容量不大于 200 m^3 时，与建筑物的防火间距可按本表规定减少 50%。

7. 室外变、配电站指电力系统电压为 35～500 kV 且每台变压器容量不小于 10 MV・A 的室外变、配电站和工业企业的变压器总油量大于 5 t 的室外降压变电站。

4.2.2　甲、乙、丙类液体储罐之间的防火间距不应小于表4.2.2的规定。

表4.2.2　甲、乙、丙类液体储罐之间的防火间距　　单位：m

<table>
<tr><th colspan="3" rowspan="2">类别</th><th colspan="3">固定顶储罐</th><th rowspan="2">浮顶储罐或设置充氮保护设备的储罐</th><th rowspan="2">卧式储罐</th></tr>
<tr><th>地上式</th><th>半地下式</th><th>地下式</th></tr>
<tr><td rowspan="2">甲、乙类液体储罐</td><td rowspan="3">单罐容量 V/m^3</td><td>$V\leqslant 1\ 000$</td><td>0.75D</td><td rowspan="2">0.5D</td><td rowspan="2">0.4D</td><td rowspan="2">0.4D</td><td rowspan="3">≥0.8 m</td></tr>
<tr><td>$V>1\ 000$</td><td>0.6D</td></tr>
<tr><td>丙类液体储罐</td><td>不限</td><td>0.4D</td><td>不限</td><td>不限</td><td>—</td></tr>
</table>

注：1. D为相邻较大立式储罐的直径(m)，矩形储罐的直径为长边与短边之和的一半。
2. 不同液体、不同形式储罐之间的防火间距不应小于本表规定的较大值。
3. 两排卧式储罐之间的防火间距不应小于3 m。
4. 当单罐容量不大于1 000 m^3且采用固定冷却系统时，甲、乙类液体的地上式固定顶储罐之间的防火间距不应小于0.6D。
5. 地上式储罐同时设置液下喷射泡沫灭火系统、固定冷却水系统和扑救防火堤内液体火灾的泡沫灭火设施时，储罐之间的防火间距可适当减小，但不宜小于0.4D。
6. 闪点大于120 ℃的液体，当单罐容量大于1 000 m^3时，储罐之间的防火间距不应小于5 m；当单罐容量不大于1 000 m^3时，储罐之间的防火间距不应小于2 m。

4.2.3　甲、乙、丙类液体储罐成组布置时，应符合下列规定：

1. 组内储罐的单罐容量和总容量不应大于表4.2.3的规定。

表4.2.3　甲、乙、丙类液体储罐分组布置的最大容量　　单位：m^3

类别	单罐最大容量	一组罐最大容量
甲、乙类液体	200	1 000
丙类液体	500	3 000

2. 组内储罐的布置不应超过两排。甲、乙类液体立式储罐之间的防火间距不应小于2 m，卧式储罐之间的防火间距不应小于0.8 m；丙类液体储罐之间的防火间距不限。

3. 储罐组之间的防火间距应根据组内储罐的形式和总容量折算为相同类别的标准单罐，按本规范第4.2.2条的规定确定。

4.2.5　甲、乙、丙类液体的地上式、半地下式储罐或储罐组，其四周应设置不燃性防火堤。防火堤的设置应符合下列规定：

3. 防火堤内侧基脚线至立式储罐外壁的水平距离不应小于罐壁高度的一半。防火堤内侧基脚线至卧式储罐的水平距离不应小于3 m。

4. 防火堤的设计高度应比计算高度高出0.2 m，且应为1.0～2.2 m，在防火堤的适当位置应设置便于灭火救援人员进出防火堤的踏步。

5. 沸溢性油品的地上式、半地下式储罐，每个储罐均应设置一个防火堤或防火隔堤。

6. 含油污水排水管应在防火堤的出口处设置水封设施，雨水排水管应设置阀门等封闭、隔离装置。

4.3.1　可燃气体储罐与建筑物、储罐、堆场等的防火间距应符合下列规定：

1. 湿式可燃气体储罐与建筑物、储罐、堆场等的防火间距不应小于表4.3.1的规定。

2. 固定容积的可燃气体储罐与建筑物、储罐、堆场等的防火间距不应小于表 4.3.1 的规定。

3. 干式可燃气体储罐与建筑物、储罐、堆场等的防火间距：当可燃气体的密度比空气大时，应按表 4.3.1 的规定增加 25%；当可燃气体的密度比空气小时，可按表 4.3.1 的规定确定。

4. 湿式或干式可燃气体储罐的水封井、油泵房和电梯间等附属设施与该储罐的防火间距，可按工艺要求布置。

5. 容积不大于 20 m^3 的可燃气体储罐与其使用厂房的防火间距不限。

表 4.3.1　湿式可燃气体储罐与建筑物、储罐、堆场等的防火间距　单位：m

名称		湿式可燃气体储罐（总容积 V）/m^3				
		$V<1\ 000$	$1\ 000\leqslant V<10\ 000$	$10\ 000\leqslant V<50\ 000$	$50\ 000\leqslant V<100\ 000$	$100\ 000\leqslant V<300\ 000$
甲类仓库 甲、乙、丙类液体储罐 可燃材料堆场 室外变、配电站 明火或散发火花的地点		20	25	30	35	40
高层民用建筑		25	30	35	40	45
裙房，单、多层民用建筑		18	20	25	30	35
其他建筑	一、二级	12	15	20	25	30
	三级	15	20	25	30	35
	四级	20	25	30	35	40

注：固定容积可燃气体储罐的总容积按储罐几何容积（m^3）和设计储存压力（绝对压力，10^5 Pa）的乘积计算。

4.3.2　可燃气体储罐（区）之间的防火间距应符合下列规定：

1. 湿式可燃气体储罐或干式可燃气体储罐之间及湿式与干式可燃气体储罐的防火间距，不应小于相邻较大罐直径的 1/2。

2. 固定容积的可燃气体储罐之间的防火间距不应小于相邻较大罐直径的 2/3。

3. 固定容积的可燃气体储罐与湿式或干式可燃气体储罐的防火间距，不应小于相邻较大罐直径的 1/2。

4. 数个固定容积的可燃气体储罐的总容积大于 200 000 m^3 时，应分组布置。卧式储罐组之间的防火间距不应小于相邻较大罐长度的一半；球形储罐组之间的防火间距不应小于相邻较大罐直径，且不应小于 20 m。

4.3.3　氧气储罐与建筑物、储罐、堆场等的防火间距应符合下列规定：

1. 湿式氧气储罐与建筑物、储罐、堆场等的防火间距不应小于表 4.3.3 的规定。

表 4.3.3　湿式氧气储罐与建筑物、储罐、堆场等的防火间距　单位：m

名称	湿式氧气储罐（总容积 V）/m^3		
	$V\leqslant 1\ 000$	$1\ 000<V\leqslant 50\ 000$	$V>50\ 000$
明火或散发火花地点	25	30	35

表 4.3.3(续)

名称		湿式氧气储罐(总容积 V)/m³		
		$V \leqslant 1\ 000$	$1\ 000 < V \leqslant 50\ 000$	$V > 50\ 000$
甲、乙、丙类液体储罐,可燃材料堆场,甲类仓库,室外变、配电站		20	25	30
民用建筑		18	20	25
其他建筑	一、二级	10	12	14
	三级	12	14	16
	四级	14	16	18

注:固定容积氧气储罐的总容积按储罐几何容积(m³)和设计储存压力(绝对压力,10^5 Pa)的乘积计算。

2. 氧气储罐之间的防火间距不应小于相邻较大罐直径的 1/2。

3. 氧气储罐与可燃气体储罐的防火间距不应小于相邻较大罐的直径。

4. 固定容积的氧气储罐与建筑物、储罐、堆场等的防火间距不应小于表 4.3.3 的规定。

5. 氧气储罐与其制氧厂房的防火间距可按工艺布置要求确定。

6. 容积不大于 50 m³ 的氧气储罐与其使用厂房的防火间距不限。

注:1 m³ 液氧折合标准状态下 800 m³ 气态氧。

4.3.8 液化天然气气化站的液化天然气储罐(区)与站外建筑等的防火间距不应小于表 4.3.8 的规定,与表 4.3.8 未规定的其他建筑的防火间距,应符合现行国家标准《城镇燃气设计规范》GB 50028 的规定。

表 4.3.8 液化天然气气化站的液化天然气储罐(区)与站外建筑等的防火间距 单位:m

名称	液化天然气储罐(区)(总容积 V)/m³							集中放散装置的天然气放散总管
	$V \leqslant 10$	$10 < V \leqslant 30$	$30 < V \leqslant 50$	$50 < V \leqslant 200$	$200 < V \leqslant 500$	$500 < V \leqslant 1\ 000$	$1\ 000 < V \leqslant 2\ 000$	
单罐容积 V/m³	$V \leqslant 10$	$V \leqslant 30$	$V \leqslant 50$	$V \leqslant 200$	$V \leqslant 500$	$V \leqslant 1\ 000$	$V \leqslant 2\ 000$	
居住区、村镇和重要公共建筑(最外侧建筑物的外墙)	30	35	45	50	70	90	110	45
工业企业(最外侧建筑物的外墙)	22	25	27	30	35	40	50	20
明火或散发火花地点,室外变、配电站	30	35	45	50	55	60	70	30
其他民用建筑,甲、乙类液体储罐,甲、乙类仓库,甲、乙类厂房,秸秆、芦苇、打包废纸等材料堆场	27	32	40	45	50	55	65	25

表 4.3.8(续)

名称		液化天然气储罐(区)(总容积 V)/m³							集中放散装置的天然气放散总管
		$V\leqslant10$	$10<V\leqslant30$	$30<V\leqslant50$	$50<V\leqslant200$	$200<V\leqslant500$	$500<V\leqslant1\ 000$	$1\ 000<V\leqslant2\ 000$	
单罐容积 V/m³		$V\leqslant10$	$V\leqslant30$	$V\leqslant50$	$V\leqslant200$	$V\leqslant500$	$V\leqslant1\ 000$	$V\leqslant2\ 000$	
丙类液体储罐，可燃气体储罐，丙、丁类厂房，丙、丁类仓库		25	27	32	35	40	45	55	20
公路（路边）	高速，Ⅰ、Ⅱ级，城市快速	20			25				15
	其他	15			20				10
架空电力线（中心线）		1.5 倍杆高					1.5 倍杆高，但 35 kV 及以上架空电力线不应小于 40 m		2.0 倍杆高
架空通信线（中心线）	Ⅰ、Ⅱ级	1.5 倍杆高		30		40			1.5 倍杆高
	其他	1.5 倍杆高							
铁路（中心线）	国家线	40	50	60	70		80		40
	企业专用线	25			30		35		30

注：居住区、村镇指 1 000 人或 300 户及以上者；当少于 1 000 人或 300 户时，相应防火间距应按本表有关其他民用建筑的要求确定。

4.4.1　液化石油气供应基地的全压式和半冷冻式储罐(区)，与明火或散发火花地点和基地外建筑等的防火间距不应小于表 4.4.1 的规定，与表 4.4.1 未规定的其他建筑的防火间距应符合现行国家标准《城镇燃气设计规范》GB 50028 的规定。

表 4.4.1　液化石油气供应基地的全压式和半冷冻式储罐(区)与明火或散发火花地点和基地外建筑等的防火间距　　单位：m

名称	液化石油气储罐(区)(总容积 V)/m³						
	$30<V\leqslant50$	$50<V\leqslant200$	$200<V\leqslant500$	$500<V\leqslant1\ 000$	$1\ 000<V\leqslant2\ 500$	$2\ 500<V\leqslant5\ 000$	$5\ 000<V\leqslant10\ 000$
单罐容积 V/m³	$V\leqslant20$	$V\leqslant50$	$V\leqslant100$	$V\leqslant200$	$V\leqslant400$	$V\leqslant1\ 000$	$V>1\ 000$
居住区、村镇和重要公共建筑(最外侧建筑物的外墙)	45	50	70	90	110	130	150
工业企业(最外侧建筑物的外墙)	27	30	35	40	50	60	75
明火或散发火花地点，室外变、配电站	45	50	55	60	70	80	120
其他民用建筑，甲、乙类液体储罐，甲、乙类仓库，甲、乙类厂房，秸秆、芦苇、打包废纸等材料堆场	40	45	50	55	65	75	100
丙类液体储罐，可燃气体储罐，丙、丁类厂房，丙、丁类仓库	32	35	40	45	55	65	80
助燃气体储罐，木材等材料堆场	27	30	35	40	50	60	75

表 4.4.1(续)

名称		液化石油气储罐(区)(总容积 V)/m³						
		30< V≤50	50< V≤200	200< V≤500	500< V≤1 000	1 000< V≤2 500	2 500< V≤5 000	5 000< V≤10 000
其他建筑	一、二级	18	20	22	25	30	40	50
	三级	22	25	27	30	40	50	60
	四级	27	30	35	40	50	60	75
公路 (路边)	高速,Ⅰ、Ⅱ级	20	25					30
	Ⅲ、Ⅳ级	15	20					25
架空电力线(中心线)		应符合本规范第 10.2.1 条的规定						
架空通信线 (中心线)	Ⅰ、Ⅱ级	30		40				
	Ⅲ、Ⅳ级	1.5 倍杆高						
铁路 (中心线)	国家线	60	70		80		100	
	企业专用线	25	30		35		40	

注:1. 防火间距应按本表储罐区的总容积或单罐容积的较大者确定。

2. 当地下液化石油气储罐的单罐容积不大于 50 m³,总容积不大于 400 m³ 时,其防火间距可按本表的规定减少 50%。

3. 居住区、村镇指 1 000 人或 300 户及以上者;当少于 1 000 人或 300 户时,相应防火间距应按本表有关其他民用建筑的要求确定。

4.4.2 液化石油气储罐之间的防火间距不应小于相邻较大罐的直径。

数个储罐的总容积大于 3 000 m³ 时,应分组布置,组内储罐宜采用单排布置。组与组相邻储罐之间的防火间距不应小于 20 m。

4.4.5 Ⅰ、Ⅱ级瓶装液化石油气供应站瓶库与站外建筑等的防火间距不应小于表 4.4.5 的规定。瓶装液化石油气供应站的分级及总存瓶容积不大于 1 m³ 的瓶装供应站瓶库的设置,应符合现行国家标准《城镇燃气设计规范》GB 50028 的规定。

表 4.4.5 Ⅰ、Ⅱ级瓶装液化石油气供应站瓶库与站外建筑等的防火间距 单位:m

名称	Ⅰ级		Ⅱ级	
瓶库的总存瓶容积 V/m³	6<V≤10	10<V≤20	1<V≤3	3<V≤6
明火或散发火花地点	30	35	20	25
重要公共建筑	20	25	12	15
其他民用建筑	10	15	6	8
主要道路路边	10	10	8	8
次要道路路边	5	5	5	5

注:总存瓶容积应按实瓶个数与单瓶几何容积的乘积计算。

5.2.2 民用建筑之间的防火间距不应小于表 5.2.2 的规定,与其他建筑的防火间距,除应符合本节规定外,尚应符合本规范其他章的有关规定。

表 5.2.2 民用建筑之间的防火间距

单位：m

<table>
<tr><td colspan="2" rowspan="2">建筑类别</td><td>高层民用建筑</td><td colspan="3">裙房和其他民用建筑</td></tr>
<tr><td>一、二级</td><td>一、二级</td><td>三级</td><td>四级</td></tr>
<tr><td>高层民用建筑</td><td>一、二级</td><td>13</td><td>9</td><td>11</td><td>14</td></tr>
<tr><td rowspan="3">裙房和其他民用建筑</td><td>一、二级</td><td>9</td><td>6</td><td>7</td><td>9</td></tr>
<tr><td>三级</td><td>11</td><td>7</td><td>8</td><td>10</td></tr>
<tr><td>四级</td><td>14</td><td>9</td><td>10</td><td>12</td></tr>
</table>

注：1. 相邻两座单、多层建筑，当相邻外墙为不燃性墙体且无外露的可燃性屋檐，每面外墙上无防火保护的门、窗、洞口不正对开设且该门、窗、洞口的面积之和不大于外墙面积的 5%时，其防火间距可按本表的规定减少 25%。
2. 两座建筑相邻较高一面外墙为防火墙，或高出相邻较低一座一、二级耐火等级建筑的屋面 15 m 及以下范围内的外墙为防火墙时，其防火间距不限。
3. 相邻两座高度相同的一、二级耐火等级建筑中相邻任一侧外墙为防火墙，屋顶的耐火极限不低于 1.00 h 时，其防火间距不限。
4. 相邻两座建筑中较低一座建筑的耐火等级不低于二级，相邻较低一面外墙为防火墙且屋顶无天窗，屋顶的耐火极限不低于 1.00 h 时，其防火间距不应小于 3.5 m；对于高层建筑，不应小于 4 m。
5. 相邻两座建筑中较低一座建筑的耐火等级不低于二级且屋顶无天窗，相邻较高一面外墙高出较低一座建筑的屋面 15 m 及以下范围内的开口部位设置甲级防火门、窗，或设置符合现行国家标准《自动喷水灭火系统设计规范》GB 50084 规定的防火分隔水幕或本规范第 6.5.3 条规定的防火卷帘时，其防火间距不应小于 3.5 m；对于高层建筑，不应小于 4 m。
6. 相邻建筑通过连廊、天桥或底部的建筑物等连接时，其间距不应小于本表的规定。
7. 耐火等级低于四级的既有建筑，其耐火等级可按四级确定。

5.2.6 建筑高度大于 100 m 的民用建筑与相邻建筑的防火间距，当符合本规范第 3.4.5 条、第 3.5.3 条、第 4.2.1 条和第 5.2.2 条允许减小的条件时，仍不应减小。

《汽车库、修车库、停车场设计防火规范》(GB 50067—2014)

4.2.1 除本规范另有规定外，汽车库、修车库、停车场之间及汽车库、修车库、停车场与除甲类物品仓库外的其他建筑物的防火间距，不应小于表 4.2.1 的规定。其中，高层汽车库与其他建筑物，汽车库、修车库与高层建筑的防火间距应按表 4.2.1 的规定值增加 3 m；汽车库、修车库与甲类厂房的防火间距应按表 4.2.1 的规定值增加 2 m。

表 4.2.1 汽车库、修车库、停车场之间及汽车库、修车库、停车场与除甲类物品仓库外的其他建筑物的防火间距

单位：m

<table>
<tr><td rowspan="2">名称和耐火等级</td><td colspan="2">汽车库、修车库</td><td colspan="3">厂房、仓库、民用建筑</td></tr>
<tr><td>一、二级</td><td>三级</td><td>一、二级</td><td>三级</td><td>四级</td></tr>
<tr><td>一、二级汽车库、修车库</td><td>10</td><td>12</td><td>10</td><td>12</td><td>14</td></tr>
<tr><td>三级汽车库、修车库</td><td>12</td><td>14</td><td>12</td><td>14</td><td>16</td></tr>
<tr><td>停车场</td><td>6</td><td>8</td><td>6</td><td>8</td><td>10</td></tr>
</table>

注：1. 防火间距应按相邻建筑物外墙的最近距离算起，如外墙有凸出的可燃物构件时，则应从其凸出部分外缘算起，停车场从靠近建筑物的最近停车位置边缘算起。
2. 厂房、仓库的火灾危险性分类应符合现行国家标准《建筑设计防火规范》GB 50016 的有关规定。

4.2.4 汽车库、修车库、停车场与甲类物品仓库的防火间距不应小于表 4.2.4 的规定。

表 4.2.4　汽车库、修车库、停车场与甲类物品仓库的防火间距　　单位：m

名称		总容量/t	汽车库、修车库		停车场
			一、二级	三级	
甲类物品仓库	3、4 项	≤5	15	20	15
		>5	20	25	20
	1、2、5、6 项	≤10	12	15	12
		>10	15	20	15

注：1. 甲类物品的分项应符合现行国家标准《建筑设计防火规范》GB 50016 的有关规定。
2. 甲、乙类物品运输车的汽车库、修车库、停车场与甲类物品仓库的防火间距应按本表的规定值增加 5 m。

4.2.5　甲、乙类物品运输车的汽车库、修车库、停车场与民用建筑的防火间距不应小于 25 m，与重要公共建筑的防火间距不应小于 50 m。甲类物品运输车的汽车库、修车库、停车场与明火或散发火花地点的防火间距不应小于 30 m，与厂房、仓库的防火间距应按本规范表 4.2.1 的规定值增加 2 m。

三、消防车道

《建筑设计防火规范》(GB 50016—2014)(2018 年版)

7.1.2　高层民用建筑，超过 3 000 个座位的体育馆，超过 2 000 个座位的会堂，占地面积大于 3 000 m^2 的商店建筑、展览建筑等单、多层公共建筑应设置环形消防车道，确有困难时，可沿建筑的两个长边设置消防车道；对于高层住宅建筑和山坡地或河道边临空建造的高层民用建筑，可沿建筑的一个长边设置消防车道，但该长边所在建筑立面应为消防车登高操作面。

7.1.3　工厂、仓库区内应设置消防车道。

高层厂房，占地面积大于 3 000 m^2 的甲、乙、丙类厂房和占地面积大于 1 500 m^2 的乙、丙类仓库，应设置环形消防车道，确有困难时，应沿建筑物的两个长边设置消防车道。

7.1.8　消防车道应符合下列要求：

1. 车道的净宽度和净空高度均不应小于 4.0 m；
2. 转弯半径应满足消防车转弯的要求；
3. 消防车道与建筑之间不应设置妨碍消防车操作的树木、架空管线等障碍物。

第三节　防火和构造

一、防火和防烟分区

《建筑设计防火规范》(GB 50016—2014)(2018 年版)

5.3.1　除本规范另有规定外，不同耐火等级建筑的允许建筑高度或层数、防火分区最大允许建筑面积应符合表 5.3.1 的规定。

表 5.3.1　不同耐火等级建筑的允许建筑高度或层数、防火分区最大允许建筑面积

名称	耐火等级	允许建筑高度或层数	防火分区的最大允许建筑面积/m^2	备注
高层民用建筑	一、二级	按本规范第 5.1.1 条确定	1 500	对于体育馆、剧场的观众厅，防火分区的最大允许建筑面积可适当增加
单、多层民用建筑	一、二级	按本规范第 5.1.1 条确定	2 500	
	三级	5 层	1 200	
	四级	2 层	600	
地下或半地下建筑(室)	一级	—	500	设备用房的防火分区最大允许建筑面积不应大于 1 000 m^2

注：1. 表中规定的防火分区最大允许建筑面积，当建筑内设置自动灭火系统时，可按本表的规定增加 1.0 倍；局部设置时，防火分区的增加面积可按该局部面积的 1.0 倍计算。

2. 裙房与高层建筑主体之间设置防火墙时，裙房的防火分区可按单、多层建筑的要求确定。

5.3.2　建筑内设置自动扶梯、敞开楼梯等上、下层相连通的开口时，其防火分区的建筑面积应按上、下层相连通的建筑面积叠加计算；当叠加计算后的建筑面积大于本规范第 5.3.1 条的规定时，应划分防火分区。

建筑内设置中庭时，其防火分区的建筑面积应按上、下层相连通的建筑面积叠加计算；当叠加计算后的建筑面积大于本规范第 5.3.1 条的规定时，应符合下列规定：

1. 与周围连通空间应进行防火分隔：采用防火隔墙时，其耐火极限不应低于 1.00 h；采用防火玻璃墙时，其耐火隔热性和耐火完整性不应低于 1.00 h，采用耐火完整性不低于 1.00 h 的非隔热性防火玻璃墙时，应设置自动喷水灭火系统进行保护；采用防火卷帘时，其耐火极限不应低于 3.00 h，并应符合本规范第 6.5.3 条的规定；与中庭相连通的门、窗，应采用火灾时能自行关闭的甲级防火门、窗。

2. 高层建筑内的中庭回廊应设置自动喷水灭火系统和火灾自动报警系统。

3. 中庭应设置排烟设施。

4. 中庭内不应布置可燃物。

5.3.4　一、二级耐火等级建筑内的商店营业厅、展览厅，当设置自动灭火系统和火灾自动报警系统并采用不燃或难燃装修材料时，其每个防火分区的最大允许建筑面积应符合下列规定：

1. 设置在高层建筑内时，不应大于 4 000 m^2；

2. 设置在单层建筑或仅设置在多层建筑的首层内时，不应大于 10 000 m^2；

3. 设置在地下或半地下时，不应大于 2 000 m^2。

5.3.5　总建筑面积大于 20 000 m^2 的地下或半地下商店，应采用无门、窗、洞口的防火墙、耐火极限不低于 2.00 h 的楼板分隔为多个建筑面积不大于 20 000 m^2 的区域。相邻区域确需局部连通时，应采用下沉式广场等室外开敞空间、防火隔间、避难走道、防烟楼梯间等方式进行连通，并应符合下列规定：

1. 下沉式广场等室外开敞空间应能防止相邻区域的火灾蔓延和便于安全疏散，并应符合本规范第 6.4.12 条的规定；

2. 防火隔间的墙应为耐火极限不低于 3.00 h 的防火隔墙，并应符合本规范第 6.4.13

条的规定；

3. 避难走道应符合本规范第 6.4.14 条的规定；

4. 防烟楼梯间的门应采用甲级防火门。

《汽车库、修车库、停车场设计防火规范》(GB 50067—2014)

5.1.1 汽车库防火分区的最大允许建筑面积应符合表 5.1.1 的规定。其中，敞开式、错层式、斜楼板式汽车库的上下连通层面积应叠加计算，每个防火分区的最大允许建筑面积不应大于表 5.1.1 规定的 2.0 倍；室内有车道且有人员停留的机械式汽车库，其防火分区最大允许建筑面积应按表 5.1.1 的规定减少 35%。

表 5.1.1 汽车库防火分区的最大允许建筑面积 单位：m^2

耐火等级	单层汽车库	多层汽车库、半地下汽车库	地下汽车库、高层汽车库
一、二级	3 000	2 500	2 000
三级	1 000	不允许	不允许

注：除本规范另有规定外，防火分区之间应采用符合本规范规定的防火墙、防火卷帘等分隔。

5.1.3 室内无车道且无人员停留的机械式汽车库，应符合下列规定：

1. 当停车数量超过 100 辆时，应采用无门、窗、洞口的防火墙分隔为多个停车数量不大于 100 辆的区域，但当采用防火隔墙和耐火极限不低于 1.00 h 的不燃性楼板分隔成多个停车单元，且停车单元内的停车数量不大于 3 辆时，应分隔为停车数量不大于 300 辆的区域；

2. 汽车库内应设置火灾自动报警系统和自动喷水灭火系统，自动喷水灭火系统应选用快速响应喷头；

3. 楼梯间及停车区的检修通道上应设置室内消火栓；

4. 汽车库内应设置排烟设施，排烟口应设置在运输车辆的通道顶部。

5.1.4 甲、乙类物品运输车的汽车库、修车库，每个防火分区的最大允许建筑面积不应大于 500 m^2。

5.1.5 修车库每个防火分区的最大允许建筑面积不应大于 2 000 m^2，当修车部位与相邻使用有机溶剂的清洗和喷漆工段采用防火墙分隔时，每个防火分区的最大允许建筑面积不应大于 4 000 m^2。

《图书馆建筑设计规范》(JGJ 38—2015)

6.2.1 基本书库、特藏书库、密集书库与其毗邻的其他部位之间应采用防火墙和甲级防火门分隔。

6.2.2 对于未设置自动灭火系统的一、二级耐火等级的基本书库、特藏书库、密集书库、开架书库的防火分区最大允许建筑面积，单层建筑不应大于 1 500 m^2；建筑高度不超过 24 m 的多层建筑不应大于 1 200 m^2；高度超过 24 m 的建筑不应大于 1 000 m^2；地下室或半地下室不应大于 300 m^2。

二、建筑构造

《建筑设计防火规范》(GB 50016—2014)(2018 年版)

6.1.1 防火墙应直接设置在建筑的基础或框架、梁等承重结构上，框架、梁等承重结构的耐火极限不应低于防火墙的耐火极限。

防火墙应从楼地面基层隔断至梁、楼板或屋面板的底面基层。当高层厂房（仓库）屋顶承重结构和屋面板的耐火极限低于 1.00 h，其他建筑屋顶承重结构和屋面板的耐火极限低于 0.50 h 时，防火墙应高出屋面 0.5 m 以上。

6.1.2　防火墙横截面中心线水平距离天窗端面小于 4.0 m，且天窗端面为可燃性墙体时，应采取防止火势蔓延的措施。

6.1.5　防火墙上不应开设门、窗、洞口，确需开设时，应设置不可开启或火灾时能自动关闭的甲级防火门、窗。

可燃气体和甲、乙、丙类液体的管道严禁穿过防火墙。防火墙内不应设置排气道。

6.1.7　防火墙的构造应能在防火墙任意一侧的屋架、梁、楼板等受到火灾的影响而破坏时，不会导致防火墙倒塌。

6.2.2　医疗建筑内的手术室或手术部、产房、重症监护室、贵重精密医疗装备用房、储藏间、实验室、胶片室等，附设在建筑内的托儿所、幼儿园的儿童用房和儿童游乐厅等儿童活动场所、老年人照料设施，应采用耐火极限不低于 2.00 h 的防火隔墙和 1.00 h 的楼板与其他场所或部位分隔，墙上必须设置的门、窗应采用乙级防火门、窗。

6.2.4　建筑内的防火隔墙应从楼地面基层隔断至梁、楼板或屋面板的底面基层。住宅分户墙和单元之间的墙应隔断至梁、楼板或屋面板的底面基层，屋面板的耐火极限不应低于 0.50 h。

6.2.5　除本规范另有规定外，建筑外墙上、下层开口之间应设置高度不小于 1.2 m 的实体墙或挑出宽度不小于 1.0 m、长度不小于开口宽度的防火挑檐；当室内设置自动喷水灭火系统时，上、下层开口之间的实体墙高度不应小于 0.8 m。当上、下层开口之间设置实体墙确有困难时，可设置防火玻璃墙，但高层建筑的防火玻璃墙的耐火完整性不应低于 1.00 h，多层建筑的防火玻璃墙的耐火完整性不应低于 0.50 h。外窗的耐火完整性不应低于防火玻璃墙的耐火完整性要求。

住宅建筑外墙上相邻户开口之间的墙体宽度不应小于 1.0 m；小于 1.0 m 时，应在开口之间设置突出外墙不小于 0.6 m 的隔板。

实体墙、防火挑檐和隔板的耐火极限和燃烧性能，均不应低于相应耐火等级建筑外墙的要求。

6.2.6　建筑幕墙应在每层楼板外沿处采取符合本规范第 6.2.5 条规定的防火措施，幕墙与每层楼板、隔墙处的缝隙应采用防火封堵材料封堵。

6.2.7　附设在建筑内的消防控制室、灭火设备室、消防水泵房和通风空气调节机房、变配电室等，应采用耐火极限不低于 2.00 h 的防火隔墙和 1.50 h 的楼板与其他部位分隔。

设置在丁、戊类厂房内的通风机房，应采用耐火极限不低于 1.00 h 的防火隔墙和 0.50 h 的楼板与其他部位分隔。

通风、空气调节机房和变配电室开向建筑内的门应采用甲级防火门，消防控制室和其他设备房开向建筑内的门应采用乙级防火门。

6.2.9　建筑内的电梯井等竖井应符合下列规定：

1. 电梯井应独立设置，井内严禁敷设可燃气体和甲、乙、丙类液体管道，不应敷设与电梯无关的电缆、电线等。电梯井的井壁除设置电梯门、安全逃生门和通气孔洞外，不应设置其他开口。

2. 电缆井、管道井、排烟道、排气道、垃圾道等竖向井道，应分别独立设置。井壁的耐火极限不应低于 1.00 h，井壁上的检查门应采用丙级防火门。

3. 建筑内的电缆井、管道井应在每层楼板处采用不低于楼板耐火极限的不燃材料或防火封堵材料封堵。

建筑内的电缆井、管道井与房间、走道等相连通的孔隙应采用防火封堵材料封堵。

6.3.5 防烟、排烟、供暖、通风和空气调节系统中的管道及建筑内的其他管道，在穿越防火隔墙、楼板和防火墙处的孔隙应采用防火封堵材料封堵。

风管穿过防火隔墙、楼板和防火墙时，穿越处风管上的防火阀、排烟防火阀两侧各 2.0 m 范围内的风管应采用耐火风管或风管外壁应采取防火保护措施，且耐火极限不应低于该防火分隔体的耐火极限。

6.7.2 建筑外墙采用内保温系统时，保温系统应符合下列规定：

1. 对于人员密集场所，用火、燃油、燃气等具有火灾危险性的场所以及各类建筑内的疏散楼梯间、避难走道、避难间、避难层等场所或部位，应采用燃烧性能为 A 级的保温材料。

2. 对于其他场所，应采用低烟、低毒且燃烧性能不低于 B_1 级的保温材料。

3. 保温系统应采用不燃材料做防护层。采用燃烧性能为 B_1 级的保温材料时，防护层的厚度不应小于 10 mm。

6.7.4 设置人员密集场所的建筑，其外墙外保温材料的燃烧性能应为 A 级。

6.7.4A 除本规范第 6.7.3 条规定的情况外，下列老年人照料设施的内、外墙体和屋面保温材料应采用燃烧性能为 A 级的保温材料：

1. 独立建造的老年人照料设施；

2. 与其他建筑组合建造且老年人照料设施部分的总建筑面积大于 500 m^2 的老年人照料设施。

6.7.5 与基层墙体、装饰层之间无空腔的建筑外墙外保温系统，其保温材料应符合下列规定：

1. 住宅建筑：

1）建筑高度大于 100 m 时，保温材料的燃烧性能应为 A 级；

2）建筑高度大于 27 m，但不大于 100 m 时，保温材料的燃烧性能不应低于 B_1 级；

3）建筑高度不大于 27 m 时，保温材料的燃烧性能不应低于 B_2 级。

2. 除住宅建筑和设置人员密集场所的建筑外，其他建筑：

1）建筑高度大于 50 m 时，保温材料的燃烧性能应为 A 级；

2）建筑高度大于 24 m，但不大于 50 m 时，保温材料的燃烧性能不应低于 B_1 级；

3）建筑高度不大于 24 m 时，保温材料的燃烧性能不应低于 B_2 级。

6.7.6 除设置人员密集场所的建筑外，与基层墙体、装饰层之间有空腔的建筑外墙外保温系统，其保温材料应符合下列规定：

1. 建筑高度大于 24 m 时，保温材料的燃烧性能应为 A 级；

2. 建筑高度不大于 24 m 时，保温材料的燃烧性能不应低于 B_1 级。

《汽车库、修车库、停车场设计防火规范》(GB 50067—2014)

5.2.1 防火墙应直接设置在建筑的基础或框架、梁等承重结构上，框架、梁等承重结构的耐火极限不应低于防火墙的耐火极限。防火墙、防火隔墙应从楼地面基层隔断至梁、楼板或屋面结构层的底面。

5.3.1 电梯井、管道井、电缆井和楼梯间应分别独立设置。管道井、电缆井的井壁应采用不燃材料，且耐火极限不应低于 1.00 h；电梯井的井壁应采用不燃材料，且耐火极限不应低于 2.00 h。

5.3.2 电缆井、管道井应在每层楼板处采用不燃材料或防火封堵材料进行分隔，且分隔后的耐火极限不应低于楼板的耐火极限，井壁上的检查门应采用丙级防火门。

《商店建筑设计规范》(JGJ 48—2014)

4.2.11 大型和中型商场内连续排列的饮食店铺的灶台不应面向公共通道，并应设置机械排烟通风设施。

4.2.12 大型和中型商场内连续排列的商铺的隔墙、吊顶等装修材料和构造，不得降低建筑设计对建筑构件及配件的耐火极限要求，并不得随意增加荷载。

4.3.3 食品类商店仓储区应符合下列规定：

1. 根据商品的不同保存条件，应分设库房或在库房内采取有效隔离措施；

2. 各用房的地面、墙裙等均应为可冲洗的面层，并不得采用有毒和容易发生化学反应的涂料。

三、建筑装修

《建筑内部装修设计防火规范》(GB 50222—2017)

4.0.1 建筑内部装修不应擅自减少、改动、拆除、遮挡消防设施、疏散指示标志、安全出口、疏散出口、疏散走道和防火分区、防烟分区等。

4.0.2 建筑内部消火栓箱门不应被装饰物遮掩，消火栓箱门四周的装修材料颜色应与消火栓箱门的颜色有明显区别或在消火栓箱门表面设置发光标志。

4.0.3 疏散走道和安全出口的顶棚、墙面不应采用影响人员安全疏散的镜面反光材料。

4.0.4 地上建筑的水平疏散走道和安全出口的门厅，其顶棚应采用 A 级装修材料，其他部位应采用不低于 B_1 级的装修材料；地下民用建筑的疏散走道和安全出口的门厅，其顶棚、墙面和地面均应采用 A 级装修材料。

4.0.5 疏散楼梯间和前室的顶棚、墙面和地面均应采用 A 级装修材料。

4.0.6 建筑物内设有上下层相连通的中庭、走马廊、开敞楼梯、自动扶梯时，其连通部位的顶棚、墙面应采用 A 级装修材料，其他部位应采用不低于 B_1 级的装修材料。

4.0.8 无窗房间内部装修材料的燃烧性能等级除 A 级外，应在表 5.1.1、表 5.2.1、表 5.3.1、表 6.0.1、表 6.0.5 规定的基础上提高一级。

4.0.9 消防水泵房、机械加压送风排烟机房、固定灭火系统钢瓶间、配电室、变压器室、发电机房、储油间、通风和空调机房等，其内部所有装修均应采用 A 级装修材料。

4.0.10 消防控制室等重要房间，其顶棚和墙面应采用 A 级装修材料，地面及其他装修应采用不低于 B_1 级的装修材料。

4.0.11 建筑物内的厨房，其顶棚、墙面、地面均应采用 A 级装修材料。

4.0.12 经常使用明火器具的餐厅、科研试验室，其装修材料的燃烧性能等级除 A 级外，应在表 5.1.1、表 5.2.1、表 5.3.1、表 6.0.1、表 6.0.5 规定的基础上提高一级。

4.0.13　民用建筑内的库房或贮藏间，其内部所有装修除应符合相应场所规定外，且应采用不低于 B_1 级的装修材料。

4.0.14　展览性场所装修设计应符合下列规定：

1. 展台材料应采用不低于 B_1 级的装修材料。

2. 在展厅设置电加热设备的餐饮操作区内，与电加热设备贴邻的墙面、操作台均应采用 A 级装修材料。

3. 展台与卤钨灯等高温照明灯具贴邻部位的材料应采用 A 级装修材料。

四、火灾自动报警装置

《建筑设计防火规范》(GB 50016—2014)(2018 年版)

8.4.1　下列建筑或场所应设置火灾自动报警系统：

1. 任一层建筑面积大于 1 500 m^2 或总建筑面积大于 3 000 m^2 的制鞋、制衣、玩具、电子等类似用途的厂房；

2. 每座占地面积大于 1 000 m^2 的棉、毛、丝、麻、化纤及其制品的仓库，占地面积大于 500 m^2 或总建筑面积大于 1 000 m^2 的卷烟仓库；

3. 任一层建筑面积大于 1 500 m^2 或总建筑面积大于 3 000 m^2 的商店、展览、财贸金融、客运和货运等类似用途的建筑，总建筑面积大于 500 m^2 的地下或半地下商店；

4. 图书或文物的珍藏库，每座藏书超过 50 万册的图书馆，重要的档案馆；

5. 地市级及以上广播电视建筑、邮政建筑、电信建筑，城市或区域性电力、交通和防灾等指挥调度建筑；

6. 特等、甲等剧场，座位数超过 1 500 个的其他等级的剧场或电影院，座位数超过 2 000 个的会堂或礼堂，座位数超过 3 000 个的体育馆；

7. 大、中型幼儿园的儿童用房等场所，老年人照料设施，任一层建筑面积大于 1 500 m^2 或总建筑面积大于 3 000 m^2 的疗养院的病房楼、旅馆建筑和其他儿童活动场所，不少于 200 床位的医院门诊楼、病房楼和手术部等；

8. 歌舞娱乐放映游艺场所；

9. 净高大于 2.6 m 且可燃物较多的技术夹层，净高大于 0.8 m 且有可燃物的闷顶或吊顶内；

10. 电子信息系统的主机房及其控制室、记录介质库，特殊贵重或火灾危险性大的机器、仪表、仪器设备室、贵重物品库房；

11. 二类高层公共建筑内建筑面积大于 50 m^2 的可燃物品库房和建筑面积大于 500 m^2 的营业厅；

12. 其他一类高层公共建筑；

13. 设置机械排烟、防烟系统，雨淋或预作用自动喷水灭火系统，固定消防水炮灭火系统、气体灭火系统等需与火灾自动报警系统联锁动作的场所或部位。

注：老年人照料设施中的老年人用房及其公共走道，均应设置火灾探测器和声警报装置或消防广播。

8.4.3　建筑内可能散发可燃气体、可燃蒸气的场所应设置可燃气体报警装置。

《档案馆建筑设计规范》(JGJ 25—2010)

6.0.5　特级、甲级档案馆和属于一类高层的乙级档案馆建筑均应设置火灾自动报警系统。其他乙级档案馆的档案库、服务器机房、缩微用房、音像技术用房、空调机房等房间应设置火灾自动报警系统。

《自动喷水灭火系统设计规范》(GB 50084—2017)

6.5.1 每个报警阀组控制的最不利点洒水喷头处应设末端试水装置，其他防火分区、楼层均应设直径为 25 mm 的试水阀。

第四节 安全疏散和消防电梯

一、安全疏散距离和出口宽度

《建筑设计防火规范》(GB 50016—2014)(2018 年版)

3.7.2 厂房内每个防火分区或一个防火分区内的每个楼层，其安全出口的数量应经计算确定，且不应少于 2 个；当符合下列条件时，可设置 1 个安全出口：

1. 甲类厂房，每层建筑面积不大于 100 m^2，且同一时间的作业人数不超过 5 人；
2. 乙类厂房，每层建筑面积不大于 150 m^2，且同一时间的作业人数不超过 10 人；
3. 丙类厂房，每层建筑面积不大于 250 m^2，且同一时间的作业人数不超过 20 人；
4. 丁、戊类厂房，每层建筑面积不大于 400 m^2，且同一时间的作业人数不超过 30 人；
5. 地下或半地下厂房（包括地下或半地下室），每层建筑面积不大于 50 m^2，且同一时间的作业人数不超过 15 人。

3.7.3 地下或半地下厂房（包括地下或半地下室），当有多个防火分区相邻布置，并采用防火墙分隔时，每个防火分区可利用防火墙上通向相邻防火分区的甲级防火门作为第二安全出口，但每个防火分区必须至少有 1 个直通室外的独立安全出口。

3.7.6 高层厂房和甲、乙、丙类多层厂房的疏散楼梯应采用封闭楼梯间或室外楼梯。建筑高度大于 32 m 且任一层人数超过 10 人的厂房，应采用防烟楼梯间或室外楼梯。

3.8.2 每座仓库的安全出口不应少于 2 个，当一座仓库的占地面积不大于 300 m^2 时，可设置 1 个安全出口。仓库内每个防火分区通向疏散走道、楼梯或室外的出口不宜少于 2 个，当防火分区的建筑面积不大于 100 m^2 时，可设置 1 个出口。通向疏散走道或楼梯的门应为乙级防火门。

3.8.3 地下或半地下仓库（包括地下或半地下室）的安全出口不应少于 2 个；当建筑面积不大于 100 m^2 时，可设置 1 个安全出口。

地下或半地下仓库（包括地下或半地下室），当有多个防火分区相邻布置并采用防火墙分隔时，每个防火分区可利用防火墙上通向相邻防火分区的甲级防火门作为第二安全出口，但每个防火分区必须至少有 1 个直通室外的安全出口。

3.8.7 高层仓库的疏散楼梯应采用封闭楼梯间。

5.5.8 公共建筑内每个防火分区或一个防火分区的每个楼层，其安全出口的数量应经计算确定，且不应少于 2 个。设置 1 个安全出口或 1 部疏散楼梯的公共建筑应符合下列条件之一：

1. 除托儿所、幼儿园外，建筑面积不大于 200 m^2 且人数不超过 50 人的单层公共建筑或多层公共建筑的首层；

2. 除医疗建筑，老年人照料设施，托儿所、幼儿园的儿童用房，儿童游乐厅等儿童活动场所和歌舞娱乐放映游艺场所等外，符合表5.5.8规定的公共建筑。

表5.5.8 设置1部疏散楼梯的公共建筑

耐火等级	最多层数	每层最大建筑面积/m^2	人数
一、二级	3层	200	第二、三层的人数之和不超过50人
三级	3层	200	第二、三层的人数之和不超过25人
四级	2层	200	第二层人数不超过15人

5.5.12 一类高层公共建筑和建筑高度大于32 m的二类高层公共建筑，其疏散楼梯应采用防烟楼梯间。

裙房和建筑高度不大于32 m的二类高层公共建筑，其疏散楼梯应采用封闭楼梯间。

注：当裙房与高层建筑主体之间设置防火墙时，裙房的疏散楼梯可按本规范有关单、多层建筑的要求确定。

5.5.13 下列多层公共建筑的疏散楼梯，除与敞开式外廊直接相连的楼梯间外，均应采用封闭楼梯间：

1. 医疗建筑、旅馆及类似使用功能的建筑；

2. 设置歌舞娱乐放映游艺场所的建筑；

3. 商店、图书馆、展览建筑、会议中心及类似使用功能的建筑；

4. 6层及以上的其他建筑。

5.5.15 公共建筑内房间的疏散门数量应经计算确定且不应少于2个。除托儿所、幼儿园、老年人照料设施、医疗建筑、教学建筑内位于走道尽端的房间外，符合下列条件之一的房间可设置1个疏散门：

1. 位于两个安全出口之间或袋形走道两侧的房间，对于托儿所、幼儿园、老年人照料设施，建筑面积不大于50 m^2；对于医疗建筑、教学建筑，建筑面积不大于75 m^2；对于其他建筑或场所，建筑面积不大于120 m^2。

2. 位于走道尽端的房间，建筑面积小于50 m^2且疏散门的净宽度不小于0.90 m，或由房间内任一点至疏散门的直线距离不大于15 m、建筑面积不大于200 m^2且疏散门的净宽度不小于1.40 m。

3. 歌舞娱乐放映游艺场所内建筑面积不大于50 m^2且经常停留人数不超过15人的厅、室。

5.5.16 剧场、电影院、礼堂和体育馆的观众厅或多功能厅，其疏散门的数量应经计算确定且不应少于2个，并应符合下列规定：

1. 对于剧场、电影院、礼堂的观众厅或多功能厅，每个疏散门的平均疏散人数不应超过250人；当容纳人数超过2 000人时，其超过2 000人的部分，每个疏散门的平均疏散人数不应超过400人。

5.5.17 公共建筑的安全疏散距离应符合下列规定：

1. 直通疏散走道的房间疏散门至最近安全出口的直线距离不应大于表5.5.17的规定。

表 5.5.17　直通疏散走道的房间疏散门至最近安全出口的直线距离　　单位：m

名称			位于两个安全出口之间的疏散门			位于袋形走道两侧或尽端的疏散门		
			一、二级	三级	四级	一、二级	三级	四级
托儿所、幼儿园、老年人照料设施			25	20	15	20	15	10
歌舞娱乐放映游艺场所			25	20	15	9	—	—
医疗建筑	单、多层		35	30	25	20	15	10
	高层	病房部分	24	—	—	12	—	—
		其他部分	30	—	—	15	—	—
教学建筑	单、多层		35	30	25	22	20	10
	高层		30	—	—	15	—	—
高层旅馆、展览建筑			30	—	—	15	—	—
其他建筑	单、多层		40	35	25	22	20	15
	高层		40	—	—	20	—	—

注：1. 建筑内开向敞开式外廊的房间疏散门至最近安全出口的直线距离可按本表的规定增加 5 m。

2. 直通疏散走道的房间疏散门至最近敞开楼梯间的直线距离，当房间位于两个楼梯间之间时，应按本表的规定减少 5 m；当房间位于袋形走道两侧或尽端时，应按本表的规定减少 2 m。

3. 建筑物内全部设置自动喷水灭火系统时，其安全疏散距离可按本表的规定增加 25%。

2. 楼梯间应在首层直通室外，确有困难时，可在首层采用扩大的封闭楼梯间或防烟楼梯间前室。当层数不超过 4 层且未采用扩大的封闭楼梯间或防烟楼梯间前室时，可将直通室外的门设置在离楼梯间不大于 15 m 处。

3. 房间内任一点至房间直通疏散走道的疏散门的直线距离，不应大于表 5.5.17 规定的袋形走道两侧或尽端的疏散门至最近安全出口的直线距离。

4. 一、二级耐火等级建筑内疏散门或安全出口不少于 2 个的观众厅、展览厅、多功能厅、餐厅、营业厅等，其室内任一点至最近疏散门或安全出口的直线距离不应大于 30 m；当疏散门不能直通室外地面或疏散楼梯间时，应采用长度不大于 10 m 的疏散走道通至最近的安全出口。当该场所设置自动喷水灭火系统时，室内任一点至最近安全出口的安全疏散距离可分别增加 25%。

5.5.18　除本规范另有规定外，公共建筑内疏散门和安全出口的净宽度不应小于 0.90 m，疏散走道和疏散楼梯的净宽度不应小于 1.10 m。

高层公共建筑内楼梯间的首层疏散门、首层疏散外门、疏散走道和疏散楼梯的最小净宽度应符合表 5.5.18 的规定。

表 5.5.18　高层公共建筑内楼梯间的首层疏散门、首层疏散外门、疏散走道和疏散楼梯的最小净宽度　　单位：m

建筑类别	楼梯间的首层疏散门、首层疏散外门	走道		疏散楼梯
		单面布房	双面布房	
高层医疗建筑	1.30	1.40	1.50	1.30
其他高层公共建筑	1.20	1.30	1.40	1.20

5.5.21 除剧场、电影院、礼堂、体育馆外的其他公共建筑，其房间疏散门、安全出口、疏散走道和疏散楼梯的各自总净宽度，应符合下列规定：

1. 每层的房间疏散门、安全出口、疏散走道和疏散楼梯的各自总净宽度，应根据疏散人数按每100人的最小疏散净宽度不小于表5.5.21-1的规定计算确定。当每层疏散人数不等时，疏散楼梯的总净宽度可分层计算，地上建筑内下层楼梯的总净宽度应按该层及以上疏散人数最多一层的人数计算；地下建筑内上层楼梯的总净宽度应按该层及以下疏散人数最多一层的人数计算。

表5.5.21-1 每层的房间疏散门、安全出口、疏散走道和疏散楼梯的每100人最小疏散净宽度

单位：m/百人

建筑层数		建筑的耐火等级		
		一、二级	三级	四级
地上楼层	1～2层	0.65	0.75	1.00
	3层	0.75	1.00	—
	≥4层	1.00	1.25	—
地下楼层	与地面出入口地面的高差 $\Delta H \leqslant 10$ m	0.75	—	—
	与地面出入口地面的高差 $\Delta H > 10$ m	1.00	—	—

2. 地下或半地下人员密集的厅、室和歌舞娱乐放映游艺场所，其房间疏散门、安全出口、疏散走道和疏散楼梯的各自总净宽度，应根据疏散人数按每100人不小于1.00 m计算确定。

3. 首层外门的总净宽度应按该建筑疏散人数最多一层的人数计算确定，不供其他楼层人员疏散的外门，可按本层的疏散人数计算确定。

4. 歌舞娱乐放映游艺场所中录像厅的疏散人数，应根据厅、室的建筑面积按不小于1.0人/m^2计算；其他歌舞娱乐放映游艺场所的疏散人数，应根据厅、室的建筑面积按不小于0.5人/m^2计算。

5.5.23 建筑高度大于100 m的公共建筑，应设置避难层(间)。避难层(间)应符合下列规定：

1. 第一个避难层(间)的楼地面至灭火救援场地地面的高度不应大于50 m，两个避难层(间)之间的高度不宜大于50 m。

2. 通向避难层(间)的疏散楼梯应在避难层分隔、同层错位或上下层断开。

3. 避难层(间)的净面积应能满足设计避难人数避难的要求，并宜按5.0人/m^2计算。

4. 避难层可兼作设备层。设备管道宜集中布置，其中的易燃、可燃液体或气体管道应集中布置，设备管道区应采用耐火极限不低于3.00 h的防火隔墙与避难区分隔。管道井和设备间应采用耐火极限不低于2.00 h的防火隔墙与避难区分隔，管道井和设备间的门不应直接开向避难区；确需直接开向避难区时，与避难层区出入口的距离不应小于5 m，且应采用甲级防火门。

避难间内不应设置易燃、可燃液体或气体管道，不应开设除外窗、疏散门之外的其他开口。

5．避难层应设置消防电梯出口。

6．应设置消火栓和消防软管卷盘。

7．应设置消防专线电话和应急广播。

8．在避难层(间)进入楼梯间的入口处和疏散楼梯通向避难层(间)的出口处，应设置明显的指示标志。

9．应设置直接对外的可开启窗口或独立的机械防烟设施，外窗应采用乙级防火窗。

5.5.24　高层病房楼应在二层及以上的病房楼层和洁净手术部设置避难间。避难间应符合下列规定：

1．避难间服务的护理单元不应超过2个，其净面积应按每个护理单元不小于25.0 m^2确定。

2．避难间兼作其他用途时，应保证人员的避难安全，且不得减少可供避难的净面积。

3．应靠近楼梯间，并应采用耐火极限不低于2.00 h的防火隔墙和甲级防火门与其他部位分隔。

4．应设置消防专线电话和消防应急广播。

5．避难间的入口处应设置明显的指示标志。

6．应设置直接对外的可开启窗口或独立的机械防烟设施，外窗应采用乙级防火窗。

5.5.25　住宅建筑安全出口的设置应符合下列规定：

1．建筑高度不大于27 m的建筑，当每个单元任一层的建筑面积大于650 m^2，或任一户门至最近安全出口的距离大于15 m时，每个单元每层的安全出口不应少于2个；

2．建筑高度大于27 m、不大于54 m的建筑，当每个单元任一层的建筑面积大于650 m^2，或任一户门至最近安全出口的距离大于10 m时，每个单元每层的安全出口不应少于2个；

3．建筑高度大于54 m的建筑，每个单元每层的安全出口不应少于2个。

5.5.26　建筑高度大于27 m，但不大于54 m的住宅建筑，每个单元设置一座疏散楼梯时，疏散楼梯应通至屋面，且单元之间的疏散楼梯应能通过屋面连通，户门应采用乙级防火门。当不能通至屋面或不能通过屋面连通时，应设置2个安全出口。

5.5.29　住宅建筑的安全疏散距离应符合下列规定：

1．直通疏散走道的户门至最近安全出口的直线距离不应大于表5.5.29的规定。

表5.5.29　住宅建筑直通疏散走道的户门至最近安全出口的直线距离　　单位：m

住宅建筑类别	位于两个安全出口之间的户门			位于袋形走道两侧或尽端的户门		
	一、二级	三级	四级	一、二级	三级	四级
单、多层	40	35	25	22	20	15
高层	40	—	—	20	—	—

注：1．开向敞开式外廊的户门至最近安全出口的最大直线距离可按本表的规定增加5 m。

2．直通疏散走道的户门至最近敞开楼梯间的直线距离，当户门位于两个楼梯间之间时，应按本表的规定减少5 m；当户门位于袋形走道两侧或尽端时，应按本表的规定减少2 m。

3．住宅建筑内全部设置自动喷水灭火系统时，其安全疏散距离可按本表的规定增加25%。

4．跃廊式住宅的户门至最近安全出口的距离，应从户门算起，小楼梯的一段距离可按其水平投影长度的1.50倍计算。

2. 楼梯间应在首层直通室外，或在首层采用扩大的封闭楼梯间或防烟楼梯间前室。层数不超过4层时，可将直通室外的门设置在离楼梯间不大于15 m处。

3. 户内任一点至直通疏散走道的户门的直线距离不应大于表5.5.29规定的袋形走道两侧或尽端的疏散门至最近安全出口的最大直线距离。

注：跃层式住宅，户内楼梯的距离可按其梯段水平投影长度的1.50倍计算。

5.5.30 住宅建筑的户门、安全出口、疏散走道和疏散楼梯的各自总净宽度应经计算确定，且户门和安全出口的净宽度不应小于0.90 m，疏散走道、疏散楼梯和首层疏散外门的净宽度不应小于1.10 m。建筑高度不大于18 m的住宅中一边设置栏杆的疏散楼梯，其净宽度不应小于1.0 m。

5.5.31 建筑高度大于100 m的住宅建筑应设置避难层，避难层的设置应符合本规范第5.5.23条有关避难层的要求。

11.0.3 甲、乙、丙类厂房(库房)不应采用木结构建筑或木结构组合建筑。丁、戊类厂房(库房)和民用建筑，当采用木结构建筑或木结构组合建筑时，其允许层数和允许建筑高度应符合表11.0.3-1的规定，木结构建筑中防火墙间的允许建筑长度和每层最大允许建筑面积应符合表11.0.3-2的规定。

表11.0.3-1 木结构建筑或木结构组合建筑的允许层数和允许建筑高度

木结构建筑的形式	普通木结构建筑	轻型木结构建筑	胶合木结构建筑		木结构组合建筑
允许层数/层	2	3	1	3	7
允许建筑高度/m	10	10	不限	15	24

表11.0.3-2 木结构建筑中防火墙间的允许建筑长度和每层最大允许建筑面积

层数/层	防火墙间的允许建筑长度/m	防火墙间的每层最大允许建筑面积/m^2
1	100	1 800
2	80	900
3	60	600

注：1. 当设置自动喷水灭火系统时，防火墙间的允许建筑长度和每层最大允许建筑面积可按本表的规定增加1.0倍，对于丁、戊类地上厂房，防火墙间的每层最大允许建筑面积不限。

2. 体育场馆等高大空间建筑，其建筑高度和建筑面积可适当增加。

11.0.4 老年人照料设施，托儿所、幼儿园的儿童用房和活动场所设置在木结构建筑内时，应布置在首层或二层。

商店、体育馆和丁、戊类厂房(库房)应采用单层木结构建筑。

11.0.7 民用木结构建筑的安全疏散设计应符合下列规定：

2. 房间直通疏散走道的疏散门至最近安全出口的直线距离不应大于表11.0.7-1的规定。

表 11.0.7-1　房间直通疏散走道的疏散门至最近安全出口的直线距离　单位:m

名称	位于两个安全出口之间的疏散门	位于袋形走道两侧或尽端的疏散门
托儿所、幼儿园、老年人照料设施	15	10
歌舞娱乐放映游艺场所	15	6
医院和疗养院建筑、教学建筑	25	12
其他民用建筑	30	15

3. 房间内任一点至该房间直通疏散走道的疏散门的直线距离，不应大于表 11.0.7-1 中有关袋形走道两侧或尽端的疏散门至最近安全出口的直线距离。

4. 建筑内疏散走道、安全出口、疏散楼梯和房间疏散门的净宽度，应根据疏散人数按每 100 人的最小疏散净宽度不小于表 11.0.7-2 的规定计算确定。

表 11.0.7-2　疏散走道、安全出口、疏散楼梯和房间疏散门每 100 人的最小疏散净宽度　单位:m/百人

层数	地上 1～2 层	地上 3 层
每 100 人的疏散净宽度	0.75	1.00

11.0.9　管道、电气线路敷设在墙体内或穿过楼板、墙体时，应采取防火保护措施，与墙体、楼板之间的缝隙应采用防火封堵材料填塞密实。

住宅建筑内厨房的明火或高温部位及排油烟管道等，应采用防火隔热措施。

11.0.10　民用木结构建筑之间及其与其他民用建筑的防火间距不应小于表 11.0.10 的规定。

民用木结构建筑与厂房(仓库)等建筑的防火间距、木结构厂房(仓库)之间及其与其他民用建筑的防火间距，应符合本规范第 3、4 章有关四级耐火等级建筑的规定。

表 11.0.10　民用木结构建筑之间及其与其他民用建筑的防火间距　单位:m

建筑耐火等级或类别	一、二级	三级	木结构建筑	四级
木结构建筑	8	9	10	11

注:1. 两座木结构建筑之间或木结构建筑与其他民用建筑之间，外墙均无任何门、窗、洞口时，防火间距可为 4 m;外墙上的门、窗、洞口不正对且开口面积之和不大于外墙面积的 10%时，防火间距可按本表的规定减少 25%。

2. 当相邻建筑外墙有一面为防火墙，或建筑物之间设置防火墙且墙体截断不燃性屋面或高出难燃性、可燃性屋面不低于 0.5 m 时，防火间距不限。

《汽车库、修车库、停车场设计防火规范》(GB 50067—2014)

6.0.6　汽车库室内任一点至最近人员安全出口的距离不应大于 45 m，当设置自动灭火系统时，其距离不应大于 60 m。对于单层或设置在建筑首层的汽车库，室内任一点至室外最近出口的疏散距离不应大于 60 m。

《铁路旅客车站建筑设计规范》(GB 50226—2007)(2011 年版)

6.4.5　旅客进站检票口和出站口必须具备安全疏散功能，并应符合现行国家标准《建筑设计防火规范》GB 50016 的有关规定。

7.1.5　疏散安全出口、走道和楼梯的净宽度除应符合现行国家标准《建筑设计防火规范》GB 50016 的有关规定外，尚应符合下列要求：

1. 站房楼梯净宽度不得小于 1.6 m；

2. 安全出口和走道净宽度不得小于 3 m。

7.1.6　旅客车站消防安全标志和站房内采用的装修材料应分别符合现行国家标准《消防安全标志设置要求》GB 15630 和《建筑内部装修设计防火规范》GB 50222 的有关规定。

8.3.2　旅客车站主要场所的照明除应符合现行国家标准《建筑照明设计标准》GB 50034 的有关规定外，尚应符合下列要求：

5. 旅客站台所采用的光源不应与站内的黄色信号灯的颜色相混。

8.3.4　旅客车站疏散和安全照明应有自动投入使用的功能，并应符合下列规定：

1. 各候车区(室)、售票厅(室)、集散厅应设疏散和安全照明；重要的设备房间应设安全照明。

2. 各出入口、楼梯、走道、天桥、地道应设疏散照明。

《电影院建筑设计规范》(JGJ 58—2008)

4.6.1　室内装修不得遮挡消防设施标志、疏散指示标志及安全出口，并不得妨碍消防设施和疏散通道的正常使用。

4.6.2　观众厅装修的龙骨必须与主体建筑结构连接牢固，吊顶与主体结构吊挂应有安全构造措施，顶部有空间网架或钢屋架的主体结构应设有钢结构转换层。容积较大、管线较多的观众厅吊顶内，应留有检修空间，并应根据需要，设置检修马道和便于进入吊顶的人孔和通道，且应符合有关防火及安全要求。

6.2.2　观众厅疏散门不应设置门槛，在紧靠门口 1.40 m 范围内不应设置踏步。疏散门应为自动推闩式外开门，严禁采用推拉门、卷帘门、折叠门、转门等。

二、疏散楼梯间、楼梯和门

《建筑设计防火规范》(GB 50016—2014)(2018 年版)

6.4.1　疏散楼梯间应符合下列规定：

2. 楼梯间内不应设置烧水间、可燃材料储藏室、垃圾道。

3. 楼梯间内不应有影响疏散的凸出物或其他障碍物。

4. 封闭楼梯间、防烟楼梯间及其前室，不应设置卷帘。

5. 楼梯间内不应设置甲、乙、丙类液体管道。

6. 封闭楼梯间、防烟楼梯间及其前室内禁止穿过或设置可燃气体管道。敞开楼梯间内不应设置可燃气体管道，当住宅建筑的敞开楼梯间内确需设置可燃气体管道和可燃气体计量表时，应采用金属管和设置切断气源的阀门。

6.4.2　封闭楼梯间除应符合本规范第 6.4.1 条的规定外，尚应符合下列规定：

1. 不能自然通风或自然通风不能满足要求时，应设置机械加压送风系统或采用防烟楼梯间。

2. 除楼梯间的出入口和外窗外，楼梯间的墙上不应开设其他门、窗、洞口。

3. 高层建筑、人员密集的公共建筑、人员密集的多层丙类厂房、甲及乙类厂房，其封闭楼梯间的门应采用乙级防火门，并应向疏散方向开启；其他建筑，可采用双向弹簧门。

4. 楼梯间的首层可将走道和门厅等包括在楼梯间内形成扩大的封闭楼梯间，但应采用乙级防火门等与其他走道和房间分隔。

6.4.3 防烟楼梯间除应符合本规范第 6.4.1 条的规定外，尚应符合下列规定：

1. 应设置防烟设施。

3. 前室的使用面积：公共建筑、高层厂房(仓库)，不应小于 6.0 m^2；住宅建筑，不应小于 4.5 m^2。

与消防电梯间前室合用时，合用前室的使用面积：公共建筑、高层厂房(仓库)，不应小于 10.0 m^2；住宅建筑，不应小于 6.0 m^2。

4. 疏散走道通向前室以及前室通向楼梯间的门应采用乙级防火门。

5. 除住宅建筑的楼梯间前室外，防烟楼梯间和前室内的墙上不应开设除疏散门和送风口外的其他门、窗、洞口。

6. 楼梯间的首层可将走道和门厅等包括在楼梯间前室内形成扩大的前室，但应采用乙级防火门等与其他走道和房间分隔。

6.4.4 除通向避难层错位的疏散楼梯外，建筑内的疏散楼梯间在各层的平面位置不应改变。

除住宅建筑套内的自用楼梯外，地下或半地下建筑(室)的疏散楼梯间，应符合下列规定：

1. 室内地面与室外出入口地坪高差大于 10 m 或 3 层及以上的地下、半地下建筑(室)，其疏散楼梯应采用防烟楼梯间；其他地下或半地下建筑(室)，其疏散楼梯应采用封闭楼梯间。

2. 应在首层采用耐火极限不低于 2.00 h 的防火隔墙与其他部位分隔并应直通室外，确需在隔墙上开门时，应采用乙级防火门。

3. 建筑的地下或半地下部分与地上部分不应共用楼梯间，确需共用楼梯间时，应在首层采用耐火极限不低于 2.00 h 的防火隔墙和乙级防火门将地下或半地下部分与地上部分的连通部位完全分隔，并应设置明显的标志。

6.4.5 室外疏散楼梯应符合下列规定：

1. 栏杆扶手的高度不应小于 1.10 m，楼梯的净宽度不应小于 0.90 m。

2. 倾斜角度不应大于 45°。

3. 梯段和平台均应采用不燃材料制作。平台的耐火极限不应低于 1.00 h，梯段的耐火极限不应低于 0.25 h。

4. 通向室外楼梯的门应采用乙级防火门，并应向外开启。

5. 除疏散门外，楼梯周围 2 m 内的墙面上不应设置门、窗、洞口。疏散门不应正对梯段。

6.4.10 疏散走道在防火分区处应设置常开甲级防火门。

6.4.11 建筑内的疏散门应符合下列规定：

1. 民用建筑和厂房的疏散门，应采用向疏散方向开启的平开门，不应采用推拉门、卷帘门、吊门、转门和折叠门。除甲、乙类生产车间外，人数不超过 60 人且每樘门的平均疏散人数不超过 30 人的房间，其疏散门的开启方向不限。

2. 仓库的疏散门应采用向疏散方向开启的平开门，但丙、丁、戊类仓库首层靠墙的外侧可采用推拉门或卷帘门。

3. 开向疏散楼梯或疏散楼梯间的门，当其完全开启时，不应减少楼梯平台的有效宽度。

4. 人员密集场所内平时需要控制人员随意出入的疏散门和设置门禁系统的住宅、宿舍、公寓建筑的外门，应保证火灾时不需使用钥匙等任何工具即能从内部易于打开，并应在显著位置设置具有使用提示的标识。

6.6.2 输送有火灾、爆炸危险物质的栈桥不应兼作疏散通道。

第五节 灭火设施

一、室外消防给水

《建筑设计防火规范》(GB 50016—2014)(2018 年版)

8.1.2 城镇(包括居住区、商业区、开发区、工业区等)应沿可通行消防车的街道设置市政消火栓系统。

民用建筑、厂房、仓库、储罐(区)和堆场周围应设置室外消火栓系统。

用于消防救援和消防车停靠的屋面上，应设置室外消火栓系统。

注：耐火等级不低于二级且建筑体积不大于 3 000 m^3 的戊类厂房，居住区人数不超过 500 人且建筑层数不超过两层的居住区，可不设置室外消火栓系统。

8.1.3 自动喷水灭火系统、水喷雾灭火系统、泡沫灭火系统和固定消防炮灭火系统等系统以及下列建筑的室内消火栓给水系统应设置消防水泵接合器：

1. 超过 5 层的公共建筑；

2. 超过 4 层的厂房或仓库；

3. 其他高层建筑；

4. 超过 2 层或建筑面积大于 10 000 m^2 的地下建筑(室)。

8.1.6 消防水泵房的设置应符合下列规定：

1. 单独建造的消防水泵房，其耐火等级不应低于二级；

2. 附设在建筑内的消防水泵房，不应设置在地下三层及以下或室内地面与室外出入口地坪高差大于 10 m 的地下楼层；

3. 疏散门应直通室外或安全出口。

8.1.7 设置火灾自动报警系统和需要联动控制的消防设备的建筑(群)应设置消防控制室。消防控制室的设置应符合下列规定：

1. 单独建造的消防控制室，其耐火等级不应低于二级；

3. 不应设置在电磁场干扰较强及其他可能影响消防控制设备正常工作的房间附近；

4. 疏散门应直通室外或安全出口。

8.1.8 消防水泵房和消防控制室应采取防水淹的技术措施。

《汽车库、修车库、停车场设计防火规范》(GB 50067—2014)

7.1.5 除本规范另有规定外，汽车库、修车库、停车场应设置室外消火栓系统，其室外消防用水量应按消防用水量最大的一座计算，并应符合下列规定：

1. Ⅰ、Ⅱ类汽车库、修车库、停车场，不应小于 20 L/s；

2. Ⅲ类汽车库、修车库、停车场,不应小于 15 L/s;

3. Ⅳ类汽车库、修车库、停车场,不应小于 10 L/s。

7.1.8 除本规范另有规定外,汽车库、修车库应设置室内消火栓系统,其消防用水量应符合下列规定:

1. Ⅰ、Ⅱ、Ⅲ类汽车库及Ⅰ、Ⅱ类修车库的用水量不应小于 10 L/s,系统管道内的压力应保证相邻两个消火栓的水枪充实水柱同时到达室内任何部位;

2. Ⅳ类汽车库及Ⅲ、Ⅳ类修车库的用水量不应小于 5 L/s,系统管道内的压力应保证一个消火栓的水枪充实水柱到达室内任何部位。

二、室内消防给水

《建筑设计防火规范》(GB 50016—2014)(2018 年版)

8.2.1 下列建筑或场所应设置室内消火栓系统:

1. 建筑占地面积大于 300 m^2 的厂房和仓库。

2. 高层公共建筑和建筑高度大于 21 m 的住宅建筑。

注:建筑高度不大于 27 m 的住宅建筑,设置室内消火栓系统确有困难时,可只设置干式消防竖管和不带消火栓箱的 *DN*65 的室内消火栓。

3. 体积大于 5 000 m^3 的车站、码头、机场的候车(船、机)建筑、展览建筑、商店建筑、旅馆建筑、医疗建筑、老年人照料设施和图书馆建筑等单、多层建筑。

4. 特等、甲等剧场,超过 800 个座位的其他等级的剧场和电影院等以及超过 1 200 个座位的礼堂、体育馆等单、多层建筑。

5. 建筑高度大于 15 m 或体积大于 10 000 m^3 的办公建筑、教学建筑和其他单、多层民用建筑。

三、固定灭火设施

《建筑设计防火规范》(GB 50016—2014)(2018 年版)

7.2.1 高层建筑应至少沿一个长边或周边长度的 1/4 且不小于一个长边长度的底边连续布置消防车登高操作场地,该范围内的裙房进深不应大于 4 m。

建筑高度不大于 50 m 的建筑,连续布置消防车登高操作场地确有困难时,可间隔布置,但间隔距离不宜大于 30 m,且消防车登高操作场地的总长度仍应符合上述规定。

7.2.2 消防车登高操作场地应符合下列规定:

1. 场地与厂房、仓库、民用建筑之间不应设置妨碍消防车操作的树木、架空管线等障碍物和车库出入口。

2. 场地的长度和宽度分别不应小于 15 m 和 10 m。对于建筑高度大于 50 m 的建筑,场地的长度和宽度分别不应小于 20 m 和 10 m。

3. 场地及其下面的建筑结构、管道和暗沟等,应能承受重型消防车的压力。

7.2.3 建筑物与消防车登高操作场地相对应的范围内,应设置直通室外的楼梯或直通楼梯间的入口。

7.2.4 厂房、仓库、公共建筑的外墙应在每层的适当位置设置可供消防救援人员进入的窗口。

7.3.1　下列建筑应设置消防电梯：

1. 建筑高度大于 33 m 的住宅建筑；

2. 一类高层公共建筑和建筑高度大于 32 m 的二类高层公共建筑、5 层及以上且总建筑面积大于 3 000 m^2（包括设置在其他建筑内五层及以上楼层）的老年人照料设施；

3. 设置消防电梯的建筑的地下或半地下室，埋深大于 10 m 且总建筑面积大于 3 000 m^2 的其他地下或半地下建筑（室）。

7.3.2　消防电梯应分别设置在不同防火分区内，且每个防火分区不应少于 1 台。

7.3.5　除设置在仓库连廊、冷库穿堂或谷物筒仓工作塔内的消防电梯外，消防电梯应设置前室，并应符合下列规定：

2. 前室的使用面积不应小于 6.0 m^2，前室的短边不应小于 2.4 m；与防烟楼梯间合用的前室，其使用面积尚应符合本规范第 5.5.28 条和第 6.4.3 条的规定；

3. 除前室的出入口、前室内设置的正压送风口和本规范第 5.5.27 条规定的户门外，前室内不应开设其他门、窗、洞口；

4. 前室或合用前室的门应采用乙级防火门，不应设置卷帘。

7.3.6　消防电梯井、机房与相邻电梯井、机房之间应设置耐火极限不低于 2.00 h 的防火隔墙，隔墙上的门应采用甲级防火门。

8.3.1　除本规范另有规定和不宜用水保护或灭火的场所外，下列厂房或生产部位应设置自动灭火系统，并宜采用自动喷水灭火系统：

1. 不小于 50 000 纱锭的棉纺厂的开包、清花车间，不小于 5 000 锭的麻纺厂的分级、梳麻车间，火柴厂的烤梗、筛选部位；

2. 占地面积大于 1 500 m^2 或总建筑面积大于 3 000 m^2 的单、多层制鞋、制衣、玩具及电子等类似生产的厂房；

3. 占地面积大于 1 500 m^2 的木器厂房；

4. 泡沫塑料厂的预发、成型、切片、压花部位；

5. 高层乙、丙类厂房；

6. 建筑面积大于 500 m^2 的地下或半地下丙类厂房。

8.3.2　除本规范另有规定和不宜用水保护或灭火的仓库外，下列仓库应设置自动灭火系统，并宜采用自动喷水灭火系统：

1. 每座占地面积大于 1 000 m^2 的棉、毛、丝、麻、化纤、毛皮及其制品的仓库；

注：单层占地面积不大于 2 000 m^2 的棉花库房，可不设置自动喷水灭火系统。

2. 每座占地面积大于 600 m^2 的火柴仓库；

3. 邮政建筑内建筑面积大于 500 m^2 的空邮袋库；

4. 可燃、难燃物品的高架仓库和高层仓库；

5. 设计温度高于 0 ℃的高架冷库，设计温度高于 0 ℃且每个防火分区建筑面积大于 1 500 m^2 的非高架冷库；

6. 总建筑面积大于 500 m^2 的可燃物品地下仓库；

7. 每座占地面积大于 1 500 m^2 或总建筑面积大于 3 000 m^2 的其他单层或多层丙类物品仓库。

8.3.3　除本规范另有规定和不宜用水保护或灭火的场所外，下列高层民用建筑或场所应设置自动灭火系统，并宜采用自动喷水灭火系统：

1. 一类高层公共建筑(除游泳池、溜冰场外)及其地下、半地下室；

2. 二类高层公共建筑及其地下、半地下室的公共活动用房、走道、办公室和旅馆的客房、可燃物品库房、自动扶梯底部；

3. 高层民用建筑内的歌舞娱乐放映游艺场所；

4. 建筑高度大于 100 m 的住宅建筑。

8.3.4　除本规范另有规定和不适用水保护或灭火的场所外，下列单、多层民用建筑或场所应设置自动灭火系统，并宜采用自动喷水灭火系统：

1. 特等、甲等剧场，超过 1 500 个座位的其他等级的剧场，超过 2 000 个座位的会堂或礼堂，超过 3 000 个座位的体育馆，超过 5 000 人的体育场的室内人员休息室与器材间等；

2. 任一层建筑面积大于 1 500 m^2 或总建筑面积大于 3 000 m^2 的展览、商店、餐饮和旅馆建筑以及医院中同样建筑规模的病房楼、门诊楼和手术部；

3. 设置送回风道(管)的集中空气调节系统且总建筑面积大于 3 000 m^2 的办公建筑等；

4. 藏书量超过 50 万册的图书馆；

5. 大、中型幼儿园，老年人照料设施；

6. 总建筑面积大于 500 m^2 的地下或半地下商店；

7. 设置在地下或半地下或地上四层及以上楼层的歌舞娱乐放映游艺场所(除游泳场所外)，设置在首层、二层和三层且任一层建筑面积大于 300 m^2 的地上歌舞娱乐放映游艺场所(除游泳场所外)。

8.3.5　根据本规范要求难以设置自动喷水灭火系统的展览厅、观众厅等人员密集的场所和丙类生产车间、库房等高大空间场所，应设置其他自动灭火系统，并宜采用固定消防炮等灭火系统。

8.3.7　下列建筑或部位应设置雨淋自动喷水灭火系统：

1. 火柴厂的氯酸钾压碾厂房，建筑面积大于 100 m^2 且生产或使用硝化棉、喷漆棉、火胶棉、赛璐珞胶片、硝化纤维的厂房；

2. 乒乓球厂的轧坯、切片、磨球、分球检验部位；

3. 建筑面积大于 60 m^2 或储存量大于 2 t 的硝化棉、喷漆棉、火胶棉、赛璐珞胶片、硝化纤维的仓库；

4. 日装瓶数量大于 3 000 瓶的液化石油气储配站的灌瓶间、实瓶库；

5. 特等、甲等剧场、超过 1 500 个座位的其他等级剧场和超过 2 000 个座位的会堂或礼堂的舞台葡萄架下部；

6. 建筑面积不小于 400 m^2 的演播室，建筑面积不小于 500 m^2 的电影摄影棚。

8.3.8　下列场所应设置自动灭火系统，并宜采用水喷雾灭火系统：

1. 单台容量在 40 MV·A 及以上的厂矿企业油浸变压器，单台容量在 90 MV·A 及以上的电厂油浸变压器，单台容量在 125 MV·A 及以上的独立变电站油浸变压器；

2. 飞机发动机试验台的试车部位；

3. 充可燃油并设置在高层民用建筑内的高压电容器和多油开关室。

注：设置在室内的油浸变压器、充可燃油的高压电容器和多油开关室，可采用细水雾灭火系统。

8.3.9 下列场所应设置自动灭火系统，并宜采用气体灭火系统：

1. 国家、省级或人口超过100万的城市广播电视发射塔内的微波机房、分米波机房、米波机房、变配电室和不间断电源(UPS)室；

2. 国际电信局、大区中心、省中心和一万路以上的地区中心内的长途程控交换机房、控制室和信令转接点室；

3. 两万线以上的市话汇接局和六万门以上的市话端局内的程控交换机房、控制室和信令转接点室；

4. 中央及省级公安、防灾和网局级及以上的电力等调度指挥中心内的通信机房和控制室；

5. A、B级电子信息系统机房内的主机房和基本工作间的已记录磁(纸)介质库；

6. 中央和省级广播电视中心内建筑面积不小于120 m^2 的音像制品库房；

7. 国家、省级或藏书量超过100万册的图书馆内的特藏库；中央和省级档案馆内的珍藏库和非纸质档案库；大、中型博物馆内的珍品库房；一级纸绢质文物的陈列室；

8. 其他特殊重要设备室。

注：1. 本条第1、4、5、8款规定的部位，可采用细水雾灭火系统。

2. 当有备用主机和备用已记录磁(纸)介质，且设置在不同建筑内或同一建筑内的不同防火分区内时，本条第5款规定的部位可采用预作用自动喷水灭火系统。

8.3.10 甲、乙、丙类液体储罐的灭火系统设置应符合下列规定：

1. 单罐容量大于1 000 m^3 的固定顶罐应设置固定式泡沫灭火系统；

2. 罐壁高度小于7 m或容量不大于200 m^3 的储罐可采用移动式泡沫灭火系统；

3. 其他储罐宜采用半固定式泡沫灭火系统；

4. 石油库、石油化工、石油天然气工程中甲、乙、丙类液体储罐的灭火系统设置，应符合现行国家标准《石油库设计规范》GB 50074等标准的规定。

8.5.1 建筑的下列场所或部位应设置防烟设施：

1. 防烟楼梯间及其前室；

2. 消防电梯间前室或合用前室；

3. 避难走道的前室、避难层(间)。

建筑高度不大于50 m的公共建筑、厂房、仓库和建筑高度不大于100 m的住宅建筑，当其防烟楼梯间的前室或合用前室符合下列条件之一时，楼梯间可不设置防烟系统：

1. 前室或合用前室采用敞开的阳台、凹廊；

2. 前室或合用前室具有不同朝向的可开启外窗，且可开启外窗的面积满足自然排烟口的面积要求。

8.5.2 厂房或仓库的下列场所或部位应设置排烟设施：

1. 人员或可燃物较多的丙类生产场所，丙类厂房内建筑面积大于300 m^2 且经常有人停留或可燃物较多的地上房间；

2. 建筑面积大于5 000 m^2 的丁类生产车间；

3. 占地面积大于1 000 m^2 的丙类仓库；

4. 高度大于32 m的高层厂房(仓库)内长度大于20 m的疏散走道，其他厂房(仓库)内长度大于40 m的疏散走道。

8.5.3　民用建筑的下列场所或部位应设置排烟设施：

1. 设置在一、二、三层且房间建筑面积大于 100 m^2 的歌舞娱乐放映游艺场所，设置在四层及以上楼层、地下或半地下的歌舞娱乐放映游艺场所；

2. 中庭；

3. 公共建筑内建筑面积大于 100 m^2 且经常有人停留的地上房间；

4. 公共建筑内建筑面积大于 300 m^2 且可燃物较多的地上房间；

5. 建筑内长度大于 20 m 的疏散走道。

8.5.4　地下或半地下建筑(室)、地上建筑内的无窗房间，当总建筑面积大于 200 m^2 或一个房间建筑面积大于 50 m^2，且经常有人停留或可燃物较多时，应设置排烟设施。

《汽车库、修车库、停车场设计防火规范》(GB 50067—2014)

7.2.1　除敞开式汽车库、屋面停车场外，下列汽车库、修车库应设置自动灭火系统：

1. Ⅰ、Ⅱ、Ⅲ类地上汽车库；

2. 停车数大于 10 辆的地下、半地下汽车库；

3. 机械式汽车库；

4. 采用汽车专用升降机作汽车疏散出口的汽车库；

5. Ⅰ类修车库。

《自动喷水灭火系统设计规范》(GB 50084—2017)

10.3.3　采用临时高压给水系统的自动喷水灭火系统，当按现行国家标准《消防给水及消火栓系统技术规范》GB 50974 的规定可不设置高位消防水箱时，系统应设气压供水设备。气压供水设备的有效水容积，应按系统最不利处 4 只喷头在最低工作压力下的 5 min 用水量确定。干式系统、预作用系统设置的气压供水设备，应同时满足配水管道的充水要求。

12.0.1　局部应用系统应用于室内最大净空高度不超过 8 m 的民用建筑中，为局部设置且保护区域总建筑面积不超过 1 000 m^2 的湿式系统。设置局部应用系统的场所应为轻危险级或中危险级Ⅰ级场所。

12.0.2　局部应用系统应采用快速响应洒水喷头，喷水强度应符合本规范第 5.0.1 条的规定，持续喷水时间不应低于 0.5 h。

12.0.3　局部应用系统保护区域内的房间和走道均应布置喷头。喷头的选型、布置和按开放喷头数确定的作用面积应符合下列规定：

1. 采用标准覆盖面积洒水喷头的系统，喷头布置应符合轻危险级或中危险级Ⅰ级场所的有关规定，作用面积内开放的喷头数量应符合表 12.0.3 的规定。

表 12.0.3　采用标准覆盖面积洒水喷头时作用面积内开放喷头数量

保护区域总建筑面积和最大厅室建筑面积	开放喷头数量
保护区域总建筑面积超过 300 m^2 或 最大厅室建筑面积超过 200 m^2	10
保护区域总建筑面积不超过 300 m^2	最大厅室喷头数+2 当少于 5 只时，取 5 只；当多于 8 只时，取 8 只

2. 采用扩大覆盖面积洒水喷头的系统，喷头布置应符合本规范第 7.1.4 条的规定。作

用面积内开放喷头数量应按不少于 6 只确定。

四、供暖、通风、空气调节系统的防火

《建筑设计防火规范》(GB 50016—2014)(2018 年版)

9.1.2 甲、乙类厂房内的空气不应循环使用。

丙类厂房内含有燃烧或爆炸危险粉尘、纤维的空气，在循环使用前应经净化处理，并应使空气中的含尘浓度低于其爆炸下限的 25%。

9.1.3 为甲、乙类厂房服务的送风设备与排风设备应分别布置在不同通风机房内，且排风设备不应和其他房间的送、排风设备布置在同一通风机房内。

9.1.4 民用建筑内空气中含有容易起火或爆炸危险物质的房间，应设置自然通风或独立的机械通风设施，且其空气不应循环使用。

9.2.2 甲、乙类厂房(仓库)内严禁采用明火和电热散热器供暖。

9.2.3 下列厂房应采用不循环使用的热风供暖：

1. 生产过程中散发的可燃气体、蒸气、粉尘或纤维与供暖管道、散热器表面接触能引起燃烧的厂房；

2. 生产过程中散发的粉尘受到水、水蒸气的作用能引起自燃、爆炸或产生爆炸性气体的厂房。

9.3.2 厂房内有爆炸危险场所的排风管道，严禁穿过防火墙和有爆炸危险的房间隔墙。

9.3.5 含有燃烧和爆炸危险粉尘的空气，在进入排风机前应采用不产生火花的除尘器进行处理。对于遇水可能形成爆炸的粉尘，严禁采用湿式除尘器。

9.3.8 净化或输送有爆炸危险粉尘和碎屑的除尘器、过滤器或管道，均应设置泄压装置。

净化有爆炸危险粉尘的干式除尘器和过滤器应布置在系统的负压段上。

9.3.9 排除有燃烧或爆炸危险气体、蒸气和粉尘的排风系统，应符合下列规定：

1. 排风系统应设置导除静电的接地装置；

2. 排风设备不应布置在地下或半地下建筑(室)内；

3. 排风管应采用金属管道，并应直接通向室外安全地点，不应暗设。

9.3.11 通风、空气调节系统的风管在下列部位应设置公称动作温度为 70 ℃的防火阀：

1. 穿越防火分区处；

2. 穿越通风、空气调节机房的房间隔墙和楼板处；

3. 穿越重要或火灾危险性大的场所的房间隔墙和楼板处；

4. 穿越防火分隔处的变形缝两侧；

5. 竖向风管与每层水平风管交接处的水平管段上。

9.3.16 燃油或燃气锅炉房应设置自然通风或机械通风设施。燃气锅炉房应选用防爆型的事故排风机。当采取机械通风时，机械通风设施应设置导除静电的接地装置，通风量应符合下列规定：

1. 燃油锅炉房的正常通风量应按换气次数不少于 3 次/h 确定，事故排风量应按换气

次数不少于 6 次/h 确定；

2. 燃气锅炉房的正常通风量应按换气次数不少于 6 次/h 确定，事故排风量应按换气次数不少于 12 次/h 确定。

12.3.1 通行机动车的一、二、三类隧道应设置排烟设施。

五、电气防火、消防电源与应急照明

《建筑设计防火规范》(GB 50016—2014)(2018 年版)

10.1.1 下列建筑物的消防用电应按一级负荷供电：

1. 建筑高度大于 50 m 的乙、丙类厂房和丙类仓库；

2. 一类高层民用建筑。

10.1.2 下列建筑物、储罐(区)和堆场的消防用电应按二级负荷供电：

1. 室外消防用水量大于 30 L/s 的厂房(仓库)；

2. 室外消防用水量大于 35 L/s 的可燃材料堆场、可燃气体储罐(区)和甲、乙类液体储罐(区)；

3. 粮食仓库及粮食筒仓；

4. 二类高层民用建筑；

5. 座位数超过 1 500 个的电影院、剧场，座位数超过 3 000 个的体育馆，任一层建筑面积大于 3 000 m^2 的商店和展览建筑，省(市)级及以上的广播电视、电信和财贸金融建筑，室外消防用水量大于 25 L/s 的其他公共建筑。

10.1.5 建筑内消防应急照明和灯光疏散指示标志的备用电源的连续供电时间应符合下列规定：

1. 建筑高度大于 100 m 的民用建筑，不应小于 1.50 h；

2. 医疗建筑、老年人照料设施、总建筑面积大于 100 000 m^2 的公共建筑和总建筑面积大于 20 000 m^2 的地下、半地下建筑，不应少于 1.00 h；

3. 其他建筑，不应少于 0.50 h。

10.1.6 消防用电设备应采用专用的供电回路，当建筑内的生产、生活用电被切断时，应仍能保证消防用电。

备用消防电源的供电时间和容量，应满足该建筑火灾延续时间内各消防用电设备的要求。

10.1.8 消防控制室、消防水泵房、防烟和排烟风机房的消防用电设备及消防电梯等的供电，应在其配电线路的最末一级配电箱处设置自动切换装置。

10.1.10 消防配电线路应满足火灾时连续供电的需要，其敷设应符合下列规定：

1. 明敷时(包括敷设在吊顶内)，应穿金属导管或采用封闭式金属槽盒保护，金属导管或封闭式金属槽盒应采取防火保护措施；当采用阻燃或耐火电缆并敷设在电缆井、沟内时，可不穿金属导管或采用封闭式金属槽盒保护；当采用矿物绝缘类不燃性电缆时，可直接明敷。

2. 暗敷时，应穿管并应敷设在不燃性结构内且保护层厚度不应小于 30 mm。

10.2.1 架空电力线与甲、乙类厂房(仓库)，可燃材料堆垛，甲、乙、丙类液体储罐，液化石油气储罐，可燃、助燃气体储罐的最近水平距离应符合表 10.2.1 的规定。

表 10.2.1　架空电力线与甲、乙类厂房(仓库)、可燃材料堆垛等的最近水平距离　单位:m

名称	架空电力线
甲、乙类厂房(仓库),可燃材料堆垛,甲、乙类液体储罐,液化石油气储罐,可燃、助燃气体储罐	电杆(塔)高度的1.5倍
直埋地下的甲、乙类液体储罐和可燃气体储罐	电杆(塔)高度的0.75倍
丙类液体储罐	电杆(塔)高度的1.2倍
直埋地下的丙类液体储罐	电杆(塔)高度的0.6倍

35 kV及以上架空电力线与单罐容积大于200 m^3 或总容积大于1 000 m^3 液化石油气储罐(区)的最近水平距离不应小于40 m。

10.2.4　开关、插座和照明灯具靠近可燃物时,应采取隔热、散热等防火措施。

卤钨灯和额定功率不小于100 W的白炽灯泡的吸顶灯、槽灯、嵌入式灯,其引入线应采用瓷管、矿棉等不燃材料作隔热保护。

额定功率不小于60 W的白炽灯、卤钨灯、高压钠灯、金属卤化物灯、荧光高压汞灯(包括电感镇流器)等,不应直接安装在可燃物体上或采取其他防火措施。

10.3.1　除建筑高度小于27 m的住宅建筑外,民用建筑、厂房和丙类仓库的下列部位应设置疏散照明:

1. 封闭楼梯间、防烟楼梯间及其前室、消防电梯间的前室或合用前室、避难走道、避难层(间);
2. 观众厅、展览厅、多功能厅和建筑面积大于200 m^2 的营业厅、餐厅、演播室等人员密集的场所;
3. 建筑面积大于100 m^2 的地下或半地下公共活动场所;
4. 公共建筑内的疏散走道;
5. 人员密集的厂房内的生产场所及疏散走道。

10.3.2　建筑内疏散照明的地面最低水平照度应符合下列规定:

1. 对于疏散走道,不应低于1.0 lx。
2. 对于人员密集场所、避难层(间),不应低于3.0 lx;对于老年人照料设施、病房楼或手术部的避难间,不应低于10.0 lx。
3. 对于楼梯间、前室或合用前室、避难走道,不应低于5.0 lx;对于人员密集场所、老年人照料设施、病房楼或手术部内的楼梯间、前室或合用前室、避难走道,不应低于10.0 lx。

10.3.3　消防控制室、消防水泵房、自备发电机房、配电室、防排烟机房以及发生火灾时仍需正常工作的消防设备房应设置备用照明,其作业面的最低照度不应低于正常照明的照度。

12.5.1　一、二类隧道的消防用电应按一级负荷要求供电;三类隧道的消防用电应按二级负荷要求供电。

12.5.4　隧道内严禁设置可燃气体管道;电缆线槽应与其他管道分开敷设。当设置10 kV及以上的高压电缆时,应采用耐火极限不低于2.00 h的防火分隔体与其他区域分隔。

第三章 建筑设备

第一节 给水和排水设备

一、管道布置

《建筑给水排水设计规范》(GB 50015—2003)(2009年版)

3.5.8 室内给水管道不得布置在遇水会引起燃烧、爆炸的原料、产品和设备的上面。

4.3.3A 排水管道不得穿越卧室。

4.3.4 排水管道不得穿越生活饮用水池部位的上方。

4.3.5 室内排水管道不得布置在遇水会引起燃烧、爆炸的原料、产品和设备的上面。

4.3.6 排水横管不得布置在食堂、饮食业厨房的主副食操作、烹调和备餐的上方。当受条件限制不能避免时,应采取防护措施。

4.3.6A 厨房间和卫生间的排水立管应分别设置。

4.3.13 下列构筑物和设备的排水管不得与污废水管道系统直接连接,应采取间接排水的方式:

1. 生活饮用水贮水箱(池)的泄水管和溢流管;
2. 开水器、热水器排水;
3. 医疗灭菌消毒设备的排水;
4. 蒸发式冷却器、空调设备冷凝水的排水;
5. 贮存食品或饮料的冷藏库房的地面排水和冷风机溶霜水盘的排水。

4.3.19 室内排水沟与室外排水管道连接处,应设水封装置。

《人民防空地下室设计规范》(GB 50038—2005)

6.2.6 在防空地下室的清洁区内,每个防护单元均应设置生活用水、饮用水贮水池(箱)。贮水池(箱)的有效容积应根据防空地下室战时的掩蔽人员数量、战时用水量标准及贮水时间计算确定。

6.2.13 防空地下室给水管道上防护阀门的设置及安装应符合下列要求:

1. 当给水管道从出入口引入时,应在防护密闭门的内侧设置;当从人防围护结构引入时,应在人防围护结构的内侧设置;穿过防护单元之间的防护密闭隔墙时,应在防护密闭隔墙两侧的管道上设置。
2. 防护阀门的公称压力不应小于1.0 MPa。
3. 防护阀门应采用阀芯为不锈钢或铜材质的闸阀或截止阀。

6.5.9 柴油发电机房的输油管当从出入口引入时,应在防护密闭门内设置油用阀门;当从围护结构引入时,应在外墙内侧或顶板内侧设置油用阀门,其公称压力不得小于

1.0 MPa，该阀门应设置在便于操作处，并应有明显的启闭标志。在室外的适当位置应设置与防空地下室抗力级别相同的油管接头井。

二、水质和防回流污染

《建筑给水排水设计规范》(GB 50015—2003)(2009 年版)

3.2.3　城镇给水管道严禁与自备水源的供水管道直接连接。

3.2.3A　中水、回用雨水等非生活饮用水管道严禁与生活饮用水管道连接。

3.2.4　生活饮用水不得因管道内产生虹吸、背压回流而受污染。

3.2.4A　卫生器具和用水设备、构筑物等的生活饮用水管配水件出水口应符合下列规定：

1. 出水口不得被任何液体或杂质所淹没；

2. 出水口高出承接用水容器溢流边缘的最小空气间隙，不得小于出水口直径的 2.5 倍。

3.2.4C　从生活饮用水管网向消防、中水和雨水回用水等其他用水的贮水池(箱)补水时，其进水管口最低点高出溢流边缘的空气间隙不应小于 150 mm。

3.2.5　从生活饮用水管道上直接供下列用水管道时，应在这些用水管道的下列部位设置倒流防止器：

1. 从城镇给水管网的不同管段接出两路及两路以上的引入管，且与城镇给水管形成环状管网的小区或建筑物，在其引入管上；

2. 从城镇生活给水管网直接抽水的水泵的吸水管上；

3. 利用城镇给水管网水压且小区引入管无防回流设施时，向商用的锅炉、热水机组、水加热器、气压水罐等有压容器或密闭容器注水的进水管上。

3.2.5A　从小区或建筑物内生活饮用水管道系统上接至下列用水管道或设备时，应设置倒流防止器：

1. 单独接出消防用水管道时，在消防用水管道的起端；

2. 从生活饮用水贮水池抽水的消防水泵出水管上。

3.2.5B　生活饮用水管道系统上接至下列含有对健康有危害物质等有害有毒场所或设备时，应设置倒流防止设施：

1. 贮存池(罐)、装置、设备的连接管上；

2. 化工剂罐区、化工车间、实验楼(医药、病理、生化)等除按本条第 1 款设置外，还应在其引入管上设置空气间隙。

3.2.5C　从小区或建筑物内生活饮用水管道上直接接出下列用水管道时，应在这些用水管道上设置真空破坏器：

1. 当游泳池、水上游乐池、按摩池、水景池、循环冷却水集水池等的充水或补水管道出口与溢流水位之间的空气间隙小于出口管径 2.5 倍时，在其充(补)水管上；

2. 不含有化学药剂的绿地喷灌系统，当喷头为地下式或自动升降式时，在其管道起端；

3. 消防(软管)卷盘；

4. 出口接软管的冲洗水嘴与给水管道连接处。

3.2.6 严禁生活饮用水管道与大便器(槽)、小便斗(槽)采用非专用冲洗阀直接连接冲洗。

3.2.9 埋地式生活饮用水贮水池周围 10 m 以内,不得有化粪池、污水处理构筑物、渗水井、垃圾堆放点等污染源;周围 2 m 以内不得有污水管和污染物。当达不到此要求时,应采取防污染的措施。

3.2.10 建筑物内的生活饮用水水池(箱)体,应采用独立结构形式,不得利用建筑物的本体结构作为水池(箱)的壁板、底板及顶盖。

生活饮用水水池(箱)与其他用水水池(箱)并列设置时,应有各自独立的分隔墙。

3.2.14 在非饮用水管道上接出水嘴或取水短管时,应采取防止误饮误用的措施。

3.9.9 水上游乐池滑道润滑水系统的循环水泵,必须设置备用泵。

3.9.12 游泳池和水上游乐池的池水必须进行消毒杀菌处理。

3.9.14 使用瓶装氯气消毒时,氯气必须采用负压自动投加方式,严禁将氯直接注入游泳池水中的投加方式。加氯间应设置防毒、防火和防爆装置,并应符合国家现行有关标准的规定。

3.9.18A 家庭游泳池等小型游泳池当采用生活饮用水直接补(充)水时,补充水管应采取有效的防止回流污染的措施。

3.9.20A 游泳池和水上游乐池的进水口、池底回水口和泄水口的格栅孔隙的大小,应防止卡入游泳者手指、脚趾。泄水口的数量应满足不会产生负压造成对人体的伤害。

3.9.24 比赛用跳水池必须设置水面制波和喷水装置。

三、卫生设备和水处理

《建筑给水排水设计规范》(GB 50015—2003)(2009 年版)

4.2.6 当构造内无存水弯的卫生器具与生活污水管道或其他可能产生有害气体的排水管道连接时,必须在排水口以下设存水弯。存水弯的水封深度不得小于 50 mm。严禁采用活动机械密封替代水封。

4.5.9 带水封的地漏水封深度不得小于 50 mm。

4.5.10A 严禁采用钟罩(扣碗)式地漏。

4.8.4 化粪池距离地下取水构筑物不得小于 30 m。

4.8.8 医院污水必须经过消毒处理。

5.4.20 膨胀管上严禁装设阀门。

第二节 燃气设备

一、室内燃气管道

《城镇燃气设计规范》(GB 50028—2006)

10.2.1 用户室内燃气管道的最高压力不应大于表 10.2.1 的规定。

表 10.2.1　用户室内燃气管道的最高压力

燃气用户		最高压力/MPa(表压)
工业用户	独立、单层建筑	0.8
	其他	0.4
商业用户		0.4
居民用户(中压进户)		0.1
居民用户(低压进户)		<0.01

注:1. 液化石油气管道的最高压力不应大于 0.14 MPa;

2. 管道井内的燃气管道的最高压力不应大于 0.2 MPa;

3. 室内燃气管道压力大于 0.8 MPa 的特殊用户设计应按有关专业规范执行。

10.2.7　室内燃气管道选用铝塑复合管时应符合下列规定:

3. 铝塑复合管安装时必须对铝塑复合管材进行防机械损伤、防紫外(UV)伤害及防热保护,并应符合下列规定:

(1) 环境温度不应高于 60 ℃;

(2) 工作压力应小于 10 kPa;

(3) 在户内的计量装置(燃气表)后安装。

10.2.14　燃气引入管敷设位置应符合下列规定:

1. 燃气引入管不得敷设在卧室、卫生间、易燃或易爆品的仓库、有腐蚀性介质的房间、发电间、配电间、变电室、不使用燃气的空调机房、通风机房、计算机房、电缆沟、暖气沟、烟道和进风道、垃圾道等地方。

10.2.21　地下室、半地下室、设备层和地上密闭房间敷设燃气管道时,应符合下列要求:

2. 应有良好的通风设施,房间换气次数不得小于 3 次/h;并应有独立的事故机械通风设施,其换气次数不应小于 6 次/h。

3. 应有固定的防爆照明设备。

4. 应采用非燃烧体实体墙与电话间、变配电室、修理间、储藏室、卧室、休息室隔开。

10.2.23　敷设在地下室、半地下室、设备层和地上密闭房间以及竖井、住宅汽车库(不使用燃气,并能设置钢套管的除外)的燃气管道应符合下列要求:

1. 管材、管件及阀门、阀件的公称压力应按提高一个压力等级进行设计。

2. 管道宜采用钢号为 10、20 的无缝钢管或具有同等及同等以上性能的其他金属管材。

3. 除阀门、仪表等部位和采用加厚管的低压管道外,均应焊接和法兰连接;应尽量减少焊缝数量,钢管道的固定焊口应进行 100%射线照相检验,活动焊口应进行 10%射线照相检验,其质量不得低于现行国家标准《现场设备、工业管道焊接工程施工及验收规范》GB 50236—1998 中的Ⅲ级;其他金属管材的焊接质量应符合相关标准的规定。

10.2.24　燃气水平干管和立管不得穿过易燃易爆品仓库、配电间、变电室、电缆沟、烟道、进风道和电梯井等。

10.2.26　燃气立管不得敷设在卧室或卫生间内。立管穿过通风不良的吊顶时应设在套管内。

《住宅设计规范》(GB 50096—2011)

8.4.1 住宅管道燃气的供气压力不应高于 0.2 MPa。住宅内各类用气设备应使用低压燃气，其入口压力应在 0.75 倍～1.5 倍燃具额定范围内。

8.4.3 燃气设备的设置应符合下列规定：

1. 燃气设备严禁设置在卧室内；

2. 严禁在浴室内安装直接排气式、半密闭式燃气热水器等在使用空间内积聚有害气体的加热设备；

3. 户内燃气灶应安装在通风良好的厨房、阳台内；

4. 燃气热水器等燃气设备应安装在通风良好的厨房、阳台内或其他非居住房间。

二、瓶装液化石油气

《城镇燃气设计规范》(GB 50028—2006)

8.5.2 当采用自然气化方式供气，且瓶组气化站配置气瓶的总容积小于 1 m^3 时，瓶组间可将其设置在与建筑物（住宅、重要公共建筑和高层民用建筑除外）外墙毗连的单层专用房间内，并应符合下列要求：

1. 建筑耐火等级不应低于二级；

2. 应通风良好，并设有直通室外的门；

3. 与其他房间相邻的墙应为无门、窗洞口的防火墙；

4. 应配置燃气浓度检测报警器；

5. 室温不应高于 45 ℃，且不应低于 0 ℃。

注：当瓶组气化间独立设置，且面向相邻建筑的外墙为无门、窗洞口的防火墙时，其防火间距不限。

8.5.3 当瓶组气化站配置气瓶的总容积超过 1 m^3 时，应将其设置在高度不低于 2.2 m 的独立瓶组间内。独立瓶组间与建、构筑物的防火间距不应小于表 8.5.3 的规定。

表 8.5.3 瓶组间与明火、散发火花地点和建、构筑物的防火间距 单位：m

气瓶总容积/m^3 / 项目		≤2	>2～≤4
明火、散发火花地点		25	30
民用建筑		8	10
重要公共建筑、一类高层民用建筑		15	20
道路（路边）	主要	10	
	次要	5	

注：1. 气瓶总容积应按配置气瓶个数与单瓶几何容积的乘积计算。

2. 当瓶组间的气瓶总容积大于 4 m^3 时，宜采用储罐，其防火间距按本规范第 8.4.3 和第 8.4.4 条的有关规定执行。

3. 瓶组间、气化间与值班室的防火间距不限。当两者毗连时，应采用无门、窗洞口的防火墙隔开。

8.5.4 瓶组气化站的瓶组间不得设置在地下和半地下室内。

三、燃气的计量

《城镇燃气设计规范》(GB 50028—2006)

10.3.2 用户燃气表的安装位置,应符合下列要求:

2. 严禁安装在下列场所:

(1) 卧室、卫生间及更衣室内;

(2) 有电源、电器开关及其他电器设备的管道井内,或有可能滞留泄漏燃气的隐蔽场所;

(3) 环境温度高于 45 ℃的地方;

(4) 经常潮湿的地方;

(5) 堆放易燃易爆、易腐蚀或有放射性物质等危险的地方;

(6) 有变、配电等电器设备的地方;

(7) 有明显振动影响的地方;

(8) 高层建筑中的避难层及安全疏散楼梯间内。

四、居民生活用气

《城镇燃气设计规范》(GB 50028—2006)

10.4.2 居民生活用气设备严禁设置在卧室内。

10.4.4 家用燃气灶的设置应符合下列要求:

4. 放置燃气灶的灶台应采用不燃烧材料,当采用难燃材料时,应加防火隔热板。

五、公共建筑用气(商业用气)

《城镇燃气设计规范》(GB 50028—2006)

10.5.3 商业用气设备设置在地下室、半地下室(液化石油气除外)或地上密闭房间内时,应符合下列要求:

1. 燃气引入管应设手动快速切断阀和紧急自动切断阀;紧急自动切断阀停电时必须处于关闭状态(常开型)。

2. 用气设备应有熄火保护装置。

3. 用气房间应设置燃气浓度检测报警器,并由管理室集中监视和控制。

4. 宜设烟气一氧化碳浓度检测报警器。

5. 应设置独立的机械送排风系统;通风量应满足下列要求:

① 正常工作时,换气次数不应小于 6 次/h;事故通风时,换气次数不应小于 12 次/h;不工作时换气次数不应小于 3 次/h;

② 当燃烧所需的空气由室内吸取时,应满足燃烧所需的空气量;

③ 应满足排除房间热力设备散失的多余热量所需的空气量。

10.5.7 商业用户中燃气锅炉和燃气直燃型吸收式冷(温)水机组的安全技术措施应符合下列要求:

1. 燃烧器应是具有多种安全保护自动控制功能的机电一体化的燃具;

2. 应有可靠的排烟设施和通风设施;

3. 应设置火灾自动报警系统和自动灭火系统；

4. 设置在地下室、半地下室或地上密闭房间时应符合本规范第 10.5.3 条和 10.2.21 条的规定。

六、燃烧烟气的排除

《城镇燃气设计规范》(GB 50028—2006)

10.7.1　燃气燃烧所产生的烟气必须排出室外。设有直排式燃具的室内容积热负荷指标超过 207 W/m^3 时，必须设置有效的排气装置将烟气排至室外。

注：有直通洞口(哑口)的毗邻房间的容积也可一并作为室内容积计算。

10.7.3　浴室用燃气热水器的给排气口应直接通向室外，其排气系统与浴室必须有防止烟气泄漏的措施。

10.7.6　水平烟道的设置应符合下列要求：

1. 水平烟道不得通过卧室。

《住宅设计规范》(GB 50096—2011)

8.4.4　住宅内各类用气设备的烟气必须排至室外。排气口应采取防风措施，安装燃气设备的房间应预留安装位置和排气孔洞位置；当多台设备合用竖向排气道排放烟气时，应保证互不影响。户内燃气热水器、分户设置的采暖或制冷燃气设备的排气管不得与燃气灶排油烟机的排气管合并接入同一管道。

第三节　采暖、通风和空调设备

一、采暖

《住宅设计规范》(GB 50096—2011)

8.3.2　除电力充足和供电政策支持，或建筑所在地无法利用其他形式的能源外，严寒和寒冷地区、夏热冬冷地区的住宅不应设计直接电热作为室内采暖主体热源。

8.3.3　住宅采暖系统应采用不高于 95 ℃的热水作为热媒，并应有可靠的水质保证措施。热水温度和系统压力应根据管材、室内散热设备等因素确定。

8.3.4　住宅集中采暖的设计，应进行每一个房间的热负荷计算。

8.3.6　设置采暖系统的普通住宅的室内采暖计算温度，不应低于表 8.3.6 的规定。

表 8.3.6　室内采暖计算温度

用　房	卧室、起居室(厅)和卫生间	厨房	设采暖的楼梯间和走廊
温度/℃	18	15	14

8.3.12　设计采用户式燃气采暖热水炉作为采暖热源时，其热效率应符合国家现行有关标准中节能等级的规定值。

《民用建筑供暖通风与空气调节设计规范》(GB 50736—2012)

5.2.1　集中供暖系统的施工图设计，必须对每个房间进行热负荷计算。

5.3.5　管道有冻结危险的场所，散热器的供暖立管或支管应单独设置。

5.3.10　幼儿园、老年人和特殊功能要求的建筑的散热器必须暗装或加防护罩。

5.4.3　热水地面辐射供暖系统地面构造，应符合下列规定：

1. 直接与室外空气接触的楼板、与不供暖房间相邻的地板为供暖地面时，必须设置绝热层。

5.4.6　热水地面辐射供暖塑料加热管的材质和壁厚的选择，应根据工程的耐久年限、管材的性能以及系统的运行水温、工作压力等条件确定。

5.5.1　除符合下列条件之一外，不得采用电加热供暖：

1. 供电政策支持；

2. 无集中供暖和燃气源，且煤或油等燃料的使用受到环保或消防严格限制的建筑；

3. 以供冷为主，供暖负荷较小且无法利用热泵提供热源的建筑；

4. 采用蓄热式电散热器、发热电缆在夜间低谷电进行蓄热，且不在用电高峰和平段时间启用的建筑；

5. 由可再生能源发电设备供电，且其发电量能够满足自身电加热量需求的建筑。

5.5.5　根据不同的使用条件，电供暖系统应设置不同类型的温控装置。

5.5.8　安装于距地面高度 180 cm 以下的电供暖元器件，必须采取接地及剩余电流保护措施。

5.6.1　采用燃气红外线辐射供暖时，必须采取相应的防火和通风换气等安全措施，并符合国家现行有关燃气、防火规范的要求。

5.6.6　由室内供应空气的空间应能保证燃烧器所需要的空气量。当燃烧器所需要的空气量超过该空间 0.5 次/h 的换气次数时，应由室外供应空气。

5.7.3　户式燃气炉应采用全封闭式燃烧、平衡式强制排烟型。

5.9.5　当供暖管道利用自然补偿不能满足要求时，应设置补偿器。

5.10.1　集中供暖的新建建筑和既有建筑节能改造必须设置热量计量装置，并具备室温调控功能。用于热量结算的热量计量装置必须采用热量表。

《严寒和寒冷地区居住建筑节能设计标准》(JGJ 26—2018)

5.1.1　供暖和空气调节系统的施工图设计，必须对每一个供暖、空调房间进行热负荷和逐项逐时的冷负荷计算。

5.1.4　只有当符合下列条件之一时，允许采用电直接加热设备作为供暖热源：

1. 无城市或区域集中供热，且采用燃气、煤、油等燃料受到限制，同时无法利用热泵供暖的建筑；

2. 利用可再生能源发电，且其发电量能满足建筑自身电加热用电量需求的建筑；

3. 利用蓄热式电热设备在夜间低谷电进行供暖或蓄热，且不在用电高峰和平段时间启用的建筑；

4. 电力供应充足，且当地电力政策鼓励用电供暖时。

5.1.9　集中供暖系统的热量计量应符合下列规定：

1. 锅炉房和热力站的总管上，应设置计量总供热量的热量计量装置；

2. 建筑物的热力入口处，必须设置热量表，作为该建筑物供暖耗热量的结算点；

3. 室内供暖系统根据设备形式和使用条件设置热计量装置。

5.1.10　供暖空调系统应设置自动室温调控装置。

5.2.1　锅炉的选型，应与当地长期供应的燃料种类相适应。在名义工况和规定条件下，锅炉的设计热效率不应低于表 5.2.1-1～表 5.2.1-3 的数值。

表 5.2.1-1　燃液体燃料、天然气锅炉名义工况下的热效率

单位：%

锅炉类型及燃料种类		锅炉热效率
燃油燃气锅炉	重油	90
	轻油	90
	燃气	92

表 5.2.1-2　燃生物质锅炉名义工况下的热效率

单位：%

燃料种类	锅炉额定蒸发量 D/(t/h)/额定热功率 Q/MW	
	$D \leqslant 10/Q \leqslant 7$	$D > 10/Q > 7$
	锅炉热效率	
生物质	80	86

表 5.2.1-3　燃煤锅炉名义工况下的热效率

单位：%

锅炉种类及燃料种类		锅炉额定蒸发量 D/(t/h)/额定热功率 Q/MW	
		$D \leqslant 20/Q \leqslant 14$	$D > 20/Q > 14$
		锅炉热效率	
层状燃烧锅炉	Ⅲ类烟煤	82	84
流化床燃烧锅炉		88	88
室燃(煤粉)锅炉产品		88	88

5.2.4　当采用户式燃气供暖热水炉作为供暖热源时，其热效率不应低于现行国家标准《家用燃气快速热水器和燃气采暖热水炉能效限定值及能效等级》GB 20665 中 2 级能效的要求。

5.2.8　室外管网应进行水力平衡计算，且应在热力站和建筑物热力入口处设置水力平衡装置。

5.4.3　当采用多联机空调系统或其他形式集中空调系统时，空调系统冷源能效和输配系统能效应满足现行国家标准《公共建筑节能设计标准》GB 50189 的规定值。

6.2.3　采用户式燃气炉作为生活热水热源时，其热效率不应低于现行国家标准《家用燃气快速热水器和燃气采暖热水炉能效限定值及能效等级》GB 20665 中规定的 2 级能效要求。

6.2.5　以燃气作为生活热水热源时，其锅炉额定工况下热效率应符合本标准第 5.2.1 条的规定。

6.2.6　采用空气源热泵热水机组制备生活热水时，制热量大于 10 kW 的热泵热水机在名义制热工况和规定条件下，性能系数(*COP*)不应低于表 6.2.6 的规定，并应有保证水质的有效措施。

表 6.2.6 热泵热水机性能系数(COP) 单位：W/W

制热量/kW	热水机形式		普通型	低温型
$H \geqslant 10$	一次加热式		4.40	3.70
	循环加热	不提供水泵	4.40	3.70
		提供水泵	4.30	3.60

二、通风

《住宅设计规范》(GB 50096—2011)

8.5.3 无外窗的暗卫生间，应设置防止回流的机械通风设施或预留机械通风设置条件。

《民用建筑供暖通风与空气调节设计规范》(GB 50736—2012)

6.1.6 凡属下列情况之一时，应单独设置排风系统：

1. 两种或两种以上的有害物质混合后能引起燃烧或爆炸时；
2. 混合后能形成毒害更大或腐蚀性的混合物、化合物时；
3. 混合后易使蒸汽凝结并聚积粉尘时；
4. 散发剧毒物质的房间和设备；
5. 建筑物内设有储存易燃易爆物质的单独房间或有防火防爆要求的单独房间；
6. 有防疫的卫生要求时。

6.3.9 事故通风应符合下列规定：

2. 事故通风应根据放散物的种类，设置相应的检测报警及控制系统。事故通风的手动控制装置应在室内外便于操作的地点分别设置。

6.6.13 高温烟气管道应采取热补偿措施。

6.6.16 可燃气体管道、可燃液体管道和电线等，不得穿过风管的内腔，也不得沿风管的外壁敷设。可燃气体管道和可燃液体管道，不应穿过通风、空调机房。

第四节 电气和防雷设备

一、供配电系统

《供配电系统设计规范》(GB 50052—2009)

3.0.1 电力负荷应根据对供电可靠性的要求及中断供电在对人身安全、经济损失上所造成的影响程度进行分级，并应符合下列规定：

1. 符合下列情况之一时，应视为一级负荷。

(1) 中断供电将造成人身伤害时。

(2) 中断供电将在经济上造成重大损失时。

(3) 中断供电将影响重要用电单位的正常工作。

2. 在一级负荷中，当中断供电将造成人员伤亡或重大设备损坏或发生中毒、爆炸和火灾等情况的负荷，以及特别重要场所的不允许中断供电的负荷，应视为一级负荷中特别重要的负荷。

3. 符合下列情况之一时，应视为二级负荷。

(1) 中断供电将在经济上造成较大损失时。

(2) 中断供电将影响较重要用电单位的正常工作。

4. 不属于一级和二级负荷者应为三级负荷。

3.0.2 一级负荷应由双重电源供电，当一电源发生故障时，另一电源不应同时受到损坏。

3.0.3 一级负荷中特别重要的负荷供电，应符合下列要求：

1. 除应由双重电源供电外，尚应增设应急电源，并严禁将其他负荷接入应急供电系统。

2. 设备的供电电源的切换时间，应满足设备允许中断供电的要求。

3.0.9 备用电源的负荷严禁接入应急供电系统。

4.0.2 应急电源与正常电源之间，应采取防止并列运行的措施。当有特殊要求，应急电源向正常电源转换需短暂并列运行时，应采取安全运行的措施。

《低压配电设计规范》(GB 50054—2011)

3.1.4 在 TN-C 系统中不应将保护接地中性导体隔离，严禁将保护接地中性导体接入开关电器。

3.1.7 半导体开关电器，严禁作为隔离电器。

3.1.10 隔离器、熔断器和连接片，严禁作为功能性开关电器。

3.1.12 采用剩余电流动作保护电器作为间接接触防护电器的回路时，必须装设保护导体。

3.2.13 装置外可导电部分严禁作为保护接地中性导体的一部分。

4.2.6 配电室通道上方裸带电体距地面的高度不应低于 2.5 m；当低于 2.5 m 时，应设置不低于现行国家标准《外壳防护等级(IP 代码)》GB 4208 规定的 IPXXB 级或 IP2X 级的遮栏或外护物，遮栏或外护物底部距地面的高度不应低于 2.2 m。

7.4.1 除配电室外，无遮护的裸导体至地面的距离，不应小于 3.5 m；采用防护等级不低于现行国家标准《外壳防护等级(IP 代码)》GB 4208 规定的 IP2X 级的网孔遮栏时，网状遮栏与裸导体的间距，不应小于 100 mm；板状遮栏与裸导体的间距，不应小于 50 mm。

《严寒和寒冷地区居住建筑节能设计标准》(JGJ 26—2018)

7.3.2 全装修居住建筑每户设计照明功率密度值应满足现行国家标准《建筑照明设计标准》GB 50034 规定的现行值。

二、变电设备

《20 kV 及以下变电所设计规范》(GB 50053—2013)

2.0.2 油浸变压器的车间内变电所，不应设在三、四级耐火等级的建筑物内；当设在二级耐火等级的建筑物内时，建筑物应采取局部防火措施。

4.1.3 户内变电所每台油量大于或等于 100 kg 的油浸三相变压器，应设在单独的变压器室内，并应有储油或挡油、排油等防火设施。

4.2.3 当露天或半露天变压器供给一级负荷用电时，相邻油浸变压器的净距不应小于 5 m；当小于 5 m 时，应设置防火墙。

6.1.1 变压器室、配电室和电容器室的耐火等级不应低于二级。

6.1.2 位于下列场所的油浸变压器室的门应采用甲级防火门：

1. 有火灾危险的车间内；

2. 容易沉积可燃粉尘、可燃纤维的场所；

3. 附近有粮、棉及其他易燃物大量集中的露天堆场；

4. 民用建筑物内，门通向其他相邻房间；

5. 油浸变压器室下面有地下室。

6.1.3 民用建筑内变电所防火门的设置应符合下列规定：

1. 变电所位于高层主体建筑或裙房内时，通向其他相邻房间的门应为甲级防火门，通向过道的门应为乙级防火门；

2. 变电所位于多层建筑物的二层或更高层时，通向其他相邻房间的门应为甲级防火门，通向过道的门应为乙级防火门；

3. 变电所位于单层建筑物内或多层建筑物的一层时，通向其他相邻房间或过道的门应为乙级防火门；

4. 变电所位于地下层或下面有地下层时，通向其他相邻房间或过道的门应为甲级防火门；

5. 变电所附近堆有易燃物品或通向汽车库的门应为甲级防火门；

6. 变电所直接通向室外的门应为丙级防火门。

6.1.5 当露天或半露天变电所安装油浸变压器，且变压器外廓与生产建筑物外墙的距离小于 5 m 时，建筑物外墙在下列范围内不得有门、窗或通风孔：

1. 油量大于 1 000 kg 时，在变压器总高度加 3 m 及外廓两侧各加 3 m 的范围内；

2. 油量小于或等于 1 000 kg 时，在变压器总高度加 3 m 及外廓两侧各加 1.5 m 的范围内。

6.1.6 高层建筑物的裙房和多层建筑物内的附设变电所及车间内变电所的油浸变压器室，应设置容量为 100%变压器油量的储油池。

6.1.7 当设置容量不低于 20%变压器油量的挡油池时，应有能将油排到安全场所的设施。位于下列场所的油浸变压器室，应设置容量为 100%变压器油量的储油池或挡油设施：

1. 容易沉积可燃粉尘、可燃纤维的场所；

2. 附近有粮、棉及其他易燃物大量集中的露天场所；

3. 油浸变压器室下面有地下室。

6.1.9 在多层建筑物或高层建筑物裙房的首层布置油浸变压器的变电站时，首层外墙开口部位的上方应设置宽度不小于 1.0 m 的不燃烧体防火挑檐或高度不小于 1.2 m 的窗槛墙。

三、防雷

《建筑物防雷设计规范》(GB 50057—2010)

3.0.2 在可能发生对地闪击的地区，遇下列情况之一时，应划为第一类防雷建筑物：

1. 凡制造、使用或贮存火炸药及其制品的危险建筑物，因电火花而引起爆炸、爆轰，会造成巨大破坏和人身伤亡者。

2. 具有 0 区或 20 区爆炸危险场所的建筑物。

3. 具有 1 区或 21 区爆炸危险场所的建筑物，因电火花而引起爆炸，会造成巨大破坏和人身伤亡者。

3.0.3　在可能发生对地闪击的地区，遇下列情况之一时，应划为第二类防雷建筑物：

1. 国家级重点文物保护的建筑物。

2. 国家级的会堂、办公建筑物、大型展览和博览建筑物、大型火车站和飞机场、国宾馆，国家级档案馆、大型城市的重要给水泵房等特别重要的建筑物。

注：飞机场不含停放飞机的露天场所和跑道。

3. 国家级计算中心、国际通信枢纽等对国民经济有重要意义的建筑物。

4. 国家特级和甲级大型体育馆。

5. 制造、使用或贮存火炸药及其制品的危险建筑物，且电火花不易引起爆炸或不致造成巨大破坏和人身伤亡者。

6. 具有 1 区或 21 区爆炸危险场所的建筑物，且电火花不易引起爆炸或不致造成巨大破坏和人身伤亡者。

7. 具有 2 区或 22 区爆炸危险场所的建筑物。

8. 有爆炸危险的露天钢质封闭气罐。

9. 预计雷击次数大于 0.05 次/a 的部、省级办公建筑物和其他重要或人员密集的公共建筑物以及火灾危险场所。

10. 预计雷击次数大于 0.25 次/a 的住宅、办公楼等一般性民用建筑物或一般性工业建筑物。

3.0.4　在可能发生对地闪击的地区，遇下列情况之一时，应划为第三类防雷建筑物：

1. 省级重点文物保护的建筑物及省级档案馆。

2. 预计雷击次数大于或等于 0.01 次/a，且小于或等于 0.05 次/a 的部、省级办公建筑物和其他重要或人员密集的公共建筑物，以及火灾危险场所。

3. 预计雷击次数大于或等于 0.05 次/a，且小于或等于 0.25 次/a 的住宅、办公楼等一般性民用建筑物或一般性工业建筑物。

4. 在平均雷暴日大于 15 d/a 的地区，高度在 15 m 及以上的烟囱、水塔等孤立的高耸建筑物；在平均雷暴日小于或等于 15 d/a 的地区，高度在 20 m 及以上的烟囱、水塔等孤立的高耸建筑物。

4.1.1　各类防雷建筑物应设防直击雷的外部防雷装置，并应采取防闪电电涌侵入的措施。

第一类防雷建筑物和本规范第 3.0.3 条第 5～7 款所规定的第二类防雷建筑物，尚应采取防闪电感应的措施。

4.1.2　各类防雷建筑物应设内部防雷装置，并应符合下列规定：

1. 在建筑物的地下室或地面层处，下列物体应与防雷装置做防雷等电位连接：

(1) 建筑物金属体。

(2) 金属装置。

(3) 建筑物内系统。

(4) 进出建筑物的金属管线。

2. 除本条第1款的措施外,外部防雷装置与建筑物金属体、金属装置、建筑物内系统之间,尚应满足间隔距离的要求。

4.2.1 第一类防雷建筑物防直击雷的措施应符合下列规定:

2. 排放爆炸危险气体、蒸气或粉尘的放散管、呼吸阀、排风管等的管口外的下列空间应处于接闪器的保护范围内:

(1) 当有管帽时应按表4.2.1的规定确定。

(2) 当无管帽时,应为管口上方半径5 m的半球体。

(3) 接闪器与雷闪的接触点应设在本款第1项或第2项所规定的空间之外。

表4.2.1 有管帽的管口外处于接闪器保护范围内的空间

装置内的压力与周围空气压力的压力差/kPa	排放物对比于空气	管帽以上的垂直距离/m	距管口处的水平距离/m
<5	重于空气	1	2
5~25	重于空气	2.5	5
≤25	轻于空气	2.5	5
>25	重或轻于空气	5	5

注:相对密度小于或等于0.75的爆炸性气体规定为轻于空气的气体;相对密度大于0.75的爆炸性气体规定为重于空气的气体。

3. 排放爆炸危险气体、蒸气或粉尘的放散管、呼吸阀、排风管等,当其排放物达不到爆炸浓度、长期点火燃烧、一排放就点火燃烧,以及发生事故时排放物才达到爆炸浓度的通风管、安全阀,接闪器的保护范围应保护到管帽,无管帽时应保护到管口。

4.2.3 第一类防雷建筑物防闪电电涌侵入的措施应符合下列规定:

1. 室外低压配电线路应全线采用电缆直接埋地敷设,在入户处应将电缆的金属外皮、钢管接到等电位连接带或防闪电感应的接地装置上。

2. 当全线采用电缆有困难时,应采用钢筋混凝土杆和铁横担的架空线,并应使用一段金属铠装电缆或护套电缆穿钢管直接埋地引入。架空线与建筑物的距离不应小于15 m。

在电缆与架空线连接处,尚应装设户外型电涌保护器。电涌保护器、电缆金属外皮、钢管和绝缘子铁脚、金具等应连在一起接地,其冲击接地电阻不应大于30 Ω。所装设的电涌保护器应选用Ⅰ级试验产品,其电压保护水平应小于或等于2.5 kV,其每一保护模式应选冲击电流等于或大于10 kA;若无户外型电涌保护器,应选用户内型电涌保护器,其使用温度应满足安装处的环境温度,并应安装在防护等级IP54的箱内。

当电涌保护器的接线形式为本规范表J.1.2中的接线形式2时,接在中性线和PE线间电涌保护器的冲击电流,当为三相系统时不应小于40 kA,当为单相系统时不应小于20 kA。

4.2.4 当难以装设独立的外部防雷装置时,可将接闪杆或网格不大于5 m×5 m或6 m×4 m的接闪网或由其混合组成的接闪器直接装在建筑物上,接闪网应按本规范附录B的规定沿屋角、屋脊、屋檐和檐角等易受雷击的部位敷设;当建筑物高度超过30 m时,首先应沿屋顶周边敷设接闪带,接闪带应设在外墙外表面或屋檐边垂直面上,也可设在外墙外表面或屋檐边垂直面外，并应符合下列规定：

8. 在电源引入的总配电箱处应装设Ⅰ级试验的电涌保护器。电涌保护器的电压保护水平值应小于或等于2.5 kV。每一保护模式的冲击电流值，当无法确定时，冲击电流应取等于或大于12.5 kA。

4.3.3 专设引下线不应少于2根，并应沿建筑物四周和内庭院四周均匀对称布置，其间距沿周长计算不应大于18 m。当建筑物的跨度较大，无法在跨距中间设引下线时，应在跨距两端设引下线并减小其他引下线的间距，专设引下线的平均间距不应大于18 m。

4.3.5 利用建筑物的钢筋作为防雷装置时，应符合下列规定：

6. 构件内有箍筋连接的钢筋或成网状的钢筋，其箍筋与钢筋、钢筋与钢筋应采用土建施工的绑扎法、螺丝、对焊或搭焊连接。单根钢筋、圆钢或外引预埋连接板、线与构件内钢筋应焊接或采用螺栓紧固的卡夹器连接。构件之间必须连接成电气通路。

4.3.8 防止雷电流流经引下线和接地装置时产生的高电位对附近金属物或电气和电子系统线路的反击，应符合下列规定：

4. 在电气接地装置与防雷接地装置共用或相连的情况下，应在低压电源线路引入的总配电箱、配电柜处装设Ⅰ级试验的电涌保护器。电涌保护器的电压保护水平值应小于或等于2.5 kV。每一保护模式的冲击电流值，当无法确定时应取等于或大于12.5 kA。

5. 当Yyn0型或Dyn11型接线的配电变压器设在本建筑物内或附设于外墙处时，应在变压器高压侧装设避雷器；在低压侧的配电屏上，当有线路引出本建筑物至其他有独自敷设接地装置的配电装置时，应在母线上装设Ⅰ级试验的电涌保护器，电涌保护器每一保护模式的冲击电流值，当无法确定时冲击电流应取等于或大于12.5 kA；当无线路引出本建筑物时，应在母线上装设Ⅱ级试验的电涌保护器，电涌保护器每一保护模式的标称放电电流值应等于或大于5 kA。电涌保护器的电压保护水平值应小于或等于2.5 kV。

4.4.3 专设引下线不应少于2根，并应沿建筑物四周和内庭院四周均匀对称布置，其间距沿周长计算不应大于25 m。当建筑物的跨度较大，无法在跨距中间设引下线时，应在跨距两端设引下线并减小其他引下线的间距，专设引下线的平均间距不应大于25 m。

4.5.8 在独立接闪杆、架空接闪线、架空接闪网的支柱上，严禁悬挂电话线、广播线、电视接收天线及低压架空线等。

6.1.2 当电源采用TN系统时，从建筑物总配电箱起供电给本建筑物内的配电线路和分支线路必须采用TN-S系统。

第四章　勘察与地基基础

第一节　地基勘察

一、一般规定

《岩土工程勘察规范》(GB 50021—2001)(2009 年版)

1.0.3　各项建设工程在设计和施工之前,必须按基本建设程序进行岩土工程勘察。

《膨胀土地区建筑技术规范》(GB 50112—2013)

3.0.3　地基基础设计应符合下列规定:

1. 建筑物的地基计算应满足承载力计算的有关规定;
2. 地基基础设计等级为甲级、乙级的建筑物,均应按地基变形设计;
3. 建造在坡地或斜坡附近的建筑物以及受水平荷载作用的高层建筑、高耸构筑物和挡土结构、基坑支护等工程,尚应进行稳定性验算。验算时应计及水平膨胀力的作用。

二、一般场地和地基

《岩土工程勘察规范》(GB 50021—2001)(2009 年版)

4.1.11　详细勘察应按单体建筑物或建筑群提出详细的岩土工程资料和设计、施工所需的岩土参数;对建筑地基做出岩土工程评价,并对地基类型、基础形式、地基处理、基坑支护、工程降水和不良地质作用的防治等提出建议。主要应进行下列工作:

1. 搜集附有坐标和地形的建筑总平面图,场区的地面整平标高,建筑物的性质、规模、荷载、结构特点、基础形式、埋置深度、地基允许变形等资料;
2. 查明不良地质作用的类型、成因、分布范围、发展趋势和危害程度,提出整治方案的建议;
3. 查明建筑范围内岩土层的类型、深度、分布、工程特性、分析和评价地基的稳定性、均匀性和承载力;
4. 对需进行沉降计算的建筑物,提供地基变形计算参数,预测建筑物的变形特征;
5. 查明埋藏的河道、沟浜、墓穴、防空洞、孤石等对工程不利的埋藏物;
6. 查明地下水的埋藏条件,提供地下水位及其变化幅度;
7. 在季节性冻土地区,提供场地土的标准冻结深度;
8. 判定水和土对建筑材料的腐蚀性。

4.1.17　详细勘察的单栋高层建筑勘探点的布置,应满足对地基均匀性评价的要求,且不应少于 4 个,对密集的高层建筑群,勘探点可适当减少,但每栋建筑物至少应有 1 个控制性勘探点。

4.1.18　详细勘察的勘探深度自基础底面算起，应符合下列规定：

1. 勘探孔深度应能控制地基主要受力层，当基础底面宽度不大于 5 m 时，勘探孔的深度对条形基础不应小于基础底面宽度的 3 倍，对单独柱基不应小于 1.5 倍，且不应小于 5 m；

2. 对高层建筑和需作变形计算的地基，控制性勘探孔的深度应超过地基变形计算深度；高层建筑的一般性勘探孔应达到基底下 0.5～1.0 倍的基础宽度，并深入稳定分布的地层；

3. 对仅有地下室的建筑或高层建筑的裙房，当不能满足抗浮设计要求，需设置抗浮桩或锚杆时，勘探孔深度应满足抗拔承载力评价的要求；

4. 当有大面积地面堆载或软弱下卧层时，应适当加深控制性勘探孔的深度；

5. 在上述规定深度内遇基岩或厚层碎石土等稳定地层时，勘探孔深度可适当调整。

4.1.20　详细勘察采取土试样和进行原位测试应满足岩土工程评价要求，并符合下列要求：

1. 采取土试样和进行原位测试的勘探孔的数量，应根据地层结构、地基土的均匀性和工程特点确定，且不应少于勘探孔总数的 1/2，钻探取土试样孔的数量不应少于勘探孔总数的 1/3；

2. 每个场地每一主要土层的原状土试样或原位测试数据不应少于 6 件（组），当采用连续记录的静力触探或动力触探为主要勘察手段时，每个场地不应少于 3 个孔；

3. 在地基主要受力层内，对厚度大于 0.5 m 的夹层或透镜体，应采取土试样或进行原位测试；

4. 当土层性质不均匀时，应增加取土试样或原位测试数量。

4.8.5　当场地水文地质条件复杂，在基坑开挖过程中需要对地下水进行控制（降水或隔渗），且已有资料不能满足要求时，应进行专门的水文地质勘察。

4.9.1　桩基岩土工程勘察应包括下列内容：

1. 查明场地各层岩土的类型、深度、分布、工程特性和变化规律；

2. 当采用基岩作为桩的持力层时，应查明基岩的岩性、构造、岩面变化、风化程度，确定其坚硬程度、完整程度和基本质量等级，判定有无洞穴、临空面、破碎岩体或软弱岩层；

3. 查明水文地质条件，评价地下水对桩基设计和施工的影响，判定水质对建筑材料的腐蚀性；

4. 查明不良地质作用、可液化土层和特殊性岩土的分布及其对桩基的危害程度，并提出防治措施的建议；

5. 评价成桩可能性，论证桩的施工条件及其对环境的影响。

7.2.2　地下水位的量测应符合下列规定：

1. 遇地下水时应量测水位；

2. 稳定水位应在初见水位后经一定的稳定时间后量测；

3. 对多层含水层的水位量测，应采取止水措施，将被测含水层与其他含水层隔开。

《建筑地基基础设计规范》(GB 50007—2011)

10.2.1　基槽（坑）开挖到底后，应进行基槽（坑）检验。当发现地质条件与勘察报告和设计文件不一致，或遇到异常情况时，应结合地质条件提出处理意见。

三、特殊场地和地基

《岩土工程勘察规范》(GB 50021—2001)(2009年版)

5.1.1 拟建工程场地或其附近存在对工程安全有影响的岩溶时,应进行岩溶勘察。

5.2.1 拟建工程场地或其附近存在对工程安全有影响的滑坡或有滑坡可能时,应进行专门的滑坡勘察。

5.3.1 拟建工程场地或其附近存在对工程安全有影响的危岩或崩塌时,应进行危岩和崩塌勘察。

5.4.1 拟建工程场地或其附近有发生泥石流的条件并对工程安全有影响时,应进行专门的泥石流勘察。

5.7.2 在抗震设防烈度等于或大于6度的地区进行勘察时,应确定场地类别。当场地位于抗震危险地段时,应根据现行国家标准《建筑抗震设计规范》GB 50011 的要求,提出专门研究的建议。

5.7.8 地震液化的进一步判别应在地面以下15 m的范围内进行;对于桩基和基础埋深大于5 m的天然地基,判别深度应加深至20 m。对判别液化而布置的勘探点不应少于3个,勘探孔深度应大于液化判别深度。

5.7.10 凡判别为可液化的土层应按现行国家标准《建筑抗震设计规范》(GB 50011)的规定确定其液化指数和液化等级。

勘察报告除应阐明可液化的土层、各孔的液化指数外,尚应根据各孔液化指数综合确定场地液化等级。

《湿陷性黄土地区建筑规范》(GB 50025—2004)

4.1.1 在湿陷性黄土场地进行岩土工程勘察应查明下列内容,并应结合建筑物的特点和设计要求,对场地、地基作出评价,对地基处理措施提出建议。

1. 黄土地层的时代、成因;
2. 湿陷性黄土层的厚度;
3. 湿陷系数、自重湿陷系数和湿陷起始压力随深度的变化;
4. 场地湿陷类型和地基湿陷等级的平面分布;
5. 变形参数和承载力;
6. 地下水等环境水的变化趋势;
7. 其他工程地质条件。

4.1.7 采取不扰动土样,必须保持其天然的湿度、密度和结构,并应符合Ⅰ级土样质量的要求。在探井中取样,竖向间距宜为1 m,土样直径不宜小于120 mm;在钻孔中取样,应严格按本规范附录D的要求执行。取土勘探点中,应有足够数量的探井,其数量应为取土勘探点总数的1/3～1/2,并不宜少于3个。探井的深度宜穿透湿陷性黄土层。

第二节　地基设计

一、一般规定

《建筑地基基础设计规范》(GB 50007—2011)

3.0.2　根据建筑物地基基础设计等级及长期荷载作用下地基变形对上部结构的影响程度，地基基础设计应符合下列规定：

1. 所有建筑物的地基计算均应满足承载力计算的有关规定。

2. 设计等级为甲级、乙级的建筑物，均应按地基变形设计。

3. 设计等级为丙级的建筑物有下列情况之一时应作变形验算：

(1) 地基承载力特征值小于 130 kPa，且体型复杂的建筑；

(2) 在基础上及其附近有地面堆载或相邻基础荷载差异较大，可能引起地基产生过大的不均匀沉降时；

(3) 软弱地基上的建筑物存在偏心荷载时；

(4) 相邻建筑距离近，可能发生倾斜时；

(5) 地基内有厚度较大或厚薄不均的填土，其自重固结未完成时。

4. 对经常受水平荷载作用的高层建筑、高耸结构和挡土墙等，以及建造在斜坡上或边坡附近的建筑物和构筑物，尚应验算其稳定性。

5. 基坑工程应进行稳定性验算。

6. 建筑地下室或地下构筑物存在上浮问题时，尚应进行抗浮验算。

3.0.5　地基基础设计时，所采用的作用效应与相应的抗力限值应符合下列规定：

1. 按地基承载力确定基础底面积及埋深或按单桩承载力确定桩数时，传至基础或承台底面上的作用效应应按正常使用极限状态下作用的标准组合；相应的抗力应采用地基承载力特征值或单桩承载力特征值。

2. 计算地基变形时，传至基础底面上的作用效应应按正常使用极限状态下作用的准永久组合，不应计入风荷载和地震作用；相应的限值应为地基变形允许值。

3. 计算挡土墙、地基或滑坡稳定以及基础抗浮稳定时，作用效应应按承载能力极限状态下作用的基本组合，但其分项系数均为 1.0。

4. 在确定基础或桩基承台高度、支挡结构截面，计算基础或支挡结构内力，确定配筋和验算材料强度时，上部结构传来的作用效应和相应的基底反力、挡土墙土压力以及滑坡推力，应按承载能力极限状态下作用的基本组合，采用相应的分项系数。

当需要验算基础裂缝宽度时，应按正常使用极限状态下作用的标准组合。

5. 基础设计安全等级、结构设计使用年限、结构重要性系数应按有关规范的规定采用，但结构重要性系数 γ 不应小于 1.00。

5.1.3　高层建筑基础的埋置深度应满足地基承载力、变形和稳定性要求。位于岩石地基上的高层建筑，其基础埋深应满足抗滑稳定性要求。

5.3.1　建筑物的地基变形计算值，不应大于地基变形允许值。

5.3.4　建筑物的地基变形允许值应按表 5.3.4 规定采用。对表中未包括的建筑物，其地基变形允许值应根据上部结构对地基变形的适应能力和使用上的要求确定。

表 5.3.4　建筑物的地基变形允许值

<table>
<tr><th colspan="2" rowspan="2">变形特征</th><th colspan="2">地基土类别</th></tr>
<tr><th>中、低压缩性土</th><th>高压缩性土</th></tr>
<tr><td colspan="2">砌体承重结构基础的局部倾斜</td><td>0.002</td><td>0.003</td></tr>
<tr><td rowspan="3">工业与民用建筑相邻柱基的沉降差</td><td>框架结构</td><td>$0.002l$</td><td>$0.003l$</td></tr>
<tr><td>砌体墙填充的边排柱</td><td>$0.0007l$</td><td>$0.001l$</td></tr>
<tr><td>当基础不均匀沉降时不产生附加应力的结构</td><td>$0.005l$</td><td>$0.005l$</td></tr>
<tr><td colspan="2">单层排架结构(柱距为 6 m)柱基的沉降量/mm</td><td>(120)</td><td>200</td></tr>
<tr><td rowspan="2">桥式吊车轨面的倾斜(按不调整轨道考虑)</td><td>纵　向</td><td colspan="2">0.004</td></tr>
<tr><td>横　向</td><td colspan="2">0.003</td></tr>
<tr><td rowspan="4">多层和高层建筑的整体倾斜</td><td>$H_g \leqslant 24$</td><td colspan="2">0.004</td></tr>
<tr><td>$24 < H_g \leqslant 60$</td><td colspan="2">0.003</td></tr>
<tr><td>$60 < H_g \leqslant 100$</td><td colspan="2">0.002 5</td></tr>
<tr><td>$H_g > 100$</td><td colspan="2">0.002</td></tr>
<tr><td colspan="2">体型简单的高层建筑基础的平均沉降量/mm</td><td colspan="2">200</td></tr>
<tr><td rowspan="6">高耸结构基础的倾斜</td><td>$H_g \leqslant 20$</td><td colspan="2">0.008</td></tr>
<tr><td>$20 < H_g \leqslant 50$</td><td colspan="2">0.006</td></tr>
<tr><td>$50 < H_g \leqslant 100$</td><td colspan="2">0.005</td></tr>
<tr><td>$100 < H_g \leqslant 150$</td><td colspan="2">0.004</td></tr>
<tr><td>$150 < H_g \leqslant 200$</td><td colspan="2">0.003</td></tr>
<tr><td>$200 < H_g \leqslant 250$</td><td colspan="2">0.002</td></tr>
<tr><td rowspan="3">高耸结构基础的沉降量/mm</td><td>$H_g \leqslant 100$</td><td colspan="2">400</td></tr>
<tr><td>$100 < H_g \leqslant 200$</td><td colspan="2">300</td></tr>
<tr><td>$200 < H_g \leqslant 250$</td><td colspan="2">200</td></tr>
</table>

注:1. 本表数值为建筑物地基实际最终变形允许值;
2. 有括号者仅适用于中压缩性土;
3. l 为相邻柱基的中心距离(mm),H_g 为自室外地面起算的建筑物高度(m);
4. 倾斜指基础倾斜方向两端点的沉降差与其距离的比值;
5. 局部倾斜指砌体承重结构沿纵向 6～10 m 内基础两点的沉降差与其距离的比值。

二、山区地基

《建筑地基基础设计规范》(GB 50007—2011)

6.1.1　山区(包括丘陵地带)地基的设计,应对下列设计条件分析认定:

1. 建设场区内,在自然条件下,有无滑坡现象,有无影响场地稳定性的断层、破碎带;
2. 在建设场地周围,有无不稳定的边坡;
3. 施工过程中,因挖方、填方、堆载和卸载等对山坡稳定性的影响;

4. 地基内岩石厚度及空间分布情况、基岩面的起伏情况、有无影响地基稳定性的临空面；

5. 建筑地基的不均匀性；

6. 岩溶、土洞的发育程度，有无采空区；

7. 出现危岩崩塌、泥石流等不良地质现象的可能性；

8. 地面水、地下水对建筑地基和建设场区的影响。

6.3.1　当利用压实填土作为建筑工程的地基持力层时，在平整场地前，应根据结构类型、填料性能和现场条件等，对拟压实的填土提出质量要求。未经检验查明以及不符合质量要求的压实填土，均不得作为建筑工程的地基持力层。

6.4.1　在建设场区内，由于施工或其他因素的影响有可能形成滑坡的地段，必须采取可靠的预防措施。对具有发展趋势并威胁建筑物安全使用的滑坡，应及早采取综合整治措施，防止滑坡继续发展。

三、特殊性土地基

《湿陷性黄土地区建筑标准》(GB 50025—2018)

5.7.3　湿陷性黄土场地的甲类、乙类建筑物桩基，其桩端必须穿透湿陷性黄土层，并应选择压缩性较低的岩土层作为桩端持力层。

6.1.1　甲类建筑地基的湿陷变形和压缩变形不能满足设计要求时，应采取地基处理措施或将基础设置在非湿陷性土层或岩层上，或采用桩基础穿透全部湿陷性黄土层。采取地基处理措施时应符合下列规定：

1. 非自重湿陷性黄土场地，应将基础底面以下附加压力与上覆土的饱和自重压力之和大于湿陷起始压力的所有土层进行处理，或处理至地基压缩层的深度；

2. 自重湿陷性黄土场地，对一般湿陷性黄土地基，应将基础底面以下湿陷性黄土层全部处理。

7.1.1　湿陷性黄土场地上建筑物及附属工程施工，应采取防止施工用水、场地雨水和邻近管道渗漏水渗入建筑物地基的措施。

7.4.5　当发现地基浸水湿陷或建筑物产生沉降裂缝时，应立即停止施工，切断有关水源，对建筑物的沉降和裂缝加强观测，并应查明原因。应经处理满足设计要求后，方可继续施工。

《膨胀土地区建筑技术规范》(GB 50112—2013)

5.2.2　膨胀土地基上建筑物的基础埋置深度不应小于 1 m。

5.2.16　膨胀土地基上建筑物的地基变形计算值，不应大于地基变形允许值。地基变形允许值应符合表 5.2.16 的规定。表 5.2.16 中未包括的建筑物，其地基变形允许值应根据上部结构对地基变形的适应能力及功能要求确定。

表 5.2.16　膨胀土地基上建筑物地基变形允许值

结构类型	相对变形		变形量/mm
	种类	数值	
砌体结构	局部倾斜	0.001	15

表 5.2.16(续)

结构类型		相对变形		变形量/mm
		种类	数值	
房屋长度三到四开间及四角有构造柱或配筋砌体承重结构		局部倾斜	0.001 5	30
工业与民用建筑相邻柱基	框架结构无填充墙时	变形差	0.001l	30
	框架结构有填充墙时	变形差	0.000 5l	20
	当基础不均匀升降时不产生附加应力的结构	变形差	0.003l	40

注：l 为相邻柱基的中心距离(m)。

第三节 基础设计

一、扩展基础

《建筑地基基础设计规范》(GB 50007—2011)

8.2.7 扩展基础的计算应符合下列规定：

1. 对柱下独立基础，当冲切破坏锥体落在基础底面以内时，应验算柱与基础交接处以及基础变阶处的受冲切承载力；

2. 对基础底面短边尺寸小于或等于柱宽加两倍基础有效高度的柱下独立基础，以及墙下条形基础，应验算柱(墙)与基础交接处的基础受剪切承载力；

3. 基础底板的配筋，应按抗弯计算确定；

4. 当基础的混凝土强度等级小于柱的混凝土强度等级时，尚应验算柱下基础顶面的局部受压承载力。

二、箱筏基础

《建筑地基基础设计规范》(GB 50007—2011)

8.4.6 平板式筏基的板厚应满足受冲切承载力的要求。

8.4.9 平板式筏基应验算距内筒和柱边缘 h_0 处截面的受剪承载力。当筏板变厚度时，尚应验算变厚度处筏板的受剪承载力。

8.4.11 梁板式筏基底板应计算正截面受弯承载力，其厚度尚应满足受冲切承载力、受剪切承载力的要求。

8.4.18 梁板式筏基基础梁和平板式筏基的顶面应满足底层柱下局部受压承载力的要求。对抗震设防烈度为 9 度的高层建筑，验算柱下基础梁、筏板局部受压承载力时，应计入竖向地震作用对柱轴力的影响。

《高层建筑筏形与箱形基础技术规范》(JGJ 6—2011)

3.0.2 高层建筑筏形与箱形基础的地基设计应进行承载力和地基变形验算。对建造在斜坡上的高层建筑，应进行整体稳定验算。

3.0.3 高层建筑筏形与箱形基础设计和施工前应进行岩土工程勘察，为设计和施工提供依据。

6.1.7 基础混凝土应符合耐久性要求。筏形基础和桩箱、桩筏基础的混凝土强度等级不应低于 C30;箱形基础的混凝土强度等级不应低于 C25。

三、桩基础

《建筑地基基础设计规范》(GB 50007—2011)

8.5.10 桩身混凝土强度应满足桩的承载力设计要求。

8.5.13 桩基沉降计算应符合下列规定:

1. 对以下建筑物的桩基应进行沉降验算:

(1) 地基基础设计等级为甲级的建筑物桩基;

(2) 体形复杂、荷载不均匀或桩端以下存在软弱土层的设计等级为乙级的建筑物桩基;

(3) 摩擦型桩基。

2. 桩基沉降不得超过建筑物的沉降允许值,并应符合本规范表 5.3.4 的规定。

8.5.20 柱下桩基础独立承台应分别对柱边和桩边、变阶处和桩边连线形成的斜截面进行受剪计算。当柱边外有多排桩形成多个剪切斜截面时,尚应对每个斜截面进行验算。

8.5.22 当承台的混凝土强度等级低于柱或桩的混凝土强度等级时,尚应验算柱下或桩上承台的局部受压承载力。

10.2.10 复合地基应进行桩身完整性和单桩竖向承载力检验以及单桩或多桩复合地基载荷试验。施工工艺对桩间土承载力有影响时还应进行桩间土承载力检验。

10.2.11 对打入式桩、静力压桩,应提供经确认的施工过程有关参数。施工完成后尚应进行桩顶标高、桩位偏差等检验。

10.2.13 人工挖孔桩终孔时,应进行桩端持力层检验。单柱单桩的大直径嵌岩桩,应视岩性检验孔底下 3 倍桩身直径或 5 m 深度范围内有无土洞、溶洞、破碎带或软弱夹层等不良地质条件。

10.2.14 施工完成后的工程桩应进行桩身完整性检验和竖向承载力检验。承受水平力较大的桩应进行水平承载力检验,抗拔桩应进行抗拔承载力检验。

《建筑桩基技术规范》(JGJ 94—2008)

3.1.3 桩基应根据具体条件分别进行下列承载能力计算和稳定性验算:

1. 应根据桩基的使用功能和受力特征分别进行桩基的竖向承载力计算和水平承载力计算。

2. 应对桩身和承台结构承载力进行计算;对于桩侧土不排水抗剪强度小于 10 kPa、且长径比大于 50 的桩应进行桩身压屈验算;对于混凝土预制桩应按吊装、运输和锤击作用进行桩身承载力验算;对于钢管桩应进行局部压屈验算。

3. 当桩端平面以下存在软弱下卧层时,应进行软弱下卧层承载力验算。

4. 对位于坡地、岸边的桩基应进行整体稳定性验算。

5. 对于抗浮、抗拔桩基,应进行基桩和群桩的抗拔承载力计算。

6. 对于抗震设防区的桩基应进行抗震承载力验算。

3.1.4 下列建筑桩基应进行沉降计算:

1. 设计等级为甲级的非嵌岩桩和非深厚坚硬持力层的建筑桩基;

2. 设计等级为乙级的体型复杂、荷载分布显著不均匀或桩端平面以下存在软弱土层的建筑桩基；

3. 软土地基多层建筑减沉复合疏桩基础。

第四节　边坡、基坑支护

《建筑地基基础设计规范》(GB 50007—2011)

9.1.3　基坑工程设计应包括下列内容：

1. 支护结构体系的方案和技术经济比较；

2. 基坑支护体系的稳定性验算；

3. 支护结构的承载力、稳定和变形计算；

4. 地下水控制设计；

5. 对周边环境影响的控制设计；

6. 基坑土方开挖方案；

7. 基坑工程的监测要求。

9.1.9　基坑土方开挖应严格按设计要求进行，不得超挖。基坑周边堆载不得超过设计规定。土方开挖完成后应立即施工垫层，对基坑进行封闭，防止水浸和暴露，并应及时进行地下结构施工。

9.5.3　支撑结构的施工与拆除顺序，应与支护结构的设计工况相一致，必须遵循先撑后挖的原则。

《建筑基坑支护技术规程》(JGJ 120—2012)

3.1.2　基坑支护应满足下列功能要求：

1. 保证基坑周边建(构)筑物、地下管线、道路的安全和正常使用；

2. 保证主体地下结构的施工空间。

8.1.3　当基坑开挖面上方的锚杆、土钉、支撑未达到设计要求时，严禁向下超挖土方。

8.1.4　采用锚杆或支撑的支护结构，在未达到设计规定的拆除条件时，严禁拆除锚杆或支撑。

8.1.5　基坑周边施工材料、设施或车辆荷载严禁超过设计要求的地面荷载限值。

8.2.2　安全等级为一级、二级的支护结构，在基坑开挖过程与支护结构使用期内，必须进行支护结构的水平位移监测和基坑开挖影响范围内建(构)筑物、地面的沉降监测。

《岩土锚杆与喷射混凝土支护工程技术规范》(GB 50086—2015)

4.1.4　永久性锚杆的锚固段不得设置在未经处理的有机质土层、液限 w_L 大于 50% 的土层或相对密实度 D_r 小于 0.3 的土层中。

4.5.3　腐蚀环境中的永久性锚杆应采用Ⅰ级防腐保护构造设计；非腐蚀环境中的永久性锚杆及腐蚀环境中的临时性锚杆应采用Ⅱ级防腐保护构造设计。

12.1.19　工程锚杆必须进行验收试验。其中占锚杆总量 5%且不少于 3 根的锚杆应进行多循环张拉验收试验，占锚杆总量 95%的锚杆应进行单循环张拉验收试验。

13.1.1　岩土锚固与喷射混凝土支护工程的监测与维护应贯穿工程施工阶段和工程使用阶段全过程，应定期对永久性锚固工程或安全等级为Ⅰ级的临时性锚固工程的锚杆预加力值、锚头及被锚固结构物的变形进行监测。

《建筑边坡工程技术规范》(GB 50330—2013)

3.1.3 建筑边坡工程的设计使用年限不应低于被保护的建(构)筑物设计使用年限。

3.3.6 边坡支护结构设计时应进行下列计算和验算：

1. 支护结构及其基础的抗压、抗弯、抗剪、局部抗压承载力的计算；支护结构基础的地基承载力计算。

2. 锚杆锚固体的抗拔承载力及锚杆杆体抗拉承载力的计算。

3. 支护结构稳定性验算。

18.4.1 岩石边坡开挖爆破施工应采取避免边坡及邻近建(构)筑物震害的工程措施。

19.1.1 边坡塌滑区有重要建(构)筑物的一级边坡工程施工时必须对坡顶水平位移、垂直位移、地表裂缝和坡顶建(构)筑物变形进行监测。

第五节 地基处理

《建筑地基处理技术规范》(JGJ 79—2012)

3.0.5 处理后的地基应满足建筑物地基承载力、变形和稳定性要求，地基处理的设计尚应符合下列规定：

1. 经处理后的地基，当在受力层范围内仍存在软弱下卧层时，应进行软弱下卧层地基承载力验算；

2. 按地基变形设计或应作变形验算且需进行地基处理的建筑物或构筑物，应对处理后的地基进行变形验算；

3. 对建造在处理后的地基上受较大水平荷载或位于斜坡上的建筑物及构筑物，应进行地基稳定性验算。

10.2.7 处理地基上的建筑物应在施工期间及使用期间进行沉降观测，直至沉降达到稳定为止。

《建筑地基基础设计规范》(GB 50007—2011)

7.2.7 复合地基设计应满足建筑物承载力和变形要求。当地基土为欠固结土、膨胀土、湿陷性黄土、可液化土等特殊性土时，设计采用的增强体和施工工艺应满足处理后地基土和增强体共同承担荷载的技术要求。

7.2.8 复合地基承载力特征值应通过现场复合地基载荷试验确定，或采用增强体载荷试验结果和其周边土的承载力特征值结合经验确定。

第五章 结构设计

第一节 基本规定

《建筑结构可靠性设计统一标准》(GB 50068—2018)

3.2.1 建筑结构设计时，应根据结构破坏可能产生的后果，即危及人的生命、造成经济损失、对社会或环境产生影响等的严重性，采用不同的安全等级。建筑结构安全等级的划分应符合表3.2.1的规定。

表3.2.1 建筑结构的安全等级

安全等级	破坏后果
一级	很严重：对人的生命、经济、社会或环境影响很大
二级	严重：对人的生命、经济、社会或环境影响较大
三级	不严重：对人的生命、经济、社会或环境影响较小

3.3.2 建筑结构设计时，应规定结构的设计使用年限。

《建筑结构荷载规范》(GB 50009—2012)

3.1.2 建筑结构设计时，应按下列规定对不同荷载采用不同的代表值：

1. 对永久荷载应采用标准值作为代表值；
2. 对可变荷载应根据设计要求采用标准值、组合值、频遇值或准永久值作为代表值；
3. 对偶然荷载应按建筑结构使用的特点确定其代表值。

3.1.3 确定可变荷载代表值时应采用50年设计基准期。

3.2.3 荷载基本组合的效应设计值 S_d，应从下列荷载组合值中取用最不利的效应设计值确定：

1. 由可变荷载控制的效应设计值，应按下式进行计算：

$$S_d = \sum_{j=1}^{m} \gamma_{G_j} S_{G_j k} + \gamma_{Q_1} \gamma_{L_1} S_{Q_1 k} + \sum_{i=2}^{n} \gamma_{Q_i} \gamma_{L_i} \psi_{c_i} S_{Q_i k} \quad (3.2.3\text{-}1)$$

式中 γ_{G_j}——第 j 个永久荷载的分项系数，应按本规范第3.2.4条采用；

γ_{Q_i}——第 i 个可变荷载的分项系数，其中 γ_{Q_1} 为主导可变荷载 Q_1 的分项系数，应按本规范第3.2.4条采用；

γ_{L_i}——第 i 个可变荷载考虑设计使用年限的调整系数，其中 γ_{L_1} 为主导可变荷载 Q_1 考虑设计使用年限的调整系数；

$S_{G_j k}$——按第 j 个永久荷载标准值 G_{jk} 计算的荷载效应值；

S_{Q_ik}——按第 i 个可变荷载标准值 Q_{ik} 计算的荷载效应值，其中 S_{Q_1k} 为诸可变荷载效应中起控制作用者；

ψ_{c_i}——第 i 个可变荷载 Q_i 的组合值系数；

m——参与组合的永久荷载数；

n——参与组合的可变荷载数。

2. 由永久荷载控制的效应设计值，应按下式进行计算：

$$S_d = \sum_{j=1}^{m}\gamma_{G_j}S_{G_jk} + \sum_{i=1}^{n}\gamma_{Q_i}\gamma_{L_i}\psi_{c_i}S_{Q_ik} \tag{3.2.3-2}$$

注：1. 基本组合中的效应设计值仅适用于荷载与荷载效应为线性的情况；

2. 当对 S_{Q_1k} 无法明显判断时，应轮次以各可变荷载效应作为 S_{Q_1k}，并选取其中最不利的荷载组合的效应设计值。

3.2.4　基本组合的荷载分项系数，应按下列规定采用：

1. 永久荷载的分项系数应符合下列规定：

1) 当永久荷载效应对结构不利时，对由可变荷载效应控制的组合应取 1.2，对由永久荷载效应控制的组合应取 1.35；

2) 当永久荷载效应对结构有利时，不应大于 1.0。

2. 可变荷载的分项系数应符合下列规定：

1) 对标准值大于 4 kN/m^2 的工业房屋楼面结构的活荷载，应取 1.3；

2) 其他情况，应取 1.4。

3. 对结构的倾覆、滑移或漂浮验算，荷载的分项系数应满足有关的建筑结构设计规范的规定。

5.1.1　民用建筑楼面均布活荷载的标准值及其组合值系数、频遇值系数和准永久值系数的取值，不应小于表 5.1.1 的规定。

表 5.1.1　民用建筑楼面均布活荷载标准值及其组合值、频遇值和准永久值系数

项次	类别	标准值 /(kN/m^2)	组合值系数 ψ_c	频遇值系数 ψ_f	准永久值系数 ψ_q
1	(1) 住宅、宿舍、旅馆、办公楼、医院病房、托儿所、幼儿园	2.0	0.7	0.5	0.4
	(2) 试验室、阅览室、会议室、医院门诊室	2.0	0.7	0.6	0.5
2	教室、食堂、餐厅、一般资料档案室	2.5	0.7	0.6	0.5
3	(1) 礼堂、剧场、影院、有固定座位的看台	3.0	0.7	0.5	0.3
	(2) 公共洗衣房	3.0	0.7	0.6	0.5
4	(1) 商店、展览厅、车站、港口、机场大厅及其旅客等候室	3.5	0.7	0.6	0.5
	(2) 无固定座位的看台	3.5	0.7	0.5	0.3
5	(1) 健身房、演出舞台	4.0	0.7	0.6	0.5
	(2) 运动场、舞厅	4.0	0.7	0.6	0.3

表 5.1.1(续)

项次	类别			标准值 /(kN/m²)	组合值系数 ψ_c	频遇值系数 ψ_f	准永久值系数 ψ_q
6	(1) 书库、档案库、贮藏室			5.0	0.9	0.9	0.8
	(2) 密集柜书库			12.0	0.9	0.9	0.8
7	通风机房、电梯机房			7.0	0.9	0.9	0.8
8	汽车通道及客车停车库	(1) 单向板楼盖(板跨不小于 2 m)和双向板楼盖(板跨不小于 3 m×3 m)	客车	4.0	0.7	0.7	0.6
			消防车	35.0	0.7	0.5	0.0
		(2) 双向板楼盖(板跨不小于 6 m×6 m)和无梁楼盖(柱网不小于 6 m×6 m)	客车	2.5	0.7	0.7	0.6
			消防车	20.0	0.7	0.5	0.0
9	厨房	(1) 餐厅		4.0	0.7	0.7	0.7
		(2) 其他		2.0	0.7	0.6	0.5
10	浴室、卫生间、盥洗室			2.5	0.7	0.6	0.5
11	走廊、门厅	(1) 宿舍、旅馆、医院病房、托儿所、幼儿园、住宅		2.0	0.7	0.5	0.4
		(2) 办公楼、餐厅、医院门诊部		2.5	0.7	0.6	0.5
		(3) 教学楼及其他可能出现人员密集的情况		3.5	0.7	0.5	0.3
12	楼梯	(1) 多层住宅		2.0	0.7	0.5	0.4
		(2) 其他		3.5	0.7	0.5	0.3
13	阳台	(1) 可能出现人员密集的情况		3.5	0.7	0.6	0.5
		(2) 其他		2.5	0.7	0.6	0.5

注:1. 本表所给各项活荷载适用于一般使用条件,当使用荷载较大、情况特殊或有专门要求时,应按实际情况采用。

2. 第 6 项书库活荷载当书架高度大于 2 m 时,书库活荷载尚应按每米书架高度不小于 2.5 kN/m² 确定。

3. 第 8 项中的客车活荷载仅适用于停放载人少于 9 人的客车;消防车活荷载适用于满载总重为 300 kN 的大型车辆;当不符合本表的要求时,应将车轮的局部荷载按结构效应的等效原则,换算为等效均布荷载。

4. 第 8 项消防车活荷载,当双向板楼盖板跨介于 3 m×3 m～6 m×6 m 之间时,应按跨度线性插值确定。

5. 第 12 项楼梯活荷载,对预制楼梯踏步平板,尚应按 1.5 kN 集中荷载验算。

6. 本表各项荷载不包括隔墙自重和二次装修荷载;对固定隔墙的自重应按永久荷载考虑,当隔墙位置可灵活自由布置时,非固定隔墙的自重应取不小于 1/3 的每延米长墙重(kN/m)作为楼面活荷载的附加值(kN/m²)计入,且附加值不应小于 1.0 kN/m²。

5.1.2 设计楼面梁、墙、柱及基础时,本规范表 5.1.1 中楼面活荷载标准值的折减系数取值不应小于下列规定:

1. 设计楼面梁时:

1) 第 1(1)项当楼面梁从属面积超过 25 m² 时,应取 0.9;

2) 第 1(2)～7 项当楼面梁从属面积超过 50 m² 时,应取 0.9;

3）第 8 项对单向板楼盖的次梁和槽形板的纵肋应取 0.8，对单向板楼盖的主梁应取 0.6，对双向板楼盖的梁应取 0.8；

4）第 9～13 项应采用与所属房屋类别相同的折减系数。

2. 设计墙、柱和基础时：

1）第 1(1)项应按表 5.1.2 规定采用；

2）第 1(2)～7 项应采用与其楼面梁相同的折减系数；

3）第 8 项的客车，对单向板楼盖应取 0.5，对双向板楼盖和无梁楼盖应取 0.8；

4）第 9～13 项应采用与所属房屋类别相同的折减系数。

注：楼面梁的从属面积应按梁两侧各延伸二分之一梁间距的范围内的实际面积确定。

表 5.1.2 活荷载按楼层的折减系数

墙、柱、基础计算截面以上的层数	1	2～3	4～5	6～8	9～20	>20
计算截面以上各楼层活荷载总和的折减系数	1.00 (0.90)	0.85	0.70	0.65	0.60	0.55

注：当楼面梁的从属面积超过 25m²时，应采用括号内的系数。

5.3.1 房屋建筑的屋面，其水平投影面上的屋面均布活荷载的标准值及其组合值系数、频遇值系数和准永久值系数的取值，不应小于表 5.3.1 的规定。

表 5.3.1 屋面均布活荷载标准值及其组合值系数、频遇值系数和准永久值系数

项次	类别	标准值 /(kN/m²)	组合值系数 ψ_c	频遇值系数 ψ_f	准永久值系数 ψ_q
1	不上人的屋面	0.5	0.7	0.5	0.0
2	上人的屋面	2.0	0.7	0.5	0.4
3	屋顶花园	3.0	0.7	0.6	0.5
4	屋顶运动场地	3.0	0.7	0.6	0.4

注：1. 不上人的屋面，当施工或维修荷载较大时，应按实际情况采用；对不同类型的结构应按有关设计规范的规定采用，但不得低于 0.3 kN/m²。
2. 当上人的屋面兼作其他用途时，应按相应楼面活荷载采用。
3. 对于因屋面排水不畅、堵塞等引起的积水荷载，应采取构造措施加以防止；必要时，应按积水的可能深度确定屋面活荷载。
4. 屋顶花园活荷载不应包括花圃土石等材料自重。

5.5.1 施工和检修荷载应按下列规定采用：

1. 设计屋面板、檩条、钢筋混凝土挑檐、悬挑雨篷和预制小梁时，施工或检修集中荷载标准值不应小于 1.0 kN，并应在最不利位置处进行验算。

2. 对于轻型构件或较宽的构件，应按实际情况验算，或应加垫板、支撑等临时设施。

3. 计算挑檐、悬挑雨篷的承载力时，应沿板宽每隔 1.0 m 取一个集中荷载；在验算挑檐、悬挑雨篷的倾覆时，应沿板宽每隔 2.5～3.0 m 取一个集中荷载。

5.5.2 楼梯、看台、阳台和上人屋面等的栏杆活荷载标准值，不应小于下列规定：

1. 住宅、宿舍、办公楼、旅馆、医院、托儿所、幼儿园，栏杆顶部的水平荷载应取 1.0 kN/m；

2. 学校、食堂、剧场、电影院、车站、礼堂、展览馆或体育场，栏杆顶部的水平荷载应取 1.0 kN/m，竖向荷载应取 1.2 kN/m，水平荷载与竖向荷载应分别考虑。

7.1.1 屋面水平投影面上的雪荷载标准值应按下式计算：

$$s_k = \mu_r s_0 \tag{7.1.1}$$

式中 s_k——雪荷载标准值，kN/m^2；

μ_r——屋面积雪分布系数；

s_0——基本雪压，kN/m^2。

7.1.2 基本雪压应采用按本规范规定的方法确定的 50 年重现期的雪压；对雪荷载敏感的结构，应采用 100 年重现期的雪压。

8.1.1 垂直于建筑物表面上的风荷载标准值，应按下列规定确定：

1. 计算主要受力结构时，应按下式计算：

$$w_k = \beta_z \mu_s \mu_z w_0 \tag{8.1.1-1}$$

式中 w_k——风荷载标准值，kN/m^2；

β_z——高度 z 处的风振系数；

μ_s——风荷载体型系数；

μ_z——风压高度变化系数；

w_0——基本风压，kN/m^2。

2. 计算围护结构时，应按下式计算：

$$w_k = \beta_{gz} \mu_{sl} \mu_z w_0 \tag{8.1.1-2}$$

式中 β_{gz}——高度 z 处的阵风系数；

μ_{sl}——风荷载局部体型系数。

8.1.2 基本风压应采用按本规范规定的方法确定的 50 年重现期的风压，但不得小于 0.3 kN/m^2。对于高层建筑、高耸结构以及对风荷载比较敏感的其他结构，基本风压的取值应适当提高，并应符合有关结构设计规范的规定。

第二节 混凝土结构设计

一、钢筋混凝土结构

《混凝土结构设计规范》(GB 50010—2010)(2015 年版)

3.1.7 设计应明确结构的用途；在设计使用年限内未经技术鉴定或设计许可，不得改变结构的用途和使用环境。

3.3.2 对持久设计状况、短暂设计状况和地震设计状况，当用内力的形式表达时，结构构件应采用下列承载能力极限状态设计表达式：

$$\gamma_0 S \leqslant R \tag{3.3.2-1}$$

$$R = R(f_c, f_s, a_k, \cdots)/\gamma_{Rd} \tag{3.3.2-2}$$

式中 γ_0——结构重要性系数：在持久设计状况和短暂设计状况下，对安全等级为一级的结构构件不应小于 1.1，对安全等级为二级的结构构件不应小于 1.0，对安全等级为三级的结构构件不应小于 0.9；对地震设计状况下应取 1.0。

S——承载能力极限状态下作用组合的效应设计值：对持久设计状况和短暂设计状况应按作用的基本组合计算；对地震设计状况应按作用的地震组合计算。

R——结构构件的抗力设计值。

$R(\cdot)$——结构构件的抗力函数。

γ_{Rd}——结构构件的抗力模型不定性系数：静力设计取 1.0，对不确定性较大的结构构件根据具体情况取大于 1.0 的数值；抗震设计应采用承载力抗震调整系数 γ_{RE}代替 γ_{Rd}。

f_c、f_s——混凝土、钢筋的强度设计值，应根据本规范第 4.1.4 条及第 4.2.3 条的规定取值。

a_k——几何参数的标准值，当几何参数的变异性对结构性能有明显的不利影响时，应增减一个附加值。

注：公式(3.3.2-1)中的 $\gamma_0 S$ 为内力设计值，在本规范各章中用 N、M、V、T 等表达。

4.1.3 混凝土轴心抗压强度的标准值 f_{ck}应按表 4.1.3-1 采用；轴心抗拉强度的标准值 f_{tk}应按表 4.1.3-2 采用。

表 4.1.3-1 混凝土轴心抗压强度标准值 单位：N/mm²

强度	混凝土强度等级													
	C15	C20	C25	C30	C35	C40	C45	C50	C55	C60	C65	C70	C75	C80
f_{ck}	10.0	13.4	16.7	20.1	23.4	26.8	29.6	32.4	35.5	38.5	41.5	44.5	47.4	50.2

表 4.1.3-2 混凝土轴心抗拉强度标准值 单位：N/mm²

强度	混凝土强度等级													
	C15	C20	C25	C30	C35	C40	C45	C50	C55	C60	C65	C70	C75	C80
f_{tk}	1.27	1.54	1.78	2.01	2.20	2.39	2.51	2.64	2.74	2.85	2.93	2.99	3.05	3.11

4.1.4 混凝土轴心抗压强度的设计值 f_c 应按表 4.1.4-1 采用；轴心抗拉强度的设计值 f_t 应按表 4.1.4-2 采用。

表 4.1.4-1 混凝土轴心抗压强度设计值 单位：N/mm²

强度	混凝土强度等级													
	C15	C20	C25	C30	C35	C40	C45	C50	C55	C60	C65	C70	C75	C80
f_c	7.2	9.6	11.9	14.3	16.7	19.1	21.1	23.1	25.3	27.5	29.7	31.8	33.8	35.9

表 4.1.4-2 混凝土轴心抗拉强度设计值 单位：N/mm²

强度	混凝土强度等级													
	C15	C20	C25	C30	C35	C40	C45	C50	C55	C60	C65	C70	C75	C80
f_t	0.91	1.10	1.27	1.43	1.57	1.71	1.80	1.89	1.96	2.04	2.09	2.14	2.18	2.22

4.2.2 钢筋的强度标准值应具有不小于 95％的保证率。普通钢筋的屈服强度标准值

f_{yk}、极限强度标准值 f_{stk} 应按表 4.2.2-1 采用；预应力钢丝、钢绞线和预应力螺纹钢筋的屈服强度标准值 f_{ptk}、极限强度标准值 f_{pyk} 应按表 4.2.2-2 采用。

表 4.2.2-1　普通钢筋强度标准值　　单位：N/mm²

牌号	符号	公称直径 d/mm	屈服强度标准值 f_{yk}	极限强度标准值 f_{stk}
HPB300	Φ	6～14	300	420
HRB335	Φ	6～14	335	455
HRB400 HRBF400 RRB400	Φ Φ^{F} Φ^{R}	6～50	400	540
HRB500 HRBF500	Φ Φ^{F}	6～50	500	630

表 4.2.2-2　预应力筋强度标准值　　单位：N/mm²

种类		符号	公称直径 d/mm	屈服强度标准值 f_{pyk}	极限强度标准值 f_{ptk}
中强度预应力钢丝	光面 螺旋肋	Φ^{PM} Φ^{HM}	5、7、9	620	800
				780	970
				980	1 270
预应力螺纹钢筋	螺纹	Φ^{T}	18、25、32、40、50	785	980
				930	1 080
				1 080	1 230
消除应力钢丝	光面 螺旋肋	Φ^{P} Φ^{H}	5	—	1 570
				—	1 860
			7	—	1 570
			9	—	1 470
				—	1 570
钢绞线	1×3(三股)	Φ^{S}	8.6、10.8、12.9	—	1 570
				—	1 860
				—	1 960
	1×7(七股)		9.5、12.7、15.2、17.8	—	1 720
				—	1 860
				—	1 960
			21.6	—	1 860

注：极限强度标准值为 1 960 N/mm² 的钢绞线作后张预应力配筋时，应有可靠的工程经验。

4.2.3　普通钢筋的抗拉强度设计值 f_y、抗压强度设计值 f'_y 应按表 4.2.3-1 采用；预应力筋的抗拉强度设计值 f_{py}、抗压强度设计值 f'_{py} 应按表 4.2.3-2 采用。

当构件中配有不同种类的钢筋时，每种钢筋应采用各自的强度设计值。

对轴心受压构件，当采用 HRB500、HRBF500 钢筋时，钢筋的抗压强度设计值 f'_y 应取 400 N/mm²。横向钢筋的抗拉强度设计值 f_{yv} 应按表中 f_y 的数值采用；当用作受剪、受扭、受冲切承载力计算时，其数值大于 360 N/mm² 时应取 360 N/mm²。

表 4.2.3-1 普通钢筋强度设计值

单位：N/mm²

牌号	抗拉强度设计值 f_y	抗压强度设计值 f'_y
HPB300	270	270
HRB335	300	300
HRB400、HRBF400、RRB400	360	360
HRB500、HRBF500	435	435

表 4.2.3-2 预应力筋强度设计值

单位：N/mm²

种类	极限强度标准值 f_{ptk}	抗拉强度设计值 f_{py}	抗压强度设计值 f'_{py}
中强度预应力钢丝	800	510	410
	970	650	
	1 270	810	
消除应力钢丝	1 470	1 040	410
	1 570	1 110	
	1 860	1 320	
钢绞线	1 570	1 110	390
	1 720	1 220	
	1 860	1 320	
	1 960	1 390	
预应力螺纹钢筋	980	650	400
	1 080	770	
	1 230	900	

注：当预应力筋的强度标准值不符合表 4.2.3-2 的规定时，其强度设计值应进行相应的比例换算。

8.5.1 钢筋混凝土结构构件中纵向受力钢筋的配筋百分率 ρ_{min} 不应小于表 8.5.1 规定的数值。

表 8.5.1 纵和受力钢筋的最小配筋百分率 ρ_{min}

受力类型			最小配筋百分率/%
受压构件	全部纵向钢筋	强度等级 500 MPa	0.50
		强度等级 400 MPa	0.55
		强度等级 300 MPa、335 MPa	0.60
	一侧纵向钢筋		0.20

表 8.5.1(续)

受力类型	最小配筋百分率/%
受弯构件、偏心受拉、轴心受拉构件一侧的受拉钢筋	0.20 和 $45f_t/f_y$ 中的较大值

注:1. 受压构件全部纵向钢筋最小配筋百分率,当采用 C60 以上强度等级的混凝土时,应按表中规定增加 0.10;

2. 板类受弯构件(不包括悬臂板)的受拉钢筋,当采用强度等级 400 MPa、500 MPa 的钢筋时,其最小配筋百分率应允许采用 0.15 和 $45f_t/f_y$ 中的较大值;

3. 偏心受拉构件中的受压钢筋,应按受压构件一侧纵向钢筋考虑;

4. 受压构件的全部纵向钢筋和一侧纵向钢筋的配筋率以及轴心受拉构件和小偏心受拉构件一侧受拉钢筋的配筋率均应按构件的全截面面积计算;

5. 受弯构件、大偏心受拉构件一侧受拉钢筋的配筋率应按全截面面积扣除受压翼缘面积 $(b'_f-b)h'_f$ 后的截面面积计算;

6. 当钢筋沿构件截面周边布置时,"一侧纵向钢筋"系指沿受力方向两个对边中一边布置的纵向钢筋。

10.1.1 预应力混凝土结构构件,除应根据设计状况进行承载力计算及正常使用极限状态验算外,尚应对施工阶段进行验算。

11.1.3 房屋建筑混凝土结构构件的抗震设计,应根据设防类别、烈度、结构类型和房屋高度采用不同的抗震等级,并应符合相应的计算和构造措施要求。丙类建筑的抗震等级应按表 11.1.3 确定。

表 11.1.3 丙类建筑混凝土结构的抗震等级

结构类型		设防烈度									
		6		7			8			9	
框架结构	高度/m	≤24	>24	≤24	>24		≤24	>24		≤24	
	普通框架	四	三	三	二		二	一		一	
	大跨度框架	三		二			一			一	
框架-剪力墙结构	高度/m	≤60	>60	≤24	>24 且≤60	>60	≤24	>24 且≤60	>60	≤24	>24 且≤50
	框架	四	三	四	三	二	三	二	一	二	一
	剪力墙	三		三	二		二	一		一	
剪力墙结构	高度/m	≤80	>80	≤24	>24 且≤80	>80	≤24	>24 且≤80	>80	≤24	24~60
	剪力墙	四	三	四	三	二	三	二	一	二	一
部分框支剪力墙结构	高度/m	≤80	>80	≤24	>24 且≤80	>80	≤24	>24 且≤80	——	——	
	剪力墙 一般部位	四	三	四	三	二	三	二			
	剪力墙 加强部位	三	二	三	二	一	二	一			
	框支层框架	二		二		一	一				
筒体结构	框架-核心筒 框架	三		二			一			一	
	框架-核心筒 核心筒	二		二			一			一	
	筒中筒 内筒	三		二			一			一	
	筒中筒 外筒	三		二			一			一	

表 11.1.3(续)

结构类型		设防烈度						
		6		7		8		9
板柱-剪力墙结构	高度/m	≤35	>35	≤35	>35	≤35	>35	——
	板柱及周边框架	三	二	二	二	一		
	剪力墙	二	二	二	一	二	一	
单层厂房结构	铰接排架	四		三		二		一

注:1. 建筑场地为Ⅰ类时,除 6 度设防烈度外应允许按表内降低一度所对应的抗震等级采取抗震构造措施,但相应的计算要求不应降低;
2. 接近或等于高度分界时,应允许结合房屋不规则程度及场地、地基条件确定抗震等级;
3. 大跨度框架指跨度不小于 18 m 的框架;
4. 表中框架结构不包括异形柱框架;
5. 房屋高度不大于 60 m 的框架-核心筒结构按框架-剪力墙结构的要求设计时,应按表中框架-剪力墙结构确定抗震等级。

11.2.3 按一、二、三级抗震等级设计的框架和斜撑构件,其纵向受力普通钢筋应符合下列要求:

1. 钢筋的抗拉强度实测值与屈服强度实测值的比值不应小于 1.25;

2. 钢筋的屈服强度实测值与屈服强度标准值的比值不应大于 1.30;

3. 钢筋最大拉力下的总伸长率实测值不应小于 9%。

11.3.1 梁正截面受弯承载力计算中,计入纵向受压钢筋的梁端混凝土受压区高度应符合下列要求:

一级抗震等级

$$x \leqslant 0.25h_0 \qquad (11.3.1\text{-}1)$$

二、三级抗震等级

$$x \leqslant 0.35h_0 \qquad (11.3.1\text{-}2)$$

式中 x——混凝土受压区高度;

h_0——截面有效高度。

11.3.6 框架梁的钢筋配置应符合下列规定:

1. 纵向受拉钢筋的配筋率不应小于表 11.3.6-1 规定的数值。

表 11.3.6-1 框架梁纵向受拉钢筋的最小配筋百分率 单位:%

抗震等级	梁中位置	
	支座	跨中
一级	0.40 和 $80f_t/f_y$ 中的较大值	0.30 和 $65f_t/f_y$ 中的较大值
二级	0.30 和 $65f_t/f_y$ 中的较大值	0.25 和 $55f_t/f_y$ 中的较大值
三、四级	0.25 和 $55f_t/f_y$ 中的较大值	0.20 和 $45f_t/f_y$ 中的较大值

2. 框架梁梁端截面的底部和顶部纵向受力钢筋截面面积的比值,除按计算确定外,一级抗震等级不应小于 0.5;二、三级抗震等级不应小于 0.3。

3. 梁端箍筋的加密区长度、箍筋最大间距和箍筋最小直径，应按表 11.3.6-2 采用；当梁端纵向受拉钢筋配筋率大于 2%时，表中箍筋最小直径应增大 2 mm。

表 11.3.6-2 框架梁梁端箍筋加密区的构造要求　单位：mm

抗震等级	加密区长度	箍筋最大间距	最小直径
一级	2 倍梁高和 500 中的较大值	纵向钢筋直径的 6 倍，梁高的 1/4 和 100 中的最小值	10
二级	1.5 倍梁高和 500 中的较大值	纵向钢筋直径的 8 倍，梁高的 1/4 和 100 中的最小值	8
三级		纵向钢筋直径的 8 倍，梁高的 1/4 和 150 中的最小值	8
四级		纵向钢筋直径的 8 倍，梁高的 1/4 和 150 中的最小值	6

注：箍筋直径大于 12 mm、数量不少于 4 肢且肢距不大于 150 mm 时，一、二级的最大间距应允许适当放宽，但不得大于 150 mm。

11.4.12　框架柱和框支柱的钢筋配置，应符合下列要求：

1. 框架柱和框支柱中全部纵向受力钢筋的配筋百分率不应小于表 11.4.12-1 规定的数值，同时，每一侧的配筋百分率不应小于 0.2；对Ⅳ类场地上较高的高层建筑，最小配筋百分率应增加 0.1。

表 11.4.12-1 柱全部纵向受力钢筋最小配筋百分率　单位：%

柱类型	抗震等级			
	一级	二级	三级	四级
中柱、边柱	0.9(1.0)	0.7(0.8)	0.6(0.7)	0.5(0.6)
角柱、框支柱	1.1	0.9	0.8	0.7

注：1. 表中括号内数值用于框架结构的柱；
2. 采用 335 MPa 级、400 MPa 级纵向受力钢筋时，应分别按表中数值增加 0.1 和 0.05 采用。
3. 当混凝土强度等级为 C60 以上时，应按表中数值增加 0.1 采用。

2. 框架柱和框支柱上、下两端箍筋应加密，加密区的箍筋最大间距和箍筋最小直径应符合表 11.4.12-2 的规定。

表 11.4.12-2 柱端箍筋加密区的构造要求

抗震等级	箍筋最大间距/mm	箍筋最小直径/mm
一级	纵向钢筋直径的 6 倍和 100 中的较小值	10
二级	纵向钢筋直径的 8 倍和 100 中的较小值	8
三级	纵向钢筋直径的 8 倍和 150(柱根 100)中的较小值	8
四级	纵向钢筋直径的 8 倍和 150(柱根 100)中的较小值	6(柱根 8)

注：柱根系指底层柱下端的箍筋加密区范围。

3. 框支柱和剪跨比不大于 2 的框架柱应在柱全高范围内加密箍筋，且箍筋间距应符合本条第 2 款一级抗震等级的要求。

4. 一级抗震等级框架柱的箍筋直径大于 12 mm 且箍筋肢距不大于 150 mm 及二级抗震等级框架柱的直径不小于 10 mm 且箍筋肢距不大于 200 mm 时，除底层柱下端外，箍筋间距应允许采用 150 mm；四级抗震等级框架柱剪跨比不大于 2 时，箍筋直径不应小于 8 mm。

11.7.14　剪力墙的水平和竖向分布钢筋的配筋应符合下列规定：

1. 一、二、三级抗震等级的剪力墙的水平和竖向分布钢筋配筋率均不应小于 0.25%；四级抗震等级剪力墙不应小于 0.2%；

2. 部分框支剪力墙结构的剪力墙底部加强部位，水平和竖向分布钢筋配筋率不应小于 0.3%。

注：对高度小于 24 m 且剪压比很小的四级抗震等级剪力墙，其竖向分布筋最小配筋率应允许按 0.15%采用。

《冷拔低碳钢丝应用技术规程》(JGJ 19—2010)

3.2.1　冷拔低碳钢丝的强度标准值 f_{stk} 应由未经机械调直的冷拔低碳钢丝抗拉强度表示。强度标准值 f_{stk} 应为 550 N/mm²，并应具有不小于 95%的保证率。钢丝焊接网和焊接骨架中冷拔低碳钢丝抗拉强度设计值 f_y 应按表 3.2.1 的规定采用。

表 3.2.1　钢丝焊接网和焊接骨架中冷拔低碳钢丝的抗拉强度设计值　单位：N/mm²

牌号	符号	f_y
CDW 550	Φ^b	320

《冷轧带肋钢筋混凝土结构技术规程》(JGJ 95—2011)

3.1.2　冷轧带肋钢筋的强度标准值具有不小于 95%的保证率。

钢筋混凝土用冷轧带肋钢筋的强度标准值 f_{yk} 应由抗拉屈服强度表示，并应按表 3.1.2-1 采用。预应力混凝土用冷轧带肋钢筋的强度标准值 f_{ptk} 应由抗拉强度表示，并应按表 3.1.2-2 采用。

表 3.1.2-1　钢筋混凝土用冷轧带肋钢筋强度标准值

牌　号	符　号	钢筋直径/mm	f_{yk}/(N/mm²)
CRB550	Φ^R	4～12	500
CRB600H	Φ^{RH}	5～12	520

表 3.1.2-2　预应力混凝土用冷轧带肋钢筋强度标准值

牌　号	符　号	钢筋直径/mm	f_{ptk}/(N/mm²)
CRB650	Φ^R	4、5、6	650
CRB650H	Φ^{RH}	5～6	
CRB800	Φ^R	5	800
CRB800H	Φ^{RH}	5～6	
CRB970	Φ^R	5	970

注：两表中直径 4 mm 的冷轧带肋钢筋仅用于混凝土制品。

3.1.3 冷轧带肋钢筋的抗拉强度设计值 f_y 及抗压强度设计值 f'_y 应按表 3.1.3-1、表 3.1.3-2 采用。

表 3.1.3-1 钢筋混凝土用冷轧带肋钢筋强度设计值 单位：N/mm²

牌　　号	符　　号	f_y	f'_y
CRB550	Φ^R	400	380
CRB600H	Φ^{RH}	415	380

注：冷轧带肋钢筋用作横向钢筋的强度设计值 f_{yv} 应按表中 f_y 的数值采用；当用作受剪、受扭、受冲切承载力计算时，其数值应取 360 N/mm²。

表 3.1.3-2 预应力混凝土用冷轧带肋钢筋强度设计值 单位：N/mm²

牌　　号	符　　号	f_{py}	f'_{py}
CRB650	Φ^R	430	380
CRB650H	Φ^{RH}		
CRB800	Φ^R	530	
CRB800H	Φ^{RH}		
CRB970	Φ^R	650	

二、高层建筑混凝土结构

《高层建筑混凝土结构技术规程》(JGJ 3—2010)

3.8.1 高层建筑结构构件的承载力应按下列公式验算：

持久设计状况、短暂设计状况

$$\gamma_0 S_d \leqslant R_d \tag{3.8.1-1}$$

地震设计状况

$$S_d \leqslant R_d / \gamma_{RE} \tag{3.8.1-2}$$

式中 γ_0——结构重要性系数，对安全等级为一级的结构构件不应小于 1.1，对安全等级为二级的结构构件不应小于 1.0；

S_d——作用组合的效应设计值，应符合本规程第 5.6.1～5.6.4 条的规定；

R_d——构件承载力设计值；

γ_{RE}——构件承载力抗震调整系数。

5.4.4 高层建筑结构的整体稳定性应符合下列规定：

1. 剪力墙结构、框架-剪力墙结构、筒体结构应符合下式要求：

$$EJ_d \geqslant 1.4H^2 \sum_{i=1}^{n} G_i \tag{5.4.4-1}$$

2. 框架结构应符合下式要求：

$$D_i \geqslant 10 \sum_{j=1}^{n} G_j / h_i \quad (i = 1, 2, \cdots, n) \tag{5.4.4-2}$$

5.6.1 持久设计状况和短暂设计状况下，当荷载与荷载效应按线性关系考虑时，荷载基本组合的效应设计值应按下式确定：

$$S_d = \gamma_G S_{Gk} + \gamma_L \Psi_Q \gamma_Q S_{Qk} + \Psi_w \gamma_w S_{wk} \qquad (5.6.1)$$

式中 S_d——荷载组合的效应设计值；

γ_G——永久荷载分项系数；

γ_Q——楼面活荷载分项系数；

γ_w——风荷载的分项系数；

γ_L——考虑结构设计使用年限的荷载调整系数，设计使用年限为 50 年时取 1.0，设计使用年限为 100 年时取 1.1；

S_{Gk}——永久荷载效应标准值；

S_{Qk}——楼面活荷载效应标准值；

S_{wk}——风荷载效应标准值；

Ψ_Q，Ψ_w——分别为楼面活荷载组合值系数和风荷载组合值系数，当永久荷载效应起控制作用时应分别取 0.7 和 0.0，当可变荷载效应起控制作用时应分别取 1.0 和 0.6 或 0.7 和 1.0。

注：对书库、档案库、储藏室、通风机房和电梯机房，本条楼面活荷载组合值系数取0.7的场合应取为 0.9。

5.6.2 持久设计状况和短暂设计状况下，荷载基本组合的分项系数应按下列规定采用：

1. 永久荷载的分项系数 γ_G：当其效应对结构承载力不利时，对由可变荷载效应控制的组合应取 1.2，对由永久荷载效应控制的组合应取 1.35；当其效应对结构承载力有利时，应取 1.0。

2. 楼面活荷载的分项系数 γ_Q：一般情况下应取 1.4。

3. 风荷载的分项系数 γ_W应取 1.4。

5.6.3 地震设计状况下，当作用与作用效应按线性关系考虑时，荷载和地震作用基本组合的效应设计值应按下式确定：

$$S_d = \gamma_G S_{GE} + \gamma_{Eh} S_{Ehk} + \gamma_{Ev} S_{Evk} + \Psi_w \gamma_w S_{wk} \qquad (5.6.3)$$

式中 S_d——荷载和地震作用组合的效应设计值；

S_{GE}——重力荷载代表值的效应；

S_{Ehk}——水平地震作用标准值的效应，尚应乘以相应的增大系数、调整系数；

S_{Evk}——竖向地震作用标准值的效应，尚应乘以相应的增大系数、调整系数；

γ_G——重力荷载分项系数；

γ_w——风荷载分项系数；

γ_{Eh}——水平地震作用分项系数；

γ_{Ev}——竖向地震作用分项系数；

Ψ_w——风荷载的组合值系数，应取 0.2。

5.6.4 地震设计状况下，荷载和地震作用基本组合的分项系数应按表 5.6.4 采用。当重力荷载效应对结构的承载力有利时，表 5.6.4 中 γ_G不应大于 1.0。

表 5.6.4　地震设计状况时荷载和作用的分项系数

参与组合的荷载和作用	γ_G	γ_{Eh}	γ_{Ev}	γ_w	说　明
重力荷载及水平地震作用	1.2	1.3	—	—	抗震设计的高层建筑结构均应考虑
重力荷载及竖向地震作用	1.2	—	1.3	—	9 度抗震设计时考虑；水平长悬臂和大跨度结构 7 度（0.15g）、8 度、9 度抗震设计时考虑
重力荷载、水平地震及竖向地震作用	1.2	1.3	0.5	—	9 度抗震设计时考虑；水平长悬臂和大跨度结构 7 度（0.15g）、8 度、9 度抗震设计时考虑
重力荷载、水平地震作用及风荷载	1.2	1.3	—	1.4	60 m 以上的高层建筑考虑
重力荷载、水平地震作用、竖向震作用及风荷载	1.2	1.3	0.5	1.4	60 m 以上的高层建筑，9 度抗震设计时考虑；水平长悬臂和大跨度结构 7 度（0.15g）、8 度、9 度抗震设计时考虑
	1.2	0.5	1.3	1.4	水平长悬臂结构和大跨度结构，7 度（0.15g）、8 度、9 度抗震设计时考虑

注：1. g 为重力加速度；

2. "—"表示组合中不考虑该项荷载或作用效应。

6.3.2　框架梁设计应符合下列要求：

1. 抗震设计时，计入受压钢筋作用的梁端截面混凝土受压高度与有效高度之比值，一级不应大于 0.25，二、三级不应大于 0.35。

2. 纵向受拉钢筋的最小配筋百分率 ρ_{min}（%），非抗震设计时，不应小于 0.2 和 $45f_t/f_y$ 二者的较大值；抗震设计时，不应小于表 6.3.2-1 规定的数值。

表 6.3.2-1　梁纵向受拉钢筋最小配筋百分率 ρ_{min}　　单位：%

抗震等级	位　置	
	支座（取较大值）	跨中（取较大值）
一级	0.40 和 $80f_t/f_y$	0.30 和 $65f_t/f_y$
二级	0.30 和 $65f_t/f_y$	0.25 和 $55f_t/f_y$
三、四级	0.25 和 $55f_t/f_y$	0.20 和 $45f_t/f_y$

3. 抗震设计时，梁端截面的底面和顶面纵向钢筋截面面积的比值除按计算确定外，一级不应小于 0.5，二、三级不应小于 0.3。

4. 抗震设计时，梁端箍筋的加密区长度、箍筋最大间距和最小直径应符合表 6.3.2-2 的要求；当梁端纵向钢筋配筋率大于 2%时，表中箍筋最小直径应增大 2 mm。

表 6.3.2-2 梁端箍筋加密区的长度、箍筋最大间距和最小直径

抗震等级	加密区长度(取较大值)/mm	箍筋最大间距(取最小值)/mm	箍筋最小直径/mm
一	$2.0h_b$,500	$h_b/4$,$6d$,100	10
二	$1.5h_b$,500	$h_b/4$,$8d$,100	8
三	$1.5h_b$,500	$h_b/4$,$8d$,150	8
四	$1.5h_b$,500	$h_b/4$,$8d$,150	6

注:1. d 为纵向钢筋直径,h_b为梁截面高度;

2. 一、二级抗震等级框架梁,当箍筋直径大于 12 mm、肢数不少于 4 肢且肢距不大于 150 mm 时,箍筋加密区最大间距应允许适当放松,但不应大于 150 mm。

6.4.3 柱纵向钢筋和箍筋配置应符合下列要求:

1. 柱全部纵向钢筋的配筋率不应小于表 6.4.3-1 的规定值,且柱截面每一侧纵向钢筋配筋率不应小于 0.2%;抗震设计时,对Ⅳ类场地上较高的高层建筑,表中数值应增加 0.1。

表 6.4.3-1 柱纵向受力钢筋最小配筋百分率

单位:%

柱类型	抗震等级				非抗震
	一级	二级	三级	四级	
中柱、边柱	0.9(1.0)	0.7(0.8)	0.6(0.7)	0.5(0.6)	0.5
角柱	1.1	0.9	0.8	0.7	0.5
框支柱	1.1	0.9	—	—	0.7

注:1. 表中括号内数值适用于框架结构;

2. 采用 335 MPa 级、400 MPa 级纵向受力钢筋时,应分别按表中数值增加 0.1 和 0.05 采用;

3. 当混凝土强度等级高于 C60 时,上述数值应增加 0.1 采用。

2. 抗震设计时,柱箍筋在规定的范围内应加密,加密区的箍筋间距和直径,应符合下列要求:

(1) 箍筋的最大间距和最小直径,应按表 6.4.3-2 采用。

表 6.4.3-2 柱端箍筋加密区的构造要求

抗震等级	箍筋最大间距/mm	箍筋最小直径/mm
一级	$6d$ 和 100 的较小值	10
二级	$8d$ 和 100 的较小值	8
三级	$8d$ 和 150(柱根 100)的较小值	8
四级	$8d$ 和 150(柱根 100)的较小值	6(柱根 8)

注:1. d 为柱纵向钢筋直径(mm);

2. 柱根指框架柱底部嵌固部位。

(2) 一级框架柱的箍筋直径大于 12 mm 且箍筋肢距不大于 150 mm 及二级框架柱箍筋直径不小于 10 mm 且肢距不大于 200 mm 时,除柱根外最大间距应允许采用 150 mm;三级框架柱的截面尺寸不大于 400 mm 时,箍筋最小直径应允许采用 6 mm;四级框架柱的剪跨比不大于 2 或柱中全部纵向钢筋的配筋率大于 3%时,箍筋直径不应小于 8 mm。

(3) 剪跨比不大于 2 的柱，箍筋间距不应大于 100 mm。

7.2.17　剪力墙竖向和水平分布钢筋的配筋率，一、二、三级时均不应小于 0.25%，四级和非抗震设计时均不应小于 0.20%。

8.1.5　框架-剪力墙结构应设计成双向抗侧力体系；抗震设计时，结构两主轴方向均应布置剪力墙。

8.2.1　框架-剪力墙结构、板柱-剪力墙结构中，剪力墙的竖向、水平分布钢筋的配筋率，抗震设计时均不应小于 0.25%，非抗震设计时均不应小于 0.20%，并应至少双排布置。各排分布筋之间应设置拉筋，拉筋的直径不应小于 6 mm、间距不应大于 600 mm。

9.2.3　框架-核心筒结构的周边柱间必须设置框架梁。

9.3.7　外框筒梁和内筒连梁的构造配筋应符合下列要求：

1. 非抗震设计时，箍筋直径不应小于 8 mm；抗震设计时，箍筋直径不应小于 10 mm。

2. 非抗震设计时，箍筋间距不应大于 150 mm；抗震设计时，箍筋间距沿梁长不变，且不应大于 100 mm，当梁内设置交叉暗撑时，箍筋间距不应大于 200 mm。

3. 框筒梁上、下纵向钢筋的直径均不应小于 16 mm，腰筋的直径不应小于 10 mm，腰筋间距不应大于 200 mm。

10.2.7　转换梁设计应符合下列要求：

1. 转换梁上、下部纵向钢筋的最小配筋率，非抗震设计时均不应小于 0.30%；抗震设计时，特一、一和二级分别不应小于 0.60%、0.50%和 0.40%。

2. 离柱边 1.5 倍梁截面高度范围内的梁箍筋应加密，加密区箍筋直径不应小于 10 mm、间距不应大于 100 mm。加密区箍筋的最小面积配筋率，非抗震设计时不应小于 $0.9f_t/f_{yv}$；抗震设计时，特一、一和二级分别不应小于 $1.3f_t/f_{yv}$、$1.2f_t/f_{yv}$和 $1.1f_t/f_{yv}$。

3. 偏心受拉的转换梁的支座上部纵向钢筋至少应有 50%沿梁全长贯通，下部纵向钢筋应全部直通到柱内；沿梁腹板高度应配置间距不大于 200 mm、直径不小于 16 mm 的腰筋。

10.2.10　转换柱设计应符合下列要求：

1. 柱内全部纵向钢筋配筋率应符合本规程第 6.4.3 条中框支柱的规定；

2. 抗震设计时，转换柱箍筋应采用复合螺旋箍或井字复合箍，并应沿柱全高加密，箍筋直径不应小于 10 mm，箍筋间距不应大于 100 mm 和 6 倍纵向钢筋直径的较小值；

3. 抗震设计时，转换柱的箍筋配箍特征值应比普通框架柱要求的数值增加 0.02 采用，且箍筋体积配箍率不应小于 1.5%。

10.2.19　部分框支剪力墙结构中，剪力墙底部加强部位墙体的水平和竖向分布钢筋的最小配筋率，抗震设计时不应小于 0.3%，非抗震设计时不应小于 0.25%；抗震设计时钢筋间距不应大于 200 mm，钢筋直径不应小于 8 mm。

10.4.4　抗震设计时，错层处框架柱应符合下列要求：

1. 截面高度不应小于 600 mm，混凝土强度等级不应低于 C30，箍筋应全柱段加密配置；

2. 抗震等级应提高一级采用，一级应提高至特一级，但抗震等级已经为特一级时应允许不再提高。

第三节 钢结构设计

一、普通钢结构

《钢结构设计标准》(GB 50017—2017)

4.3.2 承重结构所用的钢材应具有屈服强度、抗拉强度、断后伸长率和硫、磷含量的合格保证,对焊接结构尚应具有碳当量的合格保证。焊接承重结构以及重要的非焊接承重结构采用的钢材应具有冷弯试验的合格保证;对直接承受动力荷载或需验算疲劳的构件所用钢材尚应具有冲击韧性的合格保证。

4.4.1 钢材的设计用强度指标,应根据钢材牌号、厚度或直径按表 4.4.1 采用。

表 4.4.1 钢材的设计用强度指标

单位:N/mm²

钢材牌号		钢材厚度或直径 /mm	强度设计值			屈服强度 f_y	抗拉强度 f_u
			抗拉、抗压、抗弯 f	抗剪 f_v	端面承压(刨平顶紧)f_{ce}		
碳素结构钢	Q235	≤16	215	125	320	235	370
		>16,≤40	205	120		225	
		>40,≤100	200	115		215	
低合金高强度结构钢	Q345	≤16	305	175	400	345	470
		>16,≤40	295	170		335	
		>40,≤63	290	165		325	
		>63,≤80	280	160		315	
		>80,≤100	270	155		305	
	Q390	≤16	345	200	415	390	490
		>16,≤40	330	190		370	
		>40,≤63	310	180		350	
		>63,≤100	295	170		330	
	Q420	≤16	375	215	440	420	520
		>16,≤40	355	205		400	
		>40,≤63	320	185		380	
		>63,≤100	305	175		360	
	Q460	≤16	410	235	470	460	550
		>16,≤40	390	225		440	
		>40,≤63	355	205		420	
		>63,≤100	340	195		400	

注:1. 表中直径指实芯棒材直径,厚度系指计算点的钢材或钢管壁厚度,对轴心受拉和轴心受压构件系指截面中较厚板件的厚度;

2. 冷弯型材和冷弯钢管,其强度设计值应按国家现行有关标准的规定采用。

4.4.3 结构用无缝钢管的强度指标应按表 4.4.3 采用。

表 4.4.3 结构用无缝钢管的强度指标 单位:N/mm²

钢管钢材牌号	壁厚/mm	强度设计值			屈服强度 f_y	抗拉强度 f_u
		抗拉、抗压和抗弯 f	抗剪 f_v	端面承压(刨平顶紧)f_{ce}		
Q235	≤16	215	125	320	235	375
	>16,≤30	205	120		225	
	>30	195	115		215	
Q345	≤16	305	175	400	245	470
	>16,≤30	290	170		325	
	>30	260	150		295	
Q390	≤16	345	200	415	390	490
	>16,≤30	330	190		370	
	>30	310	180		350	
Q420	≤16	375	220	445	420	520
	>16,≤30	355	205		400	
	>30	340	195		380	

4.4.4 铸钢件的强度设计值应按表 4.4.4 采用。

表 4.4.4 铸钢件的强度设计值 单位:N/mm²

类别	钢号	铸件厚度/mm	抗拉、抗压和抗弯 f	抗剪 f_v	端面承压(刨平顶紧)f_{ce}
非焊接结构用铸钢件	ZC230-450	≤100	180	105	290
	ZG270-500		210	120	325
	ZG310-570		240	140	370
焊接结构用铸钢件	ZG230-450H	≤100	180	105	290
	ZG270-480H		210	120	310
	ZG300-500H		235	135	325
	ZG340-550H		265	150	355

注:表中强度设计值仅适用于本表规定的厚度。

4.4.5 焊缝的强度指标应按表 4.4.5 采用并应符合下列规定:

1. 手工焊用焊条、自动焊和半自动焊所采用的焊丝和焊剂,应保证其熔敷金属的力学性能不低于母材的性能。

2. 焊缝质量等级应符合现行国家标准《钢结构焊接规范》GB 50661 的规定,其检验方法应符合现行国家标准《钢结构工程施工质量验收规范》GB 50205 的规定。其中厚度小于 6 mm 钢材的对接焊缝,不应采用超声波探伤确定焊缝质量等级。

3. 对接焊缝在受压区的抗弯强度设计值取 f_c^w，在受拉区的抗弯强度设计值取 f_t^w。

4. 计算下列情况的连接时，表 4.4.5 规定的强度设计值应乘以相应的折减系数；几种情况同时存在时，其折减系数应连乘：

(1) 施工条件较差的高空安装焊缝应乘以系数 0.9；

(2) 进行无垫板的单面施焊对接焊缝的连接计算应乘折减系数 0.85。

表 4.4.5 焊缝的强度指标

单位：N/mm²

焊接方法和焊条型号	构件钢材		对接焊缝强度设计值				角焊缝强度设计值	对接焊缝抗拉强度 f_u^w	角焊缝抗拉、抗压和抗剪强度 f_u^f
	牌号	厚度或直径/mm	抗压 f_c^w	焊缝质量为下列等级时，抗拉 f_t^w：一级、二级	焊缝质量为下列等级时，抗拉 f_t^w：三级	抗剪 f_v^w	抗拉、抗压和抗剪 f_f^w		
自动焊、半自动焊和 E43 型焊条手工焊	Q235	≤16	215	215	185	125	160	415	240
		>16，≤40	205	205	175	120			
		>40，≤100	200	200	170	115			
自动焊、半自动焊和 E50、E55 型焊条手工焊	Q345	≤16	305	305	260	175	200	480 (E50) 540 (E55)	280 (E50) 315 (E55)
		>16，≤40	295	295	250	170			
		>40，≤63	290	290	245	165			
		>63，≤80	280	280	240	160			
		>80，≤100	270	270	230	155			
	Q390	≤16	345	345	295	200	200 (E50) 220 (E55)		
		>16，≤40	330	330	280	190			
		>40，≤63	310	310	265	180			
		>63，≤100	295	295	250	170			
自动焊、半自动焊和 E55、E60 型焊条手工焊	Q420	≤16	375	375	320	215	220 (E55) 240 (E60)	540 (E55) 590 (E60)	315 (E55) 340 (E60)
		>16，≤40	355	355	300	205			
		>40，≤63	320	320	270	185			
		>63，≤100	305	305	260	175			
自动焊、半自动焊和 E55、E60 型焊条手工焊	Q460	≤16	410	410	350	235	220 (E55) 240 (E60)	540 (E55) 590 (E60)	315 (E55) 340 (E60)
		>16，≤40	390	390	330	225			
		>40，≤63	355	355	300	205			
		>63，≤100	340	340	290	195			
自动焊、半自动焊和 E50、E55 型焊条手工焊	Q345GJ	>16，≤35	310	310	265	180	220	480 (E50) 540 (E55)	280 (E50) 315 (E55)
		>35，≤50	290	290	245	170			
		>50，≤100	285	285	240	165			

注：表中厚度系指计算点的钢材厚度，对轴心受拉和轴心受压构件系指截面中较厚板件的厚度。

4.4.6 螺栓连接的强度指标应按表 4.4.6 采用。

表 4.4.6　螺栓连接的强度指标　　单位：N/mm²

螺栓的性能等级、锚栓和构件钢材的牌号		强度设计值										高强度螺栓的抗拉强度 f_u^b
		普通螺栓						锚栓	承压型连接或网架用高强度螺栓			
		C 级螺栓			A 级、B 级螺栓							
		抗拉 f_t^b	抗剪 f_v^b	承压 f_c^b	抗拉 f_t^b	抗剪 f_v^b	承压 f_c^b	抗拉 f_t^a	抗拉 f_t^b	抗剪 f_v^b	承压 f_c^b	
普通螺栓	4.6 级、4.8 级	170	140	—	—	—	—	—	—	—	—	—
	5.6 级	—	—	—	210	190	—	—	—	—	—	—
	8.8 级	—	—	—	400	320	—	—	—	—	—	—
锚栓	Q235	—	—	—	—	—	—	140	—	—	—	—
	Q345	—	—	—	—	—	—	180	—	—	—	—
	Q390	—	—	—	—	—	—	185	—	—	—	—
承压型连接高强度螺栓	8.8 级	—	—	—	—	—	—	—	400	250	—	830
	10.9 级	—	—	—	—	—	—	—	500	310	—	1 040
螺栓球节点用高强度螺栓	9.8 级	—	—	—	—	—	—	—	385	—	—	—
	10.9 级	—	—	—	—	—	—	—	430	—	—	—
构件钢材牌号	Q235	—	—	305	—	—	405	—	—	—	470	—
	Q345	—	—	385	—	—	510	—	—	—	590	—
	Q390	—	—	400	—	—	530	—	—	—	615	—
	Q420	—	—	425	—	—	560	—	—	—	655	—
	Q460	—	—	450	—	—	595	—	—	—	695	—
	Q345GJ	—	—	400	—	—	530	—	—	—	615	—

注：1. A 级螺栓用于 $d \leqslant 24$ mm 和 $L \leqslant 10d$ 或 $L \leqslant 150$ mm（按较小值）的螺栓；B 级螺栓用于 $d > 24$ mm 和 $L > 10d$ 或 $L > 150$ mm（按较小值）的螺栓；d 为公称直径，L 为螺栓公称长度。

2. A 级、B 级螺栓孔的精度和孔壁表面粗糙度，C 级螺栓孔的允许偏差和孔壁表面粗糙度，均应符合现行国家标准《钢结构工程施工质量验收规范》GB 50205 的要求。

3. 用于螺栓球节点网架的高强度螺栓，M12～M36 为 10.9 级，M39～M64 为 9.8 级。

18.3.3　高温环境下的钢结构温度超过 100 ℃时，应进行结构温度作用验算，并应根据不同情况采取防护措施：

1. 当钢结构可能受到炽热熔化金属的侵害时，应采用砌块或耐热固体材料做成的隔热层加以保护；

2. 当钢结构可能受到短时间的火焰直接作用时，应采用加耐热隔热涂层、热辐射屏蔽等隔热防护措施；

3. 当高温环境下钢结构的承载力不满足要求时，应采取增大构件截面、采用耐火钢或采用加耐热隔热涂层、热辐射屏蔽、水套隔热降温措施等隔热降温措施；

4. 当高强度螺栓连接长期受热达 150 ℃以上时，应采用加耐热隔热涂层、热辐射屏蔽等隔热防护措施。

二、薄壁型钢结构

《冷弯薄壁型钢结构技术规范》(GB 50018—2002)

3.0.6　在冷弯薄壁型钢结构设计图纸和材料订货文件中，应注明所采用的钢材的牌号和质量等级、供货条件等以及连接材料的型号(或钢材的牌号)。必要时尚应注明对钢材所需要的机械性能和化学成分的附加保证项目。

4.1.3　设计冷弯薄壁型钢结构时的重要性系数 γ_0 应根据结构的安全等级、设计使用年限确定。

一般工业与民用建筑冷弯薄壁型钢结构的安全等级取为二级，设计使用年限为 50 年时，其重要性系数不应小于 1.0；设计使用年限为 25 年时，其重要性系数不应小于 0.95。特殊建筑冷弯薄壁型钢结构安全等级、设计使用年限另行确定。

4.1.7　设计刚架、屋架、檩条和墙梁时，应考虑由于风吸力作用引起构件内力变化的不利影响，此时永久荷载的荷载分项系数应取 1.0。

4.2.1　钢材的强度设计值应按表 4.2.1 采用。

表 4.2.1　钢材的强度设计值　　单位：N/mm²

钢材牌号	抗拉、抗压和抗弯 f	抗剪 f_v	端面承压(磨平顶紧) f_{ce}
Q235 钢	205	120	310
Q345 钢	300	175	400

4.2.3　经退火、焊接和热镀锌等热处理的冷弯薄壁型钢构件不得采用考虑冷弯效应的强度设计值。

4.2.4　焊缝的强度设计值应按表 4.2.4 采用。

表 4.2.4　焊缝的强度设计值　　单位：N/mm²

构件钢材牌号	对接焊缝			角焊缝
	抗压 f_c^w	抗拉 f_t^w	抗剪 f_v^w	抗压、抗拉和抗剪 f_f^w
Q235 钢	205	175	120	140
Q345 钢	300	225	175	195

注：1. 当 Q235 钢与 Q345 钢对接焊接时，焊缝的强度设计值应按表 4.2.4 中 Q235 钢栏的数值采用；
2. 经 X 射线检查符合一、二级焊缝质量标准的对接焊缝的抗拉强度设计值采用抗压强度设计值。

4.2.5　C 级普通螺栓连接的强度设计值应按表 4.2.5 采用。

表 4.2.5　C 级普通螺栓连接的强度设计值　　单位：N/mm²

类　别	性能等级	构件钢材的牌号	
	4.6 级、4.8 级	Q235 钢	Q345 钢
抗拉 f_t^b	165	—	—
抗剪 f_v^b	125	—	—
承压 f_c^b	—	290	370

4.2.7 计算下列情况的结构构件和连接时，本规范 4.2.1 至 4.2.6 条规定的强度设计值，应乘以下列相应的折减系数：

1. 平面格构式檩条的端部主要受压腹杆：0.85。

2. 单面连接的单角钢杆件：

(1) 按轴心受力计算强度和连接：0.85；

(2) 按轴心受压计算稳定性：$0.6+0.0014\lambda$。

注：对中间无联系的单角钢压杆，λ 为按最小回转半径计算的杆件长细比。

3. 无垫板的单面对接焊缝：0.85。

4. 施工条件较差的高空安装焊缝：0.90。

5. 两构件的连接采用搭接或其间填有垫板的连接以及单盖板的不对称连接：0.90。

上述几种情况同时存在的，其折减系数应连乘。

三、高层建筑钢结构

《高层民用建筑钢结构技术规程》(JGJ 99—2015)

3.6.1 高层民用建筑钢结构构件的承载力应按下列公式验算：

持久设计状况、短暂设计状况

$$\gamma_0 S_d \leqslant R_d \quad (3.6.1\text{-}1)$$

地震设计状况

$$S_d \leqslant R_d/\gamma_{RE} \quad (3.6.1\text{-}2)$$

式中 γ_0——结构重要性系数，对安全等级为一级的结构构件不应小于 1.1，对安全等级为二级的结构构件不应小于 1.0；

S_d——作用组合的效应设计值；

R_d——构件承载力设计值；

γ_{RE}——构件承载力抗震调整系数，结构构件和连接强度计算时取 0.75，柱和支撑稳定计算时取 0.8，当仅计算竖向地震作用时取 1.0。

5.2.4 基本风压应按现行国家标准《建筑结构荷载规范》GB 50009 的规定采用。对风荷载比较敏感的高层民用建筑，承载力设计时应按基本风压的 1.1 倍采用。

6.4.1 持久设计状况和短暂设计状况下，当荷载与荷载效应按线性关系考虑时，荷载基本组合的效应设计值应按下式确定：

$$S_d = \gamma_G S_{Gk} + \gamma_L \Psi_Q \gamma_Q S_{Qk} + \Psi_w \gamma_w S_{wk} \quad (6.4.1)$$

式中 S_d——荷载组合的效应设计值；

γ_G、γ_Q、γ_w——分别为永久荷载、楼面活荷载、风荷载的分项系数；

γ_L——考虑结构设计使用年限的荷载调整系数，设计使用年限为 50 年时取 1.0，设计使用年限为 100 年时取 1.1；

S_{Gk}、S_{Qk}、S_{wk}——分别为永久荷载、楼面活荷载、风荷载效应标准值；

Ψ_Q、Ψ_w——分别为楼面活荷载组合值系数和风荷载组合值系数，当永久荷载效应起控制作用时应分别取 0.7 和 0.0，当可变荷载效应起控制作用时应分别取 1.0 和 0.6 或 0.7 和 1.0，对书库、档案库、储藏室、通风机房和电梯机房，楼面活荷载组合值系数取 0.7 的场合应取 0.9。

6.4.2 持久设计状况和短暂设计状况下，荷载基本组合的分项系数应按下列规定采用：

1. 永久荷载的分项系数 γ_G：当其效应对结构承载力不利时，对由可变荷载效应控制的组合应取 1.2，对由永久荷载效应控制的组合应取 1.35；当其效应对结构承载力有利时，应取 1.0。

2. 楼面活荷载的分项系数 γ_Q：一般情况下应取 1.4。

3. 风荷载的分项系数 γ_w 应取 1.4。

7.5.2 中心支撑斜杆的长细比，按压杆设计时，不应大于 $120\sqrt{235/f_y}$，一、二、三级中心支撑斜杆不得采用拉杆设计，非抗震设计和四级采用拉杆设计时，其长细比不应大于 180。

7.5.3 中心支撑斜杆的板件宽厚比，不应大于表 7.5.3 规定的限值。

表 7.5.3 钢结构中心支撑板件宽厚比限值

板件名称	一级	二级	三级	四级、非抗震设计
翼缘外伸部分	8	9	10	13
工字形截面腹板	25	26	27	33
箱形截面壁板	18	20	25	30
圆管外径与壁厚之比	38	40	40	42

注：表中数值适用于 Q235 钢，采用其他牌号钢材应乘以 $\sqrt{235/f_y}$，圆管应乘以 $235/f_y$。

8.8.1 消能梁段及与消能梁段同一跨内的非消能梁段，其板件的宽厚比不应大于表 8.8.1 规定的限值。

表 8.8.1 偏心支撑框架梁板件宽厚比限值

板件名称		宽厚比限值
翼缘外伸部分		8
腹板	当 $N/(Af)\leqslant 0.14$ 时	$90[1-1.65N/(Af)]$
	当 $N/(Af)>0.14$ 时	$33[2.3-N/(Af)]$

注：表列数值适用于 Q235 钢，当材料为其他钢号时应乘以 $\sqrt{235/f_y}$，$N/(Af)$ 为梁轴压比。

第四节 砌体结构设计

《砌体结构设计规范》(GB 50003—2011)

3.2.1 龄期为 28 d 的以毛截面计算的砌体抗压强度设计值，当施工质量控制等级为 B 级时，应根据块体和砂浆的强度等级分别按下列规定采用：

1. 烧结普通砖、烧结多孔砖砌体的抗压强度设计值，应按表 3.2.1-1 采用。

表 3.2.1-1 烧结普通砖和烧结多孔砖砌体的抗压强度设计值 单位:MPa

砖强度等级	砂浆强度等级					砂浆强度
	M15	M10	M7.5	M5	M2.5	0
MU30	3.94	3.27	2.93	2.59	2.26	1.15
MU25	3.60	2.98	2.68	2.37	2.06	1.05
MU20	3.22	2.67	2.39	2.12	1.84	0.94
MU15	2.79	2.31	2.07	1.83	1.60	0.82
MU10	—	1.89	1.69	1.50	1.30	0.67

注:当烧结多孔砖的孔洞率大于30%时,表中数值应乘以0.9。

2. 混凝土普通砖和混凝土多孔砖砌体的抗压强度设计值应按表3.2.1-2采用。

表 3.2.1-2 混凝土普通砖和混凝土多孔砖砌体的抗压强度设计值 单位:MPa

砖强度等级	砂浆强度等级					砂浆强度
	Mb20	Mb15	Mb10	Mb7.5	Mb5	0
MU30	4.61	3.94	3.27	2.93	2.59	1.15
MU25	4.21	3.60	2.98	2.68	2.37	1.05
MU20	3.77	3.22	2.67	2.39	2.12	0.94
MU15	—	2.79	2.31	2.07	1.83	0.82

3. 蒸压灰砂普通砖和蒸压粉煤灰普通砖砌体的抗压强度设计值,应按表3.2.1-3采用。

表 3.2.1-3 蒸压灰砂普通砖和蒸压粉煤灰普通砖砌体的抗压强度设计值 单位:MPa

砖强度等级	砂浆强度等级				砂浆强度
	M15	M10	M7.5	M5	0
MU25	3.60	2.98	2.68	2.37	1.05
MU20	3.22	2.67	2.39	2.12	0.94
MU15	2.79	2.31	2.07	1.83	0.82

注:当采用专用砂浆砌筑时,其抗压强度设计值按表中数值采用。

4. 单排孔混凝土砌块和轻集料混凝土砌块对孔砌筑砌体的抗压强度设计值,应按表3.2.1-4采用。

表 3.2.1-4 单排孔混凝土砌块和轻集料混凝土砌块对孔砌筑砌体的抗压强度设计值

单位:MPa

砌块强度等级	砂浆强度等级					砂浆强度
	Mb20	Mb15	Mb10	Mb7.5	Mb5	0
MU20	6.30	5.68	4.95	4.44	3.94	2.33
MU15	—	4.61	4.02	3.61	3.20	1.89

表 3.2.1-4(续)

砌块强度等级	砂浆强度等级					砂浆强度
	Mb20	Mb15	Mb10	Mb7.5	Mb5	0
MU10	—	—	2.79	2.50	2.22	1.31
MU7.5	—	—	—	1.93	1.71	1.01
MU5	—	—	—	—	1.19	0.70

注：1. 对独立柱或厚度为双排组砌的砌块砌体，应按表中数值乘以 0.7；

2. 对 T 形截面墙体、柱，应按表中数值乘以 0.85。

5. 单排孔混凝土砌块对孔砌筑时，灌孔砌体的抗压强度设计值 f_g，应按下列方法确定：

1）混凝土砌块砌体的灌孔混凝土强度等级不应低于 Cb20，且不应低于 1.5 倍的块体强度等级。灌孔混凝土强度指标取同强度等级的混凝土强度指标。

2）灌孔混凝土砌块砌体的抗压强度设计值 f_z 应按下列公式计算：

$$f_g = f + 0.6\alpha f_c \tag{3.2.1-1}$$

$$\alpha = \delta\rho \tag{3.2.1-2}$$

式中　f_g——灌孔混凝土砌体的抗压强度设计值，该值不应大于未灌孔砌体抗压强度设计值的 2 倍；

f——未灌孔混凝土砌块砌体的抗压强度设计值，应按表 3.2.1-4 采用；

f_c——灌孔混凝土的轴心抗压强度设计值；

α——混凝土砌块砌体中灌孔混凝土面积与砌体毛面积的比值；

δ——混凝土砌块的孔洞率；

ρ——混凝土砌块砌体的灌孔率，系截面灌孔混凝土面积与截面孔洞面积的比值，灌孔率应根据受力或施工条件确定，且不应小于 33%。

6. 双排孔或多排孔轻集料混凝土砌块砌体的抗压强度设计值，应按表 3.2.1-5 采用。

表 3.2.1-5　双排孔或多排孔轻集料混凝土砌块砌体的抗压强度设计值　单位：MPa

砌块强度等级	砂浆强度等级			砂浆强度
	Mb10	Mb7.5	Mb5	0
MU10	3.08	2.76	2.45	1.44
MU7.5	—	2.13	1.88	1.12
MU5	—	—	1.31	0.78
MU3.5	—	—	0.95	0.56

注：1. 表中的砌块为火山渣、浮石和陶粒轻集料混凝土砌块；

2. 对厚度方向为双排组砌的轻集料混凝土砌块砌体的抗压强度设计值，应按表中数值乘以 0.8。

7. 块体高度为 180～350 mm 的毛料石砌体的抗压强度设计值，应按表 3.2.1-6 采用。

表 3.2.1-6　毛料石砌体的抗压强度设计值　单位：MPa

毛料石强度等级	砂浆强度等级			砂浆强度
	M7.5	M5	M2.5	0
MU100	5.42	4.80	4.18	2.13
MU80	4.85	4.29	3.73	1.91
MU60	4.20	3.71	3.23	1.65
MU50	3.83	3.39	2.95	1.51
MU40	3.43	3.04	2.64	1.35
MU30	2.97	2.63	2.29	1.17
MU20	2.42	2.15	1.87	0.95

注：对细料石砌体、粗料石砌体和干砌勾缝石砌体，表中数值应分别乘以调整系数 1.4、1.2 和 0.8。

8. 毛石砌体的抗压强度设计值，应按表 3.2.1-7 采用。

表 3.2.1-7　毛石砌体的抗压强度设计值　单位：MPa

毛石强度等级	砂浆强度等级			砂浆强度
	M7.5	M5	M2.5	0
MU100	1.27	1.12	0.98	0.34
MU80	1.13	1.00	0.87	0.30
MU60	0.98	0.87	0.76	0.26
MU50	0.90	0.80	0.69	0.23
MU40	0.80	0.71	0.62	0.21
MU30	0.69	0.61	0.53	0.18
MU20	0.56	0.51	0.44	0.15

3.2.2　龄期为 28 d 的以毛截面计算的各类砌体的轴心抗拉强度设计值、弯曲抗拉强度设计值和抗剪强度设计值，应符合下列规定：

1. 当施工质量控制等级为 B 级时，强度设计值应按表 3.2.2 采用：

表 3.2.2　沿砌体灰缝截面破坏时砌体的轴心抗拉强度设计值、弯曲抗拉强度设计值和抗剪强度设计值　单位：MPa

强度类别	破坏特征及砌体种类		砂浆强度等级			
			≥M10	M7.5	M5	M2.5
轴心抗拉	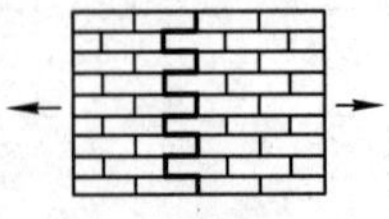 沿齿缝	烧结普通砖、烧结多孔砖	0.19	0.16	0.13	0.09
		混凝土普通砖、混凝土多孔砖	0.19	0.16	0.13	—
		蒸压灰砂普通砖、蒸压粉煤灰普通砖	0.12	0.10	0.08	—
		混凝土和轻集料混凝土砌块	0.09	0.08	0.07	—
		毛石	—	0.07	0.06	0.04

表 3.2.2(续)

强度类别	破坏特征及砌体种类		砂浆强度等级			
			≥M10	M7.5	M5	M2.5
弯曲抗拉	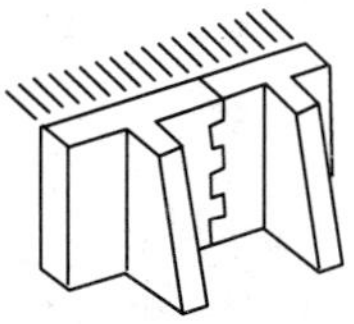 沿齿缝	烧结普通砖、烧结多孔砖	0.33	0.29	0.23	0.17
		混凝土普通砖、混凝土多孔砖	0.33	0.29	0.23	—
		蒸压灰砂普通砖、蒸压粉煤灰普通砖	0.24	0.20	0.16	—
		混凝土和轻集料混凝土砌块	0.11	0.09	0.08	—
		毛石	—	0.11	0.09	0.07
	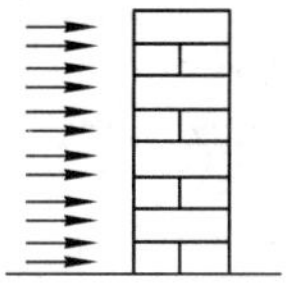 沿通缝	烧结普通砖、烧结多孔砖	0.17	0.14	0.11	0.08
		混凝土普通砖、混凝土多孔砖	0.17	0.14	0.11	—
		蒸压灰砂普通砖、蒸压粉煤灰普通砖	0.12	0.10	0.08	—
		混凝土和轻集料混凝土砌块	0.08	0.06	0.05	—
抗剪	烧结普通砖、烧结多孔砖		0.17	0.14	0.11	0.08
	混凝土普通砖、混凝土多孔砖		0.17	0.14	0.11	—
	蒸压灰砂普通砖、蒸压粉煤灰普通砖		0.12	0.10	0.08	—
	混凝土和轻集料混凝土砌块		0.09	0.08	0.06	—
	毛石		—	0.19	0.16	0.11

注:1. 对于用形状规则的块体砌筑的砌体，当搭接长度与块体高度的比值小于1时，其轴心抗拉强度设计值 f_t 和弯曲抗拉强度设计值 f_{tm} 应按表中数值乘以搭接长度与块体高度比值后采用；

2. 表中数值是依据普通砂浆砌筑的砌体确定，采用经研究性试验且通过技术鉴定的专用砂浆砌筑的蒸压灰砂普通砖、蒸压粉煤灰普通砖砌体，其抗剪强度设计值按相应普通砂浆强度等级砌筑的烧结普通砖砌体采用；

3. 对混凝土普通砖、混凝土多孔砖、混凝土和轻集料混凝土砌块砌体，表中的砂浆强度等级分别为：≥Mb10、Mb7.5 及 Mb5。

2. 单排孔混凝土砌块对孔砌筑时，灌孔砌体的抗剪强度设计值 f_{vg}，应按下式计算：

$$f_{vg} = 0.2 f_g^{0.55} \tag{3.2.2}$$

式中 f_g——灌孔砌体的抗压强度设计值，MPa。

3.2.3 下列情况的各类砌体，其砌体强度设计值应乘以调整系数 γ_a：

1. 对无筋砌体构件，其截面面积小于 0.3 m^{2}时，γ_a为其截面面积加 0.7；对配筋砌体构件，当其中砌体截面面积小于 0.2 m^{2}时，γ_a为其截面面积加 0.8。构件截面面积以“m^2”计。

2. 当砌体用强度等级小于 M5.0 的水泥砂浆砌筑时，对第 3.2.1 条各表中的数值，γ_a为 0.9；对第 3.2.2 条表 3.2.2 中数值，γ_a为 0.8。

3. 当验算施工中房屋的构件时，γ_a 为 1.1。

6.2.1 预制钢筋混凝土板在混凝土圈梁上的支承长度不应小于 80 mm，板端伸出的钢筋应与圈梁可靠连接，且同时浇筑；预制钢筋混凝土板在墙上的支承长度不应小于 100 mm，并应按下列方法进行连接：

1. 板支承于内墙时，板端钢筋伸出长度不应小于 70 mm，且与支座处沿墙配置的纵筋绑扎，用强度等级不应低于 C25 的混凝土浇筑成板带；

2. 板支承于外墙时，板端钢筋伸出长度不应小于 100 mm，且与支座处沿墙配置的纵筋绑扎，并用强度等级不应低于 C25 的混凝土浇筑成板带；

3. 预制钢筋混凝土板与现浇板对接时，预制板端钢筋应伸入现浇板中进行连接后，再浇筑现浇板。

6.2.2 墙体转角处和纵横墙交接处应沿竖向每隔 400～500 mm 设拉结钢筋，其数量为每 120 mm 墙厚不少于 1 根直径 6 mm 的钢筋；或采用焊接钢筋网片，埋入长度从墙的转角或交接处算起，对实心砖墙每边不小于 500 mm，对多孔砖墙和砌块墙不小于 700 mm。

6.4.2 外叶墙的砖及混凝土砌块的强度等级，不应低于 MU10。

7.1.2 厂房、仓库、食堂等空旷单层房屋应按下列规定设置圈梁：

1. 砖砌体结构房屋，檐口标高为 5～8 m 时，应在檐口标高处设置圈梁一道；檐口标高大于 8 m 时，应增加设置数量。

2. 砌块及料石砌体结构房屋，檐口标高为 4～5 m 时，应在檐口标高处设置圈梁一道；檐口标高大于 5 m 时，应增加设置数量。

3. 对有吊车或较大振动设备的单层工业房屋，当未采取有效的隔振措施时，除在檐口或窗顶标高处设置现浇混凝土圈梁外，尚应增加设置数量。

7.1.3 住宅、办公楼等多层砌体结构民用房屋，且层数为 3～4 层时，应在底层和檐口标高处各设置一道圈梁。当层数超过 4 层时，除应在底层和檐口标高处各设置一道圈梁外，至少应在所有纵、横墙上隔层设置。多层砌体工业房屋，应每层设置现浇混凝土圈梁。设置墙梁的多层砌体结构房屋，应在托梁、墙梁顶面和檐口标高处设置现浇钢筋混凝土圈梁。

7.3.2 采用烧结普通砖砌体、混凝土普通砖砌体、混凝土多孔砖砌体和混凝土砌块砌体的墙梁设计应符合下列规定：

1. 墙梁设计应符合表 7.3.2 的规定：

表 7.3.2 墙梁的一般规定

墙梁类别	墙体总高度 /m	跨度 /m	墙体高跨比 h_w/l_{0i}	托梁高跨比 h_b/l_{0i}	洞宽比 b_h/l_{0i}	洞高 h_h
承重墙梁	≤18	≤9	≥0.4	≥1/10	≤0.3	$\leqslant 5h_w/6$ 且 $h_w-h_h \geqslant 0.4$ m
自承重墙梁	≤18	≤12	≥1/3	≥1/15	≤0.8	—

注：墙体总高度指托梁顶面到檐口的高度，带阁楼的坡屋面应算到山尖墙 1/2 高度处。

2. 墙梁计算高度范围内每跨允许设置一个洞口，洞口高度，对窗洞取洞顶至托梁顶面距离。对自承重墙梁，洞口至边支座中心的距离不应小于 $0.1l_{0i}$，门窗洞上口至墙顶的距离不应小于 0.5 m。

9.4.8 配筋砌块砌体剪力墙的构造配筋应符合下列规定：

1. 应在墙的转角、端部和孔洞的两侧配置竖向连续的钢筋，钢筋直径不应小于 12 mm；

2. 应在洞口的底部和顶部设置不小于 $2\phi10$ 的水平钢筋，其伸入墙内的长度不应小于 $40d$ 和 600 mm；

3. 应在楼(屋)盖的所有纵横墙处设置现浇钢筋混凝土圈梁，圈梁的宽度和高度应等于墙厚和块高，圈梁主筋不应少于 4ϕ10，圈梁的混凝土强度等级不应低于同层混凝土块体强度等级的 2 倍，或该层灌孔混凝土的强度等级，也不应低于 C20；

4. 剪力墙其他部位的竖向和水平钢筋的间距不应大于墙长、墙高的 1/3，也不应大于 900 mm；

5. 剪力墙沿竖向和水平方向的构造钢筋配筋率均不应小于 0.07%。

第五节 木结构设计

一、一般规定

《木结构设计标准》(GB 50005—2017)

3.1.3 方木原木结构的构件设计时，应根据构件的主要用途选用相应的材质等级。当采用目测分级木材时，不应低于表 3.1.3-1 的要求；当采用工厂加工的方木用于梁柱构件时，不应低于表 3.1.3-2 的要求。

表 3.1.3-1 方木原木构件的材质等级要求

项次	主要用途	最低材质等级
1	受拉或拉弯构件	I_a
2	受弯或压弯构件	II_a
3	受压构件及次要受弯构件	III_a

表 3.1.3-2 工厂加工方木构件的材质等级要求

项次	主要用途	最低材质等级
1	用于梁	III_e
2	用于桩	III_F

3.1.12 制作构件时，木材含水率应符合下列规定：

1. 板材、规格材和工厂加工的方木不应大于 19%。

2. 方木、原木受拉构件的连接板不应大于 18%。

3. 作为连接件，不应大于 15%。

4. 胶合木层板和正交胶合木层板应为 8%～15%，且同一构件各层木板间的含水率差别不应大于 5%。

5. 井干式木结构构件采用原木制作时不应大于 25%；采用方木制作时不应大于 20%；采用胶合原木木材制作时不应大于 18%。

4.1.6 当确定承重结构用材的强度设计值时，应计入荷载持续作用时间对木材强度的影响。

4.1.14 承重结构用胶必须满足结合部位的强度和耐久性的要求，应保证其胶合强度不低于木材顺纹抗剪和横纹抗拉的强度，并应符合环境保护的要求。

4.3.1 方木、原木、普通层板胶合木和胶合原木等木材的设计指标应按下列规定确定：

1. 木材的强度等级应根据选用的树种按表 4.3.1-1 和表 4.3.1-2 的规定采用。

表 4.3.1-1 针叶树种木材适用的强度等级

强度等级	组别	适用树种
TC17	A	柏木、长叶松、湿地松、粗皮落叶松
	B	东北落叶松、欧洲赤松、欧洲落叶松
TC15	A	铁杉、油杉、太平洋海岸黄柏、花旗松-落叶松、西部铁杉、南方松
	B	鱼鳞支杉、西南云杉、南亚松
TC13	A	油松、西伯利亚落叶松、云南松、马尾松、扭叶松、北美落叶松、海岸松、日本扁柏、日本落叶松
	B	红皮云杉、丽江云杉、樟子松、红松、西加云杉、欧洲云杉、北美山地云杉、北美短叶松
TC11	A	西北云杉、西伯利亚云杉、西黄松、云杉-松-冷杉、铁-冷杉、加拿大铁杉、杉木
	B	冷杉、速生杉木、速生马尾松、新西兰辐射松、日本柳杉

表 4.3.1-2 阔叶树种木材适用的强度等级

强度等级	适用树种
TB20	青冈、椆木、甘巴豆、冰片香、重黄娑罗双、重坡垒、龙脑香、绿心樟、紫心木、孪叶苏木、双龙瓣豆
TB17	栎木、腺瘤豆、筒状非洲楝、蟹木楝、深红默罗藤黄木
TB15	锥栗、桦木、黄娑罗双、异翅香、水曲柳、红尼克樟
TB13	深红娑罗双、浅红娑罗双、白娑罗双、海棠木
TB11	大叶椴、心形椴

2. 木材的强度设计值及弹性模量应按表 4.3.1-3 的规定采用。

表 4.3.1-3 方木、原木等木材的强度设计值和弹性模量 单位：N/mm²

强度等级	组别	抗弯 f_m	顺纹抗压及承压 f_c	顺纹抗拉 f_t	顺纹抗剪 f_v	横纹承压 $f_{c,90}$			弹性模量 E
						全表面	局部表面和齿面	拉力螺栓垫板下	
TC17	A	17	16	10	1.7	2.3	3.5	4.6	10 000
	B		15	9.5	1.6				
TC15	A	15	13	9.0	1.6	2.1	3.1	4.2	10 000
	B		12	9.0	1.5				
TC13	A	13	12	8.5	1.5	1.9	2.9	3.8	10 000
	B		10	8.0	1.4				9 000
TC11	A	11	10	7.5	1.4	1.8	2.7	3.6	9 000
	B		10	7.0	1.2				
TB20	—	20	18	12	2.8	4.2	6.3	8.4	12 000

表 4.3.1-3(续)

强度等级	组别	抗弯 f_m	顺纹抗压及承压 f_c	顺纹抗拉 f_t	顺纹抗剪 f_v	横纹承压 $f_{c,90}$			弹性模量 E
						全表面	局部表面和齿面	拉力螺栓垫板下	
TB17	—	17	16	11	2.4	3.8	5.7	7.6	11 000
TB15	—	15	14	10	2.0	3.1	4.7	6.2	10 000
TB13	—	13	12	9.0	1.4	2.4	3.6	4.8	8 000
TB11	—	11	10	8.0	1.3	2.1	3.2	4.1	7 000

注:计算木构件端部的拉力螺栓垫板时,木材横纹承压强度设计值应按“局部表面和齿面”一栏的数值采用。

4.3.4　已经确定的国产树种目测分级规格材的强度设计值和弹性模量应按表 4.3.4 的规定取值。

表 4.3.4　国产树种目测分级规格材强度设计值和弹性模量

树种名称	材质等级	截面最大尺寸/mm	强度设计值/(N/mm²)					弹性模量 E/(N/mm²)
			抗剪 f_m	顺纹抗压 f_c	顺纹抗拉 f_t	顺纹抗剪 f_v	横纹承压 $f_{c,90}$	
杉木	Ⅰ$_c$	285	9.5	11.0	6.5	1.2	4.0	10 000
	Ⅱ$_c$		8.0	10.5	6.0	1.2	4.0	9 500
	Ⅲ$_c$		8.0	10.0	5.0	1.2	4.0	9 500
兴安落叶松	Ⅰ$_c$	285	11.0	15.5	5.1	1.6	5.3	13 000
	Ⅱ$_c$		6.0	13.3	3.9	1.6	5.3	12 000
	Ⅲ$_c$		6.0	11.4	2.1	1.6	5.3	12 000
	Ⅳ$_c$		5.0	9.0	2.0	1.6	5.3	11 000

4.3.6　采用目测分级和机械弹性模量分级层板制作的胶合木的强度设计指标值应按下列规定采用:

1. 胶合木应分为异等组合与同等组合二类,异等组合应分为对称异等组合与非对称异等组合。

2. 胶合木强度设计值及弹性模量应按表 4.3.6-1、表 4.3.6-2 和表 4.3.6-3 的规定取值。

表 4.3.6-1　对称异等组合胶合木的强度设计值和弹性模量　　单位:N/mm²

强度等级	抗弯 f_m	顺纹抗压 f_c	顺纹抗拉 f_t	弹性模量 E
$TC_{YD}40$	27.9	21.8	16.7	14 000
$TC_{YD}36$	25.1	19.7	14.8	12 500
$TC_{YD}32$	22.3	17.6	13.0	11 000
$TC_{YD}28$	19.5	15.5	11.1	9 500
$TC_{YD}24$	16.7	13.4	9.9	8 000

注:当荷载的作用方向与层板窄边垂直时,抗弯强度设计值 f_m 应乘以 0.7 的系数,弹性模量 E 应乘以 0.9 的系数。

表 4.3.6-2　非对称异等组合胶合木的强度设计值和弹性模量　　单位：N/mm²

强度等级	抗弯 f_m		顺纹抗压 f_c	顺纹抗拉 f_t	弹性模量 E
	正弯曲	负弯曲			
$TC_{YF}38$	26.5	19.5	21.1	15.5	13 000
$TC_{YF}34$	23.7	17.4	18.3	13.6	11 500
$TC_{YF}31$	21.6	16.0	16.9	12.4	10 500
$TC_{YF}27$	18.8	13.9	14.8	11.1	9 000
$TC_{YF}23$	16.0	11.8	12.0	9.3	6 500

注：当荷载的作用方向与层板窄边垂直时，抗弯强度设计值 f_m 应采用正向弯曲强度设计值，并乘以 0.7 的系数，弹性模量 E 应乘以 0.9 的系数。

表 4.3.6-3　同等组合胶合木的强度设计值和弹性模量　　单位：N/mm²

强度等级	抗弯 f_m	顺纹抗压 f_c	顺纹抗拉 f_t	弹性模量 E
TC_T40	27.9	23.2	17.9	12 500
TC_T36	25.1	21.1	16.1	11 000
TC_T32	22.3	19.0	14.2	9 500
TC_T28	19.5	16.9	12.4	8 000
TC_T24	16.7	14.8	10.5	6 500

3. 胶合木构件顺纹抗剪强度设计值应按表 4.3.6-4 的规定取值。

表 4.3.6-4　胶合木构件顺纹抗剪强度设计值　　单位：N/mm²

树种级别	顺纹抗剪强度设计值 f_v
SZ1	2.2
SZ2、SZ3	2.0
SZ4	1.8

4. 胶合木构件横纹承压强度设计值应按表 4.3.6-5 的规定取值。

表 4.3.6-5　胶合木构件横纹承压强度设计值　　单位：N/mm²

树种级别	局部横纹承压强度设计值 $f_{c,90}$		全表面横纹承压强度设计值 $f_{c,90}$
	构件中间承压	构件端部承压	
SZ1	7.5	6.0	3.0
SZ2、SZ3	6.2	5.0	2.5
SZ4	5.0	4.0	2.0
承压位置示意图	构件中间承压 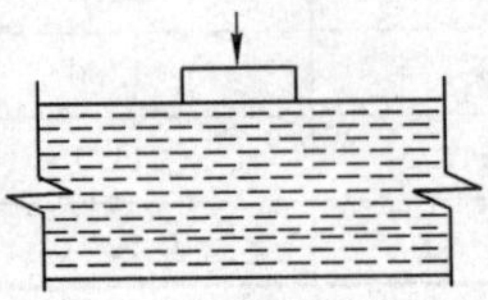	构件端部承压 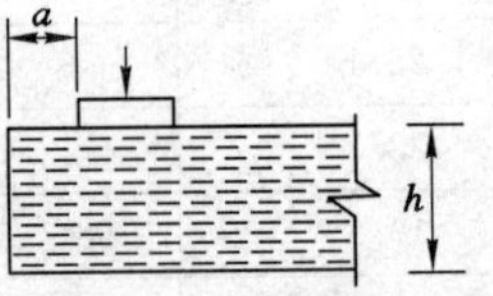 1. 当 $h \geqslant 100$ mm 时，$a \leqslant 100$ mm 2. 当 $h < 100$ mm 时，$a \leqslant h$	构件全表面承压 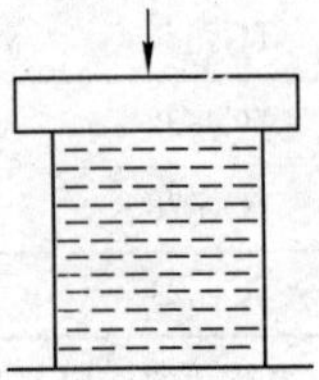

二、构造要求

《木结构设计标准》(GB 50005—2017)

7.4.11 抗震设防烈度为8度和9度地区屋面木基层抗震设计,应符合下列规定:

1. 采用斜放檩条应设置木基结构板或密铺屋面板,檐口瓦应固定在挂瓦条上;

2. 檩条应与屋架连接牢固,双脊檩应相互拉结,上弦节点处的檩条应与屋架上弦用螺栓连接。

3. 支承在砌体山墙上的檩条,其搁置长度不应小于120 mm,节点处檩条应与山墙卧梁用螺栓锚固。

7.7.1 在施工和使用期间,应设置保证结构空间稳定的支撑,并应设置防止桁架侧倾、保证受压弦杆侧向稳定和能够传递纵向水平力的支撑构件,以及应采取保证支撑系统正常工作的锚固措施。

三、防腐、防虫和防火

《木结构设计标准》(GB 50005—2017)

11.2.9 木结构的防水防潮措施应按下列规定设置:

1. 当桁架和大梁支承在砌体或混凝土上时,桁架和大梁的支座下应设置防潮层;

2. 桁架、大梁的支座节点或其他承重木构件不应封闭在墙体或保温层内;

3. 支承在砌体或混凝土上的木柱底部应设置垫板,严禁将木柱直接砌入砌体中,或浇筑在混凝土中;

4. 在木结构隐蔽部位应设置通风孔洞;

5. 无地下室的底层木楼盖应架空,并应采取通风防潮措施。

第六节 围护结构设计

一、玻璃幕墙结构

《玻璃幕墙工程技术规范》(JGJ 102—2003)

3.1.4 隐框和半隐框玻璃幕墙,其玻璃与铝型材的黏结必须采用中性硅酮结构密封胶;全玻璃幕墙和点支承幕墙采用镀膜玻璃时,不应采用酸性硅酮结构密封胶黏结。

3.1.5 硅酮结构密封胶和硅酮建筑密封胶必须在有效期内使用。

3.6.2 硅酮结构密封胶使用前,应经国家认可的检测机构进行与其接触材料的相容性和剥离黏结性试验,并对邵氏硬度、标准状态拉伸黏结性能进行复验。检验不合格的产品不得使用。进口硅酮结构密封胶应具有商检报告。

4.4.4 人员流动密度大、青少年或幼儿活动的公共场所以及使用中容易受到撞击的部位,其玻璃幕墙应采用安全玻璃;对使用中容易受到撞击的部位,尚应设置明显的警示标志。

5.1.6 幕墙结构构件应按下列规定验算承载力和挠度:

1. 无地震作用效应组合时,承载力应符合下式要求:

$$\gamma_0 S \leqslant R \quad (5.1.6\text{-}1)$$

2. 有地震作用效应组合时，承载力应符合下式要求：

$$S_E \leqslant R/\gamma_{RE} \tag{5.1.6-2}$$

式中 S——荷载效应按基本组合的设计值；

S_E——地震作用效应和其他荷载效应按基本组合的设计值；

R——构件抗力设计值；

γ_0——结构构件重要性系数，应取不小于 1.0；

γ_{RE}——结构构件承载力抗震调整系数，应取 1.0。

3. 挠度应符合下式要求：

$$d_f \leqslant d_{f,lim} \tag{5.1.6-3}$$

式中 d_f——构件在风荷载标准值或永久荷载标准值作用下产生的挠度值；

$d_{f,lim}$——构件挠度限值。

4. 双向受弯的杆件，两个方向的挠度应分别符合本条第 3 款的规定。

5.5.1 主体结构或结构构件，应能够承受幕墙传递的荷载和作用。连接件与主体结构的锚固承载力设计值应大于连接件本身的承载力设计值。

5.6.2 硅酮结构密封胶应根据不同的受力情况进行承载力极限状态验算。在风荷载、水平地震作用下，硅酮结构密封胶的拉应力或剪应力设计值不应大于其强度设计值 f_1，f_1 应取 0.2 N/mm²；在永久荷载作用下，硅酮结构密封胶的拉应力或剪应力设计值不应大于其强度设计值 f_2，f_2 应取 0.01 N/mm²。

6.2.1 横梁截面主要受力部位的厚度，应符合下列要求：

1. 截面自由挑出部位[图 6.2.1(a)]和双侧加劲部位[图 6.2.1(b)]的宽厚比 b_0/t 应符合表 6.2.1 的要求。

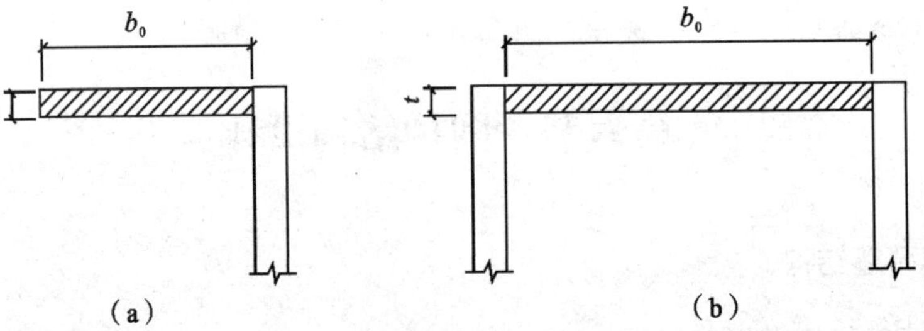

图 6.2.1 横梁的截面部位示意

表 6.2.1 横梁截面宽厚比 b_0/t 限值

截面部位	铝型材				钢型材	
	6063-T5 6061-T4	6063A-T5	6063-T6 6063A-T6	6061-T6	Q235	Q345
自由挑出	17	15	13	12	15	12
双侧加劲	50	45	40	35	40	33

2. 当横梁跨度不大于 1.2 m 时，铝合金型材截面主要受力部位的厚度不应小于 2.0 mm；当横梁跨度大于 1.2 m 时，其截面主要受力部位的厚度不应小于 2.5 mm。型材

孔壁与螺钉之间直接采用螺纹受力连接时，其局部截面厚度不应小于螺钉的公称直径。

3. 钢型材截面主要受力部位的厚度不应小于 2.5 mm。

6.3.1　立柱截面主要受力部位的厚度，应符合下列要求：

1. 铝型材截面开口部位的厚度不应小于 3.0 mm，闭口部位的厚度不应小于 2.5 mm；型材孔壁与螺钉之间直接采用螺纹受力连接时，其局部截面厚度不应小于螺钉的公称直径。

2. 钢型材截面主要受力部位的厚度不应小于 3.0 mm。

3. 对偏心受压立柱，其截面宽厚比应符合本规范第 6.2.1 条的相应规定。

7.1.6　全玻幕墙的板面不得与其他刚性材料直接接触。板面与装修面或结构面之间的空隙不应小于 8 mm，且应采用密封胶密封。

7.3.1　全玻幕墙玻璃肋的截面厚度不应小于 12 mm，截面高度不应小于 100 mm。

7.4.1　采用胶缝传力的全玻幕墙，其胶缝必须采用硅酮结构密封胶。

8.1.2　采用浮头式连接件的幕墙玻璃厚度不应小于 6 mm；采用沉头式连接件的幕墙玻璃厚度不应小于 8 mm。

安装连接件的夹层玻璃和中空玻璃，其单片厚度也应符合上述要求。

8.1.3　玻璃之间的空隙宽度不应小于 10 mm，且应采用硅酮建筑密封胶嵌缝。

9.1.4　除全玻幕墙外，不应在现场打注硅酮结构密封胶。

10.7.4　当高层建筑的玻璃幕墙安装与主体结构施工交叉作业时，在主体结构的施工层下方应设置防护网；在距离地面约 3 m 高度处，应设置挑出宽度不小于 6 m 的水平防护网。

二、玻璃屋顶结构

《建筑玻璃应用技术规程》(JGJ 113—2015)

8.2.2　屋面玻璃或雨篷玻璃必须使用夹层玻璃或夹层中空玻璃，其胶片厚度不应小于 0.76 mm。

9.1.2　地板玻璃必须采用夹层玻璃，点支承地板玻璃必须采用钢化夹层玻璃。钢化玻璃必须进行均质处理。

三、金属与石材幕墙

《金属与石材幕墙工程技术规范》(JGJ 133—2001)

3.2.2　花岗石板材的弯曲强度应经法定检测机构检测确定，其弯曲强度不应小于 8.0 MPa。

3.5.2　同一幕墙工程应采用同一品牌的单组分或双组分的硅酮结构密封胶，并应有保质年限的质量证书。用于石材幕墙的硅酮结构密封胶还应有证明无污染的试验报告。

3.5.3　同一幕墙工程应采用同一品牌的硅酮结构密封胶和硅酮耐候密封胶配套使用。

4.2.3　幕墙构架的立柱与横梁在风荷载标准值作用下，钢型材的相对挠度不应大于 $l/300$（l 为立柱或横梁两支点间的跨度），绝对挠度不应大于 15 mm；铝合金型材的相对挠度不应大于 $l/180$，绝对挠度不应大于 20 mm。

4.2.4　幕墙在风荷载标准值除以阵风系数后的风荷载值作用下，不应发生雨水渗漏。其雨水渗漏性能应符合设计要求。

5.5.2 钢销式石材幕墙可在非抗震设计或6度、7度抗震设计幕墙中应用，幕墙高度不宜大于20 m，石板面积不宜大于1.0 m^2。

钢销和连接板应采用不锈钢。连接板截面尺寸不宜小于40 mm×4 mm。钢销与孔的要求应符合本规范第6.3.2条的规定。

5.6.6 横梁应通过角码、螺钉或螺栓与立柱连接，角码应能承受横梁的剪力。螺钉直径不得小于4 mm，每处连接螺钉数量不应少于3个，螺栓不应少于2个。横梁与立柱之间应有一定的相对位移能力。

5.7.2 上下立柱之间应有不小于15 mm的缝隙，并应采用芯柱连结。芯柱总长度不应小于400 mm。芯柱与立柱应紧密接触。芯柱与下柱之间应采用不锈钢螺栓固定。

5.7.11 立柱应采用螺栓与角码连接，并再通过角码与预埋件或钢构件连接。螺栓直径不应小于10 mm，连接螺栓应按现行国家标准《钢结构设计标准》GB 50017进行承载力计算。立柱与角码采用不同金属材料时应采用绝缘垫片分隔。

6.1.3 用硅酮结构密封胶黏结固定构件时，注胶应在温度15 ℃以上30 ℃以下、相对湿度50%以上且洁净、通风的室内进行，胶的宽度、厚度应符合设计要求。

6.3.2 钢销式安装的石板加工应符合下列规定：

1. 钢销的孔位应根据石板的大小而定。孔位距离边端不得小于石板厚度的3倍，也不得大于180 mm；钢销间距不宜大于600 mm；边长不大于1.0 m时每边应设两个钢销，边长大于1.0 m时应采用复合连接。

2. 石板的钢销孔的深度宜为22～33 mm，孔的直径宜为7 mm或8 mm，钢销直径宜为5 mm或6 mm，钢销长度宜为20～30 mm。

3. 石板的钢销孔处不得有损坏或崩裂现象，孔径内应光滑、洁净。

第六章　房屋抗震设计

第一节　抗震设防依据和分类

《建筑抗震设计规范》(GB 50011—2010)(2016 年版)

1.0.2　抗震设防烈度为 6 度及以上地区的建筑，必须进行抗震设计。

1.0.4　抗震设防烈度必须按国家规定的权限审批、颁发的文件(图件)确定。

3.1.1　抗震设防的所有建筑应按现行国家标准《建筑工程抗震设防分类标准》GB 50223 确定其抗震设防类别及其抗震设防标准。

第二节　基本规定

一、场地和地基

《建筑抗震设计规范》(GB 50011—2010)(2016 年版)

3.3.1　选择建筑场地时，应根据工程需要和地震活动情况、工程地质和地震地质的有关资料，对抗震有利、一般、不利和危险地段做出综合评价。对不利地段，应提出避开要求；当无法避开时应采取有效的措施。对危险地段，严禁建造甲、乙类的建筑，不应建造丙类的建筑。

3.3.2　建筑场地为Ⅰ类时，对甲、乙类的建筑应允许仍按本地区抗震设防烈度的要求采取抗震构造措施；对丙类的建筑应允许按本地区抗震设防烈度降低一度的要求采取抗震构造措施，但抗震设防烈度为 6 度时仍应按本地区抗震设防烈度的要求采取抗震构造措施。

4.1.6　建筑的场地类别，应根据土层等效剪切波速和场地覆盖层厚度按表 4.1.6 划分为四类，其中Ⅰ类分为$Ⅰ_0$、$Ⅰ_1$两个亚类。当有可靠的剪切波速和覆盖层厚度且其值处于表 4.1.6 所列场地类别的分界线附近时，应允许按插值方法确定地震作用计算所用的特征周期。

表 4.1.6　各类建筑场地的覆盖层厚度　　单位：m

岩石的剪切波速或土的等效剪切波速/(m/s)	场地类别				
	$Ⅰ_0$	$Ⅰ_1$	Ⅱ	Ⅲ	Ⅳ
$v_s>800$	0				
$800\geqslant v_s>500$		0			
$500\geqslant v_{se}>250$		<5	≥5		
$250\geqslant v_{se}>150$		<3	3～50	>50	
$v_{se}\leqslant 150$		<3	3～15	15～80	>80

注：表中 v_s 系岩石的剪切波速。

4.1.8　当需要在条状突出的山嘴、高耸孤立的山丘、非岩石和强风化岩石的陡坡、河岸和边坡边缘等不利地段建造丙类及丙类以上建筑时，除保证其在地震作用下的稳定性外，尚应估计不利地段对设计地震动参数可能产生的放大作用，其水平地震影响系数最大值应乘以增大系数。其值应根据不利地段的具体情况确定，在1.1～1.6范围内采用。

4.1.9　场地岩土工程勘察，应根据实际需要划分的对建筑有利、一般、不利和危险的地段，提供建筑的场地类别和岩土地震稳定性（含滑坡、崩塌、液化和震陷特性）评价，对需要采用时程分析法补充计算的建筑，尚应根据设计要求提供土层剖面、场地覆盖层厚度和有关的动力参数。

4.2.2　天然地基基础抗震验算时，应采用地震作用效应标准组合，且地基抗震承载力应取地基承载力特征值乘以地基抗震承载力调整系数计算。

4.3.2　地面下存在饱和砂土和饱和粉土时，除6度外，应进行液化判别；存在液化土层的地基，应根据建筑的抗震设防类别、地基的液化等级，结合具体情况采取相应的措施。

注：本条饱和土液化判别要求不含黄土、粉质黏土。

4.4.5　液化土和震陷软土中桩的配筋范围，应自桩顶至液化深度以下符合全部消除液化沉陷所要求的深度，其纵向钢筋应与桩顶部相同，箍筋应加粗和加密。

二、建筑布置和结构选型

《建筑抗震设计规范》(GB 50011—2010)(2016年版)

3.4.1　建筑设计应根据抗震概念设计的要求明确建筑形体的规则性。不规则的建筑应按规定采取加强措施；特别不规则的建筑应进行专门研究和论证，采取特别的加强措施；严重不规则的建筑不应采用。

注：形体指建筑平面形状和立面、竖向剖面的变化。

3.5.2　结构体系应符合下列各项要求：

1. 应具有明确的计算简图和合理的地震作用传递途径。

2. 应避免因部分结构或构件破坏而导致整个结构丧失抗震能力或对重力荷载的承载能力。

3. 应具备必要的抗震承载力、良好的变形能力和消耗地震能量的能力。

4. 对可能出现的薄弱部位，应采取措施提高其抗震能力。

3.7.1　非结构构件，包括建筑非结构构件和建筑附属机电设备，自身及其与结构主体的连接，应进行抗震设计。

3.7.4　框架结构的围护墙和隔墙，应估计其设置对结构抗震的不利影响，避免不合理设置而导致主体结构的破坏。

三、结构材料

《建筑抗震设计规范》(GB 50011—2010)(2016年版)

3.9.1　抗震结构对材料和施工质量的特别要求，应在设计文件上注明。

3.9.2　结构材料性能指标，应符合下列最低要求：

1. 砌体结构材料应符合下列规定：

(1) 普通砖和多孔砖的强度等级不应低于MU10，其砌筑砂浆强度等级不应低于M5；

(2) 混凝土小型空心砌块的强度等级不应低于 MU7.5,其砌筑砂浆强度等级不应低于 Mb7.5。

2. 混凝土结构材料应符合下列规定:

(1) 混凝土的强度等级,框支梁、框支柱及抗震等级为一级的框架梁、柱、节点核心区,不应低于 C30;构造柱、芯柱、圈梁及其他各类构件不应低于 C20。

(2) 抗震等级为一、二、三级的框架和斜撑构件(含梯段),其纵向受力钢筋采用普通钢筋时,钢筋的抗拉强度实测值与屈服强度实测值的比值不应小于 1.25;钢筋的屈服强度实测值与屈服强度标准值的比值不应大于 1.3,且钢筋在最大拉力下的总伸长率实测值不应小于 9%。

3. 钢结构的钢材应符合下列规定:

(1) 钢材的屈服强度实测值与抗拉强度实测值的比值不应大于 0.85;

(2) 钢材应有明显的屈服台阶,且伸长率不应小于 20%;

(3) 钢材应有良好的焊接性和合格的冲击韧性。

3.9.4　在施工中,当需要以强度等级较高的钢筋替代原设计中的纵向受力钢筋时,应按照钢筋受拉承载力设计值相等的原则换算,并应满足最小配筋率要求。

3.9.6　钢筋混凝土构造柱和底部框架-抗震墙房屋中的砌体抗震墙,其施工应先砌墙后浇构造柱和框架梁柱。

四、地震作用和结构抗震验算

《建筑抗震设计规范》(GB 50011—2010)(2016 年版)

5.1.1　各类建筑结构的地震作用,应符合下列规定:

1. 一般情况下,应至少在建筑结构的两个主轴方向分别计算水平地震作用,各方向的水平地震作用应由该方向抗侧力构件承担。

2. 有斜交抗侧力构件的结构,当相交角度大于 15°时,应分别计算各抗侧力构件方向的水平地震作用。

3. 质量和刚度分布明显不对称的结构,应计入双向水平地震作用下的扭转影响;其他情况,应允许采用调整地震作用效应的方法计入扭转影响。

4. 8、9 度时的大跨度和长悬臂结构及 9 度时的高层建筑,应计算竖向地震作用。

注:8、9 度时采用隔震设计的建筑结构,应按有关规定计算竖向地震作用。

5.1.3　计算地震作用时,建筑的重力荷载代表值应取结构和构配件自重标准值和各可变荷载组合值之和。各可变荷载的组合值系数,应按表 5.1.3 采用。

表 5.1.3　组合值系数

可变荷载种类	组合值系数
雪荷载	0.5
屋面积灰荷载	0.5
屋面活荷载	不计入
按实际情况计算的楼面活荷载	1.0

表 5.1.3(续)

可变荷载种类		组合值系数
按等效均布荷载计算的楼面活荷载	藏书库、档案库	0.8
	其他民用建筑	0.5
起重机悬吊物重力	硬钩吊车	0.3
	软钩吊车	不计入

注：硬钩吊车的吊重较大时，组合值系数应按实际情况采用。

5.1.4 建筑结构的地震影响系数应根据烈度、场地类别、设计地震分组和结构自振周期以及阻尼比确定。其水平地震影响系数最大值应按表 5.1.4-1 采用；特征周期应根据场地类别和设计地震分组按表 5.1.4-2 采用，计算罕遇地震作用时，特征周期应增加0.05 s。

注：周期大于 6.0 s 的建筑结构所采用的地震影响系数应专门研究。

表 5.1.4-1 水平地震影响系数最大值

地震影响	6 度	7 度	8 度	9 度
多遇地震	0.04	0.08(0.12)	0.16(0.24)	0.32
罕遇地震	0.28	0.50(0.72)	0.90(1.20)	1.40

注：括号中数值分别用于设计基本地震加速度为 $0.15g$ 和 $0.30g$ 的地区。

表 5.1.4-2 特征周期值 单位：s

设计地震分组	场地类别				
	$Ⅰ_0$	$Ⅰ_1$	Ⅱ	Ⅲ	Ⅳ
第一组	0.20	0.25	0.35	0.45	0.65
第二组	0.25	0.30	0.40	0.55	0.75
第三组	0.30	0.35	0.45	0.65	0.90

5.1.6 结构的截面抗震验算，应符合下列规定：

1. 6 度时的建筑(不规则建筑及建造于Ⅳ类场地上较高的高层建筑除外)，以及生土房屋和木结构房屋等，应符合有关的抗震措施要求，但应允许不进行截面抗震验算。

2. 6 度时不规则建筑、建造于Ⅳ类场地上较高的高层建筑，7 度和 7 度以上的建筑结构(生土房屋和木结构房屋等除外)，应进行多遇地震作用下的截面抗震验算。

注：采用隔震设计的建筑结构，其抗震验算应符合有关规定。

5.2.5 抗震验算时，结构任一楼层的水平地震剪力应符合下式要求：

$$V_{EKi} > \lambda \sum_{j=i}^{n} G_j \tag{5.2.5}$$

式中 V_{EKi}——第 i 层对应于水平地震作用标准值的楼层剪力；

λ——剪力系数，不应小于表 5.2.5 规定的楼层最小地震剪力系数值，对竖向不规则结构的薄弱层，尚应乘以 1.15 的增大系数；

G_j——第 j 层的重力荷载代表值。

表 5.2.5 楼层最小地震剪力系数值

类　别	6 度	7 度	8 度	9 度
扭转效应明显或基本周期小于 3.5 s 的结构	0.008	0.016(0.024)	0.032(0.048)	0.064
基本周期大于 5.0 s 的结构	0.006	0.012(0.018)	0.024(0.036)	0.048

注：1. 基本周期介于 3.5 s 和 5 s 之间的结构，可插入取值；
2. 括号内数值分别用于设计基本地震加速度为 0.15g 和 0.30g 的地区。

5.4.1 结构构件的地震作用效应和其他荷载效应的基本组合，应按下式计算：

$$S=\gamma_G S_{GE}+\gamma_{Eh} S_{Ehk}+\gamma_{Ev} S_{Evk}+\Psi_w \gamma_w S_{wk} \qquad (5.4.1)$$

式中 S——结构构件内力组合的设计值，包括组合的弯矩、轴向力和剪力设计值等；

γ_G——重力荷载分项系数，一般情况应采用 1.2，当重力荷载效应对构件承载能力有利时，不应大于 1.0；

γ_{Eh}、γ_{Ev}——分别为水平、竖向地震作用分项系数，应按表 5.4.1 采用；

γ_w——风荷载分项系数，应采用 1.4；

S_{GE}——重力荷载代表值的效应，可按本规范第 5.1.3 条采用，但有吊车时，尚应包括悬吊物重力标准值的效应；

S_{Ehk}——水平地震作用标准值的效应，尚应乘以相应的增大系数或调整系数；

S_{Evk}——竖向地震作用标准值的效应，尚应乘以相应的增大系数或调整系数；

S_{wk}——风荷载标准值的效应；

Ψ_w——风荷载组合值系数，一般结构取 0.0，风荷载起控制作用的高层建筑应采用 0.2。

注：本规范一般略去表示水平方向的下标。

表 5.4.1 地震作用分项系数

地震作用	γ_{Eh}	γ_{Ev}
仅计算水平地震作用	1.3	0.0
仅计算竖向地震作用	0.0	1.3
同时计算水平与竖向地震作用(水平地震为主)	1.3	0.5
同时计算水平与竖向地震作用(竖向地震为主)	0.5	1.3

5.4.2 结构构件的截面抗震验算，应采用下列设计表达式：

$$S\leqslant R/\gamma_{RE} \qquad (5.4.2)$$

式中 γ_{RE}——承载力抗震调整系数，除另有规定外，应按表 5.4.2 采用；

R——结构构件承载力设计值。

表 5.4.2　承载力抗震调整系数

材　　料	结构构件	受力状态	γ_{RE}
钢	柱，梁，支撑，节点板件，螺栓，焊缝	强度	0.75
	柱，支撑	稳定	0.80
砌体	两端均有构造柱、芯柱的抗震墙	受剪	0.9
	其他抗震墙	受剪	1.0
混凝土	梁	受弯	0.75
	轴压比小于 0.15 的柱	偏压	0.75
	轴压比不小于 0.15 的柱	偏压	0.80
	抗震墙	偏压	0.85
	各类构件	受剪、偏拉	0.85

5.4.3　当仅计算竖向地震作用时，各类结构构件承载力抗震调整系数均应采用 1.0。

第三节　混凝土结构抗震设计

《建筑抗震设计规范》(GB 50011—2010)(2016 年版)

6.1.2　钢筋混凝土房屋应根据设防类别、烈度、结构类型和房屋高度采用不同的抗震等级，并应符合相应的计算和构造措施要求。丙类建筑的抗震等级应按表 6.1.2 确定。

表 6.1.2　现浇钢筋混凝土房屋的抗震等级

<table>
<tr><th colspan="3" rowspan="2">结构类型</th><th colspan="12">设防烈度</th></tr>
<tr><th colspan="2">6</th><th colspan="4">7</th><th colspan="4">8</th><th colspan="2">9</th></tr>
<tr><td rowspan="3">框架结构</td><td colspan="2">高度/m</td><td>≤24</td><td>>24</td><td colspan="2">≤24</td><td colspan="2">>24</td><td colspan="2">≤24</td><td colspan="2">>24</td><td colspan="2">≤24</td></tr>
<tr><td colspan="2">框架</td><td>四</td><td>三</td><td colspan="2">三</td><td colspan="2">二</td><td colspan="2">二</td><td colspan="2">一</td><td colspan="2">一</td></tr>
<tr><td colspan="2">大跨度框架</td><td colspan="2">三</td><td colspan="4">二</td><td colspan="4">一</td><td colspan="2">一</td></tr>
<tr><td rowspan="3">框架-抗震墙结构</td><td colspan="2">高度/m</td><td>≤60</td><td>>60</td><td>≤24</td><td colspan="2">25～60</td><td>>60</td><td>≤24</td><td colspan="2">25～60</td><td>>60</td><td>≤24</td><td>25～50</td></tr>
<tr><td colspan="2">框架</td><td>四</td><td>三</td><td>四</td><td colspan="2">三</td><td>二</td><td>三</td><td colspan="2">二</td><td>一</td><td>二</td><td>一</td></tr>
<tr><td colspan="2">抗震墙</td><td colspan="2">三</td><td>三</td><td colspan="3">二</td><td>二</td><td colspan="3">一</td><td colspan="2">一</td></tr>
<tr><td rowspan="2">抗震墙结构</td><td colspan="2">高度/m</td><td>≤80</td><td>>80</td><td>≤24</td><td colspan="2">25～80</td><td>>80</td><td>≤24</td><td colspan="2">25～80</td><td>>80</td><td>≤24</td><td>25～60</td></tr>
<tr><td colspan="2">抗震墙</td><td>四</td><td>三</td><td>四</td><td colspan="2">三</td><td>二</td><td>三</td><td colspan="2">二</td><td>一</td><td>二</td><td>一</td></tr>
<tr><td rowspan="4">部分框支抗震墙结构</td><td colspan="2">高度/m</td><td>≤80</td><td>>80</td><td>≤24</td><td colspan="2">25～80</td><td>>80</td><td>≤24</td><td colspan="2">25～80</td><td rowspan="4"></td><td colspan="2" rowspan="4"></td></tr>
<tr><td rowspan="2">抗震墙</td><td>一般部位</td><td>四</td><td>三</td><td>四</td><td colspan="2">三</td><td>二</td><td>三</td><td colspan="2">二</td></tr>
<tr><td>加强部位</td><td>三</td><td>二</td><td>三</td><td colspan="2">二</td><td>一</td><td>二</td><td colspan="2">一</td></tr>
<tr><td colspan="2">框支层框架</td><td colspan="2">二</td><td colspan="3">二</td><td>一</td><td colspan="3">一</td></tr>
<tr><td rowspan="2">框架-核心筒结构</td><td colspan="2">框架</td><td colspan="2">三</td><td colspan="4">二</td><td colspan="4">一</td><td colspan="2">一</td></tr>
<tr><td colspan="2">核心筒</td><td colspan="2">二</td><td colspan="4">二</td><td colspan="4">一</td><td colspan="2">一</td></tr>
<tr><td rowspan="2">筒中筒结构</td><td colspan="2">外筒</td><td colspan="2">三</td><td colspan="4">二</td><td colspan="4">一</td><td colspan="2">一</td></tr>
<tr><td colspan="2">内筒</td><td colspan="2">三</td><td colspan="4">二</td><td colspan="4">一</td><td colspan="2">一</td></tr>
</table>

表 6.1.2(续)

结构类型		设防烈度						
		6		7		8		9
板柱-抗震墙结构	高度/m	≤35	>35	≤35	>35	≤35	>35	
	框架、板柱的柱	三	二	二	二	一		
	抗震墙	二	二	二	一	二	一	

注：1. 建筑场地为Ⅰ类时，除 6 度外应允许按表内降低一度所对应的抗震等级采取抗震构造措施，但相应的计算要求不应降低；

2. 接近或等于高度分界时，应允许结合房屋不规则程度及场地、地基条件确定抗震等级；

3. 大跨度框架指跨度不小于 18 m 的框架；

4. 高度不超过 60 m 的框架-核心筒结构按框架-抗震墙的要求设计时，应按表中框架-抗震墙结构的规定确定其抗震等级。

6.3.3 梁的钢筋配置，应符合下列各项要求：

1. 梁端计入受压钢筋的混凝土受压区高度和有效高度之比，一级不应大于 0.25，二、三级不应大于 0.35。

2. 梁端截面的底面和顶面纵向钢筋配筋量的比值，除按计算确定外，一级不应小于 0.5，二、三级不应小于 0.3。

3. 梁端箍筋加密区的长度、箍筋最大间距和最小直径应按表 6.3.3 采用，当梁端纵向受拉钢筋配筋率大于 2%时，表中箍筋最小直径数值应增大 2 mm。

表 6.3.3 梁端箍筋加密区的长度、箍筋的最大间距和最小直径

抗震等级	加密区长度(采用较大值)/mm	箍筋最大间距(采用最小值)/mm	箍筋最小直径/mm
一	$2h_b$，500	$h_b/4$，$6d$，100	10
二	$1.5h_b$，500	$h_b/4$，$8d$，100	8
三	$1.5h_b$，500	$h_b/4$，$8d$，150	8
四	$1.5h_b$，500	$h_b/4$，$8d$，100	6

注：1. d 为纵向钢筋直径，h_b 为梁截面高度；

2. 箍筋直径大于 12 mm、数量不少于 4 肢且肢距不大于 150 mm 时，一、二级的最大间距应允许适当放宽，但不得大于 150 mm。

6.3.7 柱的钢筋配置，应符合下列各项要求：

1. 柱纵向钢筋的最小总配筋率应按表 6.3.7-1 采用，同时每一侧配筋率不应小于 0.2%；对建造于Ⅳ类场地且较高的高层建筑，最小总配筋率应增加 0.1%。

表 6.3.7-1 柱截面纵向钢筋的最小总配筋率 单位：%

类别	抗震等级			
	一	二	三	四
中柱和边柱	0.9(1.0)	0.7(0.8)	0.6(0.7)	0.5(0.6)
角柱、框支柱	1.1	0.9	0.8	0.7

注：1. 表中括号内数值用于框架结构的柱；

2. 钢筋强度标准值小于 400 MPa 时，表中数值应增加 0.1，钢筋强度标准值为 400 MPa 时，表中数值应增加 0.05；

3. 混凝土强度等级高于 C60 时，上述数值应相应增加 0.1。

2. 柱箍筋在规定的范围内应加密，加密区的箍筋间距和直径，应符合下列要求：

(1) 一般情况下，箍筋的最大间距和最小直径，应按表 6.3.7-2 采用。

表 6.3.7-2 柱箍筋加密区的箍筋最大间距和最小直径

抗震等级	箍筋最大间距(采用较小值)/mm	箍筋最小直径/mm
一	6d,100	10
二	8d,100	8
三	8d,150(柱根 100)	8
四	8d,150(柱根 100)	6(柱根 8)

注：1. d 为柱纵筋最小直径；

2. 柱根指底层柱下端箍筋加密区。

(2) 一级框架柱的箍筋直径大于 12 mm 且箍筋肢距不大于 150 mm 及二级框架柱的箍筋直径不小于 10 mm 且箍筋肢距不大于 200 mm 时，除底层柱下端外，最大间距应允许采用 150 mm；三级框架柱的截面尺寸不大于 400 mm 时，箍筋最小直径应允许采用 6 mm；四级框架柱剪跨比不大于 2 时，箍筋直径不应小于 8 mm。

(3) 框支柱和剪跨比不大于 2 的框架柱，箍筋间距不应大于 100 mm。

6.4.3 抗震墙竖向、横向分布钢筋的配筋，应符合下列要求：

1. 一、二、三级抗震墙的竖向和横向分布钢筋最小配筋率均不应小于 0.25%；四级抗震墙不应小于 0.20%。

注：高度小于 24 m 且剪压比很小的四级抗震墙，其竖向分布筋最小配筋率应允许按 0.15%采用。

2. 部分框支抗震墙结构的落地抗震墙底部加强部位，竖向和横向分布钢筋配筋率均不应小于 0.3%。

《高层建筑混凝土结构技术规程》(JGJ 3—2010)

3.9.1 各抗震设防类别的高层建筑结构，其抗震措施应符合下列要求：

1. 甲类、乙类建筑：应按本地区抗震设防烈度提高一度的要求加强其抗震措施，但抗震设防烈度为 9 度时应按比 9 度更高的要求采取抗震措施；当建筑场地为Ⅰ类时，应允许仍按本地区抗震设防烈度的要求采取抗震构造措施。

2. 丙类建筑：应按本地区抗震设防烈度确定其抗震措施；当建筑场地为Ⅰ类时，除 6 度外，应允许按本地区抗震设防烈度降低一度的要求采取抗震构造措施。

3.9.3 抗震设计时，高层建筑钢筋混凝土结构构件应根据抗震设防分类、烈度、结构类型和房屋高度采用不同的抗震等级，并应符合相应的计算和构造措施要求。A 级高度丙类建筑钢筋混凝土结构的抗震等级应按表 3.9.3 确定。当本地区的设防烈度为 9 度时，A 级高度乙类建筑的抗震等级应按特一级采用，甲类建筑应采取更有效的抗震措施。

注：本规程“特一级和一、二、三、四级”即“抗震等级为特一级和一、二、三、四级”的简称。

表 3.9.3　A 级高度的高层建筑结构抗震等级

结构类型			烈度						
			6 度		7 度		8 度		9 度
框架结构			三		二		一		一
框架-剪力墙结构	高度/m		≤60	>60	≤60	>60	≤60	>60	≤50
	框架		四	三	三	二	二	一	一
	剪力墙		三		二		一		一
剪力墙结构	高度/m		≤80	>80	≤80	>80	≤80	>80	≤60
	剪力墙		四	三	三	二	二	一	一
部分框支剪力墙结构	非底部加强部位的剪力墙		四	三	三	二	二	——	——
	底部加强部位的剪力墙		三	二	二	一	一		
	框支框架		二		二	一	一		
筒体结构	框架-核心筒	框架	三		二		一		一
		核心筒	二		二		一		一
	筒中筒	内筒	三		二		一		一
		外筒							
板柱-剪力墙结构	高度/m		≤35	>35	≤35	>35	≤35	>35	——
	框架、板柱及柱上板带		三	二	二	二	一	一	
	剪力墙		二	二	二	一	二	一	

注：1. 接近或等于高度分界时，应结合房屋不规则程度及场地、地基条件适当确定抗震等级；

2. 底部带转换层的筒体结构，其转换框架的抗震等级应按表中部分框支剪力墙结构的规定采用；

3. 当框架-核心筒结构的高度不超过 60 m 时，其抗震等级应允许按框架剪力墙结构采用。

3.9.4　抗震设计时，B 级高度丙类建筑钢筋混凝土结构的抗震等级应按表 3.9.4 确定。

表 3.9.4　B 级高度的高层建筑结构抗震等级

结构类型		烈　度		
		6 度	7 度	8 度
框架-剪力墙	框架	二	一	一
	剪力墙	二	一	特一
剪力墙	剪力墙	二	一	一
部分框支剪力墙	非底部加强部位剪力墙	二	一	一
	底部加强部位剪力墙	一	一	特一
	框支框架	一	特一	特一

表 3.9.4(续)

结构类型		烈度		
		6 度	7 度	8 度
框架-核心筒	框架	二	一	一
	筒体	二	一	特一
筒中筒	外筒	二	一	特一
	内筒	二	一	特一

注:底部带转换层的筒体结构,其转换框架和底部加强部位筒体的抗震等级应按表中部分框支剪力墙结构的规定采用。

6.1.6 框架结构按抗震设计时,不应采用部分由砌体墙承重之混合形式。框架结构中的楼、电梯间及局部出屋顶的电梯机房、楼梯间、水箱间等,应采用框架承重,不应采用砌体墙承重。

10.1.2 9度抗震设计时不应采用带转换层的结构、带加强层的结构、错层结构和连体结构。

10.3.3 抗震设计时,带加强层高层建筑结构应符合下列要求:

1. 加强层及其相邻层的框架柱、核心筒剪力墙的抗震等级应提高一级采用,一级应提高至特一级,但抗震等级已经为特一级时应允许不再提高;

2. 加强层及其相邻层的框架柱,箍筋应全柱段加密配置,轴压比限值应按其他楼层框架柱的数值减小 0.05 采用;

3. 加强层及其相邻层核心筒剪力墙应设置约束边缘构件。

10.5.2 7 度(0.15g)和 8 度抗震设计时,连体结构的连接体应考虑竖向地震的影响。

10.5.6 抗震设计时,连接体及与连接体相连的结构构件应符合下列要求:

1. 连接体及与连接体相连的结构构件在连接体高度范围及其上、下层,抗震等级应提高一级采用,一级提高至特一级,但抗震等级已经为特一级时应允许不再提高;

2. 与连接体相连的框架柱在连接体高度范围及其上、下层,箍筋应全柱段加密配置,轴压比限值应按其他楼层框架柱的数值减小 0.05 采用;

3. 与连接体相连的剪力墙在连接体高度范围及其上、下层应设置约束边缘构件。

11.1.4 抗震设计时,混合结构房屋应根据设防类别、烈度、结构类型和房屋高度采用不同的抗震等级,并应符合相应的计算和构造措施要求。丙类建筑混合结构的抗震等级应按表 11.1.4 确定。

表 11.1.4 钢-混凝土混合结构抗震等级

结构类型		抗震设防烈度						
		6 度		7 度		8 度		9 度
房屋高度/m		≤150	>150	≤130	>130	≤100	>100	≤70
钢框架-钢筋混凝土核心筒	钢筋混凝土核心筒	二	一	一	特一	一	特一	特一
型钢(钢管)混凝土框架-钢筋混凝土核心筒	钢筋混凝土核心筒	二	二	二	一	一	特一	特一
	型钢(钢管)混凝土框架	三	二	二	一	一	一	一

表 11.1.4(续)

结构类型		抗震设防烈度						
		6 度		7 度		8 度		9 度
房屋高度/m		≤180	>180	≤150	>150	≤120	>120	≤90
钢外筒-钢筋混凝土核心筒	钢筋混凝土核心筒	二	一	一	特一	一	特一	特一
型钢(钢管)混凝土外筒-钢筋混凝土核心筒	钢筋混凝土核心筒	二	二	二	一	一	特一	特一
	型钢(钢管)混凝土外筒	三	二	二	一	一	一	一

注:钢结构构件抗震等级,抗震设防烈度为 6、7、8、9 度时应分别取四、三、二、一级。

《组合结构设计规范》(JGJ 138—2016)

3.1.5　考虑地震作用的组合结构构件的钢材应符合国家标准《建筑抗震设计规范》GB 50011—2010 第 3.9.2 条的有关规定。

3.2.3　抗震等级为一、二、三级的框架和斜撑构件,其纵向受力钢筋应符合国家标准《混凝土结构设计规范》GB 50010—2010 第 11.2.3 条的有关规定。

4.3.8　组合结构构件的抗震设计,应根据设防烈度、结构类型、房屋高度采用不同的抗震等级,并应符合相应的计算和构造措施规定。丙类建筑组合结构构件的抗震等级应按表 4.3.8 确定。

表 4.3.8　组合结构房屋的抗震等级

<table>
<tr><td colspan="3" rowspan="2">结构类型</td><td colspan="10">设防烈度</td></tr>
<tr><td colspan="2">6</td><td colspan="3">7</td><td colspan="3">8</td><td colspan="2">9</td></tr>
<tr><td rowspan="3">框架结构</td><td colspan="2">房屋高度/m</td><td>≤24</td><td>>24</td><td colspan="2">≤24</td><td>>24</td><td colspan="2">≤24</td><td>>24</td><td colspan="2">≤24</td></tr>
<tr><td colspan="2">型钢(钢管)混凝土普通框架</td><td>四</td><td>三</td><td colspan="2">三</td><td>二</td><td colspan="2">二</td><td>一</td><td colspan="2">一</td></tr>
<tr><td colspan="2">型钢(钢管)混凝土大跨度框架</td><td colspan="2">三</td><td colspan="3">二</td><td colspan="3">一</td><td colspan="2">一</td></tr>
<tr><td rowspan="3">框架-剪力墙结构</td><td colspan="2">房屋高度/m</td><td>≤60</td><td>>60</td><td>≤24</td><td>25～60</td><td>>60</td><td>≤24</td><td>25～60</td><td>>60</td><td>≤24</td><td>25～50</td></tr>
<tr><td colspan="2">型钢(钢管)混凝土框架</td><td>四</td><td>三</td><td>四</td><td>三</td><td>二</td><td>三</td><td>二</td><td>一</td><td>二</td><td>一</td></tr>
<tr><td colspan="2">钢筋混凝土剪力墙</td><td>三</td><td>三</td><td>三</td><td>二</td><td>二</td><td>二</td><td>一</td><td>一</td><td>一</td><td>一</td></tr>
<tr><td rowspan="2">剪力墙结构</td><td colspan="2">房屋高度/m</td><td>≤80</td><td>>80</td><td>≤24</td><td>25～80</td><td>>80</td><td>≤24</td><td>25～80</td><td>>80</td><td>≤24</td><td>25～60</td></tr>
<tr><td colspan="2">钢筋混凝土剪力墙</td><td>四</td><td>三</td><td>四</td><td>三</td><td>二</td><td>三</td><td>二</td><td>一</td><td>二</td><td>一</td></tr>
<tr><td rowspan="4">部分框支剪力墙结构</td><td colspan="2">房屋高度/m</td><td>≤80</td><td>>80</td><td>≤24</td><td>25～80</td><td>>80</td><td>≤24</td><td>25～80</td><td colspan="3" rowspan="4"></td></tr>
<tr><td colspan="2">非底部加强部位剪力墙</td><td>四</td><td>三</td><td>四</td><td>三</td><td>二</td><td>三</td><td>二</td></tr>
<tr><td colspan="2">底部加强部位剪力墙</td><td>三</td><td>二</td><td>三</td><td>二</td><td>一</td><td>二</td><td>一</td></tr>
<tr><td colspan="2">型钢(钢管)混凝土框支框架</td><td>二</td><td>二</td><td>二</td><td>二</td><td>一</td><td>一</td><td>一</td></tr>
<tr><td rowspan="5">框架-核心筒结构</td><td colspan="2">房屋高度/m</td><td>≤150</td><td>>150</td><td>≤130</td><td colspan="2">>130</td><td colspan="2">≤100</td><td>>100</td><td colspan="2">≤70</td></tr>
<tr><td rowspan="2">型钢(钢管)混凝土框架-钢筋混凝土核心筒</td><td>框架</td><td>三</td><td>二</td><td>二</td><td colspan="2">一</td><td colspan="2">一</td><td>一</td><td colspan="2">一</td></tr>
<tr><td>核心筒</td><td>二</td><td>二</td><td>二</td><td colspan="2">一</td><td colspan="2">一</td><td>特一</td><td colspan="2">特一</td></tr>
<tr><td rowspan="2">钢框架-钢筋混凝土核心筒</td><td>框架</td><td colspan="2">四</td><td colspan="3">三</td><td colspan="3">二</td><td colspan="2">一</td></tr>
<tr><td>核心筒</td><td>二</td><td>一</td><td>一</td><td colspan="2">特一</td><td colspan="2">一</td><td>特一</td><td colspan="2">特一</td></tr>
</table>

表 4.3.8(续)

结构类型			设防烈度						
			6		7		8		9
筒中筒结构	房屋高度/m		≤180	>180	≤150	>150	≤120	>120	≤90
	型钢(钢管)混凝土外筒-钢筋混凝土核心筒	外筒	三	二	二	一	一	一	一
		核心筒	二	二	二	一	一	特一	特一
	钢外筒-钢筋混凝土核心筒	外筒	四		三		二		一
		核心筒	二	一	一	特一	一	特一	特一

注:1. 建筑场地为Ⅰ类时,除 6 度外应允许按表内降低一度所对应的抗震等级采取抗震构造措施,但相应的计算要求不应降低;

2. 底部带转换层的筒体结构,其转换框架的抗震等级应按表中框支剪力墙结构的规定采用;

3. 高度不超过 60 m 的框架-核心筒结构,其抗震等级应允许按框架-剪力墙结构采用;

4. 大跨度框架指跨度不小于 18 m 的框架。

第四节 多层砌体结构抗震设计

一、一般规定

《建筑抗震设计规范》(GB 50011—2010)(2016 年版)

7.1.2 多层房屋的层数和高度应符合下列要求:

1. 一般情况下,房屋的层数和总高度不应超过表 7.1.2 的规定。

表 7.1.2 房屋的层数和总高度限值 单位:m

房屋类别		最小抗震墙厚度/mm	烈度和设计基本地震加速度											
			6		7				8				9	
			0.05g		0.10g		0.15g		0.20g		0.30g		0.40g	
			高度	层数	高度	层数	高度	层数	高度	层数	高度	层数	高度	层数
多层砌体房屋	普通砖	240	21	7	21	7	21	7	18	6	15	5	12	4
	多孔砖	240	21	7	21	7	18	6	18	6	15	5	9	3
	多孔砖	190	21	7	18	6	15	5	15	5	12	4	—	—
	小砌块	190	21	7	21	7	18	6	18	6	15	5	9	3
底部框架-抗震墙砌体房屋	普通砖 多孔砖	240	22	7	22	7	19	6	16	5	—	—	—	—
	多孔砖	190	22	7	19	6	16	5	13	4	—	—	—	—
	小砌块	190	22	7	22	7	19	6	16	5	—	—	—	—

注:1. 房屋的总高度指室外地面到主要屋面板板顶或檐口的高度,半地下室从地下室室内地面算起,全地下室和嵌固条件好的半地下室应允许从室外地面算起;对带阁楼的坡屋面应算到山尖墙的 1/2 高度处。

2. 室内外高差大于 0.6 m时,房屋总高度应允许比表中的数据适当增加,但增加量应少于 1.0 m。

3. 乙类的多层砌体房屋仍按本地区设防烈度查表,其层数应减少一层且总高度应降低 3 m;不应采用底部框架-抗震墙砌体房屋。

4. 本表小砌块砌体房屋不包括配筋混凝土小型空心砌块砌体房屋。

2. 对横墙较少的多层砌体房屋，总高度应比表 7.1.2 的规定降低 3 m，层数相应减少一层；各层横墙很少的多层砌体房屋，还应再减少一层。

注：横墙较少指同一楼层内开间大于 4.2 m 的房间占该层总面积的 40%以上；其中，开间不大于 4.2 m 的房间占该层总面积不到 20%且开间大于 4.8 m 的房间占该层总面积的 50%以上为横墙很少。

3. 6、7 度时，横墙较少的丙类多层砌体房屋，当按规定采取加强措施并满足抗震承载力要求时，其高度和层数应允许仍按表 7.1.2 的规定采用。

4. 采用蒸压灰砂砖和蒸压粉煤灰砖的砌体的房屋，当砌体的抗剪强度仅达到普通黏土砖砌体的 70%时，房屋的层数应比普通砖房减少一层，总高度应减少 3 m；当砌体的抗剪强度达到普通黏土砖砌体的取值时，房屋层数和总高度的要求同普通砖房屋。

7.1.5　房屋抗震横墙的间距，不应超过表 7.1.5 的要求：

表 7.1.5　房屋抗震横墙的间距

单位：m

房屋类别		烈度			
		6	7	8	9
多层砌体房屋	现浇或装配整体式钢筋混凝土楼、屋盖	15	15	11	7
	装配式钢筋混凝土楼、屋盖	11	11	9	4
	木屋盖	9	9	4	—
底部框架-抗震墙砌体房屋	上部各层	同多层砌体房屋			—
	底层或底部两层	18	15	11	—

注：1. 多层砌体房屋的顶层，除木屋盖外的最大横墙间距应允许适当放宽，但应采取相应加强措施；
2. 多孔砖抗震横墙厚度为 190 mm 时，最大横墙间距应比表中数值减少 3 m。

7.1.8　底部框架-抗震墙砌体房屋的结构布置，应符合下列要求：

1. 上部的砌体墙体与底部的框架梁或抗震墙，除楼梯间附近的个别墙段外均应对齐。

2. 房屋的底部，应沿纵横两方向设置一定数量的抗震墙，并应均匀对称布置。6 度且总层数不超过四层的底层框架-抗震墙砌体房屋，应允许采用嵌砌于框架之间的约束普通砖砌体或小砌块砌体的砌体抗震墙，但应计入砌体墙对框架的附加轴力和附加剪力并进行底层的抗震验算，且同一方向不应同时采用钢筋混凝土抗震墙和约束砌体抗震墙；其余情况，8 度时应采用钢筋混凝土抗震墙，6、7 度时应采用钢筋混凝土抗震墙或配筋小砌块砌体抗震墙。

3. 底层框架-抗震墙砌体房屋的纵横两个方向，第二层计入构造柱影响的侧向刚度与底层侧向刚度的比值，6、7 度时不应大于 2.5，8 度时不应大于 2.0，且均不应小于 1.0。

4. 底部两层框架-抗震墙砌体房屋纵横两个方向，底层与底部第二层侧向刚度应接近，第三层计入构造柱影响的侧向刚度与底部第二层侧向刚度的比值，6、7 度时不应大于 2.0，8 度时不应大于 1.5，且均不应小于 1.0。

5. 底部框架-抗震墙砌体房屋的抗震墙应设置条形基础、筏形基础等整体性好的基础。

7.2.4 底部框架-抗震墙砌体房屋的地震作用效应，应按下列规定调整：

1. 对底层框架-抗震墙砌体房屋，底层的纵向和横向地震剪力设计值均应乘以增大系数；其值应允许在 1.2～1.5 范围内选用，第二层与底层侧向刚度比大者应取大值。

2. 对底部两层框架-抗震墙砌体房屋，底层和第二层的纵向和横向地震剪力设计值亦均应乘以增大系数；其值应允许在 1.2～1.5 范围内选用，第三层与第二层侧向刚度比大者应取大值。

3. 底层或底部两层的纵向和横向地震剪力设计值应全部由该方向的抗震墙承担，并按各墙体的侧向刚度比例分配。

7.2.6 各类砌体沿阶梯形截面破坏的抗震抗剪强度设计值，应按下式确定：

$$f_{vE} = \zeta_N f_v \tag{7.2.6}$$

式中 f_{vE}——砌体沿阶梯形截面破坏的抗震抗剪强度设计值；

f_v——非抗震设计的砌体抗剪强度设计值；

ζ_N——砌体抗震抗剪强度的正应力影响系数，应按表 7.2.6 采用。

表 7.2.6 砌体强度的正应力影响系数

砌体类别	σ_0/f_v							
	0.0	1.0	3.0	5.0	7.0	10.0	12.0	≥16.0
普通砖，多孔砖	0.80	0.99	1.25	1.47	1.65	1.90	2.05	—
小砌块	—	1.23	1.69	2.15	2.57	3.02	3.32	3.92

注：σ_0 为对应于重力荷载代表值的砌体截面平均压应力。

二、普通黏土砖、多孔黏土砖房屋

《建筑抗震设计规范》(GB 50011—2010)(2016 年版)

7.3.1 各类多层砖砌体房屋，应按下列要求设置现浇钢筋混凝土构造柱（以下简称构造柱）：

1. 构造柱设置部位，一般情况下应符合表 7.3.1 的要求。

2. 外廊式和单面走廊式的多层房屋，应根据房屋增加一层的层数，按表 7.3.1 的要求设置构造柱，且单面走廊两侧的纵墙均应按外墙处理。

3. 横墙较少的房屋，应根据房屋增加一层的层数，按表 7.3.1 的要求设置构造柱，当横墙较少的房屋为外廊式或单面走廊式时，应按本条 2 款要求设置构造柱，但 6 度不超过四层、7 度不超过三层和 8 度不超过二层时，应按增加二层的层数对待。

4. 各层横墙很少的房屋，应按增加二层的层数设置构造柱。

5. 采用蒸压灰砂砖和蒸压粉煤灰砖的砌体房屋，当砌体的抗剪强度仅达到普通黏土砖砌体的 70%时，应根据增加一层的层数按本条 1～4 款要求设置构造柱；但 6 度不超过四层、7 度不超过三层和 8 度不超过二层时，应按增加二层的层数对待。

表 7.3.1 多层砖砌体房屋构造柱设置要求

<table>
<tr><th colspan="4">房屋层数</th><th colspan="2" rowspan="2">设置部位</th></tr>
<tr><th>6 度</th><th>7 度</th><th>8 度</th><th>9 度</th></tr>
<tr><td>四、五</td><td>三、四</td><td>二、三</td><td></td><td rowspan="3">楼、电梯间四角，楼梯斜梯段上下端对应的墙体处；
外墙四角和对应转角；
错层部位横墙与外纵墙交接处；
大房间内外墙交接处；
较大洞口两侧</td><td>隔 12 m 或单元横墙与外纵墙交接处；
楼梯间对应的另一侧内横墙与外纵墙交接处</td></tr>
<tr><td>六</td><td>五</td><td>四</td><td>二</td><td>隔开间横墙（轴线）与外墙交接处；
山墙与内纵墙交接处</td></tr>
<tr><td>七</td><td>≥六</td><td>≥五</td><td>≥三</td><td>内墙（轴线）与外墙交接处；
内墙的局部较小墙垛处；
内纵墙与横墙（轴线）交接处</td></tr>
</table>

注：较大洞口，内墙指不小于 2.1 m 的洞口；外墙在内外墙交接处已设置构造柱时应允许适当放宽，但洞侧墙体应加强。

7.3.3 多层砖砌体房屋的现浇钢筋混凝土圈梁设置应符合下列要求：

1. 装配式钢筋混凝土楼、屋盖或木屋盖的砖房，应按表 7.3.3 的要求设置圈梁；纵墙承重时，抗震横墙上的圈梁间距应比表内要求适当加密。

表 7.3.3 多层砖砌体房屋现浇钢筋混凝土圈梁设置要求

<table>
<tr><th rowspan="2">墙 类</th><th colspan="3">烈 度</th></tr>
<tr><th>6、7</th><th>8</th><th>9</th></tr>
<tr><td>外墙和内纵墙</td><td>屋盖处及每层楼盖处</td><td>屋盖处及每层楼盖处</td><td>屋盖处及每层楼盖处</td></tr>
<tr><td>内横墙</td><td>同上；
屋盖处间距不应大于 4.5 m；
楼盖处间距不应大于 7.5 m；
构造柱对应部位</td><td>同上；
各层所有横墙，且间距不应大于4.5 m；
构造柱对应部位</td><td>同上；
各层所有横墙</td></tr>
</table>

2. 现浇或装配整体式钢筋混凝土楼、屋盖与墙体有可靠连接的房屋，应允许不另设圈梁，但楼板沿抗震墙体周边应加强配筋并应与相应的构造柱钢筋可靠连接。

7.3.5 多层砖砌体房屋的楼、屋盖应符合下列要求：

1. 现浇钢筋混凝土楼板或屋面板伸进纵、横墙内的长度，均不应小于 120 mm。

2. 装配式钢筋混凝土楼板或屋面板，当圈梁未设在板的同一标高时，板端伸进外墙的长度不应小于 120 mm，伸进内墙的长度不应小于 100 mm 或采用硬架支模连接，在梁上不应小于 80 mm 或采用硬架支模连接。

3. 当板的跨度大于 4.8 m 并与外墙平行时，靠外墙的预制板侧边应与墙或圈梁拉结。

4. 房屋端部大房间的楼盖，6 度时房屋的屋盖和 7～9 度时房屋的楼、屋盖，当圈梁设在板底时，钢筋混凝土预制板应相互拉结，并应与梁、墙或圈梁拉结。

7.3.6 楼、屋盖的钢筋混凝土梁或屋架应与墙、柱（包括构造柱）或圈梁可靠连接；不得采用独立砖柱。跨度不小于 6 m 大梁的支承构件应采用组合砌体等加强措施，并满足承载力要求。

7.3.8 楼梯间尚应符合下列要求：

1. 顶层楼梯间横墙体应沿墙高每隔 500 mm 设 2ϕ6 通长钢筋和 ϕ4 分布短钢筋平面内点焊组成的拉结网片或 ϕ4 点焊网片；7～9 度时其他各层楼梯间墙体应在休息平台或楼层半高处设置 60 mm 厚、纵向钢筋不应少于 2ϕ10 的钢筋混凝土带或配筋砖带，配筋砖带不少于 3 皮，每皮配筋不少于 2ϕ6，砂浆强度等级不应低于 M7.5 且不低于同层墙体的砂浆强度等级。

2. 楼梯间及门厅内墙阳角处的大梁支承长度不应小于 500 mm，并应与圈梁连接。

3. 装配式楼梯段应与平台板的梁可靠连接；8、9 度时不应采用装配式楼梯段；不应采用墙中悬挑式踏步或踏步竖肋插入墙体的楼梯，不应采用无筋砖砌栏板。

4. 突出屋顶的楼、电梯间，构造柱应伸到顶部，并与顶部圈梁连接，所有墙体应沿墙高每隔 500 mm 设 2ϕ6 通长钢筋和 ϕ4 分布短筋平面内点焊组成的拉结网片或 ϕ4 点焊网片。

三、混凝土小型砌块房屋

《建筑抗震设计规范》(GB 50011—2010)(2016 年版)

7.4.1 多层小砌块房屋应按表 7.4.1 的要求设置钢筋混凝土芯柱。对外廊式和单面走廊式的多层房屋、横墙较少的房屋，各层横墙很少的房屋，尚应分别按本规范第7.3.1条第 2、3、4 款关于增加层数的对应要求，按表 7.4.1 的要求设置芯柱。

表 7.4.1 多层小砌块房屋芯柱设置要求

房屋层数				设置部位	设置数量
6 度	7 度	8 度	9 度		
四、五	三、四	二、三		外墙转角，楼、电梯间四角，楼梯斜梯段上下端对应的墙体处； 大房间内外墙交接处； 错层部位横墙与外纵墙交接处； 隔 12 m 或单元横墙与外纵墙交接处	外墙转角，灌实 3 个孔； 内外墙交接处，灌实 4 个孔； 楼梯斜段上下端对应的墙体处，灌实 2 个孔
六	五	四		同上； 隔开间横墙(轴线)与外纵墙交接处	
七	六	五	二	同上； 各内墙(轴线)与外纵墙交接处； 内纵墙与横墙(轴线)交接处和洞口两侧	外墙转角，灌实 5 个孔； 内外墙交接处，灌实 4 个孔； 内墙交接处，灌实 4～5 个孔； 洞口两侧各灌实 1 个孔
	七	≥六	≥三	同上； 横墙内芯柱间距不大于 2 m	外墙转角，灌实 7 个孔； 内外墙交接处，灌实 5 个孔； 内墙交接处，灌实 4～5 个孔； 洞口两侧各灌实 1 个孔

注：外墙转角、内外墙交接处、楼电梯间四角等部位，应允许采用钢筋混凝土构造柱替代部分芯柱。

7.4.4 多层小砌块房屋的现浇钢筋混凝土圈梁的设置位置应按本规范 7.3.3 条多层

砖砌体房屋圈梁的要求执行，圈梁宽度不应小于 190 mm，配筋不应少于 4ϕ12，箍筋间距不应大于 200 mm。

《砌体结构设计规范》(GB 50003—2011)

10.1.2 本章适用的多层砌体结构房屋的总层数和总高度，应符合下列规定：

1. 房屋的层数和总高度不应超过表 10.1.2 的规定。

表 10.1.2 多层砌体房屋的层数和总高度限值 单位：m

房屋类别		最小墙厚度/mm	设防烈度和设计基本地震加速度											
			6		7				8				9	
			0.05g		0.10g		0.15g		0.20g		0.30g		0.40g	
			高度	层数	高度	层数	高度	层数	高度	层数	高度	层数	高度	层数
多层砌体房屋	普通砖	240	21	7	21	7	21	7	18	6	15	5	12	4
	多孔砖	240	21	7	21	7	18	6	18	6	15	5	9	3
	多孔砖	190	21	7	18	6	15	5	15	5	12	4	—	—
	混凝土砌块	190	21	7	21	7	18	6	18	6	15	5	9	3
底部框架-抗震墙砌体房屋	普通砖 多孔砖	240	22	7	22	7	19	6	16	5	—	—	—	—
	多孔砖	190	22	7	19	6	16	5	13	4	—	—	—	—
	混凝土砌块	190	22	7	22	7	19	6	16	5	—	—	—	—

注：1. 房屋的总高度指室外地面到主要屋面板板顶或檐口的高度，半地下室从地下室室内地面算起，全地下室和嵌固条件好的半地下室应允许从室外地面算起；对带阁楼的坡屋面应算到山尖墙的 1/2 高度处；

2. 室内外高差大于 0.6 m 时，房屋总高度应允许比表中的数据适当增加，但增加量应少于 1.0 m；

3. 乙类的多层砌体房屋仍按本地区设防烈度查表，其层数应减少一层且总高度应降低 3 m；不应采用底部框架—抗震墙砌体房屋。

2. 各层横墙较少的多层砌体房屋，总高度应比表 10.1.2 中的规定降低 3 m，层数相应减少一层；各层横墙很少的多层砌体房屋，还应再减少一层。

注：横墙较少是指同一楼层内开间大于 4.2 m 的房间占该层总面积的 40%以上；其中，开间不大于 4.2 m 的房间占该层总面积不到 20%且开间大于 4.8 m 的房间占该层总面积的 50%以上为横墙很少。

3. 抗震设防烈度为 6、7 度时，横墙较少的丙类多层砌体房屋，当按现行国家标准《建筑抗震设计规范》GB 50011 规定采取加强措施并满足抗震承载力要求时，其高度和层数应允许仍按表 10.1.2 中的规定采用。

4. 采用蒸压灰砂普通砖和蒸压粉煤灰普通砖的砌体房屋，当砌体的抗剪强度仅达到普通黏土砖砌体的 70%时，房屋的层数应比普通砖房屋减少一层，总高度应减少 3 m；当砌体的抗剪强度达到普通黏土砖砌体的取值时，房屋层数和总高度的要求同普通砖房屋。

10.1.5 考虑地震作用组合的砌体结构构件，其截面承载力应除以承载力抗震调整系数 γ_{RE}，承载力抗震调整系数应按表 10.1.5 采用。当仅计算竖向地震作用时，各类结构构件承载力抗震调整系数均应采用 1.0。

表 10.1.5 承载力抗震调整系数

结构构件类别	受力状态	γ_{RE}
两端均设有构造柱、芯柱的砌体抗震墙	受剪	0.9
组合砖墙	偏压、大偏拉和受剪	0.9
配筋砌块砌体抗震墙	偏压、大偏拉和受剪	0.85
自承重墙	受剪	1.0
其他砌体	受剪和受压	1.0

10.1.6 配筋砌块砌体抗震墙结构房屋抗震设计时，结构抗震等级应根据设防烈度和房屋高度按表 10.1.6 采用。

表 10.1.6 配筋砌块砌体抗震墙结构房屋的抗震等级

<table>
<tr><th colspan="2" rowspan="2">结构类型</th><th colspan="7">设防烈度</th></tr>
<tr><th colspan="2">6</th><th colspan="2">7</th><th colspan="2">8</th><th>9</th></tr>
<tr><td rowspan="2">配筋砌块砌体抗震墙</td><td>高度/m</td><td>≤24</td><td>>24</td><td>≤24</td><td>>24</td><td>≤24</td><td>>24</td><td>≤24</td></tr>
<tr><td>抗震墙</td><td>四</td><td>三</td><td>三</td><td>二</td><td>二</td><td>一</td><td>一</td></tr>
<tr><td rowspan="3">部分框支抗震墙</td><td>非底部加强部位抗震墙</td><td>四</td><td>三</td><td>三</td><td>二</td><td>二</td><td colspan="2" rowspan="3">不应采用</td></tr>
<tr><td>底部加强部位抗震墙</td><td>三</td><td>二</td><td>二</td><td>一</td><td>一</td></tr>
<tr><td>框支框架</td><td colspan="2">二</td><td>二</td><td>一</td><td>一</td></tr>
</table>

注：1. 对于四级抗震等级，除本章有规定外，均按非抗震设计采用；
2. 接近或等于高度分界时，可结合房屋不规则程度及场地、地基条件确定抗震等级。

第五节 钢结构抗震设计

《建筑抗震设计规范》(GB 50011—2010)(2016 年版)

8.1.3 钢结构房屋应根据设防分类、烈度和房屋高度，采用不同的抗震等级，并应符合相应的计算和构造要求。丙类建筑的抗震等级应按表 8.1.3 确定。

表 8.1.3 钢结构房屋的抗震等级

<table>
<tr><th rowspan="2">房屋高度</th><th colspan="4">烈 度</th></tr>
<tr><th>6</th><th>7</th><th>8</th><th>9</th></tr>
<tr><td>≤50 m</td><td></td><td>四</td><td>三</td><td>二</td></tr>
<tr><td>>50 m</td><td>四</td><td>三</td><td>二</td><td>一</td></tr>
</table>

注：1. 高度接近或等于高度分界时，应允许结合房屋不规则程度和场地、地基条件确定抗震等级；
2. 一般情况，构件的抗震等级应与结构相同；当某个部位各构件的承载力均满足 2 倍地震作用组合下的内力要求时，7～9 度的构件抗震等级应允许按降低一度确定。

8.3.1　框架柱的长细比，一级不应大于 $60\sqrt{\frac{235}{f_{ay}}}$，二级不应大于 $80\sqrt{\frac{235}{f_{ay}}}$，三级不应大于 $100\sqrt{\frac{235}{f_{ay}}}$，四级不应大于 $120\sqrt{\frac{235}{f_{ay}}}$。

8.3.6　梁与柱刚性连接时，柱在梁翼缘上下各 500 mm 的节点范围内，柱翼缘与柱腹板间或箱形柱壁板间的连接焊缝应采用全熔透坡口焊缝。

8.4.1　中心支撑杆件的长细比和板件宽厚比限值应符合下列规定：

1. 支撑杆件的长细比，按压杆设计时，不应大于 $120\sqrt{\frac{235}{f_{ay}}}$，一、二、三级中心支撑不得采用拉杆设计，四级采用拉杆设计时，其长细比不应大于 180。

2. 支撑杆件的板件宽厚比，不应大于表 8.4.1 规定的限值。采用节点板连接时.应注意节点板的强度和稳定性。

表 8.4.1　钢结构中心支撑板件宽厚比限值

板件名称	一级	二级	三级	四级
翼缘外伸部分	8	9	10	13
工字形截面腹板	25	26	27	33
箱形截面壁板	18	20	25	30
圆管外径与壁厚比	38	40	40	42

注：表列数值适用于 Q235 钢，采用其他牌号钢材应乘以 $\sqrt{\frac{235}{f_{ay}}}$，圆管应乘以 $\frac{235}{f_{ay}}$。

8.5.1　偏心支撑框架消能梁段的钢材屈服强度不应大于 345 MPa。消能梁段及与消能梁段同一跨内的非消能梁段，其板件的宽厚比不应大于表 8.5.1 规定的限值。

表 8.5.1　偏心支撑框架梁板件宽厚比限值

板件名称		宽厚比限值
翼缘外伸部分		8
腹板	当 $N/(Af)\leqslant 0.14$ 时	$90[1-1.65N/(Af)]$
	当 $N/(Af)>0.14$ 时	$33[2.3-N/(Af)]$

注：表列数值适用于 Q235 钢，当材料为其他钢号时，应乘以 $\sqrt{\frac{235}{f_{ay}}}$。$N/(Af)$ 为梁轴压比。

《高层民用建筑钢结构技术规程》(JGJ 99—2015)

3.7.1　各抗震设防类别的高层民用建筑钢结构的抗震措施应分别符合现行国家标准《建筑工程抗震设防分类标准》GB 50223 和《建筑抗震设计规范》GB 50011 的有关规定。

3.7.3　抗震设计时，高层民用建筑钢结构应根据抗震设防分类、烈度和房屋高度采用不同的抗震等级，并应符合相应的计算和构造措施要求。丙类建筑的抗震等级应按现行国家标准《建筑抗震设计规范》GB 50011 的有关规定确定。对甲类建筑和房屋高度超过 50 m，抗震设防烈度 9 度时的乙类建筑应采取更有效的抗震措施。

5.3.1　高层民用建筑钢结构的地震作用计算除应符合现行国家标准《建筑抗震设计规

范》GB 50011 的有关规定外，尚应符合下列规定：

1. 扭转特别不规则的结构，应计入双向水平地震作用下的扭转影响；其他情况，应计算单向水平地震作用下的扭转影响。

2. 9 度抗震设计时应计算竖向地震作用。

3. 高层民用建筑中的大跨度、长悬臂结构，7 度(0.15g)、8 度抗震设计时应计入竖向地震作用。

5.4.5　多遇地震水平地震作用计算时，结构各楼层对应于地震作用标准值的剪力应符合现行国家标准《建筑抗震设计规范》GB 50011 的有关规定。

6.1.5　计算各振型地震影响系数所采用的结构自振周期，应考虑非承重填充墙体的刚度影响予以折减。

6.4.3　地震设计状况下，当作用与作用效应按线性关系考虑时，荷载和地震作用基本组合的效应设计值，应按下式确定：

$$S_d = \gamma_G S_{GE} + \gamma_{Eh} S_{Ehk} + \gamma_{Ev} S_{Evk} + \Psi_w \gamma_w S_{wk} \tag{6.4.3}$$

式中　S_d——荷载和地震作用基本组合的效应设计值；

S_{GE}——重力荷载代表值的效应；

S_{Ehk}——水平地震作用标准值的效应，尚应乘以相应的增大系数、调整系数；

S_{Evk}——竖向地震作用标准值的效应，尚应乘以相应的增大系数、调整系数；

γ_G、γ_{Eh}、γ_{Ev}、γ_w——分别为上述各相应荷载或作用的分项系数；

Ψ_w——风荷载的组合值系数，应取 0.2。

《空间网格结构技术规程》(JGJ 7—2010)

3.1.8　单层网壳应采用刚接节点

3.4.5　对立体桁架、立体拱架和张弦立体拱架应设置平面外的稳定支撑体系。

4.3.1　单层网壳以及厚度小于跨度 1/50 的双层网壳均应进行稳定性计算

4.4.1　对用作屋盖的网架结构，其抗震验算应符合下列规定：

1. 在抗震设防烈度为 8 度的地区，对于周边支承的中小跨度网架结构应进行竖向抗震验算，对于其他网架结构均应进行竖向和水平抗震验算；

2. 在抗震设防烈度为 9 度的地区，对各种网架结构应进行竖向和水平抗震验算。

4.4.2　对于网壳结构，其抗震验算应符合下列规定：

1. 在抗震设防烈度为 7 度的地区，当网壳结构的矢跨比大于或等于 1/5 时，应进行水平抗震验算；当矢跨比小于 1/5 时，应进行竖向和水平抗震验算；

2. 在抗震设防烈度为 8 度或 9 度的地区，对各种网壳结构应进行竖向和水平抗震验算。

第六节　混合承重结构抗震设计

一、底部框架和多层内框架房屋

《建筑抗震设计规范》(GB 50011—2010)(2016 年版)

7.5.7　底部框架-抗震墙砌体房屋的楼盖应符合下列要求：

1. 过渡层的底板应采用现浇钢筋混凝土板，板厚不应小于 120 mm；并应少开洞、开小洞，当洞口尺寸大于 800 mm 时，洞口周边应设置边梁。

2. 其他楼层，采用装配式钢筋混凝土楼板时均应设现浇圈梁；采用现浇钢筋混凝土楼板时应允许不另设圈梁，但楼板沿抗震墙体周边均应加强配筋并应与相应的构造柱可靠连接。

7.5.8 底部框架-抗震墙砌体房屋的钢筋混凝土托墙梁，其截面和构造应符合下列要求：

1. 梁的截面宽度不应小于 300 mm，梁的截面高度不应小于跨度的 1/10。

2. 箍筋的直径不应小于 8 mm，间距不应大于 200 mm；梁端在 1.5 倍梁高且不小于 1/5 梁净跨范围内，以及上部墙体的洞口处和洞口两侧各 500 mm 且不小于梁高的范围内，箍筋间距不应大于 100 mm。

3. 沿梁高应设腰筋，数量不应少于 $2\phi14$，间距不应大于 200 mm。

4. 梁的纵向受力钢筋和腰筋应按受拉钢筋的要求锚固在柱内，且支座上部的纵向钢筋在柱内的锚固长度应符合钢筋混凝土框支梁的有关要求。

二、单层空旷房屋

《建筑抗震设计规范》(GB 50011—2010)(2016 年版)

10.1.3 单层空旷房屋大厅屋盖的承重结构，在下列情况下不应采用砖柱：

1. 7 度(0.15g)、8 度、9 度时的大厅。

2. 大厅内设有挑台。

3. 7 度(0.10g)时，大厅跨度大于 12 m 或柱顶高度大于 6 m。

4. 6 度时，大厅跨度大于 15 m 或柱顶高度大于 8 m。

10.1.12 8 度和 9 度时，高大山墙的壁柱应进行平面外的截面抗震验算。

10.1.15 前厅与大厅、大厅与舞台间轴线上横墙，应符合下列要求：

1. 应在横墙两端、纵向梁支点及大洞口两侧设置钢筋混凝土框架柱或构造柱。

2. 嵌砌在框架柱间的横墙应有部分设计成抗震等级不低于二级的钢筋混凝土抗震墙。

3. 舞台口的柱和梁应采用钢筋混凝土结构，舞台口大梁上承重砌体墙应设置间距不大于 4 m 的立柱和间距不大于 3 m 的圈梁，立柱、圈梁的截面尺寸、配筋及与周围砌体的拉结应符合多层砌体房屋要求。

4. 9 度时，舞台口大梁上的墙体应采用轻质隔墙。

第七节 房屋隔震和减震

一、一般规定

《建筑抗震设计规范》(GB 50011—2010)(2016 年版)

12.1.5 隔震和消能减震设计时，隔震装置和消能部件应符合下列要求：

1. 隔震装置和消能部件的性能参数应由试验确定。

2. 隔震装置和消能部件的设置部位，应采取便于检查和替换的措施。

3. 设计文件上应注明对隔震装置和消能部件的性能要求，安装前应按规定进行检测，确保性能符合要求。

二、隔震房屋

《建筑抗震设计规范》(GB 50011—2010)(2016 年版)

12.2.1　隔震设计应根据预期的竖向承载力、水平向减震系数和位移控制要求，选择适当的隔震装置及抗风装置组成结构的隔震层。

隔震支座应进行竖向承载力的验算和罕遇地震下水平位移的验算。

隔震层以上结构的水平地震作用应根据水平向减震系数确定；其竖向地震作用标准值，8 度(0.20g)、8 度(0.30g)和 9 度时分别不应小于隔震层以上结构总重力荷载代表值的 20%、30%和 40%。

12.2.9　隔震层以下的结构和基础应符合下列要求：

1. 隔震层支墩、支柱及相连构件，应采用隔震结构罕遇地震下隔震支座底部的竖向力、水平力和力矩进行承载力验算。

2. 隔震层以下的结构(包括地下室和隔震塔楼下的底盘)中直接支承隔震层以上结构的相关构件，应满足嵌固的刚度比和隔震后设防地震的抗震承载力要求，并按罕遇地震进行抗剪承载力验算。隔震层以下地面以上的结构在罕遇地震下的层间位移角限值应满足表 12.2.9 要求。

3. 隔震建筑地基基础的抗震验算和地基处理仍应按本地区抗震设防烈度进行，甲、乙类建筑的抗液化措施应按提高一个液化等级确定，直至全部消除液化沉陷。

表 12.2.9　隔震层以下地面以上结构罕遇地震作用下层间弹塑性位移角限值

下部结构类型	钢筋混凝土框架结构和钢结构	钢筋混凝土框架-抗震墙	钢筋混凝土抗震墙
$[\theta_p]$	1/100	1/200	1/250

第七章　结构鉴定与加固

第一节　结构安全性鉴定

一、一般规定

《古建筑木结构维护与加固技术规范》(GB 50165—1992)

4.1.4　古建筑的可靠性鉴定，应按下列规定分为四类：

Ⅰ类建筑　承重结构中原有的残损点均已得到正确处理，尚未发现新的残损点或残损征兆。

Ⅱ类建筑　承重结构中原先已修补加固的残损点，有个别需要重新处理；新近发现的若干残损迹象需要进一步观察和处理，但不影响建筑物的安全和使用。

Ⅲ类建筑　承重结构中关键部位的残损点或其组合已影响结构安全和正常使用，有必要采取加固或修理措施，但尚不致立即发生危险。

Ⅳ类建筑　承重结构的局部或整体已处于危险状态，随时可能发生意外事故，必须立即采取抢修措施。

二、混凝土结构构件

《民用建筑可靠性鉴定标准》(GB 50292—2015)

5.2.2　当按承载能力评定混凝土结构构件的安全性等级时，应按表 5.2.2 的规定分别评定每一验算项目的等级，并应取其中最低等级作为该构件承载能力的安全性等级。混凝土结构倾覆、滑移、疲劳的验算，应按国家现行相关规范进行。

表 5.2.2　按承载能力评定的混凝土结构构件安全性等级

构件类别	安全性等级			
	a_u 级	b_u 级	c_u 级	d_u 级
主要构件及节点、连接	$R/(\gamma_0 S)\geqslant 1.00$	$R/(\gamma_0 S)\geqslant 0.95$	$R/(\gamma_0 S)\geqslant 0.90$	$R/(\gamma_0 S)<0.90$
一般构件	$R\gamma/(_0 S)\geqslant 1.00$	$R/(\gamma_0 S)\geqslant 0.90$	$R/(\gamma_0 S)\geqslant 0.85$	$R/(\gamma_0 S)<0.85$

5.2.3　当按构造评定混凝土结构构件的安全性等级时，应按表 5.2.3 的规定分别评定每个检查项目的等级，并应取其中最低等级作为该构件构造的安全性等级。

表 5.2.3　按构造评定的混凝土结构构件安全性等级

检查项目	a_u 级或 b_u 级	c_u 级或 d_u 级
结构构造	结构、构件的构造合理，符合国家现行相关规范要求	结构、构件的构造不当，或有明显缺陷，不符合国家现行相关规范要求
连接或节点构造	连接方式正确，构造符合国家现行相关规范要求，无缺陷，或仅有局部的表面缺陷，工作无异常	连接方式不当，构造有明显缺陷，已导致焊缝或螺栓等发生变形、滑移、局部拉脱、剪坏或裂缝
受力预埋件	构造合理，受力可靠，无变形、滑移、松动或其他损坏	构造有明显缺陷，已导致预埋件发生变形、滑移、松动或其他损坏

三、钢结构构件

《民用建筑可靠性鉴定标准》(GB 50292—2015)

5.3.2　当按承载能力评定钢结构构件的安全性等级时，应按表 5.3.2 的规定分别评定每一验算项目的等级，并应取其中最低等级作为该构件承载能力的安全性等级。钢结构倾覆、滑移、疲劳、脆断的验算，应按国家现行相关规范的规定进行；节点、连接域的验算应包括其板件和连接的验算。

表 5.3.2　按承载能力评定的钢结构构件安全性等级

构件类别	安全性等级			
	a_u 级	b_u 级	c_u 级	d_u 级
主要构件及节点、连接域	$R/(\gamma_0 S)\geqslant 1.00$	$R/(\gamma_0 S)\geqslant 0.95$	$R/(\gamma_0 S)\geqslant 0.90$	$R/(\gamma_0 S)<0.90$ 或当构件或连接出现脆性断裂、疲劳开裂或局部失稳变形迹象时
一般构件	$R/(\gamma_0 S)\geqslant 1.00$	$R/(\gamma_0 S)\geqslant 0.90$	$R/(\gamma_0 S)\geqslant 0.85$	$R/(\gamma_0 S)<0.85$ 或当构件或连接出现脆性断裂、疲劳开裂或局部失稳变形迹象时

5.3.3　当按构造评定钢结构构件的安全性等级时，应按表 5.3.3 的规定分别评定每个检查项目的等级，并应取其中最低等级作为该构件构造的安全性等级。

表 5.3.3　按构造评定的钢结构构件安全性等级

检查项目	安全性等级	
	a_u 级或 b_u 级	c_u 级或 d_u 级
构件构造	构件组成形式、长细比或高跨比、宽厚比或高厚比等符合国家现行相关规范规定；无缺陷，或仅有局部表面缺陷；工作无异常	构件组成形式、长细比或高跨比、宽厚比或高厚比等不符合国家现行相关规范规定；存在明显缺陷，已影响或显著影响正常工作
节点、连接构造	节点构造、连接方式正确，符合国家现行相关规范规定；构造无缺陷或仅有局部的表面缺陷，工作无异常	节点构造、连接方式不当，不符合国家现行相关规范规定；构造有明显缺陷，已影响或显著影响正常工作

注：1. 构造缺陷还包括施工遗留的缺陷：对焊缝系指夹渣、气泡、咬边、烧穿、漏焊、少焊、未焊透以及焊脚尺寸不足等；对铆钉或螺栓系指漏铆、漏栓、错位、错排及掉头等；其他施工遗留的缺陷根据实际情况确定。

2. 节点、连接构造的局部表面缺陷包括焊缝表面质量稍差、焊缝尺寸稍有不足、连接板位置稍有偏差等；节点、连接构造的明显缺陷包括焊接部位有裂纹，部分螺栓或铆钉有松动、变形、断裂、脱落或节点板、连接板、铸件有裂纹或显著变形等。

四、砌体结构构件

《民用建筑可靠性鉴定标准》(GB 50292—2015)

5.4.2 当按承载能力评定砌体结构构件的安全性等级时，应按表5.4.2的规定分别评定每一验算项目的等级，并应取其中最低等级作为该构件承载能力的安全性等级。砌体结构倾覆、滑移、漂浮的验算，应按国家现行有关规范的规定进行。

表5.4.2 按承载能力评定的砌体构件安全性等级

构件类别	安全性等级			
	a_u 级	b_u 级	c_u 级	d_u 级
主要构件及连接	$R/(\gamma_0 S)\geqslant 1.00$	$R/(\gamma_0 S)\geqslant 0.95$	$R/(\gamma_0 S)\geqslant 0.90$	$R/(\gamma_0 S)<0.90$
一般构件	$R/(\gamma_0 S)\geqslant 1.00$	$R/(\gamma_0 S)\geqslant 0.90$	$R/(\gamma_0 S)\geqslant 0.85$	$R/(\gamma_0 S)<0.85$

5.4.3 当按连接及构造评定砌体结构构件的安全性等级时，应按表5.4.3的规定分别评定每个检查项目的等级，并应取其中最低等级作为该构件的安全性等级。

表5.4.3 按连接及构造评定砌体结构构件安全性等级

检查项目	安全性等级	
	a_u 级或 b_u 级	c_u 级或 d_u 级
墙、柱的高厚比	符合国家现行相关规范的规定	不符合国家现行相关规范的规定，且已超过现行国家标准《砌体结构设计规范》GB 50003规定限值的10%
连接及构造	连接及砌筑方式正确，构造符合国家现行相关规范规定，无缺陷或仅有局部的表面缺陷，工作无异常	连接及砌筑方式不当，构造有严重缺陷，已导致构件或连接部位开裂、变形、位移、松动，或已造成其他损坏

注：1. 构件支承长度的检查与评定包含在“连接及构造”的项目中；
2. 构造缺陷包括施工遗留的缺陷。

五、木结构构件

《民用建筑可靠性鉴定标准》(GB 50292—2015)

5.5.2 当按承载能力评定木结构构件及其连接的安全性等级时，应按表5.5.2的规定分别评定每一验算项目的等级，并应取其中最低等级作为该构件承载能力的安全性等级。

表5.5.2 按承载能力评定木结构构件及其连接安全性等级

构件类别	安全性等级			
	a_u 级	b_u 级	c_u 级	d_u 级
主要构件及连接	$R/(\gamma_0 S)\geqslant 1.0$	$R/(\gamma_0 S)\geqslant 0.95$	$R/(\gamma_0 S)\geqslant 0.90$	$R/(\gamma_0 S)<0.90$
一般构件	$R/(\gamma_0 S)\geqslant 1.0$	$R/(\gamma_0 S)\geqslant 0.90$	$R/(\gamma_0 S)\geqslant 0.85$	$R/(\gamma_0 S)<0.85$

5.5.3 当按构造评定木结构构件的安全性等级时，应按表5.5.3的规定分别评定每个

检查项目的等级，并应取其中最低等级作为该构件构造的安全性等级。

表 5.5.3　按构造评定木结构构件的安全性等级

检查项目	安全性等级	
	a_u 级或 b_u 级	c_u 级或 d_u 级
构件构造	构件长细比或高跨比、截面高宽比等符合国家现行设计规范的规定；无缺陷、损伤，或仅有局部表面缺陷；工作无异常	构件长细比或高跨比、截面高宽比等不符合国家现行设计规范的规定；存在明显缺陷或损伤；已影响或显著影响正常工作
节点、连接构造	节点、连接方式正确，构造符合国家现行设计规范规定；无缺陷，或仅有局部的表面缺陷；通风良好；工作无异常	节点、连接方式不当，构造有明显缺陷、通风不良，已导致连接松弛变形、滑移、沿剪面开裂或其他损坏

注：构件支承长度检查结果不参加评定，当存在问题时，需在鉴定报告中说明，并提出处理意见。

六、古建筑木结构

《古建筑木结构维护与加固技术规范》(GB 50165—1992)

4.1.7　木构架整体性的检查及评定，应按表 4.1.7 进行。

表 4.1.7　木构架整体性的检查及评定

项次	检查项目	检查内容	残损点评定界限	
			抬梁式	穿斗式
1	整体倾斜	(1) 沿构架平面的倾斜量 Δ_1	$\Delta_1 > H_0/120$ 或 $\Delta_1 > 120$ mm	$\Delta_1 > H_0/100$ 或 $\Delta_1 > 150$ mm
		(2) 垂直构架平面的倾斜量 Δ_2	$\Delta_2 > H_0/240$ 或 $\Delta_2 > 60$ mm	$\Delta_2 > H_0/200$ 或 $\Delta_2 > 75$ mm
2	局部倾斜	柱头与柱脚的相对位移 Δ	$\Delta > H/90$	$\Delta > H/75$
3	构架间的连系	纵向连枋及其连系构件现状	已残缺或连接已松动	
4	梁、柱间的连系(包括柱、枋间，柱、檩间的连系)	拉结情况及榫卯现状	无拉结，榫头拔出口卯口的长度超过榫头长度的	
			2/5	1/2
5	榫卯完好程度	材质	榫卯已腐朽、虫蛀	
		其他损坏	已劈裂或断裂	
		横纹压缩变形	压缩量超过 4 mm	

注：表中 H_0 为木构架总高；H 为柱高。

4.1.18　古建筑木构架出现下列情况之一时，其可靠性鉴定，应根据实际情况判为Ⅲ类或Ⅳ类建筑：

1. 主要承重构件，如大梁、檐柱、金柱等有破坏迹象，并将引起其他构件的连锁破坏。
2. 大梁与承重柱的连接节点的传力已处于危险状态。
3. 多处出现严重的残损点，且分布有规律，或集中出现。

4. 在虫害严重地区，发现木构架多处有新的蛀孔，或未见蛀孔，但发现有蛀虫成群活动。

4.1.19 在承重体系可靠性鉴定中，出现下列情况，应判为Ⅳ类建筑：

1. 多榀木构架出现严重的残损点，其组合可能导致建筑物，或其中某区段的坍塌。

2. 建筑物已朝某一方向倾斜，且观测记录表明，其发展速度正在加快。

第二节 房屋抗震鉴定

一、抗震设防鉴定依据

《建筑抗震鉴定标准》(GB 50023—2009)

1.0.3 现有建筑应按现行国家标准《建筑工程抗震设防分类标准》GB 50223 分为四类，其抗震措施核查和抗震验算的综合鉴定应符合下列要求：

1. 丙类，应按本地区设防烈度的要求核查其抗震措施并进行抗震验算。

2. 乙类，6～8 度应按比本地区设防烈度提高一度的要求核查其抗震措施，9 度时应适当提高要求；抗震验算应按不低于本地区设防烈度的要求采用。

3. 甲类，应经专门研究按不低于乙类的要求核查其抗震措施，抗震验算应按高于本地区设防烈度的要求采用。

4. 丁类，7～9 度时，应允许按比本地区设防烈度降低一度的要求核查其抗震措施，抗震验算应允许比本地区设防烈度适当降低要求；6 度时应允许不做抗震鉴定。

注：1. 本标准中，甲类、乙类、丙类、丁类，分别为现行国家标准《建筑工程抗震设防分类标准》GB 50223 特殊设防类、重点设防类、标准设防类、适度设防类的简称。

二、一般规定

《建筑抗震鉴定标准》(GB 50023—2009)

3.0.1 现有建筑的抗震鉴定应包括下列内容及要求：

1. 搜集建筑的勘察报告、施工和竣工验收的相关原始资料；当资料不全时，应根据鉴定的需要进行补充实测。

2. 调查建筑现状与原始资料相符合的程度、施工质量和维护状况，发现相关的非抗震缺陷。

3. 根据各类建筑结构的特点、结构布置、构造和抗震承载力等因素，采用相应的逐级鉴定方法，进行综合抗震能力分析。

4. 对现有建筑整体抗震性能做出评价，对符合抗震鉴定要求的建筑应说明其后续使用年限，对不符合抗震鉴定要求的建筑提出相应的抗震减灾对策和处理意见。

3.0.4 现有建筑宏观控制和构造鉴定的基本内容及要求，应符合下列规定：

1. 当建筑的平、立面，质量、刚度分布和墙体等抗侧力构件的布置在平面内明显不对称时，应进行地震扭转效应不利影响的分析；当结构竖向构件上下不连续或刚度沿高度分布突变时，应找出薄弱部位并按相应的要求鉴定。

2. 检查结构体系，应找出其破坏会导致整个体系丧失抗震能力或丧失对重力的承载能力的部件或构件；当房屋有错层或不同类型结构体系相连时，应提高其相应部位的抗震鉴定要求。

3. 检查结构材料实际达到的强度等级，当低于规定的最低要求时，应提出采取相应的抗震减灾对策。

4.1.2 对建造于危险地段的现有建筑，应结合规划更新（迁离）；暂时不能更新的，应进行专门研究，并采取应急的安全措施。

4.1.3 7～9 度时，建筑场地为条状突出山嘴、高耸孤立山丘、非岩石和强风化岩石陡坡、河岸和边坡的边缘等不利地段，应对其地震稳定性、地基滑移及对建筑的可能危害进行评估；非岩石和强风化岩石陡坡的坡度及建筑场地与坡脚的高差均较大时，应估算局部地形导致其地震影响增大的后果。

4.1.4 建筑场地有液化侧向扩展且距常时水线 100 m 范围内，应判明液化后土体流滑与开裂的危险。

4.2.4 存在软弱土、饱和砂土和饱和粉土的地基基础，应根据烈度、场地类别、建筑现状和基础类型，进行液化、震陷及抗震承载力的两级鉴定。符合第一级鉴定的规定时，应评为地基符合抗震要求，不再进行第二级鉴定。

静载下已出现严重缺陷的地基基础，应同时审核其静载下的承载力。

三、砌体房屋

《建筑抗震鉴定标准》（GB 50023—2009）

5.1.2 现有多层砌体房屋抗震鉴定时，房屋的高度和层数、抗震墙的厚度和间距、墙体实际达到的砂浆强度等级和砌筑质量、墙体交接处的连接以及女儿墙、楼梯间和出屋面烟囱等易引起倒塌伤人的部位应重点检查；7～9 度时，尚应检查墙体布置的规则性，检查楼、屋盖处的圈梁，检查楼、屋盖与墙体的连接构造等。

5.1.4 现有砌体房屋的抗震鉴定，应按房屋高度和层数、结构体系的合理性、墙体材料的实际强度、房屋整体性连接构造的可靠性、局部易损易倒部位构件自身及其与主体结构连接构造的可靠性以及墙体抗震承载力的综合分析，对整幢房屋的抗震能力进行鉴定。

当砌体房屋层数超过规定时，应评为不满足抗震鉴定要求；当仅有出入口和人流通道处的女儿墙、出屋面烟囱等不符合规定时，应评为局部不满足抗震鉴定要求。

5.1.5 A 类砌体房屋应进行综合抗震能力的两级鉴定。在第一级鉴定中，墙体的抗震承载力应依据纵、横墙间距进行简化验算，当符合第一级鉴定的各项规定时，应评为满足抗震鉴定要求；不符合第一级鉴定要求时，除有明确规定的情况外，应在第二级鉴定中采用综合抗震能力指数的方法，计入构造影响做出判断。

B 类砌体房屋，在整体性连接构造的检查中尚应包括构造柱的设置情况，墙体的抗震承载力应采用现行国家标准《建筑抗震设计规范》GB 50011 的底部剪力法等方法进行验算，或按照 A 类砌体房屋计入构造影响进行综合抗震能力的评定。

5.2.12 A 类砌体房屋的楼层平均抗震能力指数、楼层综合抗震能力指数和墙段综合抗震能力指数应按房屋的纵横两个方向分别计算。当最弱楼层平均抗震能力指数、最弱楼层综合抗震能力指数或最弱墙段综合抗震能力指数大于等于 1.0 时，应评定为满足抗震鉴定要求；当小于 1.0 时，应要求对房屋采取加固或其他相应措施。

四、钢筋混凝土房屋

《建筑抗震鉴定标准》(GB 50023—2009)

6.1.2　现有钢筋混凝土房屋的抗震鉴定，应依据其设防烈度重点检查下列薄弱部位：

1. 6 度时，应检查局部易掉落伤人的构件、部件以及楼梯间非结构构件的连接构造。

2. 7 度时，除应按第 1 款检查外，尚应检查梁柱节点的连接方式、框架跨数及不同结构体系之间的连接构造。

3. 8、9 度时，除应按第 1、2 款检查外，尚应检查梁、柱的配筋，材料强度，各构件间的连接，结构体型的规则性，短柱分布，使用荷载的大小和分布等。

6.1.4　现有钢筋混凝土房屋的抗震鉴定，应按结构体系的合理性、结构构件材料的实际强度、结构构件的纵向钢筋和横向箍筋的配置和构件连接的可靠性、填充墙等与主体结构的拉结构造以及构件抗震承载力的综合分析，对整幢房屋的抗震能力进行鉴定。

当梁柱节点构造和框架跨数不符合规定时，应评为不满足抗震鉴定要求；当仅有出入口、人流通道处的填充墙不符合规定时，应评为局部不满足抗震鉴定要求。

6.1.5　A 类钢筋混凝土房屋应进行综合抗震能力两级鉴定。当符合第一级鉴定的各项规定时，除 9 度外应允许不进行抗震验算而评为满足抗震鉴定要求；不符合第一级鉴定要求和 9 度时，除有明确规定的情况外，应在第二级鉴定中采用屈服强度系数和综合抗震能力指数的方法做出判断。

B 类钢筋混凝土房屋应根据所属的抗震等级进行结构布置和构造检查，并应通过内力调整进行抗震承载力验算；或按照 A 类钢筋混凝土房屋计入构造影响对综合抗震能力进行评定。

6.2.10　现有钢筋混凝土房屋采用楼层综合抗震能力指数进行第二级鉴定时，应分别选择下列平面结构：

1. 应至少在两个主轴方向分别选取有代表性的平面结构。

2. 框架结构与承重砌体结构相连时，除应符合本条第 1 款的规定外，尚应选取连接处的平面结构。

3. 有明显扭转效应时，除应符合本条第 1 款的规定外，尚应选取计入扭转影响的边榀结构。

6.3.1　现有 B 类钢筋混凝土房屋的抗震鉴定，应按表 6.3.1 确定鉴定时所采用的抗震等级，并按其所属抗震等级的要求核查抗震构造措施。

表 6.3.1　钢筋混凝土结构的抗震等级

结构类型		烈度								
		6 度		7 度		8 度			9 度	
框架结构	房屋高度/m	≤25	>25	≤35	>35	≤35	>35		≤25	
	框架	四	三	三	二	二	一		一	
框架-抗震墙结构	房屋高度/m	≤50	>50	≤60	>60	<50	50～80	>80	≤25	>25
	框架	四	三	三	二	三	二	一	二	一
	抗震墙	三		二		二	一		一	

表 6.3.1(续)

结构类型		烈度								
		6 度		7 度		8 度			9 度	
抗震墙结构	房屋高度/m	≤60	>60	≤80	>80	<35	35~80	>80	≤25	>25
	一般抗震墙	四	三	三	二	三	二	一	二	一
	有框支层的落地抗震墙底部加强部位	三	二	二		二	一	不宜采用	不应采用	
	框支层框架	三	二	二	一	二	一			

注:乙类设防时,抗震等级应提高一度查表。

五、内框架和底层框架房屋

《建筑抗震鉴定标准》(GB 50023－2009)

7.1.2　现有内框架和底层框架砖房抗震鉴定时,对房屋的高度和层数、横墙的厚度和间距、墙体的砂浆强度等级和砌筑质量应重点检查;并应根据结构类型和设防烈度重点检查下列薄弱部位:

1. 底层框架和底层内框架砖房的底层楼盖类型及底层与第二层的侧移刚度比、结构平面质量和刚度分布及墙体(包括填充墙)等抗侧力构件布置的均匀对称性。

2. 多层内框架砖房的屋盖类型和纵向窗间墙宽度。

3. 7～9 度设防时,尚应检查框架的配筋和圈梁及其他连接构造。

7.1.4　现有内框架和底层框架砖房的抗震鉴定,应按房屋高度和层数、混合承重结构体系的合理性、墙体材料的实际强度、结构构件之间整体性连接构造的可靠性、局部易损易倒部位构件自身及其与主体结构连接构造的可靠性以及墙体和框架抗震承载力的综合分析,对整幢房屋的抗震能力进行鉴定。

当房屋层数超过规定或底部框架砖房的上下刚度比不符合规定时,应评为不满足抗震鉴定要求;当仅有出入口和人流通道处的女儿墙等不符合规定时,应评为局部不满足抗震鉴定要求。

7.1.5　对 A 类内框架和底层框架砖房,应进行综合抗震能力的两级评定。符合第一级鉴定的各项规定时,应评为满足抗震鉴定要求;不符合第一级鉴定要求时,除有明确规定的情况外,应在第二级鉴定采用屈服强度系数和综合抗震能力指数的方法,计入构造影响做出判断。

对 B 类内框架和底层框架砖房,应根据所属的抗震等级和构造柱设置等进行结构布置和构造检查,并应通过内力调整进行抗震承载力验算,或按照 A 类房屋计入构造影响对综合抗震能力进行评定。

六、空旷房屋

《建筑抗震鉴定标准》(GB 50023—2009)

9.1.2　抗震鉴定时,影响房屋整体性、抗震承载力和易倒塌伤人的下列关键薄弱部位应重点检查:

1. 6 度时,应检查女儿墙、门脸和出屋面小烟囱和山墙山尖。

2. 7 度时，除按第 1 款检查外，尚应检查舞台口大梁上的砖墙、承重山墙。

3. 8 度时，除按第 1、2 款检查外，尚应检查承重柱（墙垛）、舞台口横墙、屋盖支撑及其连接、圈梁、较重装饰物的连接及相连附属房屋的影响。

4. 9 度时，除按第 1～3 款检查外，尚应检查屋盖的类型等。

9.1.5 单层空旷房屋，应根据结构布置和构件形式的合理性、构件材料实际强度、房屋整体性连接构造的可靠性和易损部位构件自身构造及其与主体结构连接的可靠性等，进行结构布置和构造的检查。

对 A 类空旷房屋，一般情况，当结构布置和构造符合要求时，应评为满足抗震鉴定要求；对有明确规定的情况，应结合抗震承载力验算进行综合抗震能力评定。

对 B 类空旷房屋，应检查结构布置和构造并按规定进行抗震承载力验算，然后评定其抗震能力。

当关键薄弱部位不符合规定时，应要求加固或处理；一般部位不符合规定时，应根据不符合的程度和影响的范围，提出相应对策。

七、古建筑木结构

《古建筑木结构维护与加固技术规范》(GB 50165—1992)

4.2.1 古建筑木结构的抗震鉴定，除应符合现行国家标准《建筑抗震鉴定标准》的要求外，尚应遵守下列规定：

1. 抗震设防烈度为 6 度及 6 度以上的建筑，均应进行抗震构造鉴定。

2. 凡属表 4.2.1 规定范围的建筑，尚应对其主要承重结构进行截面抗震验算。

表 4.2.1 古建筑需作截面抗震验算的范围

<table>
<tr><th rowspan="2">烈度
建筑场地类别
建筑类别</th><th colspan="2">6 度</th><th colspan="2">7 度</th><th rowspan="2">8 度</th><th rowspan="2">9 度</th></tr>
<tr><th>近震</th><th>远震</th><th>近震</th><th>远震</th></tr>
<tr><td>一般古建筑</td><td>—</td><td>—</td><td>—</td><td>—</td><td>Ⅲ、Ⅳ类场地</td><td>所有场地</td></tr>
<tr><td>结构特殊古建筑
300 年以上古建筑</td><td>—</td><td>—</td><td>Ⅳ类场地</td><td>Ⅲ、Ⅳ类场地</td><td colspan="2">所有场地</td></tr>
<tr><td>500 年以上古建筑</td><td>Ⅳ类场地</td><td>Ⅲ、Ⅳ类场地</td><td colspan="2">Ⅱ、Ⅲ、Ⅳ类场地</td><td colspan="2">所有场地</td></tr>
</table>

注：“近震”和“远震”的定义见现行国家标准《建筑抗震设计规范》的名词解释。

3. 对于下列情况，当有可能计算承重柱的最大侧偏位移时，尚宜进行抗震变形验算：

(1) 8 度Ⅲ、Ⅳ类场地及 9 度时，基本自振周期 $T_1 \geqslant 1$ s 的单层建筑。

(2) 8 度及 9 度时，500 年以上的建筑，或高度大于 15 m 的多层建筑。

4. 对抗震设防烈度为 10 度地区的古建筑，其抗震鉴定应组织有关专家专门研究，并应按有关专门规定执行。

4.2.2 古建筑木结构及其相关工程的抗震构造鉴定，应遵守下列规定：

1. 对抗震设防烈度为6度和7度的建筑,应按本章第一节进行鉴定。凡有残损点的构件和连接,其可靠性应被判为不符合抗震构造要求。

2. 对抗震设防烈度为8度和9度的建筑,除应按本条第1款鉴定外,尚应按表4.2.2的要求进行鉴定。

表 4.2.2 设防烈度为 8 度和 9 度的建筑抗震构造鉴定要求

项次	检查对象	检查内容	鉴定合格标准	
1	木柱	柱脚与柱础抵承状况	柱脚底面与柱础间实际抵承面积与柱脚处柱的原截面面积之比 ρ_c	$\rho_c \geqslant 3/4$
		柱础错位	柱与柱础之间错位置与柱径(或柱截面)沿错位方向的尺寸之比 ρ_d	$\rho_d \leqslant 1/10$
2	梁枋	挠度	竖向挠度最大值 ω_1 或 ω'	当 $h/l > 1/14$ 时 $\omega_1 \leqslant l^2/(2\,500h)$
				当 $h/l \leqslant 1/14$ 时 $\omega_1 \leqslant l/180$
				对于300年以上的梁枋,若无其他残损,可按 $\omega' \leqslant \omega_1 + h/50$ 评定
3	柱与梁枋的连接	榫卯连接完好程度	榫头拔出卯口的长度	不应超过榫长的1/4
		柱与梁枋拉结情况	拉结件种类及拉结方法	应有可靠的铁件闰结,且铁件无严重锈蚀
4	斗栱	斗栱构件	完好程度	无腐朽、劈裂、残缺
		斗栱榫卯	完好程度	无腐朽、松动、断裂或残缺
5	木构架整体性	整体倾斜	(1) 构架平面内倾斜量 Δ_1	$\Delta_1 \leqslant H_0/150$,且 $\Delta_1 \leqslant 100$ mm
			(2) 构架平面外倾斜量 Δ_2	$\Delta_2 \leqslant H_0/300$,且 $\Delta_2 \leqslant 50$ mm
		局部倾斜	柱头与柱脚相对位移量 Δ(不含侧脚值)	$\Delta \leqslant H/100$,且 $\Delta \leqslant 80$ mm
		构架间的连系	纵向连系构件的连接情况	连接应牢固
		加强空间的度的措施	(1) 构架间的纵向连系	应有可靠的支撑或有效的替代措施
			(2) 梁下各柱的纵、横向连系	应有可靠的支撑或有效的替代措施
6	屋顶	椽条	拉结情况	脊檩处,两坡椽条应有防止下滑的措施
		檩条	锚固情况	檩条应有防止外滚和檩端脱榫的措施
		大梁以上各层梁	与瓜柱、驼峰连系情况	应有可靠的榫接,必要时应加隐蔽式铁杆锚固
		角梁	抗倾覆能力	应有充分的抗倾覆连接件连结
		屋顶饰件及檐口瓦	系固情况	应有可靠的系固措施

表 4.2.2(续)

项次	检查对象	检查内容	鉴定合格标准	
7	檐墙	墙身倾斜	倾斜量 Δ	$\Delta \leqslant B/10$
		墙体构造	(1) 墙脚酥碱处理情况	应予修补
			(2) 填心砌筑墙体的拉结情况	每 3 m^2 墙面应至少有一拉结件

注：表中 B 为墙厚，若墙厚上下不等，按平均值采用。

4.2.3　古建筑木结构抗震能力的验算，除应按现行国家标准《建筑抗震设计规范》进行外，尚应遵守下列规定：

1. 在截面抗震验算中，结构总水平地震作用的标准值，应按下式计算：

$$F_{EK}=0.72a_1G_{eg} \tag{4.2.3}$$

式中　a_1——相应于结构基本自振周期 T_1 的水平地震影响系数，应按现行国家标准《建筑抗震设计规范》确定；

G_{eg}——结构等效总重力荷载，对坡顶房屋取 $1.15G_E$，对平顶房屋取 $1.0G_E$，对多层房屋取 $0.85G_E$，G_E 为房屋总重力荷载代表值。

对单层坡顶房屋，F_{EK} 作用于大梁中心位置。

对多层房屋，F_{EK} 的分配与作用位置，按现行国家标准《建筑抗震设计规范》确定。

3. 木构架承载力的抗震调整系数 γ_{RE} 可取 0.8。

4. 计算木构架的水平抗力，应考虑梁柱节点连接的有限刚度。

5. 在抗震变形验算中，木构架的位移角限值$[\theta_p]$可取 1/30。对 800 年以上或其他特别重要的古建筑，其位移角限值专门研究确定。

第三节　结构加固

一、抗震加固规定

《建筑抗震加固技术规程》(JGJ 116—2009)

1.0.3　现有建筑抗震加固前，应依据其设防烈度、抗震设防类别、后续使用年限和结构类型，按现行国家标准《建筑抗震鉴定标准》GB 50023 的相应规定进行抗震鉴定。

1.0.4　现有建筑抗震加固时，建筑的抗震设防类别及相应的抗震措施和抗震验算要求，应按现行国家标准《建筑抗震鉴定标准》GB 50023—2009 第 1.0.3 条的规定执行。

3.0.1　现有建筑抗震加固的设计原则应符合下列要求：

1. 加固方案应根据抗震鉴定结果经综合分析后确定，分别采用房屋整体加固、区段加固或构件加固，加强整体性、改善构件的受力状况、提高综合抗震能力。

2. 加固或新增构件的布置，应消除或减少不利因素，防止局部加强导致结构刚度或强度突变。

3. 新增构件与原有构件之间应有可靠连接；新增的抗震墙、柱等竖向构件应有可靠的基础。

4. 加固所用材料类型与原结构相同时，其强度等级不应低于原结构材料的实际强度等级。

5. 对于不符合鉴定要求的女儿墙、门脸、出屋顶烟囱等易倒塌伤人的非结构构件，应予以拆除或降低高度，需要保持原高度时应加固。

3.0.3 现有建筑抗震加固设计时，地震作用和结构抗震验算应符合下列规定：

1. 当抗震设防烈度为6度时(建造于Ⅳ类场地的较高的高层建筑除外)，以及木结构和土石墙房屋，可不进行截面抗震验算，但应符合相应的构造要求。

2. 加固后结构的分析和构件承载力计算，应符合下列要求：

(1) 结构的计算简图，应根据加固后的荷载、地震作用和实际受力状况确定；当加固后结构刚度和重力荷载代表值的变化分别不超过原来的10%和5%时，应允许不计入地震作用变化的影响；在条状突出的山嘴、高耸孤立的山丘、非岩石的陡坡、河岸和边坡边缘等不利地段，水平地震作用应按现行国家标准《建筑抗震设计规范》GB 50011的规定乘以增大系数1.1～1.6。

(2) 结构构件的计算截面面积，应采用实际有效的截面面积。

(3) 结构构件承载力验算时，应计入实际荷载偏心、结构构件变形等造成的附加内力；并应计入加固后的实际受力程度、新增部分的应变滞后和新旧部分协同工作的程度对承载力的影响。

3. 当采用楼层综合抗震能力指数进行结构抗震验算时，体系影响系数和局部影响系数应根据房屋加固后的状态取值，加固后楼层综合抗震能力指数应大于1.0，并应防止出现新的综合抗震能力指数突变的楼层。采用设计规范方法验算时，也应防止加固后出现新的层间受剪承载力突变的楼层。

3.0.6 抗震加固的施工应符合下列要求：

1. 应采取措施避免或减少损伤原结构构件。

2. 发现原结构或相关工程隐蔽部位的构造有严重缺陷时，应会同加固设计单位采取有效处理措施后方可继续施工。

3. 对可能导致的倾斜、开裂或局部倒塌等现象，应预先采取安全措施。

二、砌体房屋

《建筑抗震加固技术规程》(JGJ 116—2009)

5.3.1 采用水泥砂浆面层和钢筋网砂浆面层加固墙体时，应符合下列要求：

1. 钢筋网应采用呈梅花状布置的锚筋、穿墙筋固定于墙体上；钢筋网四周应采用锚筋、插入短筋或拉结筋等与楼板、大梁、柱或墙体可靠连接；钢筋网外保护层厚度不应小于10 mm，钢筋网片与墙面的空隙不应小于5 mm。

2. 面层加固采用综合抗震能力指数验算时，有关构件支承长度的影响系数应作相应改变，有关墙体局部尺寸的影响系数应取1.0。

5.3.7 采用现浇钢筋混凝土板墙加固墙体时，应符合下列要求：

1. 板墙应采用呈梅花状布置的锚筋、穿墙筋与原有砌体墙连接；其左右应采用拉结筋等与两端的原有墙体可靠连接；底部应有基础；板墙上下应与楼、屋盖可靠连接，至少应每隔1 m设置穿过楼板且与竖向钢筋等面积的短筋，短筋两端应分别锚入上下层的板墙内，其锚固长度不应小于短筋直径的40倍。

2. 板墙加固采用综合抗震能力指数验算时，有关构件支承长度的影响系数应作相应改变，有关墙体局部尺寸的影响系数应取 1.0。

5.3.13 采用外加圈梁-钢筋混凝土柱加固房屋时，应符合下列要求：

1. 外加柱应在房屋四角、楼梯间和不规则平面的对应转角处设置，并应根据房屋的设防烈度和层数在内外墙交接处隔开间或每开间设置；外加柱应由底层设起，并应沿房屋全高贯通，不得错位；外加柱应与圈梁（含相应的现浇板等）或钢拉杆连成闭合系统。

2. 外加柱应设置基础，并应设置拉结筋、销键、压浆锚杆或锚筋等与原墙体、原基础可靠连接；当基础埋深与外墙原基础不同时，不得浅于冻结深度。

3. 增设的圈梁应与墙体可靠连接；圈梁在楼、屋盖平面内应闭合，在阳台、楼梯间等圈梁标高变换处，圈梁应有局部加强措施；变形缝两侧的圈梁应分别闭合。

4. 加固后采用综合抗震能力指数验算时，圈梁布置和构造的体系影响系数应取 1.0；墙体连接的整体构造影响系数和相关墙垛局部尺寸的局部影响系数应取 1.0。

三、钢筋混凝土房屋

《建筑抗震加固技术规程》(JGJ 116—2009)

6.1.2 钢筋混凝土房屋的抗震加固应符合下列要求：

1. 抗震加固时应根据房屋的实际情况选择加固方案，分别采用主要提高结构构件抗震承载力、主要增强结构变形能力或改变框架结构体系的方案。

2. 加固后的框架应避免形成短柱、短梁或强梁弱柱。

3. 采用综合抗震能力指数验算时，加固后楼层屈服强度系数、体系影响系数和局部影响系数应根据房屋加固后的状态计算和取值。

6.3.1 增设钢筋混凝土抗震墙或翼墙加固房屋时，应符合下列要求：

1. 混凝土强度等级不应低于 C20，且不应低于原框架柱的实际混凝土强度等级。

2. 墙厚不应小于 140 mm，竖向和横向分布钢筋的最小配筋率，均不应小于 0.20%。对于 B、C 类钢筋混凝土房屋，其墙厚和配筋应符合其抗震等级的相应要求。

3. 增设抗震墙后应按框架-抗震墙结构进行抗震分析，增设的混凝土和钢筋的强度均应乘以规定的折减系数。加固后抗震墙之间楼、屋盖长宽比的局部影响系数应作相应改变。

6.3.4 采用钢构套加固框架时，应符合下列要求：

1. 钢构套加固梁时，纵向角钢、扁钢两端应与柱有可靠连接。

2. 钢构套加固柱时，应采取措施使楼板上下的角钢、扁钢可靠连接；顶层的角钢、扁钢应与屋面板可靠连接；底层的角钢、扁钢应与基础锚固。

3. 加固后梁、柱截面抗震验算时，角钢、扁钢应作为纵向钢筋、钢缀板应作为箍筋进行计算，其材料强度应乘以规定的折减系数。

6.3.7 采用钢筋混凝土套加固梁柱时，应符合下列要求：

1. 混凝土的强度等级不应低于 C20，且不应低于原构件实际的混凝土强度等级。

2. 柱套的纵向钢筋遇到楼板时，应凿洞穿过并上下连接，其根部应伸入基础并满足锚固要求，其顶部应在屋面板处封顶锚固；梁套的纵向钢筋应与柱可靠连接。

3. 加固后梁、柱按整体截面进行抗震验算，新增的混凝土和钢筋的材料强度应乘以规定的折减系数。

四、内框架和底层框架房屋

《建筑抗震加固技术规程》(JGJ 116—2009)

7.1.2 内框架和底层框架砖房的抗震加固应符合下列要求：

1. 底层框架房屋加固后，框架层与相邻上部砌体层的刚度比，应符合现行国家标准《建筑抗震设计规范》GB 50011的相应规定。

2. 加固部位的框架应防止形成短柱或强梁弱柱。

3. 采用综合抗震能力指数验算时，楼层屈服强度系数、加固增强系数、加固后的体系影响系数和局部影响系数应根据房屋加固后的状态计算和取值。

7.3.1 增设钢筋混凝土壁柱加固内框架房屋的砖柱(墙垛)时，应符合下列要求：

1. 壁柱应从底层设起，沿砖柱(墙垛)全高贯通；在楼、屋盖处应与圈梁或楼、屋盖拉结；壁柱应设基础，埋深与外墙基础不同时，不得浅于冻结深度。

2. 壁柱的截面面积不应小于36 000 mm^2，内壁柱的截面宽度应大于相连内框架梁的宽度。

3. 壁柱的纵向钢筋不应少于4ϕ12；箍筋间距不应大于200 mm，在楼、屋盖标高上下各500 mm范围内，箍筋间距不应大于100 mm；内外壁柱间沿柱高每隔600 mm，应拉通一道箍筋。

7.3.3 增设钢筋混凝土现浇层加固楼盖时，现浇层的厚度不应小于40 mm，钢筋的直径不应小于6 mm，其间距不应大于300 mm；尚应采取措施加强现浇层与原有楼板、墙体的连接。

五、空旷房屋

《建筑抗震加固技术规程》(JGJ 116—2009)

9.3.1 增设钢筋网砂浆面层与原有砖柱(墙垛)形成面层组合柱时，面层应在柱两侧对称布置；纵向钢筋的保护层厚度不应小于20 mm，钢筋与砌体表面的空隙不应小于5 mm，钢筋的上端应与柱顶的垫块或圈梁连接，下端应锚固在基础内；柱两侧面层沿柱高应每隔600 mm采用ϕ6的封闭钢箍拉结。

9.3.5 增设钢筋混凝土壁柱或套与原有砖柱(墙垛)形成组合壁柱时，应符合下列要求：

1. 壁柱应在砖墙两面相对位置同时设置，并采用钢筋混凝土腹杆拉结。在砖柱(墙垛)周围设置钢筋混凝土套遇到砖墙时，应设钢筋混凝土腹杆拉结。壁柱或套应设基础，基础的横截面面积不得小于壁柱截面面积的一倍，并应与原基础可靠连接。

2. 壁柱或套的纵向钢筋，保护层厚度不应小于25 mm，钢筋与砌体表面的净距不应小于5 mm；钢筋的上端应与柱顶的垫块或圈梁连接，下端应锚固在基础内。

3. 壁柱或套加固后按组合砖柱进行抗震承载力验算，但增设的混凝土和钢筋的强度应乘以规定的折减系数。

六、古建筑木结构

《古建筑木结构维护与加固技术规范》(GB 50165—1992)

5.5.2 古建筑木结构的构造不符合抗震鉴定要求时，除应按所发现的问题逐项进行加固外，尚应遵守下列规定：

1. 对体型高大、内部空旷或结构特殊的古建筑木结构，均应采取整体加固措施。

2. 对截面抗震验算不合格的结构构件，应采取有效的减载、加固和必要的防震措施。

3. 对抗震变形验算不合格的部位，应加设支顶等提高其刚度。若有困难，也应加临时支顶，但应与其他部位刚度相当。

6.3.3　修复或更换承重构件的木材，其材质要求应与原件相同。

6.3.4　用作承重构件或小木作工程的木材，使用前应经干燥处理，含水率应符合下列规定：

1. 原木或方木构件，包括梁枋、柱、檩、椽等，不应大于20%；为便于测定原木和方木的含水率，可采用按表层检测的方法，但其表层20 mm深处的含水率不应大于16%。

2. 板材、斗栱及各种小木作，不应大于当地的木材平衡含水率。

6.3.5　修复古建筑木结构构件使用的胶黏剂，应保证胶缝强度不低于被咬合木材的顺纹抗剪和横纹抗拉强度。胶黏剂的耐水性及耐久性，应与木构件的用途和使用年限相适应。

6.4.1　古建筑木结构在维修加固中，如有下列情况之一应进行结构验算：

1. 有过度变形或产生局部破坏现象的构件和节点。

2. 维修、加固后荷载、受力条件有改变的结构和节点。

3. 重要承重结构的加固方案。

4. 需由构架本身承受水平荷载的无墙木构架建筑。

6.4.2　验算古建筑木结构时，其木材设计强度和弹性模量应符合下列规定：

1. 按现行国家标准《木结构设计标准》的规定采用，并乘以结构重要性系数0.9；有特殊要求者另定。

2. 对外观已显著变形或木质已老化的构件，尚应乘以表6.4.2考虑荷载长期作用和木质老化影响的调整系数。

表6.4.2　考虑长期荷载作用和木质老化的调整系数

建筑物修建距今的时间/年	调整系数		
	顺纹抗压设计强度	抗弯和顺纹抗剪设计强度	弹性模量和横纹承压设计强度
100	0.95	0.90	0.90
300	0.85	0.80	0.85
≥500	0.75	0.70	0.75

3. 对仅以恒载作用验算的构件，尚应乘以现行国家标准《木结构设计标准》中规定的调整系数。

6.4.3　梁、柱构件应按现行国家标准《木结构设计标准》的有关规定验算其承载能力，并应遵守下列规定：

1. 当梁过度弯曲时，梁的有效跨度应按支座与梁的实际接触情况确定，并应考虑支座传力偏心对支承构件受力的影响。

2. 柱应按两端铰接计算，计算长度取侧向支承间的距离，对截面尺寸有变化的柱可按中间截面尺寸验算稳定。

3. 若原有构件已部分缺损或腐朽，应按剩余的截面进行验算。

6.5.7　对木构架进行整体加固，应符合下列要求：

1. 加固方案不得改变原来的受力体系。

2. 对原来结构和构造的固有缺陷，应采取有效措施予以消除，对所增设的连接件应设法加以隐蔽。

3. 对本应拆换的梁枋、柱，当其文物价值较高而必须保留时，可另加支柱，但另加的支柱应能易于识别。

4. 对任何整体加固措施，木构架中原有的连接件，包括椽、檩和构架间的连接件，应全部保留。若有短缺时，应重新补齐。

5. 加固所用材料的耐久性，不应低于原有结构材料的耐久性。

6.6.3　对柱的受力裂缝和继续开展的斜裂缝，必须进行强度验算，然后根据具体情况采取加固措施或更换新柱。

6.7.3　当梁枋构件的挠度超过规定的限值或发现有断裂迹象时，应按下列方法进行处理：

1. 在梁枋下面支顶立柱。

2. 更换构件。

3. 若条件允许，可在梁枋内埋设型钢或其他加固件。

6.7.4　对梁枋脱榫的维修，应根据其发生原因，采用下列修复方法：

2. 梁枋完整，仅因榫头腐朽、断裂而脱榫时，应先将破损部分剔除干净，并在梁枋端部开卯口，经防腐处理后，用新制的硬木榫头嵌入卯口内。嵌接时，榫头与原构件用耐水性胶黏剂粘牢并用螺栓固紧。榫头的截面尺寸及其与原构件嵌接的长度，应按计算确定，并应在嵌接长度内用玻璃钢箍或两道铁箍箍紧。

第八章　施工质量

第一节　总　　则

《建筑工程施工质量验收统一标准》(GB 50300—2013)

5.0.8　经返修或加固处理仍不能满足安全或重要使用要求的分部工程及单位工程，严禁验收。

6.0.6　建设单位收到工程竣工报告后，应由建设单位项目负责人组织监理、施工、设计、勘察等单位项目负责人进行单位工程验收。

第二节　地基基础

一、特殊性土

《湿陷性黄土地区建筑规范》(GB 50025—2018)

4.1.1　湿陷性黄土场地的岩土工程勘察应查明或试验确定下列岩土参数，应对场地、地基作出岩土工程评价，并应对地基处理措施提出建议。

1. 建筑类别为甲类、乙类时，场地湿陷性黄土层的厚度、下限深度；
2. 自重湿陷系数、湿陷系数及湿陷起始压力随深度的变化；
3. 不同湿陷类型场地、不同湿陷等级地基的平面分布。

4.1.8　评价湿陷性用的不扰动土样应为Ⅰ级土样，且必须保持其天然的结构、密度和湿度。

二、桩基础

《建筑地基基础工程施工质量验收标准》(GB 50202—2018)

5.1.3　灌注桩混凝土强度检验的试件应在施工现场随机抽取。来自同一搅拌站的混凝土，每浇筑 50 m^3 必须至少留置 1 组试件；当混凝土浇筑量不足 50 m^3 时，每连续浇筑 12 h 必须至少留置 1 组试件。对单柱单桩，每根桩应至少留置 1 组试件。

三、边坡、基坑支护

《建筑基坑支护技术规程》(JGJ 120—2012)

3.1.2　基坑支护应满足下列功能要求：

1. 保证基坑周边建(构)筑物、地下管线、道路的安全和正常使用；
2. 保证主体地下结构的施工空间。

8.1.3　当基坑开挖面上方的锚杆、土钉、支撑未达到设计要求时，严禁向下超挖土方。

8.1.4　采用锚杆或支撑的支护结构，在未达到设计规定的拆除条件时，严禁拆除锚杆或支撑。

8.1.5　基坑周边施工材料、设施或车辆荷载严禁超过设计要求的地面荷载限值。

8.2.2　安全等级为一级、二级的支护结构，在基坑开挖过程与支护结构使用期内，必须进行支护结构的水平位移监测和基坑开挖影响范围内建(构)筑物、地面的沉降监测。

《建筑边坡工程技术规范》(GB 50330—2013)

15.1.2　对土石方开挖后不稳定或欠稳定的边坡，应根据边坡的地质特征和可能发生的破坏等情况，采取自上而下、分段跳槽、及时支护的逆作法或部分逆作法施工。严禁无序大开挖、大爆破作业。

15.1.6　一级边坡工程施工应采用信息施工法。

15.4.1　岩石边坡开挖采用爆破法施工时，应采取有效措施避免爆破对边坡和坡顶建(构)筑物的震害。

四、地基处理

《建筑地基处理技术规范》(JGJ 79—2012)

4.4.2　换填垫层的施工质量检验应分层进行，并应在每层的压实系数符合设计要求后铺填上层。

5.4.2　预压地基竣工验收检验应符合下列规定：

1. 排水竖井处理深度范围内和竖井底面以下受压土层，经预压所完成的竖向变形和平均固结度应满足设计要求；

2. 应对预压的地基土进行原位试验和室内土工试验。

6.2.5　压实地基的施工质量检验应分层进行。每完成一道工序，应按设计要求进行验收，未经验收或验收不合格时，不得进行下一道工序施工。

6.3.2　强夯置换处理地基，必须通过现场试验确定其适用性和处理效果。

6.3.13　强夯处理后的地基竣工验收，承载力检验应根据静载荷试验、其他原位测试和室内土工试验等方法综合确定。强夯置换后的地基竣工验收，除应采用单墩静载荷试验进行承载力检验外，尚应采用动力触探等查明置换墩着底情况及密度随深度的变化情况。

7.1.2　对散体材料复合地基增强体应进行密实度检验；对有黏结强度复合地基增强体应进行强度及桩身完整性检验。

7.1.3　复合地基承载力的验收检验应采用复合地基静载荷试验，对有黏结强度的复合地基增强体尚应进行单桩静载荷试验。

7.3.2　水泥土搅拌桩用于处理泥炭土、有机质土、pH 值小于 4 的酸性土、塑性指数大于 25 的黏土，或在腐蚀性环境中以及无工程经验的地区使用时，必须通过现场和室内试验确定其适用性。

7.3.6　水泥土搅拌桩干法施工机械必须配置经国家计量部门确认的具有能瞬时检测并记录出粉体计量装置及搅拌深度自动记录仪。

8.4.4　注浆加固处理后地基的承载力应进行静载荷试验检验。

第三节 混凝土工程

一、模板工程

《混凝土结构工程施工质量验收规范》(GB 50204—2015)

4.1.2 模板及支架应根据安装、使用和拆除工况进行设计，并应满足承载力、刚度和整体稳固性要求。

二、钢筋工程

《混凝土结构工程施工质量验收规范》(GB 50204—2015)

5.2.1 钢筋进场时，应按国家现行标准的规定抽取试件作屈服强度、抗拉强度、伸长率、弯曲性能和重量偏差检验，检验结果应符合相应标准的规定。

检查数量：按进场批次和产品的抽样检验方案确定。

检验方法：检查质量证明文件和抽样检验报告。

5.2.3 对按一、二、三级抗震等级设计的框架和斜撑构件（含梯段）中的纵向受力普通钢筋应采用HRB335E、HRB400E、HRB500E、HRBF335E、HRBF400E或HRBF500E钢筋，其强度和最大力下总伸长率的实测值应符合下列规定：

1. 抗拉强度实测值与屈服强度实测值的比值不应小于1.25；
2. 屈服强度实测值与屈服强度标准值的比值不应大于1.30；
3. 最大力下总伸长率不应小于9%。

检查数量：按进场的批次和产品的抽样检验方案确定。

检验方法：检查抽样检验报告。

5.5.1 钢筋安装时，受力钢筋的牌号、规格和数量必须符合设计要求。

检查数量：全数检查。

检验方法：观察，尺量。

三、预应力工程

《混凝土结构工程施工质量验收规范》(GB 50204—2015)

6.2.1 预应力筋进场时，应按国家现行标准的规定抽取试件作抗拉强度、伸长率检验，其检验结果应符合相应标准的规定。

检查数量：按进场的批次和产品的抽样检验方案确定。

检验方法：检查质量证明文件和抽样检验报告。

6.3.1 预应力筋安装时，其品种、规格、级别和数量必须符合设计要求。

检查数量：全数检查。

检验方法：观察，尺量。

6.4.2 对后张法预应力结构构件，钢绞线出现断裂或滑脱的数量不应超过同一截面钢绞线总根数的3%，且每根断裂的钢绞线断丝不得超过一丝；对多跨双向连续板，其同一截面应按每跨计算。

检查数量：全数检查。

检验方法：观察，检查张拉记录。

四、混凝土工程

《混凝土结构工程施工质量验收规范》(GB 50204—2015)

7.2.1 水泥进场时，应对其品种、代号、强度等级、包装或散装仓号、出厂日期等进行检查，并应对水泥的强度、安定性和凝结时间进行检验，检验结果应符合现行国家标准《通用硅酸盐水泥》GB 175 的相关规定。

检查数量：按同一厂家、同一品种、同一代号、同一强度等级、同一批号且连续进场的水泥，袋装不超过 200 t 为一批，散装不超过 500 t 为一批，每批抽样数量不应少于一次。

检验方法：检查质量证明文件和抽样检验报告。

7.4.1 混凝土的强度等级必须符合设计要求。用于检验混凝土强度的试件应在浇筑地点随机抽取。

检查数量：对同一配合比混凝土，取样与试件留置应符合下列规定：

1. 每拌制 100 盘且不超过 100 m^3 时，取样不得少于一次；
2. 每工作班拌制不足 100 盘时，取样不得少于一次；
3. 连续浇筑超过 1 000 m^3 时，每 200 m^3 取样不得少于一次；
4. 每一楼层取样不得少于一次；
5. 每次取样应至少留置一组试件。

检验方法：检查施工记录及混凝土强度试验报告。

《普通混凝土配合比设计规程》(JGJ 55—2011)

6.2.5 对耐久性有设计要求的混凝土应进行相关耐久性试验验证。

《普通混凝土用砂、石质量及检验方法标准》(JGJ 52—2006)

1.0.3 对于长期处于潮湿环境的重要混凝土结构所用的砂、石，应进行碱活性检验。

3.1.10 砂中氯离子含量应符合下列规定：

1. 对于钢筋混凝土用砂，其氯离子含量不得大于 0.06%(以干砂的质量百分率计)。
2. 对于预应力混凝土用砂，其氯离子含量不得大于 0.02%(以干砂的质量百分率计)。

《混凝土外加剂应用技术规范》(GB 50119—2013)

3.1.3 含有六价铬盐、亚硝酸盐和硫氰酸盐成分的混凝土外加剂，严禁用于饮水工程中建成后与饮用水直接接触的混凝土。

3.1.4 含有强电解质无机盐的早强型普通减水剂、早强剂、防冻剂和防水剂，严禁用于下列混凝土结构：

1. 与镀锌钢材或铝铁相接触部位的混凝土结构；
2. 有外露钢筋预埋铁件而无防护措施的混凝土结构；
3. 使用直流电源的混凝土结构；
4. 距高压直流电源 100 m 以内的混凝土结构。

3.1.5 含有氯盐的早强型普通减水剂、早强剂、防水剂和氯盐类防冻剂，严禁用于预应力混凝土、钢筋混凝土和钢纤维混凝土结构。

3.1.6 含有硝酸铵、碳酸铵的早强型普通减水剂、早强剂和含有硝酸铵、碳酸铵、尿素的防冻剂，严禁用于办公、居住等有人员活动的建筑工程。

3.1.7 含有亚硝酸盐、碳酸盐的早强型普通减水剂、早强剂、防冻剂和含亚硝酸盐的阻锈剂，严禁用于预应力混凝土结构。

第四节 钢结构工程

《钢结构工程施工质量验收规范》(GB 50205—2001)

4.2.1 钢材、钢铸件的品种、规格、性能等应符合现行国家产品标准和设计要求，进口钢材产品的质量应符合设计和合同规定标准的要求。

4.3.1 焊接材料的品种、规格、性能等应符合现行国家产品标准和设计要求。

4.4.1 钢结构连接用高强度大六角头螺栓连接副、扭剪型高强度螺栓连接副、钢网架用高强度螺栓、普通螺栓、铆钉、自攻钉、拉铆钉、射钉、锚栓(机械型和化学试剂型)、地脚锚栓等紧固标准件及螺母、垫圈等标准配件，其品种、规格、性能等应符合现行国家产品标准和设计要求。高强度大六角头螺栓连接副和扭剪型高强度螺栓连接副出厂时应分别随箱带有扭矩系数和紧固轴力(预拉力)的检验报告。

5.2.2 焊工必须经考试合格并取得合格证书。持证焊工必须在其考试合格项目及其认可范围内施焊。

5.2.4 设计要求全焊透的一、二级焊缝应采用超声波探伤进行内部缺陷的检验，超声波探伤不能对缺陷作出判断时，应采用射线探伤，其内部缺陷分级及探伤方法应符合现行国家标准《钢焊缝手工超声波探伤方法和探伤结果分级法》GB 11345 或《钢熔化焊对接接头射线照相和质量分级》GB 3323 的规定。

焊接球节点网架焊缝、螺栓球节点网架焊缝及圆管 T、K、Y 形节点相关线焊缝，其内部缺陷分级及探伤方法应分别符合国家现行标准的规定。

一级、二级焊缝的质量等级及缺陷分级应符合表 5.2.4 的规定。

表 5.2.4 一、二级焊缝质量等级及缺陷分级

焊缝质量等级		一级	二级
内部缺陷超声波探伤	评定等级	Ⅱ	Ⅲ
	检验等级	B 级	B 级
	探伤比例	100%	20%
内部缺陷射线探伤	评定等级	Ⅱ	Ⅲ
	检验等级	AB 级	AB 级
	探伤比例	100%	20%

注：探伤比例的计数方法应按以下原则确定：(1) 对工厂制作焊缝，应按每条焊缝计算百分比，且探伤长度应不小于 200 mm，当焊缝长度不足 200 mm 时，应对整条焊缝进行探伤；(2) 对现场安装焊缝，应按同一类型、同一施焊条件的焊缝条数计算百分比，探伤长度应不小于 200 mm，并应不少于 1 条焊缝。

6.3.1 钢结构制作和安装单位应分别进行高强度螺栓连接摩擦面的抗滑移系数试验和复验，现场处理的构件摩擦面应单独进行摩擦面抗滑移系数试验，其结果应符合设计要求。

8.3.1　吊车梁和吊车桁架不应下挠。

10.3.4　单层钢结构主体结构的整体垂直度和整体平面弯曲的允许偏差应符合表10.3.4的规定。

检查数量：对主要立面全部检查。对每个所检查的立面，除两列角柱外，尚应至少选取一列中间柱。

检验方法：采用经纬仪、全站仪等测量。

表10.3.4　整体垂直度和整体平面弯曲的允许偏差

项　目	允许偏差/mm	图　例
主体结构的整体垂直	H/1 000，且不应大于25.0	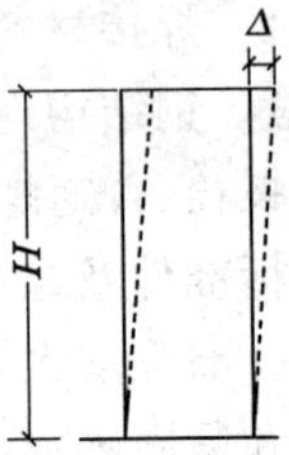
主体结构的整体平面弯曲	L/1 500，且不应大于25.0	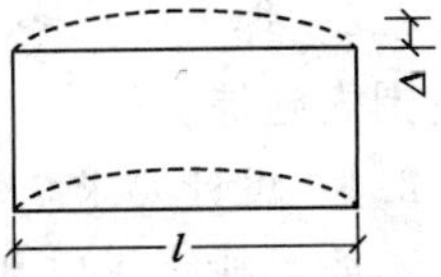

11.3.5　多层及高层钢结构主体结构的整体垂直度和整体平面弯曲的允许偏差应符合表11.3.5的规定。

检查数量：对主要立面全部检查。对每个所检查的立面，除两列角柱外，尚应至少选取一列中间柱。

检验方法：对于整体垂直度，可采用激光经纬仪、全站仪测量，也可根据各节柱的垂直度允许偏差累计（代数和）计算。对于整体平面弯曲，可按产生的允许偏差累计（代数和）计算。

表11.3.5　整体垂直度和整体平面弯曲的允许偏差

项　目	允许偏差/mm	图　例
主体结构的整体垂直	H/2 500＋10.0，且不应大于50.0	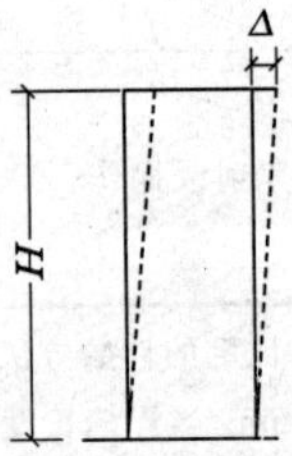
主体结构的整体平面弯曲	L/1 500，且不应大于25.0	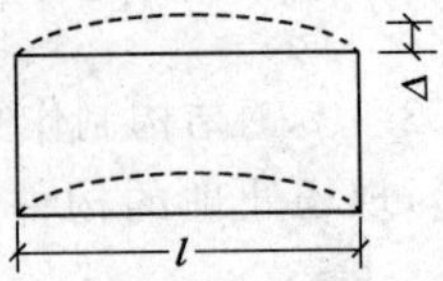

12.3.4 钢网架结构总拼完成后及屋面工程完成后应分别测量其挠度值，且所测的挠度值不应超过相应设计值的1.15倍。

14.2.2 涂料、涂装遍数、涂层厚度均应符合设计要求。当设计对涂层厚度无要求时，涂层干漆膜总厚度：室外应为150 μm，室内应为125 μm，其允许偏差为－25 μm。每遍涂层干漆膜厚度的允许偏差为－5 μm。

14.3.3 薄涂型防火涂料的涂层厚度应符合有关耐火极限的设计要求。厚涂型防火涂料涂层的厚度，80%及以上面积应符合有关耐火极限的设计要求，且最薄处厚度不应低于设计要求的85%。

《钢结构焊接规范》(GB 50661—2011)

4.0.1 钢结构焊接工程用钢材及焊接材料应符合设计文件的要求，并应具有钢厂和焊接材料厂出具的产品质量证明书或检验报告，其化学成分、力学性能和其他质量要求应符合国家现行有关标准的规定。

5.7.1 承受动载需经疲劳验算时，严禁使用塞焊、槽焊、电渣焊和气电立焊接头。

6.1.1 除符合本规范第6.6节规定的免予评定条件外，施工单位首次采用的钢材、焊接材料、焊接方法、接头形式、焊接位置、焊后热处理制度以及焊接工艺参数、预热和后热措施等各种参数的组合条件，应在钢结构构件制作及安装施工之前进行焊接工艺评定。

8.1.8 抽样检验应按下列规定进行结果判定：

1. 抽样检验的焊缝数不合格率小于2%时，该批验收合格；

2. 抽样检验的焊缝数不合格率大于5%时，该批验收不合格；

3. 除本条第5款情况外抽样检验的焊缝数不合格率为2%～5%时，应加倍抽检，且必须在原不合格部位两侧的焊缝延长线各增加一处，在所有抽检焊缝中不合格率不大于3%时，该批验收合格，大于3%时，该批验收不合格；

4. 批量验收不合格时，应对该批余下的全部焊缝进行检验；

5. 检验发现1处裂纹缺陷时，应加倍抽查，在加倍抽检焊缝中未再检查出裂纹缺陷时，该批验收合格，检验发现多于1处裂纹缺陷或加倍抽查又发现裂纹缺陷时，该批验收不合格，应对该批余下焊缝的全数进行检查。

第五节 砌体工程

《砌体结构工程施工质量验收规范》(GB 50203—2011)

4.0.1 水泥使用应符合下列规定：

1. 水泥进场时应对其品种、等级、包装或散装仓号、出厂日期等进行检查，并应对其强度、安定性进行复验，其质量必须符合现行国家标准《通用硅酸盐水泥》GB 175的有关规定。

2. 当在使用中对水泥质量有怀疑或水泥出厂超过三个月(快硬硅酸盐水泥超过一个月)时，应复查试验，并按复验结果使用。

3. 不同品种的水泥，不得混合使用。

5.2.1 砖和砂浆的强度等级必须符合设计要求。

5.2.3 砖砌体的转角处和交接处应同时砌筑，严禁无可靠措施的内外墙分砌施工。在抗震设防烈度为8度及8度以上地区，对不能同时砌筑而又必须留置的临时间断处应砌成斜槎，普通砖砌体斜槎水平投影长度不应小于高度的 2/3，多孔砖砌体的斜槎长高比不应小于 1/2。斜槎高度不得超过一步脚手架的高度。

6.1.8　承重墙体使用的小砌块应完整、无破损、无裂缝。

6.1.10　小砌块应将生产时的底面朝上反砌于墙上。

6.2.1　小砌块和芯柱混凝土、砌筑砂浆的强度等级必须符合设计要求。

6.2.3　墙体转角处和纵横交接处应同时砌筑。临时间断处应砌成斜槎，斜槎水平投影长度不应小于斜槎高度。施工洞口可预留直槎，但在洞口砌筑和补砌时，应在直槎上下搭砌的小砌块孔洞内用强度等级不低于 C20(或 Cb20)的混凝土灌实。

7.1.10　挡土墙的泄水孔当设计无规定时，施工应符合下列规定：

1. 泄水孔应均匀设置，在每米高度上间隔 2 m 左右设置一个泄水孔；

2. 泄水孔与土体间铺设长宽各为 300 mm、厚 200 mm 的卵石或碎石作疏水层。

7.2.1　石材及砂浆强度等级必须符合设计要求。

8.2.1　钢筋的品种、规格、数量和设置部位应符合设计要求。

8.2.2　构造柱、芯柱、组合砌体构件、配筋砌体剪力墙构件的混凝土及砂浆的强度等级应符合设计要求。

10.0.4　冬期施工所用材料应符合下列规定：

1. 石灰膏、电石膏等应防止受冻，如遭冻结，应经融化后使用；

2. 拌制砂浆用砂，不得含有冰块和大于 10 mm 的冻结块；

3. 砌体用块体不得遭水浸冻。

第六节　木结构工程

《木结构工程施工质量验收规范》(GB 50206—2012)

4.2.1　方木、原木结构的形式、结构布置和构件尺寸，应符合设计文件的规定。

检查数量：检验批全数。

4.2.2　结构用木材应符合设计文件的规定，并应具有产品质量合格证书。

检查数量：检验批全数。

4.2.12　钉连接、螺栓连接节点的连接件(钉、螺栓)的规格、数量，应符合设计文件的规定。

检查数量：检验批全数。

5.2.1　胶合木结构的结构形式、结构布置和构件截面尺寸，应符合设计文件的规定。

检查数量：检验批全数。

5.2.2　结构用层板胶合木的类别、强度等级和组坯方式，应符合设计文件的规定，并应有产品质量合格证书和产品标识，同时应有满足产品标准规定的胶缝完整性检验和层板指接强度检验合格证书。

检查数量：检验批全数。

5.2.7　各连接节点的连接件类别、规格和数量应符合设计文件的规定。桁架端节点齿连接胶合木端部的受剪面及螺栓连接中的螺栓位置，不应与漏胶胶缝重合。

检查数量：检验批全数。

6.2.1　轻型木结构的承重墙(包括剪力墙)、柱、楼盖、屋盖布置、抗倾覆措施及屋盖抗掀起措施等,应符合设计文件的规定。

检查数量:检验批全数。

6.2.2　进场规格材应有产品质量合格证书和产品标识。

检查数量:检验批全数。

6.2.11　轻型木结构各类构件间连接的金属连接件的规格、钉连接的用钉规格与数量,应符合设计文件的规定。

检查数量:检验批全数。

7.1.4　阻燃剂、防火涂料及防腐、防虫等药剂,不得危及人畜安全,不得污染环境。

第七节　防水工程

一、屋面工程防水

《屋面工程质量验收规范》(GB 50207—2012)

3.0.6　屋面工程所用的防水、保温材料应有产品合格证书和性能检测报告,材料的品种、规格、性能等必须符合国家现行产品标准和设计要求。产品质量应由经过省级以上建设行政主管部门对其资质认可和质量技术监督部门对其计量认证的质量检测单位进行检测。

3.0.12　屋面防水工程完工后,应进行观感质量检查和雨后观察或淋水、蓄水试验,不得有渗漏和积水现象。

5.1.7　保温材料的导热系数、表观密度或干密度、抗压强度或压缩强度、燃烧性能,必须符合设计要求。

7.2.7　瓦片必须铺置牢固。在大风及地震设防地区或屋面坡度大于100%时,应按设计要求采取固定加强措施。

二、地下工程防水

《地下防水工程质量验收规范》(GB 50208—2011)

4.1.16　防水混凝土结构的施工缝、变形缝、后浇带、穿墙管、埋设件等设置和构造必须符合设计要求。

4.4.8　涂料防水层的平均厚度应符合设计要求,最小厚度不得小于设计厚度的90%。

5.2.3　中埋式止水带埋设位置应准确,其中间空心圆环与变形缝的中心线应重合。

5.3.4　采用掺膨胀剂的补偿收缩混凝土,其抗压强度、抗渗性能和限制膨胀率必须符合设计要求。

7.2.12　隧道、坑道排水系统必须通畅。

第八节　装饰装修工程

《建筑地面工程施工质量验收规范》(GB 50209—2010)

3.0.3　建筑地面工程采用的材料或产品应符合设计要求和国家现行有关标准的规定。

无国家现行标准的，应具有省级住房和城乡建设行政主管部门的技术认可文件。材料或产品进场时还应符合下列规定：

1. 应有质量合格证明文件；

2. 应对型号、规格、外观等进行验收，对重要材料或产品应抽样进行复验。

3.0.5 厕浴间和有防滑要求的建筑地面应符合设计防滑要求。

3.0.18 厕浴间、厨房和有排水（或其他液体）要求的建筑地面面层与相连接各类面层的标高差应符合设计要求。

4.9.3 有防水要求的建筑地面工程，铺设前必须对立管、套管和地漏与楼板节点之间进行密封处理，并应进行隐蔽验收；排水坡度应符合设计要求。

4.10.11 厕浴间和有防水要求的建筑地面必须设置防水隔离层。楼层结构必须采用现浇混凝土或整块预制混凝土板，混凝土强度等级不应小于C20；房间的楼板四周除门洞外应做混凝土翻边，高度不应小于200 mm，宽同墙厚，混凝土强度等级不应小于C20。施工时结构层标高和预留孔洞位置应准确，严禁乱凿洞。

4.10.13 防水隔离层严禁渗漏，排水的坡向应正确、排水通畅。

5.7.4 不发火（防爆）面层中碎石的不发火性必须合格；砂应质地坚硬、表面粗糙，其粒径应为0.15～5 mm，含泥量不应大于3%，有机物含量不应大于0.5%；水泥应采用硅酸盐水泥、普通硅酸盐水泥；面层分格的嵌条应采用不发生火花的材料配制。配制时应随时检查，不得混入金属或其他易发生火花的杂质。

《建筑装饰装修工程质量验收标准》（GB 50210—2018）

3.1.4 既有建筑装饰装修工程设计涉及主体和承重结构变动时，必须在施工前委托原结构设计单位或者具有相应资质条件的设计单位提出设计方案，或由检测鉴定单位对建筑结构的安全性进行鉴定。

6.1.11 建筑外门窗安装必须牢固。在砌体上安装门窗严禁采用射钉固定。

6.1.12 推拉门窗扇必须牢固，必须安装防脱落装置。

7.1.12 重型设备和有振动荷载的设备严禁安装在吊顶工程的龙骨上。

11.1.12 幕墙与主体结构连接的各种预埋件，其数量、规格、位置和防腐处理必须符合设计要求。

《金属与石材幕墙工程技术规范》（JGJ 133—2001）

6.5.1 金属与石材幕墙构件应按同一种类构件的5%进行抽样检查，且每种构件不得少于5件，当有一个构件抽检不符合上述规定时，应加倍抽样复验，全部合格后方可出厂。

7.2.4 金属、石材幕墙与主体结构连接的预埋件，应在主体结构施工时按设计要求埋设。预埋件应牢固，位置准确，预埋件的位置误差应按设计要求进行复查。当设计无明确要求时，预埋件的标高偏差不应大于10 mm，预埋件位置差不应大于20 mm。

7.3.4 金属板与石板安装应符合下列规定：

1. 应对横竖连接件进行检查、测量、调整；

2. 金属板、石板安装时，左右、上下的偏差不应大于1.5 mm；

3. 金属板、石板空缝安装时，必须有防水措施，并应有符合设计要求的排水出口；

4. 填充硅酮耐候密封胶时，金属板、石板缝的宽度、厚度应根据硅酮耐候密封胶的技术参数，经计算后确定。

7.3.10 幕墙安装施工应对下列项目进行验收：

1. 主体结构与立柱、立柱与横梁连接节点安装及防腐处理；
2. 幕墙的防火、保温安装；
3. 幕墙的伸缩缝、沉降缝、防震缝及阴阳角的安装；
4. 幕墙的防雷节点的安装；
5. 幕墙的封口安装。

《民用建筑工程室内环境污染控制规范》(GB 50325—2010)(2013 年版)

1.0.5 民用建筑工程所选用的建筑材料和装修材料必须符合本规范的有关规定。

3.1.1 民用建筑工程所使用的砂、石、砖、砌块、水泥、混凝土、混凝土预制构件等无机非金属建筑主体材料的放射性限量，应符合表 3.1.1 的规定。

表 3.1.1 无机非金属建筑主体材料放射性限量

测定项目	内照射指数 I_{Ra}	外照射指数 I_{γ}
限　量	≤1.0	≤1.0

3.1.2 民用建筑工程所使用的无机非金属装修材料，包括石材、建筑卫生陶瓷、石膏板、吊顶材料、无机瓷质砖黏接材料等，进行分类时，其放射性指标限量应符合表 3.1.2 的规定。

表 3.1.2 无机非金属装修材料放射性限量

测定项目	限　量	
	A	B
内照射指数 I_{Ra}	≤1.0	≤1.3
外照射指数 I_{γ}	≤1.3	≤1.9

3.2.1 民用建筑工程室内用人造木板及饰面人造木板，必须测定游离甲醛含量或游离甲醛释放量。

3.6.1 民用建筑工程中所使用的能释放氨的阻燃剂、混凝土外加剂，氨的释放量不应大于 0.10%，测定方法应符合现行国家标准《混凝土外加剂中释放氨的限量》GB 18588 的有关规定。

4.1.1 新建、扩建的民用建筑工程设计前，应进行建筑工程所在城市区域土壤中氡浓度或土壤表面氡析出率调查，并提交相应的调查报告。未进行过区域土壤中氡浓度或土壤表面氡析出率测定的，应进行建筑场地土壤中氡浓度或土壤表面氡析出率测定，并提供相应的检测报告。

4.2.4 当民用建筑工程场地土壤氡浓度测定结果大于 20 000 Bq /m^3，且小于 30 000 Bq/m^3，或土壤表面氡析出率大于 0.05 Bq/(m^2 · s)且小于 0.1 Bq/(m^2 · s)时，应采取建筑物底层地面抗开裂措施。

4.2.5 当民用建筑工程场地土壤氡浓度测定结果大于或等于 30 000 Bq /m^3，且小于 50 000 Bq/m^3，或土壤表面氡析出率大于或等于 0.1 Bq/(m^2 · s)且小于 0.3 Bq/(m^2 · s)

时，除采取建筑物底层地面抗开裂措施外，还必须按现行国家标准《地下工程防水技术规范》GB 50108 中的一级防水要求，对基础进行处理。

4.2.6 当民用建筑工程场地土壤氡浓度测定结果大于或等于 50 000 Bq/m^3，或土壤表面氡析出率平均值大于或等于 0.3 $Bq/(m^2 \cdot s)$ 时，应采取建筑物综合防氡措施。

4.3.1 民用建筑工程室内不得使用国家禁止使用、限制使用的建筑材料。

4.3.2 Ⅰ类民用建筑工程室内装修采用的无机非金属装修材料必须为 A 类。

4.3.4 Ⅰ类民用建筑工程的室内装修，采用的人造木板及饰面人造木板必须达到 E_1 级要求。

4.3.9 民用建筑工程室内装修中所使用的木地板及其他木质材料，严禁采用沥青、煤焦油类防腐、防潮处理剂。

5.1.2 当建筑材料和装修材料进场检验，发现不符合设计要求及本规范的有关规定时，严禁使用。

5.2.1 民用建筑工程中，建筑主体采用的无机非金属材料和建筑装修采用的花岗岩、瓷质砖、磷石膏制品必须有放射性指标检测报告，并应符合本规范第 3 章、第 4 章要求。

5.2.3 民用建筑工程室内装修中所采用的人造木板及饰面人造木板，必须有游离甲醛含量或游离甲醛释放量检测报告，并应符合设计要求和本规范的有关规定。

5.2.5 民用建筑工程室内装修中所采用的水性涂料、水性胶黏剂、水性处理剂必须有同批次产品的挥发性有机化合物（VOC）和游离甲醛含量检测报告；溶剂型涂料、溶剂型胶黏剂必须有同批次产品的挥发性有机化合物（VOC）、苯、甲苯＋二甲苯、游离甲苯二异氰酸酯（TDI）含量检测报告，并应符合设计要求和本规范的有关规定。

5.2.6 建筑材料和装修材料的检测项目不全或对检测结果有疑问时，必须将材料送有资格的检测机构进行检验，检验合格后方可使用。

5.3.3 民用建筑工程室内装修时，严禁使用苯、工业苯、石油苯、重质苯及混苯作为稀释剂和溶剂。

5.3.6 民用建筑工程室内严禁使用有机溶剂清洗施工用具。

6.0.3 民用建筑工程所用建筑材料和装修材料的类别、数量和施工工艺等，应符合设计要求和本规范的有关规定

6.0.4 民用建筑工程验收时，必须进行室内环境污染物浓度检测。其限量应符合表 6.0.4 的规定。

表 6.0.4 民用建筑工程室内环境污染物浓度限量

污染物	Ⅰ类民用建筑工程	Ⅱ类民用建筑工程
氡/(Bq/m^3)	≤200	≤400
甲醛/(mg/m^3)	≤0.08	≤0.1
苯/(mg/m^3)	≤0.09	≤0.09
氨/(mg/m^3)	≤0.2	≤0.2
TVOG/(mg/m^3)	≤0.5	≤0.6

注：1. 表中污染物浓度限量，除氡外均指室内测量值扣除同步测定的室外上风向空气测量值（本底值）后的测量值。

2. 表中污染物浓度测量值的极限值判定，采用全数值比较法。

6.0.19 当室内环境污染物浓度的全部检测结果符合本规范表6.0.4的规定时,可判定该工程室内环境质量合格。

6.0.21 室内环境质量验收不合格的民用建筑工程,严禁投入使用。

第九节 建筑设备工程

一、给水排水及采暖工程

《建筑给水排水及采暖工程施工质量验收规范》(GB 50242—2002)

3.3.3 地下室或地下构筑物外墙有管道穿过的,应采取防水措施。对有严格防水要求的建筑物,必须采用柔性防水套管。

3.3.16 各种承压管道系统和设备应做水压试验,非承压管道系统和设备应做灌水试验。

4.1.2 给水管道必须采用与管材相适应的管件。生活给水系统所涉及的材料必须达到饮用水卫生标准。

4.2.3 生活给水系统管道在交付使用前必须冲洗和消毒,并经有关部门取样检验,符合国家《生活饮用水标准》方可使用。

检验方法:检查有关部门提供的检测报告。

4.3.1 室内消火栓系统安装完成后应取屋顶层(或水箱间内)试验消火栓和首层取二处消火栓做试射试验,达到设计要求为合格。

检验方法:实地试射检查。

5.2.1 隐蔽或埋地的排水管道在隐蔽前必须做灌水试验,其灌水高度应不低于底层卫生器具的上边缘或底层地面高度。

检验方法:满水15 min水面下降后,再灌满观察5 min,液面不降,管道及接口无渗漏为合格。

8.2.1 管道安装坡度,当设计未注明时,应符合下列规定:

1. 气、水同向流动的热水采暖管道和汽、水同向流动的蒸汽管道及凝结水管道,坡度应为3‰,不得小于2‰;

2. 气、水逆向流动的热水采暖管道和汽、水逆向流动的蒸汽管道,坡度不应小于5‰;

3. 散热器支管的坡度应为1%,坡向应利于排气和泄水。

检验方法:观察,水平尺、拉线、尺量检查。

8.3.1 散热器组对后,以及整组出厂的散热器在安装之前应作水压试验。试验压力如设计无要求时应为工作压力的1.5倍,但不小于0.6 MPa。

检验方法:试验时间为2~3 min,压力不降且不渗不漏。

8.5.1 地面下敷设的盘管埋地部分不应有接头。

检验方法:隐蔽前现场查看。

8.5.2 盘管隐蔽前必须进行水压试验,试验压力为工作压力的1.5倍,且不小于0.6 MPa。

检验方法:稳压1 h内压力降不大于0.05 MPa且不渗不漏。

8.6.1　采暖系统安装完毕，管道保温之前应进行水压试验。试验压力应符合设计要求。当设计未注明时，应符合下列规定：

1. 蒸汽、热水采暖系统，应以系统顶点工作压力加0.1 MPa作水压试验，同时在系统顶点的试验压力不小于0.3 MPa。

2. 高温热水采暖系统，试验压力应为系统顶点工作压力加0.4 MPa。

3. 使用塑料管及复合管的热水采暖系统，应以系统顶点工作压力加0.2 MPa作水压试验，同时在系统顶点的试验压力不小于0.4 MPa。

检验方法：使用钢管及复合管的采暖系统应在试验压力下10 min内压力降不大于0.02 MPa，降至工作压力后检查，不渗、不漏。

8.6.3　系统冲洗完毕应充水、加热，进行试运行和调试。

检验方法：观察、测量室温应满足设计要求。

9.2.7　给水管道在竣工后，必须对管道进行冲洗，饮用水管道还要在冲洗后进行消毒，满足饮用水卫生要求。

检验方法：观察冲洗水的浊度，查看有关部门提供的检验报告。

10.2.1　排水管道的坡度必须符合设计要求，严禁无坡或倒坡。

检验方法：用水准仪、拉线和尺量检查。

11.3.3　管道冲洗完毕应通水、加热，进行试运行和调试。当不具备加热条件时，应延期进行。

检验方法：测量各建筑物热力入处供回水温度及压力。

13.2.6　锅炉的汽、水系统安装完毕后，必须进行水压试验。水压试验的压力应符合表13.2.6的规定。

表13.2.6　水压试验压力规定

项次	设备名称	工作压力 P/MPa	试验压力/MPa
1	锅炉本体	$P<0.59$	$1.5P$ 但小于0.2
		$0.59\leqslant P\leqslant 1.18$	$P+0.3$
		$P>1.18$	$1.25P$
2	可分式省煤器	P	$1.25P+0.5$
3	非承压锅炉	大气压力	0.3

注：1. 工作压力 P 对蒸汽锅炉指炉筒工作压力，对热水锅炉指额定出水压力；

2. 铸铁锅炉水压试验同热水锅炉；

3. 非承压锅炉水压试验为0.2 MPa，试验期间压力保持不变。

检验方法：

1. 在试验压力下10 min内压力降不超过0.02 MPa；然后降至工作压力进行检查，压力不降，不渗、不漏；

2. 观察检查，不得有残余变形，受压元件金属壁和焊缝上不得有水珠和水雾。

13.4.1　锅炉和省煤器安全阀的定压和调整应符合表13.4.1的规定。锅炉上装有两个安全阀时，其中的一个按表中较高值定压，另一个按较低值定压。装有一个安全阀时，应按较低值定压。

表 13.4.1　安全阀定压规定

项次	工作设备	安全阀开启压力
1	蒸汽锅炉	工作压力+0.02 MPa
		工作压力+0.04 MPa
2	热水锅炉	1.12 倍工作压力，但不少于工作压力+0.07 MPa
		1.14 倍工作压力，但不少于工作压力+0.10 MPa
3	省煤器	1.1 倍工作压力

检验方法：检查定压合格证书。

13.4.4　锅炉的高、低水位报警器和超温、超压报警器及联锁保护装置必须按设计要求安装齐全和有效。

检验方法：启动、联动试验并作好试验记录。

13.5.3　锅炉在烘炉、煮炉合格后，应进行 48 h 的带负荷连续试运行，同时应进行安全阀的热状态定压检验和调整。

检验方法：检查烘炉、煮炉及试运行全过程。

13.6.1　热交换器应以最大工作压力的 1.5 倍作水压试验，蒸汽部分应不低于蒸汽供汽压力加 0.3 MPa；热水部分应不低于 0.4 MPa。

检验方法：在试验压力下，保持 10 min 压力不降。

二、燃气工程

《家用燃气燃烧器具安装及验收规程》(CJJ 12—2013)

3.1.2　燃具铭牌上标定的燃气类别必须与安装处所供应的燃气类别相一致。

3.1.5　住宅中应预留燃具的安装位置，并应设置专用烟道或在外墙上留有通往室外的孔洞。

4.1.2　使用液化石油气的燃具不应设置在地下室和半地下室。使用人工煤气、天然气的燃具不应设置在地下室，当燃具设置在半地下室或地上密闭房间时，应设置机械通风、燃气/烟气(一氧化碳)浓度检测报警等安全设施。

4.6.16　在燃具停用时，主、支并列型共用烟道的支烟道口处静压值应小于零(负压)。

三、通风和空调工程

《通风与空调工程施工质量验收规范》(GB 50243—2016)

4.2.2　防火风管的本体、框架与固定材料、密封垫料等必须采用不燃材料，防火风管的耐火极限时间应符合系统防火设计的规定。

4.2.5　复合材料风管的覆面材料必须采用不燃材料，内层的绝热材料应采用不燃或难燃且对人体无害的材料。

5.2.7　防排烟系统的柔性短管必须采用不燃材料。

6.2.2　当风管穿过需要封闭的防火、防爆的墙体或楼板时，必须设置厚度不小于 1.6 mm 的钢制防护套管；风管与防护套管之间应采用不燃柔性材料封堵严密。

6.2.3　风管安装必须符合下列规定：

1. 风管内严禁其他管线穿越。

2. 输送含有易燃、易爆气体或安装在易燃、易爆环境的风管系统必须设置可靠的防静电接地装置。

3. 输送含有易燃、易爆气体的风管系统通过生活区或其他辅助生产房间时不得设置接口。

4. 室外风管系统的拉索等金属固定件严禁与避雷针或避雷网连接。

7.2.2 通风机传动装置的外露部位以及直通大气的进、出风口，必须装设防护罩、防护网或采取其他安全防护措施。

7.2.10 静电式空气净化装置的金属外壳必须与 PE 线可靠连接。

7.2.11 电加热器的安装必须符合下列规定：

1. 电加热器与钢构架间的绝热层必须采用不燃材料，外露的接线柱应加设安全防护罩。

2. 电加热器的外露可导电部分必须与 PE 线可靠连接。

3. 连接电加热器的风管的法兰垫片，应采用耐热不燃材料。

8.2.4 燃油管道系统必须设置可靠的防静电接地装置。

8.2.5 燃气管道的安装必须符合下列规定：

1. 燃气系统管道与机组的连接不得使用非金属软管。

2. 当燃气供气管道压力大于 5 kPa 时，焊缝无损检测应按设计要求执行；当设计无规定时，应对全部焊缝进行无损检测并合格。

3. 燃气管道吹扫和压力试验的介质应采用空气或氮气，严禁采用水。

四、电气工程

《建筑电气工程施工质量验收规范》(GB 50303—2015)

3.1.5 高压的电气设备、布线系统以及继电保护系统必须交接试验合格。

3.1.7 电气设备的外露可导电部分应单独与保护导体相连接，不得串联连接，连接导体的材质、截面积应符合设计要求。

6.1.1 电动机、电加热器及电动执行机构的外露可导电部分必须与保护导体可靠连接。

10.1.1 母线槽的金属外壳等外露可导电部分应与保护导体可靠连接，并应符合下列规定：

1. 每段母线槽的金属外壳间应连接可靠，且母线槽全长与保护导体可靠连接不应少于 2 处；

2. 分支母线槽的金属外壳末端应与保护导体可靠连接；

3. 连接导体的材质、截面积应符合设计要求。

11.1.1 金属梯架、托盘或槽盒本体之间的连接应牢固可靠，与保护导体的连接应符合下列规定：

1. 梯架、托盘和槽盒全长不大于 30 m 时，不应少于 2 处与保护导体可靠连接；全长大于 30 m 时，每隔 20～30 m 应增加一个连接点。起始端和终点端均应可靠接地。

2. 非镀锌梯架、托盘和槽盒本体之间连接板的两端应跨接保护联结导体，保护联结导体的截面积应符合设计要求。

3. 镀锌梯架、托盘和槽盒本体之间不跨接保护联结导体时，连接板每端不应少于2个有防松螺帽或防松垫圈的连接固定螺栓。

12.1.2 钢导管不得采用对口熔焊连接；镀锌钢导管或壁厚小于或等于2 mm的钢导管，不得采用套管熔焊连接。

13.1.1 金属电缆支架必须与保护导体可靠连接。

13.1.5 交流单芯电缆或分相后的每相电缆不得单根独穿于钢导管内，固定用的夹具和支架不应形成闭合磁路。

14.1.1 同一交流回路的绝缘导线不应敷设于不同的金属槽盒内或穿于不同金属导管内。

15.1.1 塑料护套线严禁直接敷设在建筑物顶棚内、墙体内、抹灰层内、保温层内或装饰面内。

18.1.1 灯具固定应符合下列规定：

1. 灯具固定应牢固可靠，在砌体和混凝土结构上严禁使用木楔、尼龙塞或塑料塞固定；

2. 质量大于10 kg的灯具，固定装置及悬吊装置应按灯具重量的5倍恒定均布载荷做强度试验，且持续时间不得少于15 min。

18.1.5 普通灯具的Ⅰ类灯具外露可导电部分必须采用铜芯软导线与保护导体可靠连接，连接处应设置接地标识，铜芯软导线的截面积应与进入灯具的电源线截面积相同。

19.1.1 专用灯具的Ⅰ类灯具外露可导电部分必须用铜芯软导线与保护导体可靠连接，连接处应设置接地标识，铜芯软导线的截面积应与进入灯具的电源线截面积相同。

19.1.6 景观照明灯具安装应符合下列规定：

1. 在人行道等人员来往密集场所安装的落地式灯具，当无围栏防护时，灯具距地面高度应大于2.5 m；

2. 金属构架及金属保护管应分别与保护导体采用焊接或螺栓连接，连接处应设置接地标识。

20.1.3 插座接线应符合下列规定：

1. 对于单相两孔插座，面对插座的右孔或上孔应与相线连接，左孔或下孔应与中性导体(N)连接；对于单相三孔插座，面对插座的右孔应与相线连接，左孔应与中性导体(N)连接。

2. 单相三孔、三相四孔及三相五孔插座的保护接地导体(PE)应接在上孔；插座的保护接地导体端子不得与中性导体端子连接；同一场所的三相插座，其接线的相序应一致。

3. 保护接地导体(PE)在插座之间不得串联连接。

4. 相线与中性导体(N)不应利用插座本体的接线端子转接供电。

23.1.1 接地干线应与接地装置可靠连接。

24.1.3 接闪器与防雷引下线必须采用焊接或卡接器连接，防雷引下线与接地装置必须采用焊接或螺栓连接。

五、电梯

《电梯工程施工质量验收规范》(GB 50310—2002)

4.2.3 井道必须符合下列规定：

1. 当底坑底面下有人员能到达的空间存在，且对重（或平衡重）上未设有安全钳装置时，对重缓冲器必须能安装在（或平衡重运行区域的下边必须）一直延伸到坚固地面上的实心桩墩上。

2. 电梯安装之前，所有层门预留孔必须设有高度不小于 1.2 m 的安全保护围封，并应保证有足够的强度。

3. 当相邻两层门地坎间的距离大于 11 m 时，其间必须设置井道安全门，井道安全门严禁向井道内开启，且必须装有安全门处于关闭时电梯才能运行的电气安全装置。当相邻轿厢间有相互救援用轿厢安全门时，可不执行本条款。

4.5.2 层门强迫关门装置必须动作正常。

4.5.4 层门锁钩必须动作灵活，在证实锁紧的电气安全装置动作之前，锁紧元件的最小啮合长度为 7 mm。

4.8.1 限速器动作速度整定封记必须完好，且无拆动痕迹。

4.8.2 当安全钳可调节时，整定封记应完好，且无拆动痕迹。

4.9.1 绳头组合必须安全可靠，且每个绳头组合必须安装防螺母松动和脱落的装置。

4.10.1 电气设备接地必须符合下列规定：

1. 所有电气设备及导管、线槽的外露可导电部分均必须可靠接地（PE）；

2. 接地支线应分别直接接至接地干线接线柱上，不得互相连接后再接地。

4.11.3 层门与轿门的试验必须符合下列规定：

1. 每层层门必须能够用三角钥匙正常开启；

2. 当一个层门或轿门（在多扇门中任何一扇门）非正常打开时，电梯严禁启动或继续运行。

6.2.2 在安装之前，井道周围必须设有保证安全的栏杆或屏障，其高度严禁小于 1.2 m。

第九章 施工安全

第一节 临时用电

《施工现场临时用电安全技术规范》(JGJ 46—2005)

1.0.3 建筑施工现场临时用电工程专用的电源中性点直接接地的220/380 V三相四线制低压电力系统,必须符合下列规定:

1. 采用三级配电系统;

2. 采用TN-S接零保护系统;

3. 采用二级漏电保护系统。

3.1.4 临时用电组织设计及变更时,必须履行"编制、审核、批准"程序,由电气工程技术人员组织编制,经相关部门审核及具有法人资格企业的技术负责人批准后实施。变更用电组织设计时应补充有关图纸资料。

3.1.5 临时用电工程必须经编制、审核、批准部门和使用单位共同验收,合格后方可投入使用。

3.3.4 临时用电工程定期检查应按分部、分项工程进行,对安全隐患必须及时处理,并应履行复查验收手续。

5.1.1 在施工现场专用变压器的供电的TN-S接零保护系统中,电气设备的金属外壳必须与保护零线连接。保护零线应由工作接地线、配电室(总配电箱)电源侧零线或总漏电保护器电源侧零线处引出(图5.1.1)。

5.1.2 当施工现场与外电线路共用同一供电系统时,电气设备的接地、接零保护应与原系统保持一致。不得一部分设备做保护接零,另一部分设备做保护接地。

采用TN系统做保护接零时,工作零线(N线)必须通过总漏电保护器,保护零线(PE线)必须由电源进线零线重复接地处或总漏电保护器电源侧零线处,引出形成局部TN-S接零保护系统(图5.1.2)。

5.1.10 PE线上严禁装设开关或熔断器,严禁通过工作电流,且严禁断线。

5.3.2 TN系统中的保护零线除必须在配电室或总配电箱处做重复接地外,还必须在配电系统的中间处和末端处做重复接地。在TN系统中,保护零线每一处重复接地装置的接地电阻值不应大于10 Ω。在工作接地电阻值允许达到10 Ω的电力系统中,所有重复接地的等效电阻值不应大于10 Ω。

5.4.7 做防雷接地机械上的电气设备,所连接的PE线必须同时做重复接地,同一台机械电气设备的重复接地和机械的防雷接地可共用同一接地体,但接地电阻应符合重复接地电阻值的要求。

6.1.6 配电柜应装设电源隔离开关及短路、过载、漏电保护电器。电源隔离开关分断

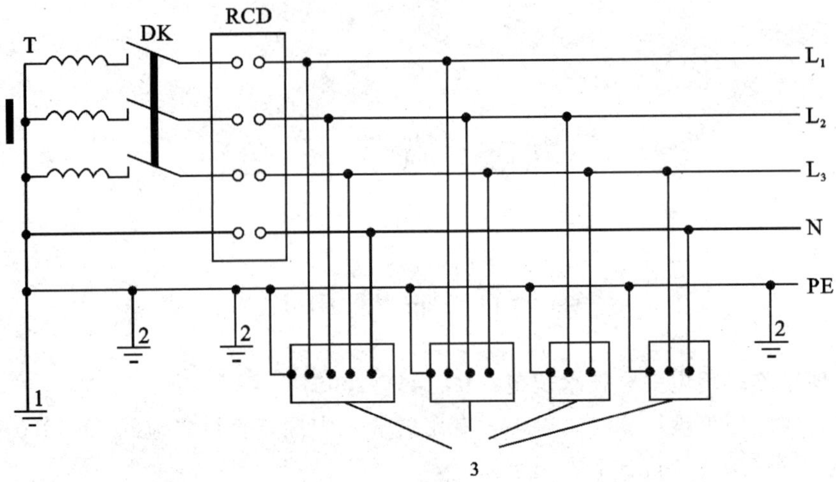

1—工作接地；2—PE线重复接地；3—电气设备金属外壳（正常不带电的外露可导电部分）；
L_1、L_2、L_3—相线；N—工作零线；PE—保护零线；DK—总电源隔离开关；
RCD—总漏电保护器（兼有短路、过载、漏电保护功能的漏电断路器）；T—变压器。

图 5.1.1　专用变压器供电时 TN-S 接零保护系统示意

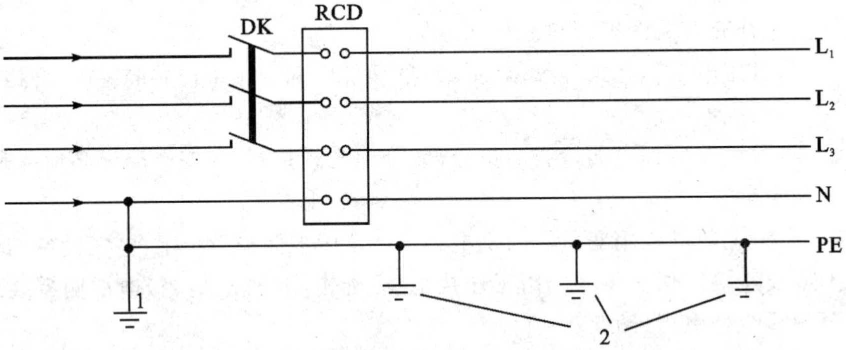

1—NPE线重复接地；2—PE线重复接地；L_1、L_2、L_3—相线；N—工作零线；
PE—保护零线；DK—总电源隔离开关；RCD—总漏电保护器（兼有短路、过载、漏电保护功能的漏电断路器）。

图 5.1.2　三相四线供电时局部 TN-S 接零保护系统保护零线引出示意

时应有明显可见分断点。

6.1.8　配电柜或配电线路停电维修时，应挂接地线，并应悬挂“禁止合闸、有人工作”停电标志牌。停送电必须由专人负责。

6.2.3　发电机组电源必须与外电线路电源连锁，严禁并列运行。

6.2.7　发电机组并列运行时，必须装设同期装置，并在机组同步运行后再向负载供电。

7.2.1　电缆中必须包含全部工作芯线和用作保护零线或保护线的芯线。需要三相四线制配电的电缆线路必须采用五芯电缆。五芯电缆必须包含淡蓝、绿/黄二种颜色绝缘芯线。淡蓝色芯线必须用作N线；绿/黄双色芯线必须用作PE线，严禁混用。

7.2.3　电缆线路应采用埋地或架空敷设，严禁沿地面明设，并应避免机械损伤和介质腐蚀。埋地电缆路径应设方位标志。

8.1.3 每台用电设备必须有各自专用的开关箱，严禁用同一个开关箱直接控制 2 台及 2 台以上用电设备(含插座)。

8.1.11 配电箱的电器安装板上必须分设 N 线端子板和 PE 线端子板。N 线端子板必须与金属电器安装板绝缘；PE 线端子板必须与金属电器安装板做电气连接。进出线中的 N 线必须通过 N 线端子板连接；PE 线必须通过 PE 线端子板连接。

8.2.10 开关箱中漏电保护器的额定漏电动作电流不应大于 30 mA，额定漏电动作时间不应大于 0.1 s。使用于潮湿或有腐蚀介质场所的漏电保护器应采用防溅型产品，其额定漏电动作电流不应大于 15 mA，额定漏电动作时间不应大于 0.1 s。

8.2.11 总配电箱中漏电保护器的额定漏电动作电流应大于 30 mA，额定漏电动作时间应大于 0.1 s，但其额定漏电动作电流与额定漏电动作时间的乘积不应大于 30 mA · s。

8.2.15 配电箱、开关箱的电源进线端严禁采用插头和插座做活动连接。

8.3.4 对配电箱、开关箱进行定期维修、检查时，必须将其前一级相应的电源隔离开关分闸断电，并悬挂“禁止合闸、有人工作”停电标志牌，严禁带电作业。

9.7.3 对混凝土搅拌机、钢筋加工机械、木工机械、盾构机械等设备进行清理、检查、维修时，必须首先将其开关箱分闸断电，呈现可见电源分断点，并关门上锁。

10.2.2 下列特殊场所应使用安全特低电压照明器：

1. 隧道、人防工程、高温、有导电灰尘、比较潮湿或灯具离地面高度低于 2.5 m 等场所的照明，电源电压不应大于 36 V；

2. 潮湿和易触及带电体场所的照明，电源电压不得大于 24 V；

3. 特别潮湿场所、导电良好的地面、锅炉或金属容器内的照明，电源电压不得大于 12 V。

10.2.5 照明变压器必须使用双绕组型安全隔离变压器，严禁使用自耦变压器。

10.3.11 对夜间影响飞机或车辆通行的在建工程及机械设备，必须设置醒目的红色信号灯，其电源应设在施工现场总电源开关的前侧，并应设置外电线路停止供电时的应急自备电源。

第二节 高处作业

《建筑施工高处作业安全技术规范》(JGJ 80—2016)

4.1.1 坠落高度基准面 2 m 及以上进行临边作业时，应在临空一侧设置防护栏杆，并应采用密目式安全立网或工具式栏板封闭

4.2.1 洞口作业时，应采取防坠落措施，并应符合下列规定：

1. 当竖向洞口短边边长小于 500 mm 时，应采取封堵措施；当垂直洞口短边边长大于或等于 500 mm 时，应在临空一侧设置高度不小于 1.2 m 的防护栏杆，并应采用密目式安全立网或工具式栏板封闭，设置挡脚板。

2. 当非竖向洞口短边边长为 25～500 mm 时，应采用承载力满足使用要求的盖板覆盖，盖板四周搁置应均衡，且应防止盖板移位。

3. 当非竖向洞口短边边长为 500～1 500 mm 时，应采用盖板覆盖或防护栏杆等措施，并应固定牢固。

4. 当非竖向洞口短边边长大于或等于 1 500 mm 时，应在洞口作业侧设置高度不小于 1.2 m 的防护栏杆，洞口应采用安全平网封闭。

5.2.3　严禁在未固定、无防护设施的构件及管道上进行作业或通行。

6.4.1　悬挑式操作平台设置应符合下列规定：

1. 操作平台的搁置点、拉结点、支撑点应设置在稳定的主体结构上，且应可靠连接；

2. 严禁将操作平台设置在临时设施上；

3. 操作平台的结构应稳定可靠，承载力应符合设计要求。

8.1.2　采用平网防护时，严禁使用密目式安全立网代替平网使用。

第三节　机械使用

《建筑机械使用安全技术规程》(JGJ 33—2012)

2.0.1　特种设备操作人员应经过专业培训、考核合格取得建设行政主管部门颁发的操作证，并应经过安全技术交底后持证上岗。

2.0.2　机械必须按出厂使用说明书规定的技术性能、承载能力和使用条件，正确操作，合理使用，严禁超载、超速作业或任意扩大使用范围。

2.0.3　机械上的各种安全防护和保险装置及各种安全信息装置必须齐全有效。

2.0.21　清洁、保养、维修机械或电气装置前，必须先切断电源，等机械停稳后再进行操作。严禁带电或采用预约停送电时间的方式进行检修。

4.1.11　建筑起重机械的变幅限位器、力矩限制器、起重量限制器、防坠安全器、钢丝绳防脱装置、放脱钩装置以及各种行程限制开关等安全保护装置，必须齐全有效，严禁随意调整或拆除。严禁利用限制器和限位装置代替操纵机构。

4.1.14　在风速达到 9.0 m/s 及以上或大雨、大雪、大雾等恶劣天气时，严禁进行建筑起重机械的安装拆卸作业。

4.5.2　桅杆式起重机专项方案必须按规定程序审批，并应经专家论证后实施。施工单位必须指定安全技术人员对桅杆式起重机的安装、使用和拆卸进行现场监督和监测。

5.1.4　作业前，必须查明施工场地内明、暗铺设的各类管线等设施，并应采用明显记号标识。严禁在离地下管线、承压管道 1 m 以内进行大型机械作业。

5.1.10　机械回转作业时，配合人员必须在机械回转半径以外工作。当需在回转半径以内工作时，必须将机械停止回转并制动。

5.5.6　作业中，严禁人员上下机械，传递物件，以及在铲斗内、拖把或机架上坐立。

5.10.20　装载机转向架未锁闭时，严禁站在前后车架之间进行检修保养。

5.13.7　夯锤下落后，在吊钩尚未降至夯锤吊环附近前，操作人员严禁提前下坑挂钩。从坑中提锤时，严禁挂钩人员站在锤上随锤提升。

7.1.23　桩孔成型后，当暂不浇筑混凝土时，孔口必须及时封盖。

8.2.7　料斗提升时，人员严禁在料斗下停留或通过；当需在料斗下方进行清理或检修时，应将料斗提升至上止点，并必须用保险销锁牢或用保险链挂牢。

10.3.1　木工圆锯机上的旋转锯片必须设置防护罩。

12.1.4　焊割现场及高空焊割作业下方，严禁堆放油类、木材、氧气瓶、乙炔瓶、保温材料等易燃、易爆物品。

12.1.9 对承压状态的压力容器和装有剧毒、易燃、易爆物品的容器，严禁进行焊接或切割作业。

第四节 脚 手 架

《建筑施工扣件式钢管脚手架安全技术规范》(JGJ 130—2011)

3.4.3 可调托撑受压承载力设计值不应小于 40 kN，支托板厚不应小于 5 mm。

6.2.3 主节点必须设置一根横向水平杆，用直角扣件扣接且严禁拆除。

6.3.3 脚手架立杆基础不在同一高度上时，必须将高处的纵向扫地杆向低处延长两跨与立杆固定，高低差不应大于 1 m。靠边坡上方的立杆轴线到边坡的距离不应小于 500 mm(图 6.3.3)。

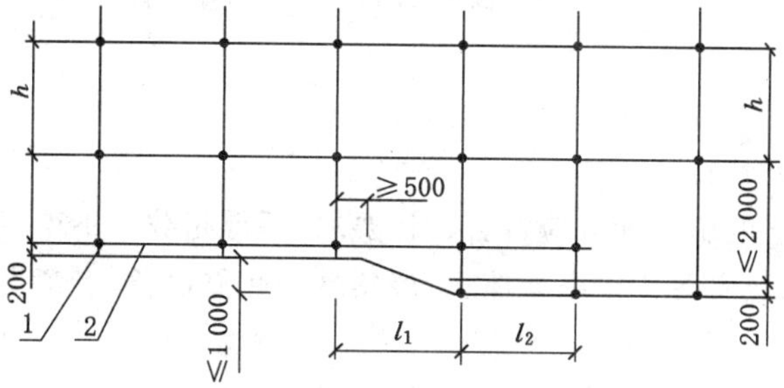

1—横向扫地杆；2—纵向扫地杆。

图 6.3.3 纵、横向扫地杆构造

6.3.5 单排、双排与满堂脚手架立杆接长除顶层顶步外，其余各层各步接头必须采用对接扣件连接。

6.4.4 开口型脚手架的两端必须设置连墙件，连墙件的垂直间距不应大于建筑物的层高，并且不应大于 4 m。

6.6.3 高度在 24 m 及以上的双排脚手架应在外侧全立面连续设置剪刀撑；高度在 24 m 以下的单、双排脚手架，均必须在外侧两端、转角及中间间隔不超过 15 m 的立面上，各设置一道剪刀撑，并应由底至顶连续设置(图 6.6.3)。

6.6.5 开口型双排脚手架的两端均必须设置横向斜撑。

7.4.2 单、双排脚手架拆除作业必须由上而下逐层进行，严禁上下同时作业；连墙件必须随脚手架逐层拆除，严禁先将连墙件整层或数层拆除后再拆脚手架；分段拆除高差大于两步时，应增设连墙件加固。

7.4.5 卸料时各构配件严禁抛掷至地面。

8.1.4 扣件进入施工现场应检查产品合格证，并应进行抽样复试，技术性能应符合现行国家标准《钢管脚手架扣件》GB 15831 的规定。扣件在使用前应逐个挑选，有裂缝、变形、螺柱出现滑丝的严禁使用。

9.0.1 扣件式钢管脚手架安装与拆除人员必须是经考核合格的专业架子工。架子工

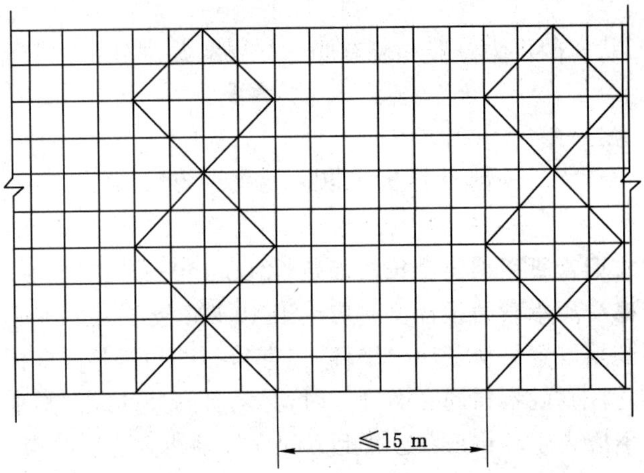

图 6.6.3　高度 24 m 以下剪刀撑布置

应持证上岗。

9.0.4　钢管上严禁打孔。

9.0.5　作业层上的施工荷载应符合设计要求，不得超载。不得将模板支架、缆风绳、泵送混凝土和砂浆的输送管等固定在架体上；严禁悬挂起重设备，严禁拆除或移动架体上安全防护设施。

9.0.7　满堂支撑架顶部的实际荷载不得超过设计规定。

9.0.13　在脚手架使用期间，严禁拆除下列杆件：

1. 主节点处的纵、横向水平杆，纵、横向扫地杆；

2. 连墙件。

9.0.14　当在脚手架使用过程中开挖脚手架基础下的设备基础或管沟时，必须对脚手架采取加固措施。

《龙门架及井架物料提升机安全技术规范》(JGJ 88—2010)

5.1.5　钢丝绳在卷筒上应整齐排列。端部应与卷筒压紧装置连接牢固。当吊笼处于最低位置时，卷筒上的钢丝绳不应少于 3 圈。

5.1.7　物料提升机严禁使用摩擦式卷扬机。

6.1.1　当荷载达到额定起重量的 90%时，起重量限制器应发出警示信号；当荷载达到额定起重量的 110%时，起重量限制器应切断上升主电路电源。

6.1.2　当吊笼提升钢丝绳断绳时，防坠安全器应制停带有额定起重量的吊笼，且不应造成结构损坏。自升平台应采用渐进式防坠安全器。

8.3.2　当物料提升机安装高度大于或等于 30 m 时，不得使用缆风绳。

9.1.1　安装、拆除物料提升机的单位应具备下列条件：

1. 安装、拆除单位应具有起重机械安拆资质及安全生产许可证；

2. 安装、拆除作业人员必须经专门培训，取得特种作业资格证。

11.0.2　物料提升机必须由取得特种作业操作证的人员操作。

11.0.3　物料提升机严禁载人。

第五节 地基基础

《建筑桩基技术规范》(JGJ 94—2008)

8.1.5 挖土应均衡分层进行，对流塑状软土的基坑开挖，高差不应超过 1 m。

8.1.9 在承台和地下室外墙与基坑侧壁间隙回填土前，应排除积水，清除虚土和建筑垃圾，填土应按设计要求选料，分层夯实，对称进行。

9.4.2 工程桩应进行承载力和桩身质量检验。

《建筑地基处理技术规范》(JGJ 79—2012)

6.3.10 当强夯施工所引起的振动和侧向挤压对邻近建构筑物产生不利影响时，应设置监测点，并采取挖隔振沟等隔振或防振措施。

第二篇 城市建设

第一章 城市勘察

第一节 城市测量

《城市地下管线探测技术规程》(CJJ 61—2017)

3.0.15 地下管线探测作业应采取安全保护措施,并应符合下列规定:

1. 打开窨井盖进行实地调查作业时,应在井口周围设置安全防护围栏,并指定专人看管;夜间作业时,应在作业区域周边显著位置设置安全警示灯,地面作业人员应穿着高可视性警示服;作业完毕,应立即盖好窨井盖。

2. 在井下作业调查或释放探头、电极导线时,严禁使用明火,并应进行有害、有毒及可燃气体浓度测定;超标的管道应采用安全保护措施后方能作业。

3. 严禁在氧气、燃气、乙炔等助燃、易燃、易爆管道上作充电点,进行直接法或充电法作业;严禁在塑料管道和燃气管道使用钎探。

4. 使用的探测仪器工作电压超过 36 V 时,作业人员应使用绝缘防护用品;接地电极附近应设置明显警告标志,并应指定专人看管;井下作业的所有探测设备外壳必须接地。

第二节 城市岩土工程勘察

《市政工程勘察规范》(CJJ 56—2012)

1.0.3 市政工程必须按基本建设程序进行岩土工程勘察,并应搜集、分析、利用已有资料和建设经验,针对市政工程特点、各勘察阶段的任务要求和岩土工程条件,提出资料完整、评价正确的勘察报告。

4.4.1 市政工程详细勘察应针对工程特点和场地岩土条件,进行岩土工程分析与评价,提供设计和施工所需的岩土参数及有关结论和建议。

《城乡规划工程地质勘察规范》(CJJ 57—2012)

3.0.1 城乡规划编制前,应进行工程地质勘察,并应满足不同阶段规划的要求。

7.1.1 当规划区内存在岩溶、土洞及塌陷、滑坡、危岩和崩塌、泥石流、采空区和采空塌陷、地面沉降、地裂缝、活动断裂等不良地质作用和地质灾害时,应进行不良地质作用和地质灾害调查、分析与评价。

第二章 城市供水排水

第一节 工程设计

一、水量、水质和水压

《室外给水设计标准》(GB 50013—2018)

3.0.9 生活用水的给水系统供水水质必须符合现行国家标准《生活饮用水卫生标准》GB 5749的有关规定;专用的工业用水给水系统水质标准应根据用户的要求确定。

4.0.5 消防用水量、水压及延续时间应符合现行国家标准《建筑设计防火规范》GB 50016和《消防给水及消火栓系统技术规范》GB 50974的有关规定。

《室外排水设计规范》(GB 50014—2006)(2016年版)

3.2.2A 当地区整体改建时,对于相同的设计重现期,改建后的径流量不得超过原有径流量。

二、取水构筑物

《室外给水设计标准》(GB 50013—2018)

5.3.7 江河、湖泊取水构筑物的防洪标准不应低于城市防洪标准。水库取水构筑物的防洪标准应与水库大坝等主要建筑物的防洪标准相同,并应采用设计和校核两级标准。

三、水管道

《室外给水设计标准》(GB 50013—2018)

7.1.7 城镇公共供水管网严禁与非生活饮用水管网连接,严禁擅自与自建供水设施连接。

7.6.9 生活饮用水的清水池排空、溢流等管道严禁直接与下水道连通。生活饮用水的清水池四周应排水畅通,严禁污水倒灌和渗漏。

7.6.12 水塔应根据防雷要求设置防雷装置。

四、泵房

《室外给水设计标准》(GB 50013—2018)

6.1.8 泵房的防洪标准应符合下列规定:

1. 位于江河、湖泊、水库的江心式或岸边式取水泵房以及岸上取水泵房的开放式前池和吸水池(井)的防洪标准应符合本标准第5.3.7条的规定;

2. 岸上取水泵房其他建筑的防洪标准不应低于城市防洪标准;

3. 水厂和输配管道系统中的泵房防洪标准不应低于所处区域的城市防洪标准。

五、水厂

《室外给水设计标准》(GB 50013—2018)

8.0.9　水厂的防洪标准不应低于城市防洪标准,并应留有安全裕度。

8.0.11　生产构筑物应设置栏杆、防滑梯、检修爬梯、安全护栏等安全设施。

9.1.2　生活饮用水处理工艺流程中,必须设置消毒工艺。

9.1.7　用于生活饮用水处理的氧化剂、混凝剂、助凝剂、消毒剂、稳定剂和清洗剂等化学药剂产品必须符合卫生要求。

9.9.14　所有连接在加氯岐管上的氯瓶均应设置电子秤或磅秤;采用温水加温氯瓶气化时,设计水温应低于 40 ℃;氯瓶、氨瓶与加注设备之间应设置防止水或液氯倒灌的截止阀、逆止阀和压力缓冲罐。

9.9.15　氯库的室内温度应控制在 40 ℃以内。氯(氨)库和加氯(氨)间室内采暖应采用散热器等无明火方式,散热器不应邻近氯(氨)瓶和投加设备布置。

9.9.16　加氯(氨)间、氯(氨)库和氯蒸发器间应采取下列安全措施:

1. 氯库不应设置阳光直射氯(氨)瓶的窗户。氯库应设置单独外开的门,不应设置与加氯间和氯蒸发器间相通的门。氯库大门上应设置人行安全门,其安全门应向外开启,并能自行关闭。

2. 加氯(氨)间、氯(氨)库和氯蒸发器间必须与其他工作间隔开,并应设置直接通向外部并向外开启的门和固定观察窗。

3. 加氯(氨)间、氯(氨)库和氯蒸发器间应设置低、高检测极限的泄漏检测仪和报警设施。

4. 氯库、加氯间和氯蒸发器间应设事故漏氯吸收处理装置,处理能力按 1 h 处理 1 个满瓶漏氯量计,处理后的尾气应符合现行国家标准《大气污染物综合排放标准》GB 16297 的有关规定;漏氯吸收处理装置应设在临近氯库的单独房间内,氯库、加氯间和氯蒸发器间的地面应设置通向事故漏氯吸收处理装置的吸气地沟。

5. 氯库应设置相对独立的空瓶存放区。

6. 加氨间和氨库的建筑均应按防爆建筑要求进行设计,房间内的电气设备应采用防爆型设备。

9.9.17　加氯(氨)间、氯(氨)库和氯蒸发器间的通风系统的设置应符合下列规定:

1. 加氯(氨)间、氯(氨)库和氯蒸发器间应设每小时换气 8 次～12 次的通风系统;

2. 加氯间、氯库和蒸发器间的通风系统,应设置高位新鲜空气进口和低位室内空气排至室外高处的排放口;

3. 加氨间及氨库的通风系统应设置低位进口和高位排出口;

4. 氯(氨)库应设根据氯(氨)气泄漏量启闭通风系统或漏氯吸收处理装置的自动切换控制系统。

9.9.18　加氯(氨)间、氯(氨)库和氯蒸发器间外部应设有室内照明和通风设备的室外开关以及防毒护具、抢救设施和抢修工具箱等。

9.9.25　制备二氧化氯的原材料氯酸钠、亚氯酸钠和盐酸、氯气等严禁相互接触,必须分别贮存在分类的库房内，贮放槽应设置隔离墙。

9.9.26 二氧化氯发生与投加设备应设在独立的设备间内，并应与原料库房毗邻且设置观察原料库房的固定观察窗。

9.9.27 二氧化氯消毒系统的各原料库房与设备间应符合下列规定：

1. 各个房间应相互隔开，室内应互不连通；

2. 各个房间均应设置直接通向外部并向外开启的门，外部均应设室内照明和通风设备的室外开关以及放置防毒护具、抢救设施和抢修工具箱等；

3. 氯酸钠、亚氯酸钠库房建筑均应按防爆建筑要求进行设计；

4. 原料库房与设备间均应有保持良好通风的设备，每小时换气应为 8 次～12 次，室内应备有快速淋浴、洗眼器；氯酸钠、亚氯酸钠库房应有保持良好干燥状态的设备，盐酸库房内应设置酸泄漏的收集槽，氯瓶库房设计应符合本标准第 9.9.14 条～9.9.18 条的有关规定；

5. 二氧化氯发生与投加设备间应配备二氧化氯泄漏的低、高检测极限检测仪和报警设施，并室内应设喷淋装置。

9.9.37 次氯酸钠发生器上部应设密封罩收集电解产生的氢气，罩顶应设专用高位通风管直接伸至户外，且出风管口应远离火种，不受雷击。次氯酸钠发生器所在建筑的屋顶不得有吊顶、梁顶无通气孔的下翻梁。

9.10.4 臭氧氧化系统中必须设置臭氧尾气消除装置。

9.10.19 臭氧发生间的设置应符合下列要求：

1. 臭氧发生间内应设置每小时换气 8 次～12 次的机械通风设备，通风系统应设置高位新鲜空气进口和低位室内空气排至室外高处的排放口；

2. 应设置臭氧泄漏低、高检测极限的检测仪和报警设施；

3. 车间入口处的室外应放置防护器具、抢救设施和工具箱，并应设置室内照明和通风设备的室外开关。

9.13.5 水质稳定处理所使用的药剂含量不得对环境或工业生产造成不良影响。

10.2.6 当浓缩池上清液回用至净水系统且脱水分离液进入排泥水处理系统进行循环处理时，浓缩和脱水工序使用的各类药剂必须满足涉水卫生要求。

六、特殊水处理

《含藻水给水处理设计规范》(CJJ 32—2011)

4.4.5 气浮池的藻渣必须全部收集，严禁直接排入水体，并应按照无害化的要求进行处理和处置。

4.7.5 膜单元化学清洗的废液严禁直接排入水体，必须按照无害化的要求进行处理和处置。

《高浊度给水设计规范》(CJJ 40—2011)

3.1.7 生活饮用水给水系统的供水水质，必须符合国家现行标准《生活饮用水卫生标准》GB 5749 和《城市供水水质标准》CJ/T 206 的规定。

4.1.8 取水构筑物基础应设在局部冲刷和揭河底深度以下，并应满足地基承载力和稳定性要求。

6.1.4　当采用新型药剂或复合药剂作为生活饮用水处理的混凝剂或絮凝剂时，应进行毒理鉴定，符合国家现行相关标准要求后方可使用。

6.3.5　当投加聚丙烯酰胺进行生活饮用水处理时，出厂水中丙烯酰胺单体的残留浓度必须符合现行国家标准《生活饮用水卫生标准》GB 5749 的规定。

7.3.8　调蓄水池必须设置排空设施。水池大堤必须留有抢险、检修的交通通道。

七、结构(管道、构筑物)

《给水排水工程构筑物结构设计规范》(GB 50069—2002)

3.0.1　贮水或水处理构筑物、地下构筑物的混凝土强度等级不应低于 C25。

3.0.2　混凝土、钢筋的设计指标应按《混凝土结构设计规范》GB 50010 的规定采用；砖石砌体的设计指标应按《砌体结构设计规范》GB 50003 的规定采用；钢材、钢铸件的设计指标应按《钢结构设计规范》GB 50017 的规定采用。

3.0.5　贮水或水处理构筑物、地下构筑物的混凝土，其含碱量最大限值应符合《混凝土碱含量限值标准》CECS 53 的规定。

3.0.6　最冷月平均气温低于－3 ℃的地区，外露的钢筋混凝土构筑物的混凝土应具有良好的抗冻性能，并应按表 3.0.6 的要求采用。混凝土的抗冻等级应进行试验确定。

表 3.0.6　混凝土抗冻等级 Fi 的规定

结构类型 / 工作条件 / 气候条件	地表水取水头部		其　他
	冻融循环总数		地表水取水头部的水位涨落区以上部位及外露的水池等
	≥100	＜100	
最冷月平均气温低于－10 ℃	F300	F250	F200
最冷月平均气温在 3～－10 ℃	F250	F200	F150

注：1. 混凝土抗冻等级 Fi 系指龄期为 28 d 的混凝土试件，在进行相应要求冻融循环总次数 i 次作用后，其强度降低不大于 25%，重量损失不超过 5%。
2. 气温应根据连续 5 年以上的实测资料，统计其平均值确定。
3. 冻融循环总次数系指一年内气温从＋3 ℃以上降至－3 ℃以下，然后回升至＋3 ℃以上的交替次数；对于地表水头部，尚应考虑一年中月平均气温低于－3 ℃期间，因水涨落而产生的冻融交替次数，此时水位每涨落一次应按一次冻融计算。

3.0.7　贮水或水处理构筑物、地下构筑物的混凝土，不得采用氯盐作为防冻、早强的掺合料。

3.0.9　混凝土用水泥宜采用普通硅酸盐水泥；当考虑冻融作用时，不得采用火山灰质硅酸盐水泥和粉煤灰硅酸盐水泥；受侵蚀介质影响的混凝土，应根据侵蚀性质选用。

4.3.3　地表水或地下水对构筑物的作用标准值应按下列规定采用：

1. 构筑物侧壁上的水压力，应按静水压力计算。

2. 水压力标准值的相应设计水位，应根据勘察部门和水文部门提供的数据采用：可能出现的最高和最低水位，对地表水位宜按 1%频率统计分析确定；对地下水位应综合考虑近期内变化及构筑物设计基准期内可能的发展趋势确定。

3. 水压力标准值的相应设计水位，应根据对结构的作用效应确定取最低水位或最高水位。当取最低水位时，相应的准永久值系数对地表水可取常年洪水位与最高水位的比值，对地下水可取平均水位与最高水位的比值。

4. 地表水或地下水对结构作用的浮托力，其标准值应按最高水位确定，并应按下式计算：

$$q_{fw,k} = \gamma_w h_w \eta_{fw} \tag{4.3.3}$$

式中　$q_{fw,k}$——构筑物基础底面上的浮托力标准值，kN/m^2；

γ_w——水的重度，kN/m^3，可按 10 kN/m^3采用；

h_w——地表水或地下水的最高水位至基础底面（不包括垫层）计算部位的距离，m；

η_{fw}——浮托力折减系数，对非岩质地基应取 1.0，对岩石地基应按其破碎程度确定，当基底设置滑动层时，应取 1.0。

注：1. 当构筑物基底位于地表滞水层内，又无排除上层滞水措施时，基础底面上的浮托力仍应按式(4.3.3)计算确定。

2. 当构筑物两侧水位不等时，基础底面上的浮托力可按沿基底直线变化计算。

5.2.1　对结构构件作强度计算时，应采用下列极限状态计算表达式：

$$\gamma_0 S \leqslant R \tag{5.2.1}$$

式中　γ_0——结构重要性系数，对安全等级为一、二、三级的结构构件，应分别取 1.1、1.0、0.9；

S——作用效应的基本组合设计值；

R——结构构件抗力的设计值，应按《混凝土结构设计规范》GB 50010、《砌体结构设计规范》GB 50003、《钢结构设计规范》GB 50017 的规定确定。

5.2.3　构筑物在基本组合作用下的设计稳定性抗力系数 K_s 不应小于表 5.2.3 的规定。验算时，抵抗力应只计入永久作用，可变作用和侧壁上的摩擦力不应计入；抵抗力和滑动、倾覆力应均采用标准值。

表 5.2.3　构筑物的设计稳定性抗力系数 K_s

失稳特征	设计稳定性抗力系数 K_s
沿基底或沿齿墙底面连同齿墙间土体滑动	1.30
沿地基内深层滑动（圆弧面滑动）	1.20
倾覆	1.50
上浮	1.05

5.3.1　对正常使用极限状态，结构构件应分别按作用短期效应的标准组合或长期效应的准永久组合进行验算，并应保证满足变形、抗裂度、裂缝开展宽度、应力等计算值不超过相应的规定限值。

5.3.2　对混凝土贮水或水质净化处理等构筑物，当在组合作用下，构件截面处于轴心受拉或小偏心受拉（全面处于受拉）状态时，应按不出现裂缝控制；并应取作用短期效应的标准组合进行验算。

5.3.3 对钢筋混凝土贮水或水质净化处理等构筑物，当在组合作用下，构件截面处于受弯或大偏心受压、受拉状态时，应按限制裂缝宽度控制；并应取作用长期效应的准永久组合进行验算。

5.3.4 钢筋混凝土构筑物构件的最大裂缝宽度限值，应符合表5.3.4的规定。

表5.3.4 钢筋混凝土构筑物构件的最大裂缝宽度限值 ω_{max}

类　别	部位及环境条件	ω_{max}/mm
水处理构筑物、水池、水塔	清水池、给水水质净化处理构筑物	0.25
	污水处理构筑物、水塔的水柜	0.20
泵　房	贮水间、格栅间	0.20
	其他地面以下部分	0.25
取水头部	常水位以下部分	0.25
	常水位以上湿度变化部分	0.20

注：沉井结构的施工阶段最大裂缝宽度限值可取0.25 mm。

6.1.3 构筑物各部位构件内，受力钢筋的混凝土保护层最小厚度（从钢筋的外缘处起），应符合表6.1.3的规定。

表6.1.3 钢筋的混凝土保护层最小厚度 单位：mm

构件类别	工作条件	保护层最小厚度
墙、板、壳	与水、土接触或高湿度	30
	与污水接触或受水气影响	35
梁、柱	与水、土接触或高湿度	35
	与污水接触或受水气影响	40
基础、底板	有垫层的下层筋	40
	无垫层的下层筋	70

注：1. 墙、板、壳内的分布筋的混凝土净保护层最小厚度不应小于20 mm，梁、柱内箍筋的混凝土净保护层最小厚度不应小于25 mm；

2. 表列保护层厚度系按混凝土等级不低于C25给出，当采用混凝土等级低于C25时，保护层厚度尚应增加5 mm；

3. 不与水、土接触或不受水气影响的构件，其钢筋的混凝土保护层的最小厚度，应按现行的《混凝土结构设计规范》GB 50010的有关规定采用；

4. 当构筑物位于沿海环境，受盐雾侵蚀显著时，构件的最外层钢筋的混凝土最小保护层厚度不应少于45 mm；

5. 当构筑物的构件外表设有水泥砂浆抹面或其他涂料等质量确有保证的保护措施时，表列要求的钢筋的混凝土保护层厚度可酌量减小，但不得低于处于正常环境的要求。

6.3.1 钢筋混凝土构筑物的各部位构件的受力钢筋，应符合下列规定：

1. 受力钢筋的最小配筋百分率，应符合现行《混凝土结构设计规范》GB 50010的有关规定。

2. 受力钢筋宜采用直径较小的钢筋配置；每米宽度的墙、板内，受力钢筋不宜少于4根，且不超过10根。

6.3.4　钢筋的接头应符合下列要求：

1. 对具有抗裂性要求的构件(处于轴心受拉或小偏心受拉状态)，其受力钢筋不应采用非焊接的搭接接头；

2. 受力钢筋的接头应优先采用焊接接头，非焊接的搭接接头应设置在构件受力较小处；

3. 受力钢筋的接头位置，应按现行《混凝土结构设计规范》GB 50010 的规定相互错开；如必要时，同一截面处的绑扎钢筋的搭接接头面积百分率可加大到 50%，相应的搭接长度应增加 30%。

八、抗震设计和鉴定

《室外给水排水和燃气热力工程抗震设计规范》(GB 50032—2003)

1.0.3　抗震设防烈度为 6 度及高于 6 度地区的室外给水、排水和燃气、热力工程设施，必须进行抗震设计。

3.4.4　构筑物和管道的结构体系，应符合下列要求：

1. 应具有明确的计算简图和合理的地震作用传递路线；

2. 应避免部分结构或构件破坏而导致整个体系丧失承载能力；

3. 同一结构单元应具有良好的整体性，对局部削弱或突变形成的薄弱部位，应采取加强措施。

3.4.5　结构构件及其连接，应符合下列要求：

1. 混凝土结构构件应合理选择截面尺寸及配筋，避免剪切先于弯曲破坏、混凝土压溃先于钢筋屈服、钢筋锚固先于构件破坏；

2. 钢结构构件应合理选择截面尺寸，防止局部或整体失稳；

3. 构件节点的承载力，不应低于其连接构件的承载力；

4. 装配式结构的连接，应能保证结构的整体性；

5. 管道与构筑物、设备的连接处(含一定距离内)，应配置柔性构造措施；

6. 预应力混凝土构件的预应力钢筋，应在节点核心区以外锚固。

3.6.2　钢筋混凝土盛水构筑物和地下管道管体的混凝土等级，不应低于 C25。

3.6.3　砌体结构的砖砌体强度等级不应低于 MU10，块石砌体的强度等级不应低于 MU20；砌筑砂浆应采用水泥砂浆，其强度等级不应低于 M7.5。

4.1.1　建(构)筑物、管道场地的类别划分，应以土层的等效剪切波速和场地覆盖层厚度的综合影响作为判别依据。

4.1.4　工程场地覆盖层厚度的确定，应符合下列要求：

1. 一般情况下，应按地面至剪切波速大于 500 m/s 土层顶面的距离确定；

2. 当地面 5 m 以下存在剪切波速大于相邻上层土剪切波速的 2.5 倍的土层，且其下卧土层的剪切波速均不小于 400 m/s 时，可取地面至该土层顶面的距离确定；

3. 剪切波速大于 500 m/s 的孤石、透镜体，应视同周围土层；

4. 土层中的火山岩硬夹层，应视为刚体，其厚度应从覆盖土层中扣除。

4.2.2　对天然地基进行抗震验算时，应采用地震作用效应标准组合；相应地基抗震承载力应取地基承载力特征值乘以地基抗震承载力调整系数确定。

4.2.5　设防烈度为8度或9度，当建(构)筑物的地基土持力层为软弱黏性土(f_{ak}小于100 kPa、120 kPa)时，对下列建(构)筑物应进行抗震滑动验算：

1. 矩形敞口地面式水池，底板为分离式的独立基础挡水墙。

2. 地面式泵房等厂站构筑物，未设基础梁的柱间支撑部位的柱基等。

验算时，抗滑阻力可取基础底面上的摩擦力与基础正侧面上的水平土抗力之和。水平土抗力的计算取值不应大于被动土压力的1/3。抗滑安全系数不应小于1.10。

5.1.1　各类厂站构筑物的地震作用，应按下列规定确定：

1. 一般情况下，应对构筑物结构的两个主轴方向分别计算水平向地震作用，并进行结构抗震验算；各方向的水平地震作用，应由该方向的抗侧力构件全部承担。

2. 设有斜交抗侧力构件的结构，应分别考虑各抗侧力构件方向的水平地震作用。

3. 设防烈度为9度时，水塔、污泥消化池等盛水构筑物、球形贮气罐、水槽式螺旋轨贮气罐、卧式圆筒形贮气罐应计算竖向地震作用。

5.1.4　计算地震作用时，构筑物(含架空管道)的重力荷载代表值应取结构构件、防水层、防腐层、保温层(含上覆土层)、固定设备自重标准值和其他永久荷载标准值(侧土压力、内水压力)、可变荷载标准值(地表水或地下水压力等)之和。可变荷载标准值中的雪荷载、顶部和操作平台上的等效均布荷载，应取50%计算。

5.1.10　当按水平地震加速度计算构筑物或管道结构的地震作用时，其设计基本地震加速度值应按表3.3.2采用。

5.1.11　构筑物和管道结构的抗震验算，应符合下列规定：

1. 设防烈度为6度或本规范有关各章规定不验算的结构，可不进行截面抗震验算，但应符合相应设防烈度的抗震措施要求。

2. 埋地管道承插式连接或预制拼装结构(如盾构、顶管等)，应进行抗震变位验算。

3. 除1、2款外的构筑物、管道结构均应进行截面抗震强度或应变量验算；对污泥消化池、挡墙式结构等，尚应进行抗震稳定验算。

5.4.1　结构构件的地震作用效应和其他作用效应的基本组合，应按下式计算：

$$S=\gamma_G\sum_{i=1}^{n}G_G G_{Ei}+\gamma_{EH}G_{EH}F_{EH,k}+\gamma_{EV}G_{EV}F_{EV,k}+ \Psi_t\gamma_t G_t\Delta_{tk}+\Psi_w\gamma_w G_w w_k \tag{5.4.1}$$

式中　S——结构构件内力组合设计值，包括组合的弯矩、轴力和剪力设计值；

γ_G——重力荷载分项系数，一般情况应采用1.2，当重力荷载效应对构件承载力有利时，可取1.0；

γ_{EH}、γ_{EV}——分别为水平、竖向地震作用分项系数，应按表5.4.1的规定采用；

γ_t——温度作用分项系数，应取1.4；

γ_w——风荷载分项系数，应取1.4；

G_{Ei}——分项重力荷载代表值，可按5.1.4条的规定采用；

$F_{EH,k}$、$F_{EV,k}$——分别为水平、竖向地震作用标准值；

Δ_{tk}——温度作用标准值；

w_k——风荷载标准值；

Ψ_t——温度作用组合系数，可取0.65；

Ψ_w——风荷载组合系数，一般构筑物可不考虑（即取零），对消化池、贮气罐、水塔等较高的筒形构筑物可采用0.2；

G_G、G_{EH}、G_{EV}、G_t、G_w——分别为重力荷载、水平地震作用、竖向地震作用、温度作用和风荷载的作用效应系数，可按弹性理论结构力学方法确定。

表5.4.1　地震作用分项系数

地震作用	仅考虑水平地震作用	仅考虑竖向地震作用	同时考虑水平与竖向地震作用
γ_{EH}	1.3	—	1.3
γ_{EV}	—	1.3	0.5

5.4.2　结构构件的截面抗震强度验算，应按下式确定：

$$S \leqslant \frac{R}{\gamma_{RE}} \tag{5.4.2}$$

式中　R——结构构件承载力设计值应按各相关的结构设计规范确定；

γ_{RE}——承载力抗震调整系数，应按表5.4.2的规定采用。

表5.4.2　承载力抗震调整系数

材　料	结构构件	受力状态	γ_{RE}
钢	柱	偏压	0.70
	柱间支撑	轴拉、轴压	0.90
	节点板、连接螺栓		0.90
	构件焊缝		1.00
砌体	两端设构造柱、芯柱的抗震墙	受剪	0.90
	其他抗震墙	受剪	1.00
钢筋混凝土	梁	受弯	0.75
	轴压比小于0.15的柱	偏压	0.75
	轴压比不小于0.15的柱	偏压	0.80
	抗震墙	偏压	0.85
	各类构件	剪、拉	0.85

5.5.2　承插式接头的埋地圆形管道，在地震作用下应满足下式要求：

$$\gamma_{EHP}\Delta_{pl,k} \leqslant \lambda_c \sum_{i=1}^{n} [u_a]_i \tag{5.5.2}$$

式中　$\Delta_{pl,k}$——剪切波行进中引起半个视波长范围内管道沿管轴向的位移量标准值；

γ_{EHP}——计算埋地管道的水平向地震作用分项系数，可取1.20；

$[u_a]_i$——管道 i 种接头方式的单个接头设计允许位移量；

λ_c——半个视波长范围内管道接头协同工作系数，可取0.64计算；

n——半个视波长范围内管道的接头总数。

5.5.3　整体连接的埋地管道，在地震作用下的作用效应基本组合，应按下式确定：

$$S = \gamma_G S_G + \gamma_{EHP} S_{Ek} + \Psi_t C_t \Delta_{tk} \tag{5.5.3}$$

式中　S_G——重力荷载(非地震作用)的作用标准值效应；

S_{Ek}——地震作用标准值效应。

5.5.4　整体连接的埋地管道,其结构截面抗震验算应符合下式要求：

$$S \leqslant \frac{|\varepsilon_{ak}|}{\gamma_{PRE}} \tag{5.5.4}$$

式中　$|\varepsilon_{ak}|$——不同材质管道的允许应变量标准值；

γ_{PRE}——埋地管道抗震调整系数,可取0.90计算。

6.1.2　当设防烈度为8度、9度时,盛水构筑物不应采用砌体结构。

6.1.5　位于设防烈度为9度地区的盛水构筑物,应计算竖向地震作用效应,并应与水平地震作用效应按平方和开方组合。

7.2.8　位于Ⅲ、Ⅳ类场地的球罐,与之连接的液相、气相管应设置弯管补偿器或其他柔性连接措施。

9.1.5　水塔的抗震验算应符合下列规定：

1. 应考虑水塔上满载和空载两种工况；

2. 支承结构为构架时,应分别按正向和对角线方向进行验算；

3. 9度地区的水塔应考虑竖向地震作用。

10.1.2　埋地管道应计算在水平地震作用下,剪切波所引起管道的变位或应变。

第二节　工程施工与验收

一、基本规定

《给水排水构筑物工程施工及验收规范》(GB 50141—2008)

1.0.3　给排水构筑物工程所用的原材料、半成品、成品等产品的品种、规格、性能必须符合国家有关标准的规定和设计要求;接触饮用水的产品必须符合有关卫生要求。严禁使用国家明令淘汰、禁用的产品。

3.1.10　工程所用主要原材料、半成品、构(配)件、设备等产品,进入施工现场时必须进行进场验收。

进场验收时应检查每批产品的订购合同、质量合格证书、性能检验报告、使用说明书、进口产品的商检报告及证件等,并按国家有关标准规定进行复验,验收合格后方可使用。

混凝土、砂浆、防水涂料等现场配制的材料应经检测合格后使用。

3.1.16　工程施工质量控制应符合下列规定：

1. 各分项工程应按照施工技术标准进行质量控制,分项工程完成后,应进行检验。

2. 相关各分项工程之间,应进行交接检验;所有隐蔽分项工程应进行隐蔽验收;未经检验或验收不合格不得进行下道分项工程施工。

3. 设备安装前应对有关的设备基础、预埋件、预留孔的位置、高程、尺寸等进行复核。

3.2.8　通过返修或加固处理仍不能满足结构安全和使用功能要求的分部(子分部)工程、单位(子单位)工程,严禁验收。

二、管网和泵站

《给水排水管道工程施工及验收规范》(GB 50268—2008)

3.1.9　工程所用的管材、管道附件、构(配)件和主要原材料等产品进入施工现场时必须进行进场验收并妥善保管。进场验收时应检查每批产品的订购合同、质量合格证书、性能检验报告、使用说明书、进口产品的商检报告及证件等,并按国家有关标准规定进行复验,验收合格后方可使用。

3.1.15　给排水管道工程施工质量控制应符合下列规定:

1. 各分项工程应按照施工技术标准进行质量控制,每分项工程完成后,必须进行检验;

2. 相关各分项工程之间,必须进行交接检验,所有隐蔽分项工程必须进行隐蔽验收,未经检验或验收不合格不得进行下道分项工程。

3.2.8　通过返修或加固处理仍不能满足结构安全或使用功能要求的分部(子分部)工程、单位(子单位)工程,严禁验收。

9.1.10　给水管道必须水压试验合格,并网运行前进行冲洗与消毒,经检验水质达到标准后,方可允许并网通水投入运行。

9.1.11　污水、雨污水合流管道及湿陷土、膨胀土、流砂地区的雨水管道,必须经严密性试验合格后方可投入运行。

三、取水构筑物

《给水排水构筑物工程施工及验收规范》(GB 50141—2008)

6.1.4　水处理构筑物施工完毕必须进行满水试验。消化池满水试验合格后,还应进行气密性试验。

7.3.12　排水下沉施工应符合下列规定:

4. 用抓斗取土时,沉井内严禁站人;对于有底梁或支撑梁的沉井,严禁人员在底梁下穿越。

8.1.6　施工完毕的贮水调蓄构筑物必须进行满水试验。

第三节　运行维护安全

一、管网与泵站

《城镇排水管渠与泵站运行、维护及安全技术规程》(CJJ 68—2016)

3.1.4　分流制排水系统中,严禁雨水和污水管道混接。

3.1.5　严禁重力流排水管道采用上跨障碍物的敷设方式。

3.3.4　当巡视人员在巡视中发现井盖和雨水箅缺失或损坏后,应立即设置警示标志,并在 6 h 内修补恢复;当相关排水管理单位接报井盖和雨水箅缺失或损坏信息后,必须在 2 h 内安放护栏和警示标志,并应在 6 h 内修补恢复。

3.5.11　潜水检查的管渠管径或渠内高不得小于 1 200 mm,流速不得大于 0.5 m/s。

3.8.7　未经处理的建设工地泥浆水严禁直接排入城市排水管渠。

4.1.2　维护泵站设施时,必须先对有毒、有害、易燃易爆气体进行检测与防护。

4.1.7 泵站起重设备、压力容器、易燃、易爆、有毒气体监测装置必须定期检测，合格后方可使用。

《城镇排水管道维护安全技术规程》(CJJ 6—2009)

3.0.6 在进行路面作业时，维护作业人员应穿戴配有反光标志的安全警示服并正确佩戴和使用劳动防护用品；未按规定穿戴安全警示服及佩戴和使用劳动防护用品的人员，不得上岗作业。

3.0.10 维护作业区域应采取设置安全警示标志等防护措施；夜间作业时，应在作业区域周边明显处设置警示灯；作业完毕，应及时清除障碍物。

3.0.11 维护作业现场严禁吸烟，未经许可严禁动用明火。

3.0.12 当维护作业人员进入排水管道内部检查、维护作业时必须同时符合下列各项要求：

1. 管径不得小于 0.8 m；
2. 管内流速不得大于 0.5 m/s；
3. 水深不得大于 0.5 m；
4. 充满度不得大于 50%。

4.2.3 开启压力井盖时，应采取相应的防爆措施。

5.1.2 下井作业人员必须经过专业安全技术培训、考核，具备下井作业资格，并应掌握人工急救技能和防护用具、照明、通信设备的使用方法。作业单位应为下井作业人员建立个人培训档案。

5.1.6 井下作业必须履行审批手续，执行当地的下井许可制度。

5.1.8 井下作业前，维护作业单位必须检测管道内有害气体。井下有害气体浓度必须符合本规程第 5.3 节的有关规定。

5.1.10 井下作业时，必须进行连续气体检测，且井上监护人员不得少于两人；进入管道内作业时，井室内应设置专人呼应和监护，监护人员严禁擅离职守。

5.3.6 气体检测设备必须按相关规定定期进行检定，检定合格后方可使用。

6.0.1 井下作业时，应使用隔离式防毒面具，不应使用过滤式防毒面具和半隔离式防毒面具以及氧气呼吸设备。

6.0.3 防护设备必须按相关规定定期进行维护检查。严禁使用质量不合格的防毒和防护设备。

6.0.5 安全带应采用悬挂双背带式安全带。使用频繁的安全带、安全绳应经常进行外观检查，发现异常应立即更换。

7.0.1 维护作业单位必须制定中毒、窒息等事故应急救援预案，并应按相关规定定期进行演练。

7.0.4 当需下井抢救时，抢救人员必须在做好个人安全防护并有专人监护下进行下井抢救，必须佩戴好便携式空气呼吸器、悬挂双背带式安全带，并系好安全绳，严禁盲目施救。

二、水厂

《城镇供水厂运行、维护及安全技术规程》(CJJ 58—2009)

2.1.4 出厂水水质必须达到使管网水质符合现行国家标准《生活饮用水卫生标准》GB

5749 规定的要求。

2.2.1　供水厂必须按照现行国家标准《生活饮用水卫生标准》GB 5749 的有关规定，并结合本地区的原水水质特点对进厂原水进行水质检验。当原水水质发生异常变化时，应根据需要增加检验项目和频率。

2.7.1　供水厂使用的输配水设备、防护材料、水处理材料、水处理药剂，应具有生产许可证、省级以上卫生许可证、产品合格证及化验报告，并应执行索证及验收制度。

2.8.6　化验室所用的计量分析仪器必须定期进行计量检定，经检定合格方可使用。计量分析仪器在日常使用过程中应定期进行校验和维护。

3.1.2　制水生产工艺应保证连续地向城市供水管网供水，水压应符合国家现行有关法规和标准的规定，并应保证管网末梢压力。

3.1.4　净水药剂必须计量投加。

4.1.1　在水源保护区或地表水取水口上游 1 000 m 至下游 100 m 范围内(有潮汐的河道可适当扩大)，必须依据国家有关法规和标准的规定定期进行巡视。

4.1.3　在固定式取水口上游至下游适当地段应装设明显的标志牌。在有船只来往的河道，还应在取水口上装设信号灯。

4.13.2　清水池的检测孔、通气孔和人孔必须有防水质污染的防护措施。

4.13.4　清水池的排空、溢流等管道严禁直接与下水道连通。

9.1.1　供水厂必须建立水质预警系统。应制定水源和供水突发事件应急预案，完善应急净水技术与设施，并定期进行应急演练；当出现突发事件时，应按应急预案迅速采取有效的应对措施。

9.1.5　供水厂直接从事制水和水质检验的人员，必须经过卫生知识和专业技术培训且每年进行一次健康体检，并持证上岗。

9.2.2　制水生产工艺应保证出厂水水质的安全，并应符合下列规定：

1. 供水厂根据各自的水源流域内可能的污染源，制定相应的水源污染时期的水处理技术预案。

2. 供水厂具备临时投加粉末活性炭和各种药剂的应急设备与设施，落实人员技术培训和相关物料储备。

9.2.3　供水厂应针对地震、台风等自然灾害和大面积传染病流行等突发事件，制定安全生产应急预案。

9.3.1　供水厂为加强气体的安全使用管理，应建立相应的岗位责任制度、巡回检查制度、交接班制度、气体投加车间的安全防护制度和事故处理报告制度。

9.3.2　供水厂使用各类气体前，应按规定到安全监管部门办理相关许可证件。

9.3.3　供水厂使用的高压气体钢瓶应符合国家有关气瓶安全监察的规定。

9.3.4　氯气、氨气和氧气的运输，应委托给具有危险品运输资质的单位承担，并应符合国家现行有关标准的规定。

9.3.5　氯气、氨气钢瓶的进、出库应进行登记。当气瓶外观出现明显变形、针形阀阀芯变形、防震圈不全、无针形阀防护罩时应拒绝入库。

9.3.7　待用氯瓶的堆放不得超过两层。投入使用的卧置氯瓶，其两个主阀间的连线应垂直于地面。

9.3.8　对氯气、氨气阀门，气体输送管道系统阀门，法兰以及接头等部位应经常进行泄漏检查。

9.3.9　使用氯气的供水厂应按照现行国家标准《氯气安全规程》GB 11984 的有关规定配备防护和抢修器材。使用其他气体也应配备相应的防护和抢修器材。

9.3.11　加氯车间应安装与其加氯量相配套的泄氯吸收装置，并应定期检查吸收液的有效性及机电设备的完好性。加氨车间应安装氨气泄漏时的吸收和稀释装置。

9.3.12　氧气气源设备的四周应设置隔离区域，除氧气供应商操作人员或供水厂专职操作人员外，其他人员不得进入隔离区域。

9.3.13　距氧气气源设备 30 m 半径范围内，严禁放置易燃、易爆物品以及与生产无关的其他物品，不得在任何储备、输送和使用氧气的区域内吸烟或有明火。当确需动火时，应做好相应预案；动火作业前，应检测作业点空气中的氧气浓度，作业期间应派专人进行监管。

9.3.14　所有使用氧气的生产人员在操作时必须佩戴安全帽、防护眼罩及防护手套。操作、维修、检修氧气气源系统的人员所用的工具、工作服、手套等用品，严禁沾染油脂类污垢。

9.3.16　氧气以及臭氧输送投加管坑应避免与液氮、液氨、混凝剂等投加管坑相通，同时应防止油脂及易燃物漏入管坑内。

9.4.1　对稳定性二氧化氯、生产原料中的氧化剂、酸和次氯酸钠溶液等，应选择避光、通风、阴凉的地方分别存放。

9.4.3　反应器、气路系统、吸收系统应确保气密性，并应防止气体逸出。对二氧化氯生产设备应定期进行检修，同时应使生产环境保持通风。

9.5.2　变电站、配电室应建立岗位责任、交接班、巡回检查、倒停闸操作、安全用具管理和事故报告等规章制度。并应做好运行、交接、传事、设备缺陷故障、维护检修以及操作票、工作票等各项原始记录。

9.5.5　变电站、配电室安全用具必须配备齐全，并应保证安全可靠地使用。变电站、配电室应设置符合一次线路系统状况的显示装置、操作模拟板或模拟图、微机防误装置、微机监控装置。

9.5.6　值班人员应定时进行高压设备的巡视检查。

9.5.8　当高压设备全部或部分停电检修时，必须遵守工作票制度，工作许可制度，工作监护制度，工作间断、转移和终结制度；必须按要求在完成停电、验电、装设接地线、悬挂标示牌和装设遮栏等保证安全的技术措施后，方可进行工作。

9.5.9　高压设备和架空线路不得带电作业。低压设备带电工作应符合国家现行有关标准的规定，并应经主管电气负责人批准，同时应设专人监护。

9.5.10　遇有五级以上大风以及大雨、雷电等情况，应停止架空线路检修作业。

三、污水处理厂

《城镇污水处理厂运行、维护及安全技术规程》(CJJ 60—2011)

2.2.13　各种设备维修前必须断电，并应在开关处悬挂维修和禁止合闸的标识牌，经检查确认无安全隐患后方可操作。

2.2.20　构筑物、建筑物的护栏及扶梯应牢固可靠，设施护栏不得低于 1.2 m，在构筑物上应悬挂警示牌,配备救生圈、安全绳等救生用品,并应定期检查和更换。

2.2.24 污泥消化处理区域及除臭设施防护范围内,严禁明火作业。

2.2.25 对可能含有有毒有害气体或可燃性气体的深井、管道、构筑物等设施、设备进行维护、维修操作前,必须在现场对有毒有害气体进行检测,不得在超标的环境下操作,所有参与操作的人员应佩戴防护装置,直接操作者应在可靠的监护下进行,并应符合国家现行标准《排水管道维护安全技术规程》CJJ 6 的规定。

3.2.3 当泵房突然断电或设备发生重大事故时,在岗员工应立刻报警,并启动应急预案。

3.5.3 在半地下式或地下式污泥泵房检查维修时,应保证工作间内良好的通风换气,并应符合本规程第 2.2.26 条的有关规定。

3.10.14 对以沼气为动力的鼓风机,应严格按照开停机程序进行每班加强巡查,并应检查气压、沼气管道和闸阀,发现漏气应及时处理。

3.12.1 采用二氧化氯消毒时,必须符合下列规定:

1. 盐酸的采购和存放应符合国家现行有关标准的规定;
2. 固体氯酸钠应单独存放,且与设备间的距离不得小于 5 m;库房应通风阴凉;
3. 在搬运和配制氯酸钠过程中,严禁用金属器件锤击或摔击,严禁明火;
4. 操作人员应戴防护手套和眼镜。

3.12.4 采用液氯消毒时,应符合下列规定:

1. 应每周检查 1 次报警器及漏氯吸收装置与漏氯检测仪表的有效联动功能,并应每周启动 1 次手动装置,确保其处于正常状态;
2. 氯库应设置漏氯检测报警装置及防护用具。

3.12.6 采用紫外线消毒时,消毒水渠无水或水量达不到设备运行水位时,严禁开启设备。

3.12.8 采用臭氧消毒时,应定期校准臭氧发生间内的臭氧浓度探测报警装置;当发生臭氧泄漏事故时,应立即打开门窗并启动排风扇。

5.3.3 当维修沼气柜时,必须采取安全措施并制定维修方案。

5.6.1 当流化床式污泥干化机运行时,应连续监测气体回路中的氧含量浓度,严禁在高氧量下连续运行。

6.1.4 当进入臭气收集系统的封闭环境内进行检修维护时,必须具备自然通风或强制通风条件,并必须佩戴防毒面具。

6.2.4 采用活性炭吸附除臭工艺时应符合下列规定:

1. 更换活性炭时,应停机断电,并关闭进气闸阀;
2. 必须佩戴防毒面具方可打开卸料口;
3. 室内操作必须强制通风。

7.3.6 化验室必须建立危险化学品、剧毒物的申购、储存、领取、使用、销毁等管理制度。

8.1.3 当变、配电室设备在运行中发生跳闸时,在未查明原因之前严禁合闸。

10.0.1 城镇污水处理厂应建立健全事故应急体系,并应制定相应的安全生产、职业卫生、环境保护、自然灾害等应急预案。

第三章 城市供热

第一节 工程设计

一、供热介质

《城镇供热管网设计规范》(CJJ 34—2010)

4.3.1 以热电厂和区域锅炉房为热源的热水热力网，补给水水质应符合表4.3.1的规定。

表4.3.1 热力网补给水水质要求

项目	浊度/FTU	硬度/(mmol/L)	溶解氧/(mg/L)	油/(mg/L)	pH(25 ℃)
要求	≤5.0	≤0.60	≤0.10	≤2.0	7.0～11.0

二、压力工况

《城镇供热管网设计规范》(CJJ 34—2010)

7.4.1 热水热力网供水管道任何一点的压力不应低于供热介质的汽化压力，并应留有30～50 kPa的富裕压力。

7.4.2 热水热力网的回水压力应符合下列规定：

1. 不应超过直接连接用户系统的允许压力；

2. 任何一点的压力不应低于50 kPa。

7.4.3 热水热力网循环水泵停止运行时，应保持必要的静态压力。静态压力应符合下列规定：

1. 不应使热力网任何一点的水汽化，并应有30～50 kPa的富裕压力；

2. 与热力网直接连接的用户系统应充满水；

3. 不应超过系统中任何一点的允许压力。

7.4.4 开式热水热力网非采暖期运行时，回水压力不应低于直接配水用户热水供应系统静水压力再加上50 kPa。

7.5.4 热力网循环泵与中继泵吸入侧的压力，不应低于吸入口可能达到的最高水温下的饱和蒸汽压力加50 kPa。

三、管网布置与敷设

《城镇供热管网设计规范》(CJJ 34—2010)

8.2.8 工作人员经常进入的通行管沟应有照明设备和良好的通风。人员在管沟内工作时，管沟内空气温度不得超过 40 ℃。

8.2.9 通行管沟应设事故人孔。设有蒸汽管道的通行管沟，事故人孔间距不应大于 100 m；热水管道的通行管沟，事故人孔间距不应大于 400 m。

8.2.20 热力网管沟内不得穿过燃气管道。

8.2.21 当热力网管沟与燃气管道交叉的垂直净距小于 300 mm 时，必须采取可靠措施防止燃气泄漏进管沟。

8.2.22 管沟敷设的热力网管道进入建筑物或穿过构筑物时，管道穿墙处应封堵严密。

8.2.23 地上敷设的供热管道同架空输电线或电气化铁路交叉时，管道的金属部分(包括交叉点两侧 5 m 范围内钢筋混凝土结构的钢筋)应接地。接地电阻不应大于 10 Ω。

14.3.11 街区热水供热管网管沟与燃气管道交叉敷设时，必须采取可靠措施防止燃气泄漏进管沟。

四、中继泵站与热力站

《城镇供热管网设计规范》(CJJ 34—2010)

10.4.1 蒸汽热力站应根据生产工艺、采暖、通风、空调及生活热负荷的需要设置分汽缸，蒸汽主管和分支管上应装设阀门。当各种负荷需要不同的参数时，应分别设置分支管、减压减温装置和独立安全阀。

五、保温与照明

《城镇供热管网设计规范》(CJJ 34—2010)

12.3.3 在通行管沟和地下、半地下检查室内的照明灯具应采用防潮的密封型灯具。

12.3.4 在管沟、检查室等湿度较高的场所，灯具安装高度低于 2.2 m 时，应采用 24 V 以下安全电压。

第二节 工程施工与验收

一、工程测量和土建工程

《城镇供热管网工程施工及验收规范》(CJJ 28—2014)

2.4.3 施工现场夜间必须设置照明、警示灯和具有反光功能的警示标志。

二、管道焊接与穿越

《城镇供热管网工程施工及验收规范》(CJJ 28—2014)

5.1.9 在有限空间内作业应制定作业方案，作业前必须进行气体检测，合格后方可进行现场作业。作业时的人数不得少于 2 人。

5.4.11 预制直埋管道现场安装完成后，必须对保温材料裸露处进行密封处理。

5.4.15 接头外护层安装完成后，必须全部进行气密性检验并应合格。

三、管道试压清洗与运行

《城镇供热管网工程施工及验收规范》(CJJ 28—2014)

8.2.7 蒸汽吹洗时必须划定安全区,并设置标志。在整个吹洗作业过程中,应有专人值守。

第四章 城镇燃气

第一节 工程设计

一、燃气质量

《城镇燃气设计规范》(GB 50028—2006)

3.2.1 城镇燃气质量指标应符合下列要求：

1. 城镇燃气(应按基准气分类)的发热量和组分的波动应符合城镇燃气互换的要求。

3.2.2 采用不同种类的燃气做城镇燃气除应符合第3.2.1条外，还应分别符合下列第1～4款的规定。

1. 天然气的质量指标应符合下列规定：

(1) 天然气发热量、总硫和硫化氢含量、水露点指标应符合现行国家标准《天然气》GB 17820的一类气或二类气的规定。

(2) 在天然气交接点的压力和温度条件下：

天然气的烃露点应比最低环境温度低5℃；

天然气中不应有固态、液态或胶状物质。

2. 液化石油气质量指标应符合现行国家标准《油气田液化石油气》GB 9052.1或《液化石油气》GB 11174的规定。

3. 人工煤气质量指标应符合现行国家标准《人工煤气》GB 13612的规定。

4. 液化石油气与空气的混合气做主气源时，液化石油气的体积分数应高于其爆炸上限的2倍，且混合气的露点温度应低于管道外壁温度5℃。硫化氢含量不应大于20 mg/m^3。

3.2.3 城镇燃气应具有可以察觉的臭味，燃气中加臭剂的最小量应符合下列规定：

1. 无毒燃气泄漏到空气中，达到爆炸下限的20%时，应能察觉；

2. 有毒燃气泄漏到空气中，达到对人体允许的有害浓度时，应能察觉；

对于以一氧化碳为有毒成分的燃气，空气中一氧化碳含量达到0.02%(体积分数)时，应能察觉。

二、制气

《城镇燃气设计规范》(GB 50028—2006)

4.2.11 加热煤气管道的设计应符合下列要求：

3. 必须设置低压报警信号装置，其取压点应设在压力自动调节装置的蝶阀前的总管上，管道末端应设爆破膜。

4.2.12 直立炉、焦炉桥管上必须设置低压氨水喷洒装置。直立炉的荒煤气管或焦炉集气管上必须设置煤气放散管，放散管出口应设点火燃烧装置。

焦炉上升管盖及桥管与水封阀承插处应采用水封装置。

4.2.13 炉顶荒煤气管，应设压力自动调节装置。调节阀前必须设置氨水喷洒设施。调节蝶阀与煤气鼓风机室应有联系信号和自控装置。

4.3.2 煤的气化制气宜作为人工煤气气源厂的辅助（加热）和掺混用气源。当作为城市的主气源时，必须采取有效措施，使煤气组分中一氧化碳含量和煤气热值等达到现行国家标准《人工煤气》GB 13612 质量标准。

4.3.15 作为加热和掺混用的气化炉冷煤气温度宜小于 35 ℃，其灰尘和液态焦油等杂质含量应小于 20 mg/m^3；气化炉热煤气至用气设备前温度不应小于 350 ℃，其灰尘含量应小于 300 mg/m^3。

4.3.23 在电气滤清器上必须装有爆破阀。洗涤塔上应设有爆破阀，其装设位置应符合下列要求：

1. 装在设备薄弱处或易受爆破气浪直接冲击的位置；
2. 离操作面的净空高度小于 2 m 时，应设有防护措施；
3. 爆破阀的泄压口不应正对建筑物的门或窗。

4.3.26 煤气设备水封的高度，不应小于表 4.3.26 的规定。

表 4.3.26 煤气设备水封有效高度

最大工作压力/Pa	水封的有效高度/mm
＜3 000	最大工作压力（以 Pa 表示）×0.1＋150 但不得小于 250
3 000～10 000	最大工作压力（以 Pa 表示）×0.1×1.5
＞10 000	最大工作压力（以 Pa 表示）×0.1＋500

注：发生炉煤气钟罩阀的放散水封的有效高度应等于煤气发生炉出口最大工作压力（以 Pa 表示）乘 0.1 加 50 mm。

4.3.27 生产系统的仪表和自动控制装置的设置应符合下列规定：

8. 应设置循气化炉的缓冲气罐的高、低位限位器分别与自动控制机和煤气排送机联锁装置，并应设报警装置；

10. 应设置连续气化炉的煤气排送机（或热煤气直接用户如直立炉的引风机）与空气总管压力或空气鼓风机联锁装置，并应设报警装置；

11. 应设置当煤气中含氧量大于 1%（体积）或电气滤清器的绝缘箱温度低于规定值、或电气滤清器出口煤气压力下降到规定值时，能立即切断高压电源装置，并应设报警装置；

12. 应设置连续气化炉的低压煤气总管压力与煤气排送机连锁装置，并应设报警装置。

4.4.13 在炉体与空气系统连接管上应采取防止炉内燃气窜入空气管道的措施，并应设防爆装置。

4.4.17 重油制气厂应设污水处理装置，污水排放应符合现行国家标准《污水综合排放标准》GB 8978 的规定。

4.4.18 自动控制装置的程序控制器设计，应符合下列要求：

4. 主要阀门的检查和联锁装置，在发生故障时应有显示和报警信号，并能恢复到安全状态。

4.15.3　轻油制气炉宜设置防爆装置，在炉体与空气系统连接管上应采用防止炉内燃气窜入空气管道的措施，并应设防爆装置。

三、净化

《城镇燃气设计规范》(GB 50028—2006)

5.1.4　煤气净化装置的设计，应做到当净化设备检修和清洗时，出厂煤气中杂质含量仍能符合现行的国家标准《人工煤气》GB 13612 的规定。

5.3.4　用电动机带动的煤气鼓风机，其供电系统应符合现行的国家标准《供配电系统设计规范》GB 50052 的“二级负荷”设计的规定；电动机应采取防爆措施。

5.3.6　鼓风机的布置，应符合下列要求：

7. 鼓风机房应设煤气泄漏报警及事故通风设备。

5.4.2　电捕焦油器设计，应符合下列要求：

1. 电捕焦油器应设置泄漏爆装置、放散管和蒸汽管，负压回收流程可不设泄爆装置；

3. 当干馏煤气中含氧量大于 1%(体积分数)时应进行自动报警，当含氧量达到 2%或电捕焦油器的绝缘箱温度低于规定值时，应有能立即切断电源措施。

5.11.8　脱硫剂采用箱内再生时，掺空气后煤气中含氧量应由煤气中硫化氢含量确定。但出箱时煤气中含氧量小于 2%(体积分数)。

5.12.5　用于进行一氧化碳变换的煤气，应进行煤气含氧量监测，煤气中含氧量(体积分数)不应大于 0.5%，当煤气中含氧量达 0.5%～1.0%时应减量生产，当含氧量大于 1%时应停车置换。

5.12.17　一氧化碳变换炉应设置超温报警及连锁控制。

5.14.1　严禁在厂房内放散煤气和有害气体。

5.14.2　设备和管道上的放散管管口高度应符合下列要求：

1. 当放散管直径大于 150 mm 时，放散管管口应高出厂房顶面、煤气管道、设备和走台 4 m 以上。

2. 当放散管直径小于或等于 150 mm 时，放散管管口应高出厂房顶面、煤气管道、设备和走台 2.5 m 以上。

5.14.3　煤气系统中液封槽液封高应符合下列要求：

1. 煤气鼓风机出口处，应为鼓风机全压(以 Pa 表示)乘 0.1 加 500 mm；

2. 硫铵工段满流槽内的液封高度和水封槽内液封高度应满足煤气鼓风机全压(以 Pa 表示)乘 0.1 要求；

3. 其余处均应为最大操作压力(以 Pa 表示)乘 0.1 加 500 mm。

5.14.4　煤气系统液封槽之补水口严禁与供水管道直接相接。

四、燃气输配系统

《城镇燃气设计规范》(GB 50028—2006)

6.1.6　城镇燃气管道应按燃气设计压力(P)分为 7 级，并应符合表 6.1.6 的要求。

表 6.1.6　城镇燃气设计压力(表压)分级

名　称		压力/MPa
高压燃气管道	A	2.5<P≤4.0
	B	1.6<P≤2.5
次高压燃气管道	A	0.8<P≤1.6
	B	0.4<P≤0.8
中压燃气管道	A	0.2<P≤0.4
	B	0.01≤P≤0.2
低压燃气管道		P<0.01

6.3.1　中压和低压燃气管道宜采用聚乙烯管、机械接口球墨铸铁管、钢管或钢骨架聚乙烯塑料复合管,并应符合下列要求:

1. 聚乙烯燃气管应符合现行的国家标准《燃气用埋地聚乙烯管材》GB 15558.1 和《燃气用埋地聚乙烯管件》GB 15558.2 的规定;

2. 机械接口球墨铸铁管应符合现行的国家标准《水及燃气管道用球墨铸铁管、管件和附件》GB/T 13295 的规定;

3. 钢管采用焊接钢管、镀锌钢管或无缝钢管时,应分别符合现行的国家标准《低压流体输送用焊接钢管》GB/T 3091、《输送流体用无缝钢管》GB/T 8163 的规定;

4. 钢骨架聚乙烯塑料复合管应符合国家现行标准《燃气用钢骨架聚乙烯塑料复合管》CJ/T 125 和《燃气用钢骨架聚乙烯塑料复合管件》CJ/T 126 的规定。

6.3.2　次高压燃气管道应采用钢管,其管材和附件应符合本规范第 6.4.4 条的要求。地下次高压 B 燃气管道也可采用钢号 Q235B 焊接钢管,并应符合现行国家标准《低压流体输送用焊接钢管》GB/T 3091 的规定。

次高压钢质燃气管道直管段计算壁厚应按式(6.4.6)计算确定。最小公称壁厚不应小于表 6.3.2 的规定。

表 6.3.2　钢质燃气管道最小公称壁厚

钢管公称直径 DN/mm	公称壁厚/mm
DN100～150	4.0
DN200～300	4.8
DN350～450	5.2
DN500～550	6.4
DN600～700	7.1
DN750～900	7.9
DN950～1 000	8.7
DN1 050	9.5

6.4.4　高压燃气管道采用的钢管和管道附件材料应符合下列要求:

2. 燃气管道选用的钢管,应符合现行的国家标准《石油天然气工业　输送钢管交货技

术条件　第1部分:A级钢管》GB/T 9711.1(L175级钢管除外)、《石油天然气工业　输送钢管交货技术条件　第2部分:B级钢管》GB/T 9711.2和《输送流体用无缝钢管》GB/T 8163的规定,或符合不低于上述三项标准相应技术要求的其他钢管标准。三级和四级地区高压燃气管道材料钢级不应低于L245。

6.4.11　一级或二级地区地下燃气管道与建筑物之间的水平净距不应小于表6.4.11的规定。

表6.4.11　一级或二级地区地下燃气管道与建筑物之间的水平净距　单位:m

燃气管道公称直径 DN/mm	地下燃气管道压力/MPa		
	1.61	2.50	4.00
900<DN≤1 050	53	60	70
750<DN≤900	40	47	57
600<DN≤750	31	37	45
450<DN≤600	24	28	35
300<DN≤450	19	23	28
150<DN≤300	14	18	22
DN≤150	11	13	15

注:1. 当燃气管道强度设计系数不大于0.4时,一级或二级地区地下燃气管道与建筑之间的水平净距可按表6.4.12确定。

2. 水平净距是指管道外壁到建筑物出地面处外墙面的距离。建筑物是指平常有人的建筑物。

3. 当燃气管道压力与表中数不相同时,可采用直线方程内插法确定水平净距。

6.4.12　三级地区地下燃气管道与建筑物之间的水平净距不应小于表6.4.12的规定。

表6.4.12　三级地区地下燃气管道与建筑物之间的水平净距　单位:m

燃气管道公称直径和壁厚 δ/mm	地下燃气管道压力/MPa		
	1.61	2.50	4.00
A. 所有管径 δ<9.5	13.5	15.0	17.0
B. 所有管径 9.5≤δ<11.9	6.5	7.5	9.0
C. 所有管径 δ≥11.9	3.0	5.0	8.0

注:1. 当对燃气管道采取行之有效的保护措施,δ<9.5 mm的燃气管道也可采用表中B行的水平净距。

2. 水平净距是指管道外壁到建筑物出地面处外墙面的距离。建筑物是指平常有人的建筑物。

3. 燃气管道压力表中数不相同时,可采用直线方程内插法确定水平距离。

6.4.13　高压地下燃气管道与构筑物或相邻管道之间的水平和垂直净距,不应小于表6.3.3-1和6.3.3-2次高压A的规定。但高压A和高压B地下燃气管道与铁路路堤坡脚的水平净距分别不应小于8 m和6 m;与有轨电车钢轨的水平净距分别不应小于4 m和3 m。

注:当达不到本条净距要求时,采取有效的防护措施后,净距可适当缩小。

6.5.3　储配站内的储气罐与站内的建、构筑物的防火间距应符合表6.5.3的规定。

表 6.5.3 储气罐与站内的建、构筑物的防火间距 单位:m

储气罐总容积/m³	≤1 000	>1 000～≤10 000	>10 000～≤50 000	>50 000～≤200 000	>200 000
明火、散发火花地点	20	25	30	35	40
调压室、压缩机室、计量室	10	12	15	20	25
控制室、变配电室、汽车库等辅助建筑	12	15	20	25	30
机修间、燃气锅炉房	15	20	25	30	35
办公、生活建筑	18	20	25	30	35
消防泵房、消防池取水口	20				
站内道路(路边)	10	10	10	10	10
围墙	15	15	15	15	18

注:1. 低压湿式储气罐与站内的建、构筑物的防火间距,应按本表确定。
2. 低压干式储气罐与站内的建、构筑物的防火间距,当可燃气体的密度比空气大时,应按本表增加 25%;比空气小或等于时,可按本表确定。
3. 固定容积储气罐与站内的建、构筑物的防火间距应按本表的规定执行。总容积按其几何容积(m^3)和设计压力(绝对压力,10^2 kPa)的乘积计算。
4. 低压湿式或干式储气罐的水封室、油泵房和电梯间等附属设施与该储罐的间距按工艺要求确定。
5. 露天燃气工艺装置与储气罐的间距按工艺要求确定。

6.5.4 储气罐或罐区之间的防火间距,应符合下列要求:

1. 湿式储气罐之间、干式储气罐之间、湿式储气罐与干式储气罐之间的防火间距,不应小于相邻较大罐的半径。

2. 固定容积储气罐之间的防火间距,不应小于相邻较大罐直径的 2/3。

3. 固定容积储气罐与低压湿式或干式储气罐之间的防火间距,不应小于相邻较大罐的半径。

4. 数个固定容积储气罐的总容积大于 200 000 m³ 时,应分组布置。组与组之间的防火间距:卧式储罐,不应小于相邻较大罐长度的一半;球形储罐,不应小于相邻大罐的直径,且不应小于 20.0 m。

5. 储气罐与液化石油气罐之间防火间距应符合现行的国家标准《建筑设计防火规范》GB 50016 的有关规定。

6.5.5 门站和储配站总平面布置应符合以下要求:

2. 站内的各建构筑物之间以及站外建构筑物之间的防火间距应符合现行国家标准《建筑设计防火规范》GB 50016 的有关规定。站内建筑物的耐火等级不应低于现行的国家标准《建筑设计防火规范》GB 50016“二级”的规定。

3. 站内露天工艺装置区边缘距明火或散发火花地点不应小于 20 m,距办公、生活建筑不应小于 18 m,距围墙不应小于 10 m。与站内生产建筑的间距按工艺要求确定。

4. 储配站生产区应设置环形消防车通道,消防车通道宽度不应小于 3.5 m。

6.5.7 门站和储配站的工艺设计应符合下列要求:

5. 进出站管线应设置切断阀门和绝缘法兰。

6.5.12 高压储气罐工艺设计，应符合下列要求：

2. 高压储气罐应分别设置安全阀、放散管和排污管。

3. 高压储气罐应设置压力检测装置。

6. 当高压储气罐罐区设置检修用集中放散装置时，集中放散装置的放散管与站外建、构筑物的防火间距不小于表 6.5.12-1 的规定；集中放散装置的放散管与站内建、构筑物的防火间距不应小于表 6.5.12-2 的规定；放散管管口高度应高出距其 25 m 内的建、构筑物 2 m 以上，且不得小于 10 m。

表 6.5.12-1 集中放散装置的放散管与站外建、构筑物的防火间距

项目		防火间距/m
明火、散发火花地点		30
民用建筑		25
甲、乙类液体储罐，易燃材料堆场		25
室外变、配电站		30
甲、乙类物品库房，甲、乙类生产厂房		25
其他厂房		20
铁路(中心线)		40
公路、道路(路边)	高速，Ⅰ、Ⅱ级，城市快速	15
	其他	10
架空电力线(中心线)	>380 V	2.0 倍杆高
	≤380 V	1.5 倍杆高
架空通信线(中心线)	国家Ⅰ、Ⅱ级	1.5 倍杆高
	其他	1.5 倍杆高

表 6.5.12-2 集中放散装置的放散管与站内建、构筑物的防火间距

项目	防火间距/m
明火、散发火花地点	30
办公、生活建筑	25
可燃气体储气罐	20
室外变、配电站	30
调压室、压缩机室、计量室及工艺装置区	20
控制室、配电室、汽车库、机修间和其他辅助建筑	25
燃气锅炉房	25
消防泵房、消防水池取水口	20
站内道路(路边)	2
站区围墙	2

6.5.13 站内工艺管道应采用钢管。燃气管道设计压力大于 0.4 MPa 时，其管材性能应分别符合现行的国家标准《石油天然气工业输送钢管交货技术条件》GB/T 9711、《输送流

体用无缝钢管》GB/T 8163 的规定；设计压力大于 0.4 MPa 时，其管材性能应符合现行国家标准《低压流体输送用焊接钢管》GB/T 3091 的规定。

阀门等管道附件的压力级别不应小于管道设计压力。

6.5.19 门站和储配站内的消防设施设计应符合现行的国家标准《建筑设计防火规范》GB 50016 的规定，并符合下列要求：

1. 储配站在同一时间内的火灾次数应按一次考虑。储罐区的消防用水量不应小于表 6.5.19 的规定。

表 6.5.19 储罐区的消防用水量

储罐容积/m^3	>500～≤10 000	>10 000～≤50 000	>50 000～≤100 000	>100 000～≤200 000	>200 000
消防用水量/(L/s)	15	20	25	30	35

注：固定容积的可燃气体储罐以组为单位，总容积按其几何容积(m^3)和设计压力(绝对压力，10^2 kPa)的乘积计算。

2. 当设置消防水池时，消防水池的容量应按火灾延续时间 3 h 计算确定。当火灾情况下能保证连续向消防水池补水时，其容量可减去火灾延续时间内的补水量。

6.5.20 门站和储配站供电系统应符合现行国家标准《供配电系统设计规范》GB 50052 的“二级负荷”的规定。

6.5.22 储气罐和压缩机室、调压计量室等具有爆炸危险的生产用房应有防雷接地设施，其设计应符合现行国家标准《建筑物防雷设计规范》GB 50057 的“第二类防雷建筑物”的规定。

6.6.2 调压装置的设置应符合下列要求：

6. 液化石油气和相对密度大于 0.75 燃气的调压装置不得设于地下室、半地下室内和地下单独的箱体内。

6.6.3 调压站(含调压柜)与其他建筑物、构筑物的水平净距应符合表 6.6.3 的规定。

表 6.6.3 调压站(含调压柜)与其他建筑物、构筑物水平净距 单位：m

设置形式	调压装置入口燃气压力级制	建筑物外墙面	重要公共建筑、一类高层民用建筑	铁路(中心线)	城镇道路	公共电力变配电柜
地上单独建筑	高压(A)	18.0	30.0	25.0	5.0	6.0
	高压(B)	13.0	25.0	20.0	4.0	6.0
	次高压(A)	9.0	18.0	15.0	3.0	4.0
	次高压(B)	6.0	12.0	10.0	3.0	4.0
	中压(A)	6.0	12.0	10.0	2.0	4.0
	中压(B)	6.0	12.0	10.0	2.0	4.0
调压柜	次高压(A)	7.0	14.0	12.0	2.0	4.0
	次高压(B)	4.0	8.0	8.0	2.0	4.0
	中压(A)	4.0	8.0	8.0	1.0	4.0
	中压(B)	4.0	8.0	8.0	1.0	4.0

表 6.6.3(续)

设置形式	调压装置入口燃气压力级制	建筑物外墙面	重要公共建筑、一类高层民用建筑	铁路(中心线)	城镇道路	公共电力变配电柜
地下单独建筑	中压(A)	3.0	6.0	6.0	—	3.0
	中压(B)	3.0	6.0	6.0	—	3.0
地下调压箱	中压(A)	3.0	6.0	6.0	—	3.0
	中压(B)	3.0	6.0	6.0	—	3.0

注:1. 当调压装置露天设置时,则指距离装置的边缘;

2. 当建筑物(含重要公共建筑物)的某外墙为无门、窗洞口的实体墙,且建筑物耐火等级不低于二级时,燃气进口压力级别为中压 A 或中压 B 的调压柜一侧或两侧(非平行),可贴靠上述外墙设置;

3. 当达不到上表净距要求时,采取有效措施,可适当缩小净距。

6.6.10　调压站(或调压箱或调压柜)的工艺设计应符合下列要求:

2. 高压和次高压燃气调压站室外进、出口管道上必须设置阀门;中压燃气调压站室外进口管道上,应设置阀门。

5. 在调压器燃气入口(或出口)处,应设防止燃气出口压力过高的安全保护装置(当调压器本身带有安全保护装置时可不设)。

7. 调压站放散管管口应高出其屋檐 1.0 m 以上。

调压柜的安全放散管管口距地面的高度不应小于 4 m;设置在建筑物墙上的调压箱的安全放散管管口应高出该建筑物屋檐 1.0 m。

地下调压站和地下调压箱的安全放散管管口也应按地上调压柜安全放散管管口的规定设置。

注:清洗管道吹扫用的放散管、指挥器的放散管与安全水封放散管属于同一工作压力时,允许将它们连接在同一放散管上。

6.7.1　钢质燃气管道和储罐必须进行外防腐。其防腐设计应符合国家现行标准《城镇燃气埋地钢质管道腐蚀控制技术规程》CJJ 95 和《钢质管道及储罐腐蚀控制工程设计规范》SY 0007 的有关规定。

五、压缩天然气供应

《城镇燃气设计规范》(GB 50028—2006)

7.1.2　压缩天然气的质量应符合现行国家标准《车用压缩天然气》GB 18047 的规定。

7.2.2　压缩天然气加气站与天然气储配站合建时,站内的天然气储罐与气瓶车固定车位的防火间距不应小于表 7.2.2 的规定。

7.2.4　气瓶车固定车位与站外建、构筑物的防火间距不应小于表 7.2.4 的规定。

7.2.5　气瓶车固定车位与站内建、构筑物的防火间距不应小于表 7.2.5 的规定。

7.2.9　加气柱宜设在固定车位附近,距固定车位 2～3 m。加气柱距站内天然气储罐不应小于 12 m,距围墙不应小于 6 m,距压缩机室、调压室、计量室不应小于 6 m,距燃气热水炉室不应小于 12 m。

表 7.2.2 天然气储罐与气瓶车固定车位的防火间距 单位:m

储罐总容积/m^3		≤50 000	>50 000
气瓶车固定车位最大储气容积/m^3	≤10 000	12.0	15.0
	>10 000～≤30 000	15.0	20.0

注:1. 储罐总容积按本规范表 6.5.3 注 3 计算;

2. 气瓶车固定车位最大储气总容积(m^3)为固定车位储气的各气瓶车总几何容积(m^3)与其最高储气压力(绝对压力 10^2 kPa)乘积之和,并除以压缩因子;

3. 天然气储罐与气瓶车固定车位的防火间距,除符合本表规定外,还不应小于较大罐直径。

表 7.2.4 气瓶车固定车位与站外建、构筑物的防火间距 单位:m

项目 \ 气瓶车在固定车位最大储气总容积/m^3			>4 500～≤10 000	>10 000～≤30 000
明火、散发火花的地点,室外变、配电站			25.0	30.0
重要公共建筑			50.0	60.0
民用建筑			25.0	30.0
甲、乙、丙类液体储罐,易燃材料堆场,甲类物品库房			25.0	30.0
其他建筑	耐火等级	一、二级	15.0	20.0
		三级	20.0	25.0
		四级	25.0	30.0
铁路(中心线)			40.0	
公路、道路(路边)		高速,Ⅰ、Ⅱ级,城市快速	20.0	
		其他	15.0	
架空电力线(中心线)			1.5 倍杆高	
架空通信线(中心线)		Ⅰ、Ⅱ级	20.0	
		其他	1.5 倍杆高	

注:1. 气瓶车在固定车位最大储气容积按本规范表 7.2.2 注 2 计算;

2. 气瓶车在固定车位储气总几何容积不大于 18 m^3,且最大储气容积不大于 4 500 m^3 时,应符合现行国家标准《汽车加油加气站设计与施工规范》GB 50156 的规定。

表 7.2.5 气瓶车固定车位与站内建、构筑物的防火间距 单位:m

名 称 \ 气瓶车在固定车位最大储气总容积/m^3		>4 500～≤10 000	>10 000～≤30 000
明火、散发火花地点		25.0	30.0
压缩机室、调压室、计量室		10.0	12.0
变、配电室、仪表室、燃气热水炉室、值班室、门卫		15.0	20.0
办公、生活建筑		20.0	25.0
消防泵房、消防水池取水口		20.0	
站内道路(路边)	主要	10.0	
	次要	5.0	

表 7.2.5(续)

名称 \ 气瓶车在固定车位最大储气总容积/m³	>4 500~≤10 000	>10 000~≤30 000
围墙	6.0	10.0

注:1. 气瓶车在固定车位最大储气总容积按本规范表 7.2.2 注 2 计算。

2. 变、配电室、仪表室、燃气热水炉室、值班室、门卫等用房的建筑耐火等级不应低于现行国家标准《建筑设计防火规范》GB 50016 中"二级"规定。

3. 露天的燃气工艺装置与气瓶车固定车位的间距可按工艺要求确定。

4. 气瓶车在固定车位储气总几何容积不大于 18 m^3,且最大储气容积不大于 4 500 m^3 时,应符合现行国家标准《汽车加油加气站设计与施工规范》GB 50156 的规定。

7.2.16 压缩天然气系统的设计压力应根据工艺条件确定,且不应小于该系统最高工作压力的 1.1 倍。

向压缩天然气储配站和压缩天然气瓶组供气站运送压缩天然气的气瓶车和气瓶组,在充装温度为 20 ℃时,充装压力不应大于 20.0 MPa(表压)。

7.2.21 压缩机进口管道上应设置手动和电动(或气动)控制阀门。压缩机出口管道上应设置安全阀、止回阀和手动切断阀。出口安全阀的泄放能力不应小于压缩机的安全泄放量;安全阀放散管管口应高出建筑物 2 m 以上,且距地面不应小于 5 m。

7.4.1 瓶组气化站的规模应符合下列要求:

1. 气瓶组最大储气总容积不应大于 1 000 m^3,气瓶组总几何容积不应大于 4 m^3。

7.4.3 气瓶组应在站内固定地点设置。气瓶组及天然气放散管管口、调压装置至明火散发火花的地点和建、构筑物的防火间距不应小于表 7.4.3 的规定。

表 7.4.3 气瓶组及天然气放散管管口、调压装置至明火散发火花的地点和建、构筑物的防火间距

单位:m

项目 \ 名称		气瓶组	天然气放散管管口	调压装置
明火、散发火花的地点		25	25	25
民用建筑、燃气热水炉间		18	18	12
重要公共建筑、一类高层民用建筑		30	30	24
道路(路边)	主要	10	10	10
	次要	5	5	5

注:本表以外的其他建、构筑物的防火间距应符合国家现行标准《汽车用燃气加气站技术规范》CJJ 84 中天燃气加气站三级站的规定。

7.5.1 压缩天然气管道应采用高压无缝钢管,其技术性能应符合现行国家标准《高压锅炉用无缝钢管》GB 5310、流体输送用《不锈钢无缝钢管》GB/T 14976 或《化肥设备用高压无缝钢管》GB 6479 的规定。

7.5.3 压缩天然气系统的管道、管件、设备与阀门的设计压力或压力级别不应小于系统的设计压力,其材质应与天然气介质相适应。

7.5.4 压缩天然气加气柱和卸气柱的加气、卸气软管应采用耐天然气腐蚀的气体承压软管；软管的长度不应大于 6.0 m，有效作用半径不应小于 2.5 m。

7.6.1 压缩天然气加气站、压缩天然气储配站和压缩天然气瓶组供气站的生产厂房及其他附属建筑物的耐火等级不应低于二级。

7.6.4 压缩天然气加气站、压缩天然气储配站在同一时间内的火灾次数应按一次考虑，消防用水量按储罐区及气瓶车固定车位（总储气容积按储罐区储气总容积与气瓶车在固定车位最大储气容积之和计算）的一次消防用水量确定。

7.6.8 压缩天然气储配站的供电系统设计应符合现行国家标准《供配电系统设计规范》GB 50052“二级负荷”的规定。

六、液化石油气供应

《城镇燃气设计规范》(GB 50028—2006)

8.2.2 液态液化石油气输送管道应按设计压力（P）分为 3 级，并应符合表 8.2.2 的规定。

表 8.2.2 液态液化石油气输送管道设计压力（表压）分级

管道级别	Ⅰ级	Ⅱ级	Ⅲ级
设计压力/MPa	$P>4.0$	$1.6<P\leqslant4.0$	$P\leqslant1.6$

8.2.9 地下液态液化石油气管道与建、构筑物或相邻管道之间的水平净距和垂直净距不应小于表 8.2.9-1 和表 8.2.9-2 的规定。

表 8.2.9-1 地下液态液化石油气管道与建、构筑物或相邻管道之间的水平净距 单位：m

项目 \ 管道级别		Ⅰ级	Ⅱ级	Ⅲ级
特殊建、构筑物（军事设施、易燃易爆物品仓库、国家重点文物保护单位、飞机场、火车站和码头等）		100		
居民区、村镇、重要公共建筑		50	40	25
一般建、构筑物		25	15	10
给水管		1.5	1.5	1.5
污水、雨水排水管		2	2	2
热力管	直埋	2	2	2
	在管沟内（至外壁）	4	4	4
其他燃料管道		2	2	2
埋地电缆	电力线（中心线）	2	2	2
	通信线（中心线）	2	2	2
电杆（塔）的基础	≤35 kV	2	2	2
	>35 kV	5	5	5
通信照明电杆（至电杆中心）		2	2	2
公路、道路（路边）	高速，Ⅰ、Ⅱ级，城市快速	10	10	10
	其他	5	5	5

表 8.2.9-1(续)

项目 \ 管道级别		Ⅰ级	Ⅱ级	Ⅲ级
铁路(中心线)	国家线	25	25	25
	企业专用线	10	10	10
树木(至树中心)		2	2	2

注:1. 当因客观条件达不到本表规定时,可按本规范第 6.4 节的有关规定降低管道设计强度设计系数,增加管道壁厚和采取有效的安全保护措施后,水平净距可适当减小;
2. 特殊建、构筑物的水平净距应从其划定的边界线算起;
3. 当地下液态液化石油气管道或相邻地下管道中的防腐采用外加电流阴极保护时,两相邻地下管道(缆线)之间的水平净距尚应符合国家现行标准《钢质管道及储罐腐蚀控制工程设计规范》SY 0007 的有关规定。

表 8.2.9-2 地下液态液化石油气管道与构筑物或地下管道之间的垂直净距 单位:m

项目		地下液态液化石油气管道(当有套管时,以套管计)
给水管,污水、雨水排水管(沟)		0.20
热力管、热力管的管沟底(或顶)		0.20
其他燃料管道		0.20
通信线、电力线	直埋	0.50
	在导管内	0.25
铁路(轨底)		1.20
有轨电车(轨底)		1.00
公路、道路(路面)		0.90

注:1. 地下液化石油气管道与排水管(沟)或其他有沟的管道交叉时,交叉处应加套管;
2. 地下液化石油气管道与铁路、高速公路、Ⅰ级或Ⅱ级公路交叉时,尚应符合本规范第 6.3.9 条的有关规定。

8.2.11 在下列地点液态液化石油气输送管道应设置阀门:

1. 起、终点和分支点;
2. 穿越国家铁路线、高速公路、Ⅰ级或Ⅱ级公路、城市快速路和大型河流两侧;
3. 管道沿线每隔 5 000 m 左右处。

注:管道分段阀门之间应设置放散阀,其放散管管口距地面不应小于 2.5 m。

8.3.7 液化石油气供应基地的全压力式储罐与基地外建、构筑物、堆场的防火间距不应小于表 8.3.7 的规定。

半冷冻式储罐与基地外建、构筑物的防火间距可按表 8.3.7 的规定执行。

表 8.3.7 液化石油气供应基地的全压力式储罐与基地外建、构筑物、堆场的防火间距 单位:m

项目 \ 总容积/m^3	≤50	>50~≤200	>200~≤500	>500~≤1 000	>1 000~≤2 500	>2 500~≤5 000	>5 000
单罐容积/m^3	≤20	≤50	≤100	≤200	≤400	≤1 000	—
居住区、村镇和学校、影剧院、体育馆等重要公共建筑(最外侧建、构筑物外墙)	45	50	70	90	110	130	150

表 8.3.7(续)

<table>
<tr><td colspan="3" rowspan="2">项目 ＼ 单罐容积/m³ ＼ 总容积/m³</td><td>≤50</td><td>>50～≤200</td><td>>200～≤500</td><td>>500～≤1 000</td><td>>1 000～≤2 500</td><td>>2 500～≤5 000</td><td>>5 000</td></tr>
<tr><td>≤20</td><td>≤50</td><td>≤100</td><td>≤200</td><td>≤400</td><td>≤1 000</td><td>—</td></tr>
<tr><td colspan="3">工业企业(最外侧建、构筑物外墙)</td><td>27</td><td>30</td><td>35</td><td>40</td><td>50</td><td>60</td><td>75</td></tr>
<tr><td colspan="3">明火、散发火花地点和室外变、配电站</td><td>45</td><td>50</td><td>55</td><td>60</td><td>70</td><td>80</td><td>120</td></tr>
<tr><td colspan="3">民用建筑,甲、乙类液体储罐,甲、乙类生产厂房,甲、乙类物品仓库,稻草等易燃材料堆场</td><td>40</td><td>45</td><td>50</td><td>55</td><td>65</td><td>75</td><td>100</td></tr>
<tr><td colspan="3">丙类液体储罐,可燃气体储罐,丙、丁类生产厂房,丙、丁类物品仓库</td><td>32</td><td>35</td><td>40</td><td>45</td><td>55</td><td>65</td><td>80</td></tr>
<tr><td colspan="3">助燃气体储罐、木材等可燃材料堆场</td><td>27</td><td>30</td><td>35</td><td>40</td><td>50</td><td>60</td><td>75</td></tr>
<tr><td rowspan="3">其他建筑</td><td rowspan="3">耐火等级</td><td>一、二级</td><td>18</td><td>20</td><td>22</td><td>25</td><td>30</td><td>40</td><td>50</td></tr>
<tr><td>三级</td><td>22</td><td>25</td><td>27</td><td>30</td><td>40</td><td>50</td><td>60</td></tr>
<tr><td>四级</td><td>27</td><td>30</td><td>35</td><td>40</td><td>50</td><td>60</td><td>75</td></tr>
<tr><td colspan="2" rowspan="2">铁路(中心线)</td><td>国家线</td><td>60</td><td colspan="2">70</td><td colspan="2">80</td><td colspan="2">100</td></tr>
<tr><td>企业专用线</td><td>25</td><td colspan="2">30</td><td colspan="2">35</td><td colspan="2">40</td></tr>
<tr><td colspan="2" rowspan="2">公路、道路(路边)</td><td>高速,Ⅰ、Ⅱ级,城市快速</td><td>20</td><td colspan="5">25</td><td>30</td></tr>
<tr><td>其他</td><td>15</td><td colspan="5">20</td><td>25</td></tr>
<tr><td colspan="3">架空电力线(中心线)</td><td colspan="4">1.5 倍杆高</td><td colspan="3">1.5 倍杆高,但 35 kV 以上架空电力线不应小于 40</td></tr>
<tr><td colspan="2" rowspan="2">架空通信线(中心线)</td><td>Ⅰ、Ⅱ级</td><td colspan="2">30</td><td colspan="5">40</td></tr>
<tr><td>其他</td><td colspan="7">1.5 倍杆高</td></tr>
</table>

注:1. 防火间距应按本表储罐总容积或单罐容积较大者确定,间距的计算应以储罐外壁为准;

2. 居住地、村镇系指 1 000 人或 300 户以上者,以下者按本表民用建筑执行;

3. 当地下储罐单罐容积小于或等于 50 m³,且总容积小于或等于 400 m³ 时,其防火间距可按本表减少 50%;

4. 与本表规定以外的其他建、构筑物的防火间距,应按现行国家标准《建筑设计防火规范》GB 50016 执行。

8.3.8 液化石油气供应基地全冷冻式储罐与基地外建、构筑物、堆场的防火间距不应小于表 8.3.8 的规定。

表 8.3.8 液化石油气供应基地的全冷冻式储罐与基地外建、构筑物、堆场的防火间距 单位:m

项目	间距
明火、散发火花地点和室外变配电站	120
居住区、村镇和学校、影剧院、体育场等重要公共建筑(最外侧建、构筑物外墙)	150
工业企业(最外侧建、构筑物外墙)	75

表 8.3.8(续)

项目			间距
甲、乙类液体储罐，甲、乙类生产厂房，甲、乙类物品仓库，稻草等易燃材料堆场			100
丙类液体储罐、可燃气体储罐，丙、丁类生产厂房，丙、丁类物品仓库			80
助燃气体储罐、可燃材料堆场			75
民用建筑			100
其他建筑	耐火等级	一级、二级	50
		三级	60
		四级	75
铁路(中心线)		国家线	100
		企业专用线	40
公路、道路(路边)		高速，Ⅰ、Ⅱ级，城市快速	30
		其他	25
架空电力线(中心线)			1.5 倍杆高，但 35 kV 以上架空电力线应大于 40
架空通信线(中心线)		Ⅰ、Ⅱ级	40
		其他	1.5 倍杆高

注：1. 本表所指的储罐为单罐容积大于 5 000 m^3，且设有防液堤的全冷冻式液化石油气储罐。当单罐容积等于或小于 5 000 m^3 时，其防火间距可按本规范 8.3.7 条中总容积相对应的全压力式液化石油气储罐的规定执行。
2. 居住地、村镇系指 1 000 人或 300 户以上者，以下者按本表民用建筑执行。
3. 与本表规定以外的其他建、构筑物的防火间距，应按现行国家标准《建筑设计防火规范》GB 50016 执行。
4. 间距的计算应以储罐外壁为准。

8.3.9　液化石油气供应基地的储罐与基地内建、构筑物的防火间距应符合下列规定：

1. 全压力式储罐的防火间距不应小于表 8.3.9 的规定；
2. 半冷冻式储罐的防火间距可按表 8.3.9 的规定执行；
3. 全冷冻式储罐与基地内道路和围墙的防火间距可按表 8.3.9 的规定执行。

表 8.3.9　液化石油气供应基地的全压力式储罐与基地内建、构筑物的防火间距　单位：m

总容积/m^3	≤50	>50~≤200	>200~≤500	>500~≤1 000	>1 000~≤2 500	>2 500~≤5 000	>5 000
单罐容积/m^3	≤20	≤50	≤100	≤200	≤400	≤1 000	—
项目							
明火、散发火花地点	45	50	55	60	70	80	120
办公、生活建筑	25	30	35	40	50	60	75
罐瓶间、瓶库、压缩机室、仪表间、值班室	18	20	22	25	30	35	40
汽车槽车库、汽车槽车装卸台柱(装卸口)、汽车衡及其计量室、门卫	18	20	22	25	30		40

表 8.3.9(续)

项目	总容积/m^3	≤50	>50～≤200	>200～≤500	>500～≤1 000	>1 000～≤2 500	>2 500～≤5 000	>5 000
	单罐容积/m^3	≤20	≤50	≤100	≤200	≤400	≤1 000	—
铁路槽车装卸线(中心线)		—		20				30
空压机室、变配电室、柴油发电机房、新瓶库、真空泵房、库房		18	20	22	25	30	35	40
汽车库、机修间		25	30	35		40		50
消防泵房、消防水池(罐)取水口		40				50		60
站内道路(路边)	主要	10	15					20
	次要	5	10					15
围墙		15	20					25

注:1. 防火间距应按本表总容积或单罐容积较大者确定;间距的计算应以储罐外壁为准。

2. 地下储罐单罐容积小于或等于 50 m^3,且总容积小于或等于 400 m^3 时,其防火间距可按本表减少 50%。

3. 与本表规定以外的其他建、构筑物的防火间距应按现行国家标准《建筑设计防火规范》GB 50016 执行。

8.3.10 全冷冻式液化石油气储罐与全压力式液化石油气储罐不得设置在同一罐区内,两类储罐之间的防火间距不应小于相邻较大储罐的直径,且不应小于 35 m。

8.3.12 液化石油气供应基地的生产区应设置高度不低于 2 m 的不燃烧体实体围墙。辅助区可设置不燃烧体非实体围墙。

8.3.14 液化石油气供应基地的生产区和辅助区至少应各设置 1 个对外出入口。当液化石油气储罐总容积超过 1 000 m^3 时,生产区应设置 2 个对外出入口,其间距不应小于 50 m。

对外出入口宽度不应小于 4 m。

8.3.15 液化石油气供应基地的生产区严禁设置地下和半地下建、构筑物(寒冷地区的地下式消火栓和储罐区的排水管、沟除外)。

生产区内的地下管(缆)沟必须填满干砂。

8.3.19 全压力式液化石油气罐不应少于 2 台,其储罐区的布置应符合下列要求:

1. 地上储罐之间的净距不应小于相邻较大罐的直径。

2. 数个储罐的总容积超过 3 000 m^3 时,应分组布置。组与组之间相邻储罐的净距不应小于 20 m。

4. 储罐组四周应设置高度为 1 m 的不燃烧体实体防护墙。

6. 防护墙内储罐超过 4 台时,至少应设置 2 个过梯,且应分开布置。

8.3.26 灌瓶间和瓶库与站内建、构筑物的防火间距不应小于表 8.3.26 的规定。

表 8.3.26 灌瓶间和瓶库与站内建、构筑物的防火间距 单位:m

项目 \ 总存瓶量/t	≤10	>10～≤30	>30
明火、散发火花地点	25	30	40
办公室、生活建筑	20	25	30

表 8.3.26(续)

项目 \ 总存瓶量/t	≤10	>10～≤30	>30
铁路槽车装卸线(中心线)	20	25	30
汽车槽车库、汽车槽车装卸台柱(装卸口)、汽车衡及其计量室、门卫	15	18	20
压缩机室、仪表间、值班室	12	15	18
空压机室、变配电室、柴油发电机房	15	18	20
机修间、汽车库	25	30	40
新瓶库、真空泵房、备件库等非明火建筑	12	15	18
消防泵房、消防水池(罐)取水口	25	30	
站内道路(路边) 主要	10		
站内道路(路边) 次要	5		
围墙	10	15	

注:1. 总存瓶量应按实瓶存放个数和单瓶充装质量的乘积计算;
2. 瓶库与灌瓶间之间的距离不限;
3. 计算月平均日灌瓶量小于700瓶的灌瓶站,其压缩机室与灌瓶间可合建成一幢建筑物,但其间应采用无门、窗洞口的防火墙隔开;
4. 当计算月平均日灌瓶量小于700瓶时,汽车槽车装卸柱可附设在灌瓶间或压缩机室山墙的一侧,山墙应是无门、窗洞口的防火墙。

8.4.3　气化站和混气站的液化石油气储罐与站外建、构筑物的防火间距应符合下列要求:

1. 总容积等于或小于50 m^3 且单罐容积等于或小于20 m^3 的储罐与站外建、构筑物的防火间距不应小于表8.4.3的规定。

2. 总容积大于50 m^3 或单罐容积大于20 m^3 的储罐与站外建、构筑物的防火间距不应小于本规范第8.3.7条的规定。

表 8.4.3　气化站和混气站的液化石油气储罐与站外建、构筑物的防火间距　单位:m

项目 \ 总容积/m^3	≤10	>10～≤30	>30～≤50
单罐容积/m^3	—	—	≤20
居民区、村镇和学校、影剧院、体育馆等重要公共建筑,一类高层民用建筑(最外侧建、构筑物外墙)	30	35	45
工业企业(最外侧建、构筑物外墙)	22	25	27
明火、散发火花地点和室外变配电站	30	35	45
民用建筑,甲、乙类液体储罐,甲、乙类生产厂房,甲、乙类物品库房,稻草等易燃材料堆场	27	32	40
丙类液体储罐,可燃气体储罐,丙、丁类生产厂房,丙、丁类物品库房	25	27	32

表 8.4.3(续)

项目			总容积/m^3 ≤10	>10～≤30	>30～≤50
		单罐容积/m^3	—	—	≤20
助燃气体储罐、木材等可燃材料堆场			22	25	27
其他建筑	耐火等级	一、二级	12	15	18
		三级	18	20	22
		四级	22	25	27
铁路(中心线)		国家线	40	50	60
		企业专用线	25		
公路、道路(路边)		高速,Ⅰ、Ⅱ级,城市快速	20		
		其他	15		
架空电力线(中心线)			1.5 倍杆高		
架空通信线(中心线)			1.5 倍杆高		

注:1. 防火间距应按本表总容积或单罐容积较大者确定;间距的计算应以储罐外壁为准。
2. 居住区、村镇系指 1 000 人或 300 户以上者,以下者按本表民用建筑执行。
3. 当采用地下储罐时,其防火间距可按本表减少 50%;
4. 与本表以外的其他建、构筑的防火间距应按现行的国家标准《建筑设计防火规范》GB 50016 执行;
5. 气瓶装置气化能力不大于 150 kg/h 的瓶组气化混气站的瓶组间、气化混气间与建、构筑物的防火间距可按本规范第 8.5.3 条执行。

8.4.4 气化站和混气站的液化石油气储罐与站内建、构筑物的防火间距不应小于表 8.4.4 的规定。

表 8.4.4 气化站和混气站的液化石油气储罐与站内建、构筑物的防火间距 单位:m

项目	总容积/m^3 ≤10	>10～≤30	>30～≤50	>50～≤200	>200～≤500	>500～≤1 000	>1 000
单罐容积/m^3	—	—	≤20	≤50	≤100	≤200	—
明火、散发火花地点	30	35	45	50	55	60	70
办公、生活建筑	18	20	25	30	35	40	50
气化间、混气间、压缩机室、仪表间、值班室	12	15	18	20	22	25	30
汽车槽车库、汽车槽车装卸台柱(装卸口)、汽车衡及其计量室、门卫	15		18	20	22	25	30
铁路槽车装卸线(中心线)	—				20		
燃气热水炉间、空压机室、变配电室、柴油发电机房、库房	15		18	20	22	25	30
汽车库、机修间	25			30	35		40
消防泵房、消防水池(罐)取水口	30		40				50

表 8.4.4(续)

项目 \ 总容积/m^3		≤10	>10～≤30	>30～≤50	>50～≤200	>200～≤500	>500～≤1 000	>1 000
单罐容积/m^3		—	—	≤20	≤50	≤100	≤200	—
站内道路(路边)	主要	10			15			
	次要	5			10			
围墙		15			20			

注：1. 防火间距应按本表总容积或单罐容积较大者确定，间距的计算应以储罐外壁为准。
2. 地下储罐单罐容积小于或等于 50 m^3，且总容积小于或等于 400 m^3 时，其防火间距可按本表减少 50%。
3. 与本表规定以外的其他建、构筑物的防火间距应按现行国家标准《建筑设计防火规范》GB 50016 执行。
4. 燃气热水炉间是指室内设置微正压室燃式燃气热水炉的建筑。当设置其他燃烧方式的燃气热水炉时，其防火间距不应小于 30 m。
5. 与空温式气化器的防火间距，从地上储罐区的防护墙或地下储罐室外侧算起不应小于 4 m。

8.4.6　液化石油气气化站和混气站的生产区应设置高度不低于 2 m 的不燃烧体实体围墙。

8.4.10　工业企业内液化石油气气化站的储罐总容积不大于 10 m^3 时，可设置在独立建筑物内，并应符合下列要求：

1. 储罐之间及储罐与外墙的净距，均不应小于相邻较大罐的半径，且不应小于1 m；
2. 储罐室与相邻厂房之间的防火间距不应小于表 8.4.10 的规定；
3. 储罐室与相邻厂房的室外设备之间的防火间距不应小于 12 m；
4. 设置非直火式气化器的气化间可与储罐室毗连，但应采用无门、窗洞口的防火墙隔开。

表 8.4.10　总容积不大于 10 m^3 的储罐室与相邻厂房之间的防火间距

相邻厂房的耐火等级	一、二级	三级	四级
防火间距/m	12	14	16

8.4.12　气化间和混气间与站内建、构筑物的防火间距不应小于表 8.4.12 的规定。

表 8.4.12　气化间、混气间与站内建、构筑物的防火间距

项　　目	防火间距/m
明火、散发火花地点	25
办公、生活建筑	18
铁路槽车装卸线(中心线)	20
汽车槽车库、汽车槽车装卸台柱(装卸口)、汽车衡及其计量室、门卫	15
压缩机室、仪表间、值班室	12
空压机室、燃气热水炉间、变配电室、柴油发电机房、库房	15
汽车库、机修间	20
消防泵房、消防水池(罐)取水口	25

表 8.4.12(续)

项目		防火间距/m
站内道路(路边)	主要	10
	次要	5
围墙		10

注:1. 空温式气化器的防火间距可按本表规定执行。

2. 压缩机室可与气化间、混气间合建成一幢建筑物,但其间应采用无门、窗洞口的防火墙隔开。

3. 燃气热水炉间的门不得面向气化间、混气间。柴油发电机伸向室外的排烟管管口不得面向具有火灾爆炸危险的建、构筑物一侧。

4. 燃气热水炉间是指室内设置微正压室燃式热水炉的建筑。当采用其他燃烧方式的热水炉时,其防火间距不应小于 25 m。

8.4.15 燃气热水炉间与压缩机室、汽车槽车库和汽车槽车装卸台柱之间的防火间距不应小于 15 m。

8.4.20 热值仪应靠近取样点设置在混气间内的专用隔间或附属房间内,并应符合下列要求:

1. 热值仪间应设有直接通向室外的门,且与混气间之间的隔墙应是无门、窗洞口的防火墙;

2. 采取可靠的通风措施,使其室内可燃气体浓度低于其爆炸下限的 20%;

3. 热值仪间与混气间门、窗之间的距离不应小于 6 m;

4. 热值仪间的室内地面应比室外地面高出 0.6 m。

8.5.2 当采用自然气化方式供气,且瓶组气化站配置气瓶的总容积小于 1 m^3 时,瓶组间可将其设置在与建筑物(住宅、重要公共建筑和高层民用建筑除外)外墙毗连的单层专用房间内,并应符合下列要求:

1. 建筑物耐火等级不应低于二级;

2. 应通风良好,并设有直通室外的门;

3. 与其他房间相邻的墙应为无门、窗洞口的防火墙;

4. 应配置燃气浓度检测报警器;

5. 室温不应高于 45 ℃,且不应低于 0 ℃。

注:当瓶组间独立设置,且面向相邻建筑的外墙为无门、窗洞口的防火墙时,其防火间距不限。

8.5.3 当瓶组气化站配置气瓶的总容积超过 1 m^3 时,应将其设置在高度不低于2.2 m的独立瓶组间内。

独立瓶组间与建、构筑物的防火间距不应小于表 8.5.3 的规定。

表 8.5.3 独立瓶组间与建、构筑物的防火间距 单位:m

项目 \ 气瓶总容积/m^3	≤2	>2~≤4
明火、散发火花地点	25	30
民用建筑	8	10

表 8.5.3(续)

项目 \ 气瓶总容积/m^3		≤2	>2～≤4
重要公共建筑、一类高层民用建筑		15	20
道路(路边)	主要	10	
	次要	5	

注：1. 气瓶总容积应按配置气瓶个数与单瓶几何容积的乘积计算。

2. 当瓶组间的气瓶总容积大于 4 m^3 时，宜采用储罐，其防火间距按本规范第 8.4.3 和第 8.4.4 条的有关规定执行。

3. 瓶组间、气化间与值班室的防火间距不限。当两者毗连时，应采用无门、窗洞口的防火墙隔开。

8.5.4 瓶组气化站的瓶组间不得设置在地下室和半地下室内。

8.6.4 Ⅰ、Ⅱ级瓶装供应站的瓶库与站外建、构筑物的防火间距不应小于表 8.6.4 的规定。

表 8.6.4 Ⅰ、Ⅱ级瓶装供应站的瓶库与站外建、构筑物的防火间距 单位：m

项目 \ 名称 / 气瓶总容积/m^3		Ⅰ级站		Ⅱ级站	
		>10～≤20	>6～≤10	>3～≤6	>1～≤3
明火、散发火花地点		35	30	25	20
民用建筑		15	10	8	6
重要公共建筑、一类高层民用建筑		25	20	15	12
道路(路边)	主要	10		8	
	次要	5		5	

注：气瓶总容积按实瓶个数与单瓶几何容积的乘积计算。

8.7.4 商业用户使用的气瓶组严禁与燃气燃烧器具布置在同一房间内。瓶组间的设置应符合本规范第 8.5 节的有关规定。

8.8.1 液态液化石油气管道和设计压力大于 0.4 MPa 的气态液化石油气管道应采用钢号为 10、20 的无缝钢管，并应符合现行国家标准《输送流体用无缝钢管》GB/T 8163 的规定。或符合不低于上述标准相应技术要求的其他钢管标准的规定。

设计压力不大于 0.4 MPa 的气态液化石油气、气态液化石油气与其他气体的混合气管道可采用钢号为 Q235B 的焊接钢管，并应符合现行国家标准《低压流体输送用焊接钢管》GB/T 3901 的规定。

8.8.3 液态液化石油气输送管道和站内液化石油气储罐、容器、设备、管道上配置的阀门及附件的公称压力(等级)应高于其设计压力。

8.8.4 液化石油气储罐、容器、设备和管道上严禁采用灰口铸铁阀门及附件，在寒冷地区应采用钢质阀门及附件。

注：1. 设计压力不大于 0.4 MPa 的气态液化石油气、气态液化石油气与其他气体的混合气管道上设置的阀门和附件除外。

2. 寒冷地区系指最冷月平均最低气温小于或等于－10 ℃的地区。

8.8.5 液化石油气管道系统上的胶管应采用耐油胶管时，最高允许工作压力不应小于 6.4 MPa。

8.8.11 液化石油气储罐接管上安全阀件的配置应符合下列要求：

1. 必须设置安全阀和检修用的放散管；

2. 液相进口管必须设置止回阀；

3. 储罐容积大于或等于 50 m^3 时，其液相出口管和气相管必须设置紧急断阀。

8.8.12 液化石油气储罐安全阀的设置应符合下列要求：

1. 必须选用弹簧封闭全启式，其开启压力不应大于储罐设计压力。安全阀的最小排气截面积的计算应符合国家现行《压力容器安全技术监察规程》的规定。

2. 容积为 100 m^3 或 100 m^3 以上的储罐应设置 2 个或 2 个以上安全阀。

3. 安全阀应设置放散管，其管径不应小于安全阀的出口管径；

地上储罐安全阀放散管管口应高出储罐操作平台 2 m 以上，且应高出地面 5 m 以上；

地下储罐安全阀的放散管管口应高出地面 2.5 m 以上。

4. 安全阀与储罐之间应装设阀门，且阀口应全开，并应铅封或锁定。

注：当储罐设置 2 个或 2 个以上安全阀时，其中 1 个安全阀的开启压力按本条第 1 款的规定执行，其余安全阀的开启压力可适当提高，但不得超过设计压力的 1.05 倍。

8.9.1 具有爆炸危险的建、构筑物的防火、防爆设计应符合下列要求：

1. 建筑物耐火等级不应低于二级；

2. 门、窗应向外开；

3. 封闭式建筑应采取泄压措施，其设计应符合现行国家标准《建筑设计防火规范》GB 50016 的有关规定；

4. 地面面层应采用撞击时不产生火花的材料，其技术要求应符合现行国家标准《建筑地面工程施工质量验收规范》GB 50209 的规定。

8.10.2 液化石油气储罐区消防用水量应按其储罐固定喷水冷却装置和水枪用水量之和计算，并应符合下列要求：

1. 储罐总容积大于 50 m^3 或单罐容积大于 20 m^3 的液化石油气储罐、储罐区和设置在储罐室内的小型储罐应设置固定喷水冷却装置。固定喷水冷却装置的用水量应按储罐的保护面积与冷却水供水强度的乘积计算确定。着火储罐的保护面积按其全表面积计算；距着火储罐直径(卧式储罐按其直径和长度之和的一半)1.5 倍范围内(范围的计算应以储罐的最外侧为准)的储罐按其全表面积的一半计算。

冷却水供水强度不应小于 0.15 L/(s·m^2)。

2. 水枪用水量不应小于表 8.10.2 的规定。

3. 地下液化石油气储罐可不设置固定喷水冷却装置，其消防用水量应按水枪用水量确定。

表 8.10.2 水枪用水量

总容积/m^3	＜500	＞500～≤2 500	＞2 500
单罐容积/m^3	≤100	≤400	＞400
水枪用水量/(L/s)	20	30	45

注：1. 水枪用水量应按本表储罐总容积或单罐总容积较大者确定。

2. 储罐总容积小于或等于 50 m^3，且单罐容积小于或等于 20 m^3 的储罐或储罐区，可单独设置固定喷水冷却装置或移动式水枪，其消防用水量应按水枪用水量计算。

8.10.4 消防水池的容量应按火灾连续时间 6 h 所需最大消防用水量计算确定。当储罐总容积小于或等于 220 m³，且单罐容积小于或等于 50 m³ 的储罐或储罐区，其消防水池的容量可按火灾连续时间 3 h 所需最大消防用水量计算确定。当火灾情况下能保证连续向消防水池补水时，其容量可减去火灾连续时间内的补水量。

8.10.8 液化石油气供应基地、气化站和混气站生产区的排水系统应采取防止液化石油气排入其他地下管道或低洼部位的措施。

8.11.1 液化石油气供应基地内消防水泵和液化石油气气化站、混气站的供电系统设计应符合现行国家标准《供配电系统设计规范》GB 50052“二级负荷”的规定。

8.11.3 液化石油气供应基地、气化站、混气站、瓶装供应站等具有爆炸危险的建、构筑物的防雷设计应符合现行国家标准《建筑物防雷设计规范》GB 50057 中“第二类防雷建筑物”的有关规定。

七、液化天然气供应

《城镇燃气设计规范》(GB 50028—2006)

9.2.4 液化天然气气化站的液化天然气储罐、集中放散装置的天然气放散总管与站外建、构筑物的防火间距不应小于表 9.2.4 的规定。

表 9.2.4 液化天然气气化站的液化天然气储罐、天然气放散总管与站外建、构筑物的防火间距

单位：m

<table>
<tr><th colspan="2" rowspan="2">名称
项目</th><th colspan="7">储罐总容积/m³</th><th rowspan="2">集中放散装置的天然气放散总管</th></tr>
<tr><th>≤10</th><th>>10～≤30</th><th>>30～≤50</th><th>>50～≤200</th><th>>200～≤500</th><th>>500～≤1 000</th><th>>1 000～≤2 000</th></tr>
<tr><td colspan="2">居住区、村镇和影剧院、体育馆、学校等重要公共建筑(最外侧建、构筑物外墙)</td><td>30</td><td>35</td><td>45</td><td>50</td><td>70</td><td>90</td><td>110</td><td>45</td></tr>
<tr><td colspan="2">工业企业(最外侧建、构筑物外墙)</td><td>22</td><td>25</td><td>27</td><td>30</td><td>35</td><td>40</td><td>50</td><td>20</td></tr>
<tr><td colspan="2">明火、散发火花地点和室外变、配电站</td><td>30</td><td>35</td><td>45</td><td>50</td><td>55</td><td>60</td><td>70</td><td>30</td></tr>
<tr><td colspan="2">民用建筑，甲、乙类液体储罐，甲、乙类生产厂房，甲、乙类物品仓库，稻草等易燃材料堆场</td><td>27</td><td>32</td><td>40</td><td>45</td><td>50</td><td>55</td><td>65</td><td>25</td></tr>
<tr><td colspan="2">丙类液体储罐，可燃气体储罐，丙、丁类生产厂房，丙、丁类物品仓库</td><td>25</td><td>27</td><td>32</td><td>35</td><td>40</td><td>45</td><td>55</td><td>20</td></tr>
<tr><td rowspan="2">铁路
(中心线)</td><td>国家线</td><td>40</td><td>50</td><td>60</td><td colspan="2">70</td><td colspan="2">80</td><td>40</td></tr>
<tr><td>企业专用线</td><td colspan="3">25</td><td colspan="2">30</td><td colspan="2">35</td><td>30</td></tr>
<tr><td rowspan="2">公路、道路
(路边)</td><td>高速，Ⅰ、Ⅱ级，城市快速</td><td colspan="3">20</td><td colspan="4">25</td><td>15</td></tr>
<tr><td>其他</td><td colspan="3">15</td><td colspan="4">20</td><td>10</td></tr>
</table>

表 9.2.4(续)

项目 \ 名称		储罐总容积/m³ ≤10	>10～≤30	>30～≤50	>50～≤200	>200～≤500	>500～≤1 000	>1 000～≤2 000	集中放散装置的天然气放散总管
架空电力线(中心线)		1.5 倍杆高					1.5 倍杆高,但 35 kV 以上架空电力线不应小于 40 m		2.0 倍杆高
架空通信线(中心线)	Ⅰ、Ⅱ级	1.5 倍杆高		30		40			1.5 倍杆高
	其他	1.5 倍杆高							

注:1. 居住区、村镇系指 1 000 人或 300 户以上者,以下者按本表民用建筑执行;

2. 与本表规定以外的其他建、构筑物的防火间距应按现行国家标准《建筑设计防火规范》GB 50016 执行;

3. 间距的计算应以储罐的最外侧为准。

9.2.5 液化天然气气化站的液化天然气储罐、集中放散装置的天然气放散总管与站内建、构筑物的防火间距不应小于表 9.2.5 的规定。

表 9.2.5 液化天然气气化站的液化天然气储罐、天然气放散总管与站内建、构筑物的防火间距

单位:m

项目 \ 名称		储罐总容积/m³ ≤10	>10～≤30	>30～≤50	>50～≤200	>200～≤500	>500～≤1 000	>1 000～≤2 000	集中放散装置的天然气放散总管
明火、散发火花地点		30	35	45	50	55	60	70	30
办公、生活建筑		18	20	25	30	35	40	50	25
变配电室、仪表间、值班室、汽车槽车库、汽车衡及其计量室、空压机室、汽车槽车装卸台柱(装卸口)、钢瓶灌装台		15		18	20	22	25	30	25
汽车库、机修间、燃气热水炉间		25			30	35		40	25
天然气(气态)储罐		20	24	26	28	30	31	32	20
液化石油气全压力式储罐		24	28	32	34	36	38	40	25
消防泵房、消防水池取水口		30		40				50	20
站内道路(路边)	主要	10			15				2
	次要	5			10				
围墙		15			20		25		2
集中放散装置的天然气放散总管		25							—

注:1. 自然蒸发气的储罐(BOG 罐)与液化天然气储罐的间距按工艺要求确定;

2. 与本表规定以外的其他建、构筑物的防火间距应按现行国家标准《建筑设计防火规范》GB 50016 执行;

3. 间距的计算应以储罐的最外侧为准。

9.2.10 液化天然气储罐和储罐区的布置应符合下列要求：

1. 储罐之间的净距不应小于相邻储罐直径之和的1/4，且不应小于1.5 m；储罐组内的储罐不应超过两排。

2. 储罐组四周必须设置周边封闭的不燃烧体实体防护墙，防护墙的设计应保证在接触液化天然气时不应被破坏。

3. 防护墙内的有效容积(V)应符合下列规定：

(1) 对因低温或因防护墙内一储罐泄漏着火而可能引起防护墙内其他储罐泄漏，当储罐采取了防止措施时，V不应小于防护墙内最大储罐的容积；

(2) 当储罐未采取防止措施时，V不应小于防护墙内所有储罐的总容积。

4. 防护墙内不应设置其他可燃液体储罐。

5. 严禁在储罐区防护墙内设置液化天然气钢瓶灌装口。

6. 容积大于0.15 m^3的液化天然气储罐(或容器)不应设置在建筑物内。任何容积的液化天然气容器均不应永久地安装在建筑物内。

9.3.2 气瓶组应在站内固定地点露天(可设置罩棚)设置。气瓶组与建、构筑物的防火间距不应小于表9.3.2的规定。

表9.3.2 气瓶组与建、构筑物的防火间距

单位：m

项目 \ 气瓶总容积/m^3		≤2	>2～≤4
明火、散发火花地点		25	30
民用建筑		12	15
重要公共建筑、一类高层民用建筑		24	30
道路(路边)	主要	10	10
	次要	5	5

注：气瓶总容积应按配置气瓶个数与单瓶几何容积的乘积计算，单个气瓶容积不应大于410 L。

9.4.2 对于使用温度低于−20 ℃的管道应采用奥氏体不锈钢无缝钢管，其技术性能应符合现行国家标准《流体输送用不锈钢无缝钢管》GB/T 14976的规定。

9.4.13 储罐进出液管必须设置紧急切断阀门，并与储罐液位控制连锁。

9.4.16 液化天然气气化器或其出口管道上必须设置安全阀，安全阀的泄放能力应满足下列要求：

1. 环境气化器的安全阀泄放能力必须满足在1.1倍的设计压力下，泄放量不小于气化器设计额定流量的1.5倍；

2. 加热气化器的安全阀泄放能力必须满足在1.1倍的设计压力下，泄放量不小于气化器额定流量的1.1倍。

9.5.5 液化天然气气化站生产区防护墙内的排水系统应采取防止液化天然气流入下水道或其他以顶盖密封的沟渠中的措施。

9.6.3 液化天然气气化站的供电系统设计应符合现行国家标准《供配电系统设计规范》GB 50052“二级负荷”的规定。

八、燃气的应用

《城镇燃气设计规范》(GB 50028—2006)

10.2.1　用户室内燃气管道的最高压力不应大于表10.2.1的规定。

表10.2.1　用户室内燃气管道的最高压力

燃气用户		最高压力(表压)/MPa
工业用户	独立、单层建筑	0.8
	其他	0.4
商业用户		0.4
居民用户(中压进户)		0.2
居民用户(低压进户)		<0.01

注:1. 液化石油气管道的最高压力不应大于0.14 MPa;
　2. 管道井内的燃气管道的最高压力不应大于0.2 MPa;
　3. 室内燃气管道压力大于0.8 MPa的特殊用户设计应按有关专业规范执行。

10.2.7　室内燃气管道选用铝塑复合管时应符合下列规定:

3. 铝塑复合管安装时必须对铝塑复合管材进行防机械损伤、防紫外线(UV)伤害及防热保护,并应符合下列规定:

(1) 环境温度不应高于60 ℃;

(2) 工作压力应小于10 kPa;

(3) 在户内的计量装置(燃气表)后安装。

10.2.14　燃气引入管敷设位置应符合下列规定:

1. 燃气引入管不得敷设在卧室、卫生间、易燃或易爆品的仓库、有腐蚀性介质的房间、发电间、配电间、变电室、不使用燃气的空调机房、通风机房、计算机房、电缆沟、暖气沟、烟道和进风道、垃圾道等地方。

10.2.21　地下室、半地下室、设备层和地上密闭房间敷设燃气管道时,应符合下列要求:

2. 应有良好的通风设施,房间换气次数不得小于3次/h;并应有独立的事故机械通风设施,其换气次数不应小于6次/h。

3. 应有固定的防爆照明设备。

4. 应采用非燃烧体实体墙与电话间、变配电室、修理间、储藏室、卧室、休息室隔开。

10.2.23　敷设在地下室、半地下室、设备层和地上密闭房间以及竖井、住宅汽车库(不使用燃气,并能设置钢套管的除外)的燃气管道应符合下列要求:

1. 管材、管件及阀门、阀件的公称压力应按提高一个压力等级进行设计。

2. 管道宜采用钢号为10、20的无缝钢管或具有同等及同等以上性能的其他金属管材。

3. 除阀门、仪表等部位和采用加厚管的低压管道外,均应焊接和法兰连接;应尽量减少焊缝数量,钢管道的固定焊口应进行100%射线照相检验,活动焊口应进行10%射线照相检验,其质量不得低于现行国家标准《现场设备、工业管道焊接工程施工及验收规范》GB 50236—1998中的Ⅲ级;其他金属管材的焊接质量应符合相关标准的规定。

10.2.24 燃气水平干管和立管不得穿过易燃易爆品仓库、配电间、变电室、电缆沟、烟道、进风道和电梯井等。

10.2.26 燃气立管不得敷设在卧室或卫生间内。立管穿过通风不良的吊顶时应设在套管内。

10.3.2 用户燃气表的安装位置，应符合下列要求：

2. 严禁安装在下列场所：

(1) 卧室、卫生间及更衣室内；

(2) 有电源、电器开关及其他电器设备的管道井内，或有可能滞留泄漏燃气的隐蔽场所；

(3) 环境温度高于 45 ℃的地方；

(4) 经常潮湿的地方；

(5) 堆放易燃易爆、易腐蚀或有放射性物质等危险的地方；

(6) 有变、配电等电器设备的地方；

(7) 有明显振动影响的地方；

(8) 高层建筑中的避难层及安全疏散楼梯间内。

10.4.2 居民生活用气设备严禁设置在卧室内。

10.4.4 家用燃气灶的设置应符合下列要求：

4. 放置燃气灶的灶台应采用不燃烧材料，当采用难燃材料时，应加防火隔热板。

10.5.3 商业用气设备设置在地下室、半地下室(液化石油气除外)或地上密闭房间内时，应符合下列要求：

1. 燃气引入管应设手动快速切断阀和紧急自动切断阀；紧急自动切断阀停电时必须处于关闭状态(常开型)。

3. 用气房间应设置燃气浓度检测报警器，并由管理室集中监视和控制。

5. 应设置独立的机械送排风系统；通风量应满足下列要求：

(1) 正常工作时，换气次数不应小于 6 次/h；事故通风时，换气次数不应小于 12 次/h；不工作时换气次数不应小于 3 次/h。

(2) 当燃烧所需的空气由室内吸取时，应满足燃烧所需的空气量。

(3) 应满足排除房间热力设备散失的多余热量所需的空气量。

10.5.7 商业用户中燃气锅炉和燃气直燃型吸收式冷(温)水机组的安全技术措施应符合下列要求：

1. 燃烧器应是具有多种安全保护自动控制功能的机电一体化的燃具。

2. 应有可靠的排烟设施和通风设施。

3. 应设置火灾自动报警系统和自动灭火系统。

4. 设置在地下室、半地下室或地上密闭房间时应符合本规范第 10.5.3 条和 10.2.21 条的规定。

10.6.2 当城镇供气管道压力不能满足用气设备要求，需要安装加压设备时，应符合下列要求：

1. 在城镇低压和中压 B 供气管道上严禁直接安装加压设备。

2. 在城镇低压和中压 B 供气管道上间接安装加压设备时应符合下列规定：

(1) 加压设备前必须设低压储气罐。其容积应保证加压时不影响地区管网的压力工况;储气罐容积应按生产量较大者确定。

(2) 储气罐的起升压力应小于城镇供气管道的最低压力。

(3) 储气罐进出口管道上应设切断阀,加压设备应设旁通阀和出口止回阀;由城镇低压管道供气时,储罐进口处的管道上应设止回阀。

(4) 储气罐应设上、下限位的报警装置和储量下限位与加压设备停机和自动切断阀连锁。

3. 当城镇供气管道压力为中压 A 时,应有进口压力过低保护装置。

10.6.6 工业企业生产用气设备燃烧装置的安全设施应符合下列要求:

1. 燃气管道上应安装低压和超压报警以及紧急自动切断阀。

2. 烟道和封闭式炉膛,均应设置泄爆装置,泄爆装置的泄压口应设在安全处。

3. 鼓风机和空气管道应设静电接地装置。接地电阻不应大于 100 Ω。

4. 用气设备的燃气总阀门与燃烧器阀门之间,应设置放散管。

10.6.7 燃气燃烧需要带压空气和氧气时,应有防止空气和氧气回到燃气管路和回火的安全措施,并应符合下列要求:

1. 燃气管路上应设背压式调压器,空气和氧气管路上应设泄压阀。

2. 在燃气、空气或氧气的混气管路与燃烧器之间应设阻火器;混气管路的最高压力不应大于 0.07 MPa。

3. 使用氧气时,其安装应符合有关标准的规定。

10.7.1 燃气燃烧所产生的烟气必须排出室外。设有直排式燃具的室内容积热负荷指标超过 207 W/m^3 时,必须设置有效的排气装置将烟气排至室外。

注:有直通洞口(垭口)的毗邻房间的容积也可一并作为室内容积计算。

10.7.3 浴室用燃气热水器的给排气口应直接通向室外,其排气系统与浴室必须有防止烟气泄漏的措施。

10.7.6 水平烟道的设置应符合下列要求:

1. 水平烟道不得通过卧室。

第二节 输配工程施工及验收

一、总则

《城镇燃气输配工程施工及验收规范》(CJJ 33—2005)

1.0.3 进行城镇燃气输配工程施工的单位,必须具有与工程规模相适应的施工资质;进行城镇燃气输配工程监理的单位,必须具有相应的监理资质。工程项目必须取得建设行政主管部门批准的施工许可文件后方可开工。

1.0.4 承担燃气钢质管道、设备焊接的人员,必须具有锅炉压力容器压力管道特种设备操作人员资格证、(焊接)焊工合格证书,且在证书的有效期及合格范围内从事焊接工作。间断焊接时间超过 6 个月,再次上岗前应重新考试;承担其他材质燃气管道安装的人员,必须经过专门培训,并经考试合格,间断安装时间超过 6 个月,再次上岗前应重新考试和技术评定。当使用的安装设备发生变化时，应针对该设备操作要求进行专门培训。

《聚乙烯燃气管道工程技术标准》(CJJ 63—2018)

1.0.3　聚乙烯燃气管道严禁明设。

二、土方工程

《城镇燃气输配工程施工及验收规范》(CJJ 33—2005)

2.2.1　在沿车行道、人行道施工时，应在管沟沿线设置安全护栏，并应设置明显的警示标志。在施工路段沿线，应设置夜间警示灯。

三、管道及附属设备安装

《城镇燃气输配工程施工及验收规范》(CJJ 33—2005)

5.4.10　管道下沟前必须对防腐层进行100%的外观检查；回填前应进行100%电火花检漏，回填后必须对防腐层完整性进行全线检查，不合格必须返工处理直至合格。

7.2.2　对不同级别、不同熔体流动速率的聚乙烯原料制造的管材或管件，不同标准尺寸比(SDR值)的聚乙烯燃气管道连接时，必须采用电熔连接。施工前应进行试验，判定试验连接质量合格后，方可进行电熔连接。

9.1.2　燃气管道的安装应符合下列要求：

2. 采用PE管时，应先做相同人员、工况条件下的焊接试验。

四、试验与验收

《城镇燃气输配工程施工及验收规范》(CJJ 33—2005)

12.1.1　管道安装完毕后应依次进行管道吹扫、强度试验和严密性试验。

《聚乙烯燃气管道工程技术标准》(CJJ 63—2018)

7.1.7　聚乙烯燃气管道进行强度试验和严密性试验时，必须待压力降至大气压后，方可对所发现的缺陷进行处理，处理合格后应重新进行试验。

第三节　燃气管网抢修和维护

一、抢修和维护的停气、降压、动火及通气

《城镇燃气设施运行、维护和抢修安全技术规程》(CJJ 51—2016)

3.0.2　城镇燃气供应单位应配备专职安全管理人员，抢修人员应24 h值班；应设置并向社会公布24 h报修电话。

3.0.9　人员进入燃气调压室、压缩机房、计量室、瓶组气化间、阀室、阀门井和检查井等场所前，应先检查所进场所是否有燃气泄漏；人员在进入地下调压室、阀门井、检查井内作业前，还应检查其他有害气体及氧气的浓度，确认安全后方可进入。作业过程中应有专人监护，并应轮换操作。

3.0.11　液化石油气、压缩天然气、液化天然气的在用气瓶内应保持正压，不得给无合格证或有故障的气瓶充装。

6.1.4　城镇燃气设施动火作业现场，应划出作业区，并应设置护栏和警示标志。

二、抢修

《城镇燃气设施运行、维护和抢修安全技术规程》(CJJ 51—2016)

5.2.5　管道和设备修复后，应对周边夹层、窨井、烟道、地下管线和建(构)筑物等场所的残存燃气进行全面检查。

5.3.10　当调压站、调压箱因调压设备、安全切断设施失灵等造成出口超压时，应立即关闭调压器进出口阀门，并应对超压管道放散降压，排除故障。当压力超过下游燃气设施的设计压力时，还应对超压影响区内的燃气设施进行全面检查，排除所有隐患后方可恢复供气。

三、维护

《城镇燃气设施运行、维护和抢修安全技术规程》(CJJ 51—2016)

7.2.5　液化石油气气瓶充装后，应对充装重量和气密性进行逐瓶复检，合格的气瓶应贴合格标志。

第五章　城市公共交通

一、一般要求

《地铁设计规范》(GB 50157—2013)

1.0.12　地铁的主体结构工程，以及因结构损坏或大修对地铁运营安全有严重影响的其他结构工程，设计使用年限不应低于100年。

1.0.17　地铁浅埋、高架及地面线路设计时，应采取降低噪声、减少振动和减少对生态环境影响的措施。

1.0.19　地铁工程设计应采取防火灾、水淹、地震、风暴、冰雪、雷击等灾害的措施。

1.0.20　地铁工程应设置安防设施。安防设施的设计除应符合本规范的有关规定外，尚应合理设置安全检查设备的接口、监控系统、危险品处理设施，以及相关用房等。

1.0.21　地铁工程应设置无障碍乘行和使用设施。

《地铁杂散电流腐蚀防护技术规程》(CJJ 49—1992)

2.0.2　新建的地铁线路，在其工程设计中，应包括下述有关杂散电流腐蚀防护的内容：

1. 在地铁的牵引供电与回流系统中限制杂散电流的措施；

2. 设计合理、性能可靠持久的隧洞绝缘防水措施；

3. 主体结构钢筋及金属管线结构的防护措施；

4. 在地铁沿线敷设的各种电缆、水管等管线结构，应选择符合杂散电流腐蚀防护要求的材质、结构设计和施工方法；

5. 沿线及车站防蚀监测点的设置方案；

6. 杂散电流腐蚀特殊防护方法论证和实施方案。

二、运营组织

《地铁设计规范》(GB 50157—2013)

3.3.2　地铁列车必须在安全防护系统的监控下运行。

三、地铁线路工程

《地铁设计规范》(GB 50157—2013)

6.1.2　地铁选线应符合下列规定：

4. 地铁线路之间交叉，以及地铁线路与其他交通线路交叉时，必须采用立体交叉方式。

7.1.3　无砟轨道主体结构及混凝土轨枕的设计使用年限不应低于100年。

7.4.1　无砟道床结构应符合下列规定：

1. 混凝土强度等级，隧道内和U形结构地段不应低于C35，高架线和地面线地段不应低于C40，道床结构的耐久性应满足设计使用年限100年的规定。

7.6.2　采取减振工程措施时，不应削弱轨道结构的强度、稳定性及平顺性。

8.3.5　路基的工后沉降量应符合下列要求：

1. 有砟轨道线路不应大于 200 mm，路桥过渡段不应大于 100 mm，沉降速率不应大于 50 mm/年；

2. 无砟轨道线路路基工后不均匀沉降量，不应超过扣件允许的调高量，路桥或路隧交界处差异沉降不应大于 10 mm，过渡段沉降造成的路基和桥梁或隧道的折角不应大于 1/1 000。

四、地铁车站建筑

《地铁设计规范》(GB 50157—2013)

9.3.10　在站台计算长度以外的车站结构立柱、墙等与站台边缘的距离，必须满足限界要求。

9.3.11　当站台设置站台门时，自站台边缘起向内 1 m 范围的站台地面装饰层下应进行绝缘处理。

9.4.4　车站内应设置导向、事故疏散、服务乘客等标志。

五、地铁结构工程

《地铁设计规范》(GB 50157—2013)

10.1.3　区间桥梁应按 100 年设计使用年限设计。

11.1.6　地下结构的耐久性设计应符合下列规定：

1. 主体结构和使用期间不可更换的结构构件，应根据使用环境类别，按设计使用年限为 100 年的要求进行耐久性设计；

11.1.10　地下结构的净空尺寸必须符合地铁建筑限界要求，并应满足使用及施工工艺要求，同时应计入施工误差、结构变形和位移的影响等因素。

六、地铁给排水工程

《地铁设计规范》(GB 50157—2013)

14.2.5　管道布置和敷设应符合下列规定：

5. 给水管不应穿过变电所、通信信号机房、控制室、配电室等电气房间。

14.3.1　地铁排水量定额应符合下列规定：

4. 地面车站、高架车站屋面排水管道的排水设计重现期应按当地 10 年一遇的暴雨强度计算，设计降雨历时应按 5 min 计算；屋面雨水工程与溢流设施的总排水能力不应小于 50 年重现期的雨水量。

5. 高架区间、敞开出入口、敞开风井及隧道洞口的雨水泵站、排水沟及排水管渠的排水能力，应按当地 50 年一遇的暴雨强度计算，设计降雨历时应按计算确定。

七、地铁通风、空调与供暖工程

《地铁设计规范》(GB 50157—2013)

13.1.4　地铁通风、空调与供暖系统应具有下列功能：

1. 当列车在正常运行时，应保证地铁内部空气环境在规定标准范围内；

2. 当列车阻塞在区间隧道内时，应保证对阻塞区间进行有效通风；

3. 当列车在区间隧道发生火灾事故时，应具备排烟、通风功能；

4. 当车站内发生火灾事故时，应具备排烟、通风功能。

13.2.31 设置气体灭火的房间应设置机械通风系统，所排除的气体必须直接排出地面。

八、地铁供电工程

《地铁设计规范》(GB 50157—2013)

15.1.6 一级负荷必须采用双电源双回线路供电。

15.1.7 一级负荷中特别重要的负荷，应增设应急电源，并严禁其他负荷接入。

15.1.23 在地下使用的主要材料应选用无卤、低烟的阻燃或耐火的产品。

15.3.26 接触网应满足限界要求。车辆基地内架空接触网应设置限界门。

15.4.1 系统采用的电力电缆应符合下列规定：

1. 地下线路应采用无卤、低烟的阻燃电线和电缆。

15.4.2 火灾时需要保证供电的配电线路应采用耐火铜芯电缆或矿物绝缘耐火铜芯电缆。

15.7.15 直流牵引供电系统应为不接地系统，牵引变电所中的直流牵引供电设备必须绝缘安装。

15.7.16 正常双边供电运行时，站台处走行轨对地电位不应大于 120 V，车辆基地库线走行轨对地电位不应大于 60 V。当走行轨对地电压超标时，应采取短时接地措施。

九、地铁通信与信号

《地铁设计规范》(GB 50157—2013)

16.1.13 隧道内托板托架、线缆的设置严禁侵入设备限界；车载台无线天线的设置严禁超出车辆限界。

16.2.11 地下线路的通信主干电缆、光缆应采用无卤、低烟的阻燃材料，并应具有抗电气化干扰的防护层。

17.1.3 ATP 系统、设备及电路应符合故障导向安全的原则。采用的安全系统、设备应经过安全认证。

17.1.9 信号系统的车载设备严禁超出车辆限界，信号系统的地面设备严禁侵入设备限界。

17.4.9 ATP 系统应符合下列要求：

1. 地铁必须配置 ATP 系统，其系统安全完善度等级应满足安全完整性等级(SIL)4 级标准；ATP 系统内部设备之间的信息传输通道也应符合故障导向安全原则；

2. 在安全防护预定停车地点的外方应设安全防护距离或防护区段，安全防护距离应通过计算确定。

17.4.11 ATP 车载设备应符合下列要求：

1. ATP 系统导致列车停车应为最高安全准则。车地连续通信中断、列车完整性电路断路、列车超速、列车的非预期移动、车载设备重要故障等均应导致列车强迫制动。

17.4.15 ATP设备应符合下列联锁功能要求：

1. ATP设备应确保进路上道岔、信号机和区段的连锁。连锁条件不符时，严禁进路开通。敌对进路应相互照查，不得同时开通；

7. 车站站台及车站控制室应设站台紧急关闭按钮。站台紧急关闭按钮电路应符合故障导向安全的原则。

十、自动售检票系统

《地铁设计规范》(GB 50157—2013)

18.1.9 车站控制室应设置紧急控制按钮，并应与火灾自动报警系统实现联动；当车站处于紧急状态或设备失电时，自动检票机阻挡装置应处于释放状态。

十一、地铁火灾报警

《地铁设计规范》(GB 50157—2013)

19.3.1 消防联动控制系统应实现消火栓系统、自动灭火系统、防烟排烟系统，以及消防电源及应急照明、疏散指示、防火卷帘、电动挡烟垂帘、消防广播、售检票机、站台门、门禁、自动扶梯等系统在火灾情况下的消防联动控制。

19.4.5 地下车站的站厅层公共区、站台层公共区、换乘公共区、各种设备机房、库房、值班室、办公室、走廊、配电室、电缆隧道或夹层，以及长度超过60 m的出入口通道，应设置火灾探测器。

十二、环境与设备监控系统

《地铁设计规范》(GB 50157—2013)

20.3.10 综合监控系统应具备下列主要联动功能：

2. 火灾工况，区间火灾防排烟模式控制、车站火灾消防应急广播、车站火灾场景的视频监控和乘客信息系统的火灾信息发布功能。

21.2.4 环境与设备监控系统和火灾自动报警系统之间应设置通信接口；火灾工况应由火灾自动报警系统发布火灾模式指令，环境与设备监控系统应优先执行相应的控制程序。

21.2.5 防烟、排烟系统与正常通风系统合用的设备，在火灾情况下应由环境与设备监控系统统一监控。

21.3.3 执行防灾和阻塞模式应具备下列功能：

1. 接收车站自动或手动火灾模式指令，执行车站防烟、排烟模式；

2. 接收列车区间停车位置、火灾部位信息，执行隧道防排烟模式；

3. 接收列车区间阻塞信息，执行阻塞通风模式；

4. 监控车站乘客导向标识系统和应急照明系统；

5. 监视各排水泵房危险水位。

21.7.6 环境与设备监控系统的信号线与电源线不应共用电缆，并不应敷设在同一根金属套管内。

十三、运营控制中心

《地铁设计规范》(GB 50157—2013)

24.8.1　控制中心应设置火灾自动报警、环境与设备监控、火灾事故广播、自动灭火、水消防、防排烟等系统。多线路中央控制室应设置自动灭火系统。

十四、车辆段与综合基地

《地铁设计规范》(GB 50157—2013)

4.1.2　车辆应确保在寿命周期内正常运行时的行车安全和人身安全;同时应具备故障、事故和灾难情况下对人员和车辆救助的条件。

4.1.3　车辆及其内部设施应使用不燃材料或无卤、低烟的阻燃材料。

4.1.19　列车应具有下列故障运行能力:

1. 列车在超员载荷和在丧失1/4动力的情况下,应能维持运行到终点;

2. 列车在超员载荷和在丧失1/2动力的情况下,应具有在正线最大坡道上起动和运行到最近车站的能力;

3. 一列空载列车应具有在正线线路的最大坡道上牵引另一列超员载荷的无动力列车运行到下一车站的能力。

4.7.2　列车应设置报警系统,客室内应设置乘客紧急报警装置,乘客紧急报警装置应具有乘务员与乘客间双向通信功能。当采用无人驾驶运行模式时,报警系统设置应符合现行国家标准《城市轨道交通技术规范》GB 50490的有关规定。

4.7.4　客室车门系统应设置安全联锁,应确保车速大于5 km/h时不能开启、车门未全关闭时不能启动列车。

4.7.6　客室、司机室应配置便携式灭火器具,安放位置应有明显标识并便于取用。

27.3.8　地面接触轨应分段设置并加装安全防护罩。停车、列检库和双周/三月检库线采用架空接触网时,每线列位之间和库前均应设置隔离开关或分段器,并应设置送电时的信号显示或音响设施。

27.4.2　车辆段的定修库、大架修库和临修库均不应设置接触网或接触轨供电。定修段需在定修库内进行升弓调试作业时,应在库端设移动接触网。

27.4.14　油漆库应设置通风设备,并应采取消防和环保措施。库内电气设备均应符合防爆要求。

十五、环境保护

《地铁设计规范》(GB 50157—2013)

29.4.17　车辆基地与停车场含油废水必须进行厂区内污水处理,并应达到国家和地方污水排放标准后排放。

十六、站内客运设备

《地铁设计规范》(GB 50157—2013)

25.1.10　自动扶梯和自动人行道的传输设备应采用阻燃材料。

25.1.15　当自动扶梯额定速度为 0.5 m/s，且提升高度不大于 6 m 时，上、下水平梯级数量不得少于 2 块；当额定速度为 0.5 m/s，且提升高度大于 6 m 时，上、下水平梯级数量不得少于 3 块；当额定速度等于 0.65 m/s 时，上、下水平梯级数量不得少于 3 块；当额定速度大于 0.65 m/s 时，上、下水平梯级数量不得少于 4 块。

25.2.8　当电梯兼做消防梯时，其设施应符合消防电梯的功能，供电应采用一级负荷。

十七、门禁

《地铁设计规范》(GB 50157—2013)

23.1.7　设有门禁装置的通道门、设备及管理用房门的电子锁，应满足防冲撞和消防疏散的要求。电子锁应具备断电自动释放功能，设备及管理用房门电子锁还应具备手动机械解锁功能。

23.1.8　门禁系统应实现与火灾自动报警系统的联动控制。车站控制室综合后备控制盘(IBP)上应设置门禁紧急开门控制按钮，并应具备手动、自动切换功能。

十八、乘客信息系统

《地铁设计规范》(GB 50157—2013)

22.6.1　乘客信息系统的数据线与电源线不应共用电缆，并不应敷设在同一根金属套管内。

22.6.3　数据线应采用无卤、低烟的阻燃屏蔽电缆。

十九、站台门

《地铁设计规范》(GB 50157—2013)

26.1.7　站台门不得作为防火隔离装置。

26.1.8　地下车站站台门系统的绝缘材料、密封材料和电线电缆等应采用无卤、低烟的阻燃材料；地面和高架车站站台门系统的绝缘材料、密封材料和电线电缆等应采用低卤、低烟的阻燃材料。

二十、防灾

《地铁设计规范》(GB 50157—2013)

28.1.5　车站站台、站厅和出入口通道的乘客疏散区内不得设置商业场所，除地铁运营、服务设备、设施外，也不得设置妨碍乘客疏散的设备、设施及其他物体。

28.2.1　地铁各建(构)筑物的耐火等级应符合下列规定：

1. 地下的车站、区间、变电站等主体工程及出入口通道、风道的耐火等级应为一级；

3. 控制中心建筑耐火等级应为一级。

28.2.3　车站安全出口设置应符合下列规定：

1. 车站每个站厅公共区安全出口数量应经计算确定，且应设置不少于 2 个直通地面的安全出口；

2. 地下单层侧式站台车站，每侧站台安全出口数量应经计算确定，且不应少于 2 个直通地面的安全出口；

3. 地下车站的设备与管理用房区域安全出口的数量不应少于2个，其中有人值守的防火分区应有1个安全出口直通地面；

4. 安全出口应分散设置，当同方向设置时，两个安全出口通道口部之间净距不应小于10 m；

5. 竖井、爬梯、电梯、消防专用通道，以及设在两侧式站台之间的过轨地道不应作为安全出口；

6. 地下换乘车站的换乘通道不应作为安全出口。

28.2.5　两个防火分区之间应采用耐火极限不低于3 h的防火墙和甲级防火门分隔，在防火墙设有观察窗时，应采用甲级防火窗；防火分区的楼板应采用耐火极限不低于1.5 h的楼板。

28.2.9　车站的装修材料应符合下列规定：

1. 地下车站公共区和设备与管理用房的顶棚、墙面、地面装修材料及垃圾箱，应采用燃烧性能等级为A级不燃材料；

2. 地上车站公共区的墙面、顶棚的装修材料及垃圾箱，应采用A级不燃材料，地面应采用不低于B_1级难燃材料。设备与管理用房区内的装修材料，应符合现行国家标准《建筑内部装修设计防火规范》GB 50222的有关规定；

3. 地上、地下车站公共区的广告灯箱、导向标志、休息椅、电话亭、售检票机等固定服务设施的材料，应采用不低于B_1级难燃材料。装修材料不得采用石棉、玻璃纤维、塑料类等制品。

28.2.11　车站站台公共区的楼梯、自动扶梯、出入口通道，应满足当发生火灾时在6 min内将远期或客流控制期超高峰小时一列进站列车所载的乘客及站台上的候车人员全部撤离站台到达安全区的要求。

28.4.1　地下车站及区间隧道内必须设置防烟、排烟和事故通风系统。

28.4.2　下列场所应设置机械防烟、排烟设施：

1. 地下车站的站厅和站台；

2. 连续长度大于300 m的区间隧道和全封闭车道；

3. 防烟楼梯间和前室。

28.4.7　防烟、排烟系统与事故通风应具有下列功能：

1. 当区间隧道发生火灾时，应背着乘客主要疏散方向排烟，迎着乘客疏散方向送新风；

2. 当地下车站的站厅、站台发生火灾时，应具备防烟、排烟、通风功能；

3. 当列车阻塞在区间隧道时，应对阻塞区间进行有效通风；

4. 当地面或高架车站发生火灾时，应具备排烟功能；

5. 当设备与管理用房发生火灾时，应具备防烟、排烟、通风功能。

28.4.22　通风空调系统下列部位应设置防火阀：

1. 风管穿越防火分区的防火墙及楼板处；

2. 每层水平干管与垂直总管的交接处；

3. 穿越变形缝且有隔墙处。

28.5.1　地铁公务电话交换机应具有火警时能自动转换到市话网“119”的功能；同时，地铁内应配备在发生灾害时供救援人员进行地上、地下联络的无线通信设施。

28.5.5 地铁应设置消防专用调度电话，防灾调度电话系统应在控制中心设调度电话总机，并应在车站及车辆基地设分机。

28.6.1 消防用电设备应按一级负荷供电，并应在末级配电箱处设置自动切换装置。当发生火灾而切断生产、生活用电时，消防设备应能保证正常工作。

28.6.5 下列部位应设置应急疏散照明：

1. 车站站厅、站台、自动扶梯、自动人行道及楼梯；

2. 车站附属用房内走道等疏散通道；

3. 区间隧道；

4. 车辆基地内的单体建筑物及控制中心大楼的疏散楼梯间、疏散通道、消防电梯间（含前室）。

28.6.6 下列部位应设置疏散指示标志：

1. 车站站厅、站台、自动扶梯、自动人行道及楼梯口；

2. 车站附属用房内走道等疏散通道及安全出口；

3. 区间隧道；

4. 车辆基地内的单体建筑物及控制中心大楼的疏散楼梯间、疏散通道及安全出口。

28.7.1 地铁车站出入口及敞口低风井等口部的防淹措施，应满足当地防洪排涝要求。

第六章 城市道路

第一节 工程设计

一、基本规定

《城市道路工程设计规范》(CJJ 37—2012)(2016 版)

3.4.2 道路建筑限界内不得有任何物体侵入。

3.4.3 道路最小净高应符合表 3.4.3 的规定。

表 3.4.3 道路最小净高

道路种类	行驶车辆类型	最小净高/m
机动车道	各种机动车	4.5
	小客车	3.5
非机动车道	自行车、三轮车	2.5
人行道	行人	2.5

二、隧道

《城市道路工程设计规范》(CJJ 37—2012)(2016 版)

13.3.4 对长度大于 1 000 m、行驶机动车的隧道，严禁在同一孔内设置非机动车道或人行道；对长度小于等于 1 000 m 的隧道当需要设置非机动车道或人行道时，必须设安全隔离设施。

第二节 工程质量验收

一、基层

《固化类路面基层和底基层技术规程》(CJJ/T 80—1998)

2.2.2 固化路面基层和底基层，不得使用快硬水泥、早强水泥及受潮变质过期的水泥。

3.3.3 不同交通类别的道路，固化类混合材料 7 d 的抗压强度应符合表 3.3.3 的规定。

表 3.3.3 固化类混合材料的强度标准　　单位：MPa

层位	固化剂类别		道路等级	
			城市快速路和城市主干路	城市次干路和支路
基层	液粉	水泥类	3～4	2～3
		石灰类	—	≥0.8
		水泥石灰类	3～4	2～3
		石灰粉煤灰类	≥0.8	≥0.6
	粉状固化类		3～4	2～3
底基层	液粉	水泥类	≥1.5	≥1.5
		石灰类	≥0.8	0.5～0.7
		水泥石灰类	≥1.5	≥1.5
		石灰粉煤灰类	≥0.5	≥0.5
	粉状固化类		≥1.5	≥1.5

注：对于水泥石灰类混合料的强度标准，当以水泥为主时，其强度标准与水泥类混合料的强度标准相同；当以石灰为主时，其强度标准与石灰类混合料的强度标准相同；当石灰与水泥用量相近时，取水泥类和石灰类的平均值。

4.0.8　城市快速路、主干路的基层应采用砂砾或碎石类粗粒土，不应采用水泥、石灰类土壤固化剂稳定细粒土混合料。

4.0.9　对交通量较大的道路，应在面层与固化类混合料基层之间加铺连接层。

二、沥青路面与联锁型路面

《城镇道路工程施工与质量验收规范》(CJJ 1—2008)

3.0.7　施工中必须建立安全技术交底制度，并对作业人员进行相关的安全技术教育与培训。作业前主管施工技术人员必须向作业人员进行详尽的安全技术交底，并形成文件。

3.0.9　施工中，前一分项工程未经验收合格严禁进行后一分项工程施工。

6.3.3　人机配合土方作业，必须设专人指挥。机械作业时，配合作业人员严禁处在机械作业和走行范围内。配合人员在机械走行范围内作业时，机械必须停止作业。

6.3.10　挖方施工应符合下列规定：

1. 挖土时应自上向下分层开挖，严禁掏洞开挖。作业中断或作业后，开挖面应做成稳定边坡。

2. 机械开挖作业时，必须避开构筑物、管线，在距管道边 1 m 范围内应采用人工开挖；在距直埋缆线 2 m 范围内必须采用人工开挖。

3. 严禁挖掘机等机械在电力架空线路下作业。需在其一侧作业时，垂直及水平安全距离应符合表 6.3.10 的规定。

表 6.3.10　挖掘机、起重机(含吊物、载物)等机械与电力架空线路的最小安全距离

电压/kV		<1	10	35	110	220	330	500
安全距离/m	沿垂直方向	1.5	3.0	4.0	5.0	6.0	7.0	8.5
	沿水平方向	1.5	2.0	3.5	4.0	6.0	7.0	8.5

8.1.2　沥青混合料面层不得在雨、雪天气及环境最高温度低于5 ℃时施工。

8.2.20　热拌沥青混合料路面应待摊铺层自然降温至表面温度低于50 ℃后，方可开放交通。

10.7.6　在面层混凝土弯拉强度达到设计强度，且填缝完成前，不得开放交通。

11.1.9　铺砌面层完成后，必须封闭交通，并应湿润养护，当水泥砂浆达到设计强度后，方可开放交通。

17.3.8　当面层混凝土弯拉强度未达到1 MPa或抗压强度未达到5 MPa时，必须采取防止混凝土受冻的措施，严禁混凝土受冻。

《沥青路面施工及验收规范》(GB 50092—1996)

1.0.5　沥青路面施工应确保施工安全，施工人员应有良好的劳动保护。沥青拌和厂应具备防火设施。配制液体石油沥青的车间严禁烟火。使用煤沥青的施工人员应采取防止吸入煤沥青蒸气或皮肤直接接触煤沥青而使身体受到损害的保护措施。

4.6.5　路面抗滑表层粗集料应选用坚硬、耐磨、抗冲击性好的碎石或破碎砾石，不得使用筛选砾石、矿渣及软质集料。

7.1.3.2　当各层均采用沥青碎石混合料时，沥青面层下必须做下封层。

7.3.3　经配合比设计确定的各类沥青混凝土混合料的技术指标应符合表7.3.3的规定，并应具有良好的施工性能。

表7.3.3　热拌沥青混合料马歇尔试验技术指标

试验项目	沥青混合料类型	高速公路、一级公路、城市快速路、主干路	其他等级公路与城市道路	行人道路
击实次数/次	沥青混凝土 沥青碎石、抗滑表层	两面各75 两面各50	两面各50 两面各50	两面各35 两面各35
稳定度①/kN	Ⅰ型沥青混凝土 Ⅱ型沥青混凝土、抗滑表层	>7.5 >5.0	>5.0 >4.0	>3.0 —
流值/(0.1 mm)	Ⅰ型沥青混凝土 Ⅱ型沥青混凝土、抗滑表层	20～40 20～40	20～45 20～45	20～50 —
空隙率②/%	Ⅰ型沥青混凝土 Ⅱ型沥青混凝土、抗滑表层 沥青碎石	3～6 4～10 >10	3～6 4～10 >10	2～5 — —
沥青饱和度/%	Ⅰ型沥青混凝土 Ⅱ型沥青混凝土、抗滑表层 沥青碎石	70～85 60～75 40～60	70～85 60～75 40～60	75～90 — —
残留稳定度/%	Ⅰ型沥青混凝土 Ⅱ型沥青混凝土、抗滑表层	>75 >70	>75 >70	>75 —

注：① 粗粒式沥青混凝土稳定度可降低1 kN；

② Ⅰ型细粒式及砂粒式沥青混凝土的空隙率为2%～6%；

③ 沥青混凝土混合料的矿料间隙率(VMA)宜符合下表要求：

最大集料粒径/mm									
	方孔筛	37.5	31.5	26.5	19.0	16.0	13.2	9.5	4.75
	圆孔筛	50	35或40	30	25	20	15	10	5
VMA不小于/%		12	12.5	13	14	14.5	15	16	18

④ 当沥青碎石混合料试件在60 ℃水中浸泡即发生松散时，可不进行马歇尔试验，但应测定密度、空隙率、沥青饱和度等指标；

⑤ 残留稳定度可根据需要采用浸水马歇尔试验或真空饱水后浸水马歇尔试验进行测定。

7.3.4 对用于高速公路、一级公路和城市快速路、主干路沥青路面的上面层和中面层的沥青混凝土混合料进行配合比设计时，应通过车辙试验机对抗车辙能力进行检验。在温度 60 ℃、轮压 0.7 MPa 条件下进行车辙试验的动稳定度，对高速公路和城市快速路不应小于 800 次/mm，对一级公路及城市主干路不应小于 600 次/mm。

8.4.9 压实成型后的路面应进行早期养护，并封闭交通 2～6 h。开放交通初期，应设专人指挥，车速不得超过 20 km/h，并不得刹车或调头。在未稳定成型的路段上，严禁兽力车和铁轮车通过。当路面有损坏时，应及时修补。

三、水泥混凝土路面

《水泥混凝土路面施工及验收规范》(GBJ 97—1987)

2.0.4 施工前必须对混凝土路面原材料进行取样试验分析，并应提供混凝土配合比试验数据。

4.1.1 用于混凝土板的水泥，应符合下列要求：

2. 公路、城市道路、厂矿道路应采用硅酸盐水泥或普通硅酸盐水泥(简称普通水泥)，水泥标号不应低于 425 号。当条件受限制时，可采用矿渣水泥，其标号不应低于 425 号，并应严格控制用水量，适当延长搅拌时间，加强养护工作；亦可采用 325 号普通水泥，但应采取掺外加剂、干硬性混凝土或真空吸水等措施；

3. 民航机场道面和高速公路，必须采用标号不低于 425 号的硅酸盐水泥；

5. 不同标号、厂牌、品种、出厂日期的水泥，不得混合堆放，严禁混合使用。出厂期超过三个月或受潮的水泥，必须经过试验，按其试验结果决定正常使用或降级使用。已经结块变质的水泥不得使用。

4.1.2 混凝土板用的砂，应符合下列要求：

1. 应采用洁净、坚硬、符合规定级配、细度模数在 2.5 以上的粗、中砂；

2. 当无法取得粗、中砂时，经配合比试验可行，可采用泥土杂物含量小于 3%的细砂；

3. 砂的技术要求应符合表 4.1.2 的规定。

表 4.1.2 砂的技术要求

项目			技术要求					
颗粒级配	筛孔尺寸/mm		方孔				圆孔	
			0.16	0.315	0.63	1.25	2.50	5.0
	累计筛余量/%	Ⅰ区	100～90	95～80	85～71	65～35	35～5	10～0
		Ⅱ区	100～90	92～70	70～41	50～10	25～0	10～0
		Ⅲ区	100～90	85～55	40～16	25～10	15～0	10～0
泥土杂物含量(冲洗法)/%			≤3					
硫化物和硫酸盐含量(折算为 SO_3)/%			≤1					
有机物质含量(比色法)			颜色不应深于标准溶液的颜色					
其他杂物			不得混有石灰、煤渣、草根等其他杂物					

注：1. Ⅰ区砂基本属于粗砂。Ⅱ区砂属于中砂和一部分偏粗的细砂，颗粒适中，级配最好。Ⅲ区砂属细砂和一部分偏细的中砂。

2. 有机物质含量标准溶液的配制方法：取 2 g 鞣酸粉溶解于 98 mL 的 10%酒精溶液中即得所需的鞣酸溶液，然后取该溶液 2.5 mL 注入 97.5 mL，浓度为 3%的氢氧化钠溶液中，加塞后剧烈摇动，静置24 h得标准溶液。

4.1.3 混凝土板用的碎(砾)石,应符合下列要求:

1. 碎(砾)石应质地坚硬,并应符合规定级配,最大粒径不应超过 40 mm;

2. 碎石的技术要求,应符合表 4.1.3-1 的规定;

3. 砾石的技术要求,应符合表 4.1.3-2 的规定。

表 4.1.3-1 碎石技术要求

项 目		技术要求			
颗粒级配	筛孔尺寸(圆孔筛)/mm	40	20	10	5
	累计筛余量/%	0~5	30~65	75~90	95~100
强度	石料饱水抗压强度与混凝土设计抗压强度比/%	≥200			
	石料强度分级	≥3 级			
针片状颗粒含量/%		≤15			
硫化物及硫酸盐含量(折算为 SO_3)/%		≤1			
泥土杂物含量(冲洗法)(%)		≤1			

注:石料强度分级,应符合《公路工程石料试验规程》的规定。

表 4.1.3-2 砾石技术要求

项 目		技术要求			
颗粒级配	筛孔尺寸(圆孔筛)/mm	40	20	10	5
	累计筛余量/%	0~5	30~65	75~90	95~100
空隙率/%		≤45			
软弱颗粒含量/%		≤5			
针片状颗粒含量/%		≤15			
泥土杂物含量(冲洗法)/%		≤1			
硫化物及硫酸盐含量(折算为 SO_3)/%		<1			
有机物含量(比色法)		颜色不深于标准溶液的颜色			
石料强度分级		≥3 级			

注:石料强度可采用压碎指标值(%)。

4.4.6 混凝土拌合物整平时,填补板面应选用碎(砾)石较细的混凝土拌合物,严禁用纯砂浆填补找平。

4.6.1 胀缝的施工,应符合下列规定:

1. 胀缝应与路面中心线垂直;缝壁必须垂直;缝隙宽度必须一致;缝中不得连浆。缝隙上部应浇灌填缝料,下部应设置胀缝板。

4.6.2 缩缝的施工方法,应采用切缝法。当受条件限制时,可采用压缝法。民航机场道面和高速公路必须采用切缝法。切缝法和压缝法的施工,应符合下列规定:

2. 压缝法施工,当混凝土拌合物做面后,应立即用振动压缝刀压缝。当压至规定深度时,应提出压缝刀,用原浆修平缝槽,严禁另外调浆。然后,应放入铁制或木制嵌条,再次修平缝槽,待混凝土拌合物初凝前泌水后,取出嵌条,形成缝槽。

4.8.2　混凝土板冬季施工应符合下列规定：

1. 混凝土板在抗折强度尚未达到1.0 MPa或抗压强度尚未达到50 MPa时，不得遭受冰冻。

2. 冬季施工水泥应采用425号以上硅酸盐水泥或普通水泥，水灰比不应大于0.45。

4. 混凝土拌合物的浇筑温度不应低于5 ℃。当气温在0 ℃以下或混凝土拌合物的浇筑温度低于5 ℃时，应将水加热搅拌(砂、石料不加热)；如水加热仍达不到要求时，应将水和砂、石料都加热。加热搅拌时，水泥应最后投入。

5. 材料加热应遵守下列规定：

(1) 在任何情况下，水泥都不得加热；

(2) 加热温度应为：混凝土拌合物不应超过35 ℃，水不应超过60 ℃，砂、石料不应超过40 ℃。

9. 冬季养护时间不应少于28 d。允许拆模时间也应适当延长。

5.1.2　基层完成后，应检查强度和质量。基层强度应以基层顶面的当量回弹模量值或以黄河标准汽车测算回弹弯沉值作为强度检查指标，其值不得低于设计规定。基层质量检查，其允许误差，公路、城市道路、厂矿道路应符合表5.1.2-1的规定；民航机场道面、高速公路应符合表5.1.2-2的规定。

表5.1.2-1　公路、城市道路、厂矿道路基层质量检查允许误差

项目		允许误差	检验要求		检验方法
			范围	点数	
当量回弹模量值或计算回弹弯沉值		不小于设计要求	50 m	2	现场实测
压实度		不小于规定要求	1 000 m²	1	无骨料：用环刀法测定 有骨料：用灌砂法测定
厚度		±10%	50 m	1	用尺量
平整度		10 mm	50 m	1	用3 m直尺
宽度		不小于设计规定	50 m	1	用尺量
纵坡高程		±10 mm	20 m	1	用水准仪测量
横坡	路面宽<9 m	≤±1%	100 m	3	用水准仪测量
	路面宽9～15 m	≤±1%	100 m	5	
	路面宽>15 m	≤±1%	100 m	7	

注：压实度(单位重)以重型击实标准实验确定，石灰稳定土和工业废渣类为93%；级配碎(砾)石掺石灰和水泥稳定砂砾为97%。

表5.1.2-2　民航机场道面、高速公路基层质量检查允许误差

项目	允许误差	检验要求		检验方法
		范围	点数	
当量回弹模量值或计算回弹弯沉值	不小于设计要求	50 m	2	现场实测
压实度	不小于规定要求	500 m²	1	无骨料：用环刀法测定 有骨料：用灌砂法测定

表 5.1.2-2(续)

项　目	允许误差	检验要求		检验方法
		范围	点数	
厚度	±10%	2 000 m^2	1	用尺量
平整度	10 mm	1 000 m^2	1	用 3 m 直尺
宽度	不小于设计规定	50 m	1	用尺量
纵坡高程	±5 mm	10 m	1	用水准仪测量
横坡	±0.5%			用水准仪测量

注:1. 压实度(单位重)以重型击实标准实验确定,石灰稳定土和工业废渣类为 93%,级配碎(砾)石掺石灰和水泥稳定砂砾为 97%。

2. 民航机场道面基层顶面,应铺垫石屑或中粗砂等坚硬材料找平层。

3. 横坡检验要求:民航机场道面:每 10 m 长测一断面,横向测点间距≤10 m。高速公路:100 m 长测一断面,路面宽<9 m,横向测 3 点;路面宽 9～15,横向测 5 点;路面宽>15 m 横向测 7 点。

5.1.3　钢筋混凝土板的钢筋网片允许误差,应符合表 5.1.3 的规定。

表 5.1.3　钢筋混凝土板的钢筋网片允许误差

项　目	允许误差/mm	检查方法
钢筋网片的长度、宽度	±10	用尺量
钢筋网眼的尺寸	±10	用尺量
上下两网片的高度	±5	用水准仪检查垫块和钢筋表面
上下表面的保护层厚度	±5	用尺量
钢筋网片的平整度	±10	拉线用尺检查

第三节　养　护

一、道路检测

《城镇道路养护技术规范》(CJJ 36—2016)

4.2.7　日常巡查中发现下列情况之一时,巡查人员应立即设置警示防护标志并上报,在现场监视直至应急处置人员到场;相关部门应立即启动应急预案。

1. 道路出现异常沉陷、空洞;
2. 路面出现大于 100 mm 的错台;
3. 井盖、雨水口箅子丢失;
4. 路面出现严重积水、结冰等严重影响道路正常使用的现象。

4.4.1　当出现下列情况之一时,应进行特殊检测:

1. 道路进行改扩建前;
2. 道路发生不明原因的沉陷、开裂或冒水;
3. 在道路下进行管涵顶进、降水作业或隧道开挖等工程施工完成后;

4. 存在影响道路使用功能和结构安全的施工；

5. 道路路面及附属设施超过设计使用年限时。

二、掘路修复

《城镇道路养护技术规范》(CJJ 36—2016)

11.1.1 掘路前应查明地下管线状况，挖槽时不得损坏原有的地下管线。

11.1.6 城镇道路的掘路开挖断面严禁上窄下宽。道路结构修复时应满足其使用功能和结构安全。

11.2.1 严禁使用淤泥、沼泽土、泥炭土、冻土、有机土或含生活垃圾的土对掘路沟槽进行回填。

三、涵洞养护

《城镇道路养护技术规范》(CJJ 36—2016)

10.4.1 每年汛期和冬期前后，应对涵洞进行检查，检查应包括下列内容：

1. 洞内的淤积程度；

2. 涵洞主体结构的开裂、漏水、变形、位移、下沉及冻胀程度；

3. 涵顶及涵背填土沉陷程度。

四、道路养护安全防护

《城镇道路养护技术规范》(CJJ 36—2016)

14.1.1 养护作业人员上岗前必须进行安全技术培训。进入养护作业现场内的人员，必须穿戴具有反光功能的安全标志服和防护帽。

第七章 城市桥梁

第一节 工程设计

一、荷载和净空

《城市人行天桥与人行地道技术规范》(CJJ 69—1995)

3.1.11 栏杆水平推力，水平荷载为2.5 kN/m，竖向荷载为1.2 kN/m，不与其他活载叠加。

《城市桥梁设计规范》(CJJ 11—2011)(2019年版)

3.0.8 桥梁结构的设计基准期应为100年。

3.0.14 当桥梁按持久状况承载能力极限状态设计时，根据结构的重要性、结构破坏可能产生后果的严重性，应采用不低于表3.0.14规定的设计安全等级。

表3.0.14 桥梁设计安全等级

安全等级	结构类型	类别
一级	重要结构	特大桥、大桥、中桥、重要小桥
二级	一般结构	小桥、重要挡土墙
三级	次要结构	挡土墙、防撞护栏

注：1. 表中所列特大、大、中桥等系按本规范表3.0.2中单孔跨径确定，对多跨不等跨桥梁，以其中最大跨径为准；冠以“重要”的小桥、挡土墙系指城市快速路、主干路及交通特别繁忙的城市次干路上的桥梁、挡土墙。
2. 对有特殊要求的桥梁，其设计安全等级可根据具体情况另行确定。

3.0.19 桥上或地下通道内的管线敷设应符合下列规定：

1. 不得在桥上敷设污水管、压力大于0.4 MPa的燃气管和其他可燃、有毒或腐蚀性的液、气体管。条件许可时，在桥上敷设的电信电缆、热力管、给水管、电压不高于10 kV配电电缆、压力不大于0.4 MPa燃气管必须采取有效的安全防护措施。

2. 严禁在地下通道内敷设电压高于10 kV配电电缆、燃气管及其他可燃、有毒或腐蚀性液、气体管。

二、桥梁结构与设计

《城市桥梁设计规范》(CJJ 11—2011)(2019年版)

8.1.4 当立交、高架道路桥梁的下穿道路紧靠柱式墩或薄壁墩台、墙时，所需的安全带宽度应符合下列规定：

1. 当道路设计行车速度大于或等于60 km/h时，安全带宽度不应小于0.50 m；

2. 当道路设计行车速度小于 60 km/h 时，安全带宽度不应小于 0.25 m。

10.0.2　桥梁设计时，汽车荷载的计算图式、荷载等级及其标准值、加载方法和纵横向折减等应符合下列规定：

1. 汽车荷载应分为城—A 级和城—B 级两个等级。

2. 汽车荷载应由车道荷载和车辆荷载组成。车道荷载应由均布荷载和集中荷载组成。桥梁结构的整体计算应采用车道荷载，桥梁结构的局部加载、桥台和挡土墙压力等的计算应采用车辆荷载。车道荷载与车辆荷载的作用不得叠加。

3. 车道荷载的计算(图 10.0.2-1)应符合下列规定：

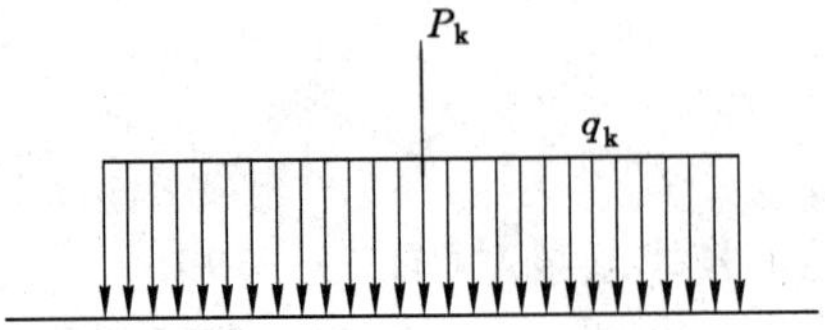

图 10.0.2-1　车道荷载

(1) 城—A 级车道荷载的均布荷载标准值(q_k)应为 10.5 kN/m。集中荷载标准值(P_k)的选取：当桥梁计算跨径小于或等于 5 m 时，P_k=270 kN；当桥梁计算跨径等于或大于 50 m 时，P_k=360 kN；当桥梁计算跨径在 5～50 m 之间时，P_k值应采用直线内插求得。当计算剪力效应时，集中荷载标准值(P_k)应乘以 1.2 的系数。

(2) 城—B 级车道荷载的均布荷载标准值(q_k)和集中荷载标准值(P_k)应按城—A 级车道荷载的 75%采用。

(3) 车道荷载的均布荷载标准值应满布于使结构产生最不利效应的同号影响线上；集中荷载标准值应只作用于相应影响线中一个最大影响线峰值处。

4. 车辆荷载的立面、平面布置及标准值应符合下列规定：

(1) 城—A 级车辆荷载的立面、平面、横桥向布置(图 10.0.2-2)及标准值应符合表 10.0.2 的规定：

车轴编号	1	2	3	4	5
轴重/kN	60	140	140	200	160
轮重/kN	30	70	70	100	80
总重/kN	700				

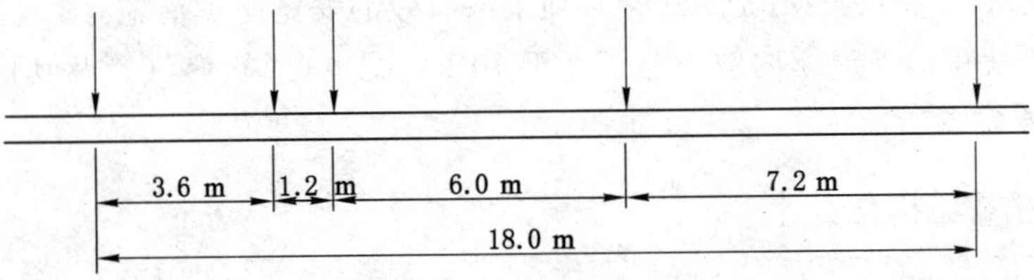

(a) 立面布置

图 10.0.2-2　城—A 级车辆荷载立面、平面、横桥向布置

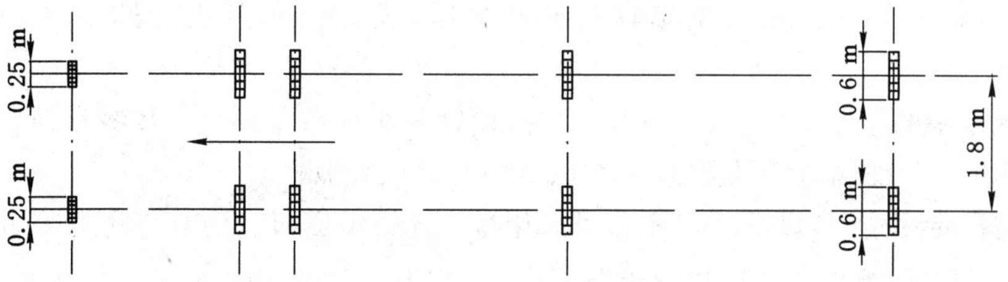

(b) 平面布置

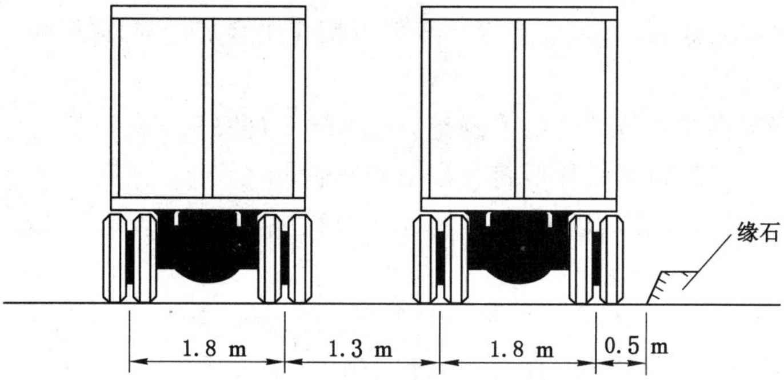

(c) 横桥向布置

图 10.0.2-2(续)

表 10.0.2　城—A 级车辆荷载

车轴编号	单位	1	2	3	4	5
轴重	kN	60	140	140	200	160
轮重	kN	30	70	70	100	80
纵向轴距	m	3.6	1.2	6	7.2	
每组车轮的横向中距	m	1.8	1.8	1.8	1.8	1.8
车轮着地的宽度×长度	m	0.25×0.25	0.6×0.25	0.6×0.25	0.6×0.25	0.6×0.25

(2) 城—B 级车辆荷载的立面、平面布置及标准值应采用现行行业标准《公路桥涵设计通用规范》JTG D60 车辆荷载的规定值。

5. 车道荷载横向分布系数、多车道的横向折减系数、大跨径桥梁的纵向折减系数、汽车荷载的冲击力、离心力、制动力及车辆荷载在桥台或挡土墙后填土的破坏棱体上引起的土侧压力等均应按现行行业标准《公路桥涵设计通用规范》JTG D60 的规定计算。

10.0.3　应根据道路的功能、等级和发展要求等具体情况选用设计汽车荷载。桥梁的设计汽车荷载应根据表 10.0.3 选用，并应符合下列规定：

表 10.0.3　桥梁设计汽车荷载等级

城市道路等级	快速路	主干路	次干路	支路
设计汽车荷载等级	城—A 级 或城—B 级	城—A 级	城—A 级 或城—B 级	城—B 级

1. 快速路、次干路上如重型车辆行驶频繁时，设计汽车荷载应选用城—A级汽车荷载；

2. 小城市中的支路上如重型车辆较少时，设计汽车荷载采用城—B级车道荷载的效应乘以0.8的折减系数，车辆荷载的效应乘以0.7的折减系数；

3. 小型车专用道路，设计汽车荷载可采用城—B级车道荷载的效应乘以0.6的折减系数，车辆荷载的效应乘以0.5的折减系数。

10.0.7 作用在桥上人行道栏杆扶手上竖向荷载应为1.2 kN/m；水平荷载应为2.5 kN/m。两者应分别计算，且不应与其他可变作用叠加。立柱柱顶推力应为扶手水平荷载集度与柱间距的乘积。

《城市人行天桥与人行地道技术规范》(CJJ 69—1995)

2.5.1 天桥与地道的结构应符合以下要求：

2.5.1.1 结构在制造、运输、安装和使用过程中，应具有规定的强度、刚度、稳定性和耐久性。

2.5.2 天桥上部结构，由人群荷载计算的最大竖向挠度，不应超过下列允许值：梁板式主梁跨中$L/600$；梁板式主梁悬臂端$L_1/300$；桁架、拱$L/800$。

注：L为计算跨径；L_1为悬臂长度。

2.5.4 为避免共振，减少行人不安全感，天桥上部结构竖向自振频率不应小于3 Hz。

2.5.7 地道结构，以汽车荷载(不计冲击力)计算的最大挠度不应超过$L/600$。

注：用平板挂车或履带车荷载验算时，上述允许挠度可增加20%。

2.6.1 天桥必须设桥下限高的交通标志。

2.6.4 当天桥上方的架空线距桥面不足安全距离时，为确保安全，桥上应设置安全防护罩，安全防护罩距桥面的距离不宜小于2.5 m。

2.6.6 在地道两端，应设置消火栓，配备消防器材。在长地道内，应按有关消防规范，设置消防措施和急救通讯装置。

2.6.8 天桥或地道结构不得敷设高压电缆、煤气管和其他可燃、易爆、有毒或有腐蚀性液(气)体管道过街。

3.4.5 栏杆扶手应符合下列规定：

3.4.5.1 栏杆高度不应小于1.05 m。

3.4.5.2 栏杆应以坚固、耐久的材料制作。

3.7.2 天桥的地基与基础，应保证具有足够的强度、稳定性及耐久性。

3.9.1 天桥的墩、柱应在墩边设防撞护栏。

3.9.5 挂有无轨电车馈电线的天桥，馈电线与天桥间应有双重绝缘设施，天桥应有接地设施。

4.2.4.2 地道内的装修材料应采用阻燃材料。

4.5.1 地道通道及梯道地面设计平均亮度(照度)不得小于2.2 nt(≈30 lx)，应合理布设灯具，使照度均匀；地道进出口设计亮度(照度)不宜小于2.2 nt(≈30 lx)。

第二节 工程施工及验收

一、地道桥顶进

《城镇地道桥顶进施工及验收规程》(CJJ 74—1999)

3.0.3 在顶进作业前,应依据设计图纸及施工组织设计由铁路部门对施工范围内的铁路线路进行加固。

3.0.8 在地道桥顶进过程中,应对线路加固系统、桥体各部位、顶力体系和后背进行测量监控。测量监控方案应纳入施工组织设计或施工技术方案中。

6.9.1.8 申报的铁路慢行应办理批准手续,并应确定线路加固、桥体顶进和线路恢复作业时间,防护人员及防护设施等措施应落实到位。

6.9.3 顶进挖运土方应符合下列规定:

6.9.3.1 挖土应在列车运行的间隙时间内进行;按照侧刃脚坡度及规定的进尺应由上往下开挖,侧刃脚进土应在 0.1 m 以上。开挖面的坡度不得大于 1∶0.75,并严禁逆坡挖土,不得超前挖土,应设专人监护。严禁扰动基底土壤。挖土的进尺可根据土质确定,宜为 0.5 m;当土质较差时,可按千斤顶的有效行程掘进,并随挖随顶防止路基塌方。

6.10.1 地道桥顶进施工时应对桥体各部位、顶力体系和后背不断地进行观测、记录、分析和控制。

6.10.2 发现变形和位移时,应立即调整,以确保顶进施工安全。

6.10.3 应测量监控桥体轴线、高程和桥体结构变形。桥体轴线和高程观测点宜设在边墙内侧前后端的上方;结构变形观测点除应按设计要求布置外,尚应观测桥体底板 1/4 跨和跨中的竖向变形和诸墙的变形。观测仪器应设在后背受力影响区以外,并应设置防雨照明设施。

7.0.1 在地道桥顶进施工中,必须对铁路线路进行加固。

8.1.1 工作坑开挖不得扰动基底土;当发生超挖,严禁用土回填。

二、人行天桥及地道

《城市人行天桥与人行地道技术规范》(CJJ 69—1995)

5.1.2 施工前应对地下管线及地下设施做充分调查核实,确认其种类、埋深、位置、尺寸,并同这些管线、设施的主管部门现场核对,协商施工前、后的处理方法。

5.1.4 施工前应对施工地点的环境做细致调查,在决定施工方案时应减少对当地环境的尘土、噪声、振动等污染。

5.1.5 施工现场应有必要的围挡,确保行人、车辆通行安全,且有利于工地维持整洁。

5.1.6 施工挖掘过程要注意土体稳定和地面沉降问题,应有量测监控,随时监视可能危及施工安全和周围建筑安全的动态,并有应急措施。

5.2.1 开工前应做好给水、排水、电力、电讯、煤气、热力等管线的拆迁或加固。

5.2.2 开挖基坑前应详细调查基坑开挖对附近建筑物安全的影响,并应采用相应预防措施。基坑顶有动载时,坑顶与动载间至少应留有 1 m 宽的护道,若工程地质和水文地质不良或动载过大应加宽护道或采取加固措施。当坑壁不能保证适当稳定坡角时，基坑壁应采用支撑护壁或其他加固措施。

5.2.5　基坑顶面应设置防止地面水流入基坑的措施。

5.4.2　运输吊装前应制定技术方案，对构件吊装方法、沿途道路障碍处理措施、交通疏导、现场的杆线和电车馈线停运与恢复时间及协作配合的指挥方式、安全措施等都应有安排。

5.4.3　安装分段预制的梁、组合梁、分段预制经体系转换而成的连续体系或空间结构，应制定技术方案和相应的施工验算，使最后形成的结构的内力、高程、线型与设计相符。

5.5.4　天桥施工与电车架空线有配合关系时，施工部门应与公交部门密切合作，确保双方的工程安全和人身安全。架空电线需悬挂在桥体上时必须设置绝缘装置。

三、工程质量验收

《城市桥梁工程施工与质量验收规范》(CJJ 2—2008)

2.0.5　施工单位应按合同规定的或经过审批的设计文件进行施工。发生设计变更及工程洽商应按国家现行有关规定程序办理设计变更与工程洽商手续，并形成文件。严禁按未经批准的设计变更进行施工。

2.0.8　施工中必须建立技术与安全交底制度。作业前主管施工技术人员必须向作业人员进行安全与技术交底，并形成文件。

5.2.12　浇筑混凝土和砌筑前，应对模板、支架和拱架进行检查和验收，合格后方可施工。

6.1.2　钢筋应按不同钢种、等级、牌号、规格及生产厂家分批验收，确认合格后方可使用。

6.1.5　预制构件的吊环必须采用未经冷拉的 HPB235 热轧光圆钢筋制作，不得以其他钢筋替代。

8.4.3　预应力筋的张拉控制应力必须符合设计规定。

10.1.7　基坑内地基承载力必须满足设计要求。基坑开挖完成后，应会同设计、勘探单位实地验槽，确认地基承载力满足设计要求。

13.2.6　桥墩两侧梁段悬臂施工应对称、平衡。平衡偏差不得大于设计要求。

13.4.4　桥墩两侧应对称拼装，保持平衡。平衡偏差应满足设计要求。

14.2.4　高强度螺栓终拧完毕必须当班检查。每栓群应抽查总数的 5%，且不得少于 2 套。抽查合格率不得小于 80%，否则应继续抽查，直至合格率达到 80% 以上。对螺栓拧紧度不足者应补拧，对超拧者应更换，重新施拧并检查。

16.3.3　分段浇筑程序应对称于拱顶进行，且应符合设计要求。

17.4.1　施工过程中，必须对主梁各个施工阶段的拉索索力、主梁标高、塔梁内力以及索塔位移量等进行监测，并应及时将有关数据反馈给设计单位，分析确定下一施工阶段的拉索张拉量值和主梁线形、高程及索塔位移控制量值等，直至合龙。

18.1.2　施工过程中，应及时对成桥结构线形及内力进行监控，确保符合设计要求。

第八章　城市环境卫生

第一节　工程设计

一、公共厕所和垃圾转运站

《城市公共厕所设计标准》(CJJ 14—2016)

4.2.7　固定式公共厕所应设置洗手盆。

4.5.4　城市公共厕所的卫生设备安装时，严禁给水管道与排水管道直接连接；严禁采用再生水作为洗手盆的水源。

5.0.11　化粪池和贮粪池距离地下取水构筑物不得小于 30 m。

7.0.1　公共厕所无障碍设施应与公共厕所同步设计、同步建设。

《环境卫生设施设置标准》(CJJ 27—2012)

2.0.4　城乡新区开发与旧区改造时，环境卫生设施必须同步规划、同步建设、同期交付。

2.0.8　替代环境卫生设施未交付前，不得停止使用或拆除原有的环境卫生设施。

3.4.1　城镇中居住区内部公共活动区、城镇商业街、文化街、港口客运站、汽车客运站、机场、轨道交通车站、公交首末站、文体设施、市场、展览馆、开放式公园、旅游景点等人流聚集的公共场所，必须设置配套公共厕所，并应满足流动人群如厕需求。

3.4.6　公共厕所的粪便严禁直接排入雨水管、河道或水沟内。

4.6.2　卫生填埋设施应位于地质情况较为稳定、取土条件方便、具备运输条件、人口密度低、土地及地下水利用价值低的地区，不得设置在水源保护区、地下蕴矿区内。

二、生活垃圾卫生填埋

《生活垃圾卫生填埋处理技术规范》(GB 50869—2013)

4.0.2　填埋场不应设在下列地区：

1. 地下水集中供水水源地及补给区，水源保护区；
2. 洪泛区和泄洪道；
3. 填埋库区与敞开式渗沥液处理区边界距居民居住区或人畜供水点的卫生防护距离在 500 m 以内的地区；
4. 填埋库区与渗沥液处理区边界距河流和湖泊 50 m 以内的地区；
5. 填埋库区与渗沥液处理区边界距民用机场 3 km 以内的地区；
6. 尚未开采的地下蕴矿区；
7. 珍贵动植物保护区和国家、地方自然保护区；

8. 公园，风景、游览区，文物古迹区，考古学、历史学及生物学研究考察区；

9. 军事要地、军工基地和国家保密地区。

8.1.1 填埋场必须进行防渗处理。防止对地下水和地表水的污染，同时还应防止地下水进入填埋场。

三、生活垃圾堆肥处理

《生活垃圾堆肥处理技术规范》(CJJ 52—2014)

3.0.4 危险废物严禁进入生活垃圾堆肥处理厂。

3.0.5 生活垃圾堆肥处理过程中产生的不可回收利用的残余物应进行无害化处理。

7.5.5 生活垃圾堆肥处理厂渗沥液收集池布置在室内时，应设置强制排风系统，且收集池内的电器设备应选用防爆产品。

第二节 运行和维护

一、公共厕所

《环境卫生设施设置标准》(CJJ 27—2012)

3.4.1 城镇中居住区内部公共活动区、城镇商业街、文化街、港口客运站、汽车客运站、机场、轨道交通车站、公交首末站、文体设施、市场、展览馆、开放式公园、旅游景点等人流聚集的公共场所，必须设置配套公共厕所，并应满足流动人群如厕需求。

二、生活垃圾卫生填埋

《生活垃圾卫生填埋技术规范》(GB 50869—2013)

3.0.3 填埋物中严禁混入危险废物和放射性废物。

10.1.1 填埋场必须设置有效的渗沥液收集系统和采取有效的渗沥液处理措施，严防渗沥液污染环境。

11.1.1 填埋场必须设置有效的填埋气体导排设施，严防填埋气体自然聚集、迁移引起的火灾和爆炸。

11.6.1 填埋库区应按生产的火灾危险性分类中戊类防火区的要求采取防火措施。

11.6.3 填埋场达到稳定安全期前，填埋库区及防火隔离带范围内严禁设置封闭式建(构)筑物，严禁堆放易燃易爆物品，严禁将火种带入填埋库区。

11.6.4 填埋场上方甲烷气体含量必须小于5%，填埋场建(构)筑物内甲烷气体含量严禁超过1.25%。

15.0.5 填埋场应设置道路行车指示、安全标识、防火防爆及环境卫生设施设置标志。

三、粪便处理

《粪便处理厂设计规范》(CJJ 64—2009)

4.0.2 粪便处理厂严禁混入有毒有害污泥。

8.0.1 粪便厌氧消化和粪便絮凝脱水过程中产生的污泥必须进行无害化处理或处置。

11.0.6　粪便处理厂必须在醒目位置设置禁烟、防火、限速等警示标志，并应有可靠的防护设施设备。

11.0.7　与处理设施相关的封闭建、构筑物内必须设置强制通风设施和自动报警装置。

《粪便处理厂运行维护及安全技术规程》(CJJ 30—2009)

2.1.1　粪便处理厂严禁接受有毒有害污泥。

4.1.5　粪便处理厂必须装备消防器材、保护性安全器具、呼吸设备、急救设备器材。

4.3.6　对产生、输送、储存、使用沼气的设施应做好安全防护，并应符合下列规定：

1. 严禁沼气泄漏或空气进入厌氧消化器及沼气储气、配气系统。

2. 严禁烟火。

3. 严禁违章明火作业。

4. 进入设施内工作必须采取通风、换气等措施。

4.4.4　加氯间维护保养时，严禁使用明火和撞击火花。

第九章　城市园林与绿化

第一节　公园设计

一、总体设计

《公园设计规范》(GB 51192—2016)

4.1.3　公园用地不应存在污染隐患。在可能存在污染的基址上建设公园时，应根据环境影响评估结果，采取安全、适宜的消除污染技术措施。

4.1.7　公园内古树名木严禁砍伐或移植，并应采取保护措施

二、地形设计

《公园设计规范》(GB 51192—2016)

5.1.3　公园地形应按照自然安息角设计坡度，当超过土壤的自然安息角时，应采取护坡、固土或防冲刷的措施。

5.2.4　地形填充土不应含有对环境、人和动植物安全有害的污染物或放射性物质。

5.3.3　非淤泥底人工水体的岸高及近岸水深应符合下列规定：

1. 无防护设施的人工驳岸，近岸 2.0 m 范围内的常水位水深不得大于 0.7 m；

2. 无防护设施的园桥、汀步及临水平台附近 2.0 m 范围以内的常水位水深不得大于 0.5 m；

3. 无防护设施的驳岸顶与常水位的垂直距离不得大于 0.5 m。

三、给水排水设计

《公园设计规范》(GB 51192—2016)

9.1.4　在灌溉用水的管线及设施上，应设置防止误饮、误接的明显标志。

第二节　绿化施工

一、绿化工程

《园林绿化工程施工及验收规范》(CJJ 82—2012)

4.1.2　栽植基础严禁使用含有害成分的土壤。除有设施空间绿化等特殊隔离地带，绿化栽植土壤有效土层下不得有不透水层。

4.3.2　严禁使用带有严重病虫害的植物材料，非检疫对象的病虫害危害程度或危害痕

迹不得超过树体的5%～10%。自外省市及国外引进的植物材料应有植物检疫证。

4.4.3 运输吊装苗木的机具和车辆的工作吨位，必须满足苗木吊装、运输的需要，并应制订相应的安全操作措施。

4.10.2 水湿生植物栽植地的土壤质量不良时，应更换合格的栽植土，使用的栽植土和肥料不得污染水源。

4.10.5 水湿生植物的病虫害防治应采用生物和物理防治方法，严禁药物污染水源。

4.12.3 设施顶面绿化栽植基层(盘)应有良好的防水排灌系统，防水层不得渗漏。

4.15.3 园林植物病虫害防治，应采用生物防治方法和生物农药及高效低毒农药，严禁使用剧毒农药。

二、园林附属工程

《城市绿化工程施工及验收规范》(CJJ 82—2012)

5.2.4 假山叠石的基础工程及主体构造应符合设计和安全规定，假山结构和主峰稳定性应符合抗风、抗震强度要求。

第三篇　公路、水利与电力

第一章　公路桥涵设计

《公路圬工桥涵设计规范》(JTG D61—2005)

3.2.1　公路圬工桥涵结构物所使用的材料的最低强度等级应符合表3.2.1的规定。

表3.2.1　圬工材料的最低强度等级

结构物种类	材料最低强度等级	砌筑砂浆最低强度等级
拱　圈	MU50石材 C25混凝土(现浇) C30混凝土(预制块)	M10(大、中桥) M7.5(小桥涵)
大、中桥墩台及基础，轻型桥台	MU40石材 C25混凝土(现浇) C30混凝土(预制块)	M7.5
小桥涵墩台、基础	MU30石材 C20混凝土(现浇) C25混凝土(预制块)	M5

3.3.1　石材强度设计值应按表3.3.1的规定采用。

表3.3.1　石材强度设计值　　单位：MPa

强度类别＼强度等级	MU120	MU100	MU80	MU60	MU50	MU40	MU30
轴心抗压 f_{cd}	31.78	26.49	21.19	15.89	13.24	10.59	7.95
弯曲抗拉 f_{tmd}	2.18	1.82	1.45	1.09	0.91	0.73	0.55

3.3.2　混凝土强度设计值应按表3.3.2规定采用。

表3.3.2　混凝土强度设计值　　单位：MPa

强度类别＼强度等级	C40	C35	C30	C25	C20	C15
轴心抗压 f_{cd}	15.64	13.69	11.73	9.78	7.82	5.87
弯曲抗拉 f_{tmd}	1.24	1.14	1.04	0.92	0.80	0.66
直接抗剪 f_{vd}	2.48	2.28	2.09	1.85	1.59	1.32

3.3.3　砂浆砌体抗压强度设计值规定如下：

1. 混凝土预制块砂浆砌体轴心抗压强度设计值 f_{cd} 应按表 3.3.3-1 的规定采用。

表 3.3.3-1　混凝土预制块砂浆砌体轴心抗压强度设计值 f_{cd}　　单位：MPa

砌块强度等级	砂浆强度等级					砂浆强度
	M20	M15	M10	M7.5	M5	0
C40	8.25	7.04	5.84	5.24	4.64	2.06
C35	7.71	6.59	5.47	4.90	4.34	1.93
C30	7.14	6.10	5.06	4.54	4.02	1.79
C25	6.52	5.57	4.62	4.14	3.67	1.63
C20	5.83	4.98	4.13	3.70	3.28	1.46
C15	5.05	4.31	3.58	3.21	2.84	1.26

2. 块石砂浆砌体轴心抗压强度设计值 f_{cd} 应按表 3.3.3-2 的规定采用。

表 3.3.3-2　块石砂浆砌体轴心抗压强度设计值 f_{cd}　　单位：MPa

砌块强度等级	砂浆强度等级					砂浆强度
	M20	M15	M10	M7.5	M5	0
MU120	8.42	7.19	5.96	5.35	4.73	2.10
MU100	7.68	6.56	5.44	4.88	4.32	1.92
MU80	6.87	5.87	4.87	4.37	3.86	1.72
MU60	5.95	5.08	4.22	3.78	3.35	1.49
MU50	5.43	4.64	3.85	3.45	3.05	1.36
MU40	4.86	4.15	3.44	3.09	2.73	1.21
MU30	4.21	3.59	2.98	2.67	2.37	1.05

注：对各类石砌体，应按表中数值分别乘以下列系数：细料石砌体为 1.5；半细料石砌体为 1.3；粗料石砌体为 1.2；干砌块石砌体可采用砂浆强度为零时的抗压强度设计值。

3. 片石砂浆砌体轴心抗压强度设计值 f_{cd} 应按表 3.3.3-3 的规定采用。

表 3.3.3-3　片石砂浆砌体轴心抗压强度设计值 f_{cd}　　单位：MPa

砌块强度等级	砂浆强度等级					砂浆强度
	M20	M15	M10	M7.5	M5	0
MU120	1.97	1.68	1.39	1.25	1.11	0.33
MU100	1.80	1.54	1.27	1.14	1.01	0.30
MU80	1.61	1.37	1.14	1.02	0.90	0.27
MU60	1.39	1.19	0.99	0.88	0.78	0.23
MU50	1.27	1.09	0.90	0.81	0.71	0.21
MU40	1.14	0.97	0.81	0.72	0.64	0.19
MU30	0.98	0.84	0.70	0.63	0.55	0.16

注：干砌片石砌体可采用砂浆强度为零时的轴心抗压强度设计值。

4. 各类砂浆砌体的轴心抗拉强度设计值 f_{td}、弯曲抗拉强度设计值 f_{tmd} 和直接抗剪强度设计值 f_{vd} 应按表 3.3.3-4 的规定采用。

表 3.3.3-4 砂浆砌体轴心抗拉、弯曲抗拉和直接抗剪强度设计值 单位：MPa

强度类别	破坏特征	砌体种类	砂浆强度等级				
			M20	M15	M10	M7.5	M5
轴心抗拉 f_{td}	齿缝	规则砌块砌体	0.104	0.090	0.073	0.063	0.052
		片石砌体	0.096	0.083	0.068	0.059	0.048
弯曲抗拉 f_{tmd}	齿缝	规则砌块砌体	0.122	0.105	0.086	0.074	0.061
		片石砌体	0.145	0.125	0.102	0.089	0.072
	通缝	规则砌块砌体	0.084	0.073	0.059	0.051	0.042
直接抗剪 f_{vd}	—	规则砌块砌体	0.104	0.090	0.073	0.063	0.052
		片石砌体	0.241	0.208	0.170	0.147	0.120

注：(1) 砌体龄期为 28 d。

(2) 规则砌块砌体包括：块石砌体、粗料石砌体、半细料石砌体、细料石砌体、混凝土预制块砌体。

(3) 规则砌块砌体在齿缝方向受剪时，系通过砌块和灰缝剪破。

3.3.4 小石子混凝土砌块石、片石砌体强度设计值应分别按表 3.3.4-1 和表3.3.4-2 及表 3.3.4-3 的规定采用。

表 3.3.4-1 小石子混凝土砌块石砌体轴心抗压强度 f_{cd} 设计值 单位：MPa

石材强度等级	小石子混凝土强度等级					
	C40	C35	C30	C25	C20	C15
MU120	13.86	12.69	11.49	10.25	8.95	7.59
MU100	12.65	11.59	10.49	9.35	8.17	6.93
MU80	11.32	10.36	9.38	8.37	7.31	6.19
MU60	9.80	9.98	8.12	7.24	6.33	5.36
MU50	8.95	8.19	7.42	6.61	5.78	4.90
MU40	—	—	6.63	5.92	5.17	4.38
MU30	—	—	—	—	4.48	3.79

注：砌块为粗料石时，轴心抗压强度为表值乘 1.2；砌块为细料石时、半细料石时，轴心抗压强度为表值乘 1.4。

表 3.3.4-2 小石子混凝土砌片石砌体轴心抗压强度 f_{cd} 设计值 单位：MPa

石材强度等级	小石子混凝土强度等级			
	C30	C25	C20	C15
MU120	6.94	6.51	5.99	5.36
MU100	5.30	5.00	4.63	4.17
MU80	3.94	3.74	3.49	3.17
MU60	3.23	3.09	2.91	2.67

表 3.3.4-2(续)

石材强度等级	小石子混凝土强度等级			
	C30	C25	C20	C15
MU50	2.88	2.77	2.62	2.43
MU40	2.50	2.42	2.31	2.16
MU30	—	—	1.95	1.85

表 3.3.4-3　小石子混凝土砌块石、片石砌体的轴心抗拉、弯曲抗拉和直接抗剪强度设计值　单位:MPa

强度类别	破坏特征	砌体种类	小石子混凝土强度等级					
			C40	C35	C30	C25	C20	C15
轴心抗拉 f_{td}	齿缝	块石砌体	0.285	0.267	0.247	0.226	0.202	0.175
		片石砌体	0.425	0.398	0.368	0.336	0.301	0.260
弯曲抗拉 f_{tmd}	齿缝	块石砌体	0.335	0.313	0.290	0.265	0.237	0.205
		片石砌体	0.493	0.461	0.427	0.387	0.349	0.300
	通缝	块石砌体	0.232	0.217	0.201	0.183	0.164	0.142
直接抗剪 f_{vd}	—	块石砌体	0.285	0.267	0.247	0.226	0.202	0.175
		片石砌体	0.425	0.398	0.368	0.336	0.301	0.260

注:对其他规则砌块砌体强度值为表内块石砌体强度值乘以下列系数:粗料石砌体 0.7;细料石、半细料石砌体 0.35。

4.0.3　圬工桥涵结构的承载能力极限状态,应按表 4.0.3 规定的设计安全等级进行设计。

表 4.0.3　公路圬工桥涵结构设计安全等级

设计安全等级	一级	二级	三级
桥涵结构	特大桥、重要大桥	大桥、中桥、重要小桥	小桥、涵洞

注:本表所列特大、大、中桥等系指《公路桥涵设计通用规范》(JTG D60—2004)规定的桥梁、涵洞,按其单孔跨径分类确定,对多孔不等跨桥梁,以其中最大跨径为准。本表冠以"重要"的大桥和小桥,系指高速公路和一级公路上、国防公路上及城市附近交通繁忙公路上的桥梁。

4.0.4　公路圬工桥涵结构按承载能力极限状态设计时,应采用下列表达式:

$$\gamma_0 S \leqslant R(f_d, a_d) \tag{4.0.4}$$

式中　γ_0——结构重要性系数,对应于表 4.0.3 规定的一级、二级、三级设计安全等级分别取 1.1、1.0、0.9;

S——作用效应组合设计值,按《公路桥涵设计通用规范》(JTG D60—2004)的规定计算;

$R(\cdot)$——构件承载力设计值函数;

f_d——材料强度设计值;

a_d——几何参数设计值,可采用几何参数标准值 a_k,即设计文件定值。

5.3.4　预制构件的吊环应采用 R235 钢筋制作,严禁使用冷加工钢筋。每个吊环按两肢截面计算,在构件自重标准值作用下,吊环应力应不大于 50 MPa。当一个构件设有四个吊环时，设计仅考虑三个吊环同时发挥作用。吊环埋入混凝土的深度不应小于35倍吊环钢筋直径，端部应做成180°弯钩，且与构件内钢筋焊接或绑扎。吊环内直径不应小于3倍钢筋直径，且不应小于60 mm。

《公路桥涵地基与基础设计规范》(JTG D63—2007)

4.1.1 桥涵墩台基础(不包括桩基础)基底埋置深度应符合下列规定：

2. 上部为外超静定结构的桥涵基础，其地基为冻胀土层时，应将基底埋入冻结线以下不小于0.25 m。

5. 涵洞基础，在无冲刷处(岩石地基除外)，应设在地面或河床以下埋深不小于1 m处；如有冲刷，基底埋深应在局部冲刷线以下不小于1 m；如河床上有铺砌层时，基础地面宜设置在铺砌层顶面以下不小于1 m。

6. 非岩石河床桥梁墩台基底埋深安全值可按表4.1.1-6确定。

表4.1.1-6 基底埋深安全值 单位：m

桥梁类别 \ 总冲刷深度/m	0	5	10	15	20
大桥、中桥、小桥(不铺砌)	1.5	2.0	2.5	3.0	3.5
特大桥	2.0	2.5	3.0	3.5	4.0

注：1. 总冲刷深度为自河床面算起的河床自然演变冲刷，一般冲刷与局部冲刷深度之和。

2. 表列数值为墩台基底埋入总冲刷深度以下的最小值；若对设计流量、水位和原始断面资料无把握或不能获得河床演变准确资料时，其值宜适当加大。

3. 若桥位上下游有已建桥梁，应调查已建桥梁的特大洪水冲刷情况，新建桥梁墩台基础埋置深度不宜小于已建桥梁的冲刷深度且酌加必要的安全值。

4. 如河床上有铺砌层时，基础底面宜设置在铺砌层顶面以下不小于1 m。

4.4.3 验算墩台倾覆和抗滑动的稳定性时，稳定性系数不应小于表4.4.3的规定。

表4.4.3 抗倾覆和抗滑动的稳定性系数

<table>
<tr><th colspan="2">作用组合</th><th>验算项目</th><th>稳定性系数</th></tr>
<tr><td rowspan="2">使用阶段</td><td>永久作用(不计混凝土收缩及徐变、浮力)和汽车、人群的标准值效应组合</td><td>抗倾覆
抗滑动</td><td>1.5
1.3</td></tr>
<tr><td>各种作用(不包括地震作用)的标准值效应组合</td><td>抗倾覆
抗滑动</td><td>1.3
1.2</td></tr>
<tr><td colspan="2">施工阶段作用的标准值效应组合</td><td>抗倾覆
抗滑动</td><td>1.2</td></tr>
</table>

5.2.2 混凝土桩。

1. 桩身混凝土强度等级：钻(挖)孔桩、沉桩不应低于C25；管桩填芯混凝土不应低于C15。

7.1.2 地下连续墙支护结构的设计安全等级及结构重要性系数应根据支护结构破坏、土体失稳或过大变形对基坑周边环境及地下结构施工造成影响的严重性按表7.1.2选用。

表 7.1.2　支护结构安全等级及重要性系数

安全等级	破坏后果	γ_0
一级	很严重	1.1
二级	严重	1.0
三级	不严重	0.9

地下连续墙基础的设计安全等级及结构重要性系数应与桥梁整体结构一致。

7.2.1　基坑支护结构应保证岩土开挖、地下结构施工的安全。

7.2.4　支护结构的支撑必须采用稳定的结构体系和连接构造，刚度应满足变形要求。

第二章　水文测报与工程勘测

第一节　水 文 测 报

《河流流量测验规范》(GB 50179—2015)

2.1.2　测验河段必须避开易发生滑坡、坍塌和泥石流的地点

4.5.2　各种高洪流量测验方案使用前必须进行演练,确保生产安全。

《水文基础设施建设及技术装备标准》(SL 276—2002)

4.1.1　水文测站设施建设应分别满足防洪标准和测洪标准的要求。当出现防洪标准相应洪水时,应能保证设施设备、建筑物不被淹没、冲毁,人身安全有保障。当发生测洪标准相应洪水时,水文(水位)设施设备应能正常运行。测站测报工作应能正常开展。

4.1.2　水文(水位)站的防洪、测洪建设标准应根据水文测站级别划分原则和水文(水位)站的重要性,按表4.1.2的规定执行。

表4.1.2　水文(水位)站防洪、测洪建设标准

等级	防洪标准	测洪标准
大河重要控制站	高于100年一遇,或不低于近50年以来发生的最大洪水	50年一遇至100年一遇,或不低于当地和下游保护区防洪标准
大河一般控制站	50年一遇至100年一遇,或不低于近30年以来发生的最大洪水	高于30年一遇,或不低于当地和下游保护区防洪标准
区域代表站	30年一遇至50年一遇	20年一遇至30年一遇
小河站	30年一遇至50年一遇	10年一遇至20年一遇

4.1.3　水文测站岸上观测设施和站房防洪建设应符合下列要求:

1. 非平原河网地区,测站岸上观测设施和站房应建在表4.1.2规定的防洪标准洪水水位1.0 m以上;测验河段有堤防的测站,应高于堤顶高程;平原河网地区按需建设;雨量、蒸发及其他气象要素观测场地高程宜设置在相应洪水水位以上。

2. 测站应建设高水观测道路,平原地区的测站可根据需要配备应急观测所需的交通设备(如快艇、冲锋舟、小机船等)。

3. 测站专用变压器、专用供电线路、专用通信线路及通信天线应建在历年最高洪水位3.0 m以上。

4. 测验河段、码头应有保护措施,确保出现高洪水位时不因崩岸或流冰而导致岸边设施和观测道路被毁。

5. 沿海地区的水文基础设施应能抵御十二级台风。

4.1.4　水文测站测洪标准与报汛设施设备应符合下列要求：

1. 水位监测应能观测到历史最高最低水位。测验河段有堤防的测站，应能测记到高于堤防防洪标准的水位。水位自记设施应能测记到表 4.1.2 规定测洪标准相应的水位。

3. 各级测站的测洪标准应符合表 4.1.2 的规定。测验河段有堤防的测站，应能施测与堤防防洪标准相同的洪水。对超出建设标准的特大洪水，应有测洪应急方案，并应根据确定的测洪应急方案进行相应的仪器、设备配置和设施建设。

5. 有水情报汛任务的测站，应配置能够确保雨、水情按测站水情任务书及时报汛的通信设施和设备。

6.9.4　对于水文测站从事水上作业人员，应配备救生衣等。

《水文缆道测验规范》(SL 443—2009)

3.1.5　为确保缆道操作与运行安全，测站应根据需要配备下列装置：

1. 水平、垂直运行系统的制动装置。

2. 极高、极远、极近的标志或限位保护装置，限位保护装置应独立于正常操作系统。

3. 在通航河流进行测验时，应按航道部门的规定设置明显的测量标志。

4. 夜间测验时的照明装置。

7.1.4　缆道主索、工作索等，发现下列情况之一者应予报废：

1. 钢丝绳每一搓绕节距（钢丝绳拧一周的长度）长度内，断丝根数顺捻超过 5%；交捻超过 10%时（见表 7.1.4）

表 7.1.4　钢丝绳报废标准

钢丝索构造	搓绕型式	一搓绕节距长度内断丝根数
6×19+1	交绕	12
	顺绕	6
6×37+1	交绕	22
	顺绕	11
6×61+1	交绕	36
	顺绕	18

2. 钢丝索中有一股折断时。

3. 钢丝索疲劳现象严重，使用时断丝数目增加很快时。

4. 使用达一定的年限时。使用年限可由流域机构、省（自治区、直辖市）水文局（总站）结合本区域实际情况具体规定。

第二节　工程地质勘察

《水利水电工程地质勘察规范》(GB 50487—2008)

5.2.7　工程场地震动参数确定应符合下列规定：

1. 坝高大于 200 m 的工程或库容大于 10×10^9 m^3 的大(1)型工程，以及 50 年超越概率 10%地震动峰值加速度大于或等于 0.1g 地区的坝高大于 150 m 的大(1)型工程，应进行场地地震安全性评价工作。

5. 场地地震安全性评价应包括工程使用期限内，不同超越概率水平下，工程场地基岩地震动参数。

6.2.2 可溶岩区水库严重渗漏地段勘察应查明下列内容：

1. 可溶岩层、隔水层及相对隔水层的厚度、连续性和空间分布。

4. 主要渗漏地段或主要渗漏通道的位置、形态和规模，喀斯特渗漏的性质，估算渗漏量，提出防渗处理范围、深度和处理措施的建议。

6.2.6 水库浸没的勘察方法应符合下列规定：

5. 建筑物浸没区和范围较大的农作物浸没区应建立地下水动态观测网；当浸没区地层为双层结构，且上部土层厚度较大时，应分别观测下部含水层和上部土层内的地下水动态。

6.2.7 水库库岸滑坡、崩塌和坍岸区的勘察应包括下列内容：

1. 查明水库区对工程建筑物、城镇和居民区环境有影响的滑坡、崩塌的分布、范围、规模和地下水动态特征。

2. 查明库岸滑坡、崩塌和坍岸区岩土体物理力学性质，调查库岸水上、水下与水位变动带稳定坡角。

3. 查明坍岸区岸坡结构类型、失稳模式、稳定现状，预测水库蓄水后坍岸范围及危害性。

4. 评价水库蓄水前和蓄水后滑坡、崩塌体的稳定性，估算滑坡、崩塌入库方量、涌浪高度及影响范围，评价其对航运、工程建筑物、城镇和居民区环境的影响。

5. 提出库岸滑坡、崩塌和坍岸的防治措施和长期监测方案建议。

6.3.1 土石坝坝址勘察应包括下列内容：

2. 查明坝基河床及两岸覆盖层的层次、厚度和分布，重点查明软土层、粉细砂、湿陷性黄土、架空层、漂孤石层以及基岩中的石膏夹层等工程性质不良岩土层的情况。

6.4.1 混凝土重力坝(砌石重力坝)坝址勘察应包括下列内容：

2. 查明岩体的岩性、层次，易溶岩层、软弱岩层、软弱夹层和蚀变带等的分布、性状、延续性、起伏差、充填物、物理力学性质以及与上下岩层的接触情况。

3. 查明断层、破碎带、断层交会带和裂隙密集带的具体位置、规模和性状，特别是顺河断层和缓倾角断层的分布和特征。

6.5.1 混凝土拱坝(砌石拱坝)坝址的勘察内容除应符合本规范第6.4.1条的规定外，还应包括下列内容：

2. 查明与拱座岩体有关的岸坡卸荷、岩体风化、断裂、喀斯特洞穴及溶蚀裂隙、软弱层(带)、破碎带的分布与特征，确定拱座利用岩面和开挖深度，评价坝基和拱座岩体质量，提出处理建议。

3. 查明与拱座岩体变形有关的断层、破碎带、软弱层(带)、喀斯特洞穴及溶蚀裂隙、风化、卸荷岩体的分布及工程地质特性，提出处理建议。

4. 查明与拱座抗滑稳定有关的各类结构面，特别是底滑面、侧滑面的分布、性状、连通率，确定拱座抗滑稳定的边界条件，分析岩体变形与抗滑稳定的相互关系，提出处理建议。

6.8.1 地下厂房系统勘察应包括下列内容：

4. 查明厂址区水文地质条件，含水层、隔水层、强透水带的分布及特征。可溶岩区应查明喀斯特水系统分布，预测掘进时发生突水(泥)的可能性，估算最大涌水量和对围岩稳定的影响，提出处理建议。

6.9.1　隧洞勘察应包括下列内容：

4. 查明隧洞沿线的地下水位、水温和水化学成分，特别要查明涌水量丰富的含水层、汇水构造、强透水带以及与地表溪沟连通的断层、破碎带、节理裂隙密集带和喀斯特通道，预测掘进时突水(泥)的可能性，估算最大涌水量，提出处理建议。提出外水压力折减系数。

7. 提出各类岩体的物理力学参数。结合工程地质条件进行围岩工程地质分类。

11. 查明岩层中有害气体或放射性元素的赋存情况。

6.19.2　移民新址工程地质勘察应包括下列内容：

2. 查明新址区及外围滑坡、崩塌、危岩、冲沟、泥石流、坍岸、喀斯特等不良地质现象的分布范围及规模，分析其对新址区场地稳定性的影响。

3. 查明生产、生活用水水源、水量、水质及开采条件。

9.4.8　坝体变形与地基沉降勘察应包括下列内容：

1. 查明土石坝填筑料的物质组成、压实度、强度和渗透特性。

2. 查明坝体滑坡、开裂、塌陷等病害险情的分布位置、范围、特征、成因，险情发生过程与抢险措施，运行期坝体变形位移情况及变化规律。

《堤防工程地质勘察规程》(SL 188—2005)

5.3.13　钻孔完成后必须封孔(长期观测孔除外)，封孔材料和封孔工艺应根据当地实际经验或试验资料确定。

8.0.2　天然建筑材料产地的选择，应符合下列原则：

3. 土料产地距堤脚应有一定的安全距离，严禁因土料开采引起堤防渗透变形和抗滑稳定问题。

《水利水电工程钻探规程》(SL 291—2003)

3.3.2　钻探设备安装和拆迁应遵守下列规定：

2. 竖立和拆卸钻架应在机长统一指挥下进行。立放钻架时，左右两边设置牵引绷绳以防翻倒，严禁钻架自由摔落。滑车应设置保护装置。轻型钻架的整体搬迁，应在平坦地区进行，高压电线下严禁整体搬迁。

4.3.2　爆破材料必须进行防水处理，药包外径宜小于套管内径 20 mm 。

4.3.4　爆破药包的包装必须由持证专业人员在距离钻场 50 m 以外安全范围进行作业。

8.3.1　在河谷狭窄、水深流急处钻探，可架设钢索桥，钢索桥的设计应遵守下列规定：

1. 钢索桥应有专门设计文件，并应经上级机关批准后才能施工。

2. 有关安全规定应随钢索桥设计书一并呈报，批准后执行。

8.4.1　冰上钻探应在封冻期进行，透明冰层厚度应不小于 0.3 m。冰上钻探期间，应掌握水文气象动态，设专人负责观测冰层安全情况。

8.5.5　近海钻探应遵守下列规定：

5. 风力大于 5 级时，钻船和平台不得搬迁和定位。浪高大于 1 m 或钻船横摆角大于 3°时，应停止作业。

6. 风力 6 级、浪高 1.5 m 时，钻船应停止作业，拔出套管避风；风力 5 级或浪高 0.8 m

时，船只不得靠近平台接送工作人员，人员应通过悬吊装置上、下平台。

12.3.1　钻孔竣工验收后应按技术要求进行封孔，应采用32.5级以上水泥配制砂浆封孔，但小口径钻孔要用水泥浆封孔。

12.3.2　堤防钻探孔竣工验收后应按技术要求进行封孔，应以砂还砂，以土还土，砂料应以粗砂为主，土料以黏土为宜，并应捣实。

12.4.1　岩芯钻探班报表，应用钢笔在现场随钻探施工逐项填写，应做到及时、准确、真实、齐全，并保持清洁，终孔后由机长签字汇订成册上报。岩芯钻探班报表的格式应符合附录B的规定。

13.1.3　从事钻探工作人员，应接受安全教育，经考核合格后方可进入岗位。

13.2.1　钻场工作人员应遵守下列安全规定：

2. 在钻塔上工作时，必须系牢安全带。

3. 钻场设备安装之后，机长必须进行安全检查，确认安装合格，方可开钻。

13.2.4　孔内事故处理应遵守下列安全规定：

3. 使用千斤顶起拔钻具时，千斤顶卡瓦应拴绑牢固，并挂好提引器，严防钻杆顶断后窜起或卡瓦飞出伤人。

13.3.1　井下排水取芯应遵守下列安全规定：

1. 当井下采用潜水泵排水，或井壁不稳、照明不住时，工作人员严禁在井下作业。使用的电缆必须有良好的绝缘。

4. 禁止井下与井口同时作业。

5. 井下作业必须戴好安全帽和系好安全带。

6. 在井下取芯作业，严禁人和物同时吊起。

13.3.2　升降钻具应遵守下列安全规定：

3. 提放钻具时，提引器的快卡子应安全可靠；重物放倒摘掉快卡子时，应立即用绳子拉住钩子，以防摆动伤人。

13.3.3　井口安全应遵守下列规定：

3. 井下有人员作业时，井口应设专人看守，所用工具等，一律用系绳或由吊桶运送，不得向井下投放。

13.5.3　钻场防风应遵守下列安全规定：

1. 高10 m以上的钻塔，应设安全绷绳。

2. 大风超过6级时，应增设绷绳或落下钻塔篷布。

13.5.4　钻场防汛应遵守下列安全规定：

1. 在汛期，大批物资应放在洪水位警戒线以上的地方。

2. 在可能受到山洪侵袭及洪水淹没的施工区，应做好防洪措施。

《水利水电工程物探规程》(SL 326—2005)

4.10.3　资料处理和解释应符合下列要求：

4. 环境γ辐射防护应以正当化、最优化和个人剂量限值的综合防护为原则，摒弃阈值的观念，避免不必要的照射，辐射防护标准应依据GB 18871执行。

《水利水电工程施工地质勘查规程》(SL 313—2004)

4.3.2　施工地质预报应包括下列内容：

1. 与原设计所依据的地质资料和结论有较大出入的工程地质条件和问题。

2. 基坑可能出现的管涌、流土或大量涌水。

5.1.1　岩质洞室围岩地质巡视内容应包括基本地质条件，并应侧重以下方面：

9. 在深埋洞段或高地应力区，收集地应力测试资料，调查片帮、岩爆、内鼓、弯折变形地段的地质条件，观察记录片帮、岩爆的规模、延续时间、岩块大小、形状及岩爆发生时间与施工掘进的关系。

10. 在地温异常区，收集地温和洞温资料。

12. 在有害气体赋存区的洞段，收集有害气体监测资料。

5.3.1　遇下列情况时，应进行超前地质预报：

1. 深埋隧洞和长隧洞。

2. 开挖揭露的地质情况与前期工程地质勘察资料有较大出入。

3. 预计开挖前进方向能遇到重大不良地质现象(断层破碎带、喀斯特、软弱层带、含有害气体的地层、突泥、突水等)。

5.3.2　遇下列现象时，应对其产生原因、性质和可能的危害作出分析判断，并及时进行预报：

1. 围岩不断掉块，洞室内灰尘突然增多，支撑变形或连续发出响声。

2. 围岩顺裂缝错位、裂缝加宽、位移速率加大。

3. 出现片帮、岩爆或严重鼓胀变形。

4. 出现涌水、涌沙、涌水量增大、涌水突然变浑浊现象，地下水化学成分产生明显变化。

5. 干燥岩质洞段突然出现地下水流，渗水点位置突然变化，破碎带水流活动加剧，土质洞段含水量明显增大。

6. 地温突然发生变化，洞内突然出现冷空气对流。

7. 钻孔时，纯钻进速度加快且钻孔回水消失、经常发生卡钻。

5.3.3　施工地质预报应包括下列内容：

1. 未开挖洞段的地质情况和可能出现的工程地质问题。

2. 可能出现坍塌、崩落、岩爆、膨胀、涌沙、突泥、突水的位置、规模及发展趋势，含有害气体地层的位置。

6.3.1　遇下列现象时，应对这些现象的产生原因、性质和可能的危害作出分析判断，并及时进行预报：

1. 边坡上不断出现小塌方、掉块、小错动、弯折、倾倒、反翘等现象，且有加剧趋势。

2. 边坡上出现新的张裂缝或剪切裂缝，下部隆起、胀裂。

3. 坡面开裂、爆破孔错位、原有裂隙扩展和错动。

4. 坡面水沿裂隙很快漏失，沿软弱结构面的湿度增加。

5. 地下水水位、出露点的流量突变，出现新的出露点，水质由清变浑。

6. 边坡变形监测数据出现异常。

7. 土质边坡出现管涌、流土等现象。

6.3.2　施工地质预报应包括下列内容：

1. 边坡中可能失稳岩(土)体的位置、体积、几何边界和力学参数。

2. 边坡可能的变形和失稳的形式、发展趋势及危害程度。

7.3.2 施工地质预报应包括下列内容：

1. 与原设计所依据的地质资料和结论有较大出入的工程地质条件和问题。

2. 可能产生异常涌水、涌沙的部位。

《中小型水利水电工程地质勘察规范》(SL 55—2005)

5.2.9 溶洼水库和溶洞水库勘察应包括下列内容：

3. 查明库盆区主要消水洞穴(隙)的分布位置、性质、规模及与库外连通程度，被掩埋的地面塌坑、溶井和其他消泄水点情况等。

5. 查明堵体部位覆盖层的类型、性质和厚度，喀斯特洞隙发育规律和管道枝杈的连通情况。在利用洞周岩壁挡水时，应调查洞周岩壁的完整情况、有效厚度及其支承稳定性。

6.3.5 对施工中可能遇到危及施工或建筑物安全的有关地质现象，应及时进行预测和预报，其重点内容是：

1. 根据基坑开挖所揭露的土层情况，预测软土、湿陷性黄土、膨胀土等特殊土层的分布位置、高程、厚度，及可能发生的边坡滑动、塌陷、基坑涌水、涌砂和地基顶托等不利现象。

2. 预测洞室掘进中可能遇到的重大塌方、碎屑流、突水或其他地质灾害发生的部位。

3. 根据边坡开挖后所揭露的岩土性质和不利结构面的分布情况，预测边坡失稳的可能性及其边界条件，对施工期的监测提出建议。

第三章　水利工程规划

《水利水电工程水文计算规范》(SL 278—2002)

1.0.4　水文计算应深入调查研究，搜集、整理、复核基本资料和有关信息，并分析水文特性及人类活动对水文要素的影响。

1.0.5　水文计算必须重视基本资料。工程地址和邻近河段缺乏实测水文资料时，应根据设计要求，及早设立水文测站或增加测验项目。

1.0.6　水文计算依据的资料系列应具有可靠性、一致性和代表性。

1.0.7　水文计算方法应科学、实用，对计算成果应进行多方面分析，检查论证其合理性。

1.0.8　水文资料短缺地区的水文计算，应采用多种方法，对计算成果应综合分析，合理选定。

2.2.1　水文计算依据的流域特征和水文测验、整编、调查资料，应进行检查。对重要资料，应进行重点复核。对有明显错误或存在系统偏差的资料，应予改正，并建档备查。对采用资料的可靠性，应作出评价。

3.5.1　径流频率计算依据的资料系列应在30年以上。径流的统计时段可根据设计要求选用年、期等。

5.3.1　根据工程设计要求，应拟定设计断面工程修建前天然河道的水位流量关系。水位高程系统应与工程设计采用的高程系统一致。

5.3.7　水位流量关系曲线的高水外延，应利用实测大断面、洪水调查等资料，根据断面形态、河段水力特性，采用多种方法综合分析拟定。低水延长，应以断流水位控制。

《防洪标准》(GB 50201—2014)

5.0.4　当工矿企业遭受洪水淹没后，可能爆炸或导致毒液、毒气、放射性等有害物质大量泄漏、扩散时，其防洪标准应符合下列规定：

1. 对于中、小型工矿企业，应采用本标准表5.0.1中Ⅰ等的防洪标准；

2. 对于特大、大型工矿企业，除采用本标准表5.0.1中Ⅰ等的上限防洪标准外，尚应采取专门的防护措施；

3. 对于核工业和与核安全有关的厂区、车间及专门设施，应采用高于200年一遇的防洪标准。

6.1.2　经过行、蓄、滞洪区铁路的防洪标准，应结合所在河段、地区的行、蓄、滞洪区的要求确定，不得影响行、蓄、滞洪区的正常运用。

6.2.2　经过行、蓄、滞洪区公路的防洪标准，应结合所在河段、地区的行、蓄、滞洪区的要求确定，不得影响行、蓄、滞洪区的正常运用。

6.3.5　当河(海)港区陆域的防洪工程是城镇防洪工程的组成部分时，其防洪标准不应低于该城镇的防洪标准。

6.5.4　经过行、蓄、滞洪区的管道工程的防洪标准，应结合所在河段、地区的行、蓄、滞洪区的要求确定，不得影响行、蓄、滞洪区的正常运用。

7.2.4 最终确定的核电厂设计基准洪水位不应低于有水文记录或历史上的最高洪水位。

11.3.1 水库工程水工建筑物的防洪标准，应根据其级别和坝型，按表11.3.1确定。

表11.3.1 水库工程水工建筑物的防洪标准

水工建筑物级别	防洪标准/[重现期(年)]				
	山区、丘陵区			平原区、滨海区	
	设计	校核		设计	校核
		混凝土坝、浆砌石坝	土坝、堆石坝		
1	1 000～500	5 000～2 000	可能最大洪水(PMF)或10 000～5 000	300～100	2 000～1 000
2	500～100	2 000～1 000	5 000～2 000	100～50	1 000～300
3	100～50	1 000～500	2 000～1 000	50～20	300～100
4	50～30	500～200	1 000～300	20～10	100～50
5	30～20	200～100	300～200	10	50～20

11.3.3 土石坝一旦失事将对下游造成特别重大的灾害时，1级建筑物的校核洪水标准应采用可能最大洪水或10 000年一遇。

11.8.3 堤防工程上的闸、涵、泵站等建筑物及其他构筑物的设计防洪标准，不应低于堤防工程的防洪标准，并应留有安全裕度。

《水利水电工程等级划分及洪水标准》(SL 252—2017)

3.0.1 水利水电工程的等别，应根据其工程规模、效益和在经济社会中的重要性，按表3.0.1确定。

表3.0.1 水利水电工程分等指标

工程等别	工程规模	水库总库容 $/10^8\ m^3$	防洪			治涝	灌溉	供水		发电
			保护人口 $/10^4$ 人	保护农田面积 $/10^4$ 亩	保护区当量经济规模 $/10^4$ 人	治涝面积 $/10^4$ 亩	灌溉面积 $/10^4$ 亩	供水对象重要性	年引水量 $/10^8\ m^3$	发电装机容量 /MW
Ⅰ	大(1)型	≥10	≥150	≥500	≥300	≥200	≥150	特别重要	≥10	≥1 200
Ⅱ	大(2)型	<10,≥1.0	<150,≥50	<500,≥100	<300,≥100	<200,≥60	<150,≥50	重要	<10,≥3	<1 200,≥300
Ⅲ	中型	<1.0,≥0.10	<50,≥20	<100,≥30	<100,≥40	<60,≥15	<50,≥5	比较重要	<3,≥1	<300,≥50
Ⅳ	小(1)型	<0.10,≥0.01	<20,≥5	<30,≥5	<40,≥10	<15,≥3	<5,≥0.5	一般	<1,≥0.3	<50,≥10
Ⅴ	小(2)型	<0.01,≥0.001	<5	<5	<10	<3	<0.5		<0.3	<10

注：1. 水库总库容指水库最高水位以下的静库容；治涝面积指设计治涝面积；灌溉面积指设计灌溉面积；年引水量指供水工程渠首设计年均引(取)水量。

2. 保护区当量经济规模指标仅限于城市保护区；防洪、供水中的多项指标满足1项即可。

3. 按供水对象的重要性确定工程等别时，该工程应为供水对象的主要水源。

3.0.2　对综合利用的水利水电工程，当按各综合利用项目的分等指标确定的等别不同时，其工程等别应按其实最高等别确定。

《灌溉与排水工程设计标准》(GB 50288—2018)

20.4.2　1级～4级渠(沟)道和渠道设计水深大于1.5 m的5级渠道跌水、倒虹吸、渡槽、隧洞等主要建筑物进、出口及穿越人口聚居区应设置安全警示牌、防护栏杆等防护设施。

20.4.3　设置踏步或人行道的渡槽、水闸等建筑物应设防护栏杆，建筑物进人孔、闸孔、检修井等位置应设安全井盖。

《节水灌溉技术规范》(SL 207—1998)

5.0.1　渠系水利用系数，大型灌区不应低于0.55；中型灌区不应低于0.65；小型灌区不应低于0.75；井灌区采用渠道防渗不应低于0.9，采用管道输水不应低于0.95。

5.0.2　田间水利用系数，水稻灌区不宜低于0.95；旱作物灌区不宜低于0.90。

5.0.3　灌溉水利用系数，大型灌区不应低于0.50；中型灌区不应低于0.60；小型灌区不应低于0.70；井灌区不应低于0.80；喷灌区、微喷灌区不应低于0.85；滴灌区不应低于0.90。

第四章　水利工程设计

第一节　建筑物级别确定

《水利水电工程等级划分及洪水标准》(SL 252—2017)

4.2.1　水库及水电站工程的永久性水工建筑物级别，应根据其所在工程的等别和永久性水工建筑物的重要性，按表4.2.1确定。

表4.2.1　永久性水工建筑物级别

工程等别	主要建筑物	次要建筑物
Ⅰ	1	3
Ⅱ	2	3
Ⅲ	3	4
Ⅳ	4	5
Ⅴ	5	5

4.3.1　拦河闸永久性水工建筑物的级别，应根据其所属工程的等别按表4.2.1确定。

4.4.1　防洪工程中堤防永久性水工建筑物的级别应根据其保护对象的防洪标准按表4.4.1确定。当经批准的流域、区域防洪规划另有规定时，应按其规定执行。

表4.4.1　堤防永久性水工建筑物级别

防洪标准/[重现期(年)]	≥100	<100，≥50	<50，≥30	<30，≥20	<20，≥10
堤防级别	1	2	3	4	5

4.5.1　治涝、排水工程中的排水渠(沟)永久性水工建筑物级别，应根据设计流量按表4.5.1确定。

表4.5.1　排水渠(沟)永久性水工建筑物级别

设计流量/(m^3/s)	主要建筑物	次要建筑物
≥500	1	3
<500，≥200	2	3
<200，≥50	3	4
<50，≥10	4	5
<10	5	5

4.5.2　治涝、排水工程中的水闸、渡槽、倒虹吸、管道、涵洞、隧洞、跌水与陡坡等永久性水工建筑物级别，应根据设计流量，按表4.5.2确定。

表4.5.2　排水渠系永久性水工建筑物级别

设计流量/(m^3/s)	主要建筑物	次要建筑物
≥300	1	3
<300，≥100	2	3
<100，≥20	3	4
<20，≥5	4	5
<5	5	5

注：设计流量指建筑物所在断面的设计流量。

4.5.3　治涝、排水工程中的泵站永久性水工建筑物级别，应根据设计流量及装机功率按表4.5.3确定。

表4.5.3　泵站永久性水工建筑物级别

设计流量/(m^3/s)	装机功率/MW	主要建筑物	次要建筑物
≥200	≥30	1	3
<200，≥50	<30，≥10	2	3
<50，≥10	<10，≥1	3	4
<10，≥2	<1，≥0.1	4	5
<2	<0.1	5	5

注：1. 设计流量指建筑物所在断面的设计流量。
2. 装机功率指泵站包括备用机组在内的单站装机功率。
3. 当泵站按分级指标分属两个不同级别时，按其中高者确定。
4. 由连续多级泵站串联组成的泵站系统，其级别可按系统总装机功率确定。

4.6.1　灌溉工程中的渠道及渠系永久性水工建筑物级别，应根据设计灌溉流量按表4.6.1确定。

表4.6.1　灌溉工程永久性水工建筑物级别

设计流量/(m^3/s)	主要建筑物	次要建筑物
≥300	1	3
<300，≥100	2	3
<100，≥20	3	4
<20，≥5	4	5
<5	5	5

4.6.2　灌溉工程中的泵站永久性水工建筑物级别，应根据设计流量及装机功率按表4.5.3确定。

4.7.1　供水工程永久性水工建筑物级别，应根据设计流量按表4.7.1确定。供水工程中的泵站永久性水工建筑物级别，应根据设计流量及装机功率按表 4.7.1 确定。

表 4.7.1　供水工程的永久性水工建筑物级别

设计流量/(m^3/s)	装机功率/MW	主要建筑物	次要建筑物
≥50	≥30	1	3
<50,≥10	<30,≥10	2	3
<10,≥3	<10,≥1	3	4
<3,≥1	<1,≥0.1	4	5
<1	<0.1	5	5

注：1. 设计流量指建筑物所在断面的设计流量。

2. 装机功率指泵站包括备用机组在内的单站装机功率。

3. 泵站建筑物按分级指标分属两个不同级别时，按其中高者确定。

4. 由连续多级泵站串联组成的泵站系统，其级别可按系统总装机功率确定。

4.8.1　水利水电工程施工期使用的临时性挡水、泄水等水工建筑物的级别，应根据保护对象、失事后果、使用年限和临时性挡水建筑物规模，按表 4.8.1 确定。

表 4.8.1　临时性水工建筑物级别

级别	保护对象	失事后果	使用年限/年	临时性挡水建筑物规模	
				围堰高度/m	库容/10^8 m^3
3	有特殊要求的 1 级永久性水工建筑物	淹没重要城镇、工矿企业、交通干线或推迟工程总工期及第一台(批)机组发电，推迟工程发挥效益，造成重大灾害和损失	>3	>50	>1.0
4	1 级、2 级永久性水工建筑物	淹没一般城镇、工矿企业或影响工程总工期和第一台(批)机组发电，推迟工程发挥效益，造成较大经济损失	≤3,≥1.5	≤50,≥15	≤1.0,≥0.1
5	3 级、4 级永久性水工建筑物	淹没基坑，但对总工期及第一台(批)机组发电影响不大，对工程发挥效益影响不大，经济损失较小	<1.5	<15	<0.1

4.8.2　当临时性水工建筑物根据表 4.8.1 中指标分属不同级别时，应取其中最高级别。但列为 3 级临时性水工建筑物时，符合该级别规定的指标不得少于两项。

《堤防工程设计规范》(GB 50286—2013)

7.2.4　黏性土土堤的填筑标准应按压实度确定。压实度值应符合下列规定：

1. 1 级堤防不应小于 0.95。

2. 2 级和堤身高度不低于 6 m 的 3 级堤防不应小于 0.93。

3. 堤身高度低于 6 m 的 3 级及 3 级以下堤防不应小于 0.91。

7.2.5　无黏性土土堤的填筑标准应按相对密度确定，1 级、2 级和堤身高度不低于 6 m 的 3 级堤防不应小于 0.65，堤身高度低于 6 m 的 3 级及 3 级以下堤防不应小于 0.60。有抗震要求的堤防应按现行行业标准《水工建筑物抗震设计规范》SL 203 的有关规定执行。

10.1.3　修建与堤防交叉、连接的各类建筑物、构筑物，应进行洪水影响评价，不得影响堤防的管理运用和防汛安全。

《海堤工程设计规范》(SL 435—2008)

3.2.1　海堤工程的级别应根据其防潮(洪)标准按表 3.2.1 确定。

表 3.2.1　海堤工程的级别

防潮(洪)标准/[重现期(年)]	≥100	100～50	50～30	30～20	<20
海堤工程的级别	1	2	3	4	5

《水利水电工程进水口设计规范》(SL 285—2003)

3.1.1　整体布置进水口建筑物级别应分别与所在大坝、河床式水电站、拦河闸等枢纽工程主体建筑物相同。

独立布置进水口建筑物级别应根据进水口功能和规模按表 3.1.1 确定，对于堤防涵闸式进水口级别还应符合《堤防工程设计规范》GB 50286—1998，并按较高者确定。

表 3.1.1　独立布置进水口建筑物级别

进水口功能	水电站进水口	泄洪工程进水口	灌溉工程进水口	供水工程进水口	建筑物级别	
	装机容量/MW	库容/亿 m^3	灌溉面积/万亩	重要性	主要建筑物	次要建筑物
规模	≥1 200	≥10	≥150	特别重要	1	3
	1 200～300	10～1	150～50	重要	2	3
	300～50	1～0.1	50～5	中等	3	4
	50～10	0.1～0.01	5～0.5	一般	4	5
	<10	0.01～0.001	<0.5		5	5

3.1.2　经论证进水口建筑物级别可较表 3.1.1 确定的级别降低一级，但最低为 5 级；对于特别重要的进水口，经论证可将进水口建筑物级别提高一级，但最高为 1 级。

《调水工程设计导则》(SL 430—2008)

9.2.1　调水工程的等别，应根据工程规模、供水对象在地区经济社会中的重要性，按表 9.2.1 综合研究确定。

表 9.2.1　调水工程分等指标

工程等别	工程规模	分等指标			
		供水对象重要性	引水流量/(m^3/s)	年引水量/亿 m^3	灌溉面积/万亩
Ⅰ	大(1)型	特别重要	≥50	≥10	≥150
Ⅱ	大(2)型	重要	50～10	10～3	150～50
Ⅲ	中型	中等	10～2	3～1	50～5
Ⅳ	小型	一般	<2	<1	<5

9.2.2 以城市供水为主的调水工程,应按供水对象重要性、引水流量和年引水量三个指标拟定工程等别。确定等别时至少应有两项指标符合要求。以农业灌溉为主的调水工程,应按灌溉面积指标确定工程等别。

《水闸设计规范》(SL 265—2016)

4.2.4 水闸闸顶计算高程应根据挡水和泄水运用情况确定。挡水时,闸顶高程不应低于水闸正常蓄水位或最高挡水位加波浪计算高度与相应安全加高值之和;泄水时,闸顶高程不应低于设计洪水位或校核洪水位与相应安全加高值之和。水闸安全加高下限值应符合表4.2.4的规定。

表4.2.4 水闸安全加高下限值 单位:m

适用情况		水闸级别			
		1级	2级	3级	4级、5级
挡水时	正常蓄水位	0.7	0.5	0.4	0.3
	最高挡水位	0.5	0.4	0.3	0.2
泄水时	设计洪水位	1.5	1.0	0.7	0.5
	校核洪水位	1.0	0.7	0.5	0.4

4.2.5 位于防洪、挡潮堤上的水闸,其闸顶高程不应低于防洪、挡潮堤堤顶高程。

《水利水电工程边坡设计规范》(SL 386—2007)

3.2.2 边坡的级别应根据相关水工建筑物的级别及边坡与水工建筑物的相互间关系,并对边坡破坏造成的影响进行论证后按表3.2.2的规定确定。

表3.2.2 边坡的级别与水工建筑物级别的对照关系

<table>
<tr><th rowspan="3">建筑物级别</th><th colspan="4">对水工建筑物的危害程度</th></tr>
<tr><th>严重</th><th>较严重</th><th>不严重</th><th>较轻</th></tr>
<tr><th colspan="4">边坡级别</th></tr>
<tr><td>1</td><td>1</td><td>2</td><td>3</td><td>4、5</td></tr>
<tr><td>2</td><td>2</td><td>3</td><td>4</td><td>5</td></tr>
<tr><td>3</td><td>3</td><td>4</td><td colspan="2">5</td></tr>
<tr><td>4</td><td>4</td><td colspan="3">5</td></tr>
</table>

注:1. 严重:相关水工建筑物完全破坏或功能完全丧失。
2. 较严重:相关水工建筑物遭到较大的破坏或功能受到比较大的影响,而进行专门的除险加固后才能投入正常运用。
3. 不严重:相关水工建筑物遭到一些破坏或功能受到一些影响,及时修复后仍能使用。
4. 较轻:相关水工建筑物仅受到很小的影响或间接地受到影响。

3.2.3 若边坡的破坏与两座及其以上水工建筑物安全有关,应分别按照3.2.3条的规定确定边坡级别,并以最高的边坡级别为准。

《水工挡土墙设计规范》(SL 379—2007)

3.1.1 水工建筑物中的挡土墙级别,应根据所属水工建筑物级别按表3.1.1确定。

表 3.1.1　水工建筑物中的挡土墙级别划分

所属水工建筑物级别	主要建筑物中的挡土墙级别	次要建筑物中的挡土墙级别
1	1	3
2	2	3
3	3	4

注：主要建筑物中的挡土墙是指一旦失事将直接危及所属水工建筑物安全或严重影响工程效益的挡土墙；次要建筑物中的挡土墙是指失事后不致直接危及所属水工建筑物安全或对工程效益影响不大并易于修复的挡土墙。

3.1.4　位于防洪（挡潮）堤上具有直接防洪（挡潮）作用的水工挡土墙，其级别不应低于所属防洪（挡潮）堤的级别。

《水利水电工程施工组织设计规范》(SL 303—2017)

2.4.17　土石围堰、混凝土围堰与浆砌石围堰的稳定安全系数应满足下列要求：

1. 土石围堰边坡稳定安全系数应满足表 2.4.17 的规定。

表 2.4.17　土石围堰边坡稳定安全系数

围堰级别	计算方法	
	瑞典圆弧法	简化毕肖普法
3 级	≥1.20	≥1.30
4 级、5 级	≥1.05	≥1.15

2. 重力式混凝土围堰、浆砌石围堰采用抗剪断公式计算时，安全系数 K' 应不小于 3.0，排水失效时安全系数 K' 应不小于 2.5；抗剪强度公式计算时安全系数 K' 应不小于 1.05。

2.4.20　不过水围堰堰顶高程和堰顶安全加高值应符合下列规定：

1. 堰顶高程应不低于设计洪水的静水位与波浪高度及堰顶安全加高值之和，其堰顶安全加高应不低于表 2.4.20 的规定值。

2. 土石围堰防渗体顶部在设计洪水静水位以上的加高值：斜墙式防渗体为 0.8～0.6 m；心墙式防渗体为 0.6～0.3 m。3 级土石围堰的防渗体顶部应预留完工后的沉降超高。

3. 考虑涌浪或折冲水流影响，当下游有支流顶托时，应组合各种流量顶托情况，校核围堰堰顶高程。

4. 形成冰塞、冰坝的河流应考虑其造成的壅水高度。

表 2.4.20　不过水围堰堰顶安全加高下限值　　单位：m

围堰型式	围堰级别	
	3 级	4～5 级
土石围堰	0.7	0.5
混凝土围堰、浆砌石围堰	0.4	0.3

4.6.12　防尘、防有害气体等综合处理措施应符合下列规定：

4. 对含有瓦斯等有害气体的地下工程，应编制专门的防治措施。

第二节 安全要求

一、洪水标准

《水利水电工程等级划分及洪水标准》(SL 252—2017)

5.2.1 山区、丘陵区水库工程的永久性水工建筑物的洪水标准,应按表5.2.1确定。

表5.2.1 山区、丘陵区水库工程永久性水工建筑物洪水标准

项目		永久性水工建筑物级别				
		1	2	3	4	5
设计/[重现期(年)]		1 000～500	500～100	100～50	50～30	30～20
校核洪水标准/[重现期(年)]	土石坝	可能最大洪水(PMF)或10 000～5 000	5 000～2 000	2 000～1 000	1 000～300	300～200
	混凝土坝、浆砌石坝	5 000～2 000	2 000～1 000	1 000～500	500～200	200～100

5.2.2 平原、滨海区水库工程的永久性水工建筑物洪水标准,应按表5.2.2确定。

表5.2.2 平原、滨海区水库工程永久性水工建筑物洪水标准

项目	永久性水工建筑物级别				
	1	2	3	4	5
设计/[重现期(年)]	300～100	100～50	50～30	20～10	10
校核洪水标准/[重现期(年)]	2 000～1 000	1 000～300	300～100	100～50	50～20

5.2.7 平原、滨海区水库工程的永久性泄水建筑物消能防冲设计洪水标准,应与相应级别泄水建筑物的洪水标准一致,按表5.2.2确定。

5.2.8 水电站厂房永久性水工建筑物洪水标准,应根据其级别,按表5.2.8确定。河床式水电站厂房挡水部分或水电站厂房进水口作为挡水结构组成部分的洪水标准,应与工程挡水前沿永久性水工建筑物的洪水标准一致,按表5.2.1确定。

表5.2.8 水电站厂房永久性水工建筑物洪水标准

水电站厂房级别		1	2	3	4	5
山区、丘陵区/[重现期(年)]	设计	200	200～100	100～50	50～30	30～20
	校核	1 000	500	200	100	50
平原、滨海区/[重现期(年)]	设计	300～100	100～50	50～20	20～10	10
	校核	2 000～1 000	1 000～300	300～100	100～50	50～20

5.2.10　水库工程导流泄水建筑物封堵期间，进口临时挡水设施的洪水标准应与相应时段的大坝施工期洪水标准一致。水库工程导流泄水建筑物封堵后，如永久泄洪建筑物尚未具备设计泄洪能力，坝体洪水标准应分析坝体施工和运行要求后按表 5.2.10 确定。

表 5.2.10　水库工程导流泄水建筑物封堵后坝体洪水标准

坝型		大坝级别		
		1	2	3
混凝土坝、浆砌石坝/[重现期(年)]	设计	200～100	100～50	50～20
	校核	500～200	200～100	100～50
土石坝/[重现期(年)]	设计	500～200	200～100	100～50
	校核	1 000～500	500～200	200～100

5.3.1　拦河闸、挡潮闸挡水建筑物及其消能防冲建筑物设计洪(潮)水标准，应根据其建筑物级别按表 5.3.1 确定。

表 5.3.1　拦河闸、挡潮闸永久性水工建筑物洪(潮)水标准

永久性水工建筑物级别		1	2	3	4	5
洪水标准/[重现期(年)]	设计	100～50	50～30	30～20	20～10	10
	校核	300～200	200～100	100～50	50～30	30～20
潮水标准/[重现期(年)]		≥100	100～50	50～30	30～20	20～10

注：对具有挡潮工况的永久性水工建筑物按表中潮水标准执行。

5.3.2　潮汐河口段和滨海区水利水电工程永久性水工建筑物的潮水标准，应根据其级别按表 5.3.1 确定。对于 1 级、2 级永久性水工建筑物，若确定的设计潮水位低于当地历史最高潮水位时，应按当地历史最高潮水位校核。

5.5.1　治涝、排水、灌溉和供水工程永久性水工建筑物的设计洪水标准，应根据其级别按表 5.5.1 确定。

表 5.5.1　治涝、排水、灌溉和供水工程永久性水工建筑物的设计洪水标准

建筑物级别	1	2	3	4	5
设计/[重现期(年)]	100～50	50～30	30～20	20～10	10

5.5.3　治涝、排水、灌溉和供水工程中泵站永久性水工建筑物的洪水标准，应根据其级别按表 5.5.3 确定。

表 5.5.3　治涝、排水、灌溉和供水工程泵站永久性水工建筑物洪水标准

永久性水工建筑物级别		1	2	3	4	5
洪水标准/[重现期(年)]	设计	100	50	30	20	10
	校核	300	200	100	50	20

5.6.1　临时性水工建筑物洪水标准，应根据建筑物的结构类型和级别，按表5.6.1的规定综合分析确定。临时性水工建筑物失事后果严重时，应考虑发生超标准洪水时的应急措施。

表5.6.1　临时性水工建筑物洪水标准

建筑物结构类型	临时性水工建筑物级别		
	3	4	5
土石结构/[重现期(年)]	50～20	20～10	10～5
混凝土、浆砌石结构/[重现期(年)]	20～10	10～5	5～3

《调水工程设计导则》(SL 430—2008)

9.2.8　调水工程永久性水工建筑物洪水标准，应根据其级别按表9.2.8确定。

表9.2.8　调水工程永久性水工建筑物洪水标准

水工建筑物级别	洪水重现期/年	
	设计	校核
1	100～50	300～200
2	50～30	200～100
3	30～20	100～50
4	20～10	50～30
5	10	30～20

二、安全超高

《水利水电工程进水口设计规范》(SL 285—2003)

3.2.2　安全超高标准。

闸门、启闭机和电气设备工作平台对挡水位的安全超高标准，对于整体布置进水口应与大坝、河床式水电站和拦河闸等枢纽工程主体建筑物相同；对于独立布置进水口应根据进水口建筑物级别与特征挡水位按表3.2.2采用；对于堤防涵闸式进水口还应符合GB 50286—1998的有关规定。

表3.2.2　进水口工作平台安全超高标准　　单位：cm

进水口建筑物级别		1	2	3	4、5
特征水位	设计水位	70	50	40	30
	校核水位	50	40	30	20

注：表中安全超高为特征挡水位加波浪爬高、风壅增高后的安全加高值。

《溢洪道设计规范》(SL 253—2018)

3.3.9　控制段闸墩及岸墙顶部高程应满足下列要求：

1. 在宣泄校核洪水时不应低于校核洪水位加安全加高值。

2. 挡水时不应低于设计洪水位或正常蓄水位加波浪计算高度和安全加高值。

3. 溢洪道紧靠坝肩时，控制段顶部高程应与大坝坝顶高程协调。

4. 安全加高下限值按表 3.3.9 选取。

表 3.3.9　安全加高下限值

单位：m

运用工况	控制段建筑物级别		
	1 级	2 级	3 级
挡水	0.7	0.5	0.4
泄洪	0.5	0.4	0.3

《泵站设计规范》(GB 50265—2010)

6.1.3　泵房挡水部位顶部安全加高不应小于表 6.1.3 的规定。

表 6.1.3　泵房挡水部位顶部安全加高下限值

单位：m

运用情况	泵站建筑物级别			
	1	2	3	4、5
设　计	0.7	0.5	0.4	0.3
校　核	0.5	0.4	0.3	0.2

注：① 安全超高系指波浪、壅浪计算顶高程以上距离泵房挡水部位顶部的高度；

② 设计运用情况系指泵站在设计运行水位或设计满水位时运用的情况，校核运用情况系指泵站在最高运行水位或校核洪水位时运用的情况。

《混凝土重力坝设计规范》(SL 319—2018)

4.2.1　坝顶高程应高于水库最高静水位。坝顶上游防浪墙顶的高程应高于波浪顶高程，其与正常蓄水位或校核洪水位的高差，可由公式(4.2.1)计算，应选择两者中防浪墙顶高程的高者作为最低高程。

$$\Delta h = h_{1\%} + h_z + h_c \tag{4.2.1}$$

式中　Δh——防浪墙顶至正常蓄水位或校核洪水位的高差，m；

$h_{1\%}$——累计频率 1%的波高，m，按照 SL 744 的有关规定计算；

h_z——波浪中心线至正常蓄水位或校核洪水位的高差，m，按照 SL 744 的有关规定计算；

h_c——安全加高，按表 4.2.1 采用。

表 4.2.1　安全加高 h_c

单位：m

相应水位	坝的级别		
	1 级	2 级	3 级
正常蓄水位	0.7	0.5	0.4
校核洪水位	0.5	0.4	0.3

6.3.3　按式(6.3.2)计算的重力坝坝基面坝踵、坝趾的垂直应力应符合下列要求：

1. 运用期：

(1) 在各种荷载组合下(地震荷载除外)，坝踵垂直应力不应出现拉应力，坝趾垂直应力不应大于坝体混凝土容许压应力，并不应大于基岩容许承载力。

2. 施工期：坝趾垂直拉应力不大于0.1 MPa。

6.3.4　重力坝坝体应力应符合下列要求：

1. 运用期：

(1) 坝体上游面的垂直应力不出现拉应力(计扬压力)。

(2) 坝体最大主压应力不应大于混凝土的容许压应力值。

2. 施工期：

(1) 坝体任何截面上的主压应力不应大于混凝土的容许压应力。

(2) 在坝体的下游面，主拉应力不大于0.2 MPa。

6.3.10　混凝土的容许应力应按大坝混凝土的极限强度除以相应的安全系数确定。

1. 坝体混凝土抗压安全系数，基本组合不应小于4.0；特殊组合(不含地震工况)不应小于3.5。

2. 局部混凝土有抗拉要求的，抗拉安全系数不应小于4.0。

6.4.1　抗滑稳定计算主要核算坝基面滑动条件，采用刚体极限平衡法应按抗剪断强度公式(6.4.1-1)或抗剪强度公式(6.4.1-2)计算坝基面的抗滑稳定安全系数。

1. 抗剪断强度的计算公式：

$$K' = \frac{f'\sum W + c'A}{\sum P} \tag{6.4.1-1}$$

式中　K'——按抗剪断强度计算的抗滑稳定安全系数；

f'——坝体混凝土与坝基接触面的抗剪断摩擦系数；

c'——坝体混凝土与坝基接触面的抗剪断凝聚力，kPa；

A——坝基接触面截面积，m^2；

$\sum W$——作用于坝体上全部荷载(包括扬压力，下同)对滑动平面的法向分值，kN；

$\sum P$——作用于坝体上全部荷载对滑动平面的切向分值，kN。

2. 抗剪强度的计算公式：

$$K = \frac{f\sum W}{\sum P} \tag{6.4.1-2}$$

式中　K——按抗剪强度计算的抗滑稳定安全系数；

f——坝体混凝土与坝基接触面的拉剪摩擦系数。

3. 抗滑稳定安全系数的规定：

(1) 按抗剪断强度公式(6.4.1-1)计算的坝基面抗滑稳定安全系数K'值不应小于表6.4.1-1规定的数值。

表 6.4.1-1　坝基面抗滑稳定安全系数 K'

荷载组合		K'
基本组合		3.0
特殊组合	(1)	2.5
	(2)(拟静力法)	2.3

(2) 按抗剪强度公式(6.4.1-2)计算的坝基面抗滑稳定安全系数 K 值不应小于表 6.4.1-2 规定的数值。

表 6.4.1-2　坝基面抗滑稳定安全系数 K

荷载组合		坝的级别		
		1 级	2 级	3 级
基本组合		1.10	1.05	1.05
特殊组合	(1)	1.05	1.00	1.00
	(2)(拟静力法)	1.00	1.00	1.00

7.4.4　帷幕体防渗标准和相对隔水层的透水率根据不同坝高采用下列控制标准：

1. 坝高在 100 m 以上，透水率 q 为 1～3 Lu。
2. 坝高在 50～100 m 之间，透水率 q 为 3～5 Lu。

《混凝土拱坝设计规范》(SL 282—2018)

7.3.1　采用拱梁分载法计算时，坝体的主压应力和主拉应力应符合下列应力控制指标的规定：

1. 坝体的主压应力不应大于混凝土的容许压应力。混凝土的容许压应力等于混凝土强度值除以安全系数。对于基本荷载组合，1 级、2 级拱坝的安全系数采用 4.0，3 级拱坝的安全系数采用 3.5。对于非地震情况特殊荷载组合，1 级、2 级拱坝的安全系数采用 3.5，3 级拱坝的安全系数采用 3.0。

2. 坝体的主拉应力不应大于混凝土的容许拉应力。对于基本荷载组合，混凝土的容许拉应力为 1.2 MPa。对于非地震情况特殊荷载组合，混凝土的容许拉应力为 1.5 MPa。

8.2.5　采用刚体极限平衡法进行抗滑稳定分析时，1 级、2 级拱坝及高拱坝，应按公式(8.2.5-1)计算，其他则应按公式(8.2.5-1) 或公式(8.2.5-2)进行计算：

$$K_1 = \frac{\sum (Nf' + c'A)}{\sum T} \tag{8.2.5-1}$$

$$K_2 = \frac{\sum Nf}{\sum T} \tag{8.2.5-2}$$

式中　K_1、K_2——抗滑稳定安全系数；

N——垂直于滑裂面的作用力，10^3 kN；

T——沿滑裂面的作用力，10^3 kN；

A——计算滑裂面的面积，m^2；

f'——滑裂面的抗剪断摩擦系数；

c'——滑裂面的抗剪断凝聚力，MPa；

f——滑裂面的抗剪摩擦系数。

8.2.6 非地震工况按公式(8.2.5-1)或公式(8.2.5-2)计算时，拱座抗滑稳定安全系数不应小于表8.2.6的规定。

表8.2.6 非地震工况抗滑稳定安全系数

荷载组合		建筑物级别		
		1级	2级	3级
按公式(8.2.5-1)	基本	3.50	3.25	3.00
	特殊(非地震)	3.00	2.75	2.50
按公式(8.2.5-2)	基本	—	—	1.30
	特殊(非地震)	—	—	1.10

9.4.6 帷幕体防渗标准和相对隔水层的透水率根据不同坝高采用下列控制标准：

1. 坝高在100 m以上，透水率q为1～3 Lu。

2. 坝高在50～100 m之间，透水率q为3～5 Lu。

10.1.1 坝顶高程应高于水库最高静水位。坝顶高程(或防浪墙顶高程)与水库正常蓄水位的高差或与校核洪水位的高差，应按公式(10.1.1)计算，应选择两者计算的大值确定坝顶高程(或防浪墙顶高程)。

$$\Delta h = h_{1\%} + h_z + h_c \qquad (10.1.1)$$

式中 Δh——防浪墙顶与水库正常蓄水位或校核洪水位的高差，m；

$h_{1\%}$——累积频率1%的波高，m；

h_z——波浪中心线至水库正常蓄水位或校核洪水位的高差，m；

h_c——安全超高，m，按表10.1.1规定取值。

$h_{1\%}$、h_z的计算按SL 744的规定执行。

表10.1.1 安全加高 h_c 单位：m

水位	坝的级别		
	1级	2级	3级
正常蓄水位	0.7	0.5	0.4
校核洪水位	0.5	0.4	0.3

《海堤工程设计规范》(SL 435—2008)

8.3.1 堤顶高程应根据设计高潮(水)位、波浪爬高及安全加高值按式(8.3.1)计算，并应高出设计高潮(水)位1.5～2.0 m。

$$Z_P = h_P + R_F + A \qquad (8.3.1)$$

式中 Z_P——设计频率的堤顶高程，m；

h_P——设计频率的高潮(水)位(可按第5章的规定确定)，m；

R_F——按设计波浪计算的累积频率为 F 的波浪爬高值（海堤按不允许越浪设计时 $F=2\%$，按允许部分越浪设计时取 $F=13\%$，可按第 6 章的规定确定），m；

A——安全加高值，m，按表 8.3.1 的规定选取。

表 8.3.1　堤顶安全加高值

海堤工程级别	1	2	3	4	5
不允许越浪 A/m	1.0	0.8	0.7	0.6	0.5
允许越浪 A/m	0.5	0.4	0.4	0.3	0.3

《水工挡土墙设计规范》(SL 379—2007)

3.2.2　不允许漫顶的水工挡土墙墙前有挡水或泄水要求时，墙顶的安全加高值不应小于表 3.2.2 规定的下限值。

表 3.2.2　水工挡土墙墙顶安全加高下限值　单位：m

运用情况		挡土墙级别			
		1	2	3	4
挡　水	正常挡水位	0.7	0.5	0.4	0.3
	最高挡水位	0.5	0.4	0.3	0.2
泄　水	设计洪水位	1.5	1.0	0.7	0.5
	校核洪水位	1.0	0.7	0.5	0.4

三、稳定与强度

《碾压式土石坝设计规范》(SL 274—2001)

8.3.10　采用计及条块间作用力的计算方法时，坝坡抗滑稳定的安全系数，应不小于表 8.3.10 规定的数值。

表 8.3.10　坝坡抗滑稳定最小安全系数

运用条件	工程等级			
	1	2	3	4、5
正常运用条件	1.50	1.35	1.30	1.25
非常运用条件Ⅰ	1.30	1.25	1.20	1.15
非常运用条件Ⅱ	1.20	1.15	1.15	1.10

注：运用条件详见本规范 1.0.5 条。

混凝土面板堆石坝用非线性抗剪强度指标计算坝坡稳定的安全系数可参照表 8.3.10 规定取值。

8.3.11　采用不计条块间作用力的瑞典圆弧法计算坝坡抗滑稳定安全系数时，对 1 级坝正常运用条件最小安全系数应不小于 1.30，其他情况应比本规范表 8.3.10 规定的数值减小 8%。

8.3.12 采用滑楔法进行稳定计算时,若假定滑楔之间作用力平行于坡面和滑底斜面的平均坡度,安全系数应符合本规范表 8.3.10 的规定;若假定滑楔之间作用力为水平方向,安全系数应符合本规范 8.3.11 的规定。

《碾压混凝土坝设计规范》(SL 314—2018)

4.0.3 碾压混凝土重力坝坝体抗滑稳定分析应包括沿坝基面和碾压层(缝)面的抗滑稳定。坝体碾压层(缝)面的抗滑稳定计算应采用抗剪断公式,其安全系数应符合 SL 319 的有关规定。

《小型水利水电工程碾压式土石坝设计规范》(SL 189—2013)

8.2.3 对于圆弧滑动法,可采用瑞典圆弧法或简化毕肖普法计算,坝坡抗滑稳定安全系数应不小于表 8.2.3 的规定。

表 8.2.3 坝坡抗滑稳定最小安全系数表

运用条件	最小安全系数	
	瑞典圆弧法	简化毕肖普法
正常运用条件	1.15	1.25
非常运用条件Ⅰ	1.05	1.15
非常运用条件Ⅱ	1.02	1.10

注:1. 正常运用条件包括:

(1) 水库水位处于正常蓄水位和设计洪水位与死水位之间的各种水位的稳定渗流期;

(2) 水库水位在上述范围内经常性的正常降落。

2. 非常运用条件Ⅰ包括:

(1) 施工期;

(2) 校核洪水位有可能形成稳定渗流的情况;

(3) 水库水位的非常降落(如水库水位自校核洪水位降落、降落至死水位以下,以及大流量快速泄空等)。

3. 非常运用条件Ⅱ:正常运用条件遇地震。

《溢洪道设计规范》(SL 253—2018)

5.3.9.3 抗滑稳定安全系数规定如下:

(1) 按抗剪断强度公式(5.3.9-1)计算的堰基面抗滑稳定安全系数 K' 不应小于表 5.3.9-1 的规定。

表 5.3.9-1 堰基面抗滑稳定安全系数 K'

荷载组合		K'
基本组合		3.0
特殊组合	(1)	2.5
	(2)	2.3

注:地震情况为特殊组合(2),其他特殊组合为特殊组合(1)。

(2) 按抗剪强度公式(5.3.9-2)计算的堰基面抗滑稳定安全系数 K 值不应小于表 5.3.9-2 的规定。

表 5.3.9-2　堰基面抗滑稳定安全系数 K

荷载组合		溢洪道的级别		
		1 级	2 级	3 级
基本组合		1.10	1.05	1.05
特殊组合	(1)	1.05	1.00	1.00
	(2)	1.00	1.00	1.00

注：地震情况为特殊情况组合(2)，其他特殊组合为特殊组合(1)。

5.3.13　堰基面上的垂直正应力，应满足下列要求：

1. 运用期：在各种荷载组合情况下（地震情况除外），堰基面上的最大垂直正应力 σ_{max} 应小于基岩的容许承载力（计算时分别计入扬压力和不计入扬压力）；最小垂直正应力 σ_{min} 应大于零（计入扬压力）。地震情况下堰基面上的最大垂直正应力 σ_{max} 应小于基岩的容许承载力；容许出现不大于 0.1 MPa 的垂直拉应力。

2. 施工期：堰基面上的最大垂直正应力 σ_{max} 应小于基岩的容许承载力；堰基面下游端的最小垂直正应力 σ_{min} 容许有不大于 0.1 MPa 的拉应力。

《水闸设计规范》(SL 265—2016)

7.3.13　土基上沿闸室基底面抗滑稳定安全系数允许值应符合表 7.3.13 的规定。

表 7.3.13　土基上沿闸室基底面抗滑稳定安全系数允许值

荷载组合	水闸级别			
	1	2	3	4、5
基本组合	1.35	1.30	1.25	1.20
特殊组合Ⅰ	1.20	1.15	1.10	1.05
特殊组合Ⅱ	1.10	1.05	1.05	1.00

注：1. 特殊组合Ⅰ适用于施工情况、检修情况及校核洪水水位情况。
　　2. 特殊组合Ⅱ适用于地震情况。

7.3.14　岩基上沿闸室基底面抗滑稳定安全系数允许值应符合表 7.3.14 的规定。

表 7.3.14　岩基上沿闸室基底面抗滑稳定安全系数允许值

荷载组合	按公式(7.3.6-1)计算时			按公式(7.3.8)计算时
	水闸级别			
	1	2、3	4、5	
基本组合	1.10	1.08	1.05	3.00
特殊组合Ⅰ	1.05	1.03	1.00	2.50
特殊组合Ⅱ	1.00	1.00	1.00	2.30

注：1. 特殊荷载组合Ⅰ适用于施工情况、检修情况及校核洪水位情况。
　　2. 特殊荷载组合Ⅱ适用于地震情况。

《泵站设计规范》(GB 50265—2010)

6.3.5　泵房沿基础底面抗滑稳定安全系数的允许值应按表 6.3.5 采用。

表 6.3.5 抗滑稳定安全系数允许值

<table>
<tr><th rowspan="2">地基类别</th><th rowspan="2" colspan="2">荷载组合</th><th colspan="4">泵站建筑物级别</th><th rowspan="2">适用公式</th></tr>
<tr><th>1</th><th>2</th><th>3</th><th>4、5</th></tr>
<tr><td rowspan="3">土基</td><td colspan="2">基本组合</td><td>1.35</td><td>1.30</td><td>1.25</td><td>1.20</td><td rowspan="3">适用于公式(6.3.4-1)或公式(6.3.4-2)</td></tr>
<tr><td rowspan="2">特殊组合</td><td>Ⅰ</td><td>1.20</td><td>1.15</td><td>1.10</td><td>1.05</td></tr>
<tr><td>Ⅱ</td><td>1.10</td><td>1.05</td><td>1.05</td><td>1.00</td></tr>
<tr><td rowspan="6">岩基</td><td colspan="2">基本组合</td><td>1.10</td><td colspan="2">1.08</td><td>1.05</td><td rowspan="3">适用于公式(6.3.4-1)</td></tr>
<tr><td rowspan="2">特殊组合</td><td>Ⅰ</td><td>1.05</td><td colspan="2">1.03</td><td>1.00</td></tr>
<tr><td>Ⅱ</td><td colspan="4">1.00</td></tr>
<tr><td colspan="2">基本组合</td><td colspan="4">3.00</td><td rowspan="3">适用于公式(6.3.4-3)</td></tr>
<tr><td rowspan="2">特殊组合</td><td>Ⅰ</td><td colspan="4">2.50</td></tr>
<tr><td>Ⅱ</td><td colspan="4">2.30</td></tr>
</table>

注：特殊组合Ⅰ适用于施工工况、检修工况和非常运用工况，特殊组合Ⅱ适用于地震工况。

6.3.7 泵房抗浮稳定安全系数的允许值，不分泵站级别和地基类别，基本荷载组合下不应小于1.0，特殊荷载组合下不应小于1.05。

《水工混凝土结构设计规范》(SL 191—2008)

3.1.9 未经技术鉴定或设计许可，不应改变结构的用途和使用环境。

3.2.2 承载能力极限状态计算时，结构构件计算截面上的荷载效应组合设计值 S 应按下列规定计算：

1. 基本组合

当永久荷载对结构起不利作用时：

$$S = 1.05S_{G1k} + 1.20S_{G2k} + 1.20S_{Q1k} + 1.10S_{Q2k} \quad (3.2.2\text{-}1)$$

当永久荷载对结构起有利作用时：

$$S = 0.95S_{G1k} + 0.95S_{G2k} + 1.20S_{Q1k} + 1.10S_{Q2k} \quad (3.2.2\text{-}2)$$

式中 S_{G1k}——自重、设备等永久荷载标准值产生的荷载效应；

S_{G2k}——土压力、淤沙压力及围岩压力等永久荷载标准值产生的荷载效应；

S_{Q1k}——一般可变荷载标准值产生的荷载效应；

S_{Q2k}——可控制其不超出规定限值的可变荷载标准值产生的荷载效应。

2. 偶然组合

$$S = 1.05S_{G1k} + 1.20S_{G2k} + 1.20S_{Q1k} + 1.10S_{Q2k} + 1.0S_{Ak} \quad (3.2.2\text{-}3)$$

式中 S_{Ak}——偶然荷载标准值产生的荷载效应。

3.2.4 承载能力极限状态计算时，钢筋混凝土、预应力混凝土及素混凝土结构构件的承载力安全系数 K 不应小于表 3.2.4 的规定。

表 3.2.4 混凝土结构构件的承载力安全系数 K

水工建筑物级别	1		2、3		4、5	
荷载效应组合	基本组合	偶然组合	基本组合	偶然组合	基本组合	偶然组合
钢筋混凝土、预应力混凝土	1.35	1.15	1.20	1.00	1.15	1.00

表 3.2.4(续)

水工建筑物级别		1		2、3		4、5	
荷载效应组合		基本组合	偶然组合	基本组合	偶然组合	基本组合	偶然组合
素混凝土	按受压承载力计算的受压构件、局部承压	1.45	1.25	1.30	1.10	1.25	1.05
	按受拉承载力计算的受压、受弯构件	2.20	1.90	2.00	1.70	1.90	1.60

注：1. 水工建筑物的级别应根据《水利水电工程等级划分及洪水标准》(SL 252—2000)确定。
2. 结构在使用、施工、检修期的承载力计算，安全系数 K 应按表中基本组合取值；对地震及校核洪水位的承载力计算，安全系数 K 应按表中偶然组合取值。
3. 当荷载效应组合由永久荷载控制时，表列安全系数 K 应增加 0.05。
4. 当结构的受力情况较为复杂、施工特别困难、荷载不能准确估计、缺乏成熟的设计方法或结构有特殊要求时，承载力安全系数 K 宜适当提高。

4.1.4　混凝土轴心抗压、轴心抗拉强度标准值 f_{ck}、f_{tk} 应按表 4.1.4 确定。

表 4.1.4　混凝土强度标准值　　单位：N/mm²

强度种类	符号	混凝土强度等级									
		C15	C20	C25	C30	C35	C40	C45	C50	C55	C60
轴心抗压	f_{ck}	10.0	13.4	16.7	20.1	23.4	26.8	29.6	32.4	35.5	38.5
轴心抗拉	f_{tk}	1.27	1.54	1.78	2.01	2.20	2.39	2.51	2.64	2.74	2.85

4.1.5　混凝土轴心抗压、轴心抗拉强度设计值 f_c、f_t 应按表 4.1.5 确定。

表 4.1.5　混凝土强度设计值　　单位：N/mm²

强度种类	符号	混凝土强度等级									
		C15	C20	C25	C30	C35	C40	C45	C50	C55	C60
轴心抗压	f_c	7.2	9.6	11.9	14.3	16.7	19.1	21.1	23.1	25.3	27.5
轴心抗拉	f_t	0.91	1.10	1.27	1.43	1.57	1.71	1.80	1.89	1.96	2.04

注：计算现浇钢筋混凝土轴心受压和偏心受压构件时，如截面的长边或直径小于 300 mm，则表中的混凝土强度设计值应乘以系数 0.8；当构件质量(如混凝土成型、截面和轴线尺寸等)确有保证时，可不受此限制。

4.2.2　钢筋的强度标准值应具有不小于 95%的保证率。

普通钢筋的强度标准值 f_{yk} 应按表 4.2.2-1 采用；预应力钢筋的强度标准值 f_{ptk} 应按表 4.2.2-2 采用。

表 4.2.2-1　普通钢筋强度标准值

种　类		符　号	d/mm	f_{yk}/(N/mm²)
热轧钢筋	HPB235	Φ	8～20	235
	HRB335	Φ	6～50	335
	HRB400	Φ	6～50	400
	RRB400	$Φ^{R}$	8～40	400

注：1. 热轧钢筋直径 d 系指公称直径。
2. 当采用直径大于 40 mm 的钢筋时，应有可靠的工程经验。

表 4.2.2-2　预应力钢筋强度标准值

种　类		符号	公称直径 d/mm	$f_{\mathrm{ptk}}/(\mathrm{N/mm^2})$
钢绞线	1×2	Φ^{S}	5、5.8	1 570、1 720、1 860、1 960
			8、10	1 470、1 570、1 720、1 860、1 960
			12	1 470、1 570、1 720、1 860
	1×3		6.2、6.5	1 570、1 720、1 860、1 960
			8.6	1 470、1 570、1 720、1 860、1 960
			8.74	1 570、1 670、1 860
			10.8、12.9	1 470、1 570、1 720、1 860、1 960
	1×3 I		8.74	1 570、1 670、1 860
	1×7		9.5、11.1、12.7	1 720、1 860、1 960
			15.2	1 470、1 570、1 670、1 720、1 860、1 960
			15.7	1 770、1 860
			17.8	1 720、1 860
	(1×7)C		12.7	1 860
			15.2	1 820
			18.0	1 720
消除应力钢丝	光圆螺旋肋	Φ^{P} Φ^{H}	4、4.8、5	1 470、1 570、1 670、1 770、1 860
			6、6.25、7	1 470、1 570、1 670、1 770
			8、9	1 470、1 570
			10、12	1 470
	刻痕	Φ^{I}	≤5	1 470、1 570、1 670、1 770、1 860
			>5	1 470、1 570、1 670、1 770
钢棒	螺旋槽	Φ^{HG}	7.1、9、10.7、12.8	1 080、1 230、1 420、1 570
	螺旋肋	Φ^{HR}	6、7、8、10、12、14	
螺纹钢筋	PSB785	Φ^{PS}	18、21、32、40、50	980
	PSB830			1 030
	PSB930			1 080
	PSB1080			1 230

注：1. 钢绞线直径 d 系指钢绞线外接圆直径，即《预应力混凝土用钢绞线》(GB/T 5224—2003)中的公称直径 D_{n}；钢丝、螺纹钢筋及钢棒的直径 d 均指公称直径。

2. 1×3 I 为三根刻痕钢丝捻制的钢绞线；(1×7)C 为七根钢丝捻制又经模拔的钢绞线。

3. 根据国家标准，同一规格的钢丝(钢绞线、钢棒)有不同的强度级别，因此表中对同一规格的钢丝(钢绞线、钢棒)列出了相应的 f_{ptk} 值，在设计中可自行选用。

4.2.3　普通钢筋的抗拉强度设计值 f_y 及抗压强度设计值 f'_y 应按表 4.2.3-1 采用；预

应力钢筋的抗拉强度设计值 f_{py} 及抗压强度设计值 f'_{py} 应按表 4.2.3-2 采用。

表 4.2.3-1　普通钢筋强度设计值　　　单位：N/mm²

种　类		符　号	f_y	f'_y
热轧钢筋	HPB235	Φ	210	210
	HRB335	Φ	300	300
	HRB400	Φ	360	360
	RRB400	Φ^{R}	360	360

注：在钢筋混凝土结构中，轴心受拉和小偏心受拉构件的钢筋抗拉强度设计值大于 300 N/mm² 时，仍应按 300 N/mm² 取用。

表 4.2.3-2　预应力钢筋强度设计值　　　单位：N/mm²

种　类		符　号	f_{ptk}	f_{py}	f'_{py}
钢绞线	1×2 1×3 1×3 I 1×7 (1×7)C	Φ^{S}	1 470	1 040	390
			1 570	1 110	
			1 670	1 180	
			1 720	1 220	
			1 770	1 250	
			1 820	1 290	
			1 860	1 320	
			1 960	1 380	
消除应力钢丝	光圆 螺旋肋 刻痕	Φ^{P} Φ^{H} Φ^{I}	1 470	1 040	410
			1 570	1 110	
			1 670	1 180	
			1 770	1 250	
			1 860	1 320	
钢棒	螺旋槽 螺旋肋	Φ^{HG} Φ^{HR}	1 080	700	400
			1 230	870	
			1 420	1 005	
			1 570	1 110	
螺纹钢筋	PSB785	Φ^{PS}	980	650	400
	PSB830		1 030	685	
	PSB930		1 080	720	
	PSB1080		1 230	820	

注：当预应力钢绞线、钢丝的强度标准值不符合表 4.2.2-2 的规定时，其强度设计值应进行换算。

当构件中配有不同种类的钢筋时，每种钢筋应采用各自的强度设计值。

5.1.1　素混凝土不得用于受拉构件。

9.2.1　纵向受力钢筋的混凝土保护层厚度(从钢筋外边缘算起)不应小于钢筋直径及表 9.2.1 所列的数值，同时也不应小于粗骨料最大粒径的 1.25 倍。

表 9.2.1　混凝土保护层最小厚度　　单位：mm

项　　次	构件类别	环境类别				
		一	二	三	四	五
1	板、墙	20	25	30	45	50
2	梁、柱、墩	30	35	45	55	60
3	截面厚度小于 2.5 m 的底板及墩墙	—	40	50	60	65

注：1. 直接与地基接触的结构底层钢筋或无检修条件的结构，保护层厚度应适当增大。
2. 有抗冲耐磨要求的结构面层钢筋，保护层厚度应适当增大。
3. 混凝土强度等级不低于 C30 且浇筑质量有保证的预制构件或薄板，保护层厚度可按表中数值减小5 mm。
4. 钢筋表面涂塑或结构外表面敷设永久涂料或面层时，保护层厚度可适当减小。
5. 严寒和寒冷地区受冰冻的部位，保护层厚度还应符合《水工建筑物抗冰冻设计规范》(SL 211—2006)的规定。

9.3.2　当计算中充分利用钢筋的抗拉强度时，受拉钢筋伸入支座的锚固长度不应小于表 9.3.2 中规定的数值。

受压钢筋的锚固长度不应小于表 9.3.2 所列数值的 0.7 倍。

表 9.3.2　受拉钢筋的最小锚固长度 l_a

项次	钢筋类型	混凝土强度等级					
		C15	C20	C25	C30	C35	≥C40
1	HPB235 级	$40d$	$35d$	$30d$	$25d$	$25d$	$20d$
2	HRB335 级		$40d$	$35d$	$30d$	$30d$	$25d$
3	HRB400 级、RRB400 级		$50d$	$40d$	$35d$	$35d$	$30d$

注：1. d 为钢筋直径。
2. HPB235 级钢筋的最小锚固长度 l_a 值不包括弯钩长度。

9.5.1　钢筋混凝土构件的纵向受力钢筋的配筋率不应小于表 9.5.1 规定的数值。

表 9.5.1　钢筋混凝土构件纵向受力钢筋的最小配筋率 ρ_{min}　　单位：%

项次	分　　类	钢筋种类		
		HPB235 级	HRB335 级	HRB400 级、RRB400 级
1	受弯构件、偏心受拉构件的受拉钢筋 梁 板	 0.25 0.20	 0.20 0.15	 0.20 0.15
2	轴心受压柱的全部纵向钢筋	0.60	0.60	0.55
3	偏心受压构件的受拉或受压钢筋 柱、拱 墩墙	 0.25 0.20	 0.20 0.15	 0.20 0.15

注：1. 项次 1、3 中的配筋率是指钢筋截面面积与构件肋宽乘以有效高度的混凝土截面面积的比值，即 $\rho=\frac{A_s}{bh_0}$ 或 $\rho'=\frac{A'_s}{bh_0}$；项次 2 中的配筋率是指全部纵向钢筋截面面积与柱截面面积的比值。
2. 温度、收缩等因素对结构产生的影响较大时，纵向受拉钢筋的最小配筋率应适当增大。
3. 当结构有抗震设防要求时，钢筋混凝土框架结构构件的最小配筋率应按第 13 章的规定取值。

9.6.6　预制构件的吊环必须采用 HPB235 级钢筋制作，严禁采用冷加工钢筋。

9.6.7　预埋件的锚筋应采用 HPB235 级、HRB335 级或 HRB400 级钢筋，严禁采用冷加工钢筋。锚筋采用光圆钢筋时，端部应加弯钩。

《水利水电工程进水口设计规范》(SL 285—2003)

3.2.3　建筑物整体稳定安全标准。

整体布置进水口的整体稳定安全标准应与大坝、河床式水电站和拦河闸等枢纽工程主体建筑物相同。

对于独立布置进水口，当建基面为岩石地基时，沿建基面整体稳定安全标准应根据其建筑物等级及荷载组合按表 3.2.3 规定采用；当建基面为土质地基时，应按《水闸设计规范》SL 265—2001 有关规定采用。

表 3.2.3　独立布置进水口整体稳定安全标准

建筑物级别	抗滑稳定安全系数				抗倾覆稳定安全系数		抗浮稳定安全系数	
	抗剪断公式		抗剪公式					
	基本组合	特殊组合	基本组合	特殊组合	基本组合	特殊组合	基本组合	特殊组合
1、2	3.0	2.5	1.1	1.05	1.35	1.20	1.10	1.05
3、4、5	3.0	2.5	1.05	1.00	1.30	1.15	1.10	1.05

注：本表适用于建基面为岩石地基情况

3.2.4　建基面应力标准。

整体布置进水口建基面应力标准应与大坝、河床式水电站和拦河闸等枢纽工程主体建筑物相同。

对于独立布置进水口，当建基面为岩石地基时，建基面允许应力标准应按表 3.2.4 规定采用；当建基面为土质地基时，地基容许承载力应按 SL 265—2001 中有关地基整体稳定的规定采用。

表 3.2.4　独立布置进水口建基面允许应力　　单位：MPa

建筑物级别	建基面最大压应力		建基面拉应力	
	基本组合	特殊组合	基本组合	特殊组合
1、2	小于地基允许压应力		不得出现	0.1
3、4、5			0.1	0.2

注：本表适用于建基面为岩石地基情况。

四、防火

《水利系统通信运行规程》(SL 306—2004)

6.1.2　水利通信机房应符合通信机房消防规范要求，严禁存放易燃、易爆和腐蚀性物品，严禁烟火。通信机房应备有适宜电气设备的消防器材，专人负责，定期检查，确保完好。

五、抗震

《水电工程水工建筑物抗震设计规范》(NB 35047—2015)

1.0.3 水工建筑物工程场地设计地震动峰值加速度和其对应的设计烈度依据应按下列规定确定：

2. 地震基本烈度为Ⅵ度及Ⅵ度以上地区的坝高超过200 m或库容大于100亿 m^3 的大(1)型工程，以及地震基本烈度为Ⅶ度及Ⅶ度以上地区的坝高超过150 m的大(1)型工程，依据专门的场地地震安全性评价成果确定。

3.0.1 水工建筑物应根据其重要性和工程场地地震基本烈度按表3.0.1确定其工程抗震设防类别。

表3.0.1 工程抗震设防类别

工程抗震设防类别	建筑物级别	场地地震基本烈度
甲	1(壅水和重要泄水)	≥Ⅵ
乙	1(非壅水)、2(壅水)	
丙	2(非壅水)、3	≥Ⅶ
丁	4、5	

注：重要泄水建筑物指其失效可能危及壅水建筑物安全的泄水建筑物。

3.0.2 各类水工建筑物的抗震设防水准，应以平坦地表的设计烈度和水平向设计地震动峰值加速度代表值表征，并按下列规定确定：

2. 根据专门的场地地震安全性评价确定其设防依据的工程，其建筑物的基岩平坦地表水平向设计地震动峰值加速度代表值的概率水准，对工程抗震设防类别为甲类的壅水和重要泄水建筑物应取100年内超越概率 P_{100} 为0.02；对乙类的非壅水建筑物应取50年内超越概率 P_{50} 为0.05；对于工程抗震设防类别其他非甲类的水工建筑物应取50年内超越概率 P_{50} 为0.10，但不应低于区划图相应的地震动水平加速度分区值。

3. 对应作专门场地地震安全性评价的工程抗震设防类别为甲类的水工建筑物，除按设计地震动峰值加速度进行抗震设计外，应对其在遭受场址最大可信地震时，不发生库水失控下泄灾变的安全裕度进行专门论证，并提出其所依据的抗震安全性专题报告。其中："最大可信地震"的水平向峰值加速度代表值应根据场址地震地质条件，按确定性方法或100年内超越概率 P_{100} 为0.01的概率法的结果确定。

3.0.3 对坝高大于100 m、库容大于5亿 m^3 的新建水库，应进行水库地震安全性评价。对有可能发生震级大于5级，或震中烈度大于Ⅶ度的水库地震时，应至少在水库蓄水前1年建成水库地震监测台网并进行水库地震监测。

《水工混凝土结构设计规范》(SL 191—2008)

13.1.2 结构的抗震验算，应符合下列规定：

1. 设计烈度为6度时的钢筋混凝土构件(建造于Ⅳ类场地上较高的高耸结构除外)，可不进行截面抗震验算，但应符合本章的抗震措施及配筋构造要求。

2. 设计烈度为6度时建造于Ⅳ类场地上较高的高耸结构，设计烈度为7度和7度以上的钢筋混凝土结构，应进行截面抗震验算。

六、劳动安全

《水利水电工程劳动安全与工业卫生设计规范》(GB 50706—2011)

4.2.2 采用开敞式高压配电装置的独立开关站，其场地四周应设置高度不低于 2.2 m 的围墙。

4.2.6 地网分期建成的工程，应校核分期投产接地装置的接触电位差和跨步电位差，其数值应满足人身安全的要求。

4.2.9 在中性点直接接地的低压电力网中，零线应在电源处接地。

4.2.11 安全电压供电电路中的电源变压器，严禁采用自耦变压器。

4.2.13 独立避雷针、装有避雷针或避雷线的构架，以及装有避雷针的照明灯电源线，均应采用直接埋入地下的带金属外皮的电缆或穿入埋地金属管的绝缘导线，且埋入地中长度不应小于 10 m。装有避雷针(线)的构筑物上，严禁架设通信线、广播线和低压线。

4.2.16 易发生爆炸、火灾造成人身伤亡的场所应装设应急照明。

4.5.7 机械排水系统的排水管管口高程低于下游校核洪水位时，必须在排水管道上装设逆止阀。

4.5.8 防洪防淹设施应设置不少于 2 个的独立电源供电，且任意一电源均应能满足工作负荷的要求。

5.9.2 血吸虫病疫区的水利水电工程，应设置血防警示标志。

《水利水电工程施工通用安全技术规程》(SL 398—2007)

3.4.2 生产作业场所常见生产性粉尘、有毒物质在空气中允许浓度及限值应符合表 3.4.2 的规定。

表 3.4.2 常见生产性粉尘、有毒物质在空气中允许浓度及限值

序号	有害物质名称		阈限值/(mg/m^3)		
			最高容许浓度 P_C—MAC	时间加权平均容许浓度 P_C—TWA	短时间接触容许浓度 P_C—STEL
1	矽尘		—	—	—
	总尘	含 10%～50%游离 SiO_2	—	1	2
		含 50%～80%游离 SiO_2	—	0.7	1.5
		含 80%以上游离 SiO_2	—	0.5	1.0
	呼吸尘	含 10%～50%游离 SiO_2	—	0.7	1.0
		含 50%～80%游离 SiO_2	—	0.3	0.5
		含 80 以上游离 SiO_2	—	0.2	0.3
2	石灰石粉尘	总尘	—	8	10
		呼吸尘	—	4	8
3	硅酸盐水泥	总尘(游离 SiO_2＜10%)	—	4	6
		呼吸尘(游离 SiO_2＜10%)	—	1.5	2

表 3.4.2(续)

序号	有害物质名称			阈限值/(mg/m³) 最高容许浓度 Pc—MAC	时间加权平均容许浓度 Pc—TWA	短时间接触容许浓度 Pc—STEL
4	电焊烟尘			—	4	6
5	其他粉尘			—	8	10
6	锰及无机化合物(按 Mn 计)			—	0.15	0.45
7	一氧化碳	非高原		—20	30	
		高原	海拔 2 000～3 000 m	20	—	—
			海拔大于 3 000 m	15	—	—
8	氨			—	20	30
9	溶剂汽油			—	300	450
10	丙酮			—	300	450
11	三硝基甲苯(TNT)			—	0.2	0.5
12	铅及无机化合物(按 Pb 计)	铅尘		0.05	—	—
		铅烟		0.03	—	—
13	四乙基铅(皮,按 Pb 计)			—	0.02	0.06

3.4.4 生产车间和作业场所工作地点噪声声级卫生限值应符合表 3.4.4 的规定。

表 3.4.4 生产性噪声声级卫生限值

日接触噪声时间/h	8	4	2	1
卫生限值/dB(A)	85	88	91	94

3.4.6 施工作业噪声传至有关区域的允许标准见表 3.4.6。

表 3.4.6 非施工区域的噪声允许标准

类 别	等效声级限值/dB(A) 昼间	夜间
以居住、文教机关为主的区域	55	45
居住、商业、工业混杂区及商业中心区	60	50
工业区	65	55
交通干线道路两侧	70	55

3.4.11 工程建设各单位应建立职业卫生管理规章制度和施工人员职业健康档案,对从事尘、毒、噪声等职业危害的人员应每年进行一次职业体检,对确认职业病的职工应及时给予治疗,并调离原工作岗位。

4.7.1 生活供水水质应符合表 4.7.1 的要求,并经当地卫生部门检验合格方可使用。

生活饮用水源附近不得有污染源。

表 4.7.1 生活饮用水水质标准

编号		项目	标准
感官性状指标	1	色	色度不超过 15 度，并不应呈现其他异色
	2	浑浊度	不超过 3 度，特殊情况不超过 5 度
	3	臭和味	不应有异臭异味
	4	肉眼可见物	不应含有
化学指标	5	pH 值	6.5～6.8
	6	总硬度(以 CaO 计)	不超过 450 mg/L
	7	铁	不超过 0.3 mg/L
	8	锰	不超过 0.1 mg/L
	9	铜	不超过 1.0 mg/L
	10	锌	不超过 1.0 mg/L
	11	挥发酚类	不超过 0.002 mg/L
	12	阴离子合成洗涤剂	不超过 0.3 mg/L
毒理学指标	13	氟化物	不超过 1.0 mg/L，适宜浓度 0.5～1.0 mg/L
	14	氰化物	不超过 0.05 mg/L
	15	砷	不超过 0.04 mg/L
	16	硒	不超过 0.01 mg/L
	17	汞	不超过 0.001 mg/L
	18	镉	不超过 0.01 mg/L
	19	铬(六价)	不超过 0.05 mg/L
	20	铅	不超过 0.05 mg/L
细菌学指标	21	细菌总数	不超过 100 个/mL 水
	22	大肠菌数	不超过 3 个/mL 水
	23	游离性余氯	在接触 30 min 后不应低于 0.3 mg/L，管网末梢水不低于 0.05 mg/L

《村镇供水工程技术规范》(SL 310—2019)

7.1.5 村镇生活饮用水管网，严禁与非生活饮用水管网连接。

8.0.9 水塔应根据防雷要求设置防雷装置。

第三节 水工建筑物设计

一、挡水、蓄水建筑物

《碾压式土石坝设计规范》(SL 274—2001)

4.1.5 防渗土料应满足下列要求：

1. 渗透系数一般对均质坝不大于 1×10^{-4} cm/s，心墙和斜墙不大于 1×10^{-5} cm/s。

2. 水溶盐含量(指易溶盐和中溶盐，按质量计)不大于 3%；

3. 有机质含量(按质量计)：均质坝不大于 5%，心墙和斜墙不大于 2%，超过此规定需进行论证。

4.1.10 用于填筑防渗体的砾石土，粒径大于 5 mm 的颗粒含量不宜超过 50%，最大粒径不宜大于 150 mm 或铺土厚度的 2/3，0.075 mm 以下的颗粒含量不应小于 15%。填筑时不得发生粗料集中架空现象。

4.1.15 反滤料、过渡层料和排水体料应符合下列要求：

1. 质地致密，抗水性和抗风化性能满足工程运用条件的要求；

2. 具有要求的级配；

3. 具有要求的透水性；

4. 反滤料和排水体料中粒径小于 0.075 mm 的颗粒含量应不超过 5%。

4.2.3 黏性土的压实度应符合下列要求：

1. 1 级、2 级坝和高坝的压实度应为 98%～100%，3 级中、低坝及 3 级以下的中坝压实度应为 96%～98%。

4.2.5 砂砾石和砂的填筑标准应以相对密度为设计控制指标，并应符合下列要求：

1. 砂砾石的相对密度不应低于 0.75，砂的相对密度不应低于 0.70，反滤料宜为 0.70。

2. 砂砾石中粗粒料含量小于 50%时，应保证细料(小于 5 mm 的颗粒)的相对密度也符合上述要求。

4.2.6 堆石的填筑标准宜用孔隙率为设计控制指标，并应符合下列要求：

1. 土质防渗体分区坝和沥青混凝土心墙坝的堆石料，孔隙率宜为 20%～28%；

2. 沥青混凝土面板坝堆石料的孔隙率宜在混凝土面板堆石坝和土质防渗体分区坝的孔隙率之间选择。

5.3.6 坝顶应预留竣工后沉降超高。

5.6.2 土质防渗体(包括心墙、斜墙、铺盖和截水槽等)与坝壳和坝基透水层之间以及下游渗流出逸处，如不满足反滤要求，均必须设置反滤层。

5.7.2 坝体排水必须满足以下要求：

1. 能自由地向坝外排出全部渗透水；

2. 应按反滤要求设计。

5.8.1 坝表面为土、砂、砂砾石等材料时应设专门护坡，堆石坝可采用堆石材料中的粗颗粒料或超径石做护坡。

5.9.1 除干砌石或堆石护坡外，均必须设坝面排水。应包括坝顶、坝坡、坝头及坝下游等部位的集水、截水和排水措施。

5.9.2 除堆石坝与基岩交坡处外，坝坡与岸坡连接处均必须设排水沟，其集水面积应包括岸坡集水面积在内。

6.1.1 坝基(包括坝头，下同)处理应满足渗流控制(包括渗透稳定和控制渗流量)、静力和动力稳定、允许沉降量和不均匀沉降量等方面要求，保证坝的安全运行。

6.1.2 坝基中遇到下列情况时，必须慎重研究和处理：

1. 深厚砂砾石层；

2. 软黏土；

3. 湿陷性黄土；

4. 疏松砂土及少黏性土；

5. 喀斯特(岩溶)；

6. 有断层、破碎带、透水性强或有软弱夹层的岩石；

7. 含有大量可溶盐类的岩石和土；

8. 透水坝基下游坝脚处有连续的透水性较差的覆盖层；

9. 矿区井、洞。

7.1.2　坝体与土质坝基及岸坡的连接必须遵守下列规定：

1. 坝断面范围内必须清除坝基与岸坡上的草皮、树根、含有植物的表土、蛮石、垃圾及其他废料，并将清理后的坝基表面土层压实；

2. 坝体断面范围内的低强度 、高压缩性软土及地震时易液化的土层，应清除或处理；

3. 土质防渗体应坐落在相对不透水土基上，或经过防渗处理的坝基上；

4. 坝基覆盖层与下游坝壳粗粒料(如堆石等)接触处，应符合反滤要求，如不符合应设置反滤层。

7.1.3　坝体与岩石坝基和岸坡的连接应遵守下列原则：

1. 坝断面范围内的岩石坝基与岸坡，应清除其表面松动石块、凹处积土和突出的岩石。

2. 土质防渗体和反滤层宜与坚硬、不冲蚀和可灌浆的岩石连接。若风化层较深时，高坝宜开挖到弱风化层上部，中、低坝可开挖到强风化层下部，在开挖的基础上对基岩再进行灌浆等处理。在开挖完毕后，宜用风水枪冲洗干净，对断层、张开节理裂隙应逐条开挖清理，并用混凝土或砂浆封堵。坝基岩面上宜设混凝土盖板、喷混凝土或喷水泥砂浆。

7.1.4　与土质防渗体连接的岸坡的开挖应符合下列要求：

1. 岸坡应大致平顺，不应成台阶状、反坡或突然变坡，岸坡上缓下陡时，变坡角应小于20°。

2. 岩石岸坡不宜陡于1∶0.5。陡于此坡度时应有专门论证，并采取相应工程措施。

3. 土质岸坡不宜陡于1∶1.5。

4. 岸坡应保持施工期稳定。

7.2.1　坝体与混凝土坝、溢洪道、船闸、涵管等建筑物的连接，必须防止接触面的集中渗流，因不均匀沉降而产生的裂缝，以及水流对上、下游坝坡和坡脚的冲刷等因素的有害影响。

《混凝土面板堆石坝设计规范》(SL 228—2013)

3.1.6　混凝土面板堆石坝的泄水、放水建筑物布置，应考虑下列要求：

3. 对于高坝、中坝和地震设计烈度为8度、9度的坝，不应采用布置在软基上的坝下埋管型式。低坝采用软基上的坝下埋管时，应有充分的技术论证。

4. 高坝、重要工程、地震设计烈度为8度、9度的混凝土面板堆石坝，应设置放空设施。

8.2.1　面板厚度的确定应满足下列要求：

1. 应满足钢筋和止水布置要求，顶部厚度不应小于0.3 m。150 m以上的高坝宜加大面板顶部厚度。

2. 控制渗透水力梯度不应超过200。

二、输水、泄水建筑物

《水工隧洞设计规范》(SL 279—2016)

5.1.2 洞内流态应符合下列要求：

1. 有压隧洞不应出现明满流交替的流态，在最不利运行条件下，全线洞顶处最小压力水头不应小于 2.0 m。

2. 高流速的泄洪隧洞不应出现明满流交替的流态。

9.8.8 封堵体按抗剪断强度计算的抗滑稳定安全系数不应小于 3.0。

10.1.1 混凝土、钢筋混凝土衬砌及封堵体顶部(顶拱)与围岩之间，必须进行回填灌浆。

三、水电站建筑物

《水电站厂房设计规范》(SL 266—2014)

3.2.1 水电站厂房(包括厂区建筑物)应按其工程等级及挡水条件采取以下相应的洪水标准：

1. 壅水厂房兼作为枢纽挡水建筑物，其防洪标准应与该枢纽工程挡水建筑物的防洪标准相一致。

2. 非壅水厂房的防洪标准应按表 3.2.1 的规定确定。

表 3.2.1 非壅水厂房的洪水标准

建筑物级别	洪水重现期/年	
	设计洪水	校核洪水
1	200	1 000
2	200～100	500
3	100～50	200

5.3.5 厂房抗浮稳定应符合下列规定：

1. 任何情况下，抗浮稳定安全系数不应小于 1.1。

7.1.14 地下厂房至少应有 2 个通至地面的安全出口。

第四节 管理设施设计

《堤防工程管理设计规范》(SL 171—1996)

6.1.3 防汛期间堤防通信网的可通率应不低于 99.9%。

6.5.1 堤防通信设备的电源必须稳定可靠。1、2 级堤防工程的 1、2 级管理单位，应采用双回路交流供电方式，并配置通信设备专用蓄电池和柴油机发电机组等备用电源。

8.3.3 生产、生活区必须配置备用电源，备用电源的设备容量，应能满足防汛期间电网事故停电时，防汛指挥中心的主要生产服务设施用电负荷的需要。

第五章　水利工程安全与卫生

第一节　通用安全与卫生

《水利水电工程施工通用安全技术规程》(SL 398—2007)

3.1.4　爆破、高边坡、隧洞、水上(下)、高处、多层交叉施工、大件运输、大型施工设备安装及拆除等危险作业应有专项安全技术措施,并设专人进行安全监护。

3.1.8　施工现场的井、洞、坑、沟、口等危险处应设置明显的警示标志,并应采取加盖板或设置围栏等防护措施。

3.1.11　交通频繁的施工道路、交叉路口应按规定设置警示标志或信号指示灯;开挖、弃渣场地应设专人指挥。

3.1.12　爆破作业应统一指挥,统一信号,专人警戒并划定安全警戒区。爆破后须经爆破人员检查,确认安全后,其他人员方能进入现场。洞挖、通风不良的狭窄场所,应在通风排烟、恢复照明及安全处理后,方可进行其他作业。

3.1.18　施工照明及线路,应遵守下列规定:

3. 在存放易燃、易爆物品场所或有瓦斯的巷道内,照明设备应符合防爆要求。

3.5.5　宿舍、办公室、休息室内严禁存放易燃易爆物品,未经许可不得使用电炉。利用电热的车间、办公室及住室、电热设施应有专人负责管理。

3.5.9　油料、炸药、木材等常用的易燃易爆危险品存放使用场所、仓库,应有严格的防火措施和相应的消防设施,严禁使用明火和吸烟。

3.5.11　施工生产作业区与建筑物之间的防火安全距离,应遵守下列规定:

1. 用火作业区距所建的建筑物和其他区域不应小于 25 m。

2. 仓库区、易燃、可燃材料堆集场距所建的建筑物和其他区域不应小于 20 m。

3. 易燃品集中站距所建的建筑物和其他区域不应小于 30 m。

3.9.4　施工现场作业人员,应遵守以下基本要求:

1. 进入施工现场,应按规定穿戴安全帽、工作服、工作鞋等防护用品,正确使用安全绳、安全带等安全防护用具及工具,严禁穿拖鞋、高跟鞋或赤脚进入施工现场。

3. 严禁酒后作业。

4. 严禁在铁路、公路、洞口、陡坡、高处及水上边缘、滚石坍塌地段、设备运行通道等危险地带停留和休息。

6. 起重、挖掘机等施工作业时,非作业人员严禁进入其工作范围内。

7. 高处作业时,不得向外、向下抛掷物件。

9. 不得随意移动、拆除、损坏安全卫生及环境保护设施和警示标志。

4.1.5　在建工程(含脚手架)的外侧边缘与外电架空线路的边线之间应保持安全操作

距离。最小安全操作距离应不小于表 4.1.5 的规定。

表 4.1.5 在建工程(含脚手架)的外侧边缘与外电架空线路边线之间的最小安全操作距离

外电线路电压/kV	<1	1～10	35～110	154～220	330～500
最小安全操作距离/m	4	6	8	10	15

注:上、下脚手架的斜道严禁搭设在有外电线路的一侧。

4.1.6 施工现场的机动车道与外电架空线路交叉时,架空线路的最低点与路面的垂直距离不应小于表 4.1.6 的规定。

表 4.1.6 施工现场的机动车道与外电架空线路交叉时的最小垂直距离

外电线路电压/kV	<1	1～10	35
最小垂直距离/m	6	7	7

5.1.3 高处临边、临空作业应设置安全网,安全网距工作面的最大高度不应超过 3.0 m,水平投影宽度应不小于 2.0 m。安全网应挂设牢固,随工作面升高而升高。

5.1.12 危险作业场所、机动车道交叉路口、易燃易爆有毒危险物品存放场所、库房、变配电场所以及禁止烟火场所等应设置相应的禁止、指示、警示标志。

5.2.2 高处作业下方或附近有煤气、烟尘及其他有害气体,应采取排除或隔离等措施,否则不应施工。

5.2.3 高处作业前,应检查排架、脚手板、通道、马道、梯子和防护设施,符合安全要求方可作业。高处作业使用的脚手架平台,应铺设固定脚手板,临空边缘应设高度不低于 1.2 m 的防护栏杆。

5.2.6 在带电体附近进行高处作业时,距带电体的最小安全距离,应满足表 5.2.6 的规定,如遇特殊情况,应采取可靠的安全措施。

表 5.2.6 高处作业时与带电体的安全距离

电压等级/kV	10 及以下	20～35	44	60～110	154	220	330
工器具、安装构件、接地线等与带电体的距离/m	2.0	3.5	3.5	4.0	5.0	5.0	6.0
工作人员的活动范围与带电体的距离/m	1.7	2.0	2.2	2.5	3.0	4.0	5.0
整体组立杆塔与带电体的距离	应大于倒杆距离(自杆塔边缘到带电体的最近侧为塔高)						

5.2.10 高处作业时,应对下方易燃、易爆物品进行清理和采取相应措施后,方可进行电焊、气焊等动火作业,并应配备消防器材和专人监护。

5.2.21 进行三级、特级、悬空高处作业时,应事先制定专项安全技术措施。施工前,应向所有施工人员进行技术交底。

6.1.4 设备转动、传动的裸露部分,应安设防护装置。

7.5.19　皮带机械运行中，遇到下列情况应紧急停机：

1. 发生人员伤亡事故。

8.2.1　安全距离

1. 设置爆破器材库或露天堆放爆破材料时，仓库或药堆至外部各种保护对象的安全距离，应按下列条件确定：

(1) 外部距离的起算点是：库房的外墙墙根、药堆的边缘线、隧道式洞库的洞口地面中心；

(2) 爆破器材储存区内有一个以上仓库或药堆时，应按每个仓库或药堆分别核算外部安全距离并取最大值。

2. 仓库或药堆与住宅区或村庄边缘的安全距离，应符合下列规定：

(1) 地面库房或药堆与住宅区或村庄边缘的最小外部距离按表 8.2.1-1 确定。

表 8.2.1-1　地面库房或药堆与住宅区或村庄边缘的最小外部距离

存药量/t	150～200	100～150	50～100	30～50	20～30	10～20	5～10	≤5
最小外部距离/m	1 000	900	800	700	600	500	400	300

(2) 隧道式洞库至住宅区或村庄边缘的最小外部距离不得小于表 8.2.1-2 中的规定。

表 8.2.1-2　隧道式洞库至住宅区或村庄边缘的最小外部距离　单位：m

与洞口轴线交角(α)	存药量/t				
	50～100	30～50	20～30	10～20	≤10
0°至两侧 70°	1 500	1 250	1 100	1 000	850
两侧 70°～90°	600	500	450	400	350
两侧 90°～180°	300	250	200	150	120

(3) 由于保护对象不同，因此在使用当中对表 8.2.1-1、表 8.2.1-2 的数值应加以修正，修正系数见表 8.2.1-3。

表 8.2.1-3　对不同保护对象的最小外部距离修正系数

序号	保护对象	修正系数
1	村庄边缘、住宅边缘、乡镇企业围墙、区域变电站围墙	1.0
2	地县级以下乡镇、通航汽轮的河流航道、铁路支线	0.7～0.8
3	总人数不超过 50 人的零散住户边缘	0.7～0.8
4	国家铁路线、省级及以上公路	0.9～1.0
5	高压送电线路 500 kV	2.5～3.0
	220 kV	1.5～2.0
	110 kV	0.9～1.0
	35 kV	0.8～0.9

表 8.2.1-3(续)

序号	保护对象	修正系数
6	人口不超过10万人的城镇规划边缘、工厂企业的围墙、有重要意义的建筑物、铁路车站	2.5～3.0
7	人口大于10万人的城镇边缘	5.0～6.0

注:上述各项外部距离,适用于平坦地形。依地形条件有利时可适当减少,反之应增加。

(4) 炸药库房间(双方均有土堤)的最小允许距离见表 8.2.1-4。

表 8.2.1-4 炸药库房间(双方均有土堤)的最小允许距离 单位:m

存药量/t	炸药品种			
	硝铵类炸药	梯恩梯	黑索金	胶质炸药
150～200	42	—	—	—
100～150	35	100	—	—
80～100	30	90	100	—
50～80	26	80	90	—
30～50	24	70	80	100
20～30	20	60	70	85
10～20	20	50	60	75
5～10	20	40	50	60
≤5	20	35	40	50

注:1. 相邻库房储存不同品种炸药时,应分别计算,取其最大值。
2. 在特殊条件下,库房不设土堤时,本表数字增大的比值为:一方有土堤为 2.0,双方均无土堤为 3.3。
3. 导爆索按每万米 140 kg 黑索金计算。

(5) 雷管库与炸药库、雷管库与雷管库之间的允许距离见表 8.2.1-5 中的规定。

表 8.2.1-5 雷管库与炸药库、雷管库与雷管库之间的最小允许距离 单位:m

库房名称	雷管数量/万发									
	200	100	80	60	50	40	30	20	10	5
雷管库与炸药库	42	30	27	23	21	19	17	14	10	8
雷管库与雷管库	71	50	45	39	35	32	27	22	16	11

注:当一方设土堤时表中数字应增大比值为 2,双方均无土堤时增大比值为 3.3。

(6) 无论查表或计算的结果如何,表 8.2.1-4、表 8.2.1-5 所列库房间距均不得小于 35 m。

8.2.2 库区照明

5. 地下爆破器材库的照明,还应遵守下列规定:

(1) 应采用防爆型或矿用密闭型电气器材,电源线路应采用铠装电缆;

(5) 地下库区存在可燃性气体和粉尘爆炸危险时，应使用防爆型移动电灯和防爆手电筒；其他地下库区，应使用蓄电池灯、防爆手电筒或汽油安全灯作为移动式照明。

8.3.2　爆破器材装卸应遵守下列规定：

1. 从事爆破器材装卸的人员，应经过有关爆破材料性能的基础教育和熟悉其安全技术知识。装卸爆破器材时，严禁吸烟和携带引火物。

2. 搬运装卸作业宜在白天进行，炎热的季节宜在清晨或傍晚进行。如需在夜间装卸爆破器材时，装卸场所应有充足的照明，并只允许使用防爆安全灯照明，禁止使用油灯、电石灯、汽灯、火把等明火照明。

3. 装卸爆破器材时，装卸现场应设置警戒岗哨，有专人在场监督。

4. 搬运时应谨慎小心，轻搬轻放，不得冲击、撞碰、拉拖、翻滚和投掷。严禁在装有爆破材料的容器上踩踏。

5. 人力装卸和搬运爆破器材，每人一次以 25～30 kg 为限，搬运者相距不得少于 3 m。

6. 同一车上不得装运两类性质相抵触的爆破器材，且不应与其货物混装。雷管等起爆器材与炸药不允许同时在同一车厢或同一地点装卸。

7. 装卸过程中司机不得离开驾驶室。遇雷电天气，禁止装卸和运输爆破器材。

8. 装车后应加盖帆布，并用绳子绑牢，检查无误后方可开车。

8.3.3　爆破器材运输应符合下列规定：

1. 运输爆破器材，应遵守下列基本规定：

(7) 禁止用翻斗车、自卸汽车、拖车、机动三轮车、人力三轮车、摩托车和自行车等运输爆破器材。

(8) 运输炸药、雷管时，装车高度要低于车厢 10 cm。车厢、船底应加软垫。雷管箱不应倒放或立放，层间也应垫软垫。

2. 水路运输爆破器材，还应遵守下列规定：

(5) 严禁使用筏类船只作运输工具。

(6) 用机动船运输时，应预先切断装爆破器材船仓的电源；地板和垫物应无缝隙，仓口应关闭；与机仓相邻的船仓应设有隔墙。

3. 汽车运输爆破器材，还应遵守下列规定：

(7) 车厢底板、侧板和尾板均不应有空隙，所有空隙应予以严密堵塞。严防所运爆破器材的微粒落在摩擦面上。

8.3.4　爆破器材贮存

3. 贮存爆破器材的仓库、储存室，应遵守下列规定：

(2) 库房内贮存的爆破器材数量不应超过设计容量，爆破器材宜单一品种专库存放。库房内严禁存放其他物品。

8.4.3　爆破工作开始前，应明确规定安全警戒线，制定统一的爆破时间和信号，并在指定地点设安全哨，执勤人员应有红色袖章、红旗和口笛。

8.4.7　往井下吊运爆破材料时，应遵守下列规定：

2. 在上下班或人员集中的时间内，不得运输爆破器材，严禁人员与爆破器材同罐吊运。

8.4.17　地下相向开挖的两端在相距 30 m 以内时，装炮前应通知另一端暂停工作，退到安全地点。当相向开挖的两端相距 15 m 时，一端应停止掘进，单头贯通。斜井相向开挖，除遵守上述规定外，并应对距贯通尚有 5 m 长地段自上端向下打通。

8.4.24　地下井挖，洞内空气含沼气或二氧化碳浓度超过 1%时，禁止进行爆破作业。

8.5.4　电雷管网路爆破区边缘同高压线最近点之间的距离不得小于表 8.5.4 的规定（亦适用于地下电源）。

表 8.5.4　爆破区边缘同高压线最近点之间的距离

高压电网/kV	3～10	10～20	20～50
水平安全距离/m	20	50	100

8.5.5　飞石

1. 爆破时，个别飞石对被保护对象的安全距离，不应小于表 8.5.5-1 及表 8.5.5-2 规定的数值。

表 8.5.5-1　爆破个别飞散物对人员的最小安全距离

爆破类型和方法			爆破飞散物的最小安全距离/m
露天岩石爆破	破碎大块岩矿	裸露药包爆破法	400
		浅孔爆破法	300
	浅孔爆破		200（复杂地质条件下或未形成台阶工作面时不小于 300）
	浅孔药壶爆破		300
	蛇穴爆破		300
	深孔爆破		按设计，但不小于 200
	深孔药壶爆破		按设计，但不小于 300
	浅孔孔底扩壶		50
	深孔孔底扩壶		50
	洞室爆破		按设计，但不小于 300
爆破树墩			200
爆破拆除沼泽地的路堤			100
水下爆破	水面无冰时的裸露药包或浅孔、深孔爆破	水深小于 1.5 m	与地面爆破相同
		水深大于 6 m	不考虑飞石对地面或水面以上人员的影响
		水深 1.5～6 m	由设计确定
	水面覆冰时的裸露药包或浅孔、深孔爆破		200
	水底洞室爆破		由设计确定
拆除爆破、城镇浅孔爆破及复杂环境深孔爆破			由设计确定
地震勘探爆破	浅井或地表爆破		按设计，但不小于 100
	在深孔中爆破		按设计，但不小于 30

8.5.5-2　爆破飞石对人员安全距离

序号	爆破种类及爆破方法			危险区域的最小半径/m
1	岩基开挖工程	一般钻孔法爆破		不小于 300
1	岩基开挖工程	药壶法	扩壶爆破	不小于 50
1	岩基开挖工程	药壶法	药壶爆破	不小于 300
1	岩基开挖工程	深孔药壶法	扩壶爆破	不小于 100
1	岩基开挖工程	深孔药壶法	药壶爆破	根据设计定但不小于 300
1	岩基开挖工程	深孔法	松动爆破	根据设计定但不小于 300
1	岩基开挖工程	深孔法	抛掷爆破	根据设计定
2	地下开挖工程	平洞开挖爆破	独头的洞内	不小于 200
2	地下开挖工程	平洞开挖爆破	有折线的洞内	不小于 100
2	地下开挖工程	平洞开挖爆破	相邻的上下洞间	不小于 100
2	地下开挖工程	平洞开挖爆破	相邻的平行洞间	不小于 50
2	地下开挖工程	平洞开挖爆破	相邻的横洞或横通道间	不小于 50
2	地下开挖工程	井开挖爆破	井深小于 3 m	不小于 200
2	地下开挖工程	井开挖爆破	井深为 3～7 m	不小于 100
2	地下开挖工程	井开挖爆破	井深大于 7 m	不小于 50
3	裸露药包法爆破			不小于 400
4	用放在坑内的炸药击碎巨石			不小于 400
5	用炸药拔树根的爆破			不小于 200
6	泥沼地上塌落土堤的爆破			不小于 100
7	水下开挖工程	非硬质土壤上爆破		不小于 100
7	水下开挖工程	岩石上爆破		不小于 300
7	水下开挖工程	有冰层覆盖时土壤和岩石爆破		不小于 300

2. 洞室爆破个别飞石的安全距离，不得小于表 8.5.5-3 的规定数值。

表 8.5.5-3　洞室爆破个别飞石安全距离

单位：m

最小抵抗线	对于人员					对于机械及建筑物				
	n 值					*n* 值				
	1.0	1.5	2.0	2.5	3.0	1.0	1.5	2.0	2.5	3.0
1.5	200	300	350	400	400	100	150	250	300	300
2.0	200	400	500	600	600	100	200	350	400	400
4.0	300	500	700	800	800	150	250	500	550	550
6.0	300	600	800	1 000	1 000	150	300	550	650	650
8.0	400	600	800	1 000	1 000	200	300	600	700	700
10.0	500	700	900	1 000	1 000	250	400	600	700	700
12.0	500	700	900	1 200	1 200	250	400	700	800	800

表 8.5.5-3(续)

最小抵抗线	对于人员					对于机械及建筑物				
	n 值					n 值				
	1.0	1.5	2.0	2.5	3.0	1.0	1.5	2.0	2.5	3.0
15.0	600	800	1 000	1 200	1 200	300	400	800	1 000	1 000
20.0	700	800	1 200	1 500	1 500	350	400	900	1000	1 000
25.0	800	1 000	1 500	1 800	1 800	400	500	900	1 000	1 000
30.0	800	1 000	1 700	2 000	2 000	400	500	1 000	1 200	1 200

注：当 n 值小于 1 时，可将抵抗线值修改为 $W_P=\frac{5W}{7}$，再按 $n=1$ 的条件查表。

9.1.6 对贮存过易燃易爆及有毒容器、管道进行焊接与切割时，要将易燃物和有毒气体放尽，用水冲洗干净，打开全部管道窗、孔，保持良好通风，方可进行焊接和切割，容器外要有专人监护，定时轮换休息。密封的容器、管道不应焊割。

9.1.8 严禁在贮存易燃易爆的液体、气体、车辆、容器等的库区内从事焊割作业。

9.3.7 在坑井或深沟内焊接时，应首先检查有无集聚的可燃气体或一氧化碳气体，如有应排除并保持通风良好。必要时应采取通风除尘措施。

11.4.8 放射性射源的贮藏库房，应遵守下列规定：

2. 放射性同位素不应与易燃、易爆、腐蚀性物品放在一起，其贮存场所应采取有效的防火、防盗、防泄漏的安全防护措施，并指定专人负责保管。贮存、领取、使用、归还放射性同位素时应进行登记、检查，做到账物相符。

《水利水电工程土建施工安全技术规程》(SL 399—2007)

1.0.9 作业人员上岗前，应按规定穿戴防护用品。施工负责人和安全检查员应随时检查劳动防护用品的穿戴情况，不按规定穿戴防护用品的人员不得上岗。

3.2.1 有边坡的挖土作业应遵守下列规定：

3. 施工过程当中应密切关注作业部位和周边边坡、山体的稳定情况，一旦发现裂痕、滑动、流土等现象，应停止作业，撤出现场作业人员。

3.3.4 开挖过程中，如出现整体裂缝或滑动迹象时，应立即停止施工，将人员、设备尽快撤离工作面，视开裂或滑动程度采取不同的应急措施。

3.5.1 洞室开挖作业应遵守下列规定：

7. 暗挖作业中，在遇到不良地质构造或易发生塌方地段、有害气体逸出及地下涌水等突发事件，应即令停工，作业人员撤至安全地点。

3.5.3 竖井提升作业应遵守下列规定：

2. 施工期间采用吊桶升降人员与物料时应遵守下列规定：

(8) 装有物料的吊桶不应乘人。

3.5.6 不良地质地段开挖作业应遵守下列规定：

3. 当出现围岩不稳定、涌水及发生塌方情况时，所有作业人员应立即撤至安全地带。

3.5.12 施工安全监测应遵守下列规定：

10. 当监测中发现测值总量或增长速率达到或超过设计警戒值时，则认为不安全，应报警。

3.6.1 现场运送运输爆破器材应遵守下列规定：

4. 用人工搬运爆破器材时应遵守下列规定：

(2) 严禁一人同时携带雷管和炸药；雷管和炸药应分别放在专用背包(木箱)内，不应放在衣袋里。

3.6.3 洞室爆破应满足下列基本要求：

5. 参加爆破工程施工的临时作业人员，应经过爆破安全教育培训，经口试或笔试合格后，方可参加装药填塞工作。但装起爆体及辐射爆破网络的作业，应由持证爆破员或爆破工程技术人员操作。

8. 不应在洞室内和施工现场改装起爆体和起爆器材。

3.6.5 洞室爆破现场混制炸药应遵守下列规定：

13. 混制场内严禁吸烟，严禁存在明火；同时，严禁将火柴、打火机等带入加工场地。

4.2.7 制浆及输送应遵守下列规定：

2. 当人进入搅拌槽内之前，应切断电源，开关箱应加锁，并挂上"有人操作，严禁合闸!"的警示标志。

5.1.4 当砂石料料堆起拱堵塞时，严禁人员直接站在料堆上进行处理。应根据料物粒径、堆料体积、堵塞原因采取相应措施进行处理。

5.4.7 设备检修时应切断电源，在电源启动柜或设备配电室悬挂"有人检修，不许合闸"的警示标志。

5.4.8 在破碎机腔内检查时，应有人在机外监护，并且保证设备的安全锁机构处于锁定位置。

6.2.1 木模板施工作业时应遵守下列规定：

10. 高处拆模时，应有专人指挥，并标出危险区；应实行安全警戒，暂停交通。

11. 拆除模板时，严禁操作人员站在正拆除的模板上。

6.3.1 钢筋加工应遵守下列规定：

8. 冷拉时，沿线两侧各 2 m 范围为特别危险区，人员和车辆不应进入。

6.5.1 螺旋输送机应符合下列安全技术要求：

6. 处理故障或维修之前，应切断电源，并悬挂警示标志。

6.5.4 片冰机的安全技术要求：

3. 片冰机运转过程中，各孔盖、调刀门不应随意打开。因观察片冰机工作情况而应打开孔盖、调刀门时，严禁观察人员将手、头伸进孔及门内。

6. 参加片冰机调整、检修工作的人员，不应少于 3 人，一人负责调整、检修，一人负责组织指挥(若调整、检修人员在片冰机内，指挥人员应在片冰机顶部)，另一人负责控制片冰机电源开关，应做到指挥准确，操作无误。

7. 工作人员从片冰机进入孔进、出之前和在调整、检修工作的过程中，应关闭片冰机的电源开关，悬挂"严禁合闸"的警示标志，这期间片冰机电源开关控制人员不应擅离工作岗位。

6.5.6 混凝土拌和楼(站)的技术安全要求：

9. 检修时，应切断相应的电源、气路，并挂上"有人工作，不准合闸"的警示标志。

10. 进入料仓(斗)、拌和筒内工作，外面应设专人监护。检修时应挂"正在修理，严禁开动"的警示标志。非检修人员不应乱动气、电控制元件。

6.7.5　采用核子水分/密度仪进行无损检测时应遵守下列规定：

1. 操作者在操作前应接受有关核子水分/密度仪安全知识的培训和训练，只有合格者方可进行操作。应给操作者配备防护铅衣、裤、鞋、帽、手套等防护用品。操作者应在胸前佩戴胶片计量仪，每1～2月更换一次。胶片计量仪一旦显示操作者达到或超过了允许的辐射值，应即停止操作。

3. 应派专人负责保管核子水分/密度仪，并应设立专台档案。每隔半年应把仪器送有关单位进行核泄露情况检测，仪器储存处应牢固张贴"放射性仪器"的警示标志。

4. 核子水分/密度仪受到破坏，或者发生放射性泄露，应立即让周围的人离开，并远离出事场所，直到核专家将现场清除干净。

7.1.6　骨(填)料加热、筛分及储存应遵守下列规定：

2. 加热后的骨料温度高约200 ℃，进行二次筛分时，作业人员应采取防高温、防烫伤的安全措施；卸料口处应加装挡板，以免骨料溅出。

7.1.10　搅拌机运行中，不得使用工具伸入滚筒内掏挖或清理。需要清理时应停机。如需人员进入搅拌鼓内工作时，鼓外要有人监护。

7.2.6　沥青混凝土碾压作业应遵守下列规定：

6. 机械由坝顶下放至斜坡时，应有安全措施，并建立安全制度。对牵引机械和钢丝绳刹车等，应经常检查、维修。

7.2.7　心墙钢模宜应采用机械拆模，采用人工拆除时，作业人员应有防高温、防烫伤、防毒气的安全防护装置。钢模拆除出后应将表面粘附物清除干净，用柴油清洗时，不得接近明火。

《水利水电工程机电设备安装安全技术规程》(SL 400—2016)

5.12.1　蝴蝶阀和球阀安装应符合下列规定：

5. 蝴蝶阀和球阀动作试验前，应检查钢管内和活门附近有无障碍物及人员。试验时应在进人门处挂"禁止入内"警示标志，并设专人监护。

6. 进入蝴蝶阀和球阀、钢管内检查或工作时，应关闭油源，投入机械锁锭，并挂上"有人工作，禁止操作"警示标志，并设专人监护。

6.5.1　转子支架组装和焊接应符合下列规定：

1. 转子支架组焊场地应通风良好，配备灭火器材。

6.8.9　有绝缘要求的导轴瓦或上端轴，安装前后应对绝缘进行检查。试验时应对试验场所进行安全防护，设置安全警戒线和警示标志。

8.3.5　附件安装及电气试验应符合下列规定：

9. 现场高压试验区应设遮栏，并悬挂警示标志，设置警戒线，派专人监护。

8.7.4　开关柜安装应符合下列规定：

4. 硬母线安装应符合下列规定：

6) 在高空安装硬母线时，工作人员必须系好安全带，并设置安全警戒线及警示标志。

8.10.3　电缆头制作应符合下列规定：

6. 现场高压试验区应设围栏，悬挂警示标志，并设专人监护。

8.11.2　高压试验应符合下列规定：

1. 进行高压试验时，在试验地点和高压联线所通过的地段均应设围栏或采取其他安全措施，严防触电，必要时应派专人看守。

8.12.1　试验区应设围栏或拉警戒线，悬挂警示标志，将有关路口和有可能进入试验区域的通道临时封闭，并安排专人看守。

9.2.1　引水及尾水系统检查应符合下列规定：

2. 检查应有 3 人以上参加，并应配备通信及便携式照明器具。进入引水及尾水流道、压力管道、尾水管、蜗壳内部时，应留一人在入口处守候。

10.4.2　桥机试验区域应设置警戒线，并设置明显的警示标志，非工作人员不得进入。试验时桥机下面严禁有人逗留。

《水利水电工程施工作业人员安全操作规程》(SL 401—2007)

2.0.9　严禁人员在吊物下通过和停留。

2.0.10　易燃、易爆等危险场所严禁吸烟和明火作业。不得在有毒、粉尘生产场所进食、饮水。

2.0.12　洞内作业前，应检查有害气体的浓度，当有害气体的浓度超过规定标准时，应及时排除。

2.0.16　检查、修理机械电气设备时，应停电并挂标志牌，标志牌应谁挂谁取。应在检查确认无人操作后方可合闸。严禁机械在运转时加油、擦拭或修理作业。

2.0.20　严禁非电气人员安装、检修电气设备。严禁在电线上挂晒衣服及其他物品。

2.0.26　非特种设备操作人员，严禁安装、维修和动用特种设备。

3.7.13　进行停电作业时，应首先拉开闸刀开关，取走熔断器(管)，挂上"有人作业，严禁合闸"的警示标志，并留人监护。

4.2.1　塔式起重机司机应经过专业培训，并经考试合格后取得特种作业人员操作证书后，方可上岗操作。

《水工建筑物地下开挖工程施工规范》(SL 378—2007)

8.4.2　竖井吊罐及斜井运输车牵引绳，应有断绳保险装置。

8.4.11　井口应设阻车器、安全防护栏或安全门。

8.4.12　斜井、竖井自上而下扩大开挖时，应有防止导井堵塞和人员坠落的措施。

11.1.1　地下室开挖施工过程中，洞内氧气体积不应少于 20%，有害气体和粉尘含量应符合表 11.1.1 的规定标准。

表 11.1.1　空气中有害物质的容许含量

名　称	容许浓度		附　注
	按体积/%	按重量/(mg/m³)	
二氧化碳(CO_2)	0.5	—	一氧化碳的容许含量与作业时间：容许含量为 50 mg/m³ 时，作业时间不宜超过 1 h；容许含量为 100 mg/m³ 时，作业时间不宜超过 0.5 h；容许含量为 200 mg/m³ 时，作业时间不宜超过 20 min；反复作业的间隔时间应在 2 h 以上
甲烷(CH_4)	1	—	
一氧化碳(CO)	0.002 40	30	
氮氧化合物换算成二氧化氮(NO_2)	0.000 25	5	
二氧化硫(SO_2)	0.000 50	15	
硫化氢(H_2S)	0.000 66	10	
醛类(丙烯醛)	—	0.3	

表 11.1.1(续)

名　称	容许浓度		附　注
	按体积/%	按重量/(mg/m^3)	
含有10%以上游离 SiO_2 的粉尘	—	2	含有80%以上游离 SiO_2 的生产粉尘不宜超过1 mg/m^3
含有10%以下游离 SiO_2 的水泥粉尘	—	6	
含有10%以下游离 SiO_2 的其他粉尘	—	10	

13.2.4　几个工作面同时爆破时，应有专人统一指挥，确保起爆人员的安全和相邻炮区的安全。

13.2.11　爆破完成后，带有害气体浓度降低至规定标准时，方可进入现场处理哑炮并对爆破面进行检查，清理危石。清理危石应由有经验的专职人员负责实施。

13.3.5　竖井和斜井运送施工材料或出渣时应遵守下列规定：

1. 严禁人、物混运，当施工人员从爬梯上下竖井时，严禁运输施工材料和出渣。

2. 井口应有防止石渣和杂物坠落井中的措施。

第二节　土石方工程

一、开挖

《水工建筑物岩石基础开挖工程施工技术规范》(SL 47—1994)

1.0.8　严禁在设计建基面、设计边坡附近采用洞室爆破法或药壶爆破法施工。

2.1.2　未经安全技术论证和主管部门批准，严禁采用自下而上的开挖方式。

3.2.6　钻孔爆破施工中，对建筑物或防护目标的安全有要求时，应进行爆破监测。

《水工建筑物地下开挖工程施工规范》(SL 378—2007)

5.2.2　地下洞室洞口削坡应自上而下分层进行，严禁上下垂直作业。进洞前，应做好开挖及其影响范围内的危石清理和坡顶排水，按设计要求进行边坡加固。

5.5.5　当特大断面洞室设有拱座，采用先拱后墙法开挖时，应注意保护和加固拱座岩体。拱脚下部的岩体开挖，应符合下列条件：

1. 拱脚下部开挖面至拱脚线最低点的距离不应小于1.5 m；

2. 顶拱混凝土衬砌强度不应低于设计强度的75%。

11.2.8　对存在有害气体、高温等作业区，必须做专项通风设计，并设置监测装置。

12.3.7　洞内供电线路的布设应符合下列规定：

3. 电力起爆主线应与照明及动力线分两侧架设。

12.4.5　洞内电、气焊作业区，应设有防火设施和消防设备。

13.2.6　当相向开挖的两个工作面相距小于30 m或5倍洞径距离爆破时，双方人员均应撤离工作面；相距15 m时，应停止一方工作，单向开挖贯通。

13.2.7　竖井或斜井单向自下而上开挖，距贯通面5 m时，应自上而下贯通。

13.2.10　采用电力起爆方法，装炮时距工作面30 m以内应断开电源，可在30 m以外用投光灯或矿灯照明。

二、锚固与支护

《水工预应力锚固施工规范》(SL 46—1994)

2.0.8　预应力锚束永久性防护涂层材料必须满足以下各项要求：

(1) 对预应力钢材具有防腐蚀作用；

(2) 与预应力钢材具有牢固的黏结性，且无有害反应；

(3) 能与预应力钢材同步变形，在高应力状态下不脱壳、不脆裂；

(4) 具有较好的化学稳定性，在强碱条件下不降低其耐久性。

6.1.3　锚束安放后，应及时进行张拉和作永久防护。

8.3.2　张拉操作人员未经考核不得上岗；张拉时必须按规定的操作程序进行，严禁违章操作。

《水利水电工程锚喷支护技术规范》(SL 377—2007)

9.1.17　竖井或斜井中的锚喷支护作业应遵守下列安全规定：

1. 井口应设置防止杂物落入井中的措施。

2. 采用溜筒运送喷射混凝土混合料时，井口溜筒喇叭口周围应封闭严密。

第三节　砌石工程

《泵站施工规范》(SL 234—1999)

6.5.3　浆砌石施工应符合下列规定：

1. 砌筑前应将石料刷洗干净，并保持湿润。砌体石块间应用胶结材料黏结、填实。

2. 护坡、护底和翼墙内部石块间较大的空隙，应先灌填砂浆或细石混凝土并认真捣实，再用碎石块嵌实，不得采用先填碎石块后塞砂浆的方法。

第四节　混凝土工程

《水工建筑物滑动模板施工技术规范》(SL 32—2014)

3.3.4　对首次采用的树种，应先进行试验，达到要求后方可使用。

5.2.3　人员进出滑模的通道应安全可靠。

6.3.3　千斤顶和支承杆的最少数量，应符合下列规定：

1. 计算提升力时取 6.2.2 条中 1 款、2 款、3 款之和或 1 款、2 款、6 款之和的大值。

2. 千斤顶、支承杆的允许承载力及其最少数计算方法应符合 6.2.3 条的规定。

6.4.2　混凝土面板堆石坝面板滑模设计应符合下列规定：

6. 混凝土面板堆石坝滑动模板应具有制动保险装置；采用卷扬机牵引时，卷扬机应设置安全可靠的地锚。

7.1.4　所有滑模安装都应符合下列规定：

4. 当滑模安装高度达到或超过 2.0 m 时，对安装人员必须采取高空作业保护措施。

7.4.9　陡坡上的滑模施工，应具有保证安全的措施。当牵引机具为卷扬机时，卷扬机应设置安全可靠的地锚；对滑模应设置除牵引钢丝绳以外的防止其自由下滑的保险器具。

8.0.5　每滑升1～3 m,应对建筑物的轴线、尺寸、形状、位置及标高进行测量检查,并做好记录(施工记录表格见附录D)。

9.1.3　在滑模施工中应及时掌握当地气象情况,遇到雷雨、六级和六级以上大风时,露天的滑模应停止施工,采取停滑措施。全部人员撤离后,应立即切断通向操作平台的供电电源。

9.2.2　在施工的建(构)筑物周围应划出施工危险警戒区,警戒线至建(构)筑物外边线的距离应不小于施工对象高度的1/10,且不小于10 m。警戒线应设置围栏和明显的警戒标志,施工区出入口应设专人看守。

9.2.3　危险警戒区内的建筑物出入口、地面通道及机械操作场所,应搭设高度不小于2.5 m的安全防护棚。

9.2.4　当滑模施工进行立体交叉作业时,在上、下工作面之间应搭设安全隔离棚。

9.3.2　操作平台及悬挂脚手架上的铺板应严密、平整、固定可靠并防滑;操作平台上的孔洞应设盖板或防护栏杆,操作平台上孔洞盖板的打开与关闭应是可控和可靠的。

9.3.3　操作平台及悬挂脚手架边缘应设防护栏杆,其高度应不小于120 cm,横挡间距应不大于35 cm,底部应设高度不小于30 cm的挡板且应封闭密实。在防护栏杆外侧应挂安全网封闭。

9.4.2　施工升降机应有可靠的安全保护装置,运输人员的提升设备的钢丝绳的安全系数不应小于12,同时,应设两套互相独立的防坠落保护装置,形成并联的保险。极限开关也应设置两套。

9.4.5　人货两用的施工升降机在使用时,严禁人货混装。

9.5.2　滑模施工现场的场地和操作平台上应分别设配电装置。附着在操作平台上的垂直运输设备应有上下两套紧急断电装置。总开关和集中控制开关应有明显标志。

9.7.1　露天施工,滑模应有可靠的防雷接地装置,防雷接地应单独设置,不应与保护接地混合。

9.10.5　拆除滑模时,应采取防止操作人员坠落的措施,对空心筒类构筑物,应在顶端设置安全行走平台。

第五节　防渗墙与灌浆工程

《水工建筑物水泥灌浆施工技术规范》(SL 62—2014)

8.1.1　接缝灌浆应在库水位低于灌区底部高程的条件下进行。蓄水前应完成蓄水初期最低库水位以下各灌区的接缝灌浆及其验收工作。

第六节　单 项 工 程

一、碾压混凝土坝

《水工碾压混凝土施工规范》(SL 53—1994)

1.0.3　施工前应通过现场碾压试验验证碾压混凝土配合比的适应性,并确定其施工工艺参数。

4.5.5　每层碾压作业结束后，应及时按网格布点检测混凝土的压实容重。所测容重低于规定指标时，应立即重复检测，并查找原因，采取处理措施。

4.5.6　连续上升铺筑的碾压混凝土，层间允许间隔时间（系指下层混凝土拌和物拌和加水时起到上层混凝土碾压完毕为止），应控制在混凝土初凝时间以内，且混凝土拌合物从拌合到碾压完毕的历时应不大于 2 h。

4.7.1　施工缝及冷缝必须进行层面处理，处理合格后方能继续施工。

二、泵站

《泵站施工规范》(SL 234—1999)

4.5.13　机、泵座二期混凝土，应保证设计标准强度达到 70%以上，才能继续加荷安装。

4.8.1　缆车式泵房的岸坡地基必须稳定、坚实。

第七节　工程质量检查及验收

一、质量检查

《水利水电工程施工质量检验与评定规程》(SL 176—2007)

4.1.11　对涉及工程结构安全的试块、试件及有关材料，应实行见证取样。见证取样资料由施工单位制备，记录应真实齐全，参与见证取样人员应在相关文件上签字。

4.3.3　施工单位应按《单元工程评定标准》及有关技术标准对水泥、钢材等原材料与中间产品质量进行检验，并报监理单位复核。不合格产品，不得使用。

4.3.4　水工金属结构、启闭机及机电产品进场后，有关单位应按有关合同进行交货检查和验收。安装前，施工单位应检查产品是否有出厂合格证、设备安装说明书及有关技术文件，对在运输和存放过程中发生的变形、受潮、损坏等问题应做好记录，并进行妥善处理。无出厂合格证或不符合质量标准的产品不得用于工程中。

4.3.5　施工单位应按《单元工程评定标准》检验工序及单元工程质量，做好书面记录，在自检合格后，填写《水利水电工程施工质量评定表》报监理单位复核。监理单位根据抽检资料核定单元（工序）工程质量等级。发现不合格单元（工序）工程，应要求施工单位及时进行处理，合格后才能进行后续工程施工。对施工中的质量缺陷应书面记录备案，进行必要的统计分析，并在相应单元（工序）工程质量评定表“评定意见”栏内注明。

4.4.5　工程质量事故处理后，由项目法人委托具有相应资质等级的工程质量检测单位检测后，按照处理方案确定的质量标准，重新进行工程质量评定。

二、工程验收

《水利水电建设工程验收规程》(SL 223—2008)

1.0.9　当工程具备验收条件时，应及时组织验收。未经验收或验收不合格的工程不得交付使用或进行后续工程施工。验收工作应相互衔接，不应重复进行。

6.2.1　枢纽工程导(截)流前,应进行导(截)流验收。

6.3.1　水库下闸蓄水前,应进行下闸蓄水验收。

6.4.1　引(调)排水工程通水前,应进行通水验收。

6.5.1　水电站(泵站)每台机组投入运行前,应进行机组启动验收。

第六章 水利工程机电与金属结构

第一节 水力机械

《水轮发电机组安装技术规范》(GB/T 8564—2003)

4.11 现场制造的承压设备及连接件进行强度耐水压试验时，试验压力为 1.5 倍额定工作压力，但最低压力不得小于 0.4 MPa，保持 10 min，无渗漏及裂纹等异常现象。

设备及连接件进行严密性耐压试验时，试验压力为 1.25 倍实际工作压力，保持30 min，无渗漏现象；进行严密性试验时，试验压力为实际工作压力，保持 8 h，无渗漏现象。

单个冷却器应按设计要求的试验压力进行耐水压试验，设计无规定时，试验压力一般为工作压力的 2 倍，但不低于 0.4 MPa，保持 30 min，无渗漏现象。

5.1.9 蜗壳焊缝应进行外观检查和无损探伤检查，制造厂无规定时应符合下列要求：

(1) 焊缝外观检查，应符合表 5 的规定。

表 5 蜗壳焊缝外观检查 单位：mm

序号	项目		允许缺陷尺寸
1	裂纹		不允许
2	表面夹渣		不允许
3	咬边		深度不超过 0.5，连续长度不超过 100，两侧咬边累计长度不大于 10%全长焊缝
4	未焊满		不允许
5	表面气孔		不允许
6	焊缝余高 Δh	手工焊	$12<\delta\leqslant25$，$\Delta h=0\sim2.5$
		埋弧焊	$25<\delta<80$，$\Delta h=0\sim5$，δ 为钢板厚度
7	对接焊缝宽度	手工焊	盖过每边坡口宽度 2～4，且平滑过渡
		埋弧焊	盖过每边坡口宽度 2～7，且平滑过渡
8	飞溅		清除干净
9	焊瘤		不允许

(2) 焊缝无损探伤：

采用射线探伤时，检查长度：环缝为 10%，纵缝、蜗壳与座环连接的对接焊缝为 20%；焊缝质量，按 GB/T 3323 规定的标准，环缝应达到Ⅲ级，纵缝、蜗壳与座环连接的对接焊缝应达到Ⅱ级的要求。

采用超声波探伤时，检查长度：环缝、纵缝、蜗壳与座环连接的对接焊缝均为 100%；焊缝质量，按 GB/T 11345 规定的标准，环缝应达到 B_{II} 级，纵缝、蜗壳与座环连接的对接焊缝

应达到 B_I 级的要求。对有怀疑的部位,应用射线探伤复核。

(3) 混凝土蜗壳的钢衬,一般作煤油渗透试验检查,焊缝应无贯穿性缺陷。

第二节 电　　气

《水利水电工程高压配电装置设计规范》(SL 311—2004)

3.1.11　在正常运行和短路时,电器引线的最大作用力应不大于电器端子允许的荷载。屋外配电装置的导体、套管、绝缘子和金具,应根据当地气象条件和不同受力状态进行力学计算。其安全系数应不小于表 3.1.11 的规定。

表 3.1.11　导体和绝缘子的安全系数

类　　别	荷载长期作用时	荷载短时作用时
套管、支持绝缘子及其金具	2.5	1.67
悬式绝缘子[a]及其金具	4	2.5
软导体	4	2.5
硬导体[b]	2.0	1.67

注:a. 悬式绝缘子的安全系数对应于 1 h 机电试验荷载。

b. 硬导体的安全系数对应于破坏应力,若对应于屈服点应力,其安全系数应分别改为 1.6 和 1.4。

4.1.1　屋外配电装置的安全净距应不小于表 4.1.1 的规定,并应按图 4.1.1-1、图 4.1.1-2 和图 4.1.1-3 校验。

当电气设备外绝缘体最低部位距地面小于 2.5 m 时,应装设固定遮栏。

表 4.1.1　屋外配电装置的安全净距　　　　单位:mm

符号	适应范围	图号	系统标称电压/kV							
			3～10	15～20	35	66	110J	220J	330J	500J
A_1	带电部分至接地部分之间 网状遮栏向上延伸线距地 2.5 m 处与遮栏上方带电部分之间	4.1.1-1 4.1.1-2	200	300	400	650	900	1 800	2 500	3 800[c]
A_2	不同相的带电部分之间 断路器和隔离开关的断口两侧引线带电部分之间	4.1.1-1 4.1.1-3	200	300	400	650	1 000	2 000	2 800	4 300
B_1	设备运输时,其外廓至无遮栏带电部分之间 交叉的不同时停电检修的无遮栏带电部分之间 栅状遮栏至绝缘体和带电部分之间[a] 带电作业时带电部分至接地部分之间[b]	4.1.1-1 4.1.1-2 4.1.1-3	950	1 050	1 150	1 400	1 650[b]	2 550[b]	3 250[b]	4 550[b]

表 4.1.1(续)

符号	适应范围	图号	系统标称电压/kV							
			3～10	15～20	35	66	110J	220J	330J	500J
B_2	网状遮栏至带电部分之间	4.1.1-2	300	400	500	750	1 000	1 900	2 600	3 900
C	无遮栏裸导体至地面之间 无遮栏裸导体至建筑物、构筑物顶部之间	4.1.1-2 4.1.1-3	2 700	2 800	2 900	3 100	3 400	4 300	5 000	7 500
D	平行的不同时停电检修的无遮栏带电部分之间 带电部分与建筑物、构筑物的边沿部分之间	4.1.1-1 4.1.1-2	2 200	2 300	2 400	2 600	2 900	3 800	4 500	5 800

注：1. 110J、220J、330J、500J 系指中性点直接接地电网。

2. 海拔超过 1 000 m 时，A 值应按附录 E 进行修正。

3. 本表所列各值不适用于制造厂的产品设计。

a. 对于 220 kV 及以上电压，可按绝缘体电位的实际分布，采用相应的 B_1 值进行校验。此时，允许栅状遮栏与绝缘体的距离小于 B_1 值，当无给定的分布电位时，可按线性分布计算。校验 500 kV 相间通道的安全净距，亦可用此原则。

b. 带电作业时，不同相或交叉的不同回路带电部分之间，其 B_1 值可取 A_2+750 mm。

c. 500 kV 的 A_1 值，双分裂软导线至接地部分之间可取 3 500 mm。

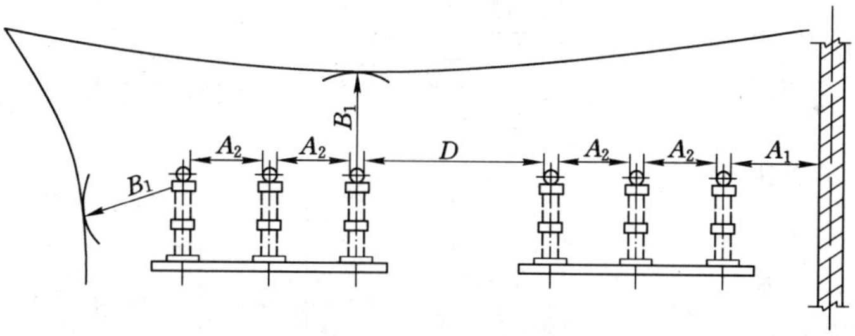

图 4.1.1-1 屋外 A_1、A_2、B_1、D 值校验图

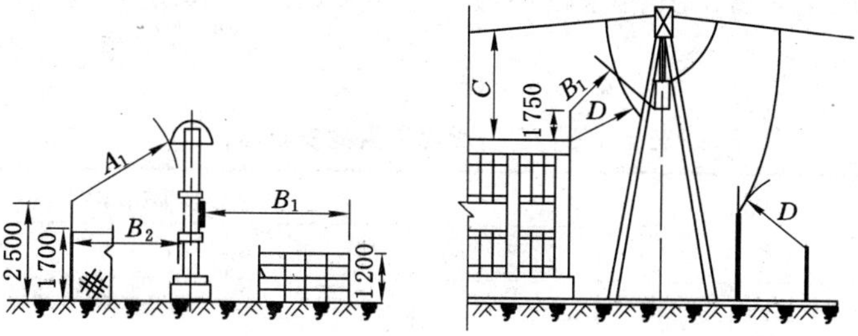

图 4.1.1-2 屋外 A_1、B_1、B_2、C、D 值校验图

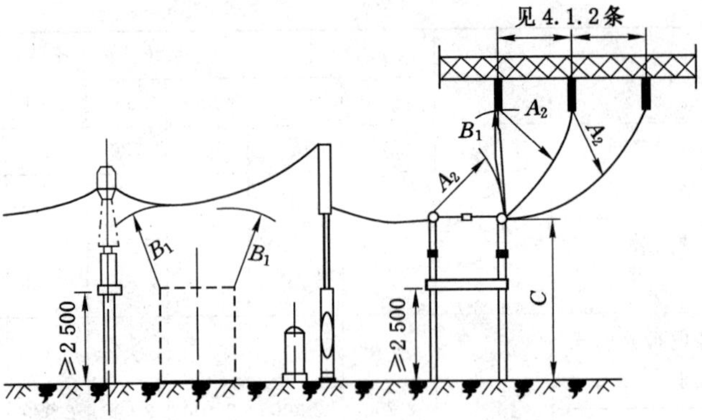

图 4.1.1-3　屋外 A_2、B_1、C 值校验图

4.1.2　屋外配电装置使用软导线时，在不同条件下，带电部分至接地部分和不同相带电部分之间的安全净距，应根据表 4.1.2 进行校验，并应采用其中最大数值。

表 4.1.2　不同条件下的计算风速和安全净距　　单位：mm

条件	校验条件	计算风速/(m/s)	A 值	系统标称电压/kV					
				35	66	110J	220J	330J	500J
雷电过电压	雷电过电压和风偏	10	A_1	400	650	900	1 800	2 400	3 200
			A_2	400	650	1 000	2 000	2 600	3 600
操作过电压	操作过电压和风偏	最大设计风速的 50%	A_1	400	650	900	1 800	2 500	3 500
			A_2	400	650	1 000	2 000	2 800	4 300
最高工作电压	最高工作电压、短路和 10 m/s 风速时的风偏		A_1	150	300	300	600	1 100	1 600
	最高工作电压和最大设计风速时的风偏		A_2	150	300	500	900	1 700	2 400

注：在气象条件恶劣（如最大设计风速为 35 m/s 及以上，以及雷暴时风速较大的地区），校验雷电过电压时的安全净距，其计算风速采用 15 m/s。

4.1.3　屋内配电装置的安全净距不应小于表 4.1.3 的规定，并应按图 4.1.3-1 和图 4.1.3-2 校验。

表 4.1.3　屋内配电装置的安全净距　　单位：mm

符号	适应范围	图号	系统标称电压/kV								
			3	6	10	15	20	35	66	110J	220J
A_1	带电部分至接地部分之间 网状和板状遮栏向上延伸线距地 2.3 m 处与遮栏上方带电部分之间	4.1.3-1	75	100	125	150	180	300	550	850	1 800

表 4.1.3(续)

符号	适应范围	图号	系统标称电压/kV								
			3	6	10	15	20	35	66	110J	220J
A_2	不同相的带电部分之间 断路器和隔离开关的断口两侧引线带电部分之间	4.1.3-1	75	100	125	150	180	300	550	900	2 000
B_1	栅状遮栏至带电部分之间 交叉的不同时停电检修的无遮栏带电部分之间	4.1.3-1、4.1.3-2	825	850	875	900	930	1 050	1 300	1 600	2 550
B_2	网状遮栏至带电部分之间[a]	4.1.3-1	175	200	225	250	280	400	650	950	1 900
C	无遮栏裸导体至地(楼)面之间	4.1.3-1	2 500	2 500	2 500	2 500	2 500	2 600	2 850	3 150	4 100
D	平行的不同时停电检修的无遮栏裸导体之间	4.1.3-1	1 875	1 900	1 925	1 950	1 980	2 100	2 350	2 650	3 600
E	通向屋外的出线套管至屋外通道的路面[b]	4.1.3-2	4 000	4 000	4 000	4 000	4 000	4 000	4 500	5 000	5 500

注:1. 110J、220J 系指中性点有效接地电网。

2. 海拔超过 1 000 m 时,A 值应按附录 E 进行修正。

3. 本表所列各值不适用于制造厂的产品设计。

a. 当为板状遮栏时,其 B_2 值可取 A_1-30 mm。

b. 通向屋外配电装置的出线套管至屋外地面的距离,不应小于表 4.1.1 中所列屋外部分之 C 值。

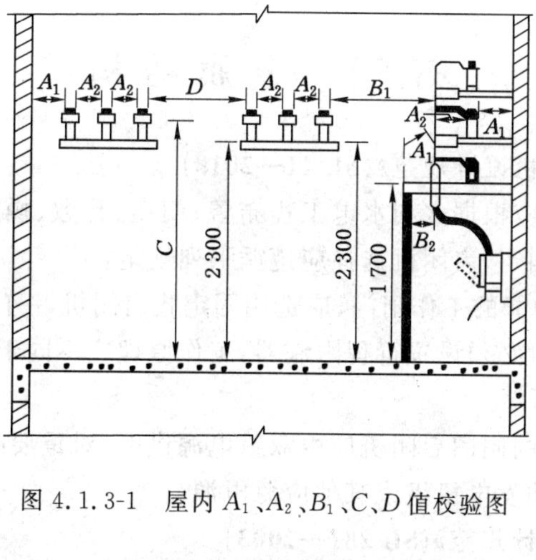

图 4.1.3-1　屋内 A_1、A_2、B_1、C、D 值校验图

当电气设备外绝缘体最低部位距地面小于 2.3 m 时,应装设固定遮栏。

4.1.4　配电装置中相邻带电部分的系统标称电压不同时,应按较高的系统标称电压确定其安全净距。

4.1.5　屋外配电装置带电部分的上面或下面,不应有照明、通信和信号线路架空跨越

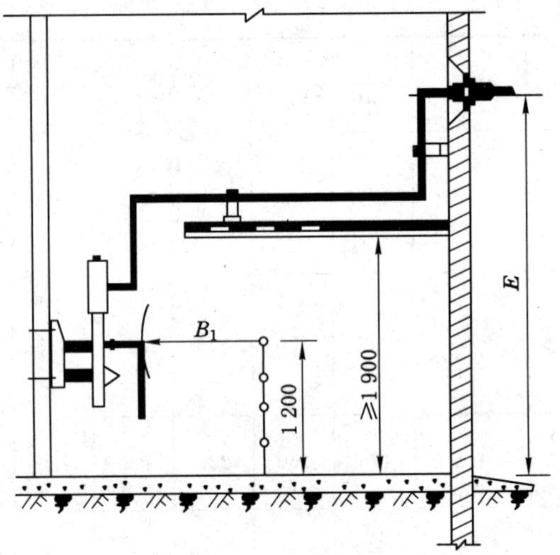

图 4.1.3-2　屋内 B_1、E 值校验图

或穿过；屋内配电装置裸露带电部分的上面不应有明敷的照明或动力线路跨越。

4.3.5　屋内外配电装置均应装设安全操作的闭锁装置及联锁装置。

7.0.1　配电装置室的建筑，符合下列要求：

1. 长度大于 7 m 的配电装置室，应有两个出口，并宜布置在配电装置室的两端；长度大于 60 m 时，宜增添一个出口；当配电装置室有楼层时，一个出口可设在通往屋外楼梯的平台处。

3. 配电装置室应设防火门，并应向外开启，防火门应装弹簧锁，严禁用门闩。相邻配电装置室之间如有门时，应能双向开启。

第三节　金属结构

《水利水电工程启闭机设计规范》(SL 41—2018)

3.1.7　启闭机选型应根据水利水电工程布置、门型、孔数、操作运行和时间要求等，经全面的技术经济论证后确定，启闭机选择应遵循下列规定：

2. 具有防洪、排涝功能的工作闸门，应选用固定式启闭机，一门一机布置。

7.1.16　液压启闭机必须设置行程限制器，工作原理应不同于行程检测装置，严禁采用溢流阀代替行程限制器。

9.2.2　有泄洪要求的闸门启闭机应由双重电源供电，对重要的泄洪闸门启闭机还应设置能自动快速启动的柴油发电机组或其他应急电源。

《水电站压力钢管设计规范》(SL 281—2003)

6.1.4　钢管抗外压稳定计算见附录 A、附录 B。安全系数不得小于下列各值：

1. 明管：钢管管壁和加劲环为 2.0。

2. 地下埋管和坝内埋管：光面管和锚筋加劲的钢管管壁为 2.0；用加劲环加劲的钢管管壁和加劲环为 1.8。

A.4.1　加劲环的临界外压 P_{cr}，可按式(A.4.1-1)、式(A.4.1-2)计算并取小值：

$$P_{cr1} = \frac{3EJ_R}{R^3 l} \tag{A.4.1-1}$$

$$P_{cr2} = \frac{\sigma_s F_R}{rl} \tag{A.4.1-2}$$

式中　F_R——支承环或加劲环有效截面面积(包括管壁等效翼缘面积)，mm^2；

J_R——支承环或加劲环有效截面对重心轴的惯性矩，mm^4；

R——支承环或加劲环有效截面重心轴处的半径，mm；

l——加劲环间距，mm。

B.2.1　光面管的临界外压可按式(B.2.1-1)～式(B.2.1-5)计算。

1. 用经验公式(B.2.1-1)初步计算：

$$P_{cr} = 620\left(\frac{t}{r_1}\right)^{1.7}\sigma_s^{0.25} \tag{B.2.1-1}$$

式中　P_{cr}——临界外压，N/mm^2；

σ_s——钢材屈服点，N/mm^2，按表6.1.1的注1取值。

2. 用阿姆斯图兹公式计算：

$$\left(E'\frac{\Delta}{r_1}+\sigma_N\right)\left[1+12\left(\frac{r_1}{t}\right)^2\frac{\sigma_N}{E'}\right]^{3/2} = 3.46\frac{r_1}{t}(\sigma_{s0}-\sigma_N)\left[1-0.45\frac{r_1(\sigma_{s0}-\sigma_N)}{tE'}\right] \tag{B.2.1-2}$$

$$E' = E/(1-\mu^2)$$

$$P_{cr} = \frac{\sigma_N}{\frac{r_1}{t}\left[1+0.35\frac{r_1(\sigma_{s0}-\sigma_N)}{tE'}\right]} \tag{B.2.1-3}$$

$$\sigma_{s0} = \frac{\sigma_s}{\sqrt{1-\mu+\mu^2}} \tag{B.2.1-4}$$

$$\Delta_p = \frac{qr_3}{1\,000K_{01}}\left(1-\frac{M_d}{E_d}\right) \tag{B.2.1-5}$$

式中　σ_N——管壁屈曲部分由外压引起的平均应力，N/mm^2；

Δ——缝隙，包括施工缝隙 Δ_0、钢管冷缩缝隙 Δ_s、围岩冷缩缝隙 Δ_R 及围岩塑性压缩缝隙 Δ_P，Δ_0、Δ_s、Δ_R 同内压应力分析，见B.1.1；

Δ_p——围岩塑性压缩缝隙；

q——同覆盖岩层厚度的分析，见B.1.3；

M_d——围岩变形模量，N/mm^2；

E_d——围岩弹性模量，N/mm^2。

当 $K_{01}=0$ 时，Δ_p 公式已不适用，缝隙值 Δ 应在 $\Delta_0+\Delta_s+\Delta_R$ 或 $\sigma_{01}r_1E'$ 两者间取大值。σ_{01} 计算见式(B.1.3-5)。

阿姆斯图兹公式已制成图表，见图 B.2.1。

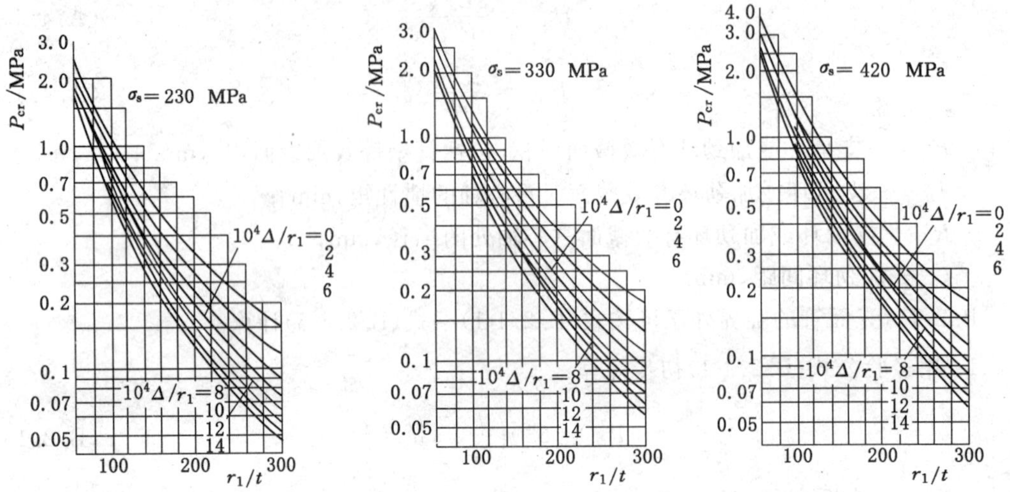

图 B.2.1 埋管临界外压力曲线

(阿姆斯图兹公式 1969，ν=1)

B.2.2 加劲环式钢管的临界外压计算。

1. 加劲环间管壁的临界外压：

采用米赛斯(Miese)公式计算，见附录 A.3.2。

2. 加劲环的临界外压：

$$P_{cr}=\frac{\sigma_s F}{r_1 l} \qquad (B.2.2)$$

式中 F——加劲环有效截面积(包括管壁等效翼缘)，mm^2，见图 B.2.2。

3. 加劲环的应力可采用锅炉公式计算。

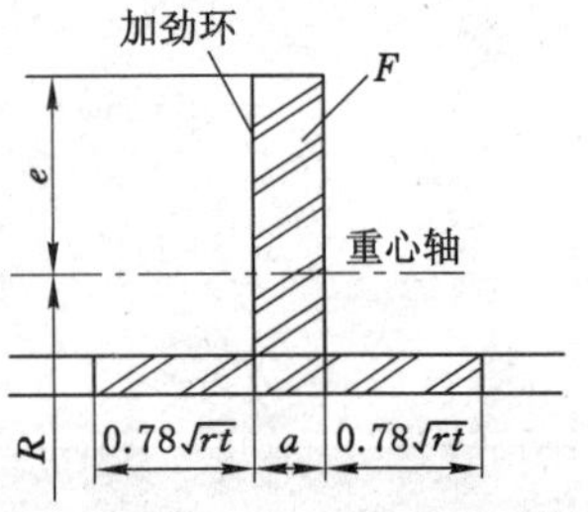

图 B.2.2 加劲环处断面特性

10.1.1 凡属于下列情况之一者应作安全监测：

1. 1、2 级压力钢管。

2. 电站装机容量大于或等于 100 MW 的压力钢管。

3. 管径 $D\geqslant 4$ m，或作用水头 $H\geqslant 100$ m，或 $HD\geqslant 400\ m^2$ 的 3 级压力钢管。

4. 采用新结构、新材料、新工艺、新设计理论和方法的压力钢管。

10.2.3 首次安全检测应在钢管运行后 5～10 年内进行。以后每隔 10～15 年进行一次中期检测。钢管运行满 40 年，必须进行折旧期满安全检测，并确定钢管是否可以继续运行和必须采取的加固措施。

第七章　环境保护、水土保持与征地移民

第一节　环境保护

《江河流域规划环境影响评价规范》(SL 45—2006)

1.0.6　流域规划环境影响评价作为流域规划的组成部分，应贯穿流域规划的全过程。流域规划环境影响评价工作深度应与规划的层次、详尽程度相一致。

《环境影响评价技术导则　水利水电工程》(HJ/T 88—2003)

2.3.2　在工程施工和运行过程中，由于自然和人为原因可能产生的重大环境事故，应分析环境风险性质和影响范围，提出风险管理措施。

6.1.1　应针对工程造成不利影响的对象、范围、时段、程度，根据环境保护目标要求，提出预防、减免、恢复、补偿、管理、科研、监测等对策措施。

6.2.2　大气污染防治措施：应对生产、生活设施和运输车辆等排放废气、粉尘、扬尘提出控制要求和净化措施；制定环境空气监测计划、管理办法。

6.2.3　环境噪声控制措施：施工现场建筑材料的开采、土石方开挖、施工附属企业、机械、交通运输车辆等释放的噪声应提出控制噪声要求；对生活区、办公区布局提出调整意见；对敏感点采取设立声屏障、隔音减噪等措施；制定噪声监控计划。

6.2.4　施工固体废物处理处置措施：应包括施工产生的生活垃圾、建筑垃圾、生产废料处理处置等。

6.2.5　生态保护措施：

1. 珍稀、濒危植物或其他有保护价值的植物受到不利影响，应提出工程防护、移栽、引种繁殖栽培、种质库保存和管理等措施。工程施工损坏植被，应提出植被恢复与绿化措施。

2. 珍稀、濒危陆生动物和有保护价值的陆生动物的栖息地受到破坏或生境条件改变，应提出预留迁徙通道或建立新栖息地等保护及管理措施。

3. 珍稀、濒危水生生物和有保护价值的水生生物的种类、数量、栖息地、洄游通道受到不利影响，应提出栖息地保护、过鱼设施、人工繁殖放流、设立保护区等保护与管理措施。

6.2.6　土壤环境保护措施：

1. 工程引起土壤潜育化、沼泽化、盐碱化、土地沙化，应提出工程、生物和监测管理措施。

2. 清淤底泥对土壤造成污染，应采取工程、生物、监测与管理措施。

6.2.7　人群健康保护措施应包括卫生清理、疾病预防、治疗、检疫、疫情控制与管理，病媒体的杀灭及其孳生地的改造，饮用水源地的防护与监测，生活垃圾及粪便的处置，医疗保健、卫生防疫机构的健全与完善等。

6.2.10　工程对取水设施等造成不利影响时，应提出补偿、防护措施。

9.1　工程的建设应征询和反映受影响地区的公众和有关社会阶层对工程兴建的意愿。

《水质采样技术规程》(SL 187—1996)

2.1.2　河流采样断面的布设方法应符合以下要求：

(1) 流经城市或工业区等污染较重的河流，应根据需要布设对照断面、控制断面和削减断面。

(3) 国际河流出、入口的交界处以及省际、市际交界处比较敏感的水域应布设采样断面。

(5) 入河排污口下游纳污河流，应布设若干控制断面，以掌握影响区域。污染源对水体影响较小且变化不大的河流，可布设一个采样断面。

2.4.1　地下水采样井的布设原则应符合下列要求：

(1) 在以地下水为主要供水源的农业区、经济开发区和城市区应布设采样井，以掌握地下水供水水源地的补给区、径流区、排泄区及遭受污染地段的地下水水质分布规律及动态特征。

(2) 地下水重点污染区、水源性地方病高发区、污水灌溉区、垃圾堆积区及地下水回灌区应布设采样井。

(3) 采样井的布设应以易污染的浅层地下水为主，兼顾深层和自流地下水。

3.1.2　流经城市或工业区污染严重的河流、特殊功能的水域，每月采样1次，每年采样不应少于12次。如遇特殊情况或发生污染事故，应随时增加采样次数。

《雨水集蓄利用工程技术规范》(SL 267—2001)

7.2.1　雨水集蓄利用工程的水在人饮用前，应进行过滤、加消毒药、煮沸或采用其他净化措施，达到GB 749—1985《生活饮用水卫生标准》的要求。

7.2.3　应保持蓄水工程四周及集雨面清洁。不得在水源附近进行勾兑化肥、农药及其他可能造成水源污染的活动。

《水利水电工程劳动安全与工业卫生设计规范》(GB 50706—2011)

5.6.1　六氟化硫气体绝缘电气设备的配电装置室及检修室，必须装设机械排风装置，其室内空气中六氟化硫气体含量不应超过6.0 g/m^3，室内空气不应再循环，且不得排至其他房间内。室内地面孔、洞应采取封堵措施。

5.6.7　水厂的液氯瓶、联氨贮存罐应分别存放在无阳光直接照射的单独房间内。加氯(氨)间和氯(氨)库应设置泄漏检测仪及报警装置，并应在邻近的单独房间内设置漏氯(氨)气自动吸收装置。

5.6.8　水厂加氯(氨)间和氯(氨)库，应设置根据氯(氨)气泄漏量自动开启的通风系统。照明和通风设备的开关应设置在室外。加氯(氨)间和氯(氨)库外部应备有防毒面具、抢救设施和工具箱。

5.7.1　工程使用的砂、石、砖、水泥、商品混凝土、预制构件和新型墙体材料等无机非金属建筑主体材料，其放射性指标限值应符合表5.7.1的规定。

表5.7.1　无机非金属建筑主体材料放射性指标限值

测定项目	内照射指数 I_{Ra}	外射指数 I_r
限　值	≤1.0	≤1.0

5.7.2　工程使用的石材、建筑卫生陶瓷、石膏板、吊顶材料、无机瓷质砖黏结剂等无机非金属装修材料，其放射性指标限值应符合表 5.7.2 的规定。

表 5.7.2　无机非金属装修材料放射性指标限值

测定项目	内照射指数 I_{Ra}	外射指数 I_r
限　　值	≤1.0	≤1.3

5.7.3　工程室内使用的胶合板、细木工板、刨花板、纤维板等人造木板及饰面人造木板，必须测定游离甲醛的含量或游离甲醛的释放量。

第二节　水土保持

《生产建设项目水土保持技术标准》(GB 50433—2018)

3.2.3　严禁在崩塌和滑坡危险区、泥石流易发区内设置取土(石、砂)场。

3.2.5　严禁在对公共设施、基础设施、工业企业、居民点等有重大影响的区域设置弃土(石、渣、灰、矸石、尾矿)场。

《水土保持治沟骨干工程技术规范》(SL 289—2003)

1.0.6　骨干坝的修建，应与上游坡面治理同步进行。

1.0.7　骨干坝单坝控制流域面积，在剧烈侵蚀区[侵蚀模数大于 15 000 t/(km^2 · a)]一般为 3 km^2；在极强度侵蚀区[侵蚀模数 8 000～15 000 t/(km^2 · a)]一般为 3～5 km^2；强度侵蚀区[侵蚀模数 5 000～8 000 t/(km^2 · a)]一般为 3～8 km^2。

1.0.8　骨干坝的规模，多数库容为 50×10^4～100×10^4 m^3，少数库容为 100×10^4～300×10^4 m^3，个别库容为 300×10^4～500×10^4 m^3。对库容大于 500×10^4 m^3 的骨干坝，应进行专门研究；对库容小于 50×10^4 m^3 的淤地坝，应执行《水土保持综合治理技术规范》(GB/T 16453.3—1996)。

1.0.9　骨干坝设计条件应根据所处的工作状况和作用力的性质分为：

1. 正常运用条件

(1) 骨干坝水位处于死水位和设计洪水位之间的各种水位的稳定渗流期。

(2) 骨干坝水位处于上述范围内经济性的正常降落。

2. 非常运用条件

(1) 骨干坝施工期。

(2) 校核洪水位有可能形成稳定渗流的情况。

1.0.10　骨干坝的等别划分及设计标准，应按表 1.0.10 确定。

表 1.0.10　骨干坝等别划分及设计标准

总库容/(×10^4 m^3)		100～500	50～100
工程等别		四	五
建筑物级别	主要建筑物	4	5
	次要建筑物	5	5

表 1.0.10(续)

总库容/($\times10^4$ m^3)		100～500	50～100
工程等别		四	五
洪水重现期/a	设计	30～50	20～30
	校核	300～500	200～300
设计淤积年限/a		20～30	10～20

5.1.3　施工场地处理应符合以下要求：

1. 工程的各类开挖面、堆弃场应相对集中，开挖面不宜长时间裸露。

2. 弃土、弃渣应运到专门的存放地堆放，并采取防护措施。

3. 施工过程中应做好土、石料场和施工场地的排水、引流。

4. 工程完工后，各类施工场地、开挖面、弃土场等应进行平整，采取措施，恢复植被。

5.2.1　导流建筑物度汛洪水重现期一般取5年。

5.2.2　坝体在汛前必须达到20年一遇洪水重现期防洪度汛高程，否则应采取抢修度汛小断面等措施。

5.2.3　跨汛期施工工程必须在汛前编制防洪度汛预案。

5.10.1　对施工人员必须加强安全教育，制定制度，加强安全检查。

5.10.2　水坠坝施工应对造泥沟、输泥渠、冲填池、坝坡、取土场随时监视险情，防止人员或工具掉入泥中，在输泥沟平稳段应设置几道绳索或木棍进行拦挡。

5.10.3　爆破施工应符合现行有关规范的规定。

5.10.4　汛期施工，应按照防汛预案做好防洪物资、报汛联系、夜间照明等准备工作。

5.10.5　脚手架必须经常检查、维修和加固。操作人员必须使用安全带，配戴安全帽，材料不得自高空随手扔下。脚手架周围应布设安全网，身体不适或有病人员不得上架。大风或夜间停电、灯光暗淡时应停止工作。

6.2.4　存在下列情况之一者不得验收：

1. 隐蔽工程未经中间验收。

2. 坝体裂缝未经处理。

3. 建筑物尺寸或坝体填筑质量未达到设计要求。

4. 未经批准擅自变更设计和坝址。

7.1.1　骨干坝开工前应签订工程管护合同，竣工验收后应及时交付管护单位，落实工程管护和防汛责任。

7.4.2　骨干坝在设计水位情况下，必须确保安全运用。对超标准洪水应制定安全运用对策，保护工程安全，将损失降低到最低程度。当建筑物出现严重险情或设备发生故障时，必须尽快泄空库内蓄水，进行检查抢修。对病险坝库，必须空库运用。

7.4.3　骨干坝未淤满前，一般采用缓洪、拦泥、淤地运用方式，保持足够的滞洪库容。

7.4.4　库内淤积面达到设计高程后，应空库运行，并及时采取修建防洪排水设施、防治盐碱和改良土壤等措施，充分利用坝地发展生产。

《水坠坝技术规范》(SL 302—2004)

5.1.1　应清除坝基范围内的草皮、树根、含有植物的表土、乱石以及各种建筑物，将其运到指定地点堆放，并采取防护措施。

6.1.2　坝坡抗滑稳定安全系数不应小于表 6.1.2 的规定。

表 6.1.2　坝坡抗滑稳定安全系数

适用条件	建筑物级别		
	3	4	5
正常运用条件	1.30	1.25	1.25
非常运用条件	1.20	1.15	1.15

注：1. 正常运用条件：① 蓄水运用条件下水位处于蓄水位和设计洪水位与死水位之间的各种水位的稳定渗流期；② 水位在上述范围内经常性地正常降落。

2. 非常运用条件：① 施工期；② 校核洪水位有可能形成稳定渗流的情况；③ 水位非常降落。

7.2.2　施工期坝体防洪度汛标准应达到 20 年一遇洪水重现期。

8.1.2　坝体填筑应在坝基处理及隐蔽工程验收合格后方可进行。

8.1.3　对施工造成的水土流失，应采取以下水土保持防护措施：

1. 施工过程中，减少对植被的破坏。

2. 废弃的土石堆放在指定场地，并采取拦挡、治理措施。

3. 工程竣工后，对施工中形成的裸露土地进行整治，并恢复林草植被。

8.5.3　非均质坝应采用全河床的全断面冲填，不应采用先填一岸的分段冲填方式，

9.2.1　工程施工中，应有施工安全管理、防护措施和事故应急处理措施等内容。

9.2.2　施工场地、主要交通道路应与施工营地、材料库房保持一定的安全距离；各类场地的布设均应避开可能发生滑坡、崩塌、洪水淹没危险的地方。

9.2.6　汛期施工应做好防汛抢险的预案。

第三节　征地和移民

《水利水电工程建设征地移民安置规划设计规范》(SL 290—2009)

2.2.2　水库设计洪水回水计算及回水末端处理应按以下规定执行。

1. 水库设计洪水回水水面线，应考虑水库运行方式，按照坝前起调水位和入库流量，计算回水水位。回水水面线应以坝址以上天然洪水与建库后设计采用的同一频率的分期(汛期和非汛期)洪水回水位组成的外包线的沿程回水高程确定。

2. 水库回水尖灭点，应以回水水面线不高于同频率天然洪水水面线 0.3 m 范围内的断面确定；水库淹没处理终点位置，一般可采取尖灭点水位水平延伸至天然河道多年平均流量的相应水面线相交处确定。

3. 水库设计洪水回水位的确定，应根据河流泥沙特性、水库运行方式、上游有无调节水库以及受淹对象的重要程度，考虑 10～30 年的泥沙淤积影响。

2.2.3　设计洪水标准应根据以下原则确定：

1. 淹没对象的设计洪水标准，应根据淹没对象的重要性、水库调节性能及运用方式，在安全、经济和考虑其原有防洪标准的原则下，在表 2.2.3 所列设计洪水标准范围内分析选择。选取其他标准应进行专门分析论证，并阐明其经济合理性。

2. 表2.2.3中未列的铁路、公路、输变电、电信、水利设施及文物古迹等淹没对象，其设计洪水标准按照《防洪标准》(GB 50201)和相关技术标准的规定确定。

表2.2.3　不同淹没对象设计洪水标准表

淹没对象	洪水标准(频率)/%	重现期/年
耕地、园地	50～20	2～5
林地、草地	正常蓄水位	—
农村居民点、集镇、一般城镇和一般工矿区	10～5	10～20
中等城市、中等工矿区	5～2	20～50
重要城市、重要工矿区	2～1	50～100

2.5.8　移民居民点设计应符合以下要求：

3. 移民居民点新址应布设在居民迁移线以上并避开浸没、滑坡、坍岸等不良地质地段。防洪高水位设置在正常蓄水位以上的水库，移民居民点新址一般应设在防洪高水位以上。

6. 集中安置的农村居民点应当进行水文地质与工程地质勘察，进行场地稳定性及建筑适宜性评价，并依法做好地质灾害危险性评估。

2.6.3　迁建新址的选择应符合以下要求：

1. 城(集)镇新址，应选择在地理位置适宜、地形相对平坦、地质稳定、水源安全可靠、交通方便、防洪安全、便于排水、能发挥服务功能的地点。选择新址，还应与当地城镇体系规划相协调，并为远期发展留有余地。

2. 城(集)镇选址应进行水文地质和工程地质勘察，进行场地稳定性及建筑适宜性评价，并进行地质灾害危险性评估。

2.9.1　在水库临时淹没、浅水淹没或影响区，如有重要对象，具备防护条件，且技术可行、经济合理，应采取防护措施。

2.9.2　防洪工程设计标准应按以下原则确定：

4. 防浸没(渍)标准应根据水文地质条件、水库运用方式和防护对象的耐浸能力，综合分析确定不同防护对象容许的地下水位临界深度值。

5. 排涝工程的内外设计水位应根据防护对象的除涝防渍要求、主要防护对象的高程分布和水库调度运用资料，综合分析，合理确定。

2.11.5　建(构)筑物拆除与清理应符合以下要求：

1. 清理范围内的各种建筑物、构筑物应拆除，并推倒摊平，对易漂浮的废旧材料按有关要求进行处理。

2. 清理范围内的各种基础设施，凡妨碍水库运行安全和开发利用的应拆除，设备和旧料应运至库区以外。残留的较大障碍物要炸除，其残留高度一般不宜超过地面0.5 m。对确难清除的较大障碍物，应设置蓄水后可见的明显标志，并在水库区地形图上注明其位置与标高。

3. 水库消落区的地下建(构)筑物，应结合水库区地质情况和水库水域利用要求，采取填塞、封堵、覆盖或其他措施进行处理。

2.11.6　卫生清理应符合以下要求：

1. 卫生清理工作应在建(构)筑物拆除之前进行。

2. 卫生清理应在地方卫生防疫部门的指导下进行。

3. 库区内的污染源及污染物应进行卫生清除、消毒。如厕所、粪坑(池)、畜厩、垃圾等均应进行卫生防疫清理,将其污物尽量运至库区以外,或薄铺于地面曝晒消毒,对其坑穴应进行消毒处理,污水坑以净土填塞;对无法运至库区以外的污物、垃圾等,则应在消毒后就地填埋,然后覆盖净土,净土厚度应在 1 m 以上且应夯实。

4. 库区内的工业企业积存的废水,应按规定方式排放。有毒固体废弃物按环境保护要求处理。

5. 库区内具有严重放射性、生物性或传染性的污染源,应委托有资质的专业部门予以清理。

6. 库区内经营、储存农药、化肥的仓库、油库等的污染源,应按环境保护要求处理。

7. 对埋葬 15 年以内的坟墓,应迁出库区;对埋葬 15 年以上的坟墓,是否迁移,可按当地民政部门规定,并尊重当地习俗处理;对无主坟墓压实处理。凡埋葬结核、麻风、破伤风等传染病死亡者的坟墓和炭疽病、布鲁氏菌病等病死牲畜的掩埋场地,应按卫生防疫的要求,由专业人员或经过专门技术培训的人员进行处理。

8. 有钉螺存在的库区周边,在水深不到 1.5 m 的范围内,在当地血防部门指导下,提出专门处理方案。

9. 清理范围内有鼠害存在的区域,应按卫生防疫的要求,提出处理方案。

2.11.7 林木砍伐与迹地清理应符合以下要求:

1. 林地及零星树木应砍伐并清理,残留树桩不得高出地面 0.3 m。

2. 林地砍伐残余的枝桠、枯木、灌木林(丛)等易漂浮的物质,在水库蓄水前,应就地处理或采取防漂措施。

3. 农作物秸秆及泥炭等其他各种易漂浮物,在水库蓄水前,应就地处理或采取防漂措施。

第八章 火力发电工程

第一节 综合规定

《火力发电厂职业安全设计规程》(DL 5053—2012)

4.1.2 严禁将厂址选择在强烈岩溶发育、滑坡、泥石流的地区或发震断裂地带；单机容量为300 MW及以上或全厂规划容量为1 200 MW及以上的发电厂，不宜建在50年超越概率10％的地震动峰值加速度为0.4g、地震基本烈度为9度的地区。

4.4.1 管线布置

2. 输送具有毒性、易燃、易爆、可燃性质介质的管线和管沟，严禁穿越与其无关的建(构)筑物、生产装置及储罐区等。

第二节 勘测设计

一、工艺

《燃气—蒸汽联合循环电厂设计规定》(DL/T 5174—2003)

7.2.3 天然气管道设计应符合下列规定：

4. 进厂天然气气源紧急切断阀前总管和厂内天然气供应系统管道上应设置放空管。放空阀、放空竖管的设置和布置原则按GB 50251的规定。

7.2.5 辅助设施及其他设计要求：

1. 进厂天然气总管及每台燃气轮机天然气进气管上应设置天然气流量测量装置，进厂输气总管上应装设紧急切断阀，并布置在安全与便于操作的位置。

2. 调压站应设置避雷设施，站内管道及设备应有防静电接地设施。

4. 厂内应设置天然气管道停用时的惰性气体置换系统。置换气体的容量宜为被置换气体总容量的两倍。

5. 厂内天然气系统应设置用于气体置换的吹扫和取样接头及放散管等。根据布置或安全要求，放散管可单独设置，也可部分集中引至放空管。放空气体排入大气应符合环保和防火要求，防止被吸入通风系统、窗口或相邻建筑。

8.2.4 燃气轮机的注水或注蒸汽系统：

当燃气轮机无法通过改变燃烧工况来保证排气中氮氧化物的含量满足当地环保要求时，应设向燃气轮机燃烧室内注水(除盐水)或注蒸汽的装置。

12.5.1 热工保护应符合下列要求：

1. 热工保护系统的设计应有防止误动和拒动的措施，保护系统电源中断和恢复不会误发动作指令。

2．热工保护系统应遵守下列独立性原则：

(1) 燃气轮机、余热锅炉、汽轮机跳闸保护系统的逻辑控制器应单独冗余设置；

(2) 保护系统应有独立的输入/输出信号(I/O)通道，并有电隔离措施；

(3) 冗余的I/O信号应通过不同的I/O模件引入；

(5) 机组跳闸命令不应通过通信总线传送。

4．在控制台上必须设置停燃气轮机、停汽轮机和解列发电机的跳闸按钮。跳闸按钮应直接接至停燃气轮机、停汽轮机的驱动回路。

12.5.3　燃气轮机主要保护：

1．燃气轮机超速；

2．燃气轮机排气温度高；

3．燃气轮机振动过大；

4．润滑油温过高；

5．润滑油压过低；

6．密封油差压低；

7．遮断控制油压过低；

8．燃气轮机排气压力过高；

9．燃烧室熄火；

10．燃气轮机区域着火；

11．手动停机；

12．燃气轮机其他保护项目。

13.3.4　交流保安电源：

2．简单循环及联合循环的发电机容量为200 MW级及以上时，应设置交流保安电源；

4．调峰的燃气轮机发电机组且盘车电动机需交流电源时，应设置交流保安电源。

16.2.1　防火、防爆与安全疏散：

4．厂房的防爆设计，应满足下列要求：

(3) 使用和贮存易燃、易爆液体厂房内的地下管沟，不应与相邻厂房的管沟相通，下水道应设水封或隔油设施；

(4) 天然气调压站、供氢站、油处理室等建筑地坪面层材料应选用不发火材料；

(5) 防火门自行关闭后，应能从任何一面手动开启；电缆室、电缆竖井等处的门，应选用耐火极限不低于36 min的防火门。

5．厂房的安全疏散口设置，应符合下列要求：

(1) 厂房的安全疏散口不应少于2个，如设一个安全疏散口，应符合GBJ 16(2001年版)3.5.1的规定；安全疏散口的距离，应符合防火安全的要求；

(2) 长度超过100 m的厂房，必须设中间楼梯及中间疏散口；

(3) 在主要出入口附近，应有通至各层与屋面的封闭楼梯。在厂房的扩建端，应有通至各层与屋面的室内或室外楼梯作为第二安全出口。

16.4.3　汽轮机基础及燃气轮机或联合循环发电机组基础应设置沉降观测点。

《火力发电厂高温高压蒸汽管道蠕变监督规程》(DL/T 441—2004)

3.2 监察段上蠕变测量截面的设置

3.2.1 蒸汽温度高于450 ℃的主蒸汽管道和再热蒸汽管道,应装设蠕变监察段。监察段应设置在靠近过热器和再热器出口联箱的水平管段上实际壁厚最薄的区段,其长度为3 000～4 000 mm。

3.2.2 监察段上不允许开孔和安装仪表插座,也不得安装支吊架。

3.2.3 主蒸汽管道和再热蒸汽管道的监察段上应设置三个蠕变测量截面,测量截面应等间距设置。

3.3 非监察段上蠕变测量截面的设置

3.3.1 主蒸汽管道、蒸汽母管和再热蒸汽管道的每一直管段上,可根据具体情况设置一个蠕变测量截面,每条管道蠕变测量截面的总数不得少于10个。直管段上蠕变测量截面的位置,离焊缝或支吊架的距离不得小于1 m,至弯管起弧点不得小于0.75 m。

3.3.2 应选择不少于两根集汽联箱的导汽管,在距弯管起弧点0.5 m左右处直管段壁厚最薄的部位设置一个蠕变测量截面。

3.5 蠕变测量截面的保护

3.5.1 蠕变测量截面处,应设计活动保温并在保温外加注标记,其保温性能不低于该部件保温材料的保温性能。露天或半露天布置的蠕变测量截面处,应有防水渗入管道表面的设施。垂直管段的蠕变测量截面处,应有防止保温材料下滑的可靠措施。

3.5.2 对需要经常测量及难搭架子的蠕变测量截面处,应有固定的测量平台。

《火力发电厂汽轮机防进水和冷蒸汽导则》(DL/T 834—2003)

3.1.1 汽轮机及汽、水系统的设计、控制和运行均应考虑对汽轮机在各种不同的工况下运行时,可能造成汽轮机进水和冷蒸汽的系统和汽轮机本体的不正常积水。

3.1.2 机组应设有完善的进水检测,检测装置应能通过温度或水位及其他检测方法,检测出汽轮机内部和外部的积水,特别是能及早检测和判断出可能进入汽缸的外部积水。

3.1.5 机组具有完善的防进水保护系统,对特别危险的水源,该处设备或该设备的任何一套保护或系统单独发生故障时(包括失电、失气信号故障),不致引起汽轮机发生进水事故。

4.4.1 锅炉出口到汽轮机主汽门之间的主蒸汽管道,每个最低点处均设置疏水点。为简化疏水系统,在确定最低点位置时,尽量靠近汽轮机一端。在每一根主蒸汽管进主汽门前的低位点,均设有疏水点,若主蒸汽主管末端分支在主蒸汽管道最低点,则此处应设疏水点。

4.5.1 大量的汽轮机进水事故是因冷段再热管道有水所致。在设计这部分管道疏水和防进水保护时,应综合考虑由于再热减温器、利用冷段再热管抽汽供加热器、Ⅰ级启动旁路的减温器出现故障而导致发生汽轮机进水的可能性。

4.8.2 电动隔离阀只能用于防止汽轮机进水的一级保护。逆止阀不能单独作为隔离阀使用,一般只用于快速动作,以限制抽汽管道的倒流蒸汽造成汽轮机超速,同时作为防止汽轮机进水的二级保护。

隔离阀和逆止阀与保护系统应有连锁,当汽轮机跳闸、汽轮机超速、发电机跳闸、加热器(或除氧器)超高水位时,自动关闭。

4.9.5　抽汽和给水（包括给水旁路）管道上的电动隔离阀所要求的动作速度，取决于流至加热器中的额外增加水量及超高水位报警线和电动隔离阀之间的容积。计算额外增加水量应为下列两项水量的最大值：

1. 加热器水侧两根管子同时破裂（四个断口）时流出的水量；

2. 相当于本级加热器水侧总流量10%的流量。

以上两种情况，都是假定加热器正常疏水或事故疏水能够排除来自上一级加热器的逐级疏水和本级加热器的抽汽凝结水流量。在确定储水容积时，必须考虑加热器的布置情况。

《电站煤粉锅炉炉膛防爆规程》（DL/T 435—2004）

3.2.1　炉膛结构设计

炉膛结构设计的要求是：

（a）炉膛结构应能承受非正常情况所出现的瞬态压力。在此压力下，炉膛不应由于任何支撑部件发生弯曲或屈服而导致永久变形。

3.2.2　烟风道设计

烟风道设计的要求是：

（a）从送风机出口一直到烟囱所有的风道及烟道，在设计时均应考虑炉膛承受瞬态设计压力时，烟风道所受到的压力。

3.2.4　制粉系统

制粉系统的要求是：

（a）制粉系统的设计，必须能在规定的煤质特性及其允许的变化范围内，磨制出合格的煤粉。

（f）制粉系统的所有管道和设备的结构不应存在易发生煤粉沉积的死角，通流面积的设计应保证吹扫空气通过时的流速能将沉积的煤粉吹扫干净。

3.2.5　燃烧器系统

燃烧器系统的要求是：

（a）燃烧器系统的设计必须与所选定的燃料特性和炉膛的结构型式紧密配合，保证能向炉膛提供需要的煤粉量和空气量，并保持火焰稳定和在炉内有较好的充满度。

3.2.9　炉膛安全监控系统

炉膛安全监控系统的要求是：

（a）炉膛安全监控系统不同于锅炉生产蒸汽过程中的各种生产过程控制（调节）系统（如燃烧、给水、汽温等），与燃烧系统、燃烧器的总数目及布置、运行中燃烧器数目及位置等密切相关。因此，应根据具体的燃烧系统的要求及运行特性专门设计。总的安全功能应包括，但也不限于下列功能：

（1）炉膛吹扫连锁及定时；

（2）点火试验定时；

（3）火焰检测及强制性安全停炉等。

也可根据锅炉容量大小，增减其功能。如容量较小，只有单台送、引风机的锅炉，炉膛吹扫及定时的要求，可规定在现场运行规程中，由运行人员按规程的要求对炉膛进行吹扫。而对容量较大的锅炉，炉膛安全监控可按有关设备（如点火系统、燃烧系统）的启、停条件，跳闸条件及强制性总燃料跳闸的各种条件，进行炉膛安全运行的控制。

3.2.10　火焰检测及跳闸系统

火焰检测及跳闸系统的要求是：

(a) 火焰检测器是炉膛安全监控系统中的重要组成部分。每个燃烧器，包括其点火器及启动油(气)枪，均应配置相应的火焰检测器。

《压缩空气站设计规范》(GB 50029—2014)

3.0.7　活塞空气压缩机、隔膜空气压缩机后应设置储气罐，其排气口与储气罐之间应设置后冷却器；各活塞空气压缩机或隔膜空气压缩机不应共用后冷却器和储气罐。除用户对压缩空气温度有特殊要求外，离心空气压缩机排气口应设置后冷却器。

3.0.9　不同压力的空气压缩机串联运行时，应在两台空气压缩机之间设置缓冲罐，并应在后置空气压缩机后设置储气罐。缓冲罐的容积应根据高、低压压缩机之间进、排气流量的平衡需要进行匹配。

3.0.14　活塞空气压缩机、隔膜空气压缩机与储气罐之间，应装设止回阀；空气压缩机与止回阀之间，应设置放空管，放空管上应设置消声器。活塞空气压缩机、隔膜空气压缩机与储气罐之间，不应装设切断阀，当需要装设切断阀时，在空气压缩机与切断阀之间，必须装设安全阀。

3.0.15　离心空气压缩机的排气管上应装设止回阀和切断阀，空气压缩机与止回阀之间，必须设置放空管，放空管上应装设防喘振调节阀和消声器。

3.0.16　离心空气压缩机应设置高位油箱或其他能够保证机器惰转时供油的设施。

3.0.18　储气罐上必须装设安全阀。储气罐与供气总管之间，应装设切断阀。

4.0.3　工作压力大于或等于 10 MPa 压缩空气站的配气台、储气罐、充瓶装置，应分别布置在单独的房间内，且房间内不应布置其他无关的设备。

4.0.14　空气压缩机组的联轴器和皮带传动部分必须装设安全防护设施。

5.0.2　当工作压力大于或等于 10 MPa 的压缩空气站与其他建筑物毗连时，隔墙应采用无门、窗、洞的钢筋混凝土防护墙；防护墙的厚度不应小于 200 mm。

5.0.3　压缩空气站机器间通向室外的门应保证安全疏散、便于设备的出入和操作管理。离心空气压缩机站的安全出口不应少于 2 个，且必须有 1 个直通室外；当双层布置时，运行层应有通向室外地面的安全梯。

5.0.5　工作压力大于或等于 10 MPa 的压缩空气站，其机器间、配气台间、储气罐间、充瓶间与其他房间的隔墙，应采用钢筋混凝土防护墙；防护墙的厚度不应小于 200 mm。

6.0.3　压缩空气站内使用的手提灯，电压不应超过 36 V；在储气罐内或在空气压缩机的金属平台上使用的手提灯，电压不得超过 12 V。

6.0.7　压缩空气站的热工报警信号和自动保护控制装置应按附录 E、附录 F、附录 G、附录 H 的规定装设。当设有集中控制室时，附录中应装设的热工报警信号应接入集中控制室。在控制室和机器旁均应设置空气压缩机紧急停车按钮。

6.0.9　离心空气压缩机应设置下列控制系统：

1. 进气调节控制系统；

2. 机组防喘振控制系统；

3. 排气稳压控制系统或稳流控制系统。

二、土建

《建筑地基基础设计规范》(GB 50007—2011)

3.0.2　根据建筑物地基基础设计等级及长期荷载作用下地基变形对上部结构的影响程度，地基基础设计应符合下列规定：

1. 所有建筑物的地基计算均应满足承载力计算的有关规定。

2. 设计等级为甲级、乙级的建筑物，均应按地基变形设计。

3. 设计等级为丙级的建筑物有下列情况之一时应作变形验算：

(1) 地基承载力特征值小于 130 kPa，且体型复杂的建筑；

(2) 在基础上及其附近有地面堆载或相邻基础荷载差异较大，可能引起地基产生过大的不均匀沉降时；

(3) 软弱地基上的建筑物存在偏心荷载时；

(4) 相邻建筑距离近，可能发生倾斜时；

(5) 地基内有厚度较大或厚薄不均的填土，其自重固结未完成时。

4. 对经常受水平荷载作用的高层建筑、高耸结构和挡土墙等，以及建造在斜坡上或边坡附近的建筑物和构筑物，尚应验算其稳定性。

5. 基坑工程应进行稳定性验算。

6. 建筑地下室或地下构筑物存在上浮问题时，尚应进行抗浮验算。

3.0.5　地基基础设计时，所采用的作用效应与相应的抗力限值应符合下列规定：

1. 按地基承载力确定基础底面积及埋深或按单桩承载力确定桩数时，传至基础或承台底面上的作用效应应按正常使用极限状态下作用的标准组合；相应的抗力应采用地基承载力特征值或单桩承载力特征值。

2. 计算地基变形时，传至基础底面上的作用效应应按正常使用极限状态下作用的准永久组合，不应计入风荷载和地震作用；相应的限值应为地基变形允许值。

3. 计算挡土墙、地基或滑坡稳定以及基础抗浮稳定时，作用效应应按承载能力极限状态下作用的基本组合，但其分项系数均为 1.0。

4. 在确定基础或桩基承台高度、支挡结构截面，计算基础或支挡结构内力、确定配筋和验算材料强度时，上部结构传来的作用效应和相应的基底反力、挡土墙土压力以及滑坡推力，应按承载能力极限状态下作用的基本组合，采用相应的分项系数。

当需要验算基础裂缝宽度时，应按正常使用极限状态下作用的标准组合。

5. 基础设计安全等级、结构设计使用年限、结构重要性系数应按有关规范的规定采用，但结构重要性系数 γ_0 不应小于 1.00。

5.1.3　高层建筑基础的埋置深度应满足地基承载力、变形和稳定性要求。位于岩石地基上的高层建筑，其基础埋深应满足抗滑稳定性要求。

5.3.1　建筑物的地基变形计算值，不应大于地基变形允许值。

5.3.4　建筑物的地基变形允许值应按表 5.3.4 规定采用。对表中未包括的建筑物，其地基变形允许值应根据上部结构对地基变形的适应能力和使用上的要求确定。

表 5.3.4　建筑物的地基变形允许值

变形特征		地基土类别	
		中、低压缩性土	高压缩性土
砌体承重结构基础的局部倾斜		0.002	0.003
工业与民用建筑相邻柱基的沉降差	框架结构	$0.002l$	$0.003l$
	砌体墙填充的边排柱	$0.0007l$	$0.001l$
	当基础不均匀沉降时不产生附加应力的结构	$0.005l$	$0.005l$
单层排架结构(柱距为 6 m)柱基的沉降量/mm		(120)	200
桥式吊车轨面的倾斜(按不调整轨道考虑)	纵　向	0.004	
	横　向	0.003	
多层和高层建筑的整体倾斜	$H_g \leqslant 24$	0.004	
	$24 < H_g \leqslant 60$	0.003	
	$60 < H_g \leqslant 100$	0.0025	
	$H_g > 100$	0.002	
体型简单的高层建筑基础的平均沉降量/mm		200	
高耸结构基础的倾斜		$H_g \leqslant 20$	0.008
		$20 < H_g \leqslant 50$	0.006
		$50 < H_g \leqslant 100$	0.005
		$100 < H_g \leqslant 150$	0.004
		$150 < H_g \leqslant 200$	0.003
		$200 < H_g \leqslant 250$	0.002
高耸结构基础的沉降量/mm	$H_g \leqslant 100$	400	
	$100 < H_g \leqslant 200$	300	
	$200 < H_g \leqslant 250$	200	

注：1. 本表数值为建筑物地基实际最终变形允许值；
2. 有括号者仅适用于中压缩性土；
3. l 为相邻柱基的中心距离(mm)；H_g 为自室外地面起算的建筑物高度(m)；
4. 倾斜指基础倾斜方向两端点的沉降差与其距离的比值；
5. 局部倾斜指砌体承重结构沿纵向 6～10 m 内基础两点的沉降差与其距离的比值。

6.1.1　山区(包括丘陵地带)地基的设计，应对下列设计条件分析认定：

1. 建设场区内，在自然条件下，有无滑坡现象，有无影响场地稳定性的断层、破碎带；
2. 在建设场地周围，有无不稳定的边坡；
3. 施工过程中，因挖方、填方、堆载和卸载等对山坡稳定性的影响；
4. 地基内岩石厚度及空间分布情况、基岩面的起伏情况、有无影响地基稳定性的临空面；
5. 建筑地基的不均匀性；
6. 岩溶、土洞的发育程度，有无采空区；

7. 出现危岩崩塌、泥石流等不良地质现象的可能性；

8. 地面水、地下水对建筑地基和建设场区的影响。

6.3.1　当利用压实填土作为建筑工程的地基持力层时，在平整场地前，应根据结构类型、填料性能和现场条件等，对拟压实的填土提出质量要求。未经检验查明以及不符合质量要求的压实填土，均不得作为建筑工程的地基持力层。

6.4.1　在建设场区内，由于施工或其他因素的影响有可能形成滑坡的地段，必须采取可靠的预防措施。对具有发展趋势并威胁建筑物安全使用的滑坡，应及早采取综合整治措施，防止滑坡继续发展。

7.2.7　复合地基设计应满足建筑物承载力和变形要求。当地基土为欠固结土、膨胀土、湿陷性黄土、可液化土等特殊性土时，设计采用的增强体和施工工艺应满足处理后地基土和增强体共同承担荷载的技术要求。

7.2.8　复合地基承载力特征值应通过现场复合地基载荷试验确定，或采用增强体载荷试验结果和其周边土的承载力特征值结合经验确定。

8.2.7　扩展基础的计算应符合下列规定：

1. 对柱下独立基础，当冲切破坏锥体落在基础底面以内时，应验算柱与基础交接处以及基础变阶处的受冲切承载力；

2. 对基础底面短边尺寸小于或等于柱宽加两倍基础有效高度的柱下独立基础，以及墙下条形基础，应验算柱（墙）与基础交接处的基础受剪切承载力；

3. 基础底板的配筋，应按抗弯计算确定；

4. 当基础的混凝土强度等级小于柱的混凝土强度等级时，尚应验算柱下基础顶面的局部受压承载力。

8.4.6　平板式筏基的板厚应满足受冲切承载力的要求。

8.4.9　平板式筏基应验算距内筒和柱边缘 h_0 处截面的受剪承载力。当筏板变厚度时，尚应验算变厚度处筏板的受剪承载力。

8.4.11　梁板式筏基底板应计算正截面受弯承载力，其强度尚应满足受冲切承载力、受剪切承载力的要求。

8.4.18　梁板式筏基基础梁和平板式筏基的顶面应满足底层柱下局部受压承载力的要求。对抗震设防烈度为9度的高层建筑，验算柱下基础梁、筏板局部受压承载力时，应计入竖向地震作用对柱轴力的影响。

8.5.10　桩身混凝土强度应满足桩的承载力设计要求。

8.5.13　桩基沉降计算应符合下列规定：

1. 对以下建筑物的桩基应进行沉降验算：

(1) 地基基础设计等级为甲级的建筑物桩基；

(2) 体形复杂、荷载不均匀或桩端以下存在软弱土层的设计等级为乙级的建筑物桩基；

(3) 摩擦型桩基。

2. 桩基沉降不得超过建筑物的沉降允许值，并应符合本规范表5.3.4的规定。

8.5.20　柱下桩基础独立承台应分别对柱边和桩边、变阶处和桩边连线形成的斜截面进行受剪计算。当柱边外有多排桩形成多个剪切斜截面时，尚应对每个斜截面进行验算。

8.5.22　当承台的混凝土强度等级低于柱或桩的混凝土强度等级时，尚应验算柱下或桩上承台的局部受压承载力。

9.1.3　基坑工程设计应包括下列内容：

1. 支护结构体系的方案和技术经济比较；

2. 基坑支护体系的稳定性验算；

3. 支护结构的承载力、稳定和变形计算；

4. 地下水控制设计；

5. 对周边环境影响的控制设计；

6. 基坑土方开挖方案；

7. 基坑工程的监测要求。

9.1.9　基坑土方开挖应严格按设计要求进行，不得超挖。基坑周边堆载不得超过设计规定。土方开挖完成后应立即施工垫层，对基坑进行封闭，防止水浸和暴露，并应及时进行地下结构施工。

9.5.3　支撑结构的施工与拆除顺序，应与支护结构的设计工况相一致，必须遵循先撑后挖的原则。

10.2.1　基槽（坑）开挖到底后，应进行基槽（坑）检验。当发现地质条件与勘察报告和设计文件不一致，或遇到异常情况时，应结合地质条件提出处理意见。

10.2.10　复合地基应进行桩身完整性和单桩竖向承载力检验以及单桩或多桩复合地基载荷试验。施工工艺对桩间土承载力有影响时还应进行桩间土承载力检验。

10.2.13　人工挖孔桩终孔时，应进行桩端持力层检验。单柱单桩的大直径嵌岩桩，应视岩性检验孔底下 3 倍桩身直径或 5 m 深度范围内有无土洞、溶洞、破碎带或软弱夹层等不良地质条件。

10.2.14　施工完成后的工程桩应进行桩身完整性检验和竖向承载力检验。承受水平力较大的桩应进行水平承载力检验，抗拔桩应进行抗拔承载力检验。

《湿陷性黄土地区建筑标准》(GB 50025—2018)

5.7.3　湿陷性黄土场地的甲类、乙类建筑物桩基，其桩端必须穿透湿陷性黄土层，并应选择压缩性较低的岩土层作为桩端持力层。

6.1.1　甲类建筑地基的湿陷变形和压缩变形不能满足设计要求时，应采取地基处理措施或将基础设置在非湿陷性土层或岩层上，或采用桩基础穿透全部湿陷性黄土层。采取地基处理措施时应符合下列规定：

1. 非自重湿陷性黄土场地，应将基础底面以下附加压力与上覆土的饱和自重压力之和大于湿陷起始压力的所有土层进行处理，或处理至地基压缩层的深度；

2. 自重湿陷性黄土场地，对一般湿陷性黄土地基，应将基础底面以下湿陷性黄土层全部处理。

《混凝土结构设计规范》(GB 50010—2010)(2015 年版)

3.3.2　对持久设计状况、短暂设计状况和地震设计状况，当用内力的形式表达时，结构构件应采用下列承载能力极限状态设计表达式：

$$\gamma_0 S \leqslant R \tag{3.3.2-1}$$

$$R = R(f_c, f_s, a_k, \cdots)/\gamma_{Rd} \tag{3.3.2-2}$$

式中　γ_0——结构重要性系数：在持久设计状况和短暂设计状况下，对安全等级为一级的结构构件不应小于 1.1，对安全等级为二级的结构构件不应小于 1.0，对安全等级为三级的结构构件不应小于 0.9；对地震设计状况下应取 1.0；

S——承载能力极限状态下作用组合的效应设计值：对持久设计状况和短暂设计状况应按作用的基本组合计算；对地震设计状况应按作用的地震组合计算；

R——结构构件的抗力设计值；

$R(\cdot)$——结构构件的抗力函数；

γ_{Rd}——结构构件的抗力模型不定性系数：静力设计取 1.0，对不确定性较大的结构构件根据具体情况取大于 1.0 的数值；抗震设计应采用承载力抗震调整系数 γ_{RE}代替 γ_{Rd}；

f_c、f_s——混凝土、钢筋的强度设计值，应根据本规范第 4.1.4 条及第 4.2.3 条的规定取值；

a_k——几何参数的标准值，当几何参数的变异性对结构性能有明显的不利影响时，应增减一个附加值。

注：公式(3.3.2-1)中的 $\gamma_0 S$ 为内力设计值，在本规范各章中用 N、M、V、T 等表达。

4.1.3　混凝土轴心抗压强度的标准值 f_{ck}应按表 4.1.3-1 采用；轴心抗拉强度的标准值 f_{tk}应按表 4.1.3-2 采用。

表 4.1.3-1　混凝土轴心抗压强度标准值　　单位：N/mm²

强　度	混凝土强度等级													
	C15	C20	C25	C30	C35	C40	C45	C50	C55	C60	C65	C70	C75	C80
f_{ck}	10.0	13.4	16.7	20.1	23.4	26.8	29.6	32.4	35.5	38.5	41.5	44.5	47.4	50.2

表 4.1.3-2　混凝土轴心抗拉强度标准值　　单位：N/mm²

强　度	混凝土强度等级													
	C15	C20	C25	C30	C35	C40	C45	C50	C55	C60	C65	C70	C75	C80
f_{tk}	1.27	1.54	1.78	2.01	2.20	2.39	2.51	2.64	2.74	2.85	2.93	2.99	3.05	3.11

4.1.4　混凝土轴心抗压强度的设计值 f_c应按表 4.1.4-1 采用；轴心抗拉强度的设计值 f_t应按表 4.1.4-2 采用。

表 4.1.4-1　混凝土轴心抗压强度设计值　　单位：N/mm²

强　度	混凝土强度等级													
	C15	C20	C25	C30	C35	C40	C45	C50	C55	C60	C65	C70	C75	C80
f_c	7.2	9.6	11.9	14.3	16.7	19.1	21.1	23.1	25.3	27.5	29.7	31.8	33.8	35.9

表 4.1.4-2　混凝土轴心抗拉强度设计值　　单位：N/mm²

强　度	混凝土强度等级													
	C15	C20	C25	C30	C35	C40	C45	C50	C55	C60	C65	C70	C75	C80
f_t	0.91	1.10	1.27	1.43	1.57	1.71	1.80	1.89	1.96	2.04	2.09	2.14	2.18	2.22

4.2.2 钢筋的强度标准值应具有不小于95%的保证率。普通钢筋的屈服强度标准值 f_{yk}、极限强度标准值 f_{stk} 应按表4.2.2-1采用；预应力钢丝、钢绞线和预应力螺纹钢筋的屈服强度标准值 f_{pyk}、极限强度标准值 f_{ptk} 应按表4.2.2-2采用。

表4.2.2-1 普通钢筋强度标准值 单位：N/mm^2

牌号	符号	公称直径 d/mm	屈服强度标准值 f_{yk}	极限强度标准值 f_{stk}
HPB300	Φ	6～14	300	420
HRB335	Φ	6～14	335	455
HRB400 HRBF400 RRB400	Φ $Φ^F$ $Φ^R$	6～50	400	540
HRB500 HRBF500	Φ $Φ^F$	6～50	500	630

表4.2.2-2 预应力筋强度标准值 单位：N/mm^2

种类		符号	公称直径 d/mm	屈服强度标准值 f_{pyk}	极限强度标准值 f_{ptk}
中强度预应力钢丝	光面	$Φ^{PM}$	5、7、9	620	800
				780	970
	螺旋肋	$Φ^{HM}$		980	1 270
预应力螺纹钢筋	螺纹	$Φ^T$	18、25、32、40、50	785	980
				930	1 080
				1 080	1 230
消除应力钢丝	光面	$Φ^P$	5	—	1 570
				—	1 860
			7	—	1 570
	螺旋肋	$Φ^H$	9	—	1 470
				—	1 570
钢绞线	1×3（三股）	$Φ^S$	8.6、10.8、12.9	—	1 570
				—	1 860
				—	1 960
	1×7（七股）		9.5、12.7、15.2、17.8	—	1 720
				—	1 860
				—	1 960
			21.6	—	1 860

注：极限强度标准值为1 960 N/mm^2 的钢绞线作后张预应力配筋时，应有可靠的工程经验。

8.5.1 钢筋混凝土结构构件中纵向受力钢筋的配筋百分率 ρ_{min} 不应小于表8.5.1规定的数值。

表 8.5.1 纵向受力钢筋的最小配筋百分率 ρ_{min} 单位：%

受力类型			最小配筋百分率
受压构件	全部纵向钢筋	强度等级 500 MPa	0.50
		强度等级 400 MPa	0.55
		强度等级 300 MPa、335 MPa	0.60
	一侧纵向钢筋		0.20
受弯构件、偏心受拉、轴心受拉构件一侧的受拉钢筋			0.20 和 $45f_t/f_y$ 中的较大值

注：1. 受压构件全部纵向钢筋最小配筋百分率，当采用 C60 以上强度等级的混凝土时，应按表中规定增加 0.10；

2. 板类受弯构件(不包括悬臂板)的受拉钢筋，当采用强度等级 400 MPa、500 MPa 的钢筋时，其最小配筋百分率应允许采用 0.15 和 $45f_t/f_y$ 中的较大值；

3. 偏心受拉构件中的受压钢筋，应按受压构件一侧纵向钢筋考虑；

4. 受压构件的全部纵向钢筋和一侧纵向钢筋的配筋率以及轴心受拉构件和小偏心受拉构件一侧受拉钢筋的配筋率均应按构件的全截面面积计算；

5. 受弯构件、大偏心受拉构件一侧受拉钢筋的配筋率应按全截面面积扣除受压翼缘面积 $(b'_f-b)h'_f$ 后的截面面积计算；

6. 当钢筋沿构件截面周边布置时，“一侧纵向钢筋”系指沿受力方向两个对边中一边布置的纵向钢筋。

10.1.1 预应力混凝土结构构件，除应根据设计状况进行承载力计算及正常使用极限状态验算外，尚应对施工阶段进行验算。

《建筑抗震设计规范》(GB 50011—2010)(2016 年版)

1.0.2 抗震设防烈度为 6 度及以上地区的建筑，必须进行抗震设计。

1.0.4 抗震设防烈度必须按国家规定的权限审批、颁发的文件(图件)确定。

3.1.1 抗震设防的所有建筑应按现行国家标准《建筑工程抗震设防分类标准》GB 50223 确定其抗震设防类别及其抗震设防标准。

3.3.1 选择建筑场地时，应根据工程需要和地震活动情况、工程地质和地震地质的有关资料，对抗震有利、一般、不利和危险地段做出综合评价。对不利地段，应提出避开要求；当无法避开时应采取有效的措施。对危险地段，严禁建造甲、乙类的建筑，不应建造丙类的建筑。

3.3.2 建筑场地为Ⅰ类时，对甲、乙类的建筑应允许仍按本地区抗震设防烈度的要求采取抗震构造措施；对丙类的建筑应允许按本地区抗震设防烈度降低一度的要求采取抗震构造措施，但抗震设防烈度为 6 度时仍应按本地区抗震设防烈度的要求采取抗震构造措施。

3.4.1 建筑设计应根据抗震概念设计的要求明确建筑形体的规则性。不规则的建筑应按规定采取加强措施；特别不规则的建筑应进行专门研究和论证，采取特别的加强措施；严重不规则的建筑不应采用。

注：形体指建筑平面形状和立面、竖向剖面的变化。

3.5.2 结构体系应符合下列各项要求：

1. 应具有明确的计算简图和合理的地震作用传递途径。

2. 应避免因部分结构或构件破坏而导致整个结构丧失抗震能力或对重力荷载的承载能力。

3. 应具备必要的抗震承载力、良好的变形能力和消耗地震能量的能力。

4. 对可能出现的薄弱部位，应采取措施提高其抗震能力。

3.7.1 非结构构件，包括建筑非结构构件和建筑附属机电设备，自身及其与结构主体的连接，应进行抗震设计。

3.7.4 框架结构的围护墙和隔墙，应估计其设置对结构抗震的不利影响，避免不合理设置而导致主体结构的破坏。

3.9.1 抗震结构对材料和施工质量的特别要求，应在设计文件上注明。

3.9.2 结构材料性能指标，应符合下列最低要求：

1. 砌体结构材料应符合下列规定：

(1) 普通砖和多孔砖的强度等级不应低于 MU10，其砌筑砂浆强度等级不应低于 M5。

(2) 混凝土小型空心砌块的强度等级不应低于 MU7.5，其砌筑砂浆强度等级不应低于 Mb7.5。

2. 混凝土结构材料应符合下列规定：

(1) 混凝土的强度等级，框支梁、框支柱及抗震等级为一级的框架梁、柱、节点核心区，不应低于 C30；构造柱、芯柱、圈梁及其他各类构件不应低于 C20。

(2) 抗震等级为一、二、三级的框架和斜撑构件(含梯段)，其纵向受力钢筋采用普通钢筋时，钢筋的抗拉强度实测值与屈服强度实测值的比值不应小于 1.25；钢筋的屈服强度实测值与屈服强度标准值的比值不应大于 1.3，且钢筋在最大拉力下的总伸长率实测值不应小于 9%。

3. 钢结构的钢材应符合下列规定：

(1) 钢材的屈服强度实测值与抗拉强度实测值的比值不应大于 0.85。

(2) 钢材应有明显的屈服台阶，且伸长率不应小于 20%。

(3) 钢材应有良好的焊接性和合格的冲击韧性。

3.9.4 在施工中，当需要以强度等级较高的钢筋替代原设计中的纵向受力钢筋时，应按照钢筋受拉承载力设计值相等的原则换算，并应满足最小配筋率要求。

3.9.6 钢筋混凝土构造柱和底部框架-抗震墙房屋中的砌体抗震墙，其施工应先砌墙后浇构造柱和框架梁柱。

4.1.6 建筑的场地类别，应根据土层等效剪切波速和场地覆盖层厚度按表 4.1.6 划分为四类，其中Ⅰ类分为$Ⅰ_0$、$Ⅰ_1$两个亚类。当有可靠的剪切波速和覆盖层厚度且其值处于表 4.1.6 所列场地类别的分界线附近时，应允许按插值方法确定地震作用计算所用的特征周期。

表 4.1.6 各类建筑场地的覆盖层厚度 单位：m

岩石的剪切波速或土的等效剪切波速/(m/s)	场地类别				
	$Ⅰ_0$	$Ⅰ_1$	Ⅱ	Ⅲ	Ⅳ
$v_s>800$	0				
$800\geqslant v_s>500$		0			
$500\geqslant v_{se}>250$		<5	≥5		
$250\geqslant v_{se}>150$		<3	3～50	>50	
$v_{se}\leqslant 150$		<3	3～15	15～80	>80

注：表中 v_s 系岩石的剪切波速。

4.1.8　当需要在条状突出的山嘴、高耸孤立的山丘、非岩石和强风化岩石的陡坡、河岸和边坡边缘等不利地段建造丙类及丙类以上建筑时，除保证其在地震作用下的稳定性外，尚应估计不利地段对设计地震动参数可能产生的放大作用，其水平地震影响系数最大值应乘以增大系数。其值应根据不利地段的具体情况确定，在 1.1～1.6 范围内采用。

4.1.9　场地岩土工程勘察，应根据实际需要划分的对建筑有利、一般、不利和危险的地段，提供建筑的场地类别和岩土地震稳定性（含滑坡、崩塌、液化和震陷特性）评价，对需要采用时程分析法补充计算的建筑，尚应根据设计要求提供土层剖面、场地覆盖层厚度和有关的动力参数。

4.2.2　天然地基基础抗震验算时，应采用地震作用效应标准组合，且地基抗震承载力应取地基承载力特征值乘以地基抗震承载力调整系数计算。

4.3.2　地面下存在饱和砂土和饱和粉土时，除 6 度外，应进行液化判别；存在液化土层的地基，应根据建筑的抗震设防类别、地基的液化等级，结合具体情况采取相应的措施。

注：本条饱和土液化判别要求不含黄土、粉质黏土。

4.4.5　液化土和震陷软土中桩的配筋范围，应自桩顶至液化深度以下符合全部消除液化沉陷所要求的深度，其纵向钢筋应与桩顶部相同，箍筋应加粗和加密。

5.1.1　各类建筑结构的地震作用，应符合下列规定：

1. 一般情况下，应至少在建筑结构的两个主轴方向分别计算水平地震作用，各方向的水平地震作用应由该方向抗侧力构件承担。

2. 有斜交抗侧力构件的结构，当相交角度大于 15°时，应分别计算各抗侧力构件方向的水平地震作用。

3. 质量和刚度分布明显不对称的结构，应计入双向水平地震作用下的扭转影响；其他情况，应允许采用调整地震作用效应的方法计入扭转影响。

4. 8、9 度时的大跨度和长悬臂结构及 9 度时的高层建筑，应计算竖向地震作用。

注：8、9 度时采用隔震设计的建筑结构，应按有关规定计算竖向地震作用。

5.1.3　计算地震作用时，建筑的重力荷载代表值应取结构和构配件自重标准值和各可变荷载组合值之和。各可变荷载的组合值系数，应按表 5.1.3 采用。

表 5.1.3　组合值系数

可变荷载种类		组合值系数
雪荷载		0.5
屋面积灰荷载		0.5
屋面活荷载		不计入
按实际情况计算的楼面活荷载		1.0
按等效均布荷载计算的楼面活荷载	藏书库、档案库	0.8
	其他民用建筑	0.5
起重机悬吊物重力	硬钩吊车	0.3
	软钩吊车	不计入

注：硬钩吊车的吊重较大时，组合值系数应按实际情况采用。

5.1.4 建筑结构的地震影响系数应根据烈度、场地类别、设计地震分组和结构自振周期以及阻尼比确定。其水平地震影响系数最大值应按表 5.1.4-1 采用;特征周期应根据场地类别和设计地震分组按表 5.1.4-2 采用,计算罕遇地震作用时,特征周期应增加0.05 s。

注:周期大于 6.0 s 的建筑结构所采用的地震影响系数应专门研究。

表 5.1.4-1 水平地震影响系数最大值

地震影响	6 度	7 度	8 度	9 度
多遇地震	0.04	0.08(0.12)	0.16(0.24)	0.32
罕遇地震	0.28	0.50(0.72)	0.90(1.20)	1.40

注:括号中数值分别用于设计基本地震加速度为 0.15g 和 0.30g 的地区。

表 5.1.4-2 特征周期值 单位:s

设计地震分组	场地类别				
	I_0	I_1	Ⅱ	Ⅲ	Ⅳ
第一组	0.20	0.25	0.35	0.45	0.65
第二组	0.25	0.30	0.40	0.55	0.75
第三组	0.30	0.35	0.45	0.65	0.90

5.1.6 结构的截面抗震验算,应符合下列规定:

1. 6 度时的建筑(不规则建筑及建造于Ⅳ类场地上较高的高层建筑除外),以及生土房屋和木结构房屋等,应符合有关的抗震措施要求,但应允许不进行截面抗震验算。

2. 6 度时不规则建筑、建造于Ⅳ类场地上较高的高层建筑,7 度和 7 度以上的建筑结构(生土房屋和木结构房屋等除外),应进行多遇地震作用下的截面抗震验算。

注:采用隔震设计的建筑结构,其抗震验算应符合有关规定。

5.2.5 抗震验算时,结构任一楼层的水平地震剪力应符合下式要求:

$$V_{EKi} > \lambda \sum_{j=i}^{n} G_j \tag{5.2.5}$$

式中 V_{EKi}——第 i 层对应于水平地震作用标准值的楼层剪力;

λ——剪力系数,不应小于表 5.2.5 规定的楼层最小地震剪力系数值,对竖向不规则结构的薄弱层,尚应乘以 1.15 的增大系数;

G_j——第 j 层的重力荷载代表值。

表 5.2.5 楼层最小地震剪力系数值

类 别	6 度	7 度	8 度	9 度
扭转效应明显或基本周期小于 3.5 s 的结构	0.008	0.016(0.024)	0.032(0.048)	0.064
基本周期大于 5.0 s 的结构	0.006	0.012(0.018)	0.024(0.036)	0.048

注:1. 基本周期介于 3.5 s 和 5 s 之间的结构,按插入法取值;

2. 括号内数值分别用于设计基本地震加速度为 0.15g 和 0.30g 的地区。

5.4.1 结构构件的地震作用效应和其他荷载效应的基本组合，应按下式计算：

$$S=\gamma_G S_{GE}+\gamma_{Eh} S_{Ehk}+\gamma_{Ev} S_{Evk}+\Psi_w \gamma_w S_{wk} \quad (5.4.1)$$

式中 S——结构构件内力组合的设计值，包括组合的弯矩、轴向力和剪力设计值等；

γ_G——重力荷载分项系数，一般情况应采用1.2，当重力荷载效应对构件承载能力有利时，不应大于1.0；

γ_{Eh}、γ_{Ev}——分别为水平、竖向地震作用分项系数，应按表5.4.1采用；

γ_w——风荷载分项系数，应采用1.4；

S_{GE}——重力荷载代表值的效应，可按本规范第5.1.3条采用，但有吊车时，尚应包括悬吊物重力标准值的效应；

S_{Ehk}——水平地震作用标准值的效应，尚应乘以相应的增大系数或调整系数；

S_{Evk}——竖向地震作用标准值的效应，尚应乘以相应的增大系数或调整系数；

S_{wk}——风荷载标准值的效应；

Ψ_w——风荷载组合值系数，一般结构取0.0，风荷载起控制作用的高层建筑应采用0.2。

注：本规范一般略去表示水平方向的下标。

表5.4.1 地震作用分项系数

地震作用	γ_{Eh}	γ_{Ev}
仅计算水平地震作用	1.3	0.0
仅计算竖向地震作用	0.0	1.3
同时计算水平与竖向地震作用(水平地震为主)	1.3	0.5
同时计算水平与竖向地震作用(竖向地震为主)	0.5	1.3

5.4.2 结构构件的截面抗震验算，应采用下列设计表达式：

$$S\leqslant R/\gamma_{RE} \quad (5.4.2)$$

式中 γ_{RE}——承载力抗震调整系数，除另有规定外，应按表5.4.2采用；

R——结构构件承载力设计值。

表5.4.2 承载力抗震调整系数

材　料	结构构件	受力状态	γ_{RE}
钢	柱，梁，支撑，节点板件，螺栓，焊缝	强度	0.75
	柱，支撑	稳定	0.80
砌体	两端均有构造柱、芯柱的抗震墙	受剪	0.9
	其他抗震墙	受剪	1.0
混凝土	梁	受弯	0.75
	轴压比小于0.15的柱	偏压	0.75
	轴压比不小于0.15的柱	偏压	0.80
	抗震墙	偏压	0.85
	各类构件	受剪、偏拉	0.85

5.4.3　当仅计算竖向地震作用时，各类结构构件承载力抗震调整系数均应采用1.0。

6.1.2　钢筋混凝土房屋应根据设防类别、烈度、结构类型和房屋高度采用不同的抗震等级，并应符合相应的计算和构造措施要求。丙类建筑的抗震等级应按表6.1.2确定。

表6.1.2　现浇钢筋混凝土房屋的抗震等级

<table>
<tr><th colspan="3" rowspan="2">结构类型</th><th colspan="10">设防烈度</th></tr>
<tr><th colspan="2">6</th><th colspan="3">7</th><th colspan="3">8</th><th colspan="2">9</th></tr>
<tr><td rowspan="3">框架结构</td><td colspan="2">高度/m</td><td>≤24</td><td>>24</td><td>≤24</td><td colspan="2">>24</td><td>≤24</td><td colspan="2">>24</td><td colspan="2">≤24</td></tr>
<tr><td colspan="2">框架</td><td>四</td><td>三</td><td>三</td><td colspan="2">二</td><td>二</td><td colspan="2">一</td><td colspan="2">一</td></tr>
<tr><td colspan="2">大跨度框架</td><td colspan="2">三</td><td colspan="3">二</td><td colspan="3">一</td><td colspan="2">一</td></tr>
<tr><td rowspan="3">框架-抗震墙结构</td><td colspan="2">高度/m</td><td>≤60</td><td>>60</td><td>≤24</td><td>25～60</td><td>>60</td><td>≤24</td><td>25～60</td><td>>60</td><td>≤24</td><td>25～50</td></tr>
<tr><td colspan="2">框架</td><td>四</td><td>三</td><td>四</td><td>三</td><td>二</td><td>三</td><td>二</td><td>一</td><td>二</td><td>一</td></tr>
<tr><td colspan="2">抗震墙</td><td colspan="2">三</td><td>三</td><td colspan="2">二</td><td>二</td><td colspan="2">一</td><td colspan="2">一</td></tr>
<tr><td rowspan="2">抗震墙结构</td><td colspan="2">高度/m</td><td>≤80</td><td>>80</td><td>≤24</td><td>25～80</td><td>>80</td><td>≤24</td><td>25～80</td><td>>80</td><td>≤24</td><td>25～60</td></tr>
<tr><td colspan="2">抗震墙</td><td>四</td><td>三</td><td>四</td><td>三</td><td>二</td><td>三</td><td>二</td><td>一</td><td>二</td><td>一</td></tr>
<tr><td rowspan="4">部分框支抗震墙结构</td><td colspan="2">高度/m</td><td>≤80</td><td>>80</td><td>≤24</td><td>25～80</td><td>>80</td><td>≤24</td><td>25～80</td><td rowspan="4"></td><td colspan="2" rowspan="4"></td></tr>
<tr><td rowspan="2">抗震墙</td><td>一般部位</td><td>四</td><td>三</td><td>四</td><td>三</td><td>二</td><td>三</td><td>二</td></tr>
<tr><td>加强部位</td><td>三</td><td>二</td><td>三</td><td>二</td><td>一</td><td>二</td><td>一</td></tr>
<tr><td colspan="2">框支层框架</td><td colspan="2">二</td><td colspan="2">二</td><td>一</td><td colspan="2">一</td></tr>
<tr><td rowspan="2">框架-核心筒结构</td><td colspan="2">框架</td><td colspan="2">三</td><td colspan="3">二</td><td colspan="3">一</td><td colspan="2">一</td></tr>
<tr><td colspan="2">核心筒</td><td colspan="2">二</td><td colspan="3">二</td><td colspan="3">一</td><td colspan="2">一</td></tr>
<tr><td rowspan="2">筒中筒结构</td><td colspan="2">外筒</td><td colspan="2">三</td><td colspan="3">二</td><td colspan="3">一</td><td colspan="2">一</td></tr>
<tr><td colspan="2">内筒</td><td colspan="2">三</td><td colspan="3">二</td><td colspan="3">一</td><td colspan="2">一</td></tr>
<tr><td rowspan="3">板柱-抗震墙结构</td><td colspan="2">高度/m</td><td>≤35</td><td>>35</td><td>≤35</td><td colspan="2">>35</td><td>≤35</td><td colspan="2">>35</td><td colspan="2" rowspan="3"></td></tr>
<tr><td colspan="2">框架、板柱的柱</td><td>三</td><td>二</td><td>二</td><td colspan="2">二</td><td colspan="3">一</td></tr>
<tr><td colspan="2">抗震墙</td><td>二</td><td>二</td><td>二</td><td colspan="2">一</td><td>二</td><td colspan="2">一</td></tr>
</table>

注：1. 建筑场地为Ⅰ类时，除6度外应允许按表内降低一度所对应的抗震等级采取抗震构造措施，但相应的计算要求不应降低；

2. 接近或等于高度分界时，应允许结合房屋不规则程度及场地、地基条件确定抗震等级；

3. 大跨度框架指跨度不小于18 m的框架；

4. 高度不超过60 m的框架-核心筒结构按框架-抗震墙的要求设计时，应按表中框架-抗震墙结构的规定确定其抗震等级。

6.3.3　梁的钢筋配置，应符合下列各项要求：

1. 梁端计入受压钢筋的混凝土受压区高度和有效高度之比，一级不应大于0.25，二、三级不应大于0.35。

2. 梁端截面的底面和顶面纵向钢筋配筋量的比值，除按计算确定外，一级不应小于0.5，二、三级不应小于0.3。

3. 梁端箍筋加密区的长度、箍筋最大间距和最小直径应按表6.3.3采用，当梁端纵向受拉钢筋配筋率大于2%时，表中箍筋最小直径数值应增大2 mm。

表 6.3.3　梁端箍筋加密区的长度、箍筋的最大间距和最小直径

抗震等级	加密区长度(采用较大值)/mm	箍筋最大间距(采用最小值)/mm	箍筋最小直径/mm
一	$2h_b$,500	$h_b/4,6d,100$	10
二	$1.5h_b$,500	$h_b/4,8d,100$	8
三	$1.5h_b$,500	$h_b/4,8d,150$	8
四	$1.5h_b$,500	$h_b/4,8d,100$	6

注:1. d 为纵向钢筋直径,h_b 为梁截面高度;

2. 箍筋直径大于 12 mm、数量不少于 4 肢且肢距不大于 150 mm 时,一、二级的最大间距应允许适当放宽,但不得大于 150 mm。

6.3.7　柱的钢筋配置,应符合下列各项要求:

1. 柱纵向钢筋的最小总配筋率应按表 6.3.7-1 采用,同时每一侧配筋率不应小于 0.2%;对建造于Ⅳ类场地且较高的高层建筑,最小总配筋率应增加 0.1%。

表 6.3.7-1　柱截面纵向钢筋的最小总配筋率(百分率)

类　别	抗震等级			
	一	二	三	四
中柱和边柱	0.9(1.0)	0.7(0.8)	0.6(0.7)	0.5(0.6)
角柱、框支柱	1.1	0.9	0.8	0.7

注:1. 表中括号内数值用于框架结构的柱;

2. 钢筋强度标准值小于 400 MPa 时,表中数值应增加 0.1,钢筋强度标准值为 400 MPa 时,表中数值应增加 0.05;

3. 混凝土强度等级高于 C60 时,上述数值应相应增加 0.1。

2. 柱箍筋在规定的范围内应加密,加密区的箍筋间距和直径,应符合下列要求:

(1) 一般情况下,箍筋的最大间距和最小直径,应按表 6.3.7-2 采用。

表 6.3.7-2　柱箍筋加密区的箍筋最大间距和最小直径

抗震等级	箍筋最大间距(采用较小值)/mm	箍筋最小直径/mm
一	$6d$,100	10
二	$8d$,100	8
三	$8d$,150(柱根 100)	8
四	$8d$,150(柱根 100)	6(柱根 8)

注:1. d 为柱纵筋最小直径;

2. 柱根指底层柱下端箍筋加密区。

(2) 一级框架柱的箍筋直径大于 12 mm 且箍筋肢距不大于 150 mm 及二级框架柱的箍筋直径不小于 10 mm 且箍筋肢距不大于 200 mm 时,除底层柱下端外,最大间距应允许采用 150 mm;三级框架柱的截面尺寸不大于 400 mm 时,箍筋最小直径应允许采用 6 mm;四级框架柱剪跨比不大于 2 时,箍筋直径不应小于 8 mm。

(3) 框支柱和剪跨比不大于 2 的框架柱,箍筋间距不应大于 100 mm。

6.4.3　抗震墙竖向、横向分布钢筋的配筋，应符合下列要求：

1. 一、二、三级抗震墙的竖向和横向分布钢筋最小配筋率均不应小于0.25%，四级抗震墙分布钢筋最小配筋率不应小于0.20%。

注：高度小于24 m且剪压比很小的四级抗震墙，其竖向分布筋最小配筋率应允许按0.15%采用。

2. 部分框支抗震墙结构的落地抗震墙底部加强部位，竖向和横向分布钢筋配筋率均不应小于0.3%。

7.1.2　多层房屋的层数和高度应符合下列要求：

1. 一般情况下，房屋的层数和总高度不应超过表7.1.2的规定。

表7.1.2　房屋的层数和总高度限值　　单位：m

房屋类别		最小抗震墙厚度/mm	烈度和设计基本地震加速度											
			6		7				8				9	
			0.05g		0.10g		0.15g		0.20g		0.30g		0.40g	
			高度	层数	高度	层数	高度	层数	高度	层数	高度	层数	高度	层数
多层砌体房屋	普通砖	240	21	7	21	7	21	7	18	6	15	5	12	4
	多孔砖	240	21	7	21	7	18	6	18	6	15	5	9	3
	多孔砖	190	21	7	18	6	15	5	15	5	12	4	—	—
	小砌块	190	21	7	21	7	18	6	18	6	15	5	9	3
底部框架-抗震墙砌体房屋	普通砖 多孔砖	240	22	7	22	7	19	6	16	5	—	—	—	—
	多孔砖	190	22	7	19	6	16	5	13	4	—	—	—	—
	小砌块	190	22	7	22	7	19	6	16	5	—	—	—	—

注：1. 房屋的总高度指室外地面到主要屋面板板顶或檐口的高度，半地下室从地下室室内地面算起，全地下室和嵌固条件好的半地下室应允许从室外地面算起；对带阁楼的坡屋面应算到山尖墙的1/2高度处；

2. 室内外高差大于0.6 m时，房屋总高度应允许比表中的数据适当增加，但增加量应少于1.0 m；

3. 乙类的多层砌体房屋仍按本地区设防烈度查表，其层数应减少一层且总高度应降低3 m；不应采用底部框架-抗震墙砌体房屋；

4. 本表小砌块砌体房屋不包括配筋混凝土小型空心砌块砌体房屋。

2. 对横墙较少的多层砌体房屋，总高度应比表7.1.2的规定降低3 m，层数相应减少一层；各层横墙很少的多层砌体房屋，还应再减少一层。

注：横墙较少指同一楼层内开间大于4.2 m的房间占该层总面积的40%以上；其中，开间不大于4.2 m的房间占该层总面积不到20%且开间大于4.8 m的房间占该层总面积的50%以上为横墙很少。

3. 6、7度时，横墙较少的丙类多层砌体房屋，当按规定采取加强措施并满足抗震承载力要求时，其高度和层数应允许仍按表7.1.2的规定采用。

4. 采用蒸压灰砂砖和蒸压粉煤灰砖的砌体的房屋，当砌体的抗剪强度仅达到普通黏土砖砌体的70%时，房屋的层数应比普通砖房减少一层，总高度应减少3 m；当砌体的抗剪强度达到普通黏土砖砌体的取值时，房屋层数和总高度的要求同普通砖房屋。

7.1.5　房屋抗震横墙的间距，不应超过表 7.1.5 的要求：

表 7.1.5　房屋抗震横墙的间距

单位：m

房屋类别		烈度 6	烈度 7	烈度 8	烈度 9
多层砌体房屋	现浇或装配整体式钢筋混凝土楼、屋盖	15	15	11	7
	装配式钢筋混凝土楼、屋盖	11	11	9	4
	木屋盖	9	9	4	—
底部框架-抗震墙砌体房屋	上部各层	同多层砌体房屋			—
	底层或底部两层	18	15	11	—

注：1. 多层砌体房屋的顶层，除木屋盖外的最大横墙间距应允许适当放宽，但应采取相应加强措施；

2. 多孔砖抗震横墙厚度为 190 mm 时，最大横墙间距应比表中数值减少 3 m。

7.1.8　底部框架-抗震墙砌体房屋的结构布置，应符合下列要求：

1. 上部的砌体墙体与底部的框架梁或抗震墙，除楼梯间附近的个别墙段外均应对齐。

2. 房屋的底部，应沿纵横两方向设置一定数量的抗震墙，并应均匀对称布置。6 度且总层数不超过四层的底层框架-抗震墙砌体房屋，应允许采用嵌砌于框架之间的约束普通砖砌体或小砌块砌体的砌体抗震墙，但应计入砌体墙对框架的附加轴力和附加剪力并进行底层的抗震验算，且同一方向不应同时采用钢筋混凝土抗震墙和约束砌体抗震墙；其余情况，8 度时应采用钢筋混凝土抗震墙，6、7 度时应采用钢筋混凝土抗震墙或配筋小砌块砌体抗震墙。

3. 底层框架-抗震墙砌体房屋的纵横两个方向，第二层计入构造柱影响的侧向刚度与底层侧向刚度的比值，6、7 度时不应大于 2.5，8 度时不应大于 2.0，且均不应小于 1.0。

4. 底部两层框架-抗震墙砌体房屋纵横两个方向，底层与底部第二层侧向刚度应接近，第三层计入构造柱影响的侧向刚度与底部第二层侧向刚度的比值，6、7 度时不应大于 2.0，8 度时不应大于 1.5，且均不应小于 1.0。

5. 底部框架-抗震墙砌体房屋的抗震墙应设置条形基础、筏形基础等整体性好的基础。

7.2.4　底部框架-抗震墙砌体房屋的地震作用效应，应按下列规定调整：

1. 对底层框架-抗震墙砌体房屋，底层的纵向和横向地震剪力设计值均应乘以增大系数；其值应允许在 1.2～1.5 范围内选用，第二层与底层侧向刚度比大者应取大值。

2. 对底部两层框架-抗震墙砌体房屋，底层和第二层的纵向和横向地震剪力设计值亦均应乘以增大系数；其值应允许在 1.2～1.5 范围内选用，第三层与第二层侧向刚度比大者应取大值。

3. 底层或底部两层的纵向和横向地震剪力设计值应全部由该方向的抗震墙承担，并按各墙体的侧向刚度比例分配。

7.2.6　各类砌体沿阶梯形截面破坏的抗震抗剪强度设计值，应按下式确定：

$$f_{vE} = \zeta_N f_v \tag{7.2.6}$$

式中　f_{vE}——砌体沿阶梯形截面破坏的抗震抗剪强度设计值；

f_v——非抗震设计的砌体抗剪强度设计值；

ζ_N——砌体抗震抗剪强度的正应力影响系数，应按表 7.2.6 采用。

表 7.2.6 砌体强度的正应力影响系数

砌体类别	σ_0/f_v							
	0.0	1.0	3.0	5.0	7.0	10.0	12.0	≥16.0
普通砖，多孔砖	0.80	0.99	1.25	1.47	1.65	1.90	2.05	—
小砌块	—	1.23	1.69	2.15	2.57	3.02	3.32	3.92

注：σ_0 为对应于重力荷载代表值的砌体截面平均压应力。

7.3.1 各类多层砖砌体房屋，应按下列要求设置现浇钢筋混凝土构造柱（以下简称构造柱）：

1. 构造柱设置部位，一般情况下应符合表 7.3.1 的要求。

2. 外廊式和单面走廊式的多层房屋，应根据房屋增加一层的层数，按表 7.3.1 的要求设置构造柱，且单面走廊两侧的纵墙均应按外墙处理。

3. 横墙较少的房屋，应根据房屋增加一层的层数，按表 7.3.1 的要求设置构造柱。当横墙较少的房屋为外廊式或单面走廊式时，应按本条 2 款要求设置构造柱，但 6 度不超过四层、7 度不超过三层和 8 度不超过二层时，应按增加二层的层数对待。

4. 各层横墙很少的房屋，应按增加二层的层数设置构造柱。

5. 采用蒸压灰砂砖和蒸压粉煤灰砖的砌体房屋，当砌体的抗剪强度仅达到普通黏土砖砌体的 70%时，应根据增加一层的层数按本条 1～4 款要求设置构造柱；但 6 度不超过四层、7 度不超过三层和 8 度不超过二层时，应按增加二层的层数对待。

表 7.3.1 多层砖砌体房屋构造柱设置要求

<table>
<tr><th colspan="4">房屋层数</th><th colspan="2" rowspan="2">设置部位</th></tr>
<tr><th>6 度</th><th>7 度</th><th>8 度</th><th>9 度</th></tr>
<tr><td>四、五</td><td>三、四</td><td>二、三</td><td></td><td rowspan="3">楼、电梯间四角，楼梯斜梯段上下端对应的墙体处；
外墙四角和对应转角；
错层部位横墙与外纵墙交接处；
大房间内外墙交接处；
较大洞口两侧</td><td>隔 12 m 或单元横墙与外纵墙交接处；
楼梯间对应的另一侧内横墙与外纵墙交接处</td></tr>
<tr><td>六</td><td>五</td><td>四</td><td>二</td><td>隔开间横墙（轴线）与外墙交接处；
山墙与内纵墙交接处</td></tr>
<tr><td>七</td><td>≥六</td><td>≥五</td><td>≥三</td><td>内墙（轴线）与外墙交接处；
内墙的局部较小墙垛处；
内纵墙与横墙（轴线）交接处</td></tr>
</table>

注：较大洞口，内墙指不小于 2.1 m 的洞口；外墙在内外墙交接处已设置构造柱时应允许适当放宽，但洞侧墙体应加强。

7.3.3 多层砖砌体房屋的现浇钢筋混凝土圈梁设置应符合下列要求：

1. 装配式钢筋混凝土楼、屋盖或木屋盖的砖房，应按表 7.3.3 的要求设置圈梁；纵墙承重时，抗震横墙上的圈梁间距应比表内要求适当加密。

表 7.3.3　多层砖砌体房屋现浇钢筋混凝土圈梁设置要求

墙　类	烈　度		
	6、7	8	9
外墙和内纵墙	屋盖处及每层楼盖处	屋盖处及每层楼盖处	屋盖处及每层楼盖处
内横墙	同上； 屋盖处间距不应大于 4.5 m； 楼盖处间距不应大于 7.2 m； 构造柱对应部位	同上； 各层所有横墙，且间距不应大于4.5 m； 构造柱对应部位	同上； 各层所有横墙

2. 现浇或装配整体式钢筋混凝土楼、屋盖与墙体有可靠连接的房屋，应允许不另设圈梁，但楼板沿抗震墙体周边均应加强配筋并应与相应的构造柱钢筋可靠连接。

7.3.5　多层砖砌体房屋的楼、屋盖应符合下列要求：

1. 现浇钢筋混凝土楼板或屋面板伸进纵、横墙内的长度，均不应小于 120 mm。

2. 装配式钢筋混凝土楼板或屋面板，当圈梁未设在板的同一标高时，板端伸进外墙的长度不应小于 120 mm，伸进内墙的长度不应小于 100 mm 或采用硬架支模连接，在梁上不应小于 80 mm 或采用硬架支模连接。

3. 当板的跨度大于 4.8 m 并与外墙平行时，靠外墙的预制板侧边应与墙或圈梁拉结。

4. 房屋端部大房间的楼盖，6 度时房屋的屋盖和 7～9 度时房屋的楼、屋盖，当圈梁设在板底时，钢筋混凝土预制板应相互拉结，并应与梁、墙或圈梁拉结。

7.3.6　楼、屋盖的钢筋混凝土梁或屋架应与墙、柱(包括构造柱)或圈梁可靠连接；不得采用独立砖柱。跨度不小于 6 m 大梁的支承构件应采用组合砌体等加强措施，并满足承载力要求。

7.3.8　楼梯间尚应符合下列要求：

1. 顶层楼梯间横墙体应沿墙高每隔 500 mm 设 2ϕ6 通长钢筋和 ϕ4 分布短钢筋平面内点焊组成的拉结网片或 ϕ4 点焊网片；7～9 度时其他各层楼梯间墙体应在休息平台或楼层半高处设置 60 mm 厚、纵向钢筋不应少于 2ϕ10 的钢筋混凝土带或配筋砖带，配筋砖带不少于 3 皮，每皮的配筋不少于 2ϕ6，砂浆强度等级不应低于 M7.5 且不低于同层墙体的砂浆强度等级。

2. 楼梯间及门厅内墙阳角处的大梁支承长度不应小于 500 mm，并应与圈梁连接。

3. 装配式楼梯段应与平台板的梁可靠连接，8、9 度时不应采用装配式楼梯段；不应采用墙中悬挑式踏步或踏步竖肋插入墙体的楼梯，不应采用无筋砖砌栏板。

4. 突出屋顶的楼、电梯间，构造柱应伸到顶部，并与顶部圈梁连接，所有墙体应沿墙高每隔 500 mm 设 2ϕ6 通长钢筋和 ϕ4 分布短筋平面内点焊组成的拉结网片或 ϕ4 点焊网片。

7.4.1　多层小砌块房屋应按表 7.4.1 的要求设置钢筋混凝土芯柱。对外廊式和单面走廊式的多层房屋、横墙较少的房屋、各层横墙很少的房屋，尚应分别按本规范第7.3.1条第 2、3、4 款关于增加层数的对应要求，按表 7.4.1 的要求设置芯柱。

表 7.4.1　多层小砌块房屋芯柱设置要求

房屋层数				设置部位	设置数量
6 度	7 度	8 度	9 度		
四、五	三、四	二、三		外墙转角，楼、电梯间四角，楼梯斜梯段上下端对应的墙体处； 大房间内外墙交接处； 错层部位横墙与外纵墙交接处； 隔 12 m 或单元横墙与外纵墙交接处	外墙转角，灌实 3 个孔； 内外墙交接处，灌实 4 个孔； 楼梯斜段上下端对应的墙体处，灌实 2 个孔
六	五	四		同上； 隔开间横墙（轴线）与外纵墙交接处	
七	六	五	二	同上； 各内墙（轴线）与外纵墙交接处； 内纵墙与横墙（轴线）交接处和洞口两侧	外墙转角，灌实 5 个孔； 内外墙交接处，灌实 4 个孔； 内墙交接处，灌实 4～5 个孔； 洞口两侧各灌实 1 个孔
	七	≥六	≥三	同上； 横墙内芯柱间距不大于 2 m	外墙转角，灌实 7 个孔； 内外墙交接处，灌实 5 个孔； 内墙交接处，灌实 4～5 个孔； 洞口两侧各灌实 1 个孔

注：外墙转角、内外墙交接处、楼电梯间四角等部位，应允许采用钢筋混凝土构造柱替代部分芯柱。

7.4.4　多层小砌块房屋的现浇钢筋混凝土圈梁的设置位置应按本规范 7.3.3 条多层砖砌体房屋圈梁的要求执行，圈梁宽度不应小于 190 mm，配筋不应少于 $4\phi12$，箍筋间距不应大于 200 mm。

7.5.7　底部框架-抗震墙砌体房屋的楼盖应符合下列要求：

1. 过渡层的底板应采用现浇钢筋混凝土板，板厚不应小于 120 mm；并应少开洞、开小洞，当洞口尺寸大于 800 mm 时，洞口周边应设置边梁。

2. 其他楼层，采用装配式钢筋混凝土楼板时均应设现浇圈梁；采用现浇钢筋混凝土楼板时应允许不另设圈梁，但楼板沿抗震墙体周边均应加强配筋并应与相应的构造柱可靠连接。

7.5.8　底部框架-抗震墙砌体房屋的钢筋混凝土托墙梁，其截面和构造应符合下列要求：

1. 梁的截面宽度不应小于 300 mm，梁的截面高度不应小于跨度的 1/10。

2. 箍筋的直径不应小于 8 mm，间距不应大于 200 mm；梁端在 1.5 倍梁高且不小于 1/5 梁净跨范围内，以及上部墙体的洞口处和洞口两侧各 500 mm 且不小于梁高的范围内，箍筋间距不应大于 100 mm。

3. 沿梁高应设腰筋，数量不应少于 $2\phi14$，间距不应大于 200 mm。

4. 梁的纵向受力钢筋和腰筋应按受拉钢筋的要求锚固在柱内，且支座上部的纵向钢筋在柱内的锚固长度应符合钢筋混凝土框支梁的有关要求。

8.1.3　钢结构房屋应根据设防分类、烈度和房屋高度采用不同的抗震等级，并应符合相应的计算和构造措施要求。丙类建筑的抗震等级应按表 8.1.3 确定。

表 8.1.3　钢结构房屋的抗震等级

房屋高度	烈度			
	6	7	8	9
≤50 m		四	三	二
>50 m	四	三	二	一

注：1. 高度接近或等于高度分界时，应允许结合房屋不规则程度和场地、地基条件确定抗震等级；

2. 一般情况，构件的抗震等级应与结构相同；当某个部位各构件的承载力均满足 2 倍地震作用组合下的内力要求时，7～9 度的构件抗震等级应允许按降低一度确定。

8.3.1　框架柱的长细比，一级不应大于 $60\sqrt{235/f_{ay}}$，二级不应大于 $80\sqrt{235/f_{ay}}$，三级不应大于 $100\sqrt{235/f_{ay}}$，四级不应大于 $120\sqrt{235/f_{ay}}$。

8.3.6　梁与柱刚性连接时，柱在梁翼缘上下各 500 mm 的节点范围内，柱翼缘与柱腹板间或箱形柱壁板间的连接焊缝应采用全熔透坡口焊缝。

8.4.1　中心支撑杆件的长细比和板件宽厚比限值应符合下列规定：

1. 支撑杆件的长细比，按压杆设计时，不应大于 $120\sqrt{235/f_{ay}}$，一、二、三级中心支撑不得采用拉杆设计，四级采用拉杆设计时，其长细比不应大于 180。

2. 支撑杆件的板件宽厚比，不应大于表 8.4.1 规定的限值。采用节点板连接时，应注意节点板的强度和稳定。

表 8.4.1　钢结构中心支撑板件宽厚比限值

板件名称	一级	二级	三级	四级
翼缘外伸部分	8	9	10	13
工字形截面腹板	25	26	27	33
箱形截面壁板	18	20	25	30
圆管外径与壁厚比	38	40	40	42

注：表列数值适用于 Q235 钢，采用其他牌号钢材应乘以 $\sqrt{235/f_{ay}}$，圆管应乘以 $235/f_{ay}$。

8.5.1　偏心支撑框架消能梁段的钢材屈服强度不应大于 345 MPa。消能梁段及与消能梁段同一跨内的非消能梁段，其板件的宽厚比不应大于表 8.5.1 规定的限值。

表 8.5.1　偏心支撑框架梁板件宽厚比限值

板件名称		宽厚比限值
翼缘外伸部分		8
腹板	当 $N/(Af)\leqslant 0.14$ 时	$90[1-1.65N/(Af)]$
	当 $N/(Af)>0.14$ 时	$33[2.3-N/(Af)]$

注：表列数值适用于 Q235 钢，当材料为其他钢号时应乘以 $\sqrt{235/f_{ay}}$，$N/(Af)$为梁轴压比。

10.1.3　单层空旷房屋大厅屋盖的承重结构，在下列情况下不应采用砖柱：

1. 7 度(0.15g)、8 度、9 度时的大厅。

2. 大厅内设有挑台。

3. 7度(0.10g)时,大厅跨度大于12 m或柱顶高度大于6 m。

4. 6度时,大厅跨度大于15 m或柱顶高度大于8 m。

10.1.12 8度和9度时,高大山墙的壁柱应进行平面外的截面抗震验算。

10.1.15 前厅与大厅、大厅与舞台间轴线上横墙,应符合下列要求:

1. 应在横墙两端、纵向梁支点及大洞口两侧设置钢筋混凝土框架柱或构造柱。

2. 嵌砌在框架柱间的横墙应有部分设计成抗震等级不低于二级的钢筋混凝土抗震墙。

3. 舞台口的柱和梁应采用钢筋混凝土结构,舞台口大梁上承重砌体墙应设置间距不大于4 m的立柱和间距不大于3 m的圈梁,立柱、圈梁的截面尺寸、配筋及与周围砌体的拉结应符合多层砌体房屋的要求。

4. 9度时,舞台口大梁上的墙体应采用轻质隔墙。

《烟囱设计规范》(GB 50051—2013)

3.1.5 对安全等级为一级的烟囱,烟囱的重要性系数 γ_0 不应小于1.1。

3.2.6 烟囱爬梯应设置安全防护围栏。

3.2.12 烟囱筒身应设置防雷设施。

9.5.3 树脂的使用应符合下列要求:

4. 促进剂与固化剂严禁同时加入树脂中。

14.1.1 对于下列影响航空器飞行安全的烟囱应设置航空障碍灯和标志:

1. 在民用机场净空保护区域内修建的烟囱。

2. 在民用机场净空保护区域外、但在民用机场进近管制区域内修建高出地表150 m的烟囱。

3. 在建有高架直升机停机坪的城市中,修建影响飞行安全的烟囱。

《火力发电厂土建结构设计技术规程》(DL 5022—2012)

1.0.6 发电厂建(构)筑物应根据结构破坏可能产生后果的严重性,采取不同的安全等级。发电厂建(构)筑物的安全等级应按表1.0.6执行。

表1.0.6 发电厂建(构)筑物的安全等级

安全等级	建(构)筑物类型
一级	高度不小于200 m且单机容量不小于200 MW机组的烟囱、主厂房悬吊煤斗、汽机房屋盖的主要承重结构
二级	除一、三级以外的其他生产建筑、辅助及附属建筑物
三级	围墙、自行车棚

3.1.6 建筑结构设计时,各类荷载应按下列规定采用:

1. 对永久荷载,应采用荷载标准值作为代表值。

2. 对可变荷载,应根据设计要求采用荷载标准值、组合值、准永久值和频遇值作为代表值。对设备和管道在正常(或非正常)运行工况时的可变荷载标准值,应按工艺专业提供的荷载资料采用。

3. 对偶然荷载,应按工艺专业提供的荷载资料采用,并应根据试验资料,结合工程经验和建筑结构的使用特点确定其代表值。

3.1.8　基本组合的荷载分项系数应按下述规定采用：

1. 永久荷载的荷载分项系数：

(1) 当其效应对结构不利时：

对由可变荷载效应控制的组合，应取 1.2；

对由永久荷载效应控制的组合，应取 1.35。

(2) 当其效应对结构有利时，应取 1.0。

2. 可变荷载的荷载分项系数：

(1) 一般情况下取 1.4；

(2) 对标准值大于 4 kN/m^2 的楼面活荷载取 1.3；

(3) 主厂房内的设备和管道荷载，其荷载分项系数取 1.3；

(4) 原(粉)煤斗中的煤(煤粉)荷载、储煤筒仓中的煤、干灰库中的灰渣荷载，其荷载分项系数取 1.3；

(5) 动力荷载分项系数取 1.4。

5.2.1　根据建筑物地基基础设计等级，地基计算应按下列规定进行：

1. 所有建筑物的地基计算均应满足承载力计算的有关规定。

2. 设计等级为甲、乙级的建筑物，均应按地基变形设计。

5.2.6　建造在斜坡上的建筑物和软土地基上的大面积堆载场地，除满足地基承载力和地基变形要求外，尚应验算地基稳定性。

5.4.1　建(构)筑物场地应避开有潜在威胁或直接危害的滑坡、泥石流、崩塌(包括危石滚石)地带。

7.2.8　栈桥长度超过 200 m 时，应加设中间安全出口。地下运煤隧道长度超过 200 m 时，安全出口间距不应超过 100 m。

11.1.2　抗震设防烈度为 6 度和 6 度以上地区的发电厂建(构)筑物，必须进行抗震设计。

11.1.5　发电厂建(构)筑物应根据设防烈度、结构类型和结构高度采用不同的抗震等级，并符合相应的计算和构造措施要求。丙类钢筋混凝土建(构)筑物的抗震等级应按表 11.1.5 确定。丙类钢结构主厂房框排架，7 度、8 度和 9 度的抗震等级应分别按四级、三级、二级采用。

表 11.1.5　现浇钢筋混凝土建(构)筑物的抗震等级

设防烈度	主厂房框架或框架-支撑结构		主厂房框架-抗震墙结构			集中控制楼或屋内配电装置楼	运煤栈桥	
	高度/m	框架	高度/m	框架	抗震墙		高度/m	框架或框架-支撑
6	＜25	四	≤50	四	三	三	＜30	四
	25～55	三	＞50	三			≥30	三
7	＜25	三	≤50	三	二	二	＜30	三
	25～55	二	＞50	二			≥30	二

表 11.1.5(续)

设防烈度	主厂房框架或框架-支撑结构		主厂房框架-抗震墙结构			集中控制楼或屋内配电装置楼	运煤栈桥	
	高度/m	框架	高度/m	框架	抗震墙		高度/m	框架或框架-支撑
8	<25	二	<50	二	一	一	<30	二
	25～50	一	50～60	一			≥30	一
9	注 4		≤50	一	一	一	—	一

注：1. 主厂房外侧柱应符合国家标准《建筑抗震设计规范》GB 50011—2010 第 9 章单层工业厂房的规定；
2. 表中未规定者应按照现行国家标准《电力设施抗震设计规范》GB 50260 及《建筑抗震设计规范》GB 50011—2010 第 6.1.2 条确定；
3. 乙类建(构)筑物应提高一度采取抗震措施，丁类建(构)筑物抗震措施可适当降低，但不应低于 6 度；
4. 当主厂房框架提高一度按 9 度采取抗震措施，应采取比一级更高要求的抗震措施；
5. 主厂房框架仅在单方面设置抗震墙或抗震支撑时，应按框架结构确定抗震等级；
6. 表中高度指室外地面至檐口的高度(不包括局部突出屋面部分)。

11.1.6　建筑场地为Ⅰ类时，乙类建(构)筑物应允许按本地区抗震设防烈度的要求采取抗震构造措施；丙类建(构)筑物应允许按本地区抗震设防烈度降低一度的要求采取抗震构造措施，但不应低于 6 度。

11.1.15　汽机房屋盖的抗震构造措施应符合下列规定：

1. 屋架(屋面梁)与支座采用螺栓连接时，安装完毕后应将螺杆与螺帽焊牢。

2. 有檩屋盖的檩条应与屋架(屋面梁)焊牢，并保证支承长度。

11.2.1　根据发电厂岩土工程勘测报告对场地抗震有利、不利和危险地段作出的综合评价，结合工程需要，对不利地段应提出建(构)筑物避开要求；当无法避开时，应采取有效措施。对危险地段，严禁建造乙类建筑，不应建造丙类建筑。

11.3.5　计算地震作用时，建筑的重力荷载代表值应取结构、设备、构配件重力荷载标准值和可变荷载组合值之和。各可变荷载的组合值系数应按表 11.3.5 采用。

表 11.3.5　组合值系数

荷载种类	组合值系数
一般设备荷载(管道、设备等正常运行时)	1.0
汽机房屋面活荷载	不考虑
雪荷载	0.5
煤斗中的煤、除氧器(包括重力荷载和水重)	0.8
主厂房框架按计算主框架用的楼面活荷载(含除氧煤仓间屋面、不含大件检修安装荷载)计算时	0.7
长期作用的水平荷载(如导线张力)	1.0
长期作用地动力荷载	0.25
吊车悬吊物重力(软钩吊车)	不考虑

《电力设施抗震设计规范》(GB 50260—2013)

1.0.3　新建、改建和扩建的电力设施必须达到抗震设防要求。

1.0.7　电力设施中的建(构)筑物根据其重要性分为三类,并应符合下列规定:

1. 重要电力设施中发电厂的主要建(构)筑物和输变电工程供电建(构)筑物为重点设防类,简称为乙类。

2. 一般电力设施中的主要建(构)筑物和有连续生产运行设备的建(构)筑物以及公用建(构)筑物、重要材料库为标准设防类,简称为丙类。

3. 乙、丙类以外的次要建(构)筑物为适度设防类,简称为丁类。

1.0.8　电力设施的抗震设防地震动参数或烈度必须按国家规定的权限审批、颁发的文件(图件)确定。

1.0.10　各抗震设防类别的建(构)筑物的抗震设防标准,均应符合现行国家标准《建筑工程抗震设防分类标准》GB 50223 的有关规定。

3.0.6　工程场地类别,应根据土层等效剪切波速和场地覆盖层厚度按表 3.0.6 划分为四类,其中Ⅰ类分为$Ⅰ_0$、$Ⅰ_1$两个亚类。当有可靠的剪切波速和覆盖层厚度且其值处于表 3.0.6 所列场地类别的分界线附近时,应允许按插值方法确定地震作用计算所用的设计特征周期。

表 3.0.6　场地覆盖层厚度

等效剪切波速/(m/s)	场地类别				
	$Ⅰ_0$	$Ⅰ_1$	Ⅱ	Ⅲ	Ⅳ
$V_s>800$	$d=0$	—	—	—	—
$800\geqslant V_s>500$		$d=0$	—	—	—
$500\geqslant V_{se}>250$		$d<5$	$d\geqslant5$	—	—
$250\geqslant V_{se}>150$		$d<3$	$3\leqslant d<50$	$d\geqslant50$	—
$V_{se}\leqslant150$		$d<3$	$3\leqslant d<15$	$15\leqslant d<80$	$d\geqslant80$

注:V_s 为场地岩石剪切波速;V_{se}为场地土层等效剪切波速;d 为覆盖层厚度(单位:m)。

3.0.8　当需要在条状突出的山嘴、高耸孤立的山丘、非岩石和强风化岩石的陡坡、河岸和边坡边缘等不利地段进行建设时,除保证地震作用下的稳定性外,尚应估计不利地段对设计地震动参数可能产生的影响,应按现行国家标准《建筑抗震设计规范》GB 50011 规定的方法对设计地震动参数进行修正。

3.0.9　场地地质勘察应划分对电力设施有利、一般、不利和危险的地段,并应提供电力设施的场地覆盖层厚度、土层剪切波速和岩土地震稳定性(滑坡、崩塌等)评价结果,以及对液化地基提供液化判别、液化等级、液化深度等数据。

5.0.1　电气设施的地震作用应按下列原则确定:

1. 电气设施抗震验算应至少在两个水平轴方向分别计算水平地震作用,各方向的水平地震作用应由该方向抗侧力构件承担。

2. 对质量和刚度不对称的结构,应计入水平地震作用下的扭转影响。

3. 抗震设防烈度为 8 度、9 度时,大跨度设施和长悬臂结构应验算竖向地震作用。

5.0.3 地震作用的地震影响系数应根据现行国家标准《中国地震动参数区划图》GB 18306 的有关规定、场地类别、结构自振周期、阻尼比及本规范第 1.0.9 条确定，并应符合下列要求：

1. 水平地震影响系数最大值应根据设计基本地震加速度应按表 5.0.3-1 采用，设计基本地震加速度应根据现行国家标准《中国地震动参数区划图》GB 18306 取电气设施所在地的地震动峰值加速度。

2. 水平地震影响系数特征周期应根据现行国家标准《中国地震动参数区划图》GB 18306 取电气设施所在地反应谱特征周期，并根据场地类别调整确定；或根据国家标准《建筑抗震设计规范》GB 50011 按电气设施所在地的设计地震分组和场地类别按表 5.0.3-2 采用。如按罕遇地震计算时特征周期增加 0.05 s。

注：周期大于 6.0 s 的结构所采用的地震影响系数应专门研究。

5.0.3-1 水平地震影响系数最大值

抗震设防烈度	6	7	7	8	8	9
设计基本地震加速度 *g*	0.05	0.10	0.15	0.20	0.30	0.40
地震影响系数最大值	0.125	0.250	0.375	0.500	0.750	1.000

5.0.3-2 特征周期值 单位：s

设计地震分组	场地类别				
	I_0	I_1	Ⅱ	Ⅲ	Ⅳ
第一组	0.20	0.25	0.35	0.45	0.65
第二组	0.25	0.30	0.40	0.55	0.75
第三组	0.30	0.35	0.45	0.65	0.90

5.0.4 对已编制地震小区划的城市或开展工程场地地震安全性评价的场地，应按批准的设计地震动参数采用相应的地震影响系数。

7.1.2 电力设施中的建(构)筑物应根据设防分类、烈度、结构类型和结构高度采用不同的抗震等级，并应符合相应的计算和构造措施要求。电力设施中丙类建筑的抗震等级应按表 7.1.2 确定。

表 7.1.2 电力设施中丙类建(构)筑物的抗震等级

结构类型或建(构)筑物名称		设防烈度						
		6		7		8		9
钢筋混凝土框架结构	高度/m	≤25	>25	≤25	>25	≤25	>25	≤25
	框架	四	三	三	二	二	一	一
	大跨度框架	三		二		一		一
钢筋混凝土框架-抗震墙结构	高度/m	≤60	>60	≤60	>60	≤60	>60	≤50
	框架	四	三	三	二	二	一	一
	抗震墙	三		二		一		一

表 7.1.2(续)

结构类型或建(构)筑物名称		设防烈度							
		6		7		8		9	
钢结构	高度/m	≤50	>50	≤50	>50	≤50	>50	≤50	>50
	框架-支撑		四	四	三	三	二	二	一
集中控制楼、屋内配电装置楼	钢筋混凝土结构	三		二		一		一	
	钢结构	四		三		二		一	
运煤廊道	高度/m	≤30	>30～55	≤30	>30～50	≤30	>30～40	≤25	
	钢筋混凝土结构	四	三	三	二	二	一	一	
	高度/m	≤50	>50	≤50	>50	≤50	>50	≤50	>50
	钢结构		四	四	三	三	二	二	一

注：1. 表中高度指室外地面至檐口的高度(不包括局部突出屋面部分)。

2. 高度接近或等于高度分界时，应允许结合建(构)筑物的不规则程度及场地、地基条件确定抗震等级。

3. 大跨度框架指跨度不小于 18 m 的框架。

4. 表中运煤廊道是指廊道支柱采用钢筋混凝土结构或钢结构。

5. 当运煤廊道跨度大于 24 m 时，抗震等级应再提高一级。

6. 设置少量抗震墙的钢筋混凝土框架-抗震墙结构，在规定的水平力作用下，底层框架部分所承担的地震倾覆力矩大于结构总地震倾覆力矩的 50%时，其框架部分的抗震等级应按表中框架对应的抗震等级确定，适用的最大高度应允许比框架适当增加。

第三节　施工及验收

一、锅炉与压力容器

《电站锅炉压力容器检验规程》(DL 647—2004)

3.3　从事电站锅炉压力容器检验的机构(以下简称锅检机构)，应按国家和电力行业的相应规定取得国家和电力行业的检验资质。

3.4　从事电站锅炉压力容器检验的人员，应按国家和电力行业的相应规定取得国家和电力行业的检验资格证书。

4.5　锅炉中的下列设备应派有资格的检验人员到制造现场进行水压试验见证、文件见证和制造质量抽检：

(a) 产品在组装后不便于进行内部检验的重要设备，如汽包、联箱、锅水循环泵等；

(b) 其他有特殊要求的设备。

5.13　锅炉整体超压水压试验前监检对超压水压试验水质标准和保养要求：

(a) 超压水压试验的要求：

① 超压水压试验压力按 DL 612—1996 第 14.9 条执行；

② 超压水压试验水温按制造厂规定值控制，一般在 21～70 ℃；

③ 升压速度为 0.2～0.3 MPa/min，当压力上升到工作压力时，应暂停升压，检查无泄漏和异常情况后，再升压到超压试验压力下保持 20 min，然后降到工作压力(降压速度为

0.4～0.5 MPa/min)，进行全面检查；

④ 水压试验合格标准：承压部件无泄漏及湿润现象，承压部件无残余变形。

(b) 蒸汽压力为 9.8 MPa 以下锅炉的水压试验，采用除盐水或软化水。

(c) 蒸汽压力为 9.8 MPa 及以上锅炉的水压试验，应采用除盐水。整体水压试验用水质量应满足下列要求：

① 采用除盐水时，氯离子含量小于 0.2 mg/L；

③ 联氨或丙酮肟含量 200～300 mg/L；

④ pH 值为 10～10.5(用氨水调节)。

水压试验结束，应对设备、管道实施保养。

5.20 锅炉机组整套启动试运行前监检应检查蒸汽系统的蒸汽吹洗工作并符合如下要求：

(a) 锅炉机组整套启动前对蒸汽系统必须进行蒸汽吹洗；

(b) 蒸汽吹洗质量标准：

① 被吹洗系统的吹洗系数均应大于 1；

② 靶板材质为铝，长度大于或等于临时管内径，宽度为临时管内径 8%；

③ 连续二次靶板冲击斑痕粒度小于等于 0.8 mm，且斑痕不多于 8 点(小于 0.2 mm 不计数)。

《电力建设施工技术规范　第 2 部分：锅炉机组》(DL 5190.2—2012)

3.1.5 凡《特种设备安全监察条例》涉及的设备，出厂时应附有安全技术规范要求的设计文件、产品质量合格证明、安装及使用维修说明、监督检验证明等文件

3.1.7 锅炉机组在安装前应按本部分对设备进行复查，如发现制造缺陷应提交建设单位、监理单位与制造单位研究处理并签证。

3.1.11 设备安装过程中，应及时进行检查验收；上一工序未经检查验收合格，不得进行下一工序的施工。隐蔽工程隐蔽前必须经检查验收合格，并办理签证。

4.3.9 采用高强螺栓时，高强螺栓的储运、保管、安装、检验和验收除应按现行国家标准 GB 50205 及现行行业标准 JGJ 82 的有关规定进行外，尚应符合下列规定：

1. 高强度大六角头螺栓连接副的扭矩系数和扭剪型高强度螺栓连接副的紧固轴力(预拉力)除应有生产厂家在出厂前出具的质量证明和检验报告外，还应在使用前及时抽样复验，复验应为见证取样检验项目。

2. 钢架制造和安装均应按本部分附录 G 分别进行高强度螺栓连接副摩擦面的抗滑移系数试验和复验，现场处理的构件摩擦面应单独进行摩擦面抗滑移系数试验，其结果应符合设计要求。

5.1.4 合金钢材质的部件应符合设备技术文件的要求；组合安装前必须进行材质复查，并在明显部位作出标识；安装结束后应核对标识，标识不清时应重新复查。

5.1.6 受热面管通球试验应符合下列规定：

1. 受热面管在组合和安装前必须分别进行通球试验，试验应采用钢球，且必须编号并严格管理，不得将球遗留在管内；通球后应及时做好可靠的封闭措施，并做好记录。

5.2.7 不得在汽包、汽水分离器及联箱上引弧和施焊，如需施焊，必须经制造厂同意，焊接前应进行严格的焊接工艺评定试验。

6.1.2 合金钢管子、管件、管道附件及阀门在使用前应逐件进行光谱复查，并作出材质

标记。

7.3.4　防爆门安装应符合下列规定：

2. 防爆门安装应注意防爆门引出管的位置和方向，要防止运行中的防爆门动作时伤及人体或引起火灾，并符合设计规定。

9.1.8　直埋燃油管道焊口部位的防腐工作应在管道经 1.5 倍设计压力水压试验合格后进行；管道经验收后方可填埋。

9.1.11　燃油系统扩建或试运行期间的动火作业必须编制安全措施并经安全部门审核批准。

9.5.6　排油管严禁接入全厂排水系统；排出口不得朝向设备或建筑物，不得随意地排放。

9.7.1　燃油系统安装结束后，所有管道必须经水压试验合格，并应办理签证，水压试验的压力符合设计规定，无规定时按管道设计压力的 1.5 倍。

9.8.3　防雷和防静电设施按设计安装、检测试验完毕并经验收合格。

9.8.5　消防设施完善，消防道路畅通，消防系统经试验合格并处于备用状态。

13.6.7　调整完毕的安全阀应作出标识，在各阶段试运过程中，禁止将安全阀隔绝或揳死。

《电力建设施工技术规范　第 5 部分：管道及系统》(DL 5190.5—2012)

4.1.4　合金钢管道、管件、管道附件及阀门在使用前，应逐件进行光谱复查，并作材质标记。

5.2.2　导汽管安装时管内壁应露出金属光泽且应确认管道内部无杂物。

5.6.15　合金钢螺栓不得用火焰加热进行热紧。

5.7.9　在有热位移的管道上安装支吊架时，根部支吊点的偏移方向应与膨胀方向一致；偏移值应为冷位移值和 1/2 热位移值的矢量和。热态时，刚性吊杆倾斜值允许偏差为 3°，弹性吊杆倾斜值允许偏差为 4°。

6.3.6　化学清洗后的废液处理和排放必须符合《国家排放标准》GB 8978 的规定。

6.3.11　蒸汽吹洗的临时排气管道及系统，应由有设计资质的单位设计。

二、汽轮机机组

《电力建设施工技术规范　第 3 部分：汽轮发电机组》(DL 5190.3—2012)

3.3.5　设备安装时，建筑物的保护应符合下列规定：

2. 禁止在重要金属结构上任意施焊、切割，必须进行时应制定措施，并经审批。

3. 不得在建筑混凝土结构上使用大锤锤击、凿开保护层在内部钢筋上焊接、切割内部钢筋、任意开孔；必须进行时，应采取措施并办理审批手续。

4.1.5　汽轮机本体的安装程序，应严格遵照制造厂的要求，不得因设备供应、图纸交付、现场条件等原因更改安装程序。

4.1.6　制造厂整套供货，现场不再组装的设备，制造厂应确保内部组件的结构和性能与其供应的技术文件相符。

4.9.3　汽轮机扣大盖前应完成下列各项工作并符合要求，且安装记录、签证应齐全：

1. 垫铁调整结束，地脚螺栓紧固；

2. 台板纵横滑销、汽缸立销和猫爪横销调整结束并记录；

3. 内缸猫爪、纵横滑销和轴向定位销间隙调整结束并记录；

4. 汽缸水平结合面间隙符合要求；

5. 各汽轮机转子轴颈椭圆度和不柱度、对轮晃度及瓢偏、推力盘瓢偏、转子弯曲度符合要求并记录；

6. 汽缸水平扬度、凝汽器与汽缸连接前、后的转子扬度记录；

7. 汽缸已经按照制造厂要求进行负荷分配并记录；

8. 汽轮机转子在汽封及油挡洼窝处的中心位置、转子轴系中心符合制造厂要求；

9. 隔板中心调整结束并记录；

10. 转子与汽缸已经相对定位，定位位置已作标记，数值已作记录；

11. 汽封及通流部分间隙符合制造厂要求并作记录；

12. 汽轮机转子在合实缸的情况下，已进行轴向间隙推拉检查、测量及定位，且应符合制造厂设计要求并作记录；

13. 法兰加热装置渗漏试验符合要求并作记录；

14. 汽缸内全部合金钢部件已做光谱复查并符合要求；

15. 高温紧固件已做硬度及光谱复查符合制造厂要求并作记录；

16. 对汽缸几何尺寸、轴系中心、通流间隙、轴封间隙有影响的热力管道已完成连接；

17. 汽缸、管段、蒸汽室内部已彻底清理，管口、仪表插座和堵头已封闭；

18. 汽缸内部的疏水口畅通，热工元件安装结束。

5.1.11 隔绝发电机、励磁装置轴电流的绝缘部件应光洁、无翘曲、无缺陷，厚度应均匀并有良好的绝缘性能，绝缘电阻应符合制造厂要求，制造厂无要求时，用 1 000 V 绝缘电阻表测量，绝缘电阻应大于 0.5 MΩ。

5.3.7 发电机定子的起吊就位工作应符合下列规定：

4. 与起吊有关的建筑结构、起重机械、辅助起吊设施等强度必须经过核算，并应做性能试验，以满足起吊要求。

5.5.8 发电机端盖最终封闭应符合下列规定：

1. 端盖封闭前必须检查发电机定子内部清洁、无杂物、各部件完好；各配合间隙符合制造厂技术文件的要求；电气和热工检查试验项目已完成并办理检查签证。

5.6.9 发电机及气体系统整套严密性试验的试验压力与允许漏气量，必须符合制造厂要求，制造厂无要求时，可参照附录 G 进行试验与计算，试验工作应符合下列规定：

10. 发电机及气体系统进行检漏试验和漏气量试验时，在系统未泄压或系统内尚含有氢气时严禁施焊

5.8.5 双水内冷或水氢氢冷发电机的冷却水系统安装完毕，完成下列工作并经检查合格后，方可投入运行：

1. 发电机冷却水系统必须冲洗合格。

6.1.5 油管道阀门的检查与安装应符合下列规定：

1. 阀门应为钢质明杆阀门，不得采用反向阀门且开关方向有明确标识。

2. 阀门门杆应水平或向下布置。

3. 事故放油管应设两道手动阀门。事故放油门与油箱的距离应大于 5 m，并应有两个

以上通道。事故放油门手轮应设玻璃保护罩且有明显标识，不得上锁。

4. 减压阀、溢油阀、过压阀、止回阀等特殊阀门，应按制造厂技术文件要求，检查其各部间隙、行程、尺寸并记录，阀门应做严密性检查。

5. 阀杆盘根宜采用聚四氟乙烯碗形密封垫。

6.1.6　油管内壁必须彻底清扫，不得有焊渣、锈污、纤维和水分，油管清扫封闭后，不得在上面钻孔、气割或焊接，否则应重新清理、检查并封闭。

6.2.15　手动危急遮断装置的手柄应有红色保护罩，定位弹子应能将滑阀位置正确定位。

6.7.5　油箱的事故排油管应接至事故排油坑，系统注油前应安装完毕并确认畅通。

7.3.2　严禁在缸体上施焊或引燃电弧。

7.3.6　汽轮机本体范围内疏水管道安装应符合下列规定：

1. 汽轮机本体疏水系统严禁与其他疏水系统串接；

2. 疏水管、放水管、排汽管等与主管道连接时，必须选用与主管道相同等级的管座，不得将管道直接插入主管道；

3. 疏水阀门应严密不漏，接入汽轮机本体疏水扩容器联箱上的接口，应按设计压力高低顺序布置，阀门布置应满足操作和管道膨胀的要求；

4. 疏水联箱的底部标高，应高于凝汽器热井最高工作水位；

5. 室内疏水漏斗应加盖，并远离电气设备。

8.2.9　用钛管、钛管板的凝汽器施工，除应符合第 8.2.4 条～第 8.2.8 条有关规定外，尚应符合下列规定：

1. 工作现场必须防尘，在水室内工作必须用风机通风。

10. 切下的钛屑应及时清理，防止着火。

11.3.1　汽轮机的汽水管道试运前的清洗应按下列规定进行：

9. 蒸汽吹扫与汽轮机连接的管道，必须采取防止汽轮机大轴弯曲的措施。

11.9.3　汽轮机从冲转至额定转速应按下列规定进行：

9. 汽轮机在启动过程中发生异常振动或达到跳机值时，必须立即紧急停机，连续盘车，测量大轴晃动的变化，并找出原因，禁止降速暖机。

11.10.6　向发电机内充氢气置换二氧化碳时，应符合下列规定：

1. 发电机内可能漏入空气的所有管道必须有效隔断。

11.10.8　发电机排氢应符合下列规定：

1. 在气体置换过程中，发电机内的压力应符合第 11.10.2 条(11.10.2　发电机气体置换应在转子静止或盘车状态下进行。发电机转动或充气时应保证密封瓦的供油，油氢压差应符合制造厂要求，油压比发电机内部气体压力宜高 50～80 kPa。在气体置换过程中，发电机壳体内可保持较低压力，但最低压力不得小于 10 kPa)的规定；

2. 供氢管道必须有效隔断。

《电力建设施工技术规范　第 6 部分：水处理及制氢设备和系统》(DL 5190.6—2012)

3.1.10　储存、输送酸碱介质的设备和系统操作时，必须严格遵守安全操作规程。

3.2.5　氢气站设备和系统调整试运前，建筑及电气施工应符合下列规定：

1. 氢气站避雷针、接地网应按设计要求施工完毕，按规定验收合格。

3.5.3 严禁采用溢流、渗井、渗坑、废矿井或稀释等手段排放有毒有害废水。

3.5.5 建设项目投入生产或使用时，其环境保护防治设施必须同时投入。

6.3.3 电除盐设备必须可靠接地。

8.1.2 电解盐水、海水系统的安装，应符合下列规定：

2. 次氯酸钠储槽内所积聚的氢气体积分数不得大于0.4%。

8.2.1 浓硫酸系统安装应符合下列规定：

6. 浓硫酸设备第一次储酸前，必须将设备、系统内的积水排尽、吹干。储酸后设备及容器周围严禁火种。

15.1.1 氢气站的防火、防爆，必须符合GB 4962《氢气使用安全技术规程》和DL 5009.1《电力建设安全工作规程(火力发电厂部分)》的规定。

15.3.2 氢气管路系统安装应符合下列规定：

2. 氢气管路接地施工应符合下列要求：

1) 室外架空敷设氢气管道的防雷电波侵入建筑物的接地，必须可靠。

2) 室内外架空敷设氢气管道，每隔20～25 m设置防雷电感应接地。

3) 法兰、阀门的连接处应作跨接接地。

4) 接地的设备、管道等均应设接地端头，接地端头与接地线间的连接应牢靠。

5) 对有振动、位移的设备和管道，其连接处应加挠性连接线过渡。

6) 氢气管道系统的接地电阻应符合设计要求。设计无要求时，接地电阻均不得大于10 Ω。

10. 氢气放空管应设阻火器。阻火器的设置，必须符合下列规定：

1) 应引至室外，放空管管口应高出屋脊1 m。

2) 应有防雨雪侵入和杂物堵塞的措施。

3) 压力大于0.1 MPa，阻火器后的管材应采用不锈钢管。

15.4.2 制氢设备启动运行应符合下列规定：

10. 制氢设备调试后，因设备缺陷需要消缺时，必须保证系统内和动火区域氢气含量小于0.4%，防止发生火灾及爆炸事故。

11. 严禁将氢气、氧气从压力设备及管道内急剧放出。

三、焊接检验

《管道焊接接头超声波检验技术规程》(DL/T 820—2002)

5.5.3 缺陷的级别评定

根据缺陷的性质、幅度、指示长度分为四级：

5.5.3.1 最大反射波幅度达到SL线或Ⅱ区的缺陷，根据缺陷指示长度按表5的规定予以评级。

表5 单个缺陷的等级分类

评定等级 \ 检验级别	A	B	C
管壁厚度	14～50 mm	14～160 mm	14～160 mm
Ⅰ	2/3t,最小12 mm	t/3,最小10 mm,最大30 mm	t/3,最小10 mm,最大20 mm

表 5(续)

评定等级 \ 检验级别 / 管壁厚度	A	B	C
	14～50 mm	14～160 mm	14～160 mm
Ⅱ	$3/4t$，最小 12 mm	$2/3t$，最小 12 mm，最大 50 mm	$t/2$，最小 10 mm，最大 30 mm
Ⅲ	$<t$，最小 20 mm	$3/4t$，最小 16 mm，最大 75 mm	$2/3t$，最小 12 mm，最大 50 mm
Ⅳ	超过Ⅲ级者		

注：t 为坡口加工侧管壁厚度，焊接接头两侧管壁厚度不等时，t 取薄壁管厚度(mm)。

5.5.3.2　对接焊缝允许存在一定尺寸根部未焊透缺陷，根据其反射波幅度及指示长度按表 6 的规定予以评级。

表 6　根部未焊透等级分类

评定等级	对比灵敏度	缺陷指示长度/mm
Ⅱ	1.5	≤焊缝周长的 10%
Ⅲ	1.5+4 dB	≤焊缝周长的 20%
Ⅳ	超过Ⅲ级者	

注：1. 当缺陷反射波幅大于或等于用 SD-Ⅲ型试块调节对比灵敏度 1.5 mm 深月牙槽的反射波幅时，以缺陷反射波幅设定。

2. 当缺陷反射波幅小于用 SD-Ⅲ型试块调节对比灵敏度 1.5 mm 深月牙槽的反射波幅时，以缺陷指示长度评定。

5.5.3.3　性质为裂纹、未熔合、根部未焊透(不允许存在未焊透的焊缝)评定为Ⅳ级。

5.5.3.4　发射波幅度位于 RL 线或Ⅲ区的缺陷评定为Ⅳ级。

5.5.3.5　最大反射波幅度不超过 EL 线，和反射波幅度位于Ⅰ区的非裂纹、未熔合、根部未焊透性质的缺陷，评定为Ⅰ级。

6.4.4.1　不允许存在的缺陷：

(a) 性质判定为裂纹、坡口未熔合、层间未熔合、未焊透及密集性缺陷者；

(b) 单个缺陷回波幅度大于或等于 DAC－6 dB 者；

(c) 单个缺陷回波幅度大于或等于 DAC－10 dB 且指示长度大于 5 mm 者。

6.4.4.2　允许存在的缺陷：

单个缺陷回波幅度小于 DAC－6 dB，且指示长度小于或等于 5 mm 者。

7.4.4.1　不允许存在的缺陷：

(a) 性质判定为裂纹、坡口未熔合、层间未熔合及密集性缺陷者；

(b) 单个缺陷回波幅度大于或等于 DAC＋4 dB 者；

(c) 单个缺陷回波幅度大于或等于 DAC，且指示长度大于 5 mm 者。

7.4.4.2　允许存在的缺陷：

单个缺陷回波幅度小于 DAC＋4 dB，且指示长度小于或等于 5 mm 者。

第九章 电气与输变电工程

第一节 勘测设计

一、综合规定

《电力设施抗震设计规范》(GB 50260—2013)

1.0.3 新建、改建和扩建的电力设施必须达到抗震设防要求。

1.0.7 电力设施中的建(构)筑物根据其重要性分为三类,并应符合下列规定:

1. 重要电力设施中发电厂的主要建(构)筑物和输变电工程供电建(构)筑物为重点设防类,简称为乙类。

2. 一般电力设施中的主要建(构)筑物和有连续生产运行设备的建(构)筑物以及公用建(构)筑物、重要材料库为标准设防类,简称为丙类。

3. 乙、丙类以外的次要建(构)筑物为适度设防类,简称为丁类。

1.0.8 电力设施的抗震设防地震动参数或烈度必须按国家规定的权限审批、颁发的文件(图件)确定。

1.0.10 各抗震设防类别的建(构)筑物的抗震设防标准,均应符合现行国家标准《建筑工程抗震设防分类标准》GB 50223 的有关规定。

《火力发电厂与变电站设计防火标准》(GB 50229—2019)

3.0.1 生产的火灾危险性应根据生产中使用或产生的物质性质及其数量等因素分类,储存物品的火灾危险性应根据储存物品的性质和储存物品中的可燃物数量等因素分类,并均应符合表 3.0.1 的规定。

表 3.0.1 建(构)筑物的火灾危险性分类及其耐火等级

建(构)筑物名称	火灾危险性分类	耐火等级
主厂房(汽机房、除氧间、集中控制楼、煤仓间、锅炉房)	丁	二级
吸风机室	丁	二级
除尘构筑物	丁	二级
烟囱	丁	二级
空冷平台	戊	二级
脱硫工艺楼、石灰石制浆楼、石灰石制粉楼、石膏库	戊	二级
脱硫控制楼	丁	二级
吸收塔	戊	三级
增压风机室	戊	二级
屋内卸煤装置	丙	二级
碎煤机室、运煤转运站及配煤楼	丙	二级

表 3.0.1(续)

建(构)筑物名称	火灾危险性分类	耐火等级
封闭式运煤栈桥、运煤隧道	丙	二级
筒仓、干煤棚、解冻室、室内贮煤场	丙	二级
输送不燃烧材料的转运站	戊	二级
输送不燃烧材料的栈桥	戊	二级
供、卸油泵房及栈台(柴油、重油、渣油)	丙	二级
油处理室	丙	二级
主控制楼、网络控制楼、微波楼、网络继电器室	丙	一级
屋内配电装置楼(内有每台充油量>60 kg 的设备)	丙	二级
屋内配电装置楼(内有每台充油量≤60 kg 的设备)	丁	二级
油浸变压器室	丙	一级
岸边水泵房、循环水泵房	戊	二级
灰浆、灰渣泵房	戊	二级
灰库	戊	三级
生活、消防水泵房、综合水泵房	戊	二级
稳定剂室、加药设备室	戊	二级
取水建(构)筑物	戊	二级
冷却塔	戊	三级
化学水处理室、循环水处理室	戊	二级
供氢站、制氢站	甲	二级
启动锅炉房	丁	二级
空气压缩机室(无润滑油或不喷油螺杆式)	戊	二级
空气压缩机室(有润滑油)	丁	二级
热工、电气、金属试验室	丁	二级
天桥	戊	二级
变压器检修间	丙	二级
雨水、污(废)水泵房	戊	二级
检修车间	戊	二级
污(废)水处理构筑物	戊	二级
给水处理构筑物	戊	二级
电缆隧道	丙	二级
柴油发电机房	丙	二级
氨区控制室	丁	二级
卸氨压缩机室	乙	二级
液氨气化间	乙	二级
特种材料库	丙	二级
一般材料库	戊	二级
材料棚库	戊	二级
推煤机库	丁	二级

注:当特种材料库储存氢、氧、乙炔等气瓶时,火灾危险性应按储存火灾危险性较大的物品确定

3.0.9　发电厂建筑物内电缆夹层的内墙应采用耐火极限不小于 1.00 h 的不燃烧体。

4.0.15　厂区内建(构)筑物、设备之间的防火间距不应小于表 4.0.15 的规定;高层厂房之间及与其他厂房之间的防火间距,应在表 4.0.15 规定的基础上增加 3 m。

表 4.0.15　建(构)筑物之间的防火间距

单位：m

建(构)筑物、设备名称		乙类建筑耐火等级 一、二级	丙、丁、戊类建筑耐火等级 一、二级	丙、丁、戊类建筑耐火等级 三级	屋外配电装置	露天卸煤装置或贮煤场	制氢站或供氢站	氢气罐总容积/m^3 $V \leqslant 1\,000$	氢气罐总容积/m^3 $1\,000 < V \leqslant 10\,000$	点火油罐区储油罐罐区总容量 V/m^3 $V \leqslant 1\,000$	点火油罐区储油罐罐区总容量 V/m^3 $1\,000 < V \leqslant 5\,000$	办公、生活建筑(单层或多层)耐火等级 一、二级	办公、生活建筑(单层或多层)耐火等级 三级	铁路中心线 厂外	铁路中心线 厂内	厂外道路(路边)	厂内道路(路边) 主要	厂内道路(路边) 次要
乙类建筑耐火等级	一、二级	10	10	12	25	8	12	12	15	15(20)	20(25)	25	25	—		—		
丙、丁、戊类建筑耐火等级	一、二级	10	10	12	10	8	12	12	15	15(20)	20(25)	10	12	—		—		
	三级	12	12	14	12	10	14	15	20	20(25)	25(30)	12	14					
屋外配电装置		25	10	12	—	15 / 25(褐煤)	25	25	30	25	25	10	12	—	—	—		
主变压器或屋外用变压器单台油量/t	≥5，≤10	25	12	15	—					20(40)	32(50)	15	20	—	—	—	—	—
	>10，≤50		15	20								20	25	—	—	—	—	—
	>50		20	25								25	30	—	—	—	—	—
露天卸煤装置或贮煤场		8	8	10	15 / 25(褐煤)	—	15 / 25(褐煤)	20 / 25(褐煤)	25	25(30	30(40)	8 / 25(褐煤)	10	—	—	—	—	—
制氢站或供氢站		12	12	14	25	15 / 25(褐煤)	12	15	15	20(25)	25(30)	25		30	20	15	10	5
氢气罐总容量/m^3	$V \leqslant 1\,000$	12	12	15	25	20 / 25(褐煤)	15	—		20		25		25	20	15	10	5
	$1\,000 < V \leqslant 10\,000$	15	15	20	30	25	15			25		30						
点火油罐区储油罐罐区总容量 V/m^3	$V \leqslant 1\,000$	15(20)	15(20)	20(25)	25	25(30)	20(25)	20	25	—		20(25)	25(32)	30	20	15	10(15)	5(10)
	$1\,000 < V \leqslant 5\,000$	20(25)	20(25)	25(30)		30(40)	25(30)					25(32)	32(38)	(35)	(25)	(20)	15	10
液氨罐总容积 V/m^3 $V \leqslant 50$	单罐容积 V/m^3 $V \leqslant 20$	30	24(丙、丁类)		34	25	30	24		24(30)		30		25	20	30	15	10
			14	17														
液氨罐总容积 V/m^3 $50 < V \leqslant 200$	单罐容积 V/m^3 $V \leqslant 50$	34	27(丙、丁类)		38	25	34	27		27(34)		34		30	25			
			15	19														
液氨罐总容积 V/m^3 $200 < V \leqslant 500$	单罐容积 V/m^3 $V \leqslant 100$	38	30(丙、丁类)		42	27	38	30		30(38)		38		30	25			
			17	21														
液氨罐总容积 V/m^3 $500 < V \leqslant 1\,000$	单罐容积 V/m^3 $V \leqslant 200$	42	34(丙、丁类)		45	30	42	34		34(42)		42		35	30			
			19	23														
办公、生活建筑(单层或多层)耐火等级	一、二级	25	10	12	10	8 / 25(褐煤)	25	25	30	20(25)	25(32)	6	7	—		—		
	三级	25	12	14	12	10				25(32)	32(38)	7	8					

注：1. 防火间距应按相邻建(构)筑物外墙的最近距离计算，当外墙有凸出的燃烧构件时，应从其凸出部分外缘算起；建(构)筑物与屋外配电装置的防火间距应从构架算起；屋外油浸变压器之间的间距由工艺确定。

2. 表中油浸变压器外轮廓同丙、丁、戊类建(构)筑物的防火间距，不包括蒸汽机房、屋内配电装置楼、主控制楼、集中控制楼及网络控制楼。

3. 氢气罐与氢气罐之间的防火间距，不应小于相邻较大氢气罐的直径。

4. 氢气罐总容积应按其水容积(m^3)和工作压力(绝对压力)的乘积计算。

5. 点火油罐之间、点火油罐与建筑物之间的防火距离应符合现行国家标准《石油库设计规范》GB 50074 的规定。点火油罐与建筑物的防火间距按丙类可燃液体储罐总容量不大于 5 000 m^3 确定；当点火油罐储存乙类可燃液体时，其防火间距应采用括号内数值。

6. 液氨储罐与建(构)筑物防火间距应按本表液氨罐总容积和单罐容积较大者确定。

7. 液氨储罐与厂外铁路和厂外道路的防火间距，厂外铁路系指企业专用线，厂外道路系指三级、四级公路。

5.1.1 汽机房、除氧间、煤仓间、锅炉房、集中控制楼的安全出口均不应少于2个。上述安全出口可利用通向相邻车间的乙级防火门作为第二安全出口，但每个车间地面层至少必须有1个直通室外的安全出口。

5.1.2 汽机房、除氧间、煤仓间、锅炉房最远工作地点到直通室外的安全出口或疏散楼梯的距离不应大于75 m；集中控制楼最远工作地点到直通室外的安全出口或楼梯间的距离不应大于50 m。

5.1.3 主厂房至少应有1个能通至各层和屋面且能直接通向室外的封闭楼梯间，其他疏散楼梯可为敞开式楼梯；集中控制楼至少应设置1个通至各层的封闭楼梯间。

5.2.5 配电装置室房间内任一点到房间疏散门的直线距离不应大于15 m。

5.3.7 主厂房疏散楼梯间内部不应穿越可燃气体管道，蒸汽管道，甲、乙、丙类液体的管道和电缆或电缆槽盒。

6.2.4 煤粉系统的设备保温材料、管道保温材料及在煤仓间穿过的汽、水、油管道保温材料均应采用不燃烧材料。

6.4.8 油罐区卸油总管和供油总管应布置在油罐防火堤外。油罐的进、出口管道，在靠近油罐处和防火堤外面应分别设置隔离阀。油罐区的排水管在防火堤外应设置隔离阀。

6.4.17 油系统的设备及管道的保温材料应采用不燃烧材料。

6.5.2 发电厂氢系统的设计应符合下列规定：

1. 汽机房内的氢管道应布置在通风良好的区域；

2. 发电机的排氢阀和气体控制站(氢置换设施)，应布置在能使氢气直接排往厂房外部的安全处，排氢管必须接至厂房外安全处；排氢管的排氢能力应与汽轮机破坏真空停机的惰走时间相配合，排氢管管口应设阻火器；

3. 除必须用法兰与设备和其他部件相连接外，氢气管道管段应采用焊接连接；与发电机相接的氢管道，应采用带法兰的短管连接；

4. 氢管道应有防静电的接地措施；

9. 发电机氢气管道应设置检漏装置。在发电机工作氢压高于冷却水压时，冷却水侧也应设置氢气监测器和报警器。

6.7.3 油量为2 500 kg及以上的户外油浸变压器或油浸高压并联电抗器之间的最小间距，应符合表6.7.3的规定。

6.7.3 户外油浸变压器或油浸高压并联电抗器之间的最小间距

电压等级	最小间距/m	电压等级	最小间距/m
35 kV及以下	5	220 kV及330 kV	10
66 kV	6	500 kV及以上	15
110 kV	8		

6.7.6 35 kV及以下户内配电装置当未采用金属封闭开关设备时，其油断路器、油浸电流互感器和电压互感器，应设置在两侧有不燃烧实体墙的间隔内；35 kV以上户内配电装置应安装在有不燃烧实体墙的间隔内，不燃烧实体墙的高度不应低于配电装置中带油设备

的高度。

总油量超过 100 kg 的户内油浸变压器，应设置单独的变压器室。

6.8.4　防火墙上的电缆孔洞应采用耐火极限为 3.00 h 的电缆防火封堵材料或防火封堵组件进行封堵。

6.8.7　对主厂房内易受外部火灾影响的汽轮机头部、汽轮机油系统、锅炉防爆门、煤粉系统防爆门、排渣孔朝向的邻近部位的电缆区段，应采取防火措施。

6.8.8　当电缆明敷时，在电缆中间接头两侧各 2～3 m 长的区段以及沿该电缆并行敷设的其他电缆同一长度范围内，应采取防火措施。

6.8.11　在电缆隧道和电缆沟道中，严禁有可燃气、油管路穿越。

6.8.12　在敷设电缆的电缆夹层内，不得布置热力管道、油气管以及其他可能引起着火的管道和设备。

7.1.4　厂区内消防给水水量应按同一时间内发生火灾的次数及一次最大灭火用水量计算。建筑物一次灭火用水量应为室外和室内消防用水量之和。

7.3.1　下列建筑物或场所应设置室内消火栓：

1. 主厂房（包括汽机房和锅炉房的底层、运转层，煤仓间各层，除氧器层，锅炉燃烧器各层平台，集中控制楼）；

2. 主控制楼，网络控制楼，微波楼，屋内高压配电装置（有充油设备），脱硫控制楼，吸收塔的检修维护平台；

3. 屋内卸煤装置、碎煤机室、转运站、筒仓运煤皮带层；

4. 柴油发电机房；

5. 一般材料库，特殊材料库。

7.5.3　设有自动喷水灭火系统或水喷雾灭火系统的建筑物与设备的设计基本参数不应低于表 7.5.3 的规定。

表 7.5.3　自动喷水、作用面积强度及水喷雾强度

火灾类别	建(构)筑物、设备	自动喷水强度 (L/min·m²)/作用面积(m²)	水喷雾强度 /(L/min·m²)
气体	液氨储罐	—	6
电气	电缆夹层，电缆隧道	12/260	13
	油浸变压器	—	20
	油浸变压器的集油坑	—	6
液体	汽轮机油箱及贮油箱、汽轮机调节油系统、氢密封油装置、汽机运转层下及中间层油管道、汽动给水泵油箱、主蒸汽管与油管道（在主蒸汽管上方）交叉处、磨煤机润滑油箱、柴油机驱动消防泵泵组及油箱、柴油发电机室及油箱、锅炉燃烧器	12/260	液体闪点 60～120 ℃：20 液体闪点 >120 ℃：13
固体	燃用褐煤或易自燃高挥发分煤的运煤栈桥、运煤隧道、皮带头部及尾部、煤仓间或筒仓的带式输送机层	8/160	10

注：点火油罐的冷却水供给强度应符合现行国家标准《消防给水及消火栓系统技术规范》GB 50974 的规定。

7.6.4　消防水泵房应有不少于2条出水管与环状管网连接，当其中1条出水管检修时，其余的出水管应能满足全部用水量。消防泵组应设试验回水管，并配装检查用的放水阀门、水锤消除、安全泄压及压力、流量测量装置。

7.13.7　点火油罐区的火灾探测器及相关连接件应符合现行国家标准《爆炸危险环境电力装置设计规范》GB 50058的有关规定。

8.1.2　甲、乙类厂房或甲、乙类仓库严禁采用明火和电热散热器供暖；蓄电池室、供(卸)油泵房、油处理室、汽车库及运煤(煤粉)系统等产生易燃易爆气体或物料的建筑物或房间，严禁采用明火取暖。

9.1.1　自动灭火系统、与消防有关的电动阀门及交流控制负荷，应按保安负荷供电。当机组无保安电源时，应按Ⅰ类负荷供电。

9.1.2　单机容量为25 MW以上的发电厂，消防水泵及主厂房电梯应按Ⅰ类负荷供电。单机容量为25 MW及以下的发电厂，消防水泵及主厂房电梯应按不低于Ⅱ类负荷供电。单台发电机容量为200 MW及以上时，主厂房电梯应按保安负荷供电。

9.1.4　单机容量为200 MW及以上燃煤电厂的主控室或集控室及柴油发电机房的应急照明，应采用蓄电池直流系统供电。当难以从蓄电池或保安电源取得应急照明电源时，主厂房出入口、通道、楼梯间及远离主厂房的重要工作场所的应急照明，应采用自带电源的应急灯。

其他场所的应急照明，应按保安负荷供电。

9.1.5　单机容量为200 MW以下燃煤电厂的应急照明，应采用蓄电池直流系统供电。

9.2.1　当正常照明因故障熄灭时，应按表9.2.1中所列的工作场所装设继续工作或人员疏散用的应急照明。

表9.2.1　发电厂装设应急照明的工作场所

工作场所		应急照明	
		继续工作	人员疏散
锅炉房及其辅助车间	锅炉房运转层	√	
	锅炉房底层的磨煤机、送风机处	√	
	除灰间		√
	引风机室	√	
	燃油泵房	√	
	给粉机平台	√	
	锅炉本体楼梯	√	
	司水平台		√
	回转式空气预热器处	√	
	燃油控制台	√	
	给煤机处	√	
	带式输送机层		√
	除灰控制室	√	

表 9.2.1(续)

工作场所		应急照明 继续工作	应急照明 人员疏散
汽机房及其辅助车间	汽机房运转层	√	
	汽机房底层的凝汽器、凝结水泵、给水泵、循环水泵、备用励磁机等处	√	
	加热器平台	√	
	发电机出线小室	√	
	除氧间除氧器层	√	
	除氧间管道层	√	
	供氢站	√	
运煤系统	碎煤机室	√	
	转运站		√
	运煤栈桥		√
	运煤隧道		√
	运煤控制室	√	
	筒仓	√	
	室内贮煤场	√	
	翻车机室	√	
供水系统	岸边水泵房、循环水泵房	√	
	生活、消防水泵房	√	
化学水处理室	化学水处理控制室	√	
电气车间	主控制室	√	
	网络控制室	√	
	集中控制室	√	
	单元控制室	√	
	继电器室及电子设备间	√	
	屋内配电装置	√	
	电气配电间	√	
	蓄电池室	√	
	工程师室	√	
	通信转接室、交换机室、载波机室、微波机室、特高频室、电源室	√	
	保安电源、不停电电源、柴油发电机房及其配电室	√	
	直流配电室	√	
脱硫系统	脱硫控制室	√	
通道楼梯及其他	控制楼至主厂房天桥		√
	生产办公楼至主厂房天桥		√
	运行总负责人值班室	√	
	汽车库、消防车库	√	
	主要楼梯间		√
	电缆夹层		√
	空冷平台		√

10.1.1　生产的火灾危险性应根据生产中使用或产生的物质性质及其数量等因素分类，储存物品的火灾危险性应根据储存物品的性质和储存物品中的可燃物数量等因素分类，二者均应符合表10.1.1的规定。

表10.1.1　建(构)筑物的火灾危险性分类及其耐火等级

建(构)筑物名称	火灾危险性分类	耐火等级
主厂房(汽机房、燃机厂房、余热锅炉、集中控制室)	丁	二级
网络控制楼、微波楼、继电器室	丁	二级
屋内配电装置楼(内有每台充油量>60 kg的设备)	丙	二级
屋内配电装置楼(内有每台充油量≤60 kg的设备)	丁	二级
屋内配电装置楼(无油)	丁	二级
屋外配电装置(内有含油设备)	丙	二级
油浸变压器室	丙	一级
柴油发电机房	丙	二级
岸边水泵房、中央水泵房	戊	二级
生活、消防水泵房	戊	二级
冷却塔	戊	三级
稳定剂室、加药设备室	戊	二级
油处理室	丙	二级
化学水处理室、循环水处理室	戊	二级
供氢站	甲	二级
天然气调压站	甲	二级
空气压缩机室(无润滑油或不喷油螺杆式)	戊	二级
空气压缩机室(有润滑油)	丁	二级
天桥	戊	二级
天桥(下面设置电缆夹层时)	丙	二级
变压器检修间	丙	二级
排水、污水泵房	戊	二级
检修间	戊	二级
取水建(构)筑物	戊	二级
给水处理构筑物	戊	二级
污水处理构筑物	戊	二级
电缆隧道	丙	二级
特种材料库	丙	二级
一般材料库	戊	二级
材料棚库	戊	三级
消防车库	丁	二级

注：1. 除本表规定的建(构)筑物外，其他建(构)筑物的火灾危险性及耐火等级应符合现行国家标准《建筑设计防火规范》GB 50016的有关规定。

2. 当油处理室处理重油及柴油时，火灾危险性应为丙类；当处理原油时，火灾危险性应为甲类。

3. 当特种材料库储存氢、氧、乙炔等气瓶时，火灾危险性应按储存火灾危险性较大的物品确定。

10.2.1　天然气调压站、燃油处理室及供氢站应与其他辅助建筑分开布置。

10.2.2　燃气轮机或主厂房、余热锅炉、天然气调压站及燃油处理室与其他建(构)筑物之间的防火间距，应符合表10.2.2的规定。

表 10.2.2 建(构)筑物之间的防火间距

单位：m

建(构)筑物、设备名称		丙、丁、戊类建筑耐火等级		燃气轮机(房)或联合循环发电机组(房)、余热锅炉(房)	天然气调压站	燃油处理室		主变压器或屋外厂用变压器单台油量/t			屋外配电装置	制氢站或供氢站	氢气罐总容积/m^3		办公、生活建筑(单层或多层)耐火等级		铁路中心线		厂外道路(路边)	厂内道路(路边)	
		一、二级	三级			原油	重油	≥5,≤10	>10,≤50	>50			V≤1 000	1 000<V≤10 000	一、二级	三级	厂外	厂内		主要	次要
燃气轮机(房)或联合循环发电机组(房)、余热锅炉(房)		10	12	—	30	30	10	10			10	12	12	15	10	12	5	5	—	—	—
天然气调压站		12	14	30	—	12	12	25			25	12	12	15	25		30	20	15	10	5
燃油处理室	原油	12	14	30	12	—	—	25			25	12	12	15	25		30	20	15	10	5
	重油	10	12	10	12	—	—	12	15	20	10	12	12	15	10	12	5	5	—	—	—

注：1. 燃油燃机电厂的油罐的防火间距应执行现行国家标准《石油库设计规范》GB 50074。

2. 氢气罐的相关规定见本标准 4.0.15 中注 3、注 4。

10.5.3　燃机电厂同一时间的火灾次数应为1次。厂区内消防给水水量应按发生火灾时一次最大灭火用水量计算。建筑物一次灭火用水量应为室外和室内消防用水量之和。

11.1.1　建(构)筑物的火灾危险性应根据生产中使用或产生的物质性质及其数量等因素分类,并应符合表11.1.1的规定。

表11.1.1　建(构)筑物的火灾危险性分类及其耐火等级

建(构)筑物名称		火灾危险性分类	耐火等级
主控制楼		丁	二级
继电器室		丁	二级
阀厅		丁	二级
户内直流开关场	单台设备油量60 kg以上	丙	二级
	单台设备油量60 kg及以下	丁	二级
	无含油电气设备	戊	二级
配电装置楼(室)	单台设备油量60 kg以上	丙	二级
	单台设备油量60 kg及以下	丁	二级
	无含油电气设备	戊	二级
油浸变压器室		丙	一级
气体或干式变压器室		丁	二级
电容器室(有可燃介质)		丙	二级
干式电容器室		丁	二级
油浸电抗器室		丙	二级
干式电抗器室		丁	二级
柴油发电机室		丙	二级
空冷器室		戊	二级
检修备品仓库	有含油设备	丁	二级
	无含油设备	戊	二级
事故贮油池		丙	一级
生活、工业、消防水泵房		戊	二级
水处理室		戊	二级
雨淋阀室、泡沫设备室		戊	二级
污水、雨水泵房		戊	二级

11.1.5　变电站内建(构)筑物及设备的防火间距不应小于表11.1.5的规定。

表11.1.5　变电站内建(构)筑物及设备之间的防火间距　　单位:m

建(构)筑物、设备名称		丙、丁、戊类生产建筑耐火等级		屋外配电装置每组断路器油量/t		可燃介质电容器(棚)	事故贮油池	生活建筑耐火等级	
		一、二级	三级	<1	≥1			一、二级	三级
丙、丁、戊类生产建筑耐火等级	一、二级	10	12	—	10	10	5	10	12
	三级	12	14					12	14

表 11.1.5(续)

建(构)筑物、设备名称		丙、丁、戊类生产建筑耐火等级		屋外配电装置每组断路器油量/t		可燃介质电容器(棚)	事故贮油池	生活建筑耐火等级	
		一、二级	三级	<1	≥1			一、二级	三级
屋外配电装置每组断路器油量/t	<1	—		—		10	5	10	12
	≥1	10							
油浸变压器、油浸电抗器单台设备油量/t	≥5,≤10	10		见第 11.1.9 条		10	5	15	20
	>10,≤50							20	25
	>50							25	30
可燃介质电容器(棚)		10		10		—	5	15	20
事故贮油池		5		5		5	—	10	12
生活建筑耐火等级	一、二级	10	12	10		15	10	6	7
	三级	12	14	12		20	12	7	8

注:1. 建(构)筑物防火间距应按相邻建(构)筑物外墙的最近水平距离计算,如外墙有凸出的可燃或难燃构件时,则应从其凸出部分外缘算起;变压器之间的防火间距应为相邻变压器外壁的最近水平距离;变压器与带油电气设备的防火间距应为变压器和带油电气设备外壁的最近水平距离;变压器与建筑物的防火间距应为变压器外壁与建筑外墙的最近水平距离。

2. 相邻两座建筑较高一面的外墙如为防火墙时,其防火间距不限;两座一、二级耐火等级的建筑,当相邻较低一面外墙为防火墙且较低一座厂房屋顶无天窗,屋顶耐火极限不低于 1 h,或相邻较高一面外墙的门、窗等开口部位设置甲级防火门、窗或防火分隔水幕时,其防火间距不应小于 4 m。

3. 符合第 11.2.1 条(11.2.1 生产建筑物与油浸变压器或可燃介质电容器的间距不满足 11.1.5 条的要求时,应符合下列规定:1. 当建筑物与油浸变压器或可燃介质电容器等电气设备间距小于 5 m 时,在设备外轮廓投影范围外侧各 3 m 内的建筑物外墙上不应设置门、窗、洞口和通风孔,且该区域外墙应为防火墙,当设备高于建筑物时,防火墙应高于该设备的高度;当建筑物墙外 5~10 m 范围内布置有变压器或可燃介质电容器等电气设备时,在上述外墙上可设置甲级防火门,设备高度以上可设防火窗,其耐火极限不应小于 0.90 h;2. 当工艺需要油浸变压器等电气设备有电气套管穿越防火墙时,防火墙上的电缆孔洞应采用耐火极限为 3.00 h 的电缆防火封堵材料或防火封堵组件进行封堵)规定的生产建筑物与油浸变压器或可燃介质电容器除外。

4. 屋外配电装置间距应为设备外壁的最近水平距离。

11.1.7 单台油量为 2 500 kg 及以上的屋外油浸变压器之间、屋外油浸电抗器之间的最小间距应符合表 11.1.7 的规定。

表 11.1.7 屋外油浸变压器之间、屋外油浸电抗器之间的最小间距

电压等级	最小间距/m	电压等级	最小间距/m
35 kV 以下	5	220 kV 及 330 kV	10
66 kV	6	500 kV 及 750 kV	15
110 kV	8	1 000 kV	17

注:换流变压器的电压等级应按交流侧的电压选择。

11.2.8 地下变电站、地上变电站的地下室、半地下室安全出口数量不应少于 2 个。地下室与地上层不应共用楼梯间,当必须共用楼梯间时,应在地上首层采用耐火极限不低于 2 h 的不燃烧体隔墙和乙级防火门将地下或半地下部分与地上部分的连通部分完全隔开,

并应有明显标志。

11.2.9　地下变电站当地下层数为3层及3层以上或地下室内地面与室外出入口地坪高差大于10 m时，应设置防烟楼梯间，楼梯间应设乙级防火门，并向疏散方向开启。防烟楼梯间应符合现行国家标准《建筑设计防火规范》GB 50016的有关规定。

11.5.11　变电站消防给水量应按火灾时一次最大室内和室外消防用水量之和计算。

11.5.17　消防水泵房应有不少于2条出水管与环状管网连接，当其中一条出水管检修时，其余的出水管应能满足全部用水量。消防泵组应设试验回水管，并配装检查用的放水阀门、水锤消除、安全泄压及压力、流量测量装置。

11.6.1　地下变电站采暖、通风和空气调节设计应符合下列规定：

1. 所有采暖区域严禁采用明火取暖；

2. 电气配电装置室应设置火灾后排风设施，其他房间的排烟设计应符合国家标准《建筑设计防火规范》GB 50016的规定；

3. 当火灾发生时，送排风系统、空调系统应能自动停止运行。当采用气体灭火系统时，穿过防护区的通风或空调风道上的阻断阀应能立即自动关闭。

11.6.2　阀厅应设置火灾后排风设施。

11.7.1　变电站的消防供电应符合下列规定：

1. 消防水泵、自动灭火系统、与消防有关的电动阀门及交流控制负荷，户内变电站、地下变电站应按Ⅰ类负荷供电；户外变电站应按Ⅱ类负荷供电。

2. 变电站内的火灾自动报警系统和消防联动控制器，当本身带有不停电电源装置时，应由站用电源供电；当本身不带有不停电电源装置时，应由站内不停电电源装置供电；当电源采用站内不停电电源装置供电时，火灾报警控制器和消防联动控制器应采用单独的供电回路，并应保证在系统处于最大负载状态下不影响报警控制器和消防联动控制器的正常工作，不停电电源的输出功率应大于火灾自动报警系统和消防联动控制器全负荷功率的120％，不停电电源的容量应保证火灾自动报警系统和消防联动控制器在火灾状态同时工作负荷条件下连续工作3 h以上。

3. 消防用电设备采用双电源或双回路供电时，应在最末一级配电箱处自动切换。

4. 消防应急照明、疏散指示标志应采用蓄电池直流系统供电，疏散通道应急照明、疏散指示标志的连续供电时间不应少于30 min，继续工作应急照明连续供电时间不应少于3 h。

《爆炸危险环境电力装置设计规范》(GB 50058—2014)

5.2.2　危险区域划分与电气设备保护级别的关系应符合下列规定：

1. 爆炸性环境内电气设备保护级别的选择应符合表5.2.2-1的规定。

表5.2.2-1　爆炸性环境内电气设备保护级别的选择

危险区域	设备保护级别(EPL)
0区	Ga
1区	Ga或Gb
2区	Ga、Gb或Gc
20区	Da
21区	Da或Db
22区	Da、Db或Dc

5.5.1　当爆炸性环境电力系统接地设计时，1 000 V交流/1 500 V直流以下的电源系统的接地应符合下列规定：

1. 爆炸性环境中的TN系统应采用TN-S型；

2. 危险区中的TT型电源系统应采用剩余电流动作的保护电器；

3. 爆炸性环境中的IT型电源系统应设置绝缘监测装置。

二、发电厂电气部分

《火力发电厂热工自动化就地设备安装、管路及电缆设计技术规定》(DL/T 5182—2004)

4.4.1　在危险场所装设的电气设备(含开关量仪表，后略)，应具有相应的防爆等级和必要的防爆措施。

4.4.7　危险场所的控制室布置，应符合下列规定：

1. 控制室宜布置在危险场所以外，不应布置在危险场所的正上方或正下方。

2. 当控制室为正压室时，可布置在1区、2区内，对于易燃物比空气重的危险场所，控制室还应高出室外地面0.6 m。

3. 控制室与危险场所毗邻时，其门窗应朝向非危险场所。

4. 控制室与危险场所的隔墙，应是非燃体的实体墙，隔墙上不宜开窗，否则，窗应是双层玻璃的固定密封窗。

5. 隔墙上只允许穿过与控制室有关的管子或电缆通道，其穿过的孔洞，应用松软的耐火阻燃材料严密封堵。

4.4.8　危险场所电气设备的选择，应符合下列规定：

1. 根据危险场所的分区，选择相应的电气设备种类及其防爆结构。

2. 选用的防爆电气设备的级别和组别，不应低于该危险场所内爆炸性气体混合物的级别和组别。

3. 爆炸危险区域内的电气设备，应符合周围环境内化学的、机械的、热的、霉菌以及风沙等不同环境条件对电气设备的要求；电气设备的防爆结构应能满足其在规定的运行条件下不降低防爆性能的要求。

三、输变电工程

《供配电系统设计规范》(GB 50052—2009)

3.0.1　电力负荷应根据对供电可靠性的要求及中断供电在对人身安全、经济损失上所造成的影响程度进行分级，并应符合下列规定：

1. 符合下列情况之一时，应视为一级负荷：

(1) 中断供电将造成人身伤亡时。

(2) 中断供电将在经济上造成重大损失时。

(3) 中断供电将影响重要用电单位的正常工作。

2. 在一级负荷中，当中断供电将造成人员伤亡或重大设备损坏或发生中毒、爆炸和火灾等情况的负荷，以及特别重要场所的不允许中断供电的负荷，应视为一级负荷中特别重要的负荷。

3. 符合下列情况之一时，应视为二级负荷：

(1) 中断供电将在经济上造成较大损失时。

(2) 中断供电将影响较重要用电单位的正常工作。

4. 不属于一级和二级负荷者应为三级负荷。

3.0.2　一级负荷应由双重电源供电，当一电源发生故障时，另一电源不应同时受到损坏。

3.0.3　一级负荷中特别重要的负荷供电，应符合下列要求：

1. 除应由双重电源供电外，尚应增设应急电源，并不得将其他负荷接入应急供电系统。

2. 设备的供电电源的切换时间，应满足设备允许中断供电的要求。

3.0.9　备用电源的负荷严禁接入应急供电系统。

4.0.2　应急电源与正常电源之间，应采取防止并列运行的措施。当有特殊要求，应急电源向正常电源转换需短暂并列运行时，应采取安全运行的措施。

《低压配电设计规范》(GB 50054—2011)

3.1.4　在 TN-C 系统中不应将保护接地中性导体隔离，严禁将保护接地中性导体接入开关电器。

3.1.7　半导体开关电器严禁作为隔离电器。

3.1.10　隔离器、熔断器和连接片严禁作为功能性开关电器。

3.1.12　采用剩余电流动作保护电器作为间接接触防护电器的回路时，必须装设保护导体。

3.2.13　装置外可导电部分严禁作为保护接地中性导体的一部分。

4.2.6　配电室通道上方裸带电体距地面的高度不应低于 2.5 m；当低于 2.5 m 时，应设置不低于现行国家标准《外壳防护等级(IP 代码)》GB 4208 规定的 IPXXB 级或 IP2X 级的遮栏或外护物。遮栏或外护物底部距地面的高度不应低于 2.2 m。

7.4.1　除配电室外，无遮护的裸导体至地面的距离不应小于 3.5 m；采用防护等级不低于现行国家标准《外壳防护等级(IP 代码)》GB 4208 规定的 IP2X 的网孔遮栏时，不应小于 2.5 m。网状遮栏与裸导体的间距不应小于 100 mm；板状遮栏与裸导体的间距不应小于 50 mm。

《35 kV～110 kV 变电站设计规范》(GB 50059—2011)

3.1.3　装有两台及以上主变压器的变电站，当断开一台主变压器时，其余主变压器的容量(包括过负荷能力)应满足全部一、二级负荷用电的要求

《电力工程电缆设计标准》(GB 50217—2018)

5.1.9　在隧道、沟、浅槽、竖井、夹层等封闭式电缆通道中，不得布置热力管道，严禁有可燃气体或可燃液体的管道穿越。

《220～500 kV 变电所计算机监控系统设计技术规程》(DL/T 5149—2001)

6.4.1　所有操作控制均应经防误闭锁，并有出错报警和判断信息输出。

6.4.3　对手动操作的隔离开关和接地开关，应采用编码锁防误操作，也可采用电磁锁，并宜在就地控制箱设电气闭锁。各种操作均应设权限等级管理。

《66 kV 及以下架空电力线路设计规范》(GB 50061—2010)

6.0.9　海拔高度为 1 000 m 以下的地区，35 kV 和 66 kV 架空电力线路带电部分与杆塔构件、拉线、脚钉的最小间隙，应符合表 6.0.9 的规定。

表 6.0.9　带电部分与杆塔构件、拉线、脚钉的最小间隙

工　况	最小间隙/m	
	线路电压 35 kV	线路电压 66 kV
雷电过电压	0.45	0.65
内部过电压	0.25	0.50
运行电压	0.10	0.20

6.0.10　海拔高度为 1 000 m 及以上的地区，海拔高度每增高 100 m，内部过电压和运行电压的最小间隙应按本规范表 6.0.9 所列数值增加 1%。

6.0.13　带电作业杆塔的最小间隙应符合下列要求：

1. 在海拔高度 1 000 m 以下的地区，带电部分与接地部分的最小间隙应符合表 6.0.13 的规定：

表 6.0.13　带电作业杆塔带电部分与接地部分的最小间隙　　单位：m

线路电压	10 kV	35 kV	66 kV
最小间隙	0.4	0.6	0.7

2. 对操作人员需要停留工作的部位应增加 0.3～0.5 m。

7.0.7　66 kV 与 10 kV 同杆塔共架的线路，不同电压等级导线间的垂直距离不应小于 3.5 m；35 kV 与 10 kV 同杆塔共架的线路，不同电压等级导线间的垂直距离不应小于 2 m。

8.1.3　各类杆塔均应按以下三种风向计算塔身、横担、导线和地线的风荷载：

1. 风向与线路方向相垂直，转角塔应按转角等分线方向；
2. 风向与线路方向的夹角成 60°或 45°；
3. 风向与线路方向相同。

8.1.9　各类杆塔的运行工况应计算下列工况的荷载：

1. 最大风速、无冰、未断线；
2. 覆冰、相应风速、未断线；
3. 最低气温、无风、无冰、未断线。

9.0.1　杆塔结构构件及连接的承载力、强度、稳定计算和基础强度计算，应采用荷载设计值；变形、抗裂、裂缝、地基和基础稳定计算均应采用荷载标准值。

11.0.2　基础应根据杆位或塔位的地质资料进行设计。现场浇制钢筋混凝土基础的混凝土强度等级不应低于 C20。

11.0.12　基础上拔稳定计算的土重上拔稳定系数 γ_{R1}、基础自重上拔稳定系数 γ_{R2} 和倾覆计算的倾覆稳定系数 γ_S，应按表 11.0.12 采用。

表 11.0.12　上拔稳定系数和倾覆稳定系数

杆塔类型	γ_{R1}	γ_{R2}	γ_S
直线杆塔	1.6	1.2	1.5
直线转角或耐张杆塔	2.0	1.3	1.8
转角或终端杆塔	2.5	1.5	2.2

12.0.6　导线与地面、建筑物、树木、铁路、道路、河流、管道、索道及各种架空线路间的距离，应按下列原则确定：

1. 应根据最高气温情况或覆冰情况求得的最大弧垂和最大风速情况或覆冰情况求得的最大风偏进行计算；

2. 计算上述距离应计入导线架线后塑性伸长的影响和设计、施工的误差，但不应计入由于电流、太阳辐射、覆冰不均匀等引起的弧垂增大；

3. 当架空电力线路与标准轨距铁路、高速公路和一级公路交叉，且架空电力线路的档距超过 200 m 时，最大弧垂应按导线温度为＋70 ℃计算。

12.0.7　导线与地面的最小距离，在最大计算弧垂情况下，应符合表 12.0.7 的规定。

表 12.0.7　导线与地面的最小距离　　单位：m

线路经过区域	最小距离		
	线路电压		
	3 kV 以下	3～10 kV	35～66 kV
人口密集地区	6.0	6.5	7.0
人口稀少地区	5.0	5.5	6.0
交通困难地区	4.0	4.5	5.0

12.0.8　导线与山坡、峭壁、岩石之间的最小距离，在最大计算风偏情况下，应符合表 12.0.8 的规定。

表 12.0.8　导线与山坡、峭壁、岩石间的最小距离　　单位：m

线路经过区域	最小距离		
	线路电压		
	3 kV 以下	3～10 kV	35～66 kV
步行可以到达的山坡	3.0	4.5	5.0
步行不能到达的山坡、峭壁、岩石	1.0	1.5	3.0

12.0.9　导线与建筑物之间的垂直距离，在最大计算弧垂情况下，应符合表 12.0.9 的规定。

表 12.0.9　导线与建筑物间的最小垂直距离　　单位：m

线路电压	3 kV 以下	3～10 kV	35 kV	66 kV
距　　离	3.0	3.0	4.0	5.0

12.0.10　架空电力线路在最大计算风偏情况下，边导线与城市多层建筑或城市规划建筑线间的最小水平距离，以及边导线与不在规划范围内的城市建筑物间的最小距离，应符合表 12.0.10 的规定。架空电力线路边导线与不在规划范围内的建筑物间的水平距离，在无风偏情况下，不应小于表 12.0.10 所列数值的 50%。

表 12.0.10　边导线与建筑物间的最小距离　　单位:m

线路电压	3 kV 以下	3～10 kV	35 kV	66 kV
距　离	1.0	1.5	3.0	4.0

12.0.11　导线与树木(考虑自然生长高度)之间的最小垂直距离,应符合表 12.0.11 的规定。

表 12.0.11　导线与树木之间的最小垂直距离　　单位:m

线路电压	3 kV 以下	3～10 kV	35～66 kV
距　离	3.0	3.0	4.0

12.0.12　导线与公园、绿化区或防护林带的树木之间的最小距离,在最大计算风偏情况下,应符合表 12.0.12 的规定。

表 12.0.12　导线与公园、绿化区或防护林带的树木之间的最小距离　　单位:m

线路电压	3 kV 以下	3～10 kV	35～66 kV
距　离	3.0	3.0	3.5

12.0.13　导线与果树、经济作物或城市绿化灌木之间的最小垂直距离,在最大计算弧垂情况下,应符合表 12.0.13 的规定。

表 12.0.13　导线与果树、经济作物或城市绿化灌木之间的最小垂直距离　　单位:m

线路电压	3 kV 以下	3～10 kV	35～66 kV
距　离	1.5	1.5	3.0

12.0.14　导线与街道行道树之间的最小距离,应符合表 12.0.14 的规定。

表 12.0.14　导线与街道行道树之间的最小距离　　单位:m

检验状况	最小距离		
	线路电压		
	3 kV 以下	3～10 kV	35～66 kV
最大计算弧垂情况下的垂直距离	1.0	1.5	3.0
最大计算风偏情况下的水平距离	1.0	2.0	3.5

12.0.16　架空电力线路与铁路、道路、河流、管道、索道及各种架空线路交叉或接近的要求,应符合表 12.0.16 的规定。

表 12.0.16　架空电力线路与铁路、道路、河流、管道、索道及各种架空线路变叉或接近的要求

项目		铁路			公路和道路	电车道（有轨及无轨）		通航河流		不通航河流		架空明线弱电线路	电力线路	特殊管道	一般管道、索道
导线或地线在跨越档接头		标准轨距：不得接头 窄轨：不限制			高速公路和一、二级公路及城市一、二级道路：不得接头 三、四级公路和城市三级道路：不限制	不得接头		不得接头		不限制		一、二级：不得接头 三级：不限制	35 kV 及以上：不得接头 10 kV 及以下：不限制	不得接头	不得接头
交叉档导线最小截面		35 kV 及以上采用钢芯铝绞线为 35 mm^2； 10 kV 及以下采用铝绞线或铝合金线为 35 mm^2，其他导线为 16 mm^2						—							
交叉档距绝缘子固定方式		双固定			高速公路和一、二级公路及城市一、二级道路为双固定	双固定		双固定		不限制		10 kV 以下线路跨一、二级为双固定	10 kV 线路跨 6～10 kV 线路为双固定	双固定	双固定
最小垂直距离/m	线路电压	至标准轨顶	至窄轨轨顶	至承力索或接触线	至路面	至路面	至承力索或接触线	至常年高水位	至最高航行水位的最高船桅杆	至最高洪水位	冬季至冰面	至被跨越线	至被跨越线	至管道任何部分	至索道任何部分
	35～66 kV	7.5	7.5	3.0	7.0	10.0	3.0	6.0	2.0	3.0	5.0	3.0	3.0	4.0	3.0
	3～10 kV	7.5	6.0	3.0	7.0	9.0	3.0	6.0	1.5	3.0	5.0	2.0	2.0	3.0	2.0
	3 kV 以下	7.5	6.0	3.0	6.0	9.0	3.0	6.0	1.0	3.0	5.0	1.0	1.0	1.5	1.5

《110 kV～500 kV 架空送电线路设计技术规程》(DL/T 5092—1999)

7.0.3　导线和地线(以下简称导、地线)的设计安全系数不应小于 2.5。地线的设计安全系数，宜大于导线的设计安全系数。

8.0.3　金具强度的安全系数不应小于下列数值：

最大使用荷载情况　　2.5

断线、断联情况　　1.5

9.0.2　在海拔高度 1 000 m 以下地区，操作过电压及雷电过电压要求的悬垂绝缘子串绝缘子片数，不应少于表 9.0.2 的数值。耐张绝缘子串的绝缘子片数应在表 9.0.2 的基础上增加，对 110～330 kV 送电线路增加 1 片，对 500 kV 送电线路增加 2 片。

表 9.0.2　操作过电压及雷电过电压要求悬垂绝缘子串的最少片数

标称电压/kV	110	220	330	500
单片绝缘子的高度/mm	146	146	146	155
绝缘子片数/片	7	13	17	25

为保持高杆塔的耐雷性能，全高超过 40 m 有地线的杆塔，高度每增加 10 m，应比表 9.0.2 所列值增加 1 片同型绝缘子，全高超过 100 m 的杆塔，绝缘子片数应根据运行经验结合计算确定。由于高杆塔而增加绝缘子片数时，雷电过电压最小间隙也应相应增大。

9.0.6　在海拔不超过 1 000 m 的地区，带电部分与杆塔构件(包括拉线、脚钉等)的间隙，在相应风偏条件下，不应小于表 9.0.6 所列数值。

表 9.0.6　带电部分与杆塔构件的最小间隙　　单位：m

标称电压/kV	110	220	330	500	
雷电过电压	1.00	1.90	2.30	3.30	3.30
操作过电压	0.70	1.45	1.95	2.50	2.70
工频电压	0.25	0.55	0.90	1.20	1.30

注：1. 按雷电过电压和操作过电压情况校验间隙时的相应气象条件，参见附录 A(标准的附录)；

2. 按运行电压情况校验间隙时采用最大风速及相应气温；

3. 500 kV 空气间隙栏，左侧数据适用于海拔高度不超过 500 m 地区，右侧适用于超过 500 m 但不超过 1 000 m 的地区。

9.0.7　在海拔高度超过 1 000 m 地区，海拔高度每增高 100 m，操作过电压和运行电压的间隙，应较表 9.0.6 所列数值增大 1%。

如因高海拔而需增加绝缘子数量，则表 9.0.6 所列的雷电过电压最小间隙也应相应增大。

9.0.8　在海拔高度 1 000 m 以下地区，为便利带电作业，带电部分对杆塔接地部分的校验间隙不应小于表 9.0.8 所列数值。

对操作人员需要停留工作的部位，还应考虑人体活动范围 30～50 cm。

校验带电作业的间隙时，应采用下列计算条件：气温＋15 ℃，风速 10 m/s。

表 9.0.8　为便利带电作业，带电部分对杆塔与接地部分的校验间隙

标称电压/kV	110	220	330	500
校验间隙/m	1.0	1.8	2.2	3.2

9.0.11　中性点非直接接地系统在居民区的无地线钢筋混凝土杆和铁塔应接地。

9.0.12　钢筋混凝土杆的铁横担、地线支架、爬梯等铁附件与接地引下线应有可靠的电气连接。

利用钢筋兼作接地引下线的钢筋混凝土电杆，其钢筋与接地螺母、铁横担或地线支架之间应有可靠的电气连接。

外敷的接地引下线可采用镀锌钢绞线，其截面应按热稳定要求选取，且不应小于 25 mm^2。

接地体引出线的截面不应小于 50 mm^2 并应进行热稳定验算。引出线表面应进行有效的防腐处理，如热镀锌。

16.0.1　导线与地面、建筑物、树木、铁路、道路、河流、管道、索道及各种架空线路的距离，应根据最高气温情况或覆冰无风情况求得的最大弧垂和最大风情况或覆冰情况求得的最大风偏进行计算。

计算上述距离，可不考虑由于电流、太阳辐射等引起的弧垂增大，但应计及导线架线后塑性伸长的影响和设计、施工的误差。重冰区的线路，还应计算导线覆冰不均匀情况下的弧垂增大。

大跨越的导线弧垂应按导线实际能够达到的最高温度计算。

送电线路与标准轨距铁路、高速公路及一级公路交叉时，如交叉档距超过 200 m，最大弧垂应按导线温度＋70 ℃计算。

16.0.2　导线与地面的距离，在最大计算弧垂情况下不应小于表 16.0.2-1 所列数值。

表 16.0.2-1　导线对地面最小距离　　单位：m

线路经过地区	标称电压/kV			
	110	220	330	500
居民区	7.0	7.5	8.5	14
非居民区	6.0	6.5	7.5	11(10.5)
交通困难地区	5.0	5.5	6.5	8.5

注：500 kV 送电线路非居民区 11 m 用于导线水平排列，括号内的 10.5 用于导线三角排列。

导线与山坡、峭壁、岩石之间的净空距离，在最大计算风偏情况下，不应小于表16.0.2-2所列数值。

表 16.0.2-2　导线与山坡、峭壁、岩石的最小净空距离　　单位：m

线路经过地区	标称电压/kV			
	110	220	330	500
步行可以到达的山坡	5.0	5.5	6.5	8.5
步行不能到达的山坡、峭壁和岩石	3.0	4.0	5.0	6.5

16.0.4　送电线路不应跨越屋顶为燃烧材料做成的建筑物。对耐火屋顶的建筑物，如需跨越时应与有关方面协商或取得当地政府同意，500 kV 送电线路不应跨越长期住人的建筑物。导线与建筑物之间的垂直距离，在最大计算弧垂情况下，不应小于表 16.0.4-1 所列数值。

表 16.0.4-1　导线与建筑物之间的最小垂直距离

标称电压/kV	110	220	330	500
垂直距离/m	5.0	6.0	7.0	9.0

送电线路边导线与建筑物之间的距离，在最大计算风偏情况下，不应小于表16.0.4-2所列数值。

表 16.0.4-2　边导线与建筑物之间的最小距离

标称电压/kV	110	220	330	500
距离/m	4.0	5.0	6.0	8.5

注：导线与城市多层建筑物或规划建筑物之间的距离，指水平距离。

在无风情况下，边导线与不在规划范围内的城市建筑物之间的水平距离，不应小于表 16.0.4-3 所列数值。

表 16.0.4-3　边导线与不在规划范围内城市建筑物之间的水平距离

标称电压/kV	110	220	330	500
距离/m	2.0	2.5	3.0	5.0

16.0.5　500 kV 送电线路跨越非长期住人的建筑物或邻近民房时，房屋所在位置离地 1 m 处最大未畸变电场不得超过 4 kV/m。

16.0.6　距送电线路边相导线投影外 20 m 处，无雨、无雪、无雾天气，频率 0.5 MHz 时的无线电干扰限值如表 16.0.6 所列。

表 16.0.6　无线电干扰限值

标称电压/kV	110	220～330	500
限值/dB	46	53	55

16.0.10　送电线路与铁路、道路、河流、管道、索道及各种架空线路交叉或接近，应符合表 16.0.10 的要求。

表 16.0.10　送电线路与铁路、公路、河流、管道、索道及各种架空线路交叉或接近的基本要求

<table>
<tr><td colspan="2">项　目</td><td colspan="4">铁　路</td><td colspan="2">公　路</td><td colspan="2">电车道(有轨及无轨)</td></tr>
<tr><td colspan="2">导线或地线在跨越档内接头</td><td colspan="4">标准轨距:不得接头
窄轨:不限制</td><td colspan="2">高速公路、一级公路:不得接头
二、三、四级公路:不限制</td><td colspan="2">不得接头</td></tr>
<tr><td colspan="2">邻档断线情况的检验</td><td colspan="4">标准轨距:检验
窄轨:不检验</td><td colspan="2">高速公路、一级公路:检验
二、三、四级公路:不检验</td><td colspan="2">检验</td></tr>
<tr><td rowspan="2">邻档断线情况的最小垂直距离/m</td><td>标称电压/kV</td><td colspan="3">至轨顶</td><td>至承力索或接触线</td><td colspan="2">至路面</td><td>至路面</td><td>至承力索或接触线</td></tr>
<tr><td>110</td><td colspan="3">7.0</td><td>2.0</td><td colspan="2">6.0</td><td>—</td><td>2.0</td></tr>
<tr><td rowspan="6">最小垂直距离/m</td><td rowspan="2">标称电压/kV</td><td colspan="3">至轨顶</td><td rowspan="2">至承力索或接触线</td><td colspan="2" rowspan="2">至路面</td><td rowspan="2">至路面</td><td rowspan="2">至承力索或接触线</td></tr>
<tr><td>标准轨</td><td>窄轨</td><td>电气轨</td></tr>
<tr><td>110</td><td>7.5</td><td>7.5</td><td>11.5</td><td>3.0</td><td colspan="2">7.0</td><td>10.0</td><td>3.0</td></tr>
<tr><td>220</td><td>8.5</td><td>7.5</td><td>12.5</td><td>4.0</td><td colspan="2">8.0</td><td>11.0</td><td>4.0</td></tr>
<tr><td>330</td><td>9.5</td><td>8.5</td><td>13.5</td><td>5.0</td><td colspan="2">9.0</td><td>12.0</td><td>5.0</td></tr>
<tr><td>500</td><td>14.0</td><td>13.0</td><td>16.0</td><td>6.0</td><td colspan="2">14.0</td><td>16.0</td><td>6.5</td></tr>
<tr><td rowspan="3">最小水平距离/m</td><td rowspan="2">标称电压/kV</td><td colspan="4" rowspan="2">杆塔外缘至轨道中心</td><td colspan="2">杆塔外缘至路基边缘</td><td colspan="2">杆塔外缘至路基边缘</td></tr>
<tr><td>开阔地区</td><td>路径受限制地区</td><td>开阔地区</td><td>路径受限制地区</td></tr>
<tr><td>110
220
330
500</td><td colspan="4">交叉:30 m
平行:最高杆(塔)高加 3 m</td><td>交叉:8 m
平行:最高杆(塔)高</td><td>5.0
5.0
6.0
8.0(15)</td><td>交叉:8 m
平行:最高杆(塔)高</td><td>5.0
5.0
6.0
8.0</td></tr>
<tr><td colspan="2">附加要求</td><td colspan="4">不宜在铁路出站信号机以内跨越</td><td colspan="2">括号内为高速公路数值。高速公路路基边缘指公路下缘的隔离栏</td><td colspan="2"></td></tr>
</table>

表 16.0.10(续)

项　　目	铁　　路	公　　路	电车道(有轨及无轨)	
备　　注		公路分级见附录 F，城市道路分级可参照公路的规定		

项　　目		通航河流	不通航河流	弱电线路	电力线路	特殊管道	索　　道
导线或地线在跨越档内接头		一、二级：不得接头 三级及以下：不限制	不限制	不限制	110 kV 及以上线路：不得接头 110 kV 以下线路：不限制	不得接头	不得接头
邻档断线情况的检验		不检验	不检验	Ⅰ级：检验 Ⅱ、Ⅲ级：不检验	不检验	检验	不检验
邻档断线情况的最小垂直距离/m	标称电压/kV	—		至被跨越物	—	至管道任何部分	—
	110	—		1.0	—	1.0	—

项　　目	标称电压/kV	至五年一遇洪水位	至最高航行水位的最高船桅顶	至百年一遇洪水位	冬季至冰面	至被跨越物	至被跨越物	至管道任何部分	至索道任何部分
最小垂直距离/m	110	6.0	2.0	3.0	6.0	3.0	3.0	4.0	3.0
	220	7.0	3.0	4.0	6.5，7.5	4.0	4.0	5.0	4.0
	330	8.0	4.0	5.0	11(水平)	5.0	5.0	6.0	5.0
	500	9.5	6.0	6.5	10.5(三角)	8.5	6.0(8.5)	7.5	6.5

项　　目	标称电压/kV	边导线至斜坡上缘(线路与拉纤小路平行)	与边导线间		与边导线间		至索道任何部分	
			开阔地区	路径受限制地区	开阔地区	路径受限制地区	开阔地区	路径受限制地区(在最大风偏情况下)
最小水平距离/m	110	最高杆(塔)高	最高杆(塔)高	4.0	最高杆(塔)高	5.0	最高杆(塔)高	4.0
	220			5.0		7.0		5.0
	330			6.0		9.0		6.0
	500			8.0		13.0		7.5

项　　目	铁路/河流	弱电线路	电力线路	特殊管道、索道
附加要求	最高洪水位时，有抗洪抢险船只航行的河流，垂直距离应协商确定	送电线路应架设在上方	电压较高的线路一般架设在电压较低线路的上方。同一等级电压的电网公用线应架设在专用线上方	1. 与索道交叉，如索道在上方，索道的下方应装保护设施； 2. 交叉点不应选在管道的检查井(孔)处； 3. 与管、索道平行、交叉时，管、索道应接地

表 16.0.10(续)

项　　目	通航河流	不通航河流	弱电线路	电力线路	特殊管道	索　　道
备　　注	1.不通航河流指不能通航，也不能浮运的河流； 2.次要通航河流对接头不限制		弱电线路分级见附录E	括号内的数值用于跨越杆(塔)顶	1.管、索道上的附属设施，均应视为管、索道的一部分； 2.特殊管道指架设在地面上输送易燃、易爆物品管道	

注：1. 跨越杆塔(跨越河流除外)应采用固定线夹。

2. 邻档断线情况的计算条件：+15 ℃，无风。

3. 送电线路与弱电线路交叉时，交叉档弱电线路的木质电杆，应有防雷措施。

4. 送电线路跨 220 kV 及以上线路、铁路、高速公路及一级公路时，悬垂绝缘子串宜采用双联串(对 500 kV 线路并宜采用双挂点)，或两个单联串。

5. 路径狭窄地带，如两线路杆塔位置交错排列，导线在最大风偏情况下，对相邻线路杆塔的最小水平距离，不应小于下列数值：

标称电压：110，220，330，500 kV；

距　　离：3.0，4.0，5.0，7.0 m。

6. 跨越弱电线路或电力线路，如导线截面按允许载流量选择，还应校验最高允许温度时的交叉距离，其数值不得小于操作过电压间隙，且不得小于 0.8 m。

7. 杆塔为固定横担，且采用分裂导线时，可不检验邻档断线时的交叉跨越垂直距离。

8. 当导、地线接头采用爆压方式时，线路跨越二级公路的跨越档内不允许有接头。

《架空绝缘配电线路设计技术规程》(DL/T 601—1996)

5.2　绝缘导线及悬挂绝缘导线的钢绞线的设计安全系数均不应小于 3。

5.5　三相四线制低压绝缘配电线路的最小零线截面见表 2。单相制的零线截面，应与相线截面相同。

表 2　三相四线制低压绝缘配电线路的最小零线截面　　单位：mm^2

导线种类	相线截面	最小零线截面
铝或铝合金芯绝缘线	50 及以下	与相线截面相同
	70	50
	95 及以上	不小于相线截面的 50%
铜芯绝缘线	35 及以下	与相线截面相同
	50	35
	70 及以上	不小于相线截面的 50%

5.6　悬挂绝缘线的钢绞线的自重荷载应包括绝缘线、钢绞线、绝缘支架质量及 200 kg 施工荷重。钢绞线的最小截面不应小于 50 mm^2。

5.7　绝缘导线的连接，应符合下列要求。

5.7.1　不同金属、不同规格、不同绞向的导线及无承力线的集束线严禁在档距内连接。

5.7.2　在一个档距内，每根导线不应超过一个承力接头。

5.7.3　接头距导线的固定点，不应小于 500 mm。

6.3.3　绝缘支架的安全系数不应小于 5，绝缘拉棒的破坏拉力不小于导线计算拉断力的 90%。且绝缘支架及绝缘拉棒的破坏应力均应满足最大短路电动力的要求。

10.3　柱上开关应装设防雷装置，经常开路运行的柱上开关两侧，均应装设防雷装置，其接地装置的接地电阻不应大于10 Ω。开关金属外壳应接地，接地电阻不大于10 Ω。

10.4　配电变压器应装设防雷装置，该防雷装置应尽量靠近变压器，其接地线应与变压器二次侧中性点及变压器的金属外壳相连接。

10.7　中性点直接接地的低压绝缘线的零线，应在电源点接地。在干线和分支线的终端处，应将零线重复接地。

三相四线供电的低压绝缘线在引入用户处，应将零线重复接地。

10.10　接地体的埋设深度不应小于0.6 m，接地体不应与地下燃气管、送水管接触。

11.5　绝缘接户线受电端的对地面距离，不应小于下列数值：

(a) 中压，4 m；

(b) 低压，2.5 m。

11.6　跨越街道的低压绝缘接户线，至路面中心的垂直距离，不应小于下列数值：

(a) 通车街道，6 m；

(b) 通车困难的街道、人行道，3.5 m；

(c) 胡同(里、弄、巷)，3 m。

11.8　低压绝缘接户线与建筑物有关部分的距离，不应小于下列数值：

(a) 与接户线下方窗户的垂直距离，0.3 m；

(b) 与接户线上方阳台或窗户的垂直距离，0.8 m；

(c) 与阳台或窗户的水平距离，0.75 m；

(d) 与墙壁、构架的距离，0.05 m。

11.9　低压绝缘接户线与弱电线路的交叉距离，不应小于下列数值：

(a) 低压接户线在弱电线路的上方，0.6 m；

(b) 低压接户线在弱电线路的下方，0.3 m。

如不能满足上述要求，应采取隔离措施。

11.14　不同金属、不同规格、不同绞向的接户线，严禁在档距内连接。

跨越通车街道的接户线，不应有接头。

12.2　绝缘导线与地面或水面的最小距离见表8。

表8　导线与地面或水面的最小距离　　单位：m

线路经过地区	线路电压	
	中压	低压
居民区	6.5	6.0
非居民区	5.5	5.0
不能通航也不能浮运的河、湖(至冬季水面)	5.0	5.0
不能通航也不能浮运的河、湖(至50年一遇洪水位)	3.0	3.0

12.3　绝缘配电线路应尽量不跨越建筑物，如需跨越，导线与建筑物的垂直距离在最大计算弧垂情况下，不应小于下列数据：

(a) 中压，2.5 m；

(b) 低压,2.0 m。

线路边线与永久建筑物之间的距离在最大风偏的情况下,不应小于下列数值:

(a) 中压,0.75 m(人不宜接近时可为0.4 m);

(b) 低压,0.2 m。

12.6　绝缘配电线路与甲类火灾危险性的生产厂房、甲类物品库房、易燃、易爆材料堆场以及可燃或易燃、易爆液(气)体贮罐的防火间距,不应小于杆塔高度的1.5倍。

第二节　施工及验收

一、电气装置安装工程

《电气装置安装工程　高压电器施工及验收规范》(GB 50147—2010)

4.4.1　在验收时,应进行下列检查:

4. 断路器及其操动机构的联动应正常,无卡阻现象;分、合闸指示应正确;辅助开关动作应正确可靠。

5. 密度继电器的报警、闭锁值应符合产品技术文件的要求。电气回路传动应正确。

6. 六氟化硫气体压力、泄漏率和含水量应符合现行国家标准《电气装置安装工程　电气设备交接试验标准》GB 50150及产品技术文件的规定。

5.2.7　GIS元件的安装应在制造厂技术人员指导下按产品技术文件要求进行,并应符合下列要求:

6. 预充氮气的箱体应先经排氮,然后充干燥空气,箱体内空气中的氧气含量必须达到18%以上时,安装人员才允许进入内部进行检查或安装。

5.6.1　在验收时,应进行下列检查:

4. GIS中的断路器、隔离开关、接地开关及其操动机构的联动应正常、无卡阻现象;分、合闸指示应正确;辅助开关及电气闭锁应动作正确、可靠。

5. 密度继电器的报警、闭锁值应符合规定,电气回路传动应正确。

6. 六氟化硫气体漏气率和含水量,应符合现行国家标准《电气装置安装工程　电气设备交接试验标准》GB 50150及产品技术文件的规定。

6.4.1　验收时,应进行下列检查:

3. 真空断路器与操动机构联动应正常、无卡阻;分、合闸指示应正确;辅助开关动作应准确、可靠。

6. 高压开关柜应具备防止电气误操作的"五防"功能。

《电气装置安装工程　电力变压器、油浸电抗器、互感器施工及验收规范》(GB 50148—2010)

4.1.3　变压器、电抗器在装卸和运输过程中,不应有严重冲击和振动。电压在220 kV及以上且容量在150 MV·A及以上的变压器和电压为330 kV及以上的电抗器均应装设三维冲击记录仪。冲击允许值应符合制造厂及合同的规定。

4.1.7　充干燥气体运输的变压器、电抗器油箱内的气体压力应保持在0.01～0.03 MPa;干燥气体露点必须低于−40 ℃;每台变压器、电抗器必须配有可以随时补气的纯净、干燥气体瓶，始终保持变压器、电抗器内为正压力，并设有压力表进行监视。

4.4.3　充氮的变压器、电抗器需吊罩检查时，必须让器身在空气中暴露 15 min 以上，待氮气充分扩散后进行。

4.5.3　有下列情况之一时，应对变压器、电抗器进行器身检查：

2. 变压器、电抗器运输和装卸过程中冲撞加速度出现大于 3g 或冲撞加速度监视装置出现异常情况时，应由建设、监理、施工、运输和制造厂等单位代表共同分析原因并出具正式报告。必须进行运输和装卸过程分析，明确相关责任，并确定进行现场器身检查或返厂进行检查和处理。

4.5.5　进行器身检查时必须符合以下规定：

1. 凡雨、雪天，风力达 4 级以上，相对湿度 75%以上的天气，不得进行器身检查。

2. 在没有排氮前，任何人不得进入油箱。当油箱内的含氧量未达到 15%以上时，人员不得进入。

3. 在内检过程中，必须向箱体内持续补充露点低于－40 ℃的干燥空气，以保持含氧量不得低于 18%，相对湿度不应大于 20%；补充干燥空气的速率，应符合产品技术文件要求。

4.9.1　绝缘油必须按现行国家标准《电气装置安装工程　电气设备交接试验标准》GB 50150 的规定试验合格后，方可注入变压器、电抗器中。

4.9.2　不同牌号的绝缘油或同牌号的新油与运行过的油混合使用前，必须做混油试验。

4.9.6　在抽真空时，必须将不能承受真空下机械强度的附件与油箱隔离；对允许抽同样真空度的部件，应同时抽真空；真空泵或真空机组应有防止突然停止或因误操作而引起真空泵油倒灌的措施。

4.12.1　变压器、电抗器在试运行前，应进行全面检查，确认其符合运行条件时，方可投入试运行。检查项目应包含以下内容和要求：

3. 事故排油设施应完好，消防设施齐全。

5. 变压器本体应两点接地。中性点接地引出后，应有两根接地引线与主接地网的不同干线连接，其规格应满足设计要求。

6. 铁芯和夹件的接地引出套管、套管的末屏接地应符合产品技术文件的要求；电流互感器备用二次线圈端子应短接接地；套管顶部结构的接触及密封应符合产品技术文件的要求。

4.12.2　变压器、电抗器试运行时应按下列规定项目进行检查：

1. 中性点接地系统的变压器，在进行冲击合闸时，其中性点必须接地。

5.3.1　互感器安装时应进行下列检查：

5. 气体绝缘的互感器应检查气体压力或密度符合产品技术文件的要求，密封检查合格后方可对互感器充 SF_6 气体至额定压力，静置 24 h 后进行 SF_6 气体含水量测量并合格。气体密度表、继电器必须经核对性检查合格。

5.3.6　互感器的下列各部位应可靠接地：

1. 分级绝缘的电压互感器，其一次绕组的接地引出端子；电容式电压互感器的接地应符合产品技术文件的要求。

2. 电容型绝缘的电流互感器，其一次绕组末屏的引出端子、铁芯引出接地端子。

3. 互感器的外壳。

4. 电流互感器的备用二次绕组端子应先短路后接地。

5. 倒装式电流互感器二次绕组的金属导管。

6. 应保证工作接地点有两根与主接地网不同地点连接的接地引下线。

《电气装置安装工程　母线装置施工及验收规范》(GB 50149—2010)

3.5.7　耐张线夹压接前应对每种规格的导线取试件两件进行试压,并应在试压合格后再施工。

《电气装置安装工程　电缆线路施工及验收标准》(GB 50168—2018)

5.2.10　金属电缆支架、桥架及竖井全长均必须有可靠的接地。

8.0.1　对爆炸和火灾危险环境、电缆密集场所或可能着火蔓延而酿成严重事故的电缆线路,防火阻燃措施必须符合设计要求。

《电气装置安装工程　接地装置施工及验收规范》(GB 50169—2016)

3.0.4　电气装置的下列金属部分,均必须接地:

1. 电气设备的金属底座、框架及外壳和传动装置。

2. 携带式或移动式用电器具的金属底座和外壳。

3. 箱式变电站的金属箱体。

4. 互感器的二次绕组。

5. 配电、控制、保护用的屏(柜、箱)及操作台的金属框架和底座。

6. 电力电缆的金属护层、接头盒、终端头和金属保护管及二次电缆的屏蔽层。

7. 电缆桥架、支架和井架。

8. 变电站(换流站)构、支架。

9. 装有架空地线或电气设备的电力线路杆塔。

10. 配电装置的金属遮栏。

11. 电热设备的金属外壳。

4.1.8　严禁利用金属软管、管道保温层的金属外皮或金属网、低压照明网络的导线铅皮以及电缆金属护层作为接地线。

4.2.9　电气装置的接地必须单独与接地母线或接地网相连接,严禁在一条接地线中串接两个及两个以上需要接地的电气装置。

《电气装置安装工程　旋转电机施工及验收标准》(GB 50170—2018)

4.1.3　发电机、调相机必须有不少于2个明显接地点,并应分别引入接地网的不同位置,接地必须牢固可靠。

5.1.1　电动机必须有明显可靠的接地。

《电气装置安装工程　盘、柜及二次回路接线施工及验收规范》(GB 50171—2012)

4.0.6　成套柜的安装应符合下列规定:

1. 机械闭锁、电气闭锁应动作准确、可靠。

4.0.8　手车式柜的安装应符合下列规定:

1. 机械闭锁、电气闭锁应动作准确、可靠。

7.0.2　成套柜的接地母线应与主接地网连接可靠。

《电气装置安装工程　66 kV及以下架空电力线路施工及验收规范》(GB 50173—2014)

3.2.3　混凝土拌和用水应符合下列规定：

3. 混凝土拌和用水严禁使用未经处理的海水

5.0.4　掏挖基础应以人工掏挖为主，掏挖基础及岩石基础的尺寸不得有负偏差，开挖时应符合下列规定：

3. 人工开挖遇到松散层时，必须采取防止坍塌的措施。

6.1.1　基础混凝土中掺入外加剂时应符合下列规定：

1. 基础混凝土中严禁掺入氯盐。

《电气装置安装工程　低压电器施工及验收规范》(GB 50254—2014)

3.0.16　需要接地的电器金属外壳、框架必须可靠接地。

9.0.2　三相四线系统安装熔断器时，必须安装在相线上，中性线(N线)、保护中性线(PEN线)严禁安装熔断器。

《电气装置安装工程　起重机电气装置施工及验收规范》(GB 50256—2014)

3.0.9　起重机非带电金属部分的接地应符合下列规定：

2. 司机室与起重机本体用螺栓连接时，必须进行电气跨接；其跨接点不应少于两处。

4.0.1　滑触线的布置应符合设计要求；当设计无要求时，应符合下列规定：

3. 裸露式滑触线在靠近走梯、过道等行人可触及的部分，必须设有遮拦保护。

6.0.4　制动装置的安装应符合下列规定：

1. 制动装置的动作必须迅速、准确、可靠。

6.0.9　起重荷载限制器的调试应符合下列规定：

1. 起重荷载限制器综合误差，严禁大于8%。

2. 当载荷达到额定起重量的90%时，必须发出提示性报警信号。

3. 当载荷达到额定起重量的110%时，必须自动切断起升机构电动机的电源，并应发出禁止性报警信号。

《电气装置安装工程　爆炸和火灾危险环境电气装置施工及验收规范》(GB 50257—2014)

5.1.3　爆炸危险环境内采用的低压电缆和绝缘导线，其额定电压必须高于线路的工作电压，且不得低于500 V，绝缘导线必须敷设于钢管内。电气工作中性线绝缘层的额定电压，必须与相线电压相同，并必须在同一护套或钢管内敷设。

5.1.7　架空线路严禁跨越爆炸性危险环境；架空线路与爆炸性危险环境的水平距离。不应小于杆塔高度的1.5倍。

5.2.1　电缆线路在爆炸危险环境内，必须在相应的防爆接线盒或分线盒内连接或分路。

5.4.2　本质安全电路关联电路的施工，应符合下列规定：

1. 本质安全电路与非本质安全电路不得共用同一电缆或钢管；本质安全电路或关联电路，严禁与其他电路共用同一条电缆或钢管。

7.1.1　在爆炸危险环境的电气设备的金属外壳、金属构架、安装在已接地的金属结构上的设备、金属配线管及其配件、电缆保护管、电缆的金属护套等非带电的裸露金属部分，均应接地。

7.2.2 引入爆炸危险环境的金属管道、配线的钢管、电缆的铠装及金属外壳，必须在危险区域的进口处接地。

《电气装置安装工程 电气设备交接试验标准》(GB 50150—2016)

4.0.5 定子绕组直流耐压试验和泄漏电流测量，应符合下列规定：

3. 氢冷电机应在充氢前进行试验，严禁在置换氢过程中进行试验。

4.0.6 定子绕组交流耐压试验，应符合下列规定：

3. 水内冷电机在通水情况下进行试验，水质应合格；氢冷电机应在充氢前进行试验，严禁在置换氢过程中进行。

二、输电工程

《电力建设安全工作规程 第3部分：变电站》(DL 5009.3—2013)

3.2.31 接零及接地保护。

1. 施工临时电源在专用变压器供电时必须采用专用变压器供电的TN-S接零保护系统。

9. PE线严禁断线，严禁在PE线装设开关或熔断器，严禁在PE线通过工作电流。

12. 保护零线必须在配电系统的始端、中间和末端处做重复接地。

13. 配电箱内必须分设N线小母线和PE线小母线并标识。N线小母线必须与箱体绝缘，PE线小母线必须与金属箱体做电气连接，金属箱体与箱门应跨接。进出线中的N线必须通过N线小母线连接，PE线必须通过PE线小母线连接。

3.2.32 用电安全管理。

10. 对配电箱、开关箱进行维修、检查时，必须将其相应的电源断开并隔离，并悬挂"禁止合闸，有人工作！"安全标志牌。

3.2.33 一般规定。

5. 严禁在办公室、工具房、休息室、宿舍等房屋内存放易燃、易爆物品。

4.2.2 爆破。

11. 火雷管的装药与点火、电雷管的接线与引爆必须由同一人担任，严禁两人操作。

15. 处理盲炮时，严禁从炮孔内掏取炸药和雷管。重新打孔时，新孔应与原孔平行；新孔距盲炮孔不得小于0.3 m，距药壶边缘不得小于0.5 m。

4.5.9 混凝土养护。

4. 冬季养护阶段，严禁作业人员进棚取暖，进棚作业必须设人棚外监护。

5.1.1 油浸变压器、电抗器安装。

3. 充氮变压器、电抗器未经充分排氮(其气体含氧密度未达到18%及以上时)，严禁施工作业人员入内。充氮变压器注油时，任何人严禁在排气孔处停留。

5.1.2 断电器、隔离开关、组合电器安装。

13. 在六氟化硫电气设备上及周围的工作应遵守下列规定：

(2) 工作人员进入六氟化硫配电装置室，入口处若无六氟化硫气体含量显示器，应先通风15 min，并检测六氟化硫气体含量合格。严禁单独一人进入六氟化硫配电装置室内工作。

14. 六氟化硫气体回收、抽真空及充气工作应遵守下列规定：

(4) 六氟化硫配电装置发生大量泄漏等紧急情况时，人员应迅速撤离现场，室内应开启所有排风机进行排风。

5.1.7　蓄电池组安装。

3. 蓄电池安装过程及完成后室内严禁烟火。

6. 安装镉镍碱性蓄电池组应遵守下列规定：

(1) 配置和存放电解液必须用耐碱器具，并将碱慢慢倒入蒸馏水或去离子水中，并用干净耐碱棒搅动，严禁将水倒入电解液中。

5.4.3　二次回路传动试验及其他。

2. 对电流互感器一次侧进行通电试验时，二次回路严禁开路，短路接地必须使用短接片或短接线，严禁用导线缠绕。

4. 运行屏上拆接线时应在端子排外侧进行，拆开的线必须包好，并注意防止误碰其他运行回路，严禁将运行中的电流互感器二次回路开路及电压互感器二次回路短路、接地。拆除与运行设备有关联回路时，必须先拆运行设备端后拆另一端。其余回路一般先拆电源端后拆另一端。二次回路接线时，必须先接扩建设备侧，后接运行设备侧。

6.3.2　验电及接地。

8. 严禁使用不符合规定的导线做接地线或短路线，接地线必须使用专用的线夹固定在导体上，严禁用缠绕的方法进行接地或短路。装拆接地线必须使用绝缘棒，戴绝缘手套。挂接地线时必须先接接地端，再接设备端，拆接地线时顺序相反。

6.3.4　恢复送电。

2. 接地线一经拆除，设备即应视为有电，严禁再去接触或进行工作。

3. 严禁采用预约停送电时间的方式在设备或母线上进行任何工作。

《电力建设安全工作规程　第2部分：电力线路》(DL 5009.2—2013)

3.1.11　林区、草地施工现场，严禁吸烟及使用明火。

3.2.2　材料及器材的存放和保管

4. 氧气瓶的存放和保管遵守下列规定：

(1) 存放处周围10 m内严禁明火，严禁与易燃易爆物品同间存放。

(3) 严禁与乙炔气瓶混放在一起。

5. 乙炔气瓶的存放和保管遵守下列规定：

(2) 存放间与明火或散发火花点距离严禁小于10 m。

(7) 严禁与氧气瓶及易燃易爆物品同间存放。

6. 有毒有害物品的存放和保管遵守下列规定：

(1) 容器必须密封。

7. 汽油、柴油等挥发性物品的存放和保管遵守下列规定：

(2) 附近严禁有易燃易爆物品。

(3) 严禁靠近火源或在烈日下曝晒。

3.3.1　高处作业。

5. 高处作业时，作业人员必须正确使用安全带。

3.4.16　凿岩机。

3. 严禁在废炮眼上钻孔和骑马式操作。

3.4.24　卸扣。

5. 严禁用普通材料的螺栓取代卸扣销轴。

3.4.25　链条葫芦和手扳葫芦。

6. 操作人员严禁站在葫芦正下方，严禁站在重物上面操作，严禁将重物吊起后停留在空中而离开现场，起吊过程中严禁任何人在重物下行走或停留。

4.1.6　氧气瓶、乙炔瓶的运输遵守下列规定：

4. 严禁与易燃易爆物品或与油脂或带有污物的物品同车运输。车上严禁烟火。

4.1.7　载送施工人员遵守下列规定：

2. 严禁自卸车、挂车、拖拉机等工程车或农用车载人。

4.5.10　索道运行、保养的规定：

7. 货运索道严禁载人。

4.6.2　起重机作业时遵守下列规定：

2. 吊件和起重臂活动范围内的下方严禁有人通行或停留。

4. 严禁吊件从人员上空穿过。

4.6.7　严谨起重臂跨越电力线进行作业。

4.6.11　严禁起重机械超载作业，不得吊拔埋在地下、凝固在地面上及其他不明重量的物体。

5.1.13　挖掘机开挖时遵守下列规定：

2. 严禁人员进入挖斗内，严禁在伸臂及挖斗下面通过或逗留。

5.3.10　在基坑内点火时遵守下列规定：

2. 严禁用脚踩已点燃的导火索。

5.3.12　火雷管的装药与点火、电雷管的接线与引爆必须由同一人担任，严禁两人操作。

5.3.15　无盲炮时，必须从最后一响算起经 5 min 后方可进入爆破区。有盲炮或炮数不清时，对火雷管必须经 15 min 后爆破作业人员方可进入爆破区检查。对电雷管必须将电源切断并短路、待 5 min 后方可进入爆破区检查。

5.3.16　处理盲炮时，严禁从炮孔内掏取炸药和雷管。重新打孔时，新孔必须与原孔平行。新孔距盲炮孔严禁小于 0.3 m，距药壶边缘严禁小于 0.5 m。

6.1.15　严禁在杆塔上有人时，通过调整临时拉线来校正杆塔倾斜或弯曲。

6.1.16　组装杆塔的材料及工器具严禁浮搁在已立的杆塔和抱杆上。

6.2.13　气瓶必须装设专用减压器，不同气体的减压器严禁换用或替用。

6.2.14　严禁敲击、碰撞乙炔气瓶。

6.2.15　瓶阀冻结时，严禁用火烘烤。

6.2.16　乙炔气管堵塞或冻结时，严禁用氧气吹通或用火烘烤。

6.3.5　构件连接对孔时，严禁将手指伸入螺孔找正。

7.3.1　牵引场转向布设时应遵守下列规定：

3. 牵引过程中，各转向滑车围成的区域内侧严禁有人。

7.3.6　牵引过程中，牵引绳进入的主牵引机高速转向滑车与钢丝绳卷车的内角侧严禁有人。

7.5.2　升空作业必须使用压线装置，严禁直接用人力压线。

7.7.6　在带电线路上方的导线上测量间隔棒距离时，应使用干燥的绝缘绳，严禁使用带有金属丝的测绳、皮尺。

7.8.6　高空锚线必须有二道保护措施。

7.9.2　装设接地装置遵守下列规定：

4. 装设接地线时，必须先接接地端，后接导线或地线端，拆除时的顺序相反。

8.2.8　跨越不停电线路时，施工人员严禁在跨越架内侧攀登、作业和从封顶架上通过。

8.3.3　停电、送电工作必须指定专人负责。严禁采用口头或约时停电、送电。

8.3.5　在未接到停电许可工作命令前，严禁任何人接近带电体。

8.3.6　现场施工负责人在接到已停电许可工作命令后，必须首先安排人员进行验电。验电必须使用相应电压等级的合格的验电器。验电时必须戴绝缘手套并逐相进行。验电必须设专人监护。同杆塔架设有多层电力线时，必须先验低压，后验高压，先验下层，后验上层。

8.3.10　工作接地线一经拆除，该线路即视为带电，严禁任何人再登杆塔进行任何工作。

《110 kV～750 kV 架空输电线路施工及验收规范》(GB 50233—2014)

6.1.2　基础混凝土中严禁掺入氯盐。

7.2.1　分解组立铁塔时，基础混凝土的抗压强度必须达到设计强度的70%。

8.4.1　不同金属、不同规格、不同绞制方向的导线或架空地线严禁在一个耐张段内连接。

8.4.7　切割导线外层铝股时严禁伤及钢芯。

参考文献

[1] 王东升. 工程建设标准强制性条文汇编[M]. 青岛:中国海洋大学出版社,2008.
[2] 王东升. 工程建设标准强制性条文选编[M]. 徐州:中国矿业大学出版社,2013.
[3] 王东升. 建设工程强制性条文精选[M]. 徐州:中国矿业大学出版社,2012.
[4] 住房和城乡建设部强制性条文协调委员会. 工程建设标准强制性条文(城乡规划部分)[M]. 北京:中国建筑工业出版社,2013.
[5] 住房和城乡建设部强制性条文协调委员会. 工程建设标准强制性条文(城镇建设部分)[M]. 北京:中国建筑工业出版社,2013.
[6] 住房和城乡建设部强制性条文协调委员会. 工程建设标准强制性条文(房屋建筑部分)[M]. 北京:中国建筑工业出版社,2013.